高等学校经典畅销教材

自动控制原理

(修订版)

主　编　鄢景华
副主编　梅晓榕　王彤

AUTOMATIC CONTROL PRINCIPLE

哈爾濱工業大學出版社
HARBIN INSTITUTE OF TECHNOLOGY PRESS

内 容 简 介

本书包括古典和现代控制理论，主要介绍自动控制基本理论及工程分析和设计方法。全书共分十章，其内容包括自动控制概论、控制系统的数学模型、控制系统的时域分析、根轨迹法、频率特性法、控制系统的校正与综合、非线性控制系统、线性离散系统、控制系统的状态空间分析法与综合法。

本书是高等工科院校非控制专业的教材，也可作为从事控制工程及工业自动化的科技人员自学与参考。

图书在版编目(CIP)数据

自动控制原理/鄢景华主编.—3版.—哈尔滨:哈尔滨工业大学出版社,2006.3(2020.1重印)
ISBN 978-7-5603-1137-1

Ⅰ.自… Ⅱ.鄢… Ⅲ.自动控制理论 Ⅳ.TP13

中国版本图书馆CIP数据核字(2006)第016356号

责任编辑 张秀华
封面设计 卞秉利
出版发行 哈尔滨工业大学出版社
社　　址 哈尔滨市南岗区复华四道街10号 邮编150006
传　　真 0451-86414749
网　　址 http://hitpress.hit.edu.cn
印　　刷 肇东市一兴印刷有限公司
开　　本 787mm×1092mm 1/16 印张23.25 字数500千字
版　　次 2006年3月第3版 2020年1月第16次印刷
书　　号 ISBN 978-7-5603-1137-1
定　　价 30.00元

前　言

（修订版）

本书是高等工科院校非控制专业自动控制原理课程的教材，是在哈尔滨工业大学自动控制理论及应用教研室历届所用教材的基础上编写的，是作者多年教学经验和科研成果的总结。

本书是自动控制类畅销书，2000年台湾沧海书局购买了本书的版权并以繁体字形式在台湾出版发行。

全书包括古典控制理论和现代控制理论，共十章。其中前六章是线性定常连续系统的分析与综合，第七、八章讲述了非线性系统及线性离散系统的基本理论，第九、十章是控制系统的状态空间分析法与综合法。

本书在讲述方法上注意了简明扼要，通俗易懂，加强概念性；在内容安排上注意了各专业的通用性和便于不同教学时数的取舍。

为了帮助读者掌握和运用所学理论，每章后面备有足够的例题并附有相当数量的习题，可供读者练习使用。

本书第一版的第一、三、四、六、九章由鄢景华教授编写，第二、五章由梅晓榕教授编写，第七、八、十章由王彤教授编写。参加本书第一版编写的还有王常虹、戴绍安、曾月明、柏桂珍、王卫红、王子华、郭维藩等同志。本书的第一版由鄢景华教授主编，由傅佩琛教授主审。

本书自出版以来受到普遍欢迎，被多所院校选作教材。根据广大读者的要求，为满足非控制专业自动控制原理课程的教学需要，我们在吸收广大读者意见的前提下对本书进行了修订，并对书中的内容进行了调整和充实，使其更适合教学的需要。本书的修订工作由梅晓榕和王彤完成，其中第一、三、四、九章由王彤和梅晓榕修订，第二、五章由梅晓榕修订，第六、七、八、十章由王彤修订。

本书在编写的过程中得到哈尔滨工业大学自动控制理论及应用教研室的领导及许多同志的大力支持，在此深表感谢。

由于编者水平有限，书中定有不足之处，敬请读者批评指正。

作　者

2000年6月

目　录

第一章　自动控制概论 ······ 1

1.1　自动控制与自动控制系统的基本概念 ······ 1

1.2　开环控制与闭环控制 ······ 4

1.3　控制系统举例 ······ 5

1.4　控制系统的组成与对控制系统的基本要求 ······ 8

习题 ······ 11

第二章　控制系统的数学模型 ······ 12

2.1　控制系统微分方程式的建立 ······ 12

2.2　传递函数 ······ 17

2.3　控制系统的方块图和传递函数 ······ 24

2.4　脉冲响应 ······ 38

2.5　非线性方程的线性化 ······ 38

习题 ······ 43

第三章　控制系统的时域分析 ······ 47

3.1　典型输入信号 ······ 47

3.2　一阶系统的过渡过程 ······ 49

3.3　二阶系统的过渡过程 ······ 52

3.4　高阶系统的过渡过程 ······ 68

3.5　控制系统的稳定性 ······ 74

3.6　控制系统稳态误差的基本概念 ······ 80

3.7　稳态误差的计算 ······ 81

3.8　消除和减少稳态误差的办法 ······ 86

3.9　顺馈控制的误差分析 ······ 93

习题 ······ 97

第四章　根轨迹法 ······ 103

4.1　控制系统的根轨迹 ······ 103

4.2　绘制根轨迹的基本规则 ······ 104

4.3　按根轨迹分析控制系统 ······ 114

习题 ······ 116

第五章　频率特性法 ······ 118

5.1　频率特性 ······ 118

5.2　典型环节的频率特性 ······ 120

5.3　Nyquist 稳定判据 ······ 134

5.4　控制系统的相对稳定性 ······ 142

5.5　闭环频率特性图 ······ 144

5.6 开环频率特性与控制系统性能的关系 …… 147
习题 …… 149
第六章 控制系统的综合与校正 …… 155
6.1 引言 …… 155
6.2 基本控制规律分析 …… 156
6.3 超前校正参数的确定 …… 159
6.4 滞后校正参数的确定 …… 163
6.5 滞后-超前校正参数的确定 …… 166
6.6 按系统期望频率特性确定串联校正参数 …… 169
6.7 反馈校正参数的确定 …… 172
习题 …… 177
第七章 非线性控制系统 …… 181
7.1 非线性控制系统概述 …… 181
7.2 描述函数法 …… 184
7.3 相平面法 …… 203
7.4 利用非线性特性改善系统的性能 …… 222
习题 …… 223
第八章 线性离散系统 …… 227
8.1 采样过程 …… 227
8.2 采样定理与采样周期的确定 …… 229
8.3 信号保持 …… 232
8.4 Z 变换 …… 234
8.5 脉冲传递函数 …… 241
8.6 线性离散系统的稳定性 …… 248
8.7 线性离散系统的时域分析 …… 253
8.8 数字控制器的模拟化设计 …… 261
习题 …… 268
第九章 控制系统的状态空间分析法 …… 271
9.1 状态空间法的基本概念 …… 271
9.2 线性定常系统状态空间表达式的建立 …… 275
9.3 由状态空间表达式求传递函数(阵) …… 287
9.4 线性定常系统状态方程的解 …… 290
9.5 线性定常离散系统的分析 …… 293
9.6 线性连续状态方程的离散化 …… 299
9.7 李雅普诺夫稳定性分析 …… 301
9.8 线性系统的李雅普诺夫稳定性分析 …… 308
习题 …… 313

第十章　线性系统的状态空间综合法……………………………………………………………… 315
10.1　线性系统的能控性与能观性……………………………………………………………… 315
10.2　线性系统的状态反馈与状态观测器……………………………………………………… 338
习题…………………………………………………………………………………………… 354
附录一　拉氏变换.Z 变换表 ………………………………………………………………… 358
附录二　常用校正装置表…………………………………………………………………… 359
参考文献 ……………………………………………………………………………………… 362

第一章 自动控制概论

随着生产和科学技术的发展，自动控制技术在国民经济和国防建设中所起的作用越来越大。例如，没有整套的自动控制系统，现代化的热力发电厂的锅炉、汽轮机和发电机就无法正常运转。又如，为使导弹能准确地命中目标，人造卫星能按预定的轨道运行并返回地面，宇宙飞船能准确地在月球着陆并重返地球，这些都要有很复杂的自动控制系统予以保证才行。

在工业生产过程中，诸如对压力、温度、湿度、流量、频率以及原料、燃料成分比例等方面的控制都要应用自动控制技术。

自动控制技术的应用，不仅使生产过程实现了自动化，极大地提高了劳动生产率和产品质量，改善了劳动条件，并且在人类征服自然、探索新能源、发展空间技术和改善人民物质生活等方面都起着极为重要的作用。因此，自动控制技术已经成为实现工业、农业、科学技术和国防现代化必不可少的一门技术。

自动控制原理是一门技术基础课程，主要讲述自动控制技术中最基本的理论和分析、设计控制系统的基本方法。自动控制原理可分为古典控制理论和现代控制理论两大部分。

古典控制理论主要以传递函数为基础，研究单输入-单输出一类自动控制系统的分析和设计问题。这些理论早已经成熟，并且在工程实践中得到广泛的应用。

现代控制理论是 60 年代在古典控制理论的基础上，随着科学技术的发展和工程实践的需要而迅速发展起来的。它的内容主要以状态空间法为基础，研究多输入-多输出、变参数、非线性、高精度、高效能等控制系统的分析和设计问题。最优控制、最佳滤波、系统辨识、自适应控制等理论都是这一领域研究的主要课题。特别是近年来由于电子计算机技术的迅速发展，现代控制理论在实践中也得到越来越多的应用。

1.1 自动控制与自动控制系统的基本概念

首先，通过实例说明有关自动控制与自动控制系统的基本概念。

例 直流电动机的转速控制。

设有一台直流电动机带动负载以转速 n 在转动，见图 1.1-1，要求转速保持不变，即控制转速 $n=n_0=$常数。但实际上有很多因素要引起电动机转速发生变化，如电源电压的变化、激磁电流 i_B 的变化、负载力矩 M_{fz}的变化等。要想保持转速不变，必须设法抵消或削弱这些因素的影响。这种抵消或削弱上述因素影响的过程就是对转速的控制过程。需要说明，在这里对直流电动机采用电枢控制，即无论什么因素引起转速变化，均通过调整电枢电压将转速控制到 $n=n_0$。

对转速的控制可以由人工来完成，见图 1.1-2。

其控制的具体过程如下：

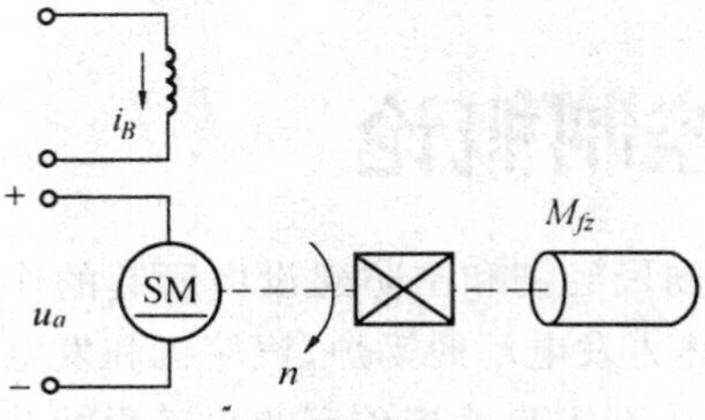

图 1.1-1　直流电动机

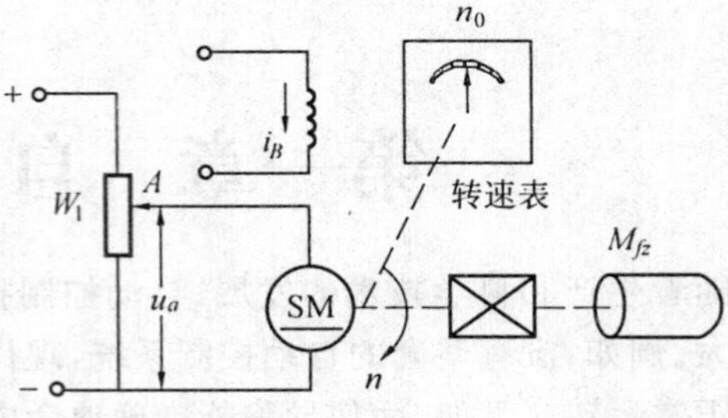

图 1.1-2　电动机转速人工控制系统

1. 通过转速表观察电动机的转速 n；

2. 与要求的转速值 n_0 进行比较，得出偏差；

3. 根据偏差的大小和正负进行控制：若 $n>n_0$，则移动电位器 W_1 滑臂（A 点），使 u_a 下降，直到转速降到所要求的数值 n_0；若 $n<n_0$，使 u_a 上升，直到转速升到所要求的数值 n_0；若 $n=n_0$，则不动电位器。

可见，在人工控制过程中，必须有一个测量元件（如测量转速的转速表）和一个受人工操作的元件（如电位器 W_1）。人在控制过程中起了测量、比较、判断、操作的作用，所以人工控制过程的实质，就是“检测偏差，纠正偏差”的过程。

所谓自动控制就是在没有人直接参与的情况下，通过控制器使被控制对象或过程自动地按照预定的规律运行。图 1.1-3 就是直流电动机转速自动控制系统的原理图。

在这里，定义用以完成一定任务的一些部件（或元件）的组合为**系统**。在转速控制过程中，直流电动机是被控制的装置，叫做系统的**被控制对象**。除了被控制对象之外的各个部分的组合叫做**控制器**。控制器给被控制对象以适当的控制作用来完成特定的任务。如在转速控制系统中，就是要完成使电动机转速维持恒定的任务。

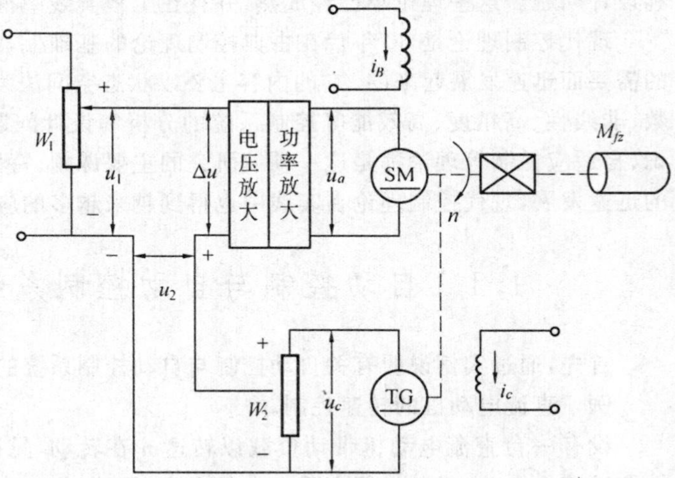

图 1.1-3　电动机转速自动控制系统

下面就来分析图 1.1-3 所示系统是如何使用仪器设备来代替人工完成转速自动控制的问题。

图中用测速发电机 TG 测量转速，它的输出电压 u_c 正比于转速 n，即 $u_c=k_cn$。测速发电机完成了测量转速并把转速转换为相应电压的任务，称为**测量元件**。转速 n 被定义为系统的**被控制量**或**输出量**。对任何一个控制系统来说，被控制量是极为重要的物理量，它的变化规律在生产过程中要严加控制。图中 W_2 是比例电位计，W_2 的输出电压 u_2 与被控制量 n 成比例，在自动控制系统中被称为**反馈量**(或叫反馈信号)。

电位计 W_1 是给定元件，产生基准电压 u_1，u_1 的设置值与转速的期望值 n_0 相对应，称电压 u_1 为系统的参考输入。参考输入代表了系统所要执行的命令，代表被控制量希望的变化规律。而所有妨碍被控制量按要求变化的因素(如负载力矩的变化、激磁电流的变化及系统内部参数的变化等)被定义为系统的**干扰量**(或干扰信号)。

将电压 u_2 反馈到系统的输入端，与参考输入 u_1 进行比较(这代替了人工去观察转速并判断是否与要求值发生偏差这一过程)，得到的电压差 $\Delta u=u_1-u_2$ 叫做**偏差量**(或偏差信号)。图中的电压放大器、功率放大器统称为放大元件，它的作用是将很小的偏差信号 Δu 进行放大，使放大后的信号 u_a 具有足够的能量去驱动直流电动机。u_a 是直接加到被控对象、直接改变被控量的变量，称为控制量或控制作用。

我们假设转速已调好，$n=n_0$，系统处于稳定的平衡状态，$u_2=u_{20}$，$\Delta u=u_1-u_{20}=\Delta u_0$，$\Delta u_0$ 经放大得电动机电枢电压 $u_a=u_{a0}$，在 u_{a0}的作用下，电动机转速维持 n_0 不变。

现在来分析具体的控制过程。假如因某种原因引起转速变化，例如负载转矩 M_{fz}增加，将引起转速下降($n<n_0$)，进而使反馈信号 u_2 下降($u_2<u_{20}$)，偏差信号 Δu 上升($\Delta u>\Delta u_0$)，电枢电压 u_a 上升($u_a>u_{a0}$)，转速 n 上升，…，直到 n 接近 n_0时，系统达到新的平衡状态，从而完成一个控制过程。

从上看出，对转速的控制完全是在没有人参与的情况下自动进行的。因此，把这种不需要人直接参与，而使被控制量自动地按预定规律变化的控制过程叫做**自动控制**。

为便于研究，把实际的物理系统按信号传递过程画成如图 1.1-4 所示的方块图。图 1.1-4 中圆叉号代表比较元件，负号表示两信号相减，一般地说，比较元件的输出信号等

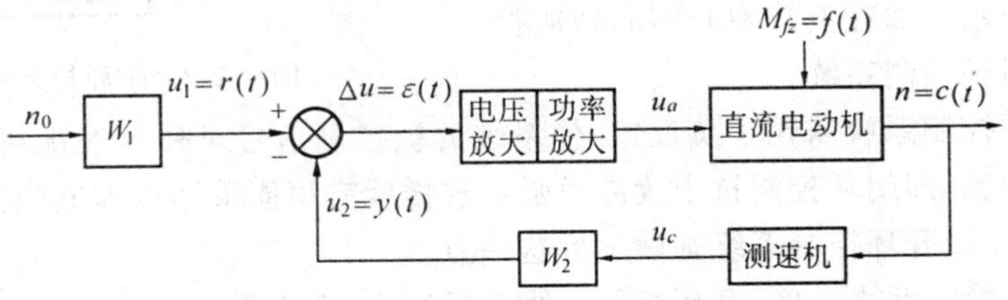

图 1.1-4　电动机转速自动控制系统方块图

于各输入信号的代数和。从图 1.1-4 可以明显地看出，产生控制作用的关键是偏差信号，而偏差信号是对被控制量不断测量转换并反馈到系统的输入端与参考输入量相减(即负反馈)而得到的。这种利用负反馈得到偏差信号，进而产生控制作用，又去消除偏差的控制原理叫**反馈控制原理**。由于有了负反馈，自动控制系统便形成了一个按偏差进行控制的闭环系统(又称反馈控制系统)。

在本书中，参考输入用 $r(t)$表示；被控制量用 $c(t)$表示；反馈量用 $y(t)$表示；偏差量用 $\varepsilon(t)$表示；干扰量用 $f(t)$表示。

在反馈控制系统中，各物理量都反映出传递过程，方块图可形象地表示出信号的传递过程。在图 1.1-4 所示方块图中，从偏差量 $\varepsilon(t)$到被控制量 $c(t)$的通道称为**前向通道**。由被控制量 $c(t)$到反馈量 $y(t)$的通道称为**反馈通道**。

1.2 开环控制与闭环控制

控制系统分为开环控制系统和闭环控制系统。

开环控制 若系统的被控制量对系统的控制作用没有影响，则此系统叫开环控制系统。其方块图如图 1.2-1 所示。

在开环控制系统中，既不需要对被控制量进行测量，也不需要将被控制量反馈到系统的输入端与参考输入比较。这样，对于一个确定的参考输入就有一个与之对应的被控制量。因此，系统的控制精度将取决于控制器及被控对象的参数稳定性。也就是说，欲使开环控制系统具有满足要求的控制精度，则系统各部分的参数值，在工作过程中，都必须严格保持在事先校准的量值上，这就必须对组成系统的元部件质量提出严格的要求。

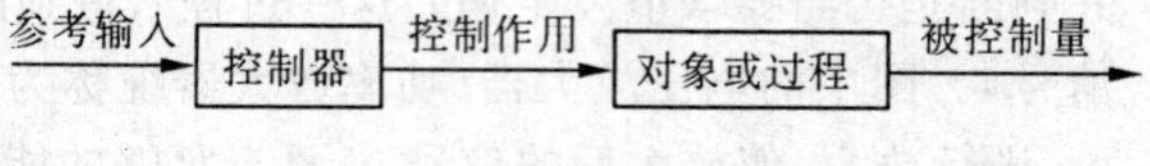

图 1.2-1　开环控制系统

显然，当出现干扰时，开环控制系统会引起被控制信号较大的变化，系统内部参数的变化同样会引起被控制信号较大的变化，这就是说开环控制系统没有抗干扰能力。

闭环控制 凡是系统的被控制信号对控制作用有直接影响的系统都叫闭环控制系统，如图 1.2-2 所示。

在闭环控制系统中，需要对被控制信号不断地进行测量、变换并反馈到系统的控制端与参考输入信号进行比较，产生偏差信号，实现按偏差控制。如在上节中介绍的转速控制系统就是闭环控制系统。

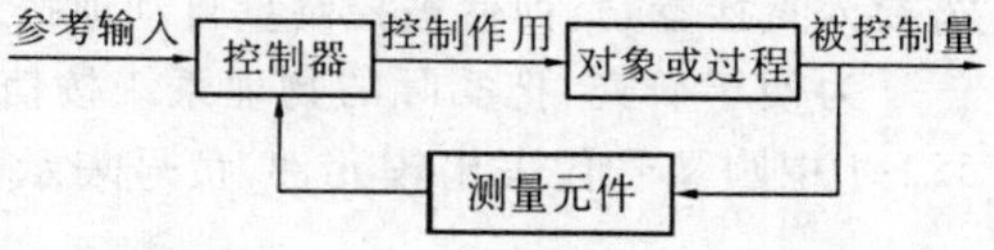

图 1.2-2　闭环控制系统

由于闭环控制系统采用了负反馈，使系统的被控制信号对外界干扰和系统内部参数的变化都不敏感，即闭环控制抗干扰能力强。这样就有可能采用成本低的元部件，构成精确的控制系统，而开环控制系统则做不到这一点。

从系统的稳定性来考虑，开环控制系统容易解决，因而不是十分重要的问题。但对闭环控制系统来说，稳定性始终是一个重要问题。因闭环控制系统可能引起系统振荡，甚至使得系统不稳定。

开环控制系统结构简单，容易建造，成本低廉，工作稳定。一般说来，当系统控制量的变化规律能预先知道，并且对系统中可能出现的干扰，可以有办法抑制时，采用开环控制系统是有优越性的，特别是被控制量很难进行测量时更是如此。目前，用于国民经济各部门的一些自动化装置，如自动售货机、自动洗衣机、产品生产自动线及自动车床等，一般都是开环控制系统。用于加工模具的线切割机也是开环控制的很好一例。只有当系统的控制量和干扰量均无法事先预知的情况下，采用闭环控制才有明显的优越性。

如果要求实现复杂而准确度较高的控制任务，则可将开环控制与闭环控制适当结合起来，组成一个比较经济而性能较好的控制系统。

1.3 控制系统举例

控制系统有不同的分类方法，因而也有各种各样的类型。根据系统是否满足叠加原理，可分为线性系统和非线性系统。根据系统中信号的类型，可分为连续系统和离散系统（或称计算机控制系统）。本节介绍的二类系统是按参考输入信号的性质进行分类的。

一、 随动系统

在闭环控制系统中，如果参考输入信号为一任意时间函数，其变化规律无法预先予以确定，则承受这类输入信号的闭环控制系统叫做随动系统。

例 1.3-1 火炮随动系统。

火炮随动系统的任务是控制火炮跟踪敌机，以便适时开炮击中目标。其原理线路图如图 1.3-1 所示。

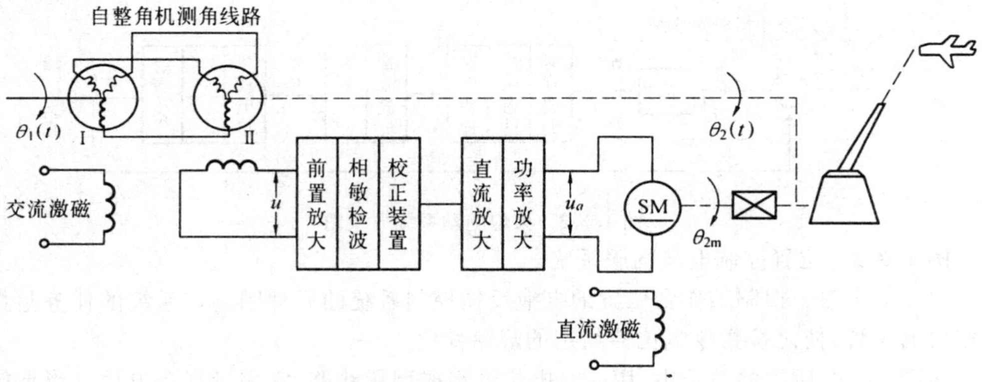

图 1.3-1 火炮随动系统原理线路图

图中一对自整角机组成测角线路。自整角发送机Ⅰ转轴的位置由指挥仪来控制，此轴为系统的输入轴。当炮瞄雷达已搜索到目标，且目标已进入火炮射程之内时，天线随动系统将进入自动跟踪工作状态。这时安装在天线轴上的数据传递系统，不断地把目标的方位角（俯仰角）数据传递给指挥仪。指挥仪根据当时气候条件，炮弹在空中飞行的弹道，目标在空中移动的速度、高度等数据，计算出为了使炮弹与目标在空中相遇的火炮炮口的方位角（俯仰角）应有的数值 $\theta_1(t)$，这个 $\theta_1(t)$ 就是火炮随动系统的参考输入信号。自整角接收机Ⅱ的转子轴与火炮轴相固联，此轴为系统的输出轴。这一对自整角机测量出系统的输入轴与输出轴之间的角差并转换成相应的电压，其输出电压的大小由角差的大小决定，而输出电压的相位由角差的符号决定，即

$$u = K_1(\theta_1 - \theta_2) = K_1\Delta\theta$$

式中 K_1——自整角机的传递系数，量纲为伏/度。

图 1.3-1 中的直流伺服电动机是系统的执行元件，由功率放大器的输出信号 u_a 来控制。直流电动机的转轴经减速器带动被控对象（火炮）。

下面说明随动系统的工作原理：

假设随动系统处于平衡状态，即 $\theta_1=\theta_2=0°$，故 $u=0$，$u_a=0$，直流执行电动机不动，火炮亦不动。

若自整角发送机转子顺时针转过 10°，则角差 $\Delta\theta=10°$，使 $u\neq0$，此信号经相敏检波变成直流信号，并经功率放大使 u_a 具有足够的功率去驱动直流伺服电动机转动，u_a 的极性决定电动机经减速器带动火炮顺时针旋转，当火炮轴转过 10°时，由于自整角接收机与火炮同轴相联，所以接收机转子也顺时针转 10°，使得 $\theta_2=\theta_1=10°$，即 $\Delta\theta=0°$，$u_a=0$，电动机及火炮停止转动。说明火炮已瞄准好目标，下令发炮即可击中目标。

反之，若自整角发送机转子逆时针转 10°，则火炮亦逆时针转 10°。实际上角差很小时火炮就要动作。

若自整角发送机转子连续转动，则火炮也跟着发送机转子按相同方向连续转动。这样，火炮的轴就始终跟随自整角发送机的轴转动，从而实现被控制量 $\theta_2(t)$ 始终自动而准确地复现输入量 $\theta_1(t)$ 的规律，即控制火炮自动地跟踪敌机。这里需要两套相同的随动系统分别控制火炮的方位角和俯仰角。火炮随动系统方块图见图 1.3-2 所示。

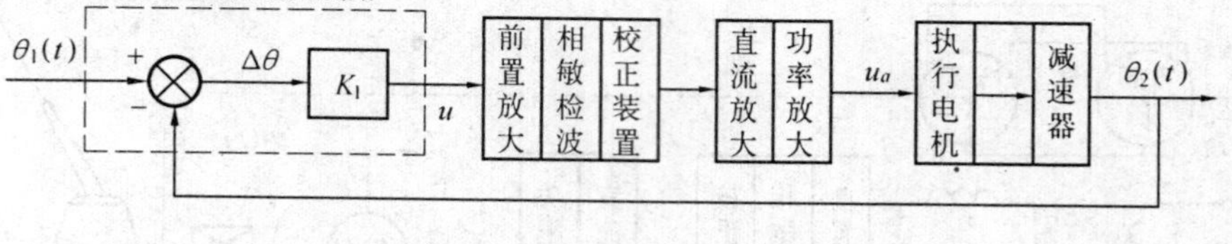

图 1.3-2 火炮随动系统方块图

例 1.3-2 位置控制电液伺服系统。

图 1.3-3 为一控制工作台位置的电液反馈控制系统的原理图。该系统的任务是控制工作台的位置，使之按指令电位器给定的规律变化。

在图 1.3-3 所示的系统中，用一对电位计组成测量线路，它测量指令电位计滑臂转角 $\theta_1(t)$ 与接收电位计滑臂转角 $\theta_2(t)$ 之间的角差（偏差信号），并转换成相应的电压，即 $u=K_1(\theta_1-\theta_2)=K_1\Delta\theta$。其中，接收电位计的转轴与反应工作台位置的齿轮转轴相固联（见图

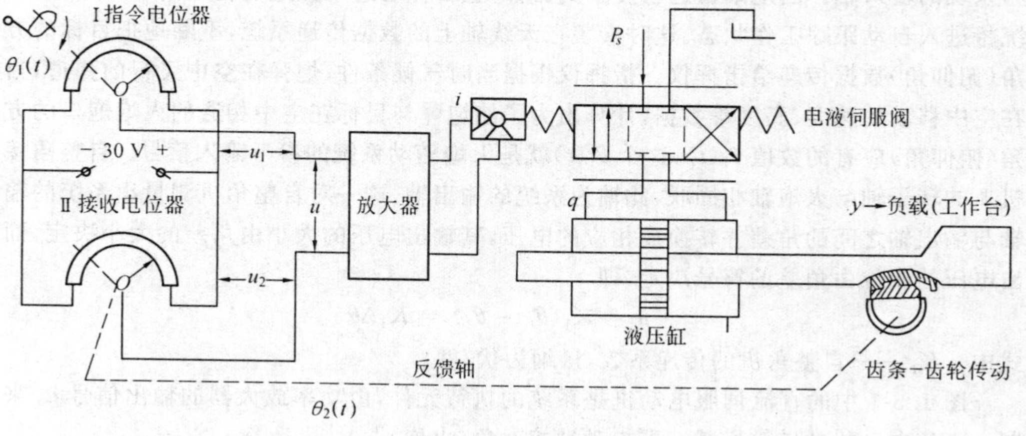

图 1.3-3 位置控制电液伺服系统

1.3-3)。当 $\theta_1(t)=\theta_2(t)$时,$\Delta\theta=0$,即没有偏差信号,工作台处于静止状态。若改变指令电位计滑臂的位置,使偏差信号 $\Delta\theta$ 不为零,电压 u 亦不为零,经放大器放大后变为电流信号去控制伺服阀,伺服阀便输出压力液压油,使液压缸活塞推动工作台移动,以减小偏差,直到与工作台位置相对应的接收电位计的滑臂转角 $\theta_2=\theta_1$ 时,偏差信号为零,伺服阀恢复零点而不再输出压力油,液压缸活塞停止运动,于是工作台达到了输入信号 $\theta_1(t)$所规定的位置。如果指令电位计滑臂位置 $\theta_1(t)$不断改变,则工作台位置也跟着不断变化。系统方块图如图 1.3-4 所示。

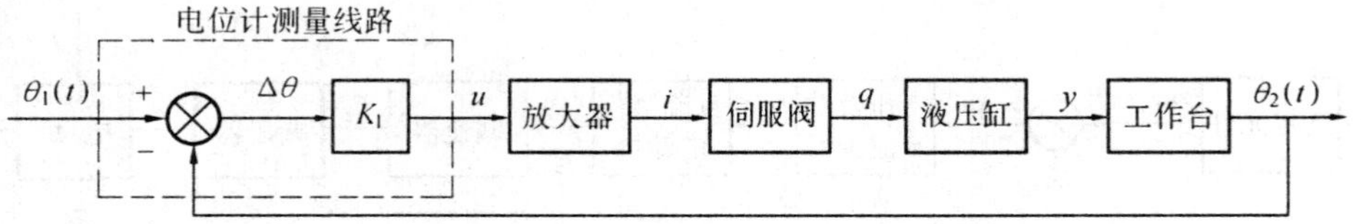

图 1.3-4　位置控制电液伺服系统方块图

二、　定值调节系统

如果反馈控制系统的参考输入信号 $r(t)$为恒定的常量,即 $r(t)=$常量,则称这类反馈控制系统为定值调节系统。

例 1.3-3　电炉炉温控制系统。

机电工业中常用的原材料,如硅钢片在热处理过程中需要进行 10 小时连续保温 680℃后,才能达到预期的性能,这就需要对退火炉的温度进行控制。电炉炉温控制系统的原理图如图 1.3-5 所示。

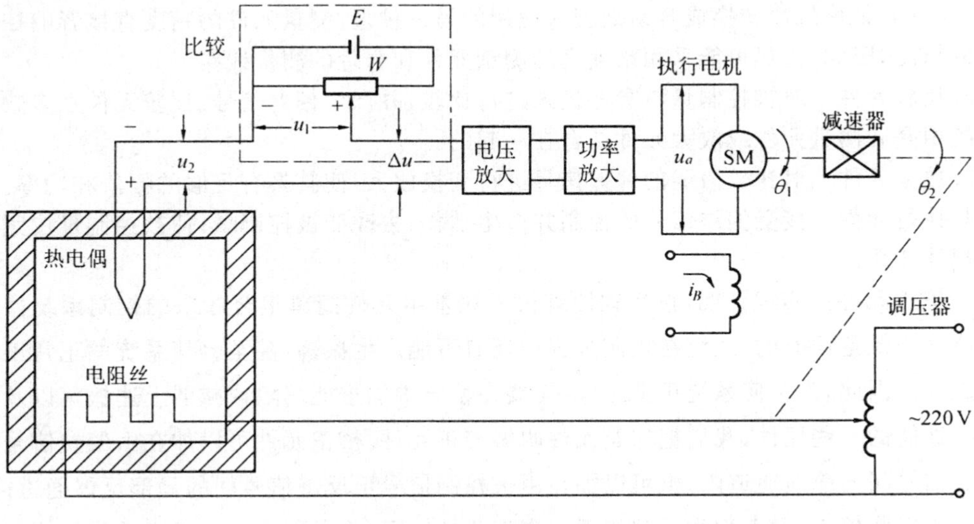

图 1.3-5　电炉炉温控制系统

这里用调压器给电炉加温,图中的热电偶用来测量炉温,它的输出电压 u_2 正比于炉温 T,即 $u_2=K_2T$。电压 u_1 为给定的基准电压,其设定值与炉温的期望值相对应。下面说明炉温控制系统的工作原理。

假设系统已调好,处于平衡状态,即 $u_1=u_2$,$\Delta u=0$,电动机不动,此时炉温 $T=T_0=680$℃。

若因某种原因使炉温 T 高于要求的炉温值 T_0,即 $T>T_0$,则有 $u_1<u_2$,得偏差 $\Delta u=u_1-u_2<0$。Δu 经放大后使 $u_a\neq0$,u_a 的极性决定直流电动机通过减速器带动调压器手柄朝减小加热电流的方向转动,使炉温 T 及反馈信号 u_2 下降,进而使 Δu 与 u_a 下降。直到 $u_1=u_2$,$\Delta u=0$,$u_a=0$ 时,电动机停止转动,电炉的温度恢复到要求的数值。此时,系统达到新的平衡状态。炉温控制系统方块图如图 1.3-6 所示。

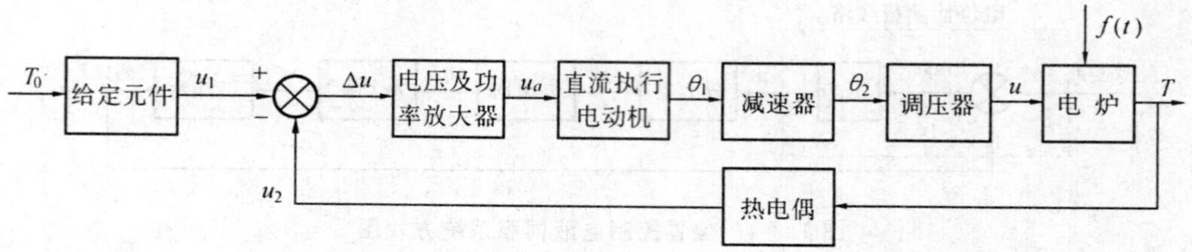

图 1.3-6　炉温控制系统方块图

1.4　控制系统的组成与对控制系统的基本要求

一、控制系统的基本组成

从以上各节的分析可以知道,为了组成一个自动控制系统,必须包含以下几个基本元件。

1. 测量元件　一般称为传感器,过程控制中又称为变送器。其功能是将一种量检测出来,并且按着某种规律转换成容易处理和使用的另一种量。测量元件的精度直接影响控制系统的精度,因此,应尽可能采用精度高的测量元件和合理的测量线路。

2. 比较元件　对被控制量与参考输入进行比较,并产生偏差信号。比较元件在多数控制系统中是和测量元件或放大元件结合在一起的。

3. 放大元件　对比较微弱的偏差信号进行变换放大,使其具有足够的幅值和功率。

4. 执行元件　接受偏差信号的控制并产生动作,去改变被控制量,使被控制量按照期望的规律变化。

5. 校正元件　实践证明,按反馈原理由上述基本元件简单组合起来的控制系统往往是不能完成既定任务的。系统在控制过程中还有可能产生振荡,甚至会使系统的正常工作遭到破坏。因此,为了使系统正常工作,需要在系统中加进能消除或减弱上述振荡以及提高系统性能的一些元件,我们把这类元件叫做校正元件。校正元件可以加在由偏差信号至被控制信号间的前向通道内,也可以加在由被控制信号至反馈信号间的局部反馈通道内。前者称为串联校正,后者称为反馈校正。在有些情况下,为了更有效地提高系统的控制性能,可以同时应用串联校正和反馈校正。

由上述各基本元件组成的反馈控制系统的一般方块图,如图 1.4-1 所示。

一般说来,尽管反馈控制系统的控制任务各不相同,使用元件的结构和能源形式亦有

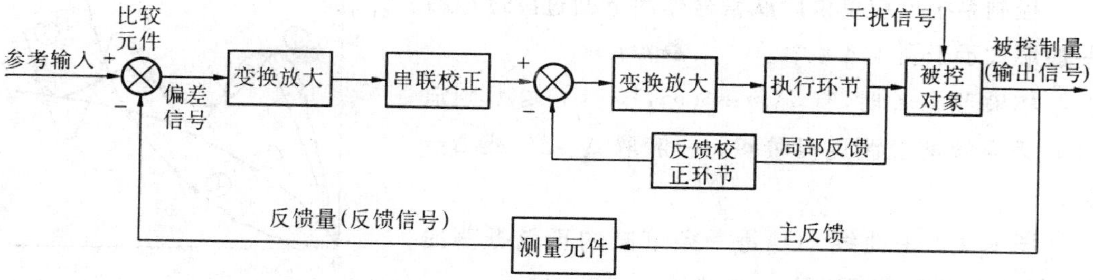

图 1.4-1　反馈控制系统方块图

所不同，但就其信号的传递、变换的职能来说，都可抽象成图 1.4-1 所示的方块图。它表示了控制系统的基本组成。

二、 对控制系统的基本要求

对反馈控制系统最基本的要求是工作的稳定性，同时对准确性(稳态精度)、快速性及阻尼程度也要提出要求。上述要求通常是通过系统反应特定输入信号的过渡过程，及稳态的一些特征值来表征的。

过渡过程是指反馈控制系统的被控制量 $c(t)$，在受到输入量作用时，由原来的平衡状态(或叫稳态)变化到新的平衡状态时的过程。例如，1.1 节所举的电动机转速控制系统中，设电动机原以恒定转速 n_0 转动，此时系统处于平衡状态。假若要求电动机以新的转速 n_1 转动，可通过改变输入信号(电压 u_1)来实现，此时系统将在偏差信号作用下，从原有平衡状态(n_0)逐渐过渡到新的平衡状态(n_1)。转速从 n_0 到 n_1 的变化过程就是转速控制的过渡过程。

1. 稳定性

在单位阶跃信号(见图 1.4-2)作用下，控制系统的过渡过程曲线如图 1.4-3 所示。如果系统的过渡过程曲线 $c(t)$ 随着时间的推移而收敛(振荡收敛见图 1.4-3 中的曲线①；单调收敛见图 1.4-3 中的曲线②)，并最终趋于被控制信号的稳态值 $c(\infty)$，则称这类系统是稳定的。反之，如果系统的过渡过程曲线 $c(t)$ 随着时间的推移而发散(振荡发散见图 1.4-3 中的曲线③；单调发散见图 1.4-3 中的曲线④)，此时系统便不可能达到平衡状态，把这类系统叫做不稳定系统。显然，不稳定系统在实际中是不能应用的。

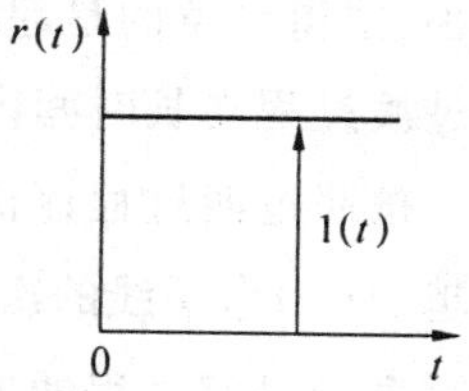

图 1.4-2　单位阶跃信号

2. 稳态精度

控制系统的稳态精度表征系统的稳态品质。我们把被控制信号的希望值 $c_r(t)$ 与稳态值 $c(\infty)$ 之差叫做稳态误差。稳态误差和静差是表征系统稳态精度的一项性能指标。

3. 快速性与阻尼特性

控制系统反应单位阶跃信号作用下的过渡过程的一般形式示于图 1.4-4 中。

如果当 $t \geqslant t_s$ 时，有 $|c(t)-c(\infty)|/c(\infty) \leqslant \Delta$，则定义 t_s 为系统的过渡过程时间。一般取 $\Delta=2\%$ 或 $\Delta=5\%$。

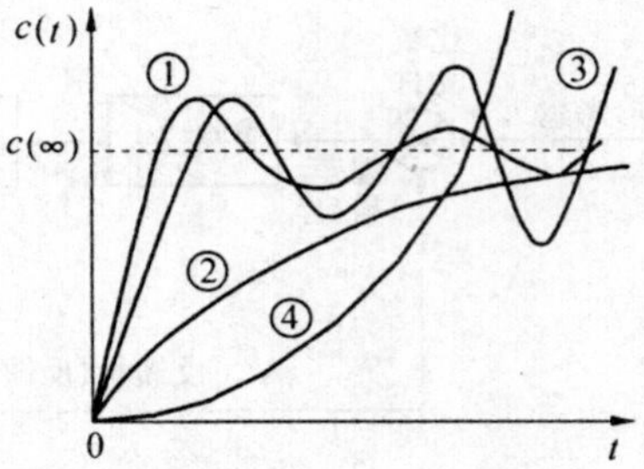

图 1.4-3　控制系统的过渡过程曲线

图 1.4-4 中曲线 $c(t)$ 是一条衰减的正弦振荡曲线，其振荡程度用超调量 σ_p 来描述，σ_p 定义如下

$$\sigma_p=\frac{|c_{\max}-c(\infty)|}{|c(\infty)|}100\%$$

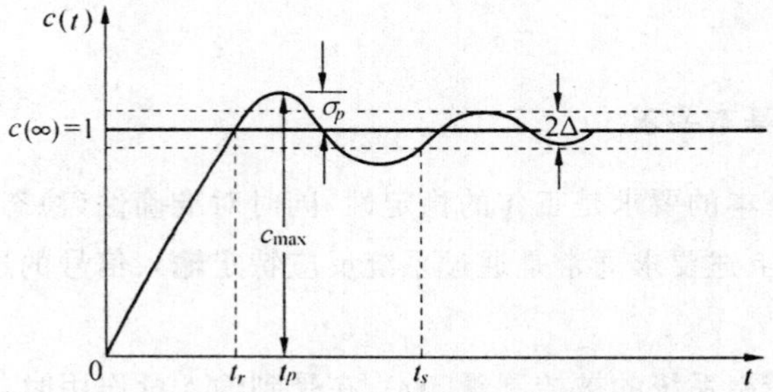

图 1.4-4　单位阶跃信号作用下控制系统的过渡过程

$c(t)$—系统的被控制(输出)信号；$c(\infty)$—系统输出的稳态值

式中　$c_{\max}$——过渡过程曲线 $c(t)$ 第一次达到极值时的数值，如图 1.4-4 所示。

过渡过程时间 t_s 和超调量 σ_p 是描述控制系统过渡过程好坏的两个重要指标。t_s 越小，说明系统从一个平衡状态过渡到另一个平衡状态所需的时间越短，反之则越长。因此，t_s 是表征系统反应输入信号速度的性能指标。而 σ_p 越小，说明在过渡过程中引起的超调越小。值得注意的是超调现象严重不仅使组成系统的各个元件处于恶劣的工作条件下，而且过渡过程在长时间内不能结束，致使系统的误差不能很快地减小到允许范围之内。

按照过渡过程评价控制系统的性能，除了 t_s 和 σ_p 两项指标外，有时还需要注意 $c(t)$ 穿越 $c(\infty)$ 水平线的次数。定义在 $0<t<t_s$ 时间内，$c(t)$ 穿越 $c(\infty)$ 水平线的次数的一半为控制系统过渡过程的振荡次数 N。N 的数值越小，说明控制系统的阻尼性能越好。有时还通过过渡过程达到第一个极值所需要的时间 t_p（t_p 称为峰值时间）以及上升时间 t_r（见图 1.4-4中所示）来表征控制系统反应输入信号的快速性。

过渡过程时间 t_s、峰值时间 t_p、上升时间 t_r、超调量 σ_p 和振荡次数 N 称为控制系统的动态指标，其中 t_s、t_p、t_r 表征系统的快速性能，σ_p 和 N 表征系统的阻尼性能。

按照给定的控制任务设计一个既满足稳定性和稳态精度的要求，又满足动态指标要求的控制系统，是控制工程人员必须解决的课题，也是自动控制原理这门学科的基本任务。

习　题

1-1　图题 1-1 所示为一液面控制系统。图中 K 为放大器的放大倍数，SM 为执行电动机。试分析该系统的工作原理，在系统中找出参考输入、干扰量、被控制量、控制器及被控制对象，并画出系统的方块图。

1-2　图题 1-2 所示为一液面控制系统，试说明它的工作原理。

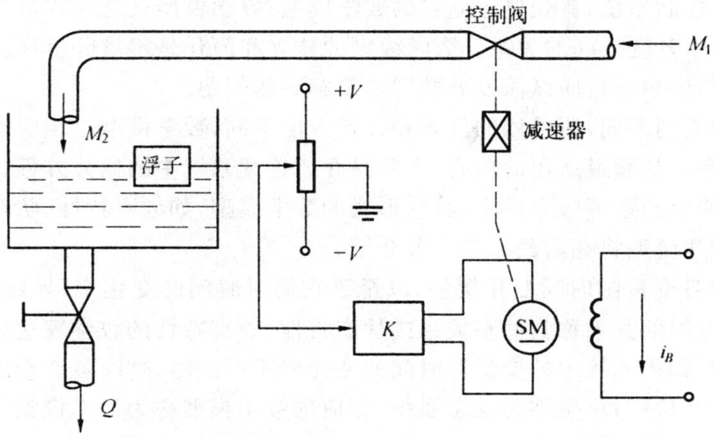

图题 1-1　液面控制系统原理图

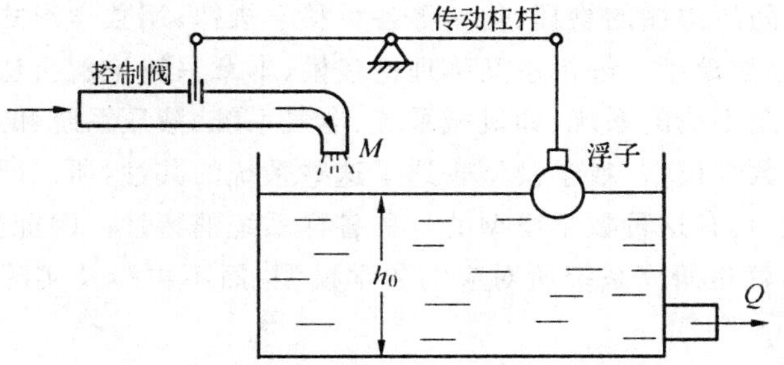

图 1-2　液面控制系统原理图

第二章　控制系统的数学模型

分析和设计控制系统，首先要建立它的数学模型。数学模型就是用数学的方法和形式表示和描述系统中各变量间的关系。数学模型的建立和简化是定量分析和设计控制系统的基础，也是目前许多学科向纵深发展共同需要解决的问题。

由于系统的类别不同，所采用的分析和设计方法不同，数学模型也相应地有多种多样的形式，它们各有特长和最适用的场合。本章只介绍连续系统中的微分方程、传递函数、动态方块图、脉冲响应函数等数学模型。其它形式的数学模型，如频率特性、状态空间表达式及离散系统的数学模型将在后面有关章节介绍。

如果系统中各变量随时间变化缓慢，以至于它们对时间的变化率（导数）可以忽略不计时，这些变量之间的关系称为静态关系或静态特性。静态特性的数学表达式中不含有变量对时间的导数。如果系统中的变量对时间的变化率不可忽略，这时各变量之间的关系称为动态关系或动态特性，系统称为动态系统，相应的数学模型称为动态模型。控制系统中的数学模型绝大部分都是指的动态系统的数学模型。

建立系统的数学模型一般采用解析法或实验法（又称辨识）。所谓解析法就是根据系统或元件各变量之间所遵循的物理、化学等各种科学规律，用数学形式表示和推导变量间的关系，从而建立数学模型。解析法又称理论建模，本章只讨论解析法。

许多表面上完全不同的系统（如机械系统、电气系统、液压系统和经济学系统等）却可能具有完全相同的数学模型，数学模型表达了这些系统的共性，所以研究透了一种数学模型，也就完全了解了具有这种数学模型的各种各样系统的特性。因此数学模型建立以后，研究系统主要指的就是研究系统所对应的数学模型，而不再涉及实际系统的物理性质和具体特点。

2.1　控制系统微分方程式的建立

控制系统中的输出量和输入量通常都是时间 t 的函数。很多常见的元件或系统的输出量和输入量之间的关系都可以用一个微分方程表示，方程中含有输出量、输入量及它们各自对时间的导数或积分。这种微分方程又称为动态方程或运动方程。微分方程的阶数一般是指方程中最高导数项的阶数，又称为系统的阶数。

对于单输入-单输出线性定常参数系统，采用下列微分方程来描述

$$y^{(n)}(t)+a_{n-1}y^{(n-1)}(t)+a_{n-2}y^{(n-2)}(t)+\cdots+a_0y(t)=$$
$$b_mx^{(m)}(t)+b_{m-1}x^{(m-1)}(t)+\cdots+b_0x(t) \qquad (2.1\text{-}1)$$

式中　$x(t)$为系统输入量，$y(t)$为系统输出量，$y^{(n)}(t)$表示 $y(t)$对 t 的 n 阶导数；$a_i(i=0,1,2,\cdots,n-1)$，$b_j(j=0,1,\cdots,m)$都是由系统结构参数决定的系数。

用解析法列写微分方程的一般步骤是：

1. 根据要求，确定输入量和输出量。

2. 根据系统中元件的具体情况，按照它们所遵循的科学规律，围绕输入量、输出量及有关量，列写原始方程式，它们一般构成微分方程组。对于复杂的系统，不能直接写出输出量和输入量之间的关系式时，可以增设中间变量。方程的个数一般要比中间变量的个数多1。为了下一步整理方便起见，列写方程时可以从输入量开始，也可以从输出量开始，按照顺序列写。

3. 消去中间变量，整理出只含有输入量和输出量及其导数的方程。

4. 标准化，一般将输出量及其导数放在方程式左边，将输入量及其导数放在方程式右边，各导数项按阶次由高到低的顺序排列。可以将各项系数归化成具有一定物理意义的形式。

列写微分方程的关键是元件或系统所属学科领域的有关规律而不是数学本身。但求解微分方程需要数学工具。

下面我们分别以电气系统和机械系统为例，说明如何列写系统或元件的微分方程式。这里所举的例子都属于简单系统，实际系统往往是很复杂的，我们将在以后各节逐渐介绍如何建立复杂系统的数学模型。

一、电气系统

电气系统中最常见的装置是由电阻、电感、电容、运算放大器等元件组成的电路，又称电气网络。像电阻、电感、电容这类本身不含有电源的器件称为无源器件，像运算放大器这种本身包含电源的器件称为有源器件。仅由无源器件组成的电气网络称为无源网络。如果电气网络中包含有源器件或电源，就称为有源网络。

列写电气网络的微分方程式时都要用到基尔霍夫电流定律和电压定律，它们可用下面两式表示

$$\sum i = 0 \tag{2.1-2}$$

$$\sum u = 0 \tag{2.1-3}$$

列写方程时还经常用到理想电阻、电感、电容两端电压、电流与元件参数的关系，它们分别用下面各式表示

$$u = Ri \tag{2.1-4}$$

$$u = L\frac{\mathrm{d}i}{\mathrm{d}t} \tag{2.1-5}$$

$$i = C\frac{\mathrm{d}u}{\mathrm{d}t} \tag{2.1-6}$$

例 2.1-1 在图 2.1-1 所示的电路中，电压 $u_i(t)$ 为输入量，$u_0(t)$ 为输出量，列写该装置的微分方程式。

解 设回路电流 $i(t)$ 如图所示。由基尔霍夫电压定律可得到

$$L\frac{\mathrm{d}i(t)}{\mathrm{d}t} + Ri(t) + u_0(t) = u_i(t) \tag{2.1-7}$$

式中 $i(t)$ 是中间变量。$i(t)$ 和 $u_0(t)$ 的关系为

$$i(t) = C\frac{\mathrm{d}u_0(t)}{\mathrm{d}t} \tag{2.1-8}$$

将(2.1-8)式代入(2.1-7)式，消去中间变量 $i(t)$，可得

$$LC\frac{\mathrm{d}^2u_0(t)}{\mathrm{d}t^2} + RC\frac{\mathrm{d}u_0(t)}{\mathrm{d}t} + u_0(t) = u_i(t) \tag{2.1-9}$$

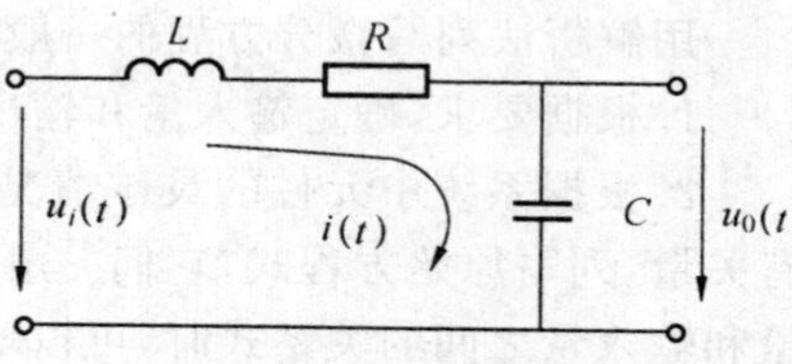

图 2.1-1 LRC 电路

上式又可写成

$$T_1T_2\frac{\mathrm{d}^2u_0(t)}{\mathrm{d}t^2} + T_2\frac{\mathrm{d}u_0(t)}{\mathrm{d}t} + u_0(t) = u_i(t) \tag{2.1-10}$$

其中 $T_1 = L/R, T_2 = RC, \sqrt{T_1}$、$T_2$ 称为系统时间常数。式(2.1-9、10)就是所求的微分方程式。这是一个典型的二阶线性常系数微分方程，对应的系统也称为二阶线性定常系统。

例 2.1-2 由理想运算放大器组成的电路如图 2.1-2 所示，电压 $u_i(t)$ 为输入量，电压 $u_0(t)$ 为输出量，求它的微分方程式。

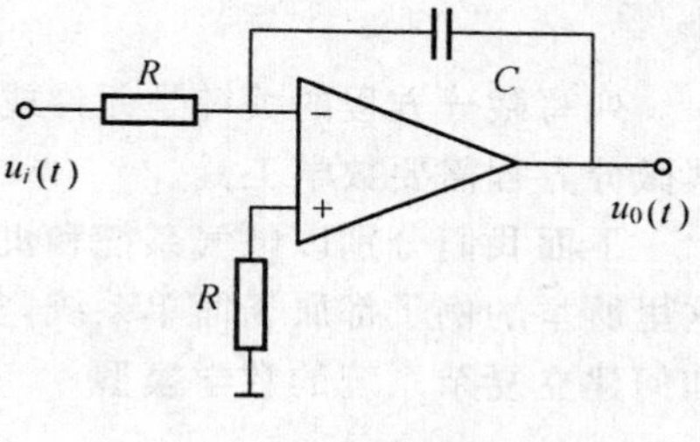

图 2.1-2 电容负反馈电路

解 理想运算放大器正、反相输入端的电位相同，且输入电流为零。根据基尔霍夫电流定律有

$$\frac{u_i(t)}{R} + C\frac{\mathrm{d}u_0(t)}{\mathrm{d}t} = 0$$

整理后得

$$RC\frac{\mathrm{d}u_0(t)}{\mathrm{d}t} = -u_i(t) \tag{2.1-11}$$

或

$$T\frac{\mathrm{d}u_0(t)}{\mathrm{d}t} = -u_i(t) \tag{2.1-12}$$

式中 $T = RC$ 称为时间常数。式(2.1-11、12)就是该系统的微分方程式。这是一阶系统。

二、 机械系统

机械系统指的是存在机械运动的装置，它们遵循物理学的力学定律。机械运动包括直线运动(相应的位移称为线位移)和转动(相应的位移称为角位移)两种。

做直线运动的物体要遵循的基本力学定律是牛顿第二定律

$$\sum F = m\frac{\mathrm{d}^2x}{\mathrm{d}t^2} \tag{2.1-13}$$

式中 F 为物体所受到的力，m 为物体质量，x 是线位移，t 是时间。

转动的物体要遵循如下的牛顿转动定律

$$\sum T = J\frac{\mathrm{d}^2\theta}{\mathrm{d}t^2} \tag{2.1-14}$$

式中 T 为物体所受到的力矩，J 为物体的转动惯量，θ 为角位移。

运动着的物体，一般都要受到摩擦力的作用，摩擦力 F_c 可表示为

$$F_c = F_B + F_f = f\frac{dx}{dt} + F_f \tag{2.1-15}$$

式中　x 为位移，$F_B=f\frac{dx}{dt}$称为粘性摩擦力，它与运动速度成正比，而 f 称为粘性阻尼系数。F_f 表示恒值摩擦力，又称库仑摩擦力。

对于转动的物体，摩擦力的作用体现为如下的摩擦力矩 T_c

$$T_c = T_B + T_f = K_c\frac{d\theta}{dt} + T_f \tag{2.1-16}$$

式中　$T_B=K_c\frac{d\theta}{dt}$是粘性摩擦力矩，$K_c$ 称为粘性阻尼系数，T_f 为恒值摩擦力矩。

例 2.1-3　一个由弹簧-质量-阻尼器组成的机械平移系统如图 2.1-3 所示。m 为物体质量，k 为弹簧系数，f 为粘性阻尼系数，外力 $F(t)$为输入量，位移 $y(t)$为输出量。列写系统的运动方程。

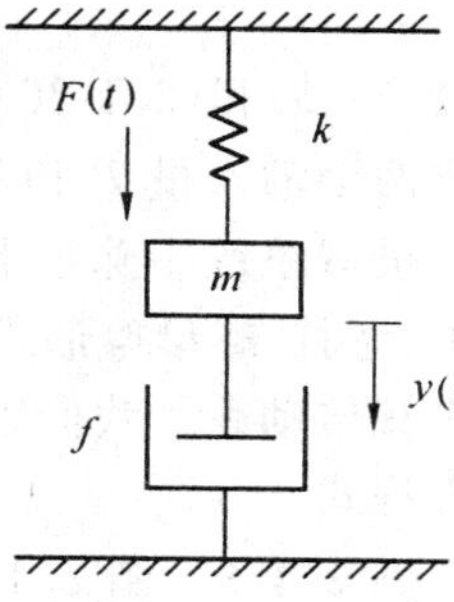

图 2.1-3　机械平移系统

解　取向下为力和位移的正方向。当 $F(t)=0$ 时物体的平衡位置为位移 y 的零点。该物体 m 受到四个力的作用：外力 $F(t)$，弹簧的弹力 F_k，粘性摩擦力 F_B 及重力 mg。F_k、F_B 向上为正。由牛顿第二定律知

$$F(t) - F_k - F_B + mg = m\frac{d^2y(t)}{dt^2} \tag{2.1-17}$$

且

$$F_B = f\frac{dy(t)}{dt} \tag{2.1-18}$$

$$F_k = k[y(t) + y_0] \tag{2.1-19}$$

$$mg = ky_0 \tag{2.1-20}$$

式中　y_0 为 $F=0$、物体处于静平衡位置时弹簧的伸长量，将式(2.1-18、19、20)代入式(2.1-17)得到该系统的运动方程式

$$m\frac{d^2y(t)}{dt^2} + f\frac{dy(t)}{dt} + ky(t) = F(t) \tag{2.1-21}$$

或写成

$$\frac{m}{k}\frac{d^2y(t)}{dt^2} + \frac{f}{k}\frac{dy(t)}{dt} + y(t) = \frac{1}{k}F(t) \tag{2.1-22}$$

式中　$\sqrt{m/k}$为系统的时间常数，该系统是二阶线性定常系统。

从该例还可看出，物体的重力不出现在运动方程中，重力对物体的运动形式没有影响。当取平衡点为位移的零点，并且忽略重力的作用时，列出的方程正是系统的动态方程。

例 2.1-4　图 2.1-4 所示的机械转动系统包括一个惯性负载和一个粘性摩擦阻尼器，J 为转动惯量，f 为粘性摩擦系数，ω、θ 为角速度和角位移，T_{fz}为作用在该轴上的负载阻转矩，T 为作用在该轴上的主动外力矩。以 T 为输入量，分别列写出以 ω 为输出量和以 θ 为输出

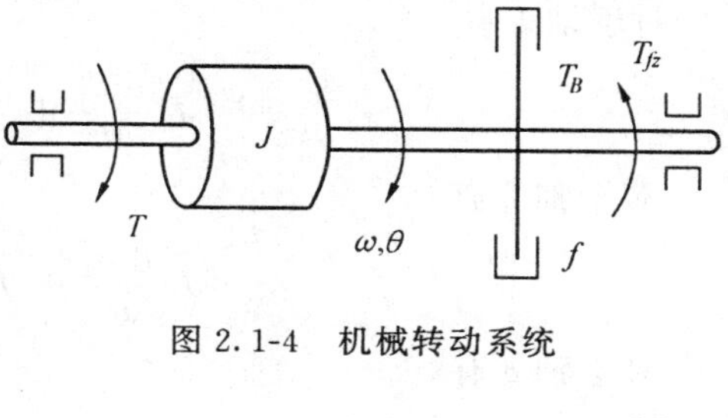

图 2.1-4　机械转动系统

量的运动方程。

解 根据牛顿转动定律有

$$J\frac{\mathrm{d}\omega}{\mathrm{d}t}=T-T_B-T_{fz} \tag{2.1-23}$$

T_B 为粘性摩擦力矩，且

$$T_B=f\omega \tag{2.1-24}$$

将上式代入(2.1-23)可得

$$J\frac{\mathrm{d}\omega}{\mathrm{d}t}+f\omega=T-T_{fz} \tag{2.1-25}$$

将 $\omega=\mathrm{d}\theta/\mathrm{d}t$ 代入上式可得

$$J\frac{\mathrm{d}^2\theta}{\mathrm{d}t^2}+f\frac{\mathrm{d}\theta}{\mathrm{d}t}=T-T_{fz} \tag{2.1-26}$$

式(2.1-25)和(2.1-26)分别是以 ω 为输出量和以 θ 为输出量的运动方程式。该装置实际上有两个输入量 T 和 T_{fz}。

机械系统中除了上例的单轴转动系统外，常常碰到多轴传动系统，各轴之间以齿轮、皮带、丝杠-螺母等形式联接在一起，以实现转速和力矩的改变。这种多轴传动装置一般称为机械传动系。我们以图 2.1-5 所示齿轮传动系统为例说明如何建立机械传动系统的运动方程式。

例 2.1-5 图 2.1-5 表示一个具有 2 级减速的齿轮传动系统，它有 3 个轴和 4 个齿轮。T 为电动机输出的机械力矩，它作用在轴 1(输入轴)上，T_{fz}是作用在轴 3(输出轴)的负载转矩。(J_1,f_1)、(J_2,f_2)、(J_3,f_3)分别代表相应轴的转动惯量与粘性摩擦系数，θ_1、θ_2、θ_3 分别表示相应轴的转角。i_1、i_2 分别为两级减速器的传动比，即 $i_1=\theta_1/\theta_2$，$i_2=\theta_2/\theta_3$。试列写以转矩 T 为输入量，以转角 θ_1 为输出量的运动方程式。

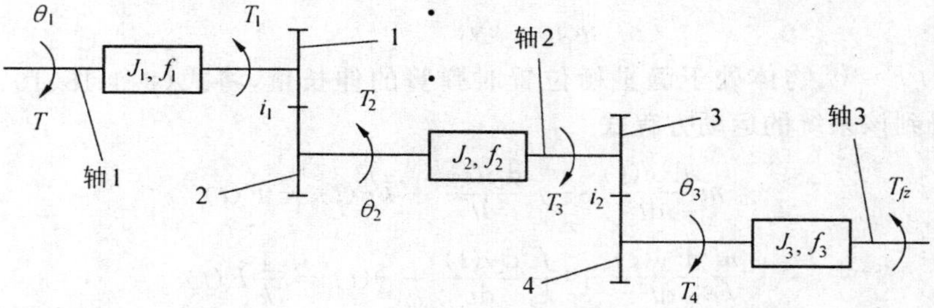

图 2.1-5 齿轮传动系统

解 设 T_1 为齿轮 2 作用于齿轮 1 的力矩，T_2、T_3、T_4 分别为齿轮 2、3、4 所受到的力矩。

对于轴 1 有

$$J_1\frac{\mathrm{d}^2\theta_1}{\mathrm{d}t^2}+f_1\frac{\mathrm{d}\theta_1}{\mathrm{d}t}=T-T_1 \tag{2.1-27}$$

对于轴 2 有

$$J_2\frac{\mathrm{d}^2\theta_2}{\mathrm{d}t^2}+f_2\frac{\mathrm{d}\theta_2}{\mathrm{d}t}=T_2-T_3 \tag{2.1-28}$$

对于轴 3 有

$$J_3 \frac{d^2\theta_3}{dt^2} + f_3 \frac{d\theta_3}{dt} = T_4 - T_{fz} \tag{2.1-29}$$

上述各式中，θ_2、θ_3 及 T_1、T_2、T_3、T_4 为中间变量，根据已知条件有

$$\theta_2 = \frac{\theta_1}{i_1} \tag{2.1-30}$$

$$\theta_3 = \frac{\theta_2}{i_2} \tag{2.1-31}$$

忽略齿轮啮合中的功率损耗可得

$$T_1\theta_1 = T_2\theta_2 \tag{2.1-32}$$

$$T_3\theta_2 = T_4\theta_3 \tag{2.1-33}$$

即

$$T_2 = i_1 T_1 \tag{2.1-34}$$

$$T_4 = i_2 T_3 \tag{2.1-35}$$

将式(2.1-27、28、29、30、31、34、35)整理后，可得该传动系统的运动方程式为

$$\left(J_1 + \frac{J_2}{i_1^{\,2}} + \frac{J_3}{i_1^{\,2} i_2^{\,2}}\right) \frac{d^2\theta_1}{dt^2} + \left(f_1 + \frac{f_2}{i_1^{\,2}} + \frac{f_3}{i_1^{\,2} i_2^{\,2}}\right) \frac{d\theta_1}{dt} = T - \frac{T_{fz}}{i_1 i_2} \tag{2.1-36}$$

把式(2.1-36)和例 2.1-4 的式(2.1-26)进行比较可以发现，单轴转动系统和多轴传动系统的运动方程式很相似。在式(2.1-36)中，我们一般把 $J_2/i_1^{\,2}$ 和 $J_3/(i_1^{\,2}i_2^{\,2})$ 分别称为轴 2 和轴 3 折算到轴 1 的转动惯量，而把 f_2/i_1^2 和 $f_3/(i_1^{\,2}i_2^{\,2})$ 分别称为轴 2 和轴 3 折算到轴 1 的阻尼系数，把 $T_{fz}/(i_1 i_2)$ 称为轴 3 折算到轴 1 的负载力矩。

可以看出，折算转动惯量和折算阻尼系数都等于原数值除以传动比的平方 i^2，而折算力矩等于原数值除以传动比 i，这是普遍规律。有了折算值的概念后，利用单轴转动系统的运动方程式，就很容易写出复杂的机械传动系统的运动方程式。

2.2 传递函数

古典控制理论研究的主要内容之一，就是系统输出和输入的关系，或者说如何由已知的输入量求输出量。微分方程虽然可以表示出输出和输入之间的关系，但由于微分方程的求解比较困难，所以微分方程所表示的变量间的关系总是显得很复杂。以拉普拉斯变换为基础所得出的传递函数这个概念，则把控制系统输出和输入的关系表示得简单明了。

一、 传递函数的定义

如果一个一般的线性定常系统的输入量和输出量分别为 $x(t)$ 和 $y(t)$，则这个系统的动态方程可用下列的线性常系数微分方程表示

$$\begin{aligned} &y^{(n)}(t) + a_{n-1}y^{(n-1)}(t) + a_{n-2}y^{(n-2)}(t) + \cdots + a_1\dot{y}(t) + a_0 y(t) = \\ &\quad b_m x^{(m)}(t) + b_{m-1}x^{(m-1)}(t) + \cdots + b_1\dot{x}(t) + b_0 x(t) \end{aligned} \tag{2.2-1}$$

式中　a_i、b_i 都是由系统结构决定的常数，$y^{(n)}(t)$ 表示 $d^n y(t)/dt^n$。

令 $x(t)$ 和 $y(t)$ 及其各阶导数的初始值为零，即

$$x^{(i)}(0) = 0 \quad (i = 0,1,2,\cdots,m-1)$$

$$y^{(i)}(0) = 0 \quad (i = 0,1,2,\cdots,n-1)$$

对式(2.2-1)取拉氏变换得

$$(s^n + a_{n-1}s^{n-1} + a_{n-2}s^{n-2} + \ldots + a_1 s + a_0)Y(s) = (b_m s^m + b_{m-1}s^{m-1} + \ldots + b_1 s + b_0)X(s) \tag{2.2-2}$$

式中 s 为拉氏变换中的复数参变量。变量的拉氏变换式用大写字母表示。

于是有

$$\frac{Y(s)}{X(s)} = \frac{b_m s^m + b_{m-1}s^{m-1} + \ldots + b_1 s + b_0}{s^n + a_{n-1}s^{n-1} + \ldots + a_1 s + a_0} = \frac{N(s)}{D(s)} \tag{2.2-3}$$

式中

$$N(s) = b_m s^m + b_{m-1}s^{m-1} + \ldots + b_1 s + b_0$$

$$D(s) = s^n + a_{n-1}s^{n-1} + \ldots + a_1 s + a_0$$

可见，对于线性定常系统，输出量的拉氏变换式 $Y(s)$ 和输入量的拉氏变换式 $X(s)$ 之比是一个只取决于系统结构的 s 的函数。这个函数把输出量与输入量联系起来。于是，我们引入下述定义。

在初始条件为零时，线性定常系统或元件输出信号的拉氏变换式 $Y(s)$ 与输入信号的拉氏变换式 $X(s)$ 之比，称为该系统或元件的传递函数，通常记为 $G(s)$。因此有

$$G(s) = \frac{Y(s)}{X(s)} \tag{2.2-4}$$

所以

$$Y(s) = G(s)X(s) \tag{2.2-5}$$

因此，知道了系统的传递函数和输入信号的拉氏变换式，我们就很容易求得初始条件为零时系统输出信号的拉氏变换式。

由上述可见，求系统传递函数的一个方法，就是利用它的微分方程式并取拉氏变换。

例 2.2-1 求图 2.1-1 所示的 LRC 电路的传递函数 $G(s)=U_0(s)/U_i(s)$。

解 由例 2.1-1 知该电路的微分方程是

$$LC\frac{\mathrm{d}^2u_0(t)}{\mathrm{d}t^2} + RC\frac{\mathrm{d}u_0(t)}{\mathrm{d}t} + u_0(t) = u_i(t)$$

在零初始条件下对上式取拉氏变换得

$$(LCs^2 + RCs + 1)U_0(s) = U_i(s) \tag{2.2-6}$$

因此有

$$G(s) = \frac{U_0(s)}{U_i(s)} = \frac{1}{LCs^2 + RCs + 1}$$

例 2.2-2 求图 2.1-2 所示运算放大器电路的传递函数 $G(s)=U_0(s)/U_i(s)$。

解 由例 2.1-2 知，该电路的微分方程是

$$RC\frac{\mathrm{d}u_0(t)}{\mathrm{d}t} = -u_i(t)$$

在零初始条件下对上式取拉氏变换得

$$RCs\,U_0(s) = -U_i(s)$$

所以

$$G(s) = \frac{U_0(s)}{U_i(s)} = -\frac{1}{RCs} \tag{2.2-7}$$

例2.2-3 求图2.1-3所示机械系统的传递函数$G(s)=Y(s)/F(s)$。

解 由例2.1-3知，该系统的动态微分方程是

$$m\frac{d^2y(t)}{dt^2}+f\frac{dy(t)}{dt}+ky(t)=F(t)$$

在零初始条件下取拉氏变换得

$$(ms^2+fs+k)Y(s)=F(s)$$

故

$$G(s)=\frac{Y(s)}{F(s)}=\frac{1}{ms^2+fs+k}=\frac{\frac{1}{k}}{\frac{m}{k}s^2+\frac{f}{k}s+1} \tag{2.2-8}$$

二、 关于传递函数的几点说明

1. 传递函数的概念适用于线性定常系统，它与线性常系数微分方程一一对应。传递函数的结构和各项系数(包括常数项)完全取决于系统本身结构，因此，它是系统的动态数学模型，而与输入信号的具体形式和大小无关。

但是同一个系统若选择不同的量做输入量和输出量，所得到的传递函数可能不同。所以谈到传递函数，必须指明输入量和输出量。传递函数的概念主要适用于单输入、单输出的情况。若系统有多个输入信号，在求传递函数时，除了一个有关的输入量以外，其它输入量(包括常值输入量)一概视为零。

2. 传递函数不能反映系统或元件的学科属性和物理性质。物理性质和学科类别截然不同的系统可能具有完全相同的传递函数。例如，例2.2-1的LRC电路与例2.2-3的机械平移系统具有相似的传递函数，但却分属电学和力学两个不同的领域。另一方面，研究某一种传递函数所得到的结论，可以适用于具有这种传递函数的各种系统，不管它们的学科类别和工作机理如何不同。这就极大地提高了控制工作者的效率。

今后，在确定了系统或元件的传递函数以后，我们就不再考虑系统的具体属性，而只研究传递函数本身。换言之，我们将用传递函数代表元件和系统，而不论其学科属性和工作机理。

3. 对于实际的元件和系统，传递函数是复变量s(拉氏变换的复数参变量)的有理分式，其分子$N(s)$和分母$D(s)$都是s的有理多项式，即它们的各项系数均是实数。式(2.2-3)可称为有理分式或多项式传递函数。

传递函数除了写成式(2.2-3)所示的形式以外，还常写成如下两种形式

$$G(s)=\frac{N(s)}{D(s)}=k\frac{(s-z_1)(s-z_2)\cdots(s-z_m)}{(s-p_1)(s-p_2)\cdots(s-p_n)} \tag{2.2-9}$$

及

$$G(s)=\frac{N(s)}{D(s)}=K\frac{(\tau_1s+1)(\tau_2s^2+2\xi\tau_2s+1)\cdots(\tau_ls+1)}{s^v(T_1s+1)(T_2s^2+2\xi T_2s+1)\cdots(T_ks+1)} \tag{2.2-10}$$

式(2.2-9)的特点是各个一次因式项中s的系数都是1。称z_1、z_2、…、z_m为传递函数的零点，称p_1、p_2、…、p_n为传递函数的极点，称k为零极点增益或根轨迹增益，该式称为传递函数的零极点表达式。由于$N(s)$和$D(s)$的各项系数都是实数，所以零点和极点是实数或

共轭复数。式(2.2-10)的特点是各个因式项中的常数项(如果不是零)都是1。称τ_i、T_j为系统中各环节的时间常数,称K为系统的放大倍数。式中一次因式对应于实数限,二次因式对应于共轭复数根。可以证明,零极点增益k与放大倍数K成正比。

4. 理论分析和实验都指出,对于实际的物理元件和系统而言,输入量与它所引起的响应(输出量)之间的传递函数,分子多项式$N(s)$的阶次m(s的最高幂次数)总是小于分母多项式$D(s)$的阶次n,即$m<n$。这个结论可以看成是客观物理世界的基本属性。它反映了这样一个基本事实:一个物理系统的输出不能立即完全复现输入信号,只有经过一定的时间过程后,输出量才能达到输入量所要求的数值。

对于具体的控制元件和系统,我们总是可以找到形成上述事实的原因。例如对于机械系统,由于物体都有质量,物体受到外力和外力矩作用时都要产生形变,相互接触并存在相对运动的物体之间总是存在摩擦,这些都是造成机械装置传递函数分母阶次高于分子阶次的原因。电气网络中,由运算放大器组成的电压放大器,如果考虑到其中潜在的电容和电感,输出电压和输入电压间的传递函数,分子阶次一定低于分母阶次。

如果一个传递函数分子的阶次高于分母的阶次,就称它是物理上不可实现的。实际上,有一些元件和电子线路,在一定的范围和一定的工作条件下,可以认为其传递函数分子的阶次高于分母的阶次。因此,这种传递函数虽然从原理上不可实现,但在实际中还是可以近似实现的。但实现起来总是要困难一些,并有明显的适用范围和限制条件,且有较大的误差。此外,采用计算机实现这种传递函数,往往具有较高的精度。

5. 在传递函数$G(s)$中,自变量是复变量s。称传递函数是系统的复域描述,这时系统中各变量都以s为自变量,称它们处于复域。而在微分方程中,自变量是时间t,称微分方程是系统的时域描述,而各变量以时间t为自变量时,称它们处于时域。

6. 令系统传递函数分母等于零所得方程称为特征方程,即$D(s)=0$。特征方程的根称为特征根。

三、 基本环节及其传递函数

实际的系统往往是很复杂的。为了分析方便起见,一般把一个复杂的控制系统分成一个个小部分,称为环节。从动态方程、传递函数和运动特性的角度看,不宜再分的最小环节称为基本环节。控制系统虽然是各种各样的,但是常见的典型基本环节并不多。下面介绍最常见的典型基本环节。

以下叙述中设$x(t)$为环节的输入量,$y(t)$为输出量,$G(s)$为传递函数。

1. 比例环节(放大环节)

比例环节的动态方程是

$$y(t) = Kx(t) \tag{2.2-11}$$

由上式可求得比例环节的传递函数

$$G(s) = \frac{Y(s)}{X(s)} = K \tag{2.2-12}$$

式中 K为常数,称为放大系数。比例环节又称为放大环节,它的输出量与输入量成比例,它的传递函数是一个常数。

几乎每一个控制系统中都有比例环节。由电子线路组成的放大器是最常见的比例环节。机械系统中的齿轮减速器，以输入轴和输出轴的角位移（或角速度）作为输入量和输出量，也是一个比例环节。

伺服系统中使用的绝大部分测量元件，如电位器、旋转变压器、感应同步器、光电码盘、光栅、直流测速发电机等，都可以看成是比例环节。

2. 惯性环节

惯性环节又称为非周期环节，它的微分方程是

$$T\frac{\mathrm{d}y(t)}{\mathrm{d}t}+y(t)=x(t) \tag{2.2-13}$$

由上式可求得惯性环节的传递函数

$$G(s)=\frac{Y(s)}{X(s)}=\frac{1}{Ts+1} \tag{2.2-14}$$

式中　T 称为惯性环节的时间常数。若 $T=0$，该环节就变成放大环节。

3. 积分环节

积分环节的动态方程是

$$y(t)=\int x(t)\mathrm{d}t \tag{2.2-15}$$

由上式可求得积分环节的传递函数

$$G(s)=\frac{Y(s)}{X(s)}=\frac{1}{s} \tag{2.2-16}$$

积分环节的输出量等于输入量的积分。例2.2-2的传递函数就包含一个积分环节。

4. 振荡环节

振荡环节的微分方程是

$$T^2\frac{\mathrm{d}^2y(t)}{\mathrm{d}t^2}+2\xi T\frac{\mathrm{d}y(t)}{\mathrm{d}t}+y(t)=x(t)\qquad(0\leqslant\xi<1) \tag{2.2-17}$$

振荡环节的传递函数是

$$G(s)=\frac{Y(s)}{X(s)}=\frac{1}{T^2s^2+2\xi Ts+1}=\frac{\omega_n^2}{s^2+2\xi\omega_ns+\omega_n^2}\qquad(0\leqslant\xi<1) \tag{2.2-18}$$

式中　T、ξ、ω_n 皆为常数，且 $\omega_n=1/T$。T 称为该环节的时间常数，ω_n 称为无阻尼自振角频率，ξ 称为阻尼比。上述传递函数属于二阶环节，当$0\leqslant\xi<1$时，该环节称为振荡环节，因为这时它的输出信号具有振荡的形式。例2.2-1的LRC电路在阻尼比小于1时就是一个振荡环节，例2.2-3中的机械平移系统在阻尼比小于1时也包含一个振荡环节。

5. 纯微分环节

纯微分环节往往简称为微分环节，它的微分方程是

$$y(t)=\frac{\mathrm{d}x(t)}{\mathrm{d}t} \tag{2.2-19}$$

纯微分环节的传递函数是

$$G(s)=\frac{Y(s)}{X(s)}=s \tag{2.2-20}$$

纯微分环节的输出信号是输入信号的微分。

6. 一阶微分环节

一阶微分环节的微分方程是

$$y(t) = \tau \frac{\mathrm{d}x(t)}{\mathrm{d}t} + x(t) \tag{2.2-21}$$

式中 τ 称为该环节的时间常数。一阶微分环节的传递函数为

$$G(s) = \frac{Y(s)}{X(s)} = \tau s + 1 \tag{2.2-22}$$

7. 二阶微分环节

二阶微分环节的微分方程为

$$y(t) = \tau^2 \frac{\mathrm{d}^2 x(t)}{\mathrm{d}t^2} + 2\xi\tau \frac{\mathrm{d}x(t)}{\mathrm{d}t} + x(t) \tag{2.2-23}$$

二阶微分环节的传递函数是

$$G(s) = \frac{Y(s)}{X(s)} = \tau^2 s^2 + 2\xi\tau s + 1 \tag{2.2-24}$$

τ 和 ξ 是常数，称 τ 为该环节的时间常数。

8. 延迟环节

延迟环节的动态方程是

$$y(t) = x(t - \tau) \tag{2.2-25}$$

式中 τ 是常数，称为该环节的延迟时间。由上式可见，延迟环节任意时刻的输出值等于 τ 时刻以前的输入值，也就是说，输出信号比输入信号延迟了 τ 个时间单位。

延迟环节是线性环节，它的传递函数是

$$G(s) = \frac{Y(s)}{X(s)} = \mathrm{e}^{-\tau s} \tag{2.2-26}$$

四、 电气网络的运算阻抗与传递函数

求传递函数一般都要先列写微分方程式。然而对于电气网络，采用电路理论中的运算阻抗的概念和方法，不列写微分方程式也可以方便地求出相应的传递函数。

首先介绍运算阻抗的概念。电阻 R 的运算阻抗就是电阻 R 本身。电感 L 的运算阻抗是 Ls，电容 C 的运算阻抗是 $1/Cs$，其中 s 是拉氏变换的复参量。把普通电路中的电阻 R、电感 L、电容 C 全换成相应的运算阻抗，把电流 $i(t)$ 和电压 $u(t)$ 全换成相应的拉氏变换式 $I(s)$ 和 $U(s)$，把运算阻抗当作普通电阻。那么从形式上看，在零初始条件下，电路中的运算阻抗和电流、电压的拉氏变换式 $I(s)$、$U(s)$ 之间的关系满足各种电路定律，如欧姆定律、基尔霍夫电流定律和电压定律。于是，我们就可以采用普通的电路定律，经过简单的代数运算，就可能求解 $I(s)$、$U(s)$ 及相应的传递函数。采用运算阻抗的方法又称为运算法，相应的电路图称为运算电路。

例2.2-4 在图2.2-1(a)中，电压 u_1 和 u_2 分别是输入量和输出量，求该电路的传递函数 $G(s)=U_2(s)/U_1(s)$。

解 将电路图2.2-1(a)变成运算电路图(b)，R 与 $1/Cs$ 组成简单的串联电路，于是

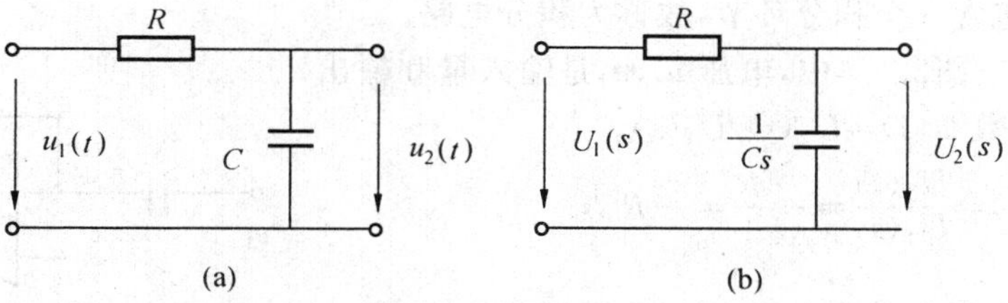

图2.2-1　RC 电路

$$G(s)=\frac{U_2(s)}{U_1(s)}=\frac{\frac{1}{Cs}}{R+\frac{1}{Cs}}=\frac{1}{RCs+1}$$

这是一个惯性环节。

例2.2-5　在图2.2-2(a)中，电压 $u_1(t)$、$u_2(t)$分别为输入量和输出量，求传递函数 $G(s)=U_2(s)/U_1(s)$。

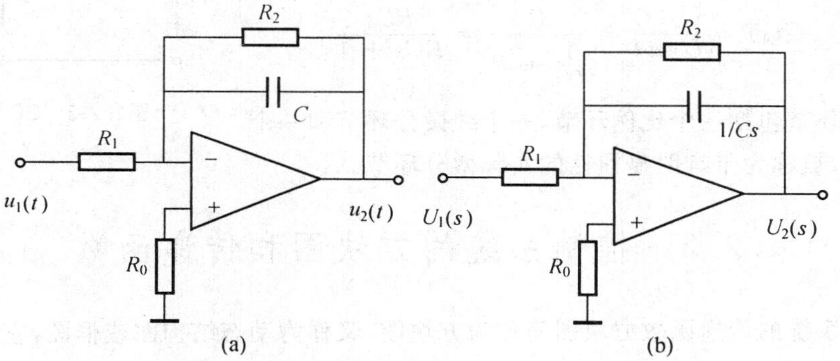

图2.2-2　运放电路

解　将图(a)换成运算电路图(b)。设 R_2与$1/Cs$ 的并联电路的运算阻抗为 Z_1，则

$$Z_1=\frac{R_2\frac{1}{Cs}}{R_2+\frac{1}{Cs}}=\frac{R_2}{R_2Cs+1}$$

根据理想运算放大器反相输入时的特性，有

$$G(s)=\frac{U_2(s)}{U_1(s)}=-\frac{Z_1}{R_1}=-\frac{R_2}{R_1(R_2Cs+1)}$$

这个传递函数含有一个惯性环节和一个比例环节。

例2.2-6　图2.2-3中电压 u_1、u_2是输入量和输出量，求传递函数 $G(s)=U_2(s)/U_1(s)$。

解　C 的运算阻抗是$1/Cs$。这是运算放大器的反相输入，故有

$$G(s)=\frac{U_2(s)}{U_1(s)}=-\frac{\frac{1}{Cs}}{R}=-\frac{1}{RCs}$$

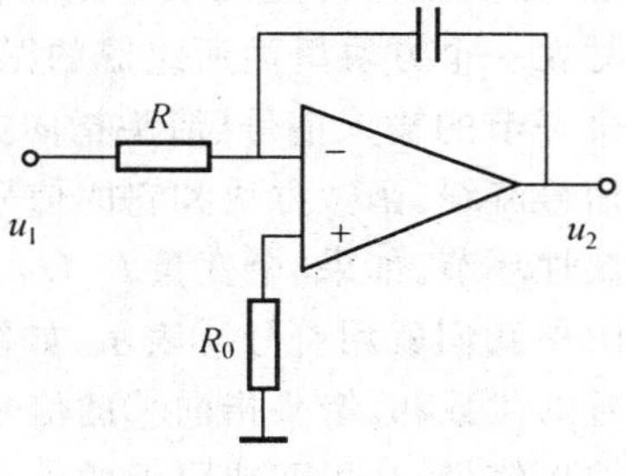

图2.2-3　积分电路

该电路包含一个积分环节，故称为积分电路。

例2.2-7 图2.2-4中，电压 u_1、u_2是输入量和输出量，求传递函数 $G(s)=U_2(s)/U_1(s)$。

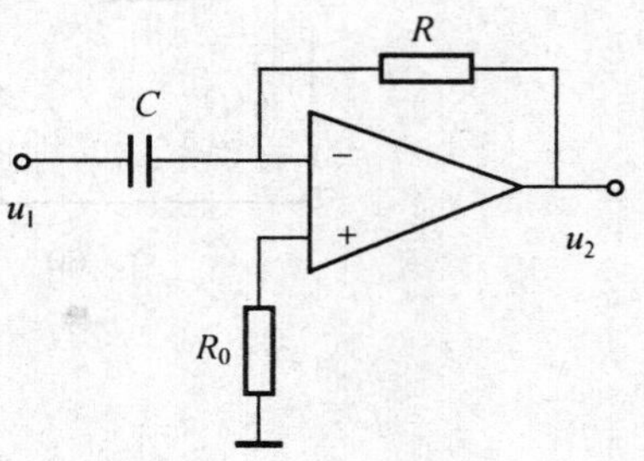

图2.2-4 微分电路

解 $$G(s)=\frac{U_2(s)}{U_1(s)}=-\frac{R}{\frac{1}{Cs}}=-RCs$$

这个环节是由纯微分环节和比例环节组成，称为理想微分环节。

这个传递函数是在理想运算放大器及理想的电阻、电容基础上推导出来的，对于实际元件来说，它只是在一定的限制条件下才成立。

例2.2-8 图2.2-5中，电压 u_1、u_2是输入量和输出量，求传递函数 $G(s)=U_2(s)/U_1(s)$。

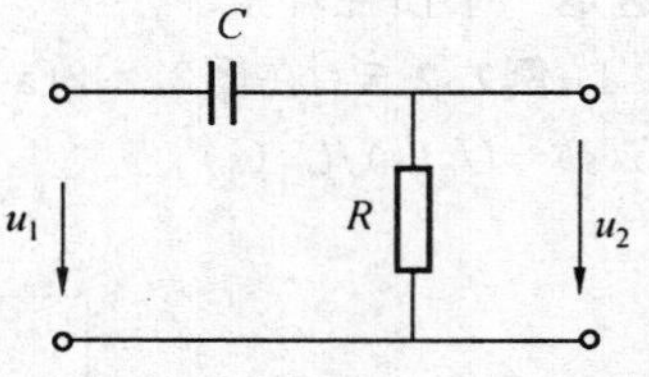

图2.2-5 CR 电路

解 $$G(s)=\frac{U_2(s)}{U_1(s)}=\frac{R}{\frac{1}{Cs}+R}=\frac{RCs}{RCs+1}$$

这个环节包括一个比例环节，一个纯微分环节和一个惯性环节，被称为带有明显惯性的实际微分环节。

2.3 控制系统的方块图和传递函数

控制系统的传递函数方块图简称为方块图，又称为动态结构图或框图，它们是以图形表示的数学模型。方块图能够非常清楚地表示出输入信号在系统各元件之间的传递过程，利用方块图又可以方便地求出复杂系统的传递函数。方块图是分析控制系统的一个简明而又有效的工具。本节介绍如何绘制系统方块图以及如何利用方块图求传递函数。

一、 方块图的概念和绘制

系统的方块图包括函数方块、信号流线、相加点、分支点等图形符号。方块图就是利用这些符号表示各个环节传递函数，以及取拉氏变换后的各环节输出量、输入量的相互关系。方块图是传递函数的图解化，块图中各变量均以 s 为自变量。把一个环节的传递函数写在一个方块里面所组成的图形就叫函数方块。在方块的外面画上带箭头的线段表示这个环节的输入信号(箭头指向方块)和输出信号(箭头离开方块)。这些带箭头的线段称为信号流线。函数方块和它的信号流线就代表系统中的一个环节。如图2.3-1(a)就表示一个惯性环节。如果3个变量 $U_1(s)$、$U_2(s)$及 $U_3(s)$之间的关系是 $U_1(s)-U_2(s)=U_3(s)$，在块图中我们就用符号⊗表示，如图2.3-1(b)所示。符号⊗称为相加点或综合点，它表示求信号的代数和。箭头指向⊗的信号流线表示它的输入信号，箭头离开它的信号流线表示它的输出信号，⊗里面或附近的＋、－号表示信号之间的运算关系是相加还是相减。

如果把一个系统的各个环节全用函数方块表示，并且根据实际系统中各环节信号的相互关系，用信号流线和相加点把各个函数方块连接起来，这样形成的一个完整图形就是系统的动态结构方块图。图2.3-2是一个负反馈系统的方块图。图中 $R(s)$ 和 $C(s)$ 分别是整个系统的输入量和输出量。

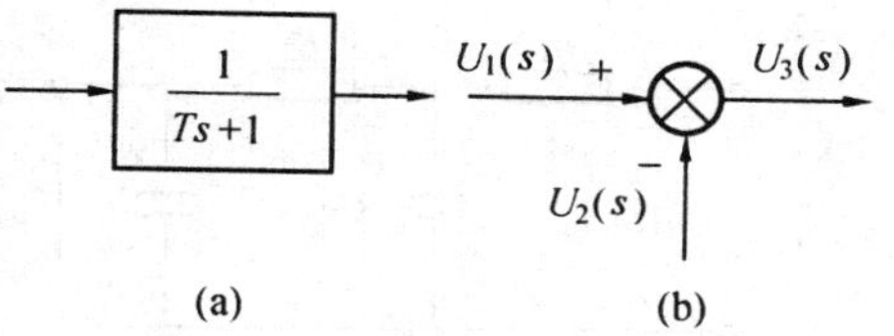

图2.3-1 函数方块与相加点

在实际系统中，一个环节的同一个输出信号可以引向几个不同的地方。为了表示这种情况，在方块图中，可以从一条信号流线上引出另一条或另几条信号流线，而信号引出的位置称为分支点或引出点。需注意的是，无论从一条信号流线或一个分支点引出多少条信号流线，它们都代表一个信号，即它们都是相等的，就等于原信号的大小。例如图2.3-2中，无论从分支点引出几条信号线，它们都代表 $C(s)$。

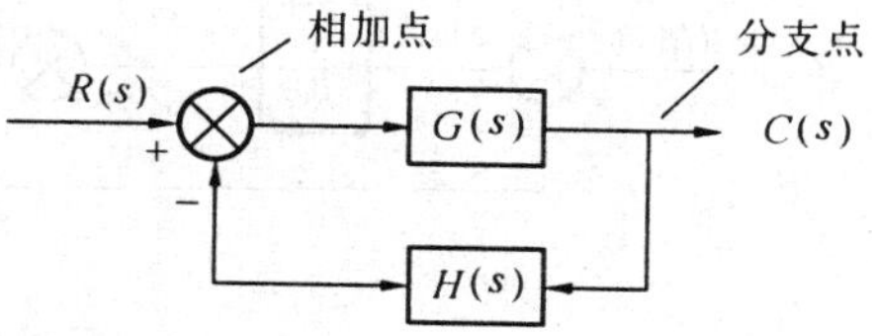

图2.3-2 负反馈系统

为了利用方块图，首先要绘制方块图。绘制系统方块图的根据就是系统各个环节的动态微分方程式（它们组成系统的动态微分方程组），及其拉氏变换式。

为了方便绘制方块图，对于复杂系统，列写系统方程组时可按下述顺序整理方程组：

1. 从输出量开始写，以系统输出量作为第一个方程左边的量。

2. 每个方程左边只有一个量。从第二个方程开始，每个方程左边的量是前面方程右边的中间变量。

3. 列写方程时尽量用已出现过的量。

4. 输入量至少要在一个方程的右边出现；除输入量外，在方程右边出现过的中间变量一定要在某个方程的左边出现。

一个系统可以具有不同的方块图，但由方块图得到的输出和输入信号的关系都是相同的。

例2.3-1 在图2.3-3(a)中，电压 $u_1(t)$、$u_2(t)$ 分别为输入量和输出量，绘制它的方块图。

解 图(a)所对应的运算电路如图(b)所示。设中间变量 $I_1(s)$、$I_2(s)$、和 $U_3(s)$ 如图所示。从输出量 $U_2(s)$ 开始按上述步骤列写系统方程式

$$U_2(s)=\frac{1}{C_2 s}I_2(s)$$

$$I_2(s)=\frac{1}{R_2}[U_3(s)-U_2(s)]$$

$$U_3(s)=\frac{1}{C_1 s}[I_1(s)-I_2(s)]$$

$$I_1(s)=\frac{1}{R_1}[U_1(s)-U_3(s)]$$

按着上述方程的顺序，从输出量开始绘制的系统方块图，如图2.3-3(c)所示。

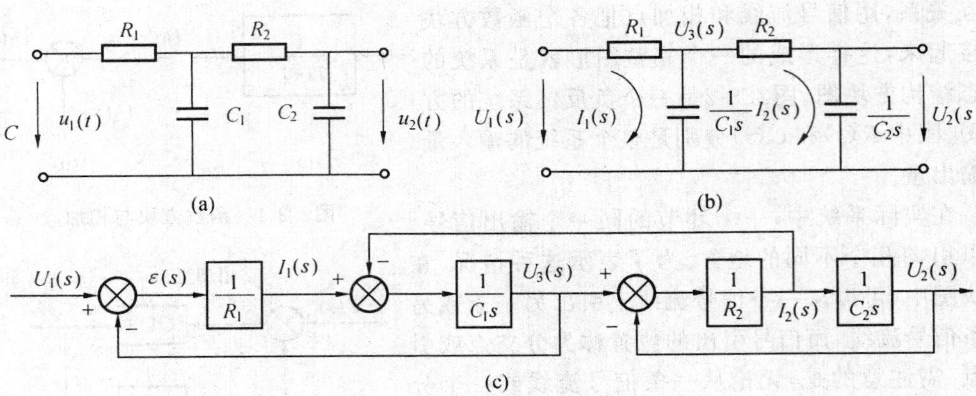

图2.3-3　RC滤波电路方块图

二、　方块图的变换规则

利用方块图分析和设计系统时，常常要对方块图的结构进行适当的改动。用方块图求系统的传递函数时，总是要对方块图进行简化。这些统称为方块图的变换或运算。对方块图进行变换所要遵循的基本原则是等效原则，即对方块图的任一部分进行变换时，变换前后该部分的输入量、输出量及其相互之间的数学关系应保持不变。

下面根据等效原则推导几条方块图变换规则：

1. 串联环节的简化

如果几个函数方块首尾相连，前一个方块的输出是后一个方块的输入，称这种结构为串联环节。图2.3-4(a)是3个环节串联的结构。

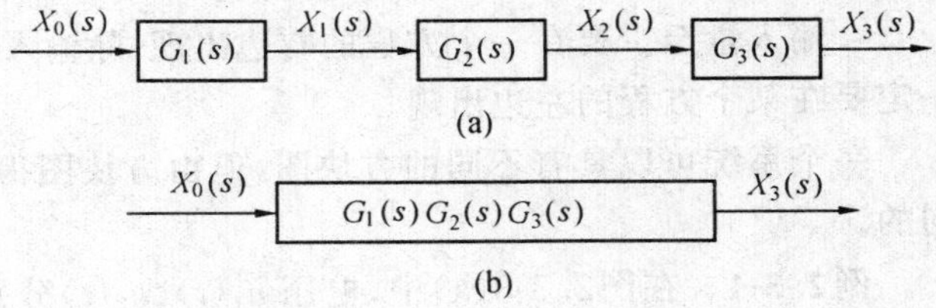

图2.3-4　3个环节串联

根据方块图可知

$X_1(s)=G_1(s)X_0(s)$

$X_2(s)=G_2(s)X_1(s)$

$X_3(s)=G_3(s)X_2(s)$

消去 $X_1(s)$ 和 $X_2(s)$ 后得

$$X_3(s) = G_3(s)G_2(s)G_1(s)X_0(s)$$

所以3个环节串联后的等效传递函数为

$$G(s) = \frac{X_3(s)}{X_0(s)} = G_1(s)G_2(s)G_3(s) \tag{2.3-1}$$

因此，3个环节串联的等效传递函数是它们各自传递函数的乘积。根据式(2.3-1)就可画出串联环节简化后的方块图，如图2.3-4(b)所示，原来的3个环节简化成一个环节。

显然，上述结论可以推广到任意个环节的串联。如图2.3-5所示，n 个环节串联的等效传递函数等于 n 个传递函数相乘

$$G(s) = \frac{X_n(s)}{X_0(s)} = G_1(s)G_2(s)\cdots G_n(s) \tag{2.3-2}$$

一个环节的输出接到下一个环节的输入端后，如果本身的传递函数不变，称环节间无

负载效应，否则称环节间有负载效应。在方块图中，总是认为无负载效应。若实际环节间存在负载效应，则式(2.3-2)中各环节的传递函数指的是带载后的传递函数。

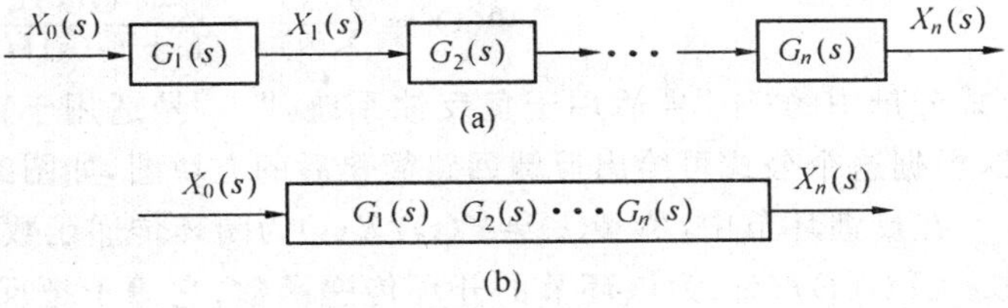

图2.3-5　n 个环节串联

2. 并联环节的简化

两个或多个环节具有同一个输入量，而以各自环节输出量的代数和作为总的输出量，这种结构称为并联。图2.3-6(a)表示三个环节并联的结构，根据方块图可知

$$X_4(s)=X_1(s)-X_2(s)+X_3(s)=G_1(s)X_0(s)-G_2(s)X_0(s)+G_3(s)X_0(s)=[G_1(s)-G_2(s)+G_3(s)]X_0(s)$$

所以整个结构的等效传递函数为

$$G(s)=\frac{X_4(s)}{X_0(s)}=G_1(s)-G_2(s)+G_3(s) \tag{2.3-3}$$

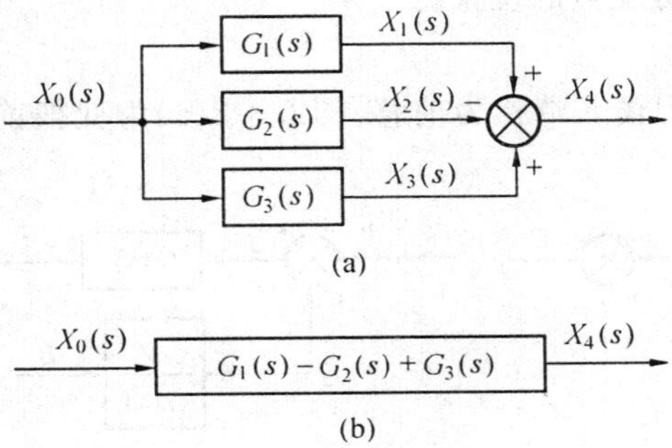

图2.3-6　三个环节并联

根据式(2.3-3)可画出3个环节并联的结构的简化方块图，如图2.3-6(b)所示，原来的3个函数方块和一个相加点简化成了一个函数方块。

上述结论可推广到任意 n 个环节并联的结构，所以 n 个环节并联，其总的等效传递函数是各环节传递函数的代数和。

3. 反馈回路的简化

图2.3-7(a)所示结构表示一个基本反馈回路。图中 $X(s)$和 $Y(s)$分别为该环节的输入量和输出量，$B(s)$称为反馈信号，$\varepsilon(s)$称为偏差信号。A 端称为输入端，C 端称为输出端。由偏差信号 $\varepsilon(s)$至输出信号 $Y(s)$，这条通道的传递函数 $G(s)$称为前向通道传递函数。由输出信号 $Y(s)$至反馈信号 $B(s)$，这条通道的传递函数 $H(s)$称为反馈通道传递函数。一般输入信号 $X(s)$在相加点前取“+”号。此时，若反馈信号 $B(s)$在相加点前取“+”，称为正反馈；取“−”，称为负反馈。负反馈是自动控制系统中常碰到的基本结构形式。

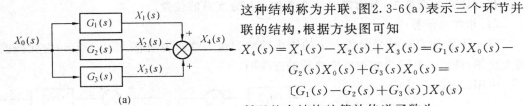

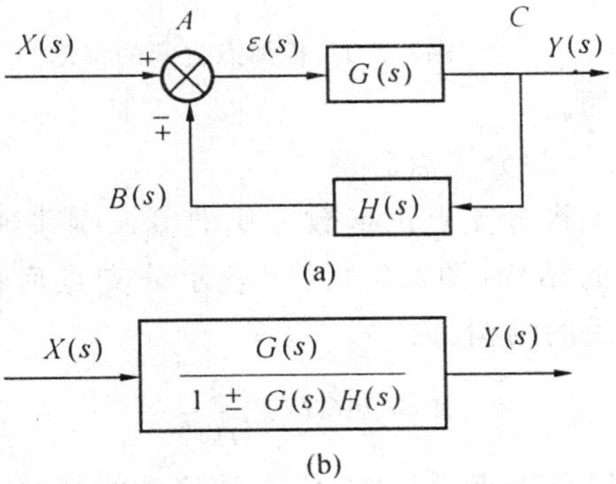

图2.3-7　基本反馈回路的简化

由图2.3-7(a)可知

$$Y(s)=G(s)\varepsilon(s)=G(s)[X(s)\mp B(s)]=G(s)[X(s)\mp H(s)Y(s)]=G(s)X(s)\mp G(s)H(s)Y(s)$$

于是可得反馈回路的等效传递函数为

$$\Phi(s)=\frac{Y(s)}{X(s)}=\frac{G(s)}{1\pm G(s)H(s)} \tag{2.3-4}$$

上式分母中的“+”号适用于负反馈系统，“−”号适用于正反馈系统。上式是最常用的公式，根据这个公式可绘出反馈回路简化后的方块图，如图2.3-7(b)所示。

在反馈环节中，称 $\Phi(s)=Y(s)/X(s)$ 为闭环传递函数，称前向通道与反馈通道传递函数之积 $G(s)H(s)$ 为该环节的开环传递函数，它等于把反馈通道在输入端的相加点之前断开后，所形成的开环结构的传递函数。

4. 相加点和分支点的移动

在方块图的变换中，常常需要改变相加点和分支点的位置。

(1)相加点前移

将一个相加点从一个函数方块的输出端移到输入端称为前移。图2.3-8(a)为变换前的方块图，图2.3-8(b)为相加点前移后的方块图。

由图2.3-8(a)可知

$$C=AG\pm B=G\left(A\pm\frac{1}{G}B\right)$$

所以图(b)中在 B 信号和相加点之前应加一个传递函数 $1/G(s)$。

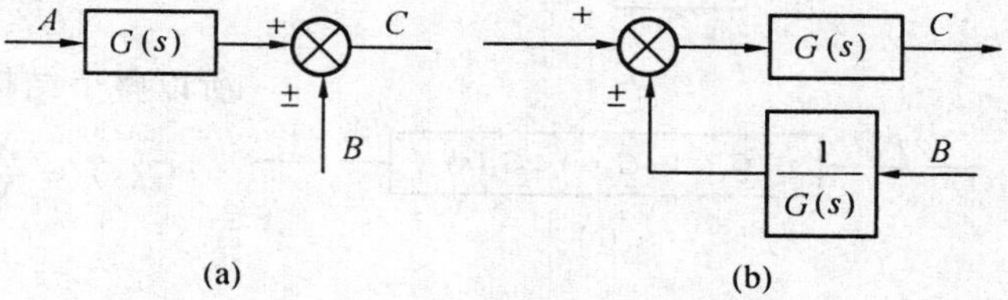

图2.3-8 相加点前移

(2)相加点之间的移动

图2.3-9(a)中有两个相加点，希望把这两个相加点先后的位置交换一下。由该图和加法交换律知

$$D=A\pm B\pm C=A\pm C\pm B$$

于是由图(a)可得到图(b)。可见，两个相邻的相加点之间可以相互交换位置而不改变该结构输入和输出信号间的关系。这个结论对于相邻的多个相加点也是适用的。

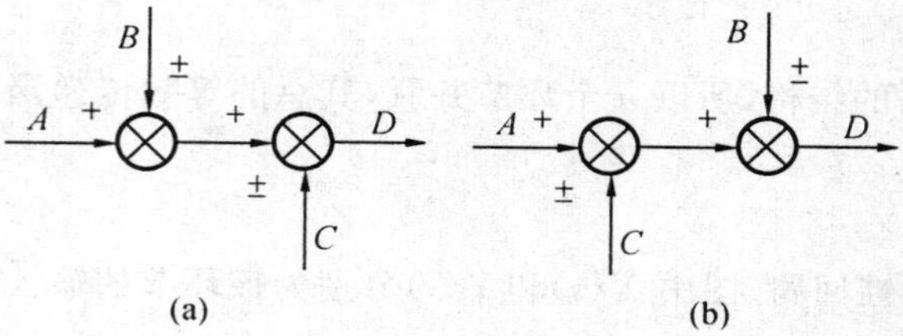

图2.3-9 相加点之间的移动

(3)分支点后移

将分支点由函数方块的输入端移到输出端，称为分支点后移。图2.3-10(a)表示变换前的结构，图2.3-10(b)表示分支点后移之后的结构。因

$$A=AG(s)\frac{1}{G(s)}$$

所以分支点后移时，应在被移动的通路上串入 $1/G(s)$ 的函数方块，如图2.3-10(b)所示。从另一个角度分析，设被移动的通路上应串入 $G_1(s)$，则由图(b)知 $G_1(s)=A/(AG(s))=1/G(s)$。

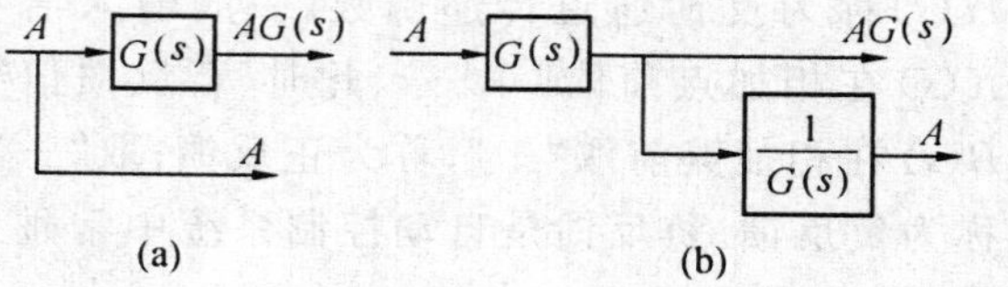

图2.3-10 分支点后移

(4)相邻分支点之间的移动

从一条信号流线上无论分出多少条信号线，它们都是代表同一个信号。所以在一条信

号流线上的各分支点之间可以随意改变位置，不必作任何其它改动，如图2.3-11(a)(b)所示。

方块图变换时经常碰到的变换规则如表2.3-1所示。

表2.3-1　方块图变换规则

变换		原方块图	等效方块图
1	分支点前移	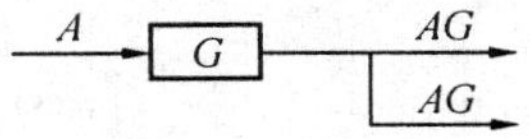	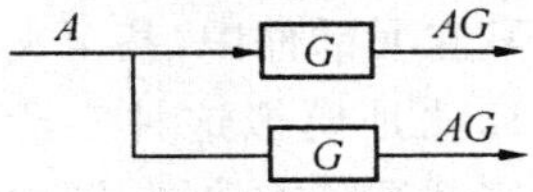
2	分支点后移	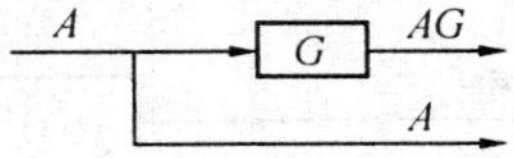	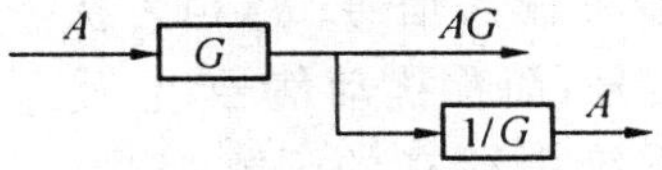
3	相加点前移	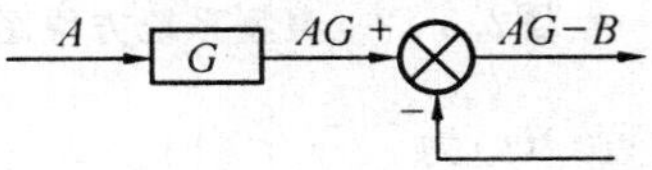	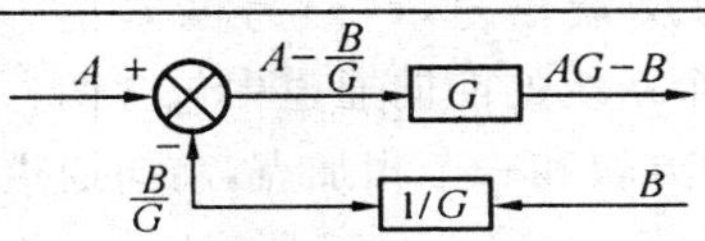
4	相加点后移	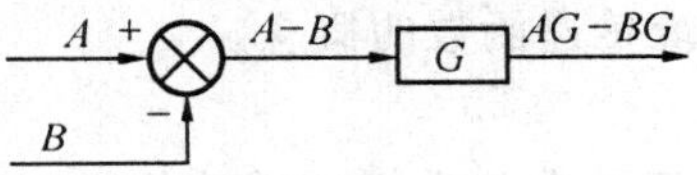	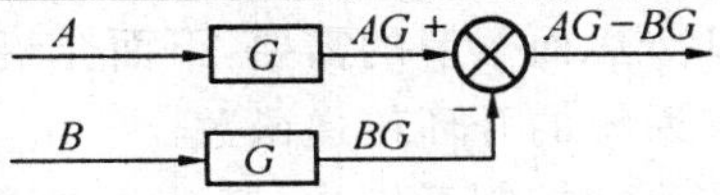
5	变单位反馈	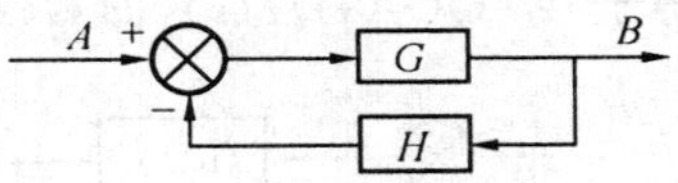	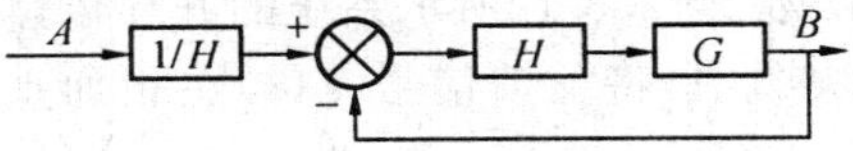
6	相加点变位	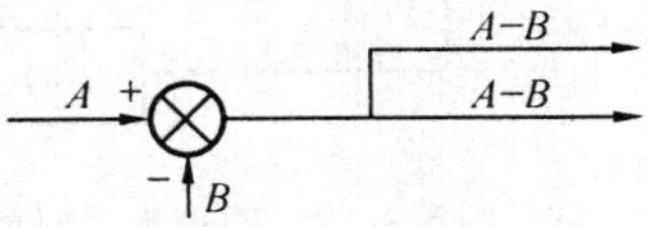	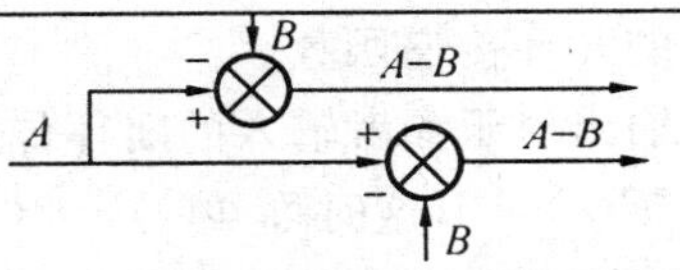
		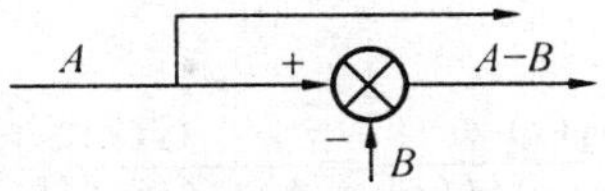	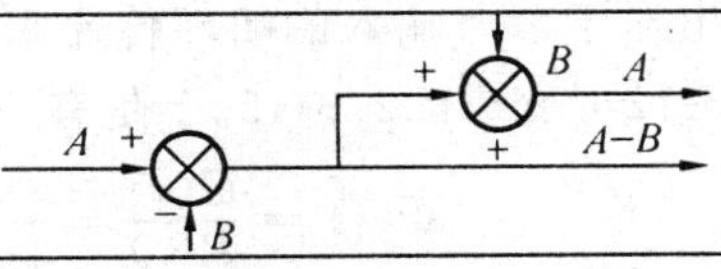
		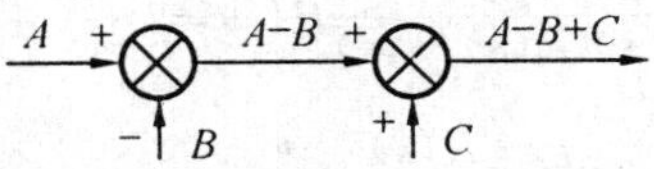	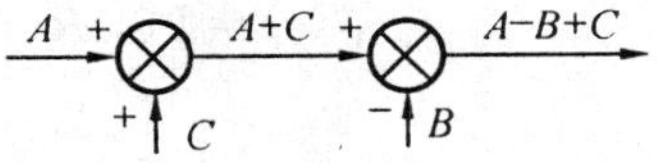

三、　典型控制系统的传递函数

自动控制系统在实际工作中会受到两类信号的作用。一类是有用信号，一般称为参考输入、控制输入、指令输入及给定值；另一类就是扰动输入信号或称干扰信号。参考输入通

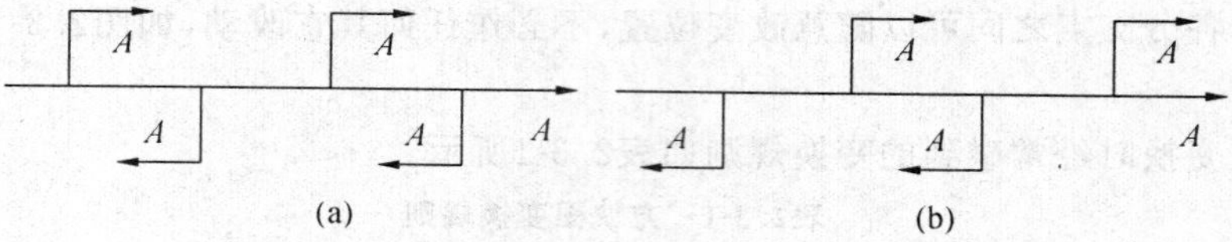

图2.3-11 相邻分支点的移动

常是加在控制装置的输入端，即系统的输入端。而干扰信号一般是作用在受控对象上，也可能出现在其它元部件中，甚至夹杂在指令信号之中。

图2.3-12就是模拟这种实际情况的典型控制系统方块图。图中$R(s)$为参考输入信号。$F(s)$为扰动输入信号，简称扰动信号，它代表实际系统中存在的干扰信号。$Y(s)$为反馈信号，$\varepsilon(s)$为偏差信号。这个系统的前向通道中包含两个函数方块和一个相加点，前向通道的传递函数$G(s)$为

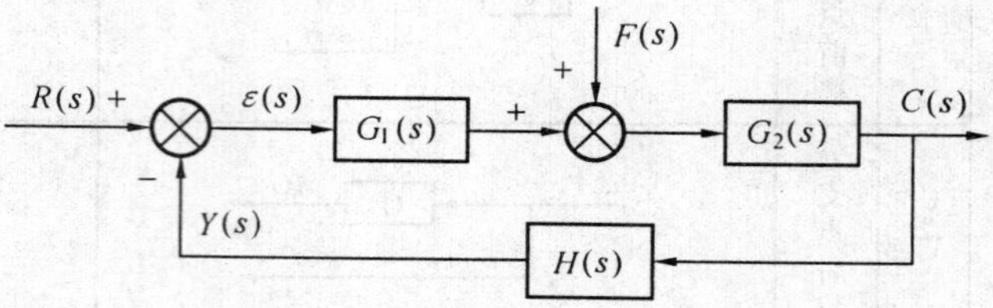

图2.3-12 典型系统方块图

$$G(s) = G_1(s)G_2(s) \tag{2.3-5}$$

基于后面章节的需要，下面介绍几个系统传递函数的概念。

1. 系统的开环传递函数

在反馈控制系统中，定义前向通道的传递函数与反馈通道的传递函数之积为开环传递函数。图2.3-12所示系统的开环传递函数等于$G_1(s)G_2(s)H(s)$，即$G(s)H(s)$。显然，在方块图中，将反馈信号$Y(s)$在相加点前断开后，反馈信号与偏差信号之比$\dfrac{Y(s)}{\varepsilon(s)}$就是该系统的开环传递函数。

2. 输出对于参考输入的闭环传递函数

令$F(s)=0$，这时称$\Phi(s)=C(s)/R(s)$为输出对于参考输入的闭环传递函数。这时图2.3-12可变成图2.3-13。于是有

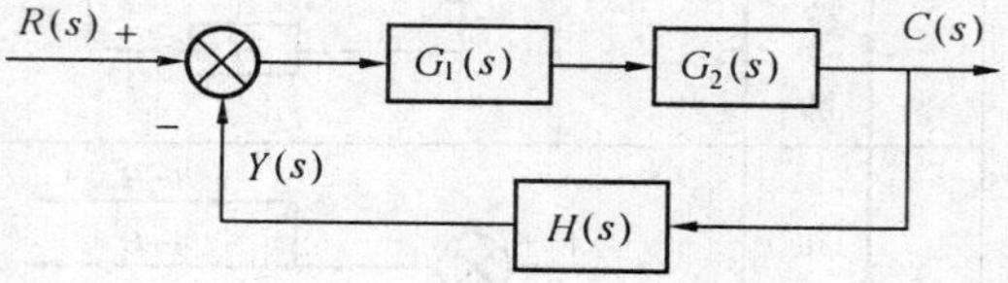

图2.3-13 $F(s)$为零时的方块图

$$\Phi(s) = \frac{C(s)}{R(s)} = \frac{G_1(s)G_2(s)}{1 + G_1(s)G_2(s)H(s)} = \frac{G(s)}{1 + G(s)H(s)} \tag{2.3-6}$$

$$C(s)=\Phi(s)R(s)=\frac{G_1(s)G_2(s)}{1+G_1(s)G_2(s)H(s)}R(s)=\frac{G(s)}{1+G(s)H(s)}R(s) \tag{2.3-7}$$

当$H(s)=1$时，称为单位反馈，这时有

$$\Phi(s) = \frac{G_1(s)G_2(s)}{1 + G_1(s)G_2(s)} = \frac{G(s)}{1 + G(s)} \tag{2.3-8}$$

3. 输出对于扰动输入的闭环传递函数

为了解干扰对系统的影响，需要求出输出信号$C(s)$与扰动信号$F(s)$之间的关系。令

$R(s)=0$，称 $\Phi_F(s)=C(s)/F(s)$ 为输出对扰动输入的闭环传递函数。这时是把扰动输入信号$F(s)$看成输入信号，由于 $R(s)=0$，故图2.3-12可变成图2.3-14。因此有

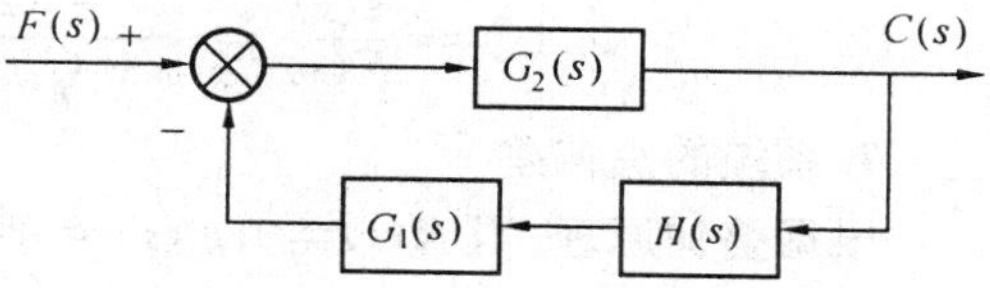

图2.3-14　$R(s)$为零时的方块图

$$\Phi_F(s)=\frac{C(s)}{F(s)}=\frac{G_2(s)}{1+G_1(s)G_2(s)H(s)}=\frac{G_2(s)}{1+G(s)H(s)} \tag{2.3-9}$$

$$C(s)=\Phi_F(s)F(s)=\frac{G_2(s)}{1+G_1(s)G_2(s)H(s)}F(s)=\frac{G_2(s)}{1+G(s)H(s)}F(s) \tag{2.3-10}$$

4. 系统的总输出

根据线性系统的叠加原理，当$R(s)\neq0$、$F(s)\neq0$时，系统输出$C(s)$应等于它们各自单独作用时输出之和。故有

$$C(s)=\Phi(s)R(s)+\Phi_F(s)F(s)=\frac{G_1(s)G_2(s)}{1+G_1(s)G_2(s)H(s)}R(s)+\frac{G_2(s)}{1+G_1(s)G_2(s)H(s)}F(s) \tag{2.3-11}$$

5. 偏差信号对于参考输入的闭环传递函数

偏差信号 $\varepsilon(s)$的大小反映误差的大小，所以有必要了解偏差信号与参考输入和扰动信号的关系。令 $F(s)=0$，则称 $\Phi_\varepsilon(s)=\varepsilon(s)/R(s)$为偏差信号对于参考输入的闭环传递函数。这时，图2.3-12可变换成图2.3-15，$R(s)$是输入量，$\varepsilon(s)$是输出量，前向通道传递函数是1。

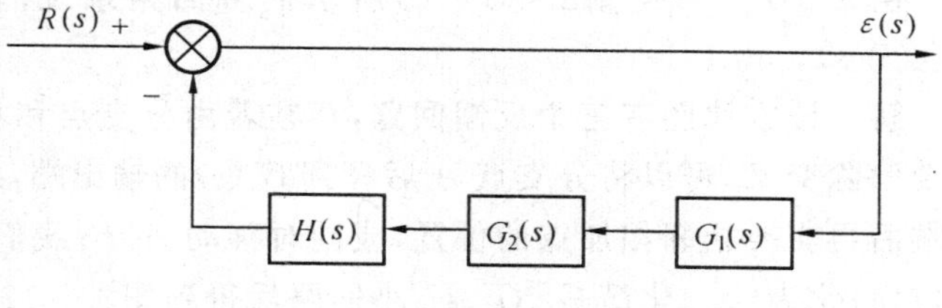

图2.3-15　$\varepsilon(s)$与$R(s)$的方块图

$$\Phi_\varepsilon(s)=\frac{\varepsilon(s)}{R(s)}=\frac{1}{1+G_1(s)G_2(s)H(s)}=\frac{1}{1+G(s)H(s)} \tag{2.3-12}$$

6. 偏差信号对于扰动输入的闭环传递函数

令 $R(s)=0$，称 $\Phi_{\varepsilon F}(s)=\varepsilon(s)/F(s)$为偏差信号对于扰动输入的闭环传递函数。这时图2.3-12可以变换成图2.3-16，$\varepsilon(s)$为输出，$F(s)$为输入。

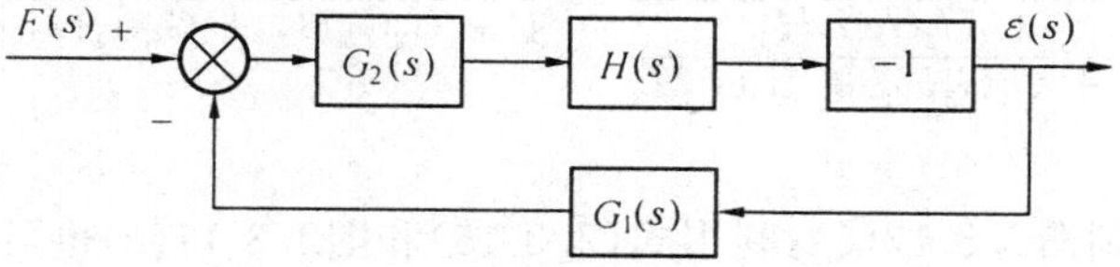

图2.3-16　$\varepsilon(s)$与$F(s)$的方块图

$$\Phi_{\varepsilon F}(s)=\frac{\varepsilon(s)}{F(s)}=\frac{-G_2(s)H(s)}{1+G_1(s)G_2(s)H(s)}=\frac{-G_2(s)H(s)}{1+G(s)H(s)} \tag{2.3-13}$$

7.系统的总偏差

根据叠加原理，当 $R(s)\neq 0$，$F(s)\neq 0$时，系统的总偏差为

$$\varepsilon(s)=\Phi_{\varepsilon}(s)R(s)+\Phi_{\varepsilon F}(s)F(s) \tag{2.3-14}$$

比较上面的几个闭环传递函数 $\Phi(s)$、$\Phi_F(s)$、$\Phi_{\varepsilon}(s)$、$\Phi_{\varepsilon F}(s)$，可以看出它们的分母是相同的，都是$1+G_1(s)G_2(s)H(s)=1+G(s)H(s)$，这是闭环传递函数的普遍规律。

四、 方块图的化简

任何复杂的方块图都可以认为是由串联、并联和反馈三种基本结构交织组成的。化简方块图时，首先将方块图中显而易见的串联、并联环节和基本反馈回路(参见图2.3-7(a))用一个等效的函数方块图代替，简称串联简化、并联简化和反馈简化，然后再将方块图逐步变换成串联、并联环节和基本反馈回路，再逐步用等效环节代替。

需注意的是，将三种基本结构特别是基本反馈回路化简成一个函数方块图时，该结构内部不能存在分支点。因为一个反馈回路或串、并联结构变成一个函数方块图后，内部这个分支点就不存在了，无法向外引出信号线。如果一个反馈回路内部存在分支点(它向回路外引出信号流线)，或存在一个相加点(它的输入信号来自回路之外)，就称这个回路与其它回路有交叉连接，这种结构又称交叉结构。化简方块图的关键就是解除交叉结构，形成无交叉的多回路结构。解除交叉连接的办法就是移动分支点或相加点。

例2.3-2 简化图2.3-17(a)所示的多回路系统，求闭环传递函数 $C(s)/R(s)$及$\varepsilon(s)/R(s)$。

解 该方块图有三个反馈回路，存在着由分支点和相加点形成的交叉点 A 和 B，首先要解除交叉。可以将分支点 A 后移到 $G_4(s)$的输出端，或将相加点 B 前移到 $G_2(s)$的输入端后再交换相邻相加点的位置，或同时移动 A、B。我们采用将 A 点后移的方法将图2.3-17(a)化为(b)。化简 G_3、G_4、H_3小回路后得到图2.3-17(c)。对于图(c)中的内回路再进行串联和反馈简化得到图2.3-17(d)。由该图可求得

$$\frac{C(s)}{R(s)}=\frac{\dfrac{G_1G_2G_3G_4}{1+G_2G_3H_2+G_3G_4H_3}}{1+\dfrac{G_1G_2G_3G_4H_1}{1+G_2G_3H_2+G_3G_4H_3}}=\frac{G_1G_2G_3G_4}{1+G_2G_3H_2+G_3G_4H_3+G_1G_2G_3G_4H_1} \tag{2.3-15}$$

$$\frac{\varepsilon(s)}{R(s)}=\frac{1}{1+\dfrac{G_1G_2G_3G_4H_1}{1+G_2G_3H_2+G_3G_4H_3}}=\frac{1+G_2G_3H_2+G_3G_4H_3}{1+G_2G_3H_2+G_3G_4H_3+G_1G_2G_3G_4H_1} \tag{2.3-16}$$

由式(2.3-15)可得到图2.3-17(e)。利用式(2.3-15)和图2.3-17(c)也可求 $\varepsilon(s)/R(s)$。由图知

$$\frac{\varepsilon(s)}{R(s)}=\frac{R(s)-H_1(s)C(s)}{R(s)}=1-H_1(s)\frac{C(s)}{R(s)}$$

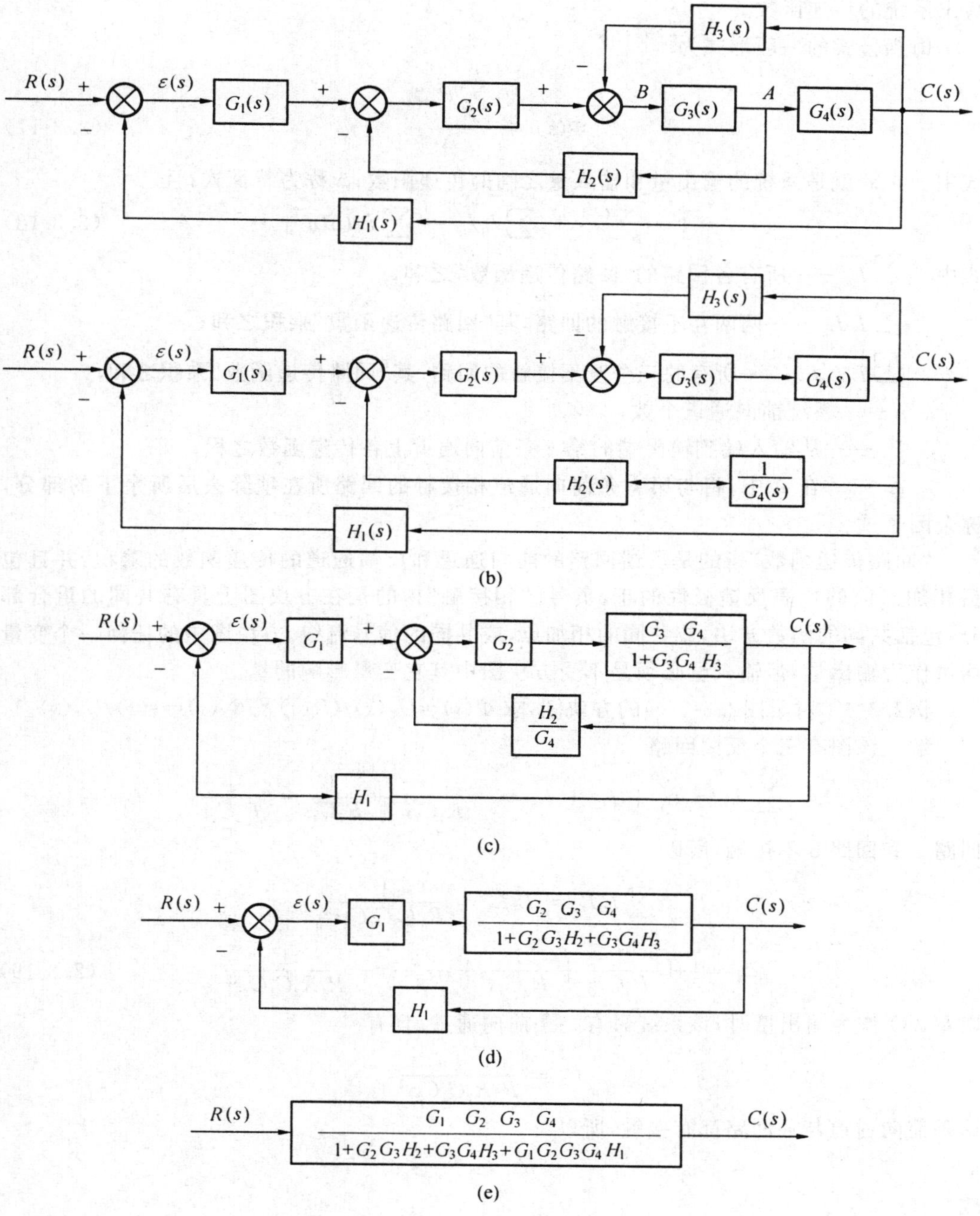

图2.3-17 多回路结构图的化简

将式(2.3-15)代入上式就可以求出 $\varepsilon(s)/R(s)$，结果与式(2.3-16)相同。

五、 用梅森(Mason)公式求传递函数

如果已知系统的方块图，应用下面的梅森增益公式不进行任何结构变换就可以直接

写出系统的传递函数。

梅森公式的一般形式为

$$\Phi(s)=\frac{\sum_{k=1}^{n}P_k\Delta_k}{\Delta} \tag{2.3-17}$$

式中 $\Phi(s)$就是系统的输出量和输入量之间的传递函数，Δ 称为特征式，且

$$\Delta=1-\sum L_i+\sum L_iL_j-\sum L_iL_jL_k+\cdots \tag{2.3-18}$$

式中 $\sum L_i$ ——所有各回路的“回路传递函数”之和；

$\sum L_iL_j$ ——两两互不接触的回路，其“回路传递函数”乘积之和；

$\sum L_iL_jL_k$ ——所有的三个互不接触的回路，其“回路传递函数”乘积之和；

n ——系统前向通道个数；

P_k ——从输入端到输出端的第 k 条前向通道上各传递函数之积；

Δ_k ——在 Δ 中，将与第 k 条前向通道相接触的回路所在项除去后所余下的部分，称余因子式。

“回路传递函数”指的是反馈回路的前向通道和反馈通道的传递函数的乘积，并且包括相加点前的代表反馈极性的正、负号。“相接触”指的是在方块图上具有共同的重合部分，包括共同的函数方块，或共同的相加点，或共同的信号流线。方块图中的任何一个变量均可作为输出量，但输入量必须是不受方块图中其它变量影响的量。

例2.3-3 对于图2.3-3(c)的方块图，求 $\Phi(s)=U_2(s)/U_1(s)$及 $\Phi_\varepsilon(s)=\varepsilon(s)/U_1(s)$。

解 该图有三个反馈回路

$$\sum_{i=1}^{3}L_i=L_1+L_2+L_3=-\frac{1}{R_1C_1s}-\frac{1}{R_2C_1s}-\frac{1}{R_2C_2s}$$

回路 1 和回路 3 不接触，所以

$$\sum L_iL_j=L_1L_3=\frac{1}{R_1R_2C_1C_2s^2}$$

$$\Delta=1+\frac{1}{R_1C_1s}+\frac{1}{R_2C_1s}+\frac{1}{R_2C_2s}+\frac{1}{R_1R_2C_1C_2s^2} \tag{2.3-19}$$

以 $U_2(s)$ 作为输出量时，该系统只有一条前向通道。且有

$$P_1=\frac{1}{R_1R_2C_1C_2s^2}$$

这条前向通道与各回路都有接触，所以

$$\Delta_1=1$$

故

$$\Phi(s)=\frac{U_2(s)}{U_1(s)}=\frac{\frac{1}{R_1R_2C_1C_2s^2}}{1+\frac{1}{R_1C_1s}+\frac{1}{R_2C_1s}+\frac{1}{R_2C_2s}+\frac{1}{R_1R_2C_1C_2s^2}}= \tag{2.3-20}$$

$$\frac{1}{R_1R_2C_1C_2s^2+(R_1C_1+R_1C_2+R_2C_2)s+1}$$

以 $\varepsilon(s)$ 为输出时，该系统也是只有一条前向通道，且

$$P_1 = 1$$

这条前向通道与回路 1 相接触，故

$$\Delta_1 = 1 + \frac{1}{R_2C_1s} + \frac{1}{R_2C_2s}$$

故 $$\Phi_\varepsilon(s) = \frac{\varepsilon(s)}{U_1(s)} = \frac{1 + \frac{1}{R_2C_1s} + \frac{1}{R_2C_2s}}{1 + \frac{1}{R_1C_1s} + \frac{1}{R_2C_1s} + \frac{1}{R_2C_2s} + \frac{1}{R_1R_2C_1C_2s^2}} =$$

$$\frac{R_1R_2C_1C_2s^2 + (R_1C_1 + R_1C_2)s}{R_1R_2C_1C_2s^2 + (R_1C_1 + R_1C_2 + R_2C_2)s + 1} \qquad (2.3\text{-}21)$$

六、 机电装置的传递函数

我们以直流电动机及其调速系统为例，说明如何求较复杂的实际装置和系统的传递函数。

1. 直流电动机的传递函数

直流电动机是一个典型的机电装置，其结构包括定子和转子。定子上有磁极。用电流产生磁场的电机称为电磁式，用永磁体产生磁场的称为永磁式。转子是电机中转动的部分，包括电枢铁心和电枢绕组。换向器和电刷也是直流电动机的关键部件，它们把外电源的直流电变为绕组内的交流电，使每个磁极下电枢导体的电流方向保持不变，从而产生恒定方向的电磁转矩。图2.3-18表示直流电动机的图形符号。

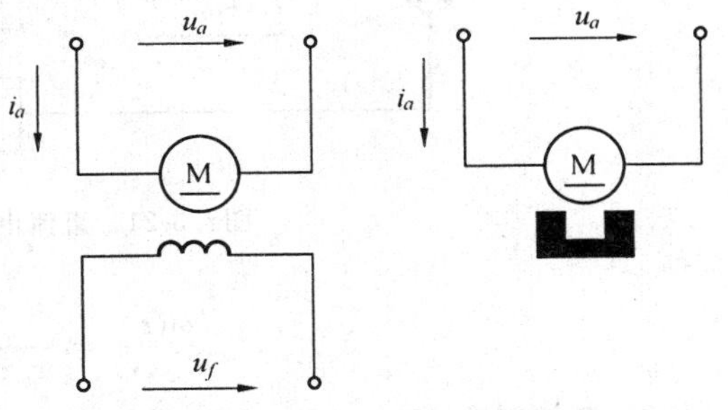

(a) 电磁式直流电动机　　(b) 永磁式直流电动机

图2.3-18　直流电动机的图形符号

根据电磁力定律，直流电动机电枢通电后，电枢导线在磁场中要受到电磁力的作用，从而在转子上产生电磁力矩 T_{em}

$$T_{em} = K_t i_a \qquad (2.3\text{-}22)$$

式中　i_a 为电枢电流；K_t 为电机参数，称为转矩灵敏度或转矩系数。

当电机转动时，电枢导线切割磁力线。根据电磁感应定律，电枢绕组中产生感应电势 E_a（在电动机中称为反电势）

$$E_a = K_e\omega \qquad (2.3\text{-}23)$$

式中　K_e 为电机参数，称为反电势系数；ω 为电机转速。可以证明，在国际单位制中，有

$$K_e = K_t \qquad (2.3\text{-}24)$$

电机转子上受到的转矩如图2.3-19所示。图中 T_0 是电机本身的阻转矩，包括由摩擦力、电枢铁心中的涡流、磁滞损耗等引起的阻转矩，T_L 为负载阻转矩。设电机轴上总的转动惯量为 J。根据转动定律有

$$T_{em} = T_0 + T_L + J\frac{\mathrm{d}\omega}{\mathrm{d}t} \qquad (2.3\text{-}25)$$

在电路计算中，直流电机的电枢回路用图2.3-20的等效电路表示。图中 u_a 为电枢电

压，L_a 和 R_a 为电枢的电感和电阻。根据基尔霍夫电压定律有

$$u_a = L_a \frac{\mathrm{d}i_a}{\mathrm{d}t} + R_a i_a + E_a \qquad (2.3\text{-}26)$$

对式(2.3-22、23、25、26)取拉氏变换并经适当整理后得

$$\omega(s) = \frac{1}{Js}[T_{em}(s) - T_c(s)] \qquad (2.3\text{-}27)$$

$$T_{em}(s) = K_t I_a(s) \qquad (2.3\text{-}28)$$

$$I_a(s) = \frac{U_a(s) - E_a(s)}{L_a s + R_a} \qquad (2.3\text{-}29)$$

$$E_a(s) = K_e \omega(s) \qquad (2.3\text{-}30)$$

式中　$T_c = T_0 + T_L$ 称为总阻转矩，又称干扰力矩。

由式(2.3-27)～(2.3-30)可绘出直流电动机的动态方块图，如图2.3-21所示。

令 $T_c(s)=0$，则由图2.3-21可求出直流电动机的传递函数为

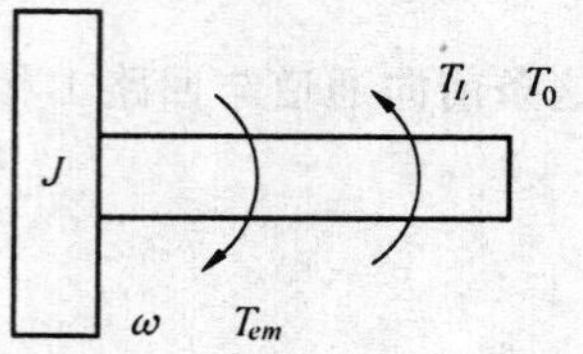

图2.3-19　直流电动机的转矩

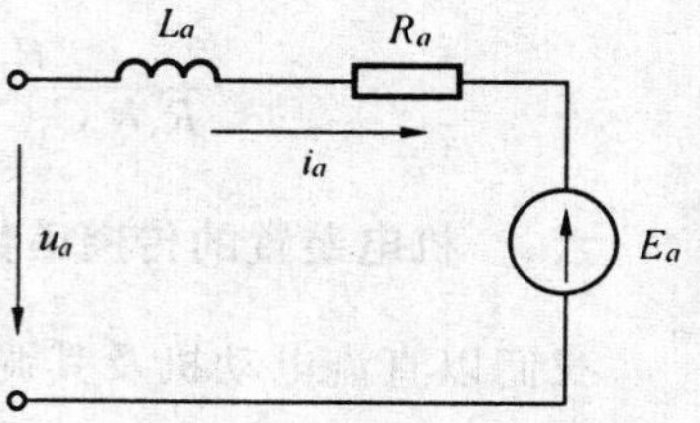

图2.3-20　电枢等效电路

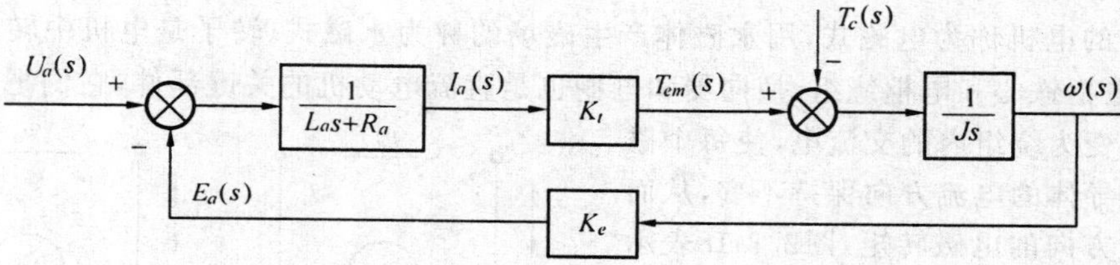

图2.3-21　直流电动机的动态方块图

$$\frac{\omega(s)}{U_a(s)} = \frac{\dfrac{1}{K_e}}{\tau_m \tau_e s^2 + \tau_m s + 1} \qquad (2.3\text{-}31)$$

一般情况下有 $\tau_m > 10\tau_e$，此时上式可写成

$$\frac{\omega(s)}{U_a(s)} = \frac{\dfrac{1}{K_e}}{(\tau_m s + 1)(\tau_e s + 1)} \qquad (2.3\text{-}32)$$

当 τ_e 很小，$1/\tau_e$ 远远超过了控制系统的通频带(截止频率或剪切频率，参见第五章)时，直流电动机的传递函数可简化为

$$\frac{\omega(s)}{U_a(s)} = \frac{\dfrac{1}{K_e}}{\tau_m s + 1} \qquad (2.3\text{-}33)$$

一般以式(2.3-33)作为直流电动机的传递函数。上述各式中，τ_m 是电动机的机电时间常数，τ_e 是电动机的电磁时间常数，且有

$$\tau_m = \frac{R_a J}{K_e K_t} \qquad (2.3\text{-}34)$$

$$\tau_e = \frac{L_a}{R_a} \qquad (2.3\text{-}35)$$

2. 直流电动机转速控制系统的传递函数

图2.3-22(a)为直流电动机转速控制系统示意图。图中 u_r 为参考输入电压，M 为直流

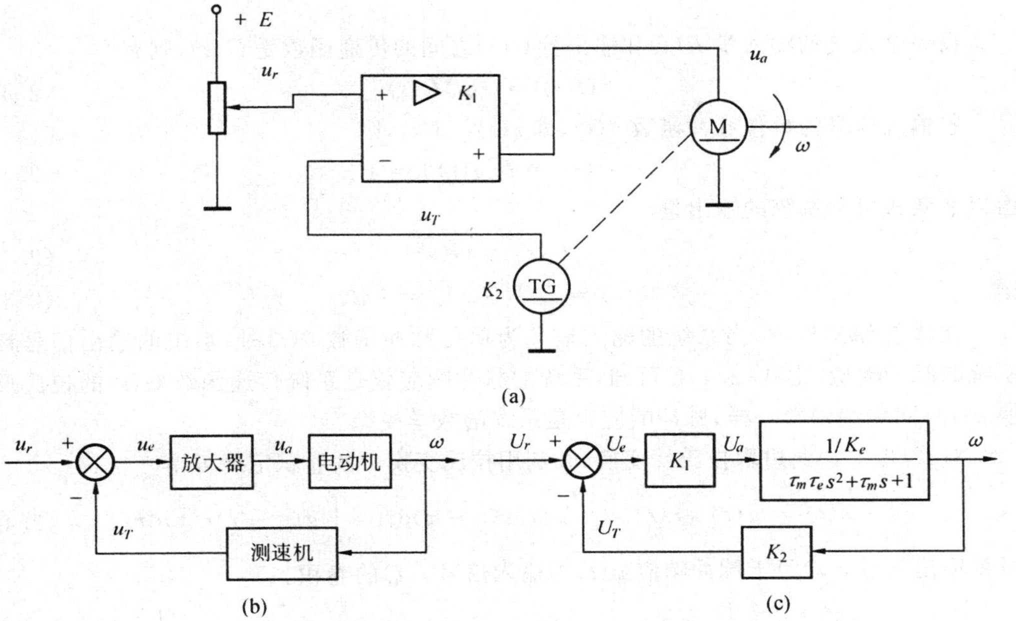

图2.3-22　转速控制系统

电动机，TG 为测速发电机，"—"表示直流，u_a 为电动机电枢电压，ω 为角速度。电压放大器的放大倍数是 K_1，代表前置放大器和功率放大器。u_T 为测速机输出电压，K_2为测速机的输出斜率，即 $u_T=K_2\omega$。下面，我们以 u_r 为输入量，ω 为输出量，绘制系统的动态方块图，并求传递函数。

首先，根据图2.3-22(a)绘出系统的元件方块图，如图2.3-22(b)所示。根据式(2.3-31)，直流电动机的传递函数为

$$\frac{\omega(s)}{U_a(s)}=\frac{\frac{1}{K_e}}{\tau_m\tau_e s^2+\tau_m s+1}$$

式中　τ_m 是电机的机电时间常数，τ_e 是电磁时间常数，K_e 是反电势系数。对于放大器，有

$$U_a=K_1U_e$$

其中

$$U_e=U_r-U_T$$

对于测速机，有

$$U_T=K_2\omega$$

由以上4个式子可绘出动态方块图，如图2.3-22(c)所示。由该图求得系统的传递函数为

$$\frac{\omega(s)}{U_r(s)}=\frac{\frac{K_1}{K_e}}{\tau_m\tau_e s^2+\tau_m s+\frac{K_1K_2}{K_e}+1}$$

2.4 脉冲响应

设一个系统的输入量 $R(s)$和输出量 $C(s)$之间的传递函数是 $G(s)$，则有

$$C(s) = G(s)R(s) \tag{2.4-1}$$

若输入信号为单位脉冲函数 $\delta(t)$，即 $r(t)=\delta(t)$，则

$$R(s) = L[\delta(t)] = 1 \tag{2.4-2}$$

由以上两式可得系统的输出量

$$C(s) = G(s) \tag{2.4-3}$$

则

$$c(t) = L^{-1}[G(s)] = g(t) \tag{2.4-4}$$

在零初始条件下，当系统的输入信号为单位脉冲函数 $\delta(t)$时，系统的输出信号称为系统的脉冲响应。由式(2.4-4)可知，系统的脉冲响应就是系统传递函数 $G(s)$的拉氏反变换 $g(t)$。同传递函数一样，脉冲响应也是系统的数学模型。

对式(2.4-1)两边取拉氏反变换，并利用拉氏变换中的卷积定理可得

$$c(t) = g(t) * r(t) = \int_0^t g(\tau)r(t-\tau)\mathrm{d}\tau = \int_0^t g(t-\tau)r(\tau)\mathrm{d}\tau \tag{2.4-5}$$

可见输出信号 $c(t)$等于脉冲响应 $g(t)$与输入信号 $r(t)$的卷积。

2.5 非线性方程的线性化

严格地说，实际元件的输入量和输出量之间都存在不同程度的非线性，因此，它们的动态方程应是非线性微分方程。对于高阶非线性微分方程，在数学上不能求得一般形式的解。因而对非线性元件和系统的研究在理论上很困难。控制工作者采取的一个常用办法，就是在可能的条件下，把非线性方程用近似的线性方程代替，这就是非线性方程的线性化。线性化的关键是将其中的非线性函数线性化。

非线性方程线性化最常用的方法就是小偏差线性化，它主要是利用数学分析中的泰勒级数。如果函数 y 是自变量 x 的非线性函数 $y=f(x)$，只要变量在预期工作点(x_0, y_0)的邻域内有导数(或偏导数)存在，并且变量的工作点与预期工作点偏差不大，就可以将此非线性函数线性化。方法是，首先在预期工作点邻域将非线性函数 $y=f(x)$展开成以偏差量 $\Delta x = x - x_0$表示的泰勒级数，然后略去高于1次偏差量 Δx 的各项，就获得了以自变量的偏差量 Δx 为自变量的线性方程。上述线性化过程可表示如下

$$y = f(x) = f(x_0 + \Delta x) = f(x_0) + \frac{\mathrm{d}f}{\mathrm{d}x}\Big|_{x_0}\Delta x + \frac{1}{2!}\frac{\mathrm{d}^2 f}{\mathrm{d}x^2}\Big|_{x_0}(\Delta x)^2 + \cdots \tag{2.5-1}$$

略去$(\Delta x)^2$及更高次幂的各项，得

$$y = f(x) = f(x_0) + \frac{\mathrm{d}f}{\mathrm{d}x}\Big|_{x_0}\Delta x = y_0 + \frac{\mathrm{d}y}{\mathrm{d}x}\Big|_{x_0}\Delta x \tag{2.5-2}$$

即

$$y = f(x) = f(x_0) - \frac{\mathrm{d}f}{\mathrm{d}x}\Big|_{x_0}x_0 + \frac{\mathrm{d}f}{\mathrm{d}x}\Big|_{x_0}x \tag{2.5-3}$$

及
$$\Delta y = \frac{\mathrm{d}y}{\mathrm{d}x}\Big|_{x_0}\Delta x \tag{2.5-4}$$
式中 $\Delta y=y-y_0$。上两式就是对非线性函数 $y=f(x)$ 在 (x_0,y_0) 附近线性化后得到的结果。式(2.5-4)称为增量形式的方程，而式(2.5-3)称为变量形式的方程。可见变量形式和增量形式的方程只差一个常数。如果将坐标原点选在预期工作点，即 $x_0=0,y_0=0$，则变量形式和增量形式的方程是相同的。

如果非线性函数是多元函数，就采用多元函数的泰勒级数将其线性化。如果非线性函数中含有自变量的导数，则把这些导数也看成自变量，然后应用多元函数的泰勒级数进行线性化。

将非线性方程中的非线性函数项用对应的线性函数〔见式(2.5-3)〕代替，就得到了线性方程。

如果已知静态时变量间的非线性关系式，采用小偏差线性化的最终目的是求变量间的传递函数，则我们可以避开泰勒级数。这时可利用数学分析中的全导数公式，先求出函数对时间变量(独立变量)的全导数。认为函数对各变量的偏导数为常数，就得到一个线性常系数微分方程，再在零初始条件下取拉氏变换，并在方程两边约去一个 s，就得到了小偏差线性化后在零初始条件下变量的拉氏变换式之间的关系。

例如，在静态时，函数 y 是变量 x_1、x_2 的非线性函数，即
$$y = f(x_1,x_2) \tag{2.5-5}$$
设在平衡点 (x_{10},x_{20}) 附近，$y=f(x_1,x_2)$ 有连续偏导数，$x_1(t)$、$x_2(t)$ 有连续导数。根据全导数公式，有
$$\frac{\mathrm{d}y}{\mathrm{d}t} = \frac{\partial f}{\partial x_1}\frac{\mathrm{d}x_1}{\mathrm{d}t} + \frac{\partial f}{\partial x_2}\frac{\mathrm{d}x_2}{\mathrm{d}t} \tag{2.5-6}$$
在 (x_{10},x_{20}) 附近，$\partial f/\partial x_1|_{x_0}$ 和 $\partial f/\partial x_2|_{x_0}$ 认为是常数，则上式变成
$$\frac{\mathrm{d}y}{\mathrm{d}t} = \frac{\partial f}{\partial x_1}\Big|_{x_0}\frac{\mathrm{d}x_1}{\mathrm{d}t} + \frac{\partial f}{\partial x_2}\Big|_{x_0}\frac{\mathrm{d}x_2}{\mathrm{d}t} \tag{2.5-7}$$
上式是一个常系数线性微分方程，在零初始条件下取拉氏变换得
$$sY(s) = \frac{\partial f}{\partial x_1}\Big|_{x_0}sX_1(s) + \frac{\partial f}{\partial x_2}\Big|_{x_0}sX_2(s)$$
方程两边约去一个 s 后得
$$Y(s) = \frac{\partial f}{\partial x_1}\Big|_{x_0}X_1(s) + \frac{\partial f}{\partial x_2}\Big|_{x_0}X_2(s) \tag{2.5-8}$$
上式就是对式(2.5-5)进行小偏差线性化后得到的变量拉氏变换式间的关系式。

上面的结论可推广到二元以上的函数。例如，若非线性函数 $y=f(x_1,x_2,x_3)$ 在平衡点 (x_{10},x_{20},x_{30}) 附近有连续偏导数和导数存在，则有
$$Y(s) = \frac{\partial f}{\partial x_1}\Big|_{x_0}X_1(s) + \frac{\partial f}{\partial x_2}\Big|_{x_0}X_2(s) + \frac{\partial f}{\partial x_3}\Big|_{x_0}X_3(s) \tag{2.5-9}$$

对于线性化问题有如下两点说明：

(1)采用上述小偏差线性化的条件是在预期工作点的邻域内存在关于变量的各阶导数或偏导数。符合这个条件的非线性特性称为非本质非线性。不符合这个条件的非线性函

数不能展开成泰勒级数，因此不能采用小偏差线性化方法，这种非线性特性称为本质非线性。本质非线性特性在控制系统中也常碰到。控制原理采用其它方法分析和研究本质非线性特性，如相平面法，描述函数等。

(2)在很多情况下，对于不同的预期工作点，线性化后的方程的形式是一样的，但各项系数及常数项可能不同。

下面以两相伺服电动机和液压伺服马达为例，说明如何对非线性模型进行线性化处理。

1. 两相伺服电动机

两相伺服电动机属于微型交流异步电动机，使用交流电源。两相伺服电动机最常用的控制方法是幅相控制，又称电容控制。它的接线方法如图2.5-1所示。图中 SM 2～表示两相伺服电动机，它有两个绕组——激磁绕组和控制绕组。i_f、i_c 为激磁绕组和控制绕组的电流，u_f、u_c 为两绕组电压。电容 C 称为移相电容，它与激磁绕组串联后接到交流电源上。串接电容 C 的目的是使激磁绕组和控制绕组的电压相位相差90°左右，以便产生旋转磁场。电容控制是通过改变控制绕组电压的大小控制电动机。

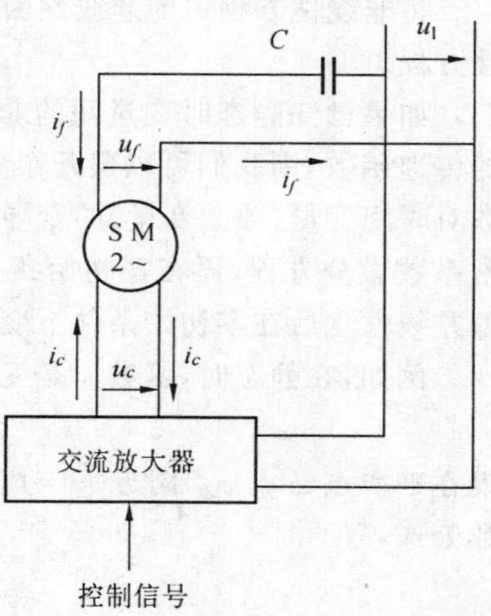

图2.5-1　两相伺服电动机的电容控制

两相伺服电动机的电磁耦合关系复杂，要想从电磁角度出发去分析和推导动态数学模型是困难的。下面我们根据电机的静态特性曲线、力学原理和小偏差线性化的概念推导两相伺服电动机的传递函数。

当电动机的电流和转速不变时，称电机处于静态。实验表明，静态时两相伺服电动机的转速 ω 是控制绕组的电压 U(有效值)和电磁转矩 T 的函数，即

$$\omega = \omega(U, T) \tag{2.5-10}$$

以 U 为参变量时，ω 和 T 的关系曲线称为机械特性，如图2.5-2(a)所示。以 T 为参变量时，ω 和 U 的关系曲线称为调节特性，如图2.5-2(b)所示。由图可知，两相伺服电动机的机械特性和调节特性具有明显的非线性，在不同的位置有不同的斜率。

对式(2.5-10)取对时间变量 t 的导数，得

$$\frac{\mathrm{d}\omega}{\mathrm{d}t} = \frac{\partial\omega}{\partial U}\frac{\mathrm{d}U}{\mathrm{d}t} + \frac{\partial\omega}{\partial T}\frac{\mathrm{d}T}{\mathrm{d}t} \tag{2.5-11}$$

在工作点附近，$\partial\omega/\partial U$ 及 $\partial\omega/\partial T$ 视为常数，则在零初始条件下对上式两边取拉氏变换并约去 s 后得

$$\omega(s) = \frac{\partial\omega}{\partial U}U(s) + \frac{\partial\omega}{\partial T}T(s) \tag{2.5-12}$$

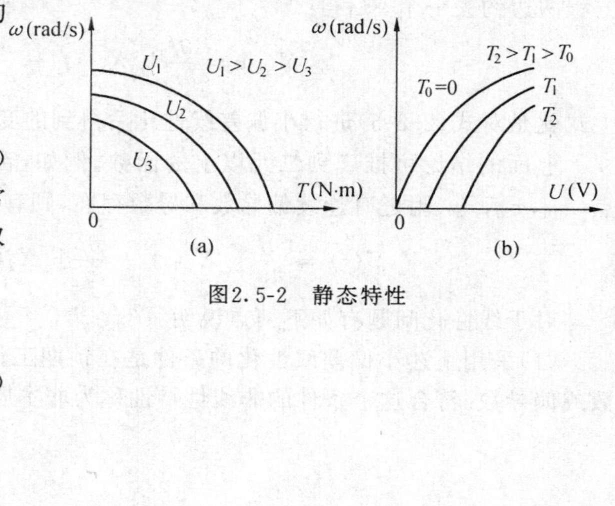

图2.5-2　静态特性

下面进行力学分析以求出 T 与 ω 的关系。把电机轴上的总阻转矩当作是干扰力矩，把它看成是系统的另一个输入量。在求 $\omega(s)$与 $U(s)$之间的传递函数时，令干扰力矩为零，于是有

$$T = J\frac{\mathrm{d}\omega}{\mathrm{d}t} \tag{2.5-13}$$

取拉氏变换后得

$$T(s) = Js\omega(s) \tag{2.5-14}$$

将上式代入式(2.5-12)得

$$\omega(s) = \frac{\partial \omega}{\partial U}U(s) + \frac{\partial \omega}{\partial T}Js\omega(s) \tag{2.5-15}$$

于是可得两相伺服电动机的传递函数

$$G(s) = \frac{\omega(s)}{U(s)} = \frac{\frac{\partial \omega}{\partial U}}{-J\frac{\partial \omega}{\partial T}s + 1} = \frac{K}{\tau_m s + 1} \tag{2.5-16}$$

式中 $K=\partial\omega/\partial U$，它是调节特性的斜率；$\tau_m=-J\partial\omega/\partial T$，其中 $\partial\omega/\partial T$ 是机械特性的斜率。因 $\partial\omega/\partial T<0$，故 $\tau_m>0$。

因静态特性的非线性，当两相伺服电动机在较大转速范围内运行时，K 与 τ_m 不是固定的，K 与 τ_m 变化约2～4倍。

2.液压伺服马达与电液伺服阀

液压伺服马达是控制系统中常用的液压执行元件，其工作原理如图2.5-3所示。当滑

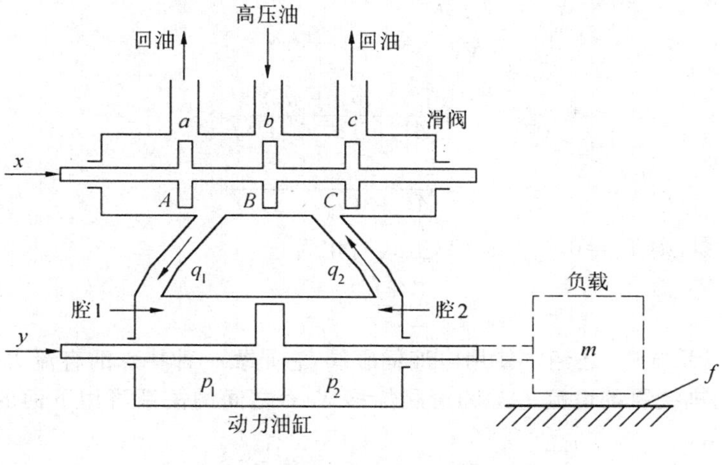

图2.5-3　液压伺服马达原理图

阀向右移动时，腔1和高压供油源接通，腔2和低压回油槽接通。于是，高压油进入动力油缸活塞的左侧，而活塞右侧的油液从回油管路流出。腔1的油压高于腔2的油压，所以活塞向右方运动。当滑阀向左移动时，动力油缸活塞也将向左移动。

设 q_1、q_2分别为单位时间内动力油缸腔1和腔2的油液流量(质量)，p_1、p_2分别为油缸腔1和腔2的油液压力，p_s 为高压供油源的油压，p_0为回油槽的油压，x 为滑阀位移，y 为动力油缸活塞位移。液体流量 q_1、q_2是滑阀位移 x 与各自油压差的非线性函数

$$q_1 = f(x, p_s - p_1) \tag{2.5-17}$$

$$q_2 = f(x, p_2 - p_0) \quad (2.5\text{-}18)$$

忽略液体的可压缩性，于是 $q_1=q_2=q$，故 $p_s-p_1=p_2-p_0$。类似式(2.5-8)，对上述方程进行线性化处理，可得如下的拉氏变换式

$$Q(s) = a_1X(s) - a_2P_1(s) \quad (2.5\text{-}19)$$

$$Q(s) = a_1X(s) + a_2P_2(s) \quad (2.5\text{-}20)$$

其中 $a_1>0$，$a_2>0$。将上两式相加可得

$$Q(s) = a_1X(s) - a_3[P_1(s) - P_2(s)] \quad (2.5\text{-}21)$$

设 A 为活塞面积，油缸单位时间漏油量为 q_0，a_4为漏油系数，即 $q_0=a_4(p_1-p_2)$，故有

$$q = A\frac{\mathrm{d}y}{\mathrm{d}t} + q_0 = A\frac{\mathrm{d}y}{\mathrm{d}t} + a_4(p_1 - p_2) \quad (2.5\text{-}22)$$

在零初始条件下取拉氏变换可得

$$Q(s) = AsY(s) + a_4[P_1(s) - P_2(s)] \quad (2.5\text{-}23)$$

将式(2.5-21)代入式(2.5-23)可得

$$a_1X(s) = AsY(s) + (a_3 + a_4)[P_1(s) - P_2(s)] \quad (2.5\text{-}24)$$

设负载质量为 m，粘性摩擦系数为 f，根据力学的牛顿第二定律可得

$$(p_1 - p_2)A = m\frac{\mathrm{d}^2y}{\mathrm{d}t^2} + f\frac{\mathrm{d}y}{\mathrm{d}t} \quad (2.5\text{-}25)$$

零初始条件下取拉氏变换得

$$A[P_1(s) - P_2(s)] = ms^2Y(s) + fsY(s) \quad (2.5\text{-}26)$$

在式(2.5-24、26)中消去$[P_1(s)-P_2(s)]$，可得液压马达的传递函数

$$\frac{Y(s)}{X(s)} = \frac{k_g}{s(T_gs + 1)} \quad (2.5\text{-}27)$$

其中

$$T_g = \frac{m(a_3 + a_4)}{A^2 + (a_3 + a_4)f} \quad (2.5\text{-}28)$$

$$k_g = \frac{Aa_1}{A^2 + (a_3 + a_4)f} \quad (2.5\text{-}29)$$

若 m 和 f 接近零，则 $T_g=0$，$k_g=a_1/A$，上式简化为

$$\frac{Y(s)}{X(s)} = \frac{k_g}{s} \quad (2.5\text{-}30)$$

在液压控制系统中，还经常使用电液伺服阀，它是靠一种特殊的直流力矩电动机使滑阀移动。加给电机绕组的电流 $I(s)$和滑阀位移 $X(s)$之间的关系可用下面的式子表示（推导从略）

$$\frac{X(s)}{I(s)} = \frac{k_e}{\frac{1}{\omega_n^2}s^2 + \frac{2\xi}{\omega_n}s + 1} \quad (2.5\text{-}31)$$

或

$$\frac{X(s)}{I(s)} = \frac{k_e}{T_es + 1} \quad (2.5\text{-}32)$$

其中 ω_n、ξ、k_e、T_e 为电液伺服阀的参数。

根据式(2.5-27)或(2.5-30)及式(2.5-31)或式(2.5-32)，很容易推出电液伺服阀-液压马达的几个传递函数 $Y(s)/I(s)$。

习　　题

2-1　求图题2-1所示机械系统的微分方程式和传递函数。图中力 $F(t)$为输入量，位移 $x(t)$为输出量，m 为质量，k 为弹簧的弹性系数，f 为粘滞阻尼系数。

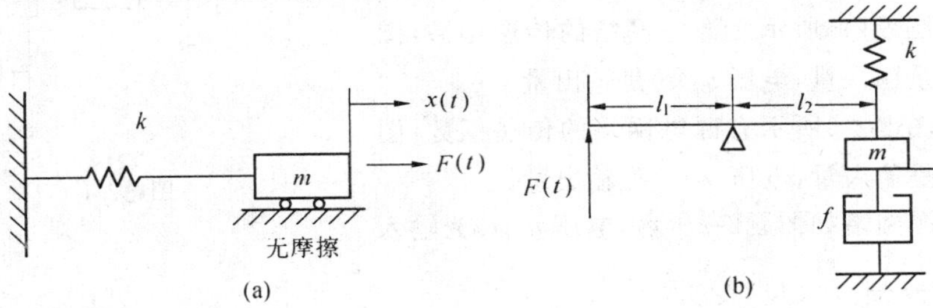

图题2-1

2-2　求图题2-2所示机械系统的微分方程式和传递函数。图中位移 x_i 为输入量，位移 x_o 为输出量，k 为弹簧的弹性系数，f 为粘滞阻尼系数，图(a)的重力忽略不计。

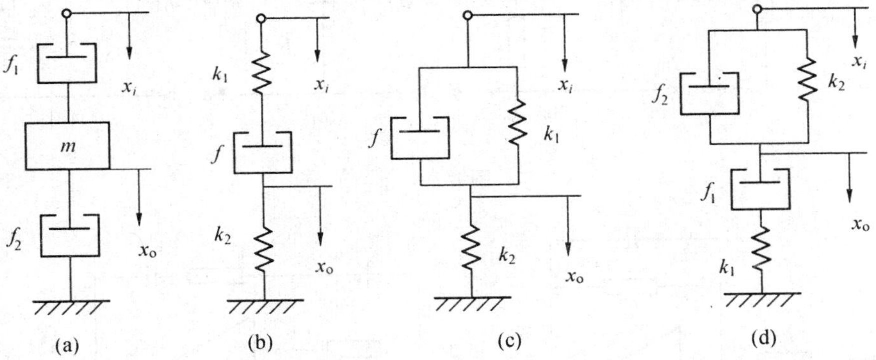

图题2-2

2-3　列写图题2-3所示机械系统的运动微分方程式，图中力 F 是输入量，位移 y_1、y_2 是输出量，m 是质量，f 是粘滞阻尼系数，k 是弹簧的弹性系数。

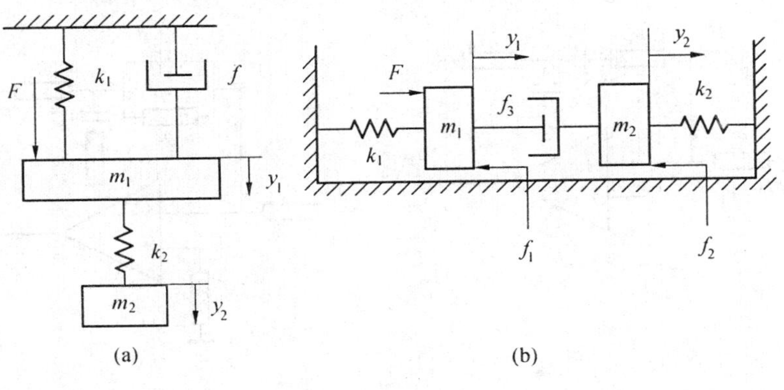

图题2-3

2-4　在图题2-4所示的齿轮系中，z_1、z_2、z_3、z_4分别为齿轮的齿数，J_1、J_2、J_3分别为齿

轮和轴(J_3中包括负载)的转动惯量,θ_1、θ_2、θ_3分别为各齿轮轴的角位移,T_m 是电动机输出转矩。以 T_m 为输入量,θ_1为输出量,列写折算到电动机轴上的齿轮系运动方程式(忽略各级粘性摩擦)。

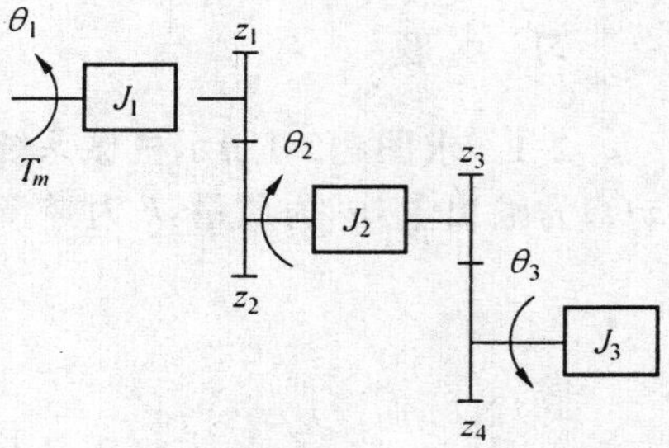

图题2-4

2-5 求图题2-5所示无源电网络的传递函数,图中电压 $u_1(t)$是输入量,电压 $u_2(t)$是输出量。

2-6 求图题2-6所示有源电网络的传递函数,图中电压 $u_1(t)$是输入量,电压 $u_2(t)$是输出量。

2-7 无源网络如图题2-7所示,电压 $u_1(t)$为输入量,电压 $u_2(t)$为输出量,绘制动态方块图并求传递函数。

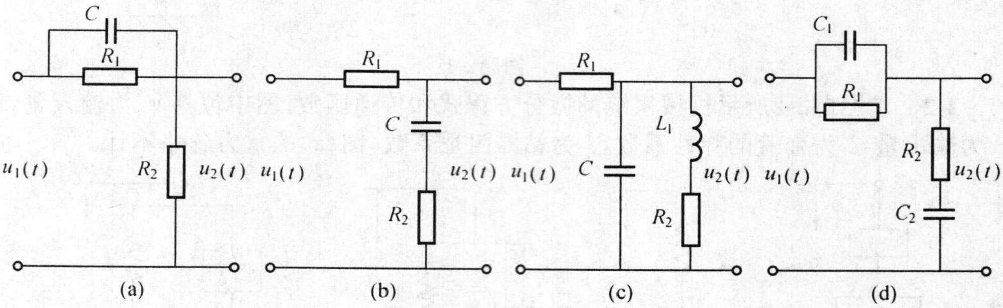

图题2-5

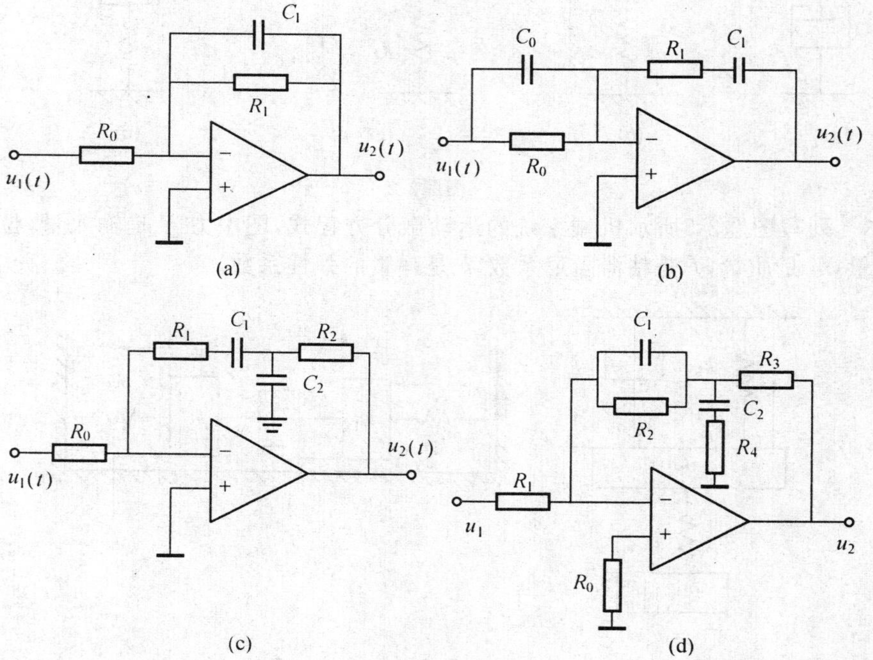

图题2-6

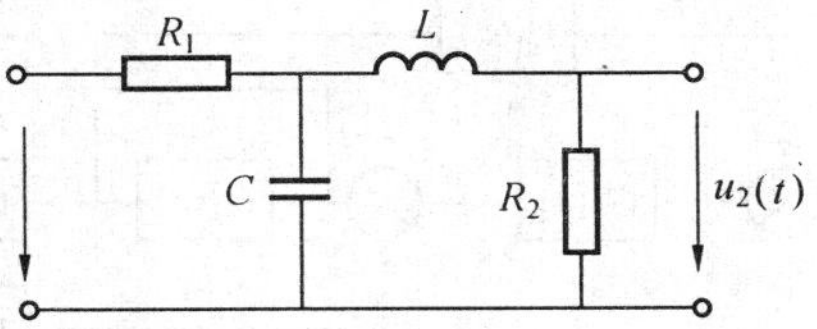

图题2-7

2-8 求图题2-8所示系统的传递函数 $C(s)/R(s)$和 $\varepsilon(s)/R(s)$。

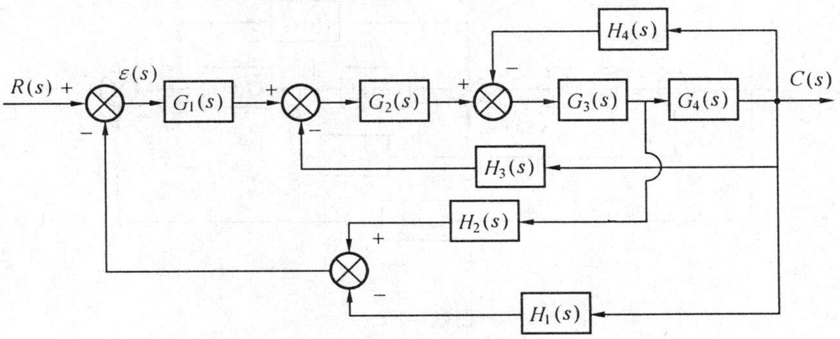

图题2-8

2-9 求图题2-9所示系统的传递函数 $C(s)/R(s)$和 $\varepsilon(s)/R(s)$。

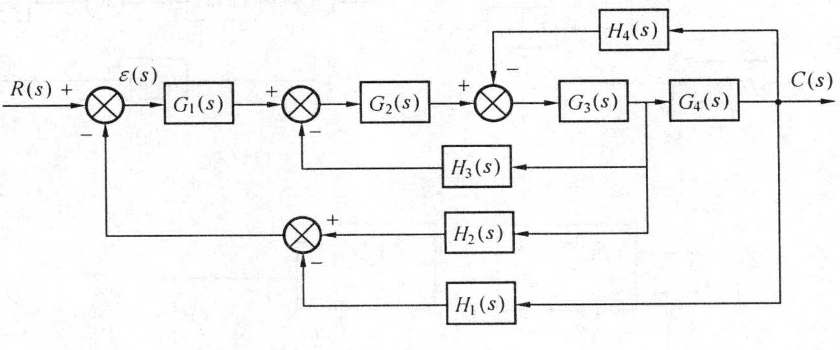

图题2-9

2-10 求图题2-10所示系统的传递函数 $C(s)/R(s)$。

2-11 求图题2-11所示系统的传递函数 $C(s)/R(s)$和 $\varepsilon(s)/R(s)$。

2-12 图题2-12是一个电机轴转角的随动系统原理图。M 为直流发电机，TG 为直流测速发电机，u_i 为输入的电压量，θ 为输出的电机轴角位移。直流电动机的机电时间常数为 τ_m，反电势系数为 k_e。$u_T=k_5\mathrm{d}\theta/\mathrm{d}t$，$u_{T1}=k_3u_T$，$u_o=k_4\theta$，$u_a$ 为电机电枢电压。绘制该系统的动态方块图，并求传递函数 $G(s)=\theta(s)/U_i(s)$。

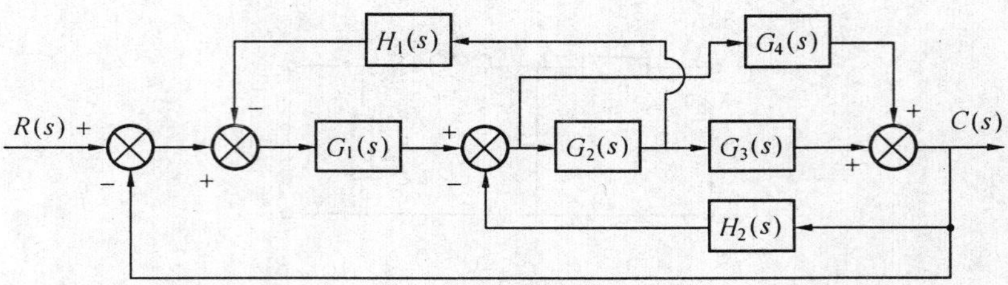

(a)

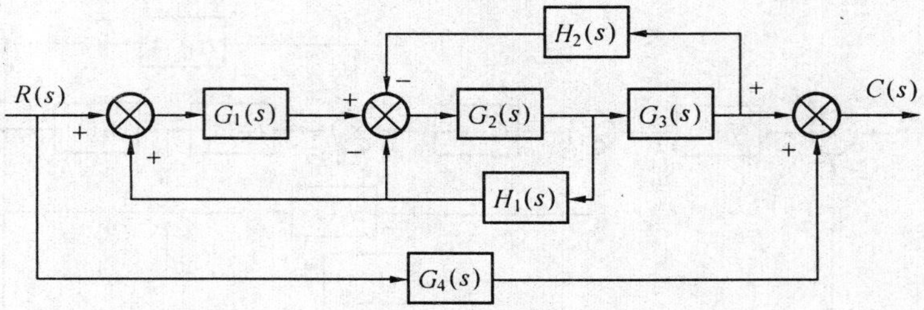

(b)

图题2-10

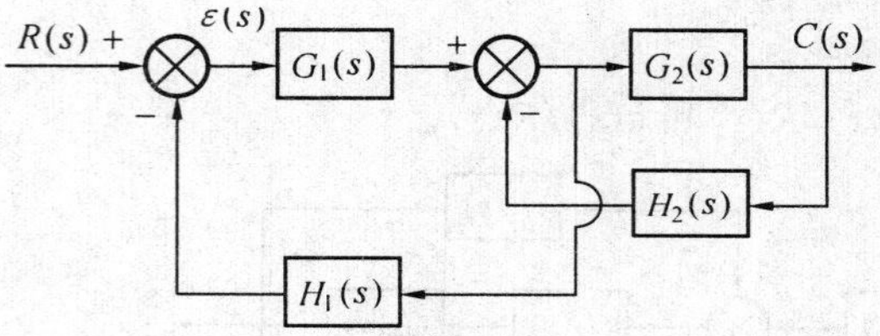

(a)

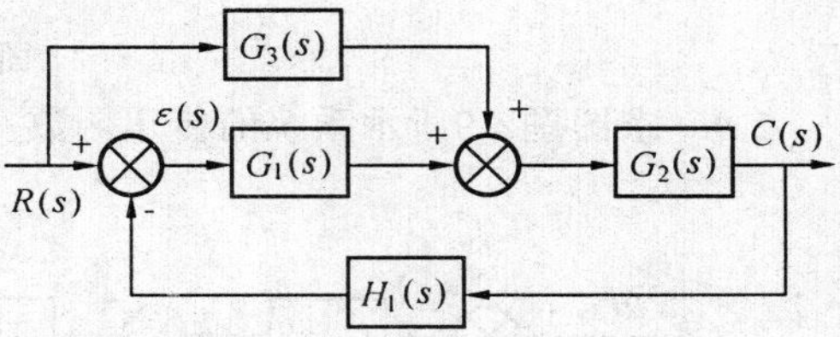

(b)

图题2-11

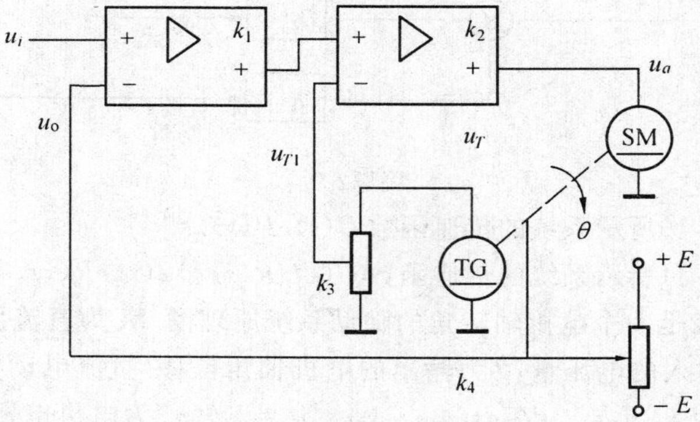

图题2-12

第三章　控制系统的时域分析

控制系统的数学模型建立之后，就可以分析控制系统的性能，本章的内容是分析研究控制系统的动态性能和稳态性能。动态性能可以通过在典型输入信号作用下控制系统的过渡过程来评价，主要研究一阶系统、二阶系统的过渡过程，并对高阶系统的过渡过程作适当的介绍，同时阐述控制系统的稳定性概念及劳斯稳定判据。

对于稳定的控制系统，其稳态性能一般是根据系统在典型输入信号作用下引起的稳态误差来评价，因此，稳态误差是系统控制准确度（即控制精度）的一种度量。一个控制系统，只有在满足要求的控制精度的前提下，再对它进行过渡过程分析才有实际意义。

控制系统中元件的不完善，如静摩擦、间隙以及放大器的零点漂移、元件老化或变质等都会造成系统的误差，这种误差称为静差。由这些原因造成的静差总可以根据具体情况计算出来，但本章并不研究上述原因造成的静差，只研究由于系统不能很好跟踪输入信号而引起的稳态误差，即原理性误差。

本章将着重建立有关稳态误差的概念，介绍稳态误差的计算方法，讨论消除或减小稳态误差的途径。

3.1　典型输入信号

控制系统的动态性能，可以通过系统在输入信号作用下的过渡过程来评价。一般情况下，大多数控制系统的外加输入信号具有随机性质而无法预先知道，而且瞬时输入量不能以解析形式表示，这就给分析系统带来了困难。例如，火炮随动系统在跟踪敌机的过程中，由于敌机可以做任意机动飞行，致使飞行规律无法事先确定，因此火炮随动系统的输入信号便是一随机信号。为了对各种控制系统的性能进行比较，就要有一个共同的基础，为此，预先规定一些特殊的试验信号做为系统的输入，然后比较各种系统对这些输入信号的响应。

选取试验输入信号时应注意，试验输入信号的典型形式应反映系统工作的大部分实际情况，并尽可能简单，以便于分析处理。

经常采用的典型输入信号有以下几种类型。

一、　阶跃函数

阶跃函数（见图 3.1-1）的表达式为

$$r(t)=\begin{cases}R\cdot 1(t) & (t>0, R=\text{常量})\\ 0 & (t<0)\end{cases}$$

当 $R=1$ 时，$r(t)$ 叫做单位阶跃函数，记作 $r(t)=1(t)$。

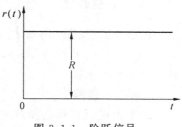

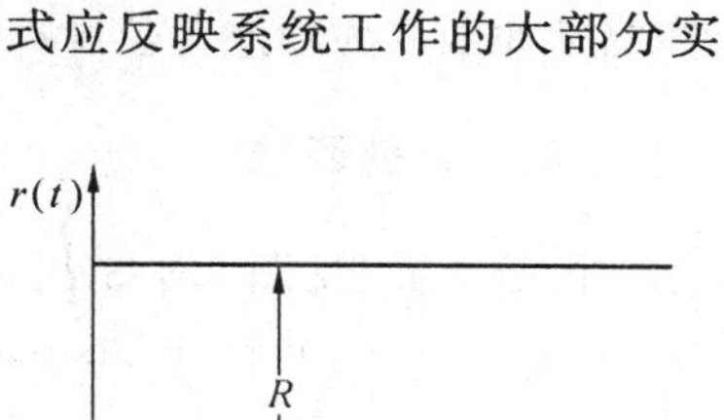

图 3.1-1　阶跃信号

二、 速度函数(或斜坡函数)

速度函数(见图 3.1-2)的表达式为

$$r(t)=\begin{cases}Rt & (t\geqslant 0)\\ 0 & (t<0)\end{cases}$$

其特点是:$\frac{\mathrm{d}r(t)}{\mathrm{d}t}=R=$常数,说明速度函数 $r(t)=Rt$ 表征匀速信号。当 $R=1$ 时,$r(t)=t$,叫做单位斜坡函数。

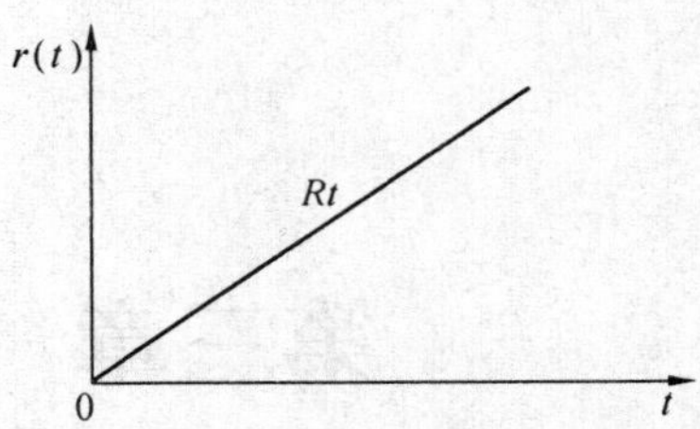

图 3.1-2 速度信号

三、 加速度函数

加速度函数(见图 3.1-3)的表达式为

$$r(t)=\begin{cases}\frac{1}{2}Rt^2 & (t\geqslant 0)\\ 0 & (t<0)\end{cases}$$

其特点是 $\frac{\mathrm{d}^2r(t)}{\mathrm{d}t^2}=R=$常数,说明加速度函数 $r(t)=\frac{1}{2}Rt^2$ 表征匀加速信号。

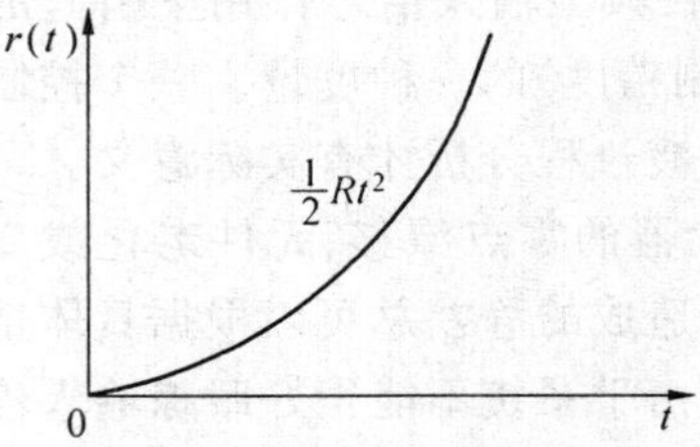

图 3.1-3 匀加速信号

四、 脉冲函数

脉冲函数(见图 3.1-4)的表达式一般为

$$r(t)=\begin{cases}\frac{1}{h} & (0<t<h)\\ 0 & (t<0, t>h)\end{cases}$$

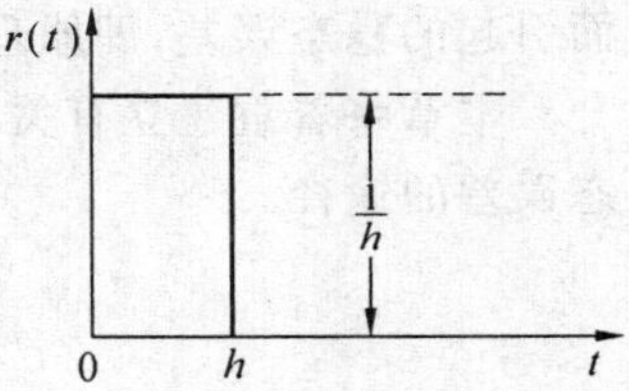

图 3.1-4 脉冲信号

其中脉冲宽度为 h,脉冲面积等于 1。若对脉冲的宽度取趋于零的极限,则有

$$r(t)=\begin{cases}\infty & (t=0)\\ 0 & (t\neq 0)\end{cases}$$

及

$$\int_{-\infty}^{+\infty}r(t)\mathrm{d}t=1$$

称此脉冲函数为理想单位脉冲函数,记作 $\delta(t)$。

五、 正弦函数

正弦函数(见图 3.1-5)的表达式为

$$r(t)=A\sin\omega t$$

式中 A ——振幅;

ω ——角频率。

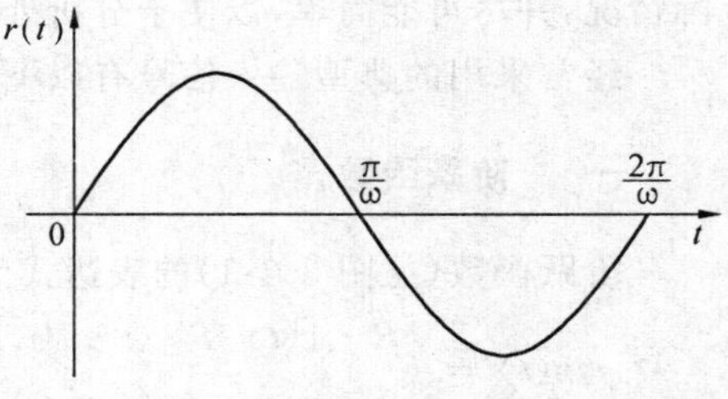

图 3.1-5 正弦信号

由于上述函数都是简单的时间函数,因此应

用这些函数作为典型输入信号，可以很容易地对控制系统进行分析和试验研究。

分析、设计控制系统时，究竟采用哪一种或哪几种典型输入信号，取决于系统在正常工作情况下最常见的输入信号形式。如果控制系统的实际输入，大都是随时间逐渐变化的信号，则应用斜坡函数作为试验信号比较合适；如果系统的输入信号大多是有突变性质的，则选用阶跃函数最为恰当；而当系统的输入信号是冲击输入量时，则采用脉冲函数最为合适；如果系统的输入信号是随时间变化的往复运动，则采用正弦函数是合适的。因此，究竟采用何种典型信号作为系统的试验信号，要视具体情况而定。但不管采用何种典型输入信号，对同一系统来说，由过渡过程所表征的系统特性应是统一的。

3.2 一阶系统的过渡过程

控制系统的输出信号与输入信号之间的关系凡可用一阶微分方程表示的，叫做一阶系统。例如图 3.2-1 所示由 RC 组成的电路便是常见的一阶系统。电路的输出信号 $u_2(t)$与输入信号 $u_1(t)$的关系可用下列微分方程表示

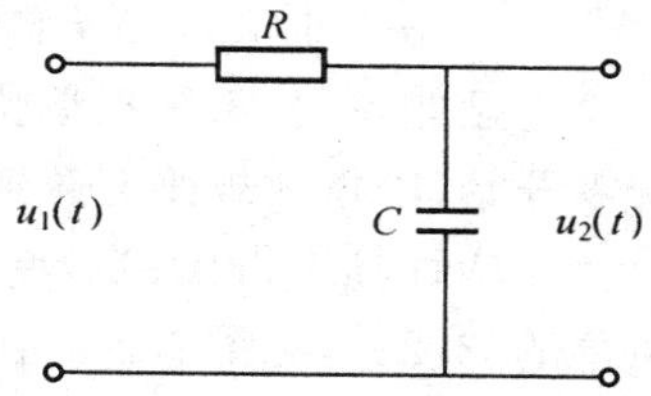

图 3.2-1 RC 电路

$$RC\frac{\mathrm{d}u_2(t)}{\mathrm{d}t}+u_2(t)=u_1(t)$$

或
$$T\frac{\mathrm{d}u_2(t)}{\mathrm{d}t}+u_2(t)=u_1(t)$$

式中 $T=RC$ ——电路的时间常数。

描述一阶系统动态特性的微分方程的一般标准形式是

$$T\frac{\mathrm{d}c(t)}{\mathrm{d}t}+c(t)=r(t) \tag{3.2-1}$$

式中 T ——一阶系统的时间常数，表示系统的惯性。

由式(3.2-1)求得一阶系统的闭环传递函数

$$\Phi(s)=\frac{C(s)}{R(s)}=\frac{1}{Ts+1} \tag{3.2-2}$$

其方块图如图 3.2-2 所示。

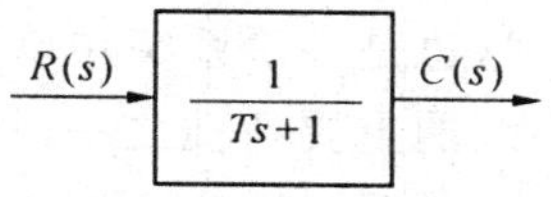

图 3.2-2 一阶系统方块图

下面分析一阶系统在一些典型输入信号作用下的过渡过程，以下如无特殊声明，一律假设系统的初始条件为零。

一、 单位阶跃函数作用下一阶系统的过渡过程

令 $r(t)=1(t)$，则有 $R(s)=\frac{1}{s}$，于是式(3.2-2)可以写成

$$C(s)=\Phi(s)R(s)=\frac{1}{Ts+1}\cdot\frac{1}{s}$$

将 $C(s)$展开成部分分式，得

$$C(s)=\frac{1}{s}-\frac{T}{Ts+1}$$

对上式进行拉氏反变换，得系统的过渡过程

$$c(t)=c_{ss}+c_{tt}=1-e^{-\frac{t}{T}} \qquad (t\geqslant 0) \tag{3.2-3}$$

式中 $c_{ss}=1$ 叫稳态分量，它的变化规律由输入信号的形式决定。$c_{tt}=-e^{-\frac{t}{T}}$叫暂态分量，它的变化规律由闭环极点 $s=-\frac{1}{T}$决定。当 $t\to\infty$时，暂态分量按指数规律衰减到零，而 $c(t)$中只剩下稳态分量。

下面具体计算时间常数 T 与过渡过程 $c(t)$的关系。

$t=0$ 时，$c(0)=1-e^{0}=0$

$t=T$ 时，$c(T)=1-e^{-1}=0.632$

$t=2T$ 时，$c(2T)=1-e^{-2}=0.865$

$t=3T$ 时，$c(3T)=1-e^{-3}=0.95$

$t=4T$ 时，$c(4T)=1-e^{-4}=0.982$

⋮　　⋮

$t\to\infty$时，$c(\infty)=1$

显然，一阶系统在单位阶跃函数作用下的过渡过程（亦称为响应）是一条从初始值为零开始，以指数规律上升到最终值为 1 的曲线，见图 3.2-3 所示。

从计算中得出：当 $t=T$ 时，$c(T)=0.632$，即过渡过程曲线 $c(t)$的数值等于稳态输出值的63.2%，见图 3.2-3 中的 A 点。它是用实验方法求取一阶系统时间常数的重要特征点。

从计算中还得出：当 $t=3T$ 时，$c(3T)=0.95$，即过渡过程曲线 $c(t)$的数值已等于稳态输出值的 95%，与稳态输出值比较，仅相差 5%。在工程实践中，常常认为此刻过渡过程已告结束，则过渡过程时间 t_s 等于三倍时间常数，即 $t_s=3T$。有时还规定，当过渡过程曲线 $c(t)$在数值上达到稳态输出值的 98%（即过渡过程曲线 $c(t)$与稳态输出值比较，还相差 2%）时，认为过渡过程已经结束，则过渡过程时间 t_s 等于四倍时间常数，即 $t_s=4T$。显然，时间常数 T 越小，一阶系统的过渡过程进行得越快；反之，越慢。

图 3.2-3 所示指数曲线的初始斜率等于$\frac{1}{T}$，即

$$\frac{dc(t)}{dt}\Big|_{t=0}=\frac{1}{T}e^{-\frac{t}{T}}\Big|_{t=0}=\frac{1}{T} \tag{3.2-4}$$

这也是一阶系统在单位阶跃信号作用下过渡过程曲线的重要特性之一，从 $t=0$ 处的切线斜率亦可求得一阶系统的时间常数。

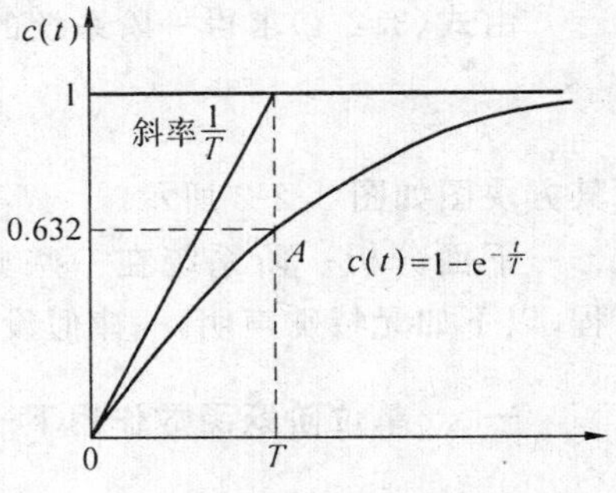

图 3.2-3　一阶系统单位阶跃响应曲线

二、　单位速度函数作用下一阶系统的过渡过程

令 $r(t)=t$，则有 $R(s)=\frac{1}{s^2}$，由式(3.2-2)求得系统输出信号 $c(t)$的拉氏变换为

$$C(s)=\frac{1}{Ts+1}\cdot\frac{1}{s^2}=\frac{1}{s^2}-\frac{T}{s}+\frac{T^2}{Ts+1}$$

对上式进行拉氏反变换，得系统的过渡过程

$$c(t)=c_{ss}+c_{tt}=(t-T)+Te^{-\frac{t}{T}} \qquad (t\geqslant 0) \tag{3.2-5}$$

由式(3.2-5)可见，$c_{ss}=(t-T)$代表稳态分量，是一个与单位斜坡输入信号斜率相同的斜坡函数，但在时间上滞后一个时间常数 T。$c_{tt}=Te^{-\frac{t}{T}}$代表暂态分量，当 $t\to\infty$时，c_{tt}将按指数规律衰减到零，其衰减速度由闭环负实数极点 $s=-\frac{1}{T}$决定。

据式(3.2-5)可求得系统的输入信号 $r(t)$与输出信号 $c(t)$的差 $\varepsilon(t)$，即

$$\varepsilon(t)=r(t)-c(t)=t-(t-T)-Te^{-\frac{t}{T}}=T(1-e^{-\frac{t}{T}}) \tag{3.2-6}$$

当 $t\to\infty$时，$\varepsilon(\infty)=\lim\limits_{t\to\infty}\varepsilon(t)=T=$常数。说明一阶系统在跟踪单位速度函数时，当过渡过程结束后，在输出、输入信号间仍存在着常值误差(或称跟踪误差)，其值等于时间常数 T。

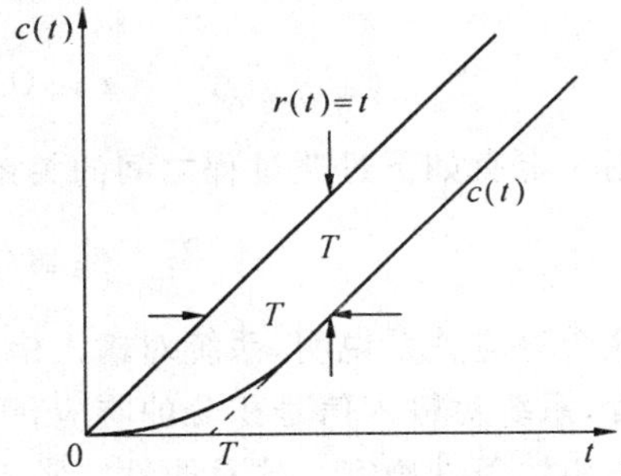

图 3.2-4　一阶系统单位斜坡函数的响应曲线

一阶系统在单位斜坡函数作用下的过渡过程曲线如图 3.2-4 所示。显然，系统的时间常数 T 越小，反应越快，跟踪误差越小，输出信号滞后于输入信号的时间也越短。

三、 理想单位脉冲函数作用下一阶系统的过渡过程

令 $r(t)=\delta(t)$，则有 $R(s)=1$，于是，系统输出信号的拉氏变换式与系统的闭环传递函数相同，即

$$C(s)=\frac{1}{Ts+1}$$

因此，一阶系统在理想单位脉冲函数作用下的过渡过程便等于系统闭环传递函数的拉氏反变换，即

$$k(t)=c(t)=L^{-1}\left[\frac{1}{Ts+1}\right]=\frac{1}{T}e^{-\frac{t}{T}}\qquad(t\geqslant 0) \tag{3.2-7}$$

称式(3.2-7)为一阶系统的脉冲过渡函数或叫权函数。脉冲过渡函数 $k(t)$中只包含暂态分量$\frac{1}{T}e^{-\frac{t}{T}}$，而稳态分量为零 。特性曲线示于图 3.2-5 中。

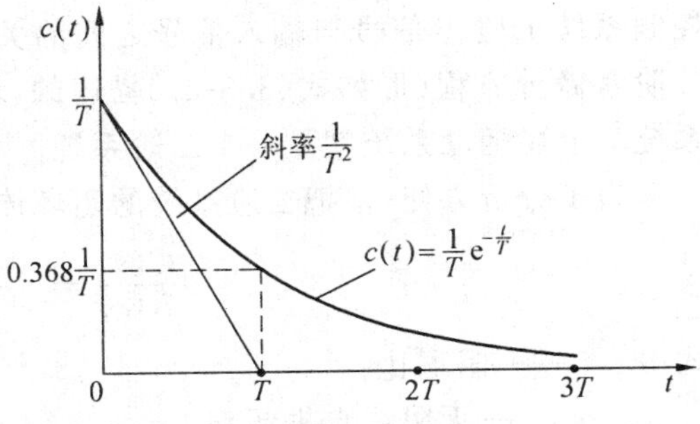

图 3.2-5　一阶系统的脉冲过渡函数

鉴于工程上理想单位脉冲函数不可能得到，而是以具有一定脉宽和有限幅度的脉冲来代替。因此，为了得到近似精度较高的脉冲过渡函数，要求实际脉冲函数的宽度 h(见图 3.1-4)与系统的时间常数相比应足够小，一般要求 $h<0.1T$。

四、 线性定常系统的重要特性

比较一阶系统对速度、阶跃和脉冲输入信号的响应，发现它们与输入信号之间有如下

关系，因为

$$\frac{\mathrm{d}}{\mathrm{d}t}t = 1(t),\frac{\mathrm{d}}{\mathrm{d}t}1(t) = \delta(t) \tag{3.2-8}$$

$$r_{脉冲}(t) = \frac{\mathrm{d}}{\mathrm{d}t}r_{阶跃}(t) = \frac{\mathrm{d}^2}{\mathrm{d}t^2}r_{速度}(t)$$

则一定有如下过渡过程之间的关系与之对应

$$c_{脉冲}(t) = \frac{\mathrm{d}}{\mathrm{d}t}c_{阶跃}(t) = \frac{\mathrm{d}^2}{\mathrm{d}t^2}c_{速度}(t) \tag{3.2-9}$$

这个对应关系说明，系统对输入信号导数的响应，等于系统对该输入信号响应的导数。或者，系统对输入信号积分的响应，等于系统对该输入信号响应的积分，而积分常数由零 输出初始条件确定。这是线性定常系统的一个重要特性，不仅适用于一阶线性定常系统，而且也适用于任何阶线性定常系统，但不适用于线性时变系统和非线性系统。

3.3 二阶系统的过渡过程

一、 二阶系统传递函数的标准形式

设有一随动系统如图 3.3-1 所示。其闭环传递函数为

$$\Phi(s) = \frac{C(s)}{R(s)} = \frac{K}{s(T_M s + 1) + K} \tag{3.3-1}$$

式中 K ——系统开环放大倍数；

T_M ——执行电动机的时间常数。

从式(3.3-1)可求得系统的运动方程式为

$$T_M \frac{\mathrm{d}^2 c(t)}{\mathrm{d}t^2} + \frac{\mathrm{d}c(t)}{\mathrm{d}t} + Kc(t) = K \cdot r(t) \tag{3.3-2}$$

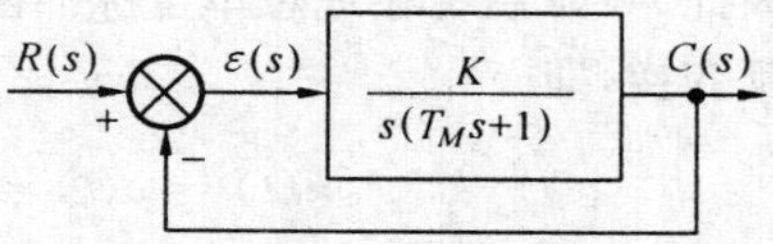

图 3.3-1 随动系统方块图

控制系统的输出信号与输入信号之间的关系，凡可用二阶常微分方程〔形如式(3.3-2)〕描述的，均称为二阶系统。上述随动系统就是一个二阶系统。

为了分析方便，常把二阶系统的闭环传递函数写成标准形式，即

$$\frac{C(s)}{R(s)} = \frac{\omega_n^2}{s^2 + 2\xi\omega_n s + \omega_n^2} \tag{3.3-3}$$

式中 ξ ——阻尼比；

ω_n ——无阻尼自振频率。

将上述随动系统的闭环传递函数化为标准形式

$$\frac{C(s)}{R(s)} = \frac{K}{T_M s^2 + s + K} = \frac{K/T_M}{s^2 + (1/T_M)s + K/T_M} = \frac{\omega_n^2}{s^2 + 2\xi\omega_n s + \omega_n^2}$$

其中 $\omega_n = \sqrt{\frac{K}{T_M}}$；$\xi = \frac{1}{2\sqrt{KT_M}}$。

此时图 3.3-1 可变换成图 3.3-2。这样，二阶系统的过渡过程就可以用 ξ 和 ω_n 这两个参数加以描述。

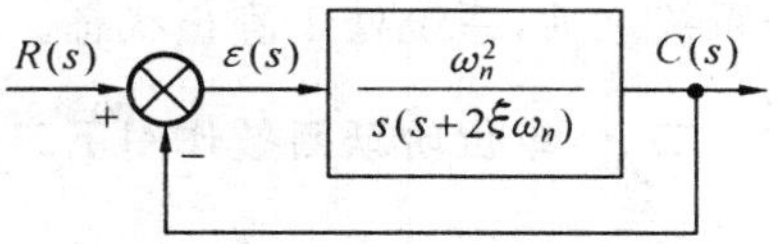

图 3.3-2　二阶系统方块图

由式(3.3-3)求得二阶系统的特征方程

$$s^2+2\xi\omega_n s+\omega_n^2=0 \tag{3.3-4}$$

由上式解得二阶系统的二个特征根(即闭环极点)为

$$s_{1,2}=-\xi\omega_n\pm\omega_n\sqrt{\xi^2-1} \tag{3.3-5}$$

式(3.3-5)说明，随着阻尼比 ξ 取值的不同，二阶系统的特征根(闭环极点)也不相同。下面逐一加以说明。

1. 欠阻尼($0<\xi<1$)

当 $0<\xi<1$ 时，两个特征根为　$s_{1,2}=-\xi\omega_n\pm j\omega_n\sqrt{1-\xi^2}$

是一对共扼复数根，如图 3.3-3(a)所示。

2. 临界阻尼($\xi=1$)

当 $\xi=1$ 时，特征方程有两个相同的负实根，即　$s_{1,2}=-\omega_n$

此时的 s_1、s_2 如图 3.3-3(b)所示。

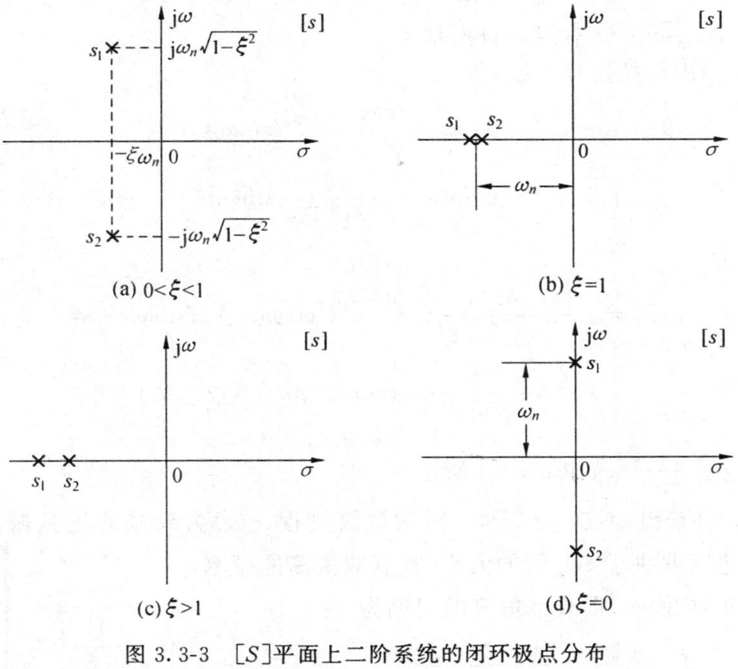

图 3.3-3　[S]平面上二阶系统的闭环极点分布

3. 过阻尼($\xi>1$)

当 $\xi>1$ 时，两个特征根为　$s_{1,2}=-\xi\omega_n\pm\omega_n\sqrt{\xi^2-1}$

是两个不同的负实根，如图 3.3-3(c)所示。

4. $\xi=0$(欠阻尼的特殊情况——无阻尼)

当 $\xi=0$ 时，特征方程具有一对共轭纯虚根，即　$s_{1,2}=\pm j\omega_n$，如图 3.3-3(d)所示。

根据上述四种情况，下面分别研究在单位阶跃函数、速度函数及脉冲函数作用下二阶系统的过渡过程。无特殊说明时，一律假设系统的初始条件为零，即当控制信号 $r(t)$ 作用于系统之前，系统处于静止状态。

二、 单位阶跃函数作用下二阶系统的过渡过程（简称阶跃响应）

令 $r(t)=1(t)$，则有 $R(s)=\dfrac{1}{s}$，由式(3.3-3)求得二阶系统在单位阶跃函数作用下输出信号的拉氏变换

$$C(s)=\frac{\omega_n^2}{s^2+2\xi\omega_n s+\omega_n^2}\cdot\frac{1}{s} \qquad (3.3\text{-}6)$$

对上式进行拉氏反变换，便得二阶系统在单位阶跃函数作用下的过渡过程，即

$$c(t)=\mathrm{L}^{-1}[C(s)]$$

1. 欠阻尼状态($0<\xi<1$)

这时，式(3.3-6)可以展成如下的部分分式

$$C(s)=\frac{1}{s}-\frac{s+2\xi\omega_n}{(s+\xi\omega_n+\mathrm{j}\omega_d)(s+\xi\omega_n-\mathrm{j}\omega_d)}=$$
$$\frac{1}{s}-\frac{s+\xi\omega_n}{(s+\xi\omega_n)^2+\omega_d{}^2}-\frac{\xi\omega_n}{\omega_d}\cdot\frac{\omega_d}{(s+\xi\omega_n)^2+\omega_d^2} \qquad (3.3\text{-}7)$$

式中 $\omega_d=\omega_n\sqrt{1-\xi^2}$——有阻尼自振频率。

对式(3.3-7)进行拉氏反变换，得

$$c(t)=1-\mathrm{e}^{-\xi\omega_n t}\cos\omega_d t-\frac{\xi\omega_n}{\omega_d}\cdot\mathrm{e}^{-\xi\omega_n t}\sin\omega_d t=$$
$$1-\mathrm{e}^{-\xi\omega_n t}\left(\cos\omega_d t+\frac{\xi}{\sqrt{1-\xi^2}}\sin\omega_d t\right) \qquad (t\geqslant 0) \qquad (3.3\text{-}8)$$

上式还可改写为

$$c(t)=1-\frac{\mathrm{e}^{-\xi\omega_n t}}{\sqrt{1-\xi^2}}(\sqrt{1-\xi^2}\cos\omega_d t+\xi\sin\omega_d t)=$$
$$1-\frac{\mathrm{e}^{-\xi\omega_n t}}{\sqrt{1-\xi^2}}\sin(\omega_d t+\varphi) \qquad (t\geqslant 0) \qquad (3.3\text{-}9)$$

式中 $\varphi=\mathrm{arctg}\,\dfrac{\sqrt{1-\xi^2}}{\xi}$，如图 3.3-4 所示。

从式(3.3-9)看出，对应 $0<\xi<1$ 时的过渡过程，$c(t)$为衰减的正弦振荡曲线，见图 3.3-5。其衰减速度取决于 $\xi\omega_n$ 值的大小，其衰减振荡的频率便是有阻尼自振频率 ω_d，即衰减振荡的周期为

$$T_d=\frac{2\pi}{\omega_d}=\frac{2\pi}{\omega_n\sqrt{1-\xi^2}}$$

$\xi=0$ 是欠阻尼的一种特殊情况，将 $\xi=0$ 代入式(3.3-9)，可直接得到

$$c(t)=1-\cos\omega_n t \qquad (t\geqslant 0) \qquad (3.3\text{-}10)$$

从上式可以看出，无阻尼($\xi=0$)时二阶系统的阶跃响应是等幅正弦振荡曲线(见图 3.3-7)，振荡频率为 ω_n。

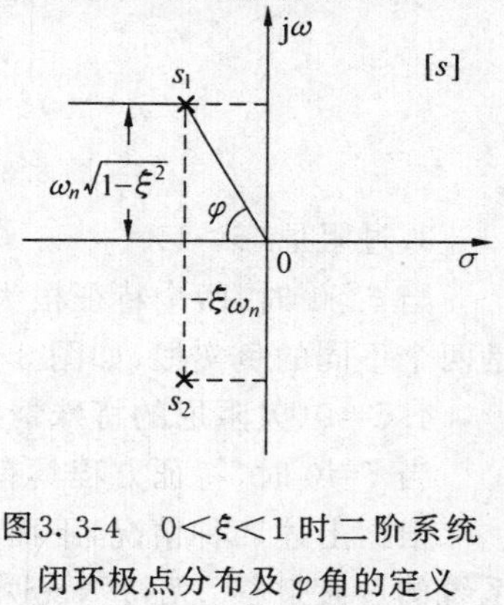

图3.3-4　$0<\xi<1$ 时二阶系统闭环极点分布及 φ 角的定义

综上分析，可以看出频率 ω_n 和 ω_d 的鲜明物理意义。ω_n 是 ξ

$=0$ 时二阶系统过渡过程为等幅正弦振荡的角频率，称为无阻尼自振频率。ω_d 是欠阻尼（$0<\xi<1$）时，二阶系统过渡过程为衰减正弦振荡的角频率，称为有阻尼自振频率。而 $\omega_d=\omega_n\sqrt{1-\xi^2}$，显然 $\omega_d<\omega_n$，且随着 ξ 值增大，ω_d 的值将减小。

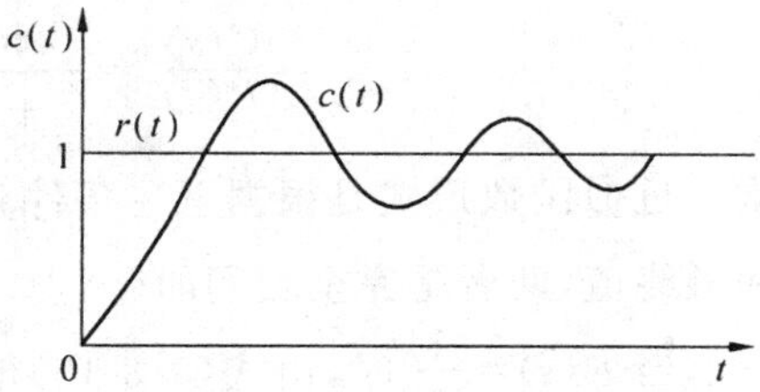

图 3.3-5　二阶系统的过渡过程（欠阻尼状态）

2. 临界阻尼状态（$\xi=1$）

这时，二阶系统具有两个相同的负实根，见图 3.3-3(b)。据此，式(3.3-6)可以展成如下的部分分式

$$C(s)=\frac{\omega_n^2}{s(s+\omega_n)^2}=\frac{1}{s}-\frac{\omega_n}{(s+\omega_n)^2}-\frac{1}{s+\omega_n} \tag{3.3-11}$$

对上式进行拉氏反变换，得

$$c(t)=1-(\omega_n t+1)e^{-\omega_n t}\qquad(t\geqslant 0) \tag{3.3-12}$$

由式(3.3-12)看出，二阶系统当阻尼比 $\xi=1$ 时，在单位阶跃函数作用下的过渡过程是一条无超调的单调上升的曲线，如图 3.3-7 所示。

3. 过阻尼状态（$\xi>1$）

这时二阶系统具有两个不相同的负实根，即

$$s_1=-(\xi+\sqrt{\xi^2-1})\omega_n$$
$$s_2=-(\xi-\sqrt{\xi^2-1})\omega_n$$

于是式(3.3-6)可以展成如下的部分分式

$$\begin{aligned}C(s)=&\frac{1}{s}+\frac{A_1}{s-s_1}+\frac{A_2}{s-s_2}=\\&\frac{1}{s}+\frac{1}{2\sqrt{\xi^2-1}(\xi+\sqrt{\xi^2-1})}\cdot\frac{1}{s+\xi\omega_n+\omega_n\sqrt{\xi^2-1}}-\\&\frac{1}{2\sqrt{\xi^2-1}(\xi-\sqrt{\xi^2-1})}\cdot\frac{1}{s+\xi\omega_n-\omega_n\sqrt{\xi^2-1}}\end{aligned} \tag{3.3-13}$$

取上式的拉氏反变换，得

$$\begin{aligned}c(t)=&1+\frac{1}{2\sqrt{\xi^2-1}(\xi+\sqrt{\xi^2-1})}e^{-(\xi+\sqrt{\xi^2-1})\omega_n t}-\\&\frac{1}{2\sqrt{\xi^2-1}(\xi-\sqrt{\xi^2-1})}e^{-(\xi-\sqrt{\xi^2-1})\omega_n t}=\\&1+\frac{\omega_n}{2\sqrt{\xi^2-1}}\left(\frac{e^{s_1 t}}{-s_1}-\frac{e^{s_2 t}}{-s_2}\right)\qquad(t\geqslant 0)\end{aligned} \tag{3.3-14}$$

显然，这时系统的过渡过程 $c(t)$ 包含着两个衰减的指数项，其过渡过程曲线见图 3.3-7。当 ξ 远大于 1 时，闭环极点 s_1 将比 s_2 距虚轴远得多，在式(3.3-14)两个衰减的指数项中，包含 s_1 的项要比包含 s_2 的项衰减快得多，所以 s_1 对系统过渡过程的影响比 s_2 对系统过渡过程的影响要小得多。因此，在求取输出信号 $c(t)$ 的近似解时，可以忽略 s_1 对系统的影响，把二阶系统近似看成一阶系统，在这种情况下，近似一阶系统的传递函数是

$$\frac{C(s)}{R(s)}=\frac{\xi\omega_n-\omega_n\sqrt{\xi^2-1}}{s+\xi\omega_n-\omega_n\sqrt{\xi^2-1}}=\frac{-s_2}{s-s_2} \tag{3.3-15}$$

这一近似函数形式是根据下述条件直接得到的，即原来的函数$\frac{C(s)}{R(s)}$与近似函数的初始值和最终值，两者是完全相同的。

当$R(s)=\frac{1}{s}$时，由式(3.3-15)得到

$$C(s)=\frac{\xi\omega_n-\omega_n\sqrt{\xi^2-1}}{s+\xi\omega_n-\omega_n\sqrt{\xi^2-1}}\cdot\frac{1}{s}$$

以及它的时间特性$c(t)$

$$c(t)=1-e^{-(\xi-\sqrt{\xi^2-1})\omega_n t}\qquad(t\geqslant 0) \tag{3.3-16}$$

当$\xi=2,\omega_n=1$时，近似时间特性及准确时间特性均画在图3.3-6中。这时系统的近似解为

$$c(t)=1-e^{-0.27t}\qquad(t\geqslant 0)$$

系统的准确解为

$$c(t)=1+0.077e^{-3.73t}-1.077e^{-0.27t}\qquad(t\geqslant 0)$$

准确曲线和近似曲线之间，只是在过渡过程曲线的起始段上有比较显著的差别。这说明只要$\xi>2$，应用式(3.3-16)表示的近似过渡过程，都可得到满意的结果。

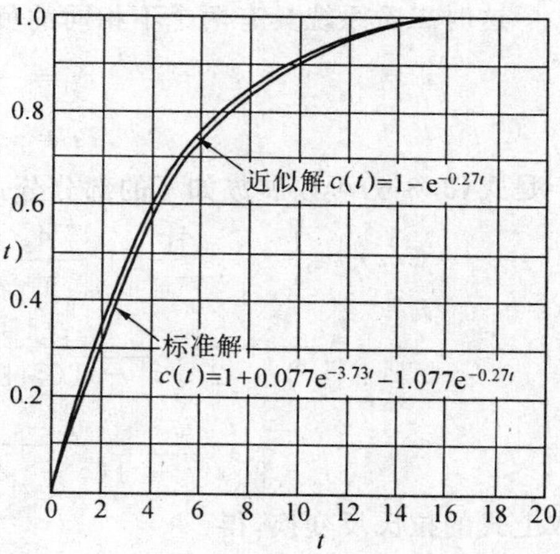

图3.3-6　二阶系统的过渡过程($\xi=2$)

在单位阶跃函数作用下对应不同阻尼比ξ($\xi=0,0<\xi<1,\xi>1$)时，二阶系统的过渡过程曲线示于图3.3-7中。

从图3.3-7看出，二阶系统在单位阶跃函数作用下的过渡过程，随着阻尼比ξ的减小，振荡程度越加严重，以致当$\xi=0$时出现等幅不衰减振荡。当$\xi=1$及$\xi>1$时，二阶系统的过渡过程具有单调上升的特性。就过渡过程持续时间来看，在无振荡、单调上升的特性中，以$\xi=1$的过渡过程时间t_s为最短。在欠阻尼($0<\xi<1$)特性中，对应$\xi=0.4\sim0.8$时的过渡过程，不仅具有比$\xi=1$时更短的过渡过程时间，而且振荡程度也不严重。因此，一般来说，希望二阶系统工作在$\xi=0.4\sim0.8$的欠阻尼状态。因为在这种状态下将有一个振荡特性适度、持续时间较短的过渡过程。但并不排除在某些情况下(例如在包含低增益、大惯性的温度控制系统设计中)需要采用过阻尼系统。此外，在有些不允许时域特性出现超调，而又希望过渡过程较快完成的情况下，例如在指示仪表系统和记录仪表系统中，需要采用临界阻尼系统。

三、　二阶系统的性能指标

在许多实际情况中，评价控制系统动态性能的好坏，是通过系统反应单位阶跃函数的

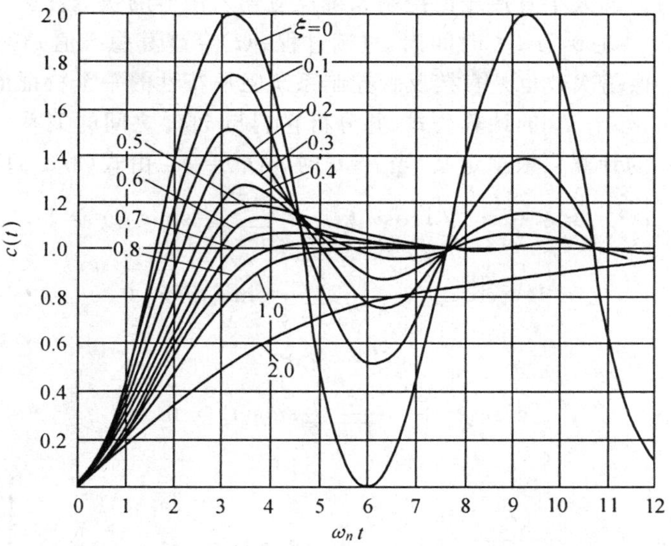

图 3.3-7　二阶系统在单位阶跃函数作用下的过渡过程

过渡过程的特征量来表示的。下面就来定义二阶系统单位阶跃响应的一些特征量，作为评价二阶系统的性能指标。

在一般情况下，希望二阶系统工作在 $\xi=0.4\sim0.8$ 的欠阻尼状态下。因此，下面有关性能指标的定义和定量关系的推导主要是针对二阶系统的欠阻尼工作状态进行的。

系统在单位阶跃函数作用下的过渡过程与初始条件有关，为了便于比较各种系统的过渡过程质量，通常假设系统的初始条件为零 。

二阶系统在欠阻尼状态下阶跃响应的特征值规定如下(见图 3.3-8)。

1. 上升时间 t_r　对于欠阻尼系统，过渡过程曲线从零上升到稳态值所需的时间叫上升时间 t_r。若为过阻尼系统，则把过渡过程曲线从稳态值的 10%上升到 90%所需的时间叫上升时间。

2. 峰值时间 t_p　过渡过程曲线达到第一个峰值所需的时间，叫峰值时间 t_p。

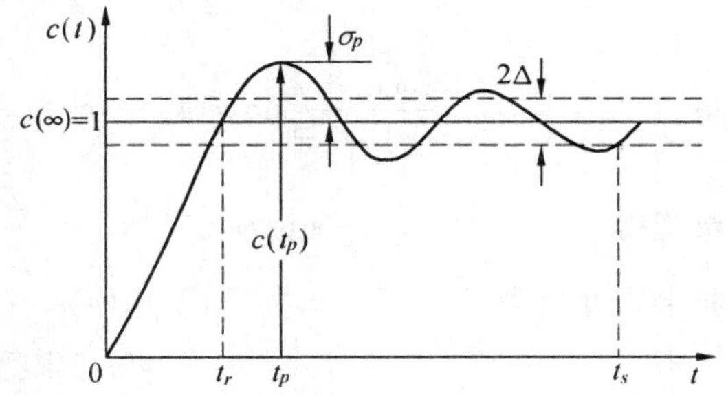

图 3.3-8　表示性能指标的过渡过程曲线

3. 最大超调量 σ_p　用下式定义控制系统的最大超调量，即

$$\sigma_p=\frac{c(t_p)-c(\infty)}{c(\infty)}\cdot 100\%$$

式中 $c(t_p)$——过渡过程曲线第一次达到的最大输出值；

$c(\infty)$——过渡过程的稳态值。

σ_p 的大小直接说明控制系统的阻尼特性。

4. 过渡过程时间 t_s　在过渡过程的稳态线上，用稳态值的百分数 Δ(通常取 Δ=5%或 Δ=2%，见图 3.3-8)作一个允许误差范围，过渡过程曲线进入并永远保持在这一允许误差范围内，进入允许误差范围所对应的时间叫做过渡过程时间 t_s(或叫调节时间)。

过渡过程时间 t_s 的大小直接表征控制系统反应输入信号的快速性。

5. 振荡次数 N　在 $0 \leqslant t \leqslant t_s$ 时间内，过渡过程 $c(t)$ 穿越其稳态值 $c(\infty)$ 次数的一半，定义为振荡次数。振荡次数也是直接反映控制系统阻尼特性的一个特征值。

下面推导 t_r、t_p、σ_p、t_s、N 的计算公式，并分析它们与 ξ、ω_n 之间的关系。

6. 上升时间 t_r 的计算　根据定义，当 $t=t_r$ 时，$c(t_r)=1$。由式(3.3-8)得

$$c(t_r) = 1 - \mathrm{e}^{-\xi\omega_n t_r}(\cos\omega_d t_r + \frac{\xi}{\sqrt{1-\xi^2}}\sin\omega_d t_r) = 1$$

即
$$\mathrm{e}^{-\xi\omega_n t_r}(\cos\omega_d t_r + \frac{\xi}{\sqrt{1-\xi^2}}\sin\omega_d t_r) = 0$$

因为
$$\mathrm{e}^{-\xi\omega_n t_r} \neq 0$$

所以
$$\cos\omega_d t_r + \frac{\xi}{\sqrt{1-\xi^2}}\sin\omega_d t_r = 0$$

或
$$\mathrm{tg}\omega_d t_r = \frac{\omega_n\sqrt{1-\xi^2}}{-\xi\omega_n}$$

由图 3.3-9 得，$\mathrm{tg}\omega_d t_r = \mathrm{tg}(\pi-\varphi)$，因此，上升时间为

$$t_r = \frac{\pi-\varphi}{\omega_n\sqrt{1-\xi^2}} \tag{3.3-17}$$

式中　$\varphi = \mathrm{arctg}\dfrac{\sqrt{1-\xi^2}}{\xi}$

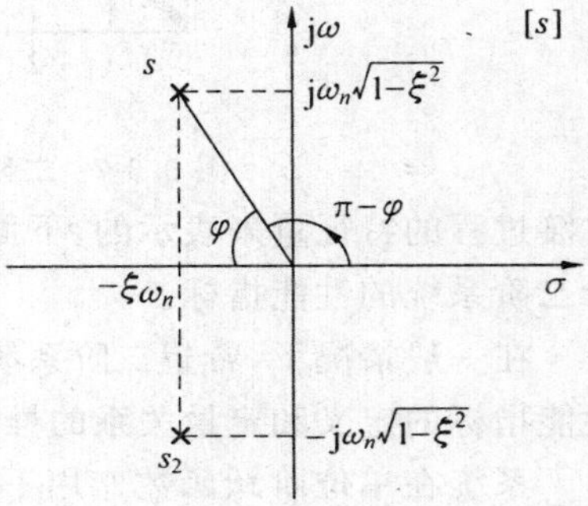

图 3.3-9　φ 角的定义

7. 峰值时间 t_p 的计算　将式(3.3-9)对时间求导，并令其等于零，即

$$\frac{\mathrm{d}c(t)}{\mathrm{d}t}\Big|_{t=t_p} = 0$$

得
$$\frac{\xi\omega_n\mathrm{e}^{-\xi\omega_n t_p}}{\sqrt{1-\xi^2}}\sin(\omega_d t_p+\varphi) - \frac{\omega_d\mathrm{e}^{-\xi\omega_n t_p}}{\sqrt{1-\xi^2}}\cos(\omega_d t_p+\varphi) = 0$$

整理得
$$\sin(\omega_d t_p+\varphi) = \frac{\sqrt{1-\xi^2}}{\xi}\cos(\omega_d t_p+\varphi)$$

将上式变换为
$$\mathrm{tg}(\omega_d t_p+\varphi) = \mathrm{tg}\varphi$$

所以
$$\omega_d t_p = 0, \pi, 2\pi, 3\pi, \cdots$$

由于峰值时间 t_p 是过渡过程 $c(t)$ 达到第一个峰值所对应的时间，故取 $\omega_d t_p = \pi$

即
$$t_p = \frac{\pi}{\omega_d} = \frac{\pi}{\omega_n\sqrt{1-\xi^2}} \tag{3.3-18}$$

8. 最大超调量 σ_p 的计算　由定义

$$\sigma_p = \frac{c(t_p)-c(\infty)}{c(\infty)}100\% = -\mathrm{e}^{-\xi\omega_n t_p}(\cos\omega_d t_p + \frac{\xi}{\sqrt{1-\xi^2}}\sin\omega_d t_p)100\% =$$

$$-\mathrm{e}^{-\xi\omega_n t_p}(\cos\pi + \frac{\xi}{\sqrt{1-\xi^2}}\sin\pi)100\% = \mathrm{e}^{-\xi\omega_n t_p}100\%$$

即
$$\sigma_p = \mathrm{e}^{-\frac{\xi\pi}{\sqrt{1-\xi^2}}}100\% \tag{3.3-19}$$

9. 过渡过程时间 t_s 的计算　对于欠阻尼二阶系统的单位阶跃响应可用式(3.3-9)表示为

$$c(t)=1-\frac{e^{-\xi\omega_n t}}{\sqrt{1-\xi^2}}\sin(\omega_d t+\operatorname{arctg}\frac{\sqrt{1-\xi^2}}{\xi})\qquad (t\geqslant 0)$$

从上式看出，$1\pm\frac{e^{-\xi\omega_n t}}{\sqrt{1-\xi^2}}$是此时系统过渡过程 $c(t)$ 的包络线方程。即过渡过程 $c(t)$ 总是包含在一对包络线内(见图 3.3-10)，包络线的时间常数为$\frac{1}{\xi\omega_n}$。

由过渡过程时间 t_s 的定义可知，t_s 是过渡过程曲线进入并永远保持在规定的允许误差($\Delta=2\%$或$\Delta=5\%$)范围内，进入允许误差范围所对应的时间，可近似认为就是包络线衰减到 Δ 区域所需的时间，则有

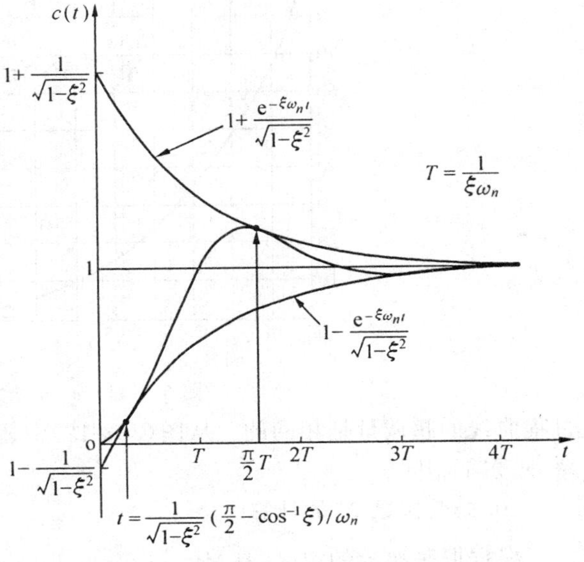

图 3.3-10　二阶系统单位阶跃响应的一对包络线

$$\frac{e^{-\xi\omega_n t_s}}{\sqrt{1-\xi^2}}=\Delta$$

解得

$$t_s=\frac{1}{\xi\omega_n}(\ln\frac{1}{\Delta}+\ln\frac{1}{\sqrt{1-\xi^2}})\qquad(3.3\text{-}20)$$

若取 $\Delta=5\%$，并忽略 $\ln\frac{1}{\sqrt{1-\xi^2}}$　$(0<\xi<0.9)$时，则得

$$t_s\approx\frac{3}{\xi\omega_n}\qquad(3.3\text{-}21)$$

若取 $\Delta=2\%$，并忽略 $\ln\frac{1}{\sqrt{1-\xi^2}}$项则得

$$t_s\approx\frac{4}{\xi\omega_n}\qquad(3.3\text{-}22)$$

从式(3.3-17)～式(3.3-22)看出，上升时间 t_r、峰值时间 t_p、过渡过程时间 t_s 均与阻尼比 ξ 和无阻尼自振频率 ω_n 有关，而最大超调量 σ_p 只是阻尼比 ξ 的函数，与 ω_n 无关。当二阶系统的阻尼比 ξ 确定后，即可求得所对应的超调量 σ_p。反之，如果给出了超调量 σ_p 的要求值，也可求出相应的阻尼比 ξ 的数值。图 3.3-11 给出了 σ_p 与 ξ 的关系曲线。一般，为了获得良好的过渡过程，阻尼比 ξ 在 0.4 到 0.8 之间为宜，相应的超调量为 $\sigma_p=25\%\sim2.5\%$。小的 ξ 值，例如 $\xi<0.4$ 时会造成系统过渡过程严重超调，而大的 ξ 值，例如 $\xi>0.8$ 时，将使系统的调节时间变长。

阻尼比 ξ 值通常根据对最大超调量 σ_p 的要求来确定，这样过渡过程时间 t_s(或 t_r、t_p)就可以主要依据无阻尼自振频率来确定。也就是说，在不改变最大超调量的情况下，通过调整无阻尼自振频率可以改变控制系统的快速性。如图(3.3-12)所示，曲线①对应无阻尼自振频率为 ω_{n1}，曲线②对应无阻尼自振频率为 ω_{n2}，而 $\omega_{n1}>\omega_{n2}$，所以 $t_{s1}<t_{s2}$，但二条过渡

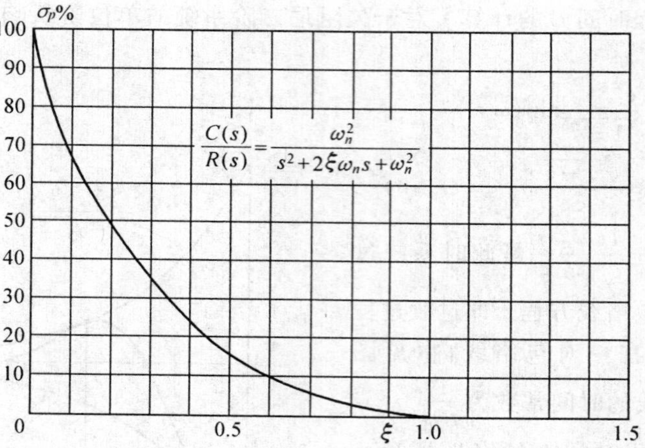

图 3.3-11　σ_p 与 ξ 的关系曲线

过程曲线的超调量是相同的。从图(3.3-12)中还可看出曲线①与曲线②的有阻尼自振频率 ω_d 亦不相同。

10. 振荡次数 N 的计算

根据振荡次数的定义，有$N=\frac{t_s}{T_d}$

式中　$T_d=\frac{2\pi}{\omega_n\sqrt{1-\xi^2}}$是系统的有阻尼振荡周期。

当 $\Delta=2\%$时 $t_s=\frac{4}{\xi\omega_n}$

则有

$$N=\frac{2\sqrt{1-\xi^2}}{\pi\xi} \tag{3.3-23}$$

当 $\Delta=5\%$时 $t_s=\frac{3}{\xi\omega_n}$

则有

$$N=\frac{1.5\sqrt{1-\xi^2}}{\pi\xi} \tag{3.3-24}$$

若已知 σ_p，考虑到 $\sigma_p=\mathrm{e}^{-\frac{\pi\xi}{\sqrt{1-\xi^2}}}$

即

$$\ln\sigma_p=-\frac{\pi\xi}{\sqrt{1-\xi^2}}$$

求得振荡次数 N 与超调量 σ_p 的关系为

$$N=\frac{-2}{\ln\sigma_p}\quad(\Delta=2\%) \tag{3.3-25}$$

$$N=\frac{-1.5}{\ln\sigma_p}\quad(\Delta=5\%) \tag{3.3-26}$$

振荡次数 N 只与 ξ 有关，N 与 ξ 的关系曲线见图(3.3-13)。

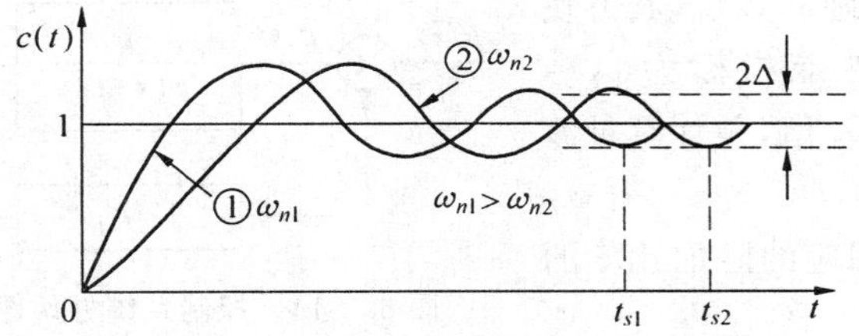

图 3.3-12　二阶系统具有相同 ξ 值不同 ω_n 值时的阶跃响应曲线

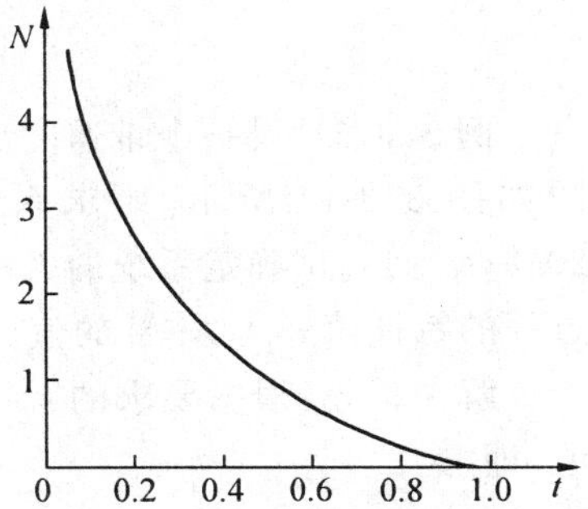

图 3.3-13　振荡次数 N 与 ξ 的关系曲线

四、 二阶系统计算举例

例 3.3-1　二阶系统如图 3.3-2 所示，其中 $\xi=0.6$，$\omega_n=5\text{rad/s}$。当 $r(t)=1(t)$时，求过渡过程特征量 t_r、t_p、t_s、σ_p 和 N 的数值。

解　因为 $r(t)=1(t)$，所以可直接应用二阶系统阶跃响应特征值的计算公式求之。

据式(3.3-17)，上升时间 t_r 为

$$t_r=\frac{\pi-\operatorname{arctg}\dfrac{\sqrt{1-\xi^2}}{\xi}}{\omega_n\sqrt{1-\xi^2}}=\frac{3.14-\operatorname{arctg}\dfrac{\sqrt{1-0.6^2}}{0.6}}{5\sqrt{1-0.6^2}}=\frac{3.14-0.93}{4}=0.55\text{s}$$

据式(3.3-18)，峰值时间 t_P 为

$$t_p=\frac{\pi}{\omega_n\sqrt{1-\xi^2}}=\frac{3.14}{4}=0.785\text{s}$$

据式(3.3-19)，最大超调量 σ_p 为

$$\sigma_p=\mathrm{e}^{-\frac{\pi\xi}{\sqrt{1-\xi^2}}}100\%=\mathrm{e}^{-\frac{3.14\times0.6}{0.8}}100\%=9.5\%$$

据式(3.3-21)及式(3.3-22)有

$$t_s\approx\frac{3}{\xi\omega_n}=1\text{s}\quad(\Delta=5\%)$$

$$t_s\approx\frac{4}{\xi\omega_n}=1.33\text{s}\quad(\Delta=2\%)$$

据式(3.3-23)及式(3.3-24)有

$$N=\frac{2\sqrt{1-\xi^2}}{\pi\xi}=\frac{2\times0.8}{3.14\times0.6}=0.8\quad(\Delta=2\%)$$

$$N=\frac{1.5\sqrt{1-\xi^2}}{\pi\xi}=\frac{1.5\times0.8}{3.14\times0.6}=0.6\quad(\Delta=5\%)$$

注意，振荡次数 $N<1$，说明过渡过程只存在一次超调现象。这是因为过渡过程在一个有阻尼振荡周期内便可结束。即

$$t_s < T_d = \frac{2\pi}{\omega_d}$$

例 3.3-2 设一个带速度反馈的随动系统，其方块图如图 3.3-14 所示。要求系统的性能指标为 $\sigma_p = 20\%$，$t_p = 1s$。试确定系统的 K 值和 K_A 值，并计算过渡过程的特征值 t_r、t_s 及 N 的值。

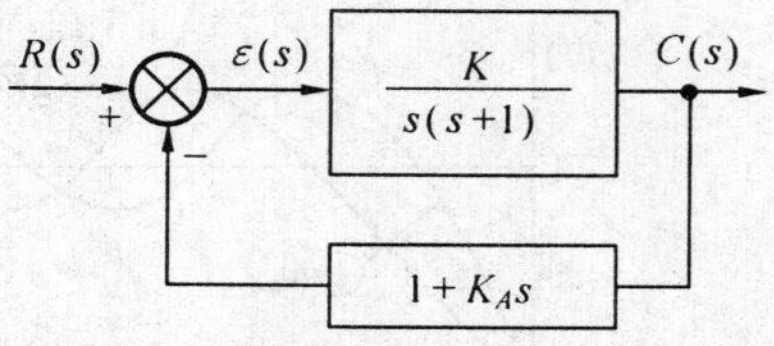

图 3.3-14 控制系统方块图

解 首先，根据要求的 σ_p 求取相应的阻尼比 ξ 的值，即

$$\sigma_p = e^{-\frac{\pi\xi}{\sqrt{1-\xi^2}}}$$

$$\frac{\pi\xi}{\sqrt{1-\xi^2}} = \ln\frac{1}{\sigma_p} = \ln\frac{1}{0.2} = 1.61$$

解得
$$\xi = 0.456$$

其次，由已知条件 $t_p = 1s$ 及已求出的 $\xi = 0.456$ 求无阻尼自振频率 ω_n，即

$$t_p = \frac{\pi}{\omega_n\sqrt{1-\xi^2}}$$

解得
$$\omega_n = \frac{\pi}{t_p\sqrt{1-\xi^2}} = 3.53(\text{rad/s})$$

再次，将此二阶系统的闭环传递函数与标准形式进行比较，求 K 及 K_A 值。由图 3.3-14 求得

$$\frac{C(s)}{R(s)} = \frac{K}{s^2 + (1 + KK_A)s + K} = \frac{\omega_n^2}{s^2 + 2\xi\omega_n s + \omega_n^2}$$

比较上式两端，得

$$\omega_n = \sqrt{K}, 2\xi\omega_n = (1 + KK_A)$$

所以
$$K = \omega_n^2 = (3.53)^2 = 12.5$$

$$K_A = \frac{2\xi\omega_n - 1}{K} = 0.178$$

最后计算 t_r、t_s 及 N

$$t_r = \frac{\pi - \varphi}{\omega_n\sqrt{1-\xi^2}}$$

式中
$$\varphi = \text{arctg}\frac{\sqrt{1-\xi^2}}{\xi} = 1.1\text{rad}$$

解得
$$t_r = 0.65s$$

$$t_s = \frac{3}{\xi\omega_n} = 1.86s(\text{取 }\Delta = 5\%)$$

$$N = \frac{1.5\sqrt{1-\xi^2}}{\pi\xi} = 0.93 \text{ 次}(\text{取 }\Delta = 5\%)$$

$$t_s = \frac{4}{\xi\omega_n} = 2.48s(\text{取 }\Delta = 2\%)$$

$$N = \frac{2\sqrt{1-\xi^2}}{\pi\xi} = 1.2\text{次(取}\Delta = 2\%\text{)}$$

例 3.3-3 图 3.3-15(a)是一个机械平移系统，当有 3N 的力(阶跃输入)作用于系统时，系统中的质量 M 作图 3.3-15(b)所示的运动，试根据这个过渡过程曲线，确定质量 M、粘性摩擦系数 f 和弹簧刚度 K 的数值。

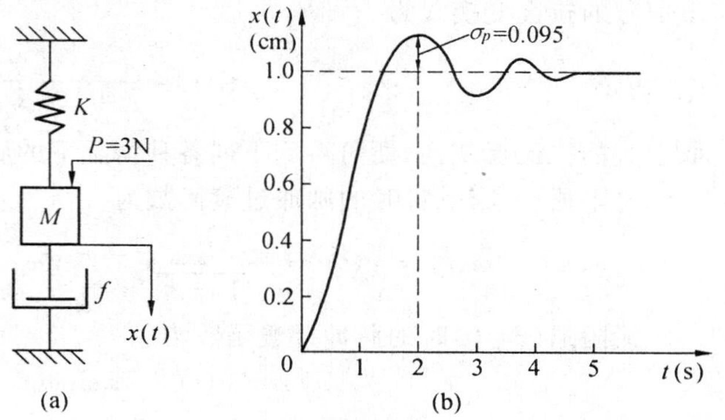

图 3.3-15 机械平移系统

(a) 机械平移系统 (b)机械系统过渡过程曲线

解 根据牛顿第二定律 $\sum F = Ma$，求得系统的微分方程为

$$M\frac{d^2x}{dt^2} + f\frac{dx}{dt} + Kx = P$$

上式经拉氏变换求得系统的传递函数为

$$\frac{X(s)}{P(s)} = \frac{1}{Ms^2 + fs + K}$$

当输入信号 $P(t) = 3 \cdot 1(t)$ 时，输出量的拉氏变换式为

$$X(s) = \frac{1}{Ms^2 + fs + K} \cdot \frac{3}{s}$$

用终值定理求 $x(t)$ 的稳态值($t \to \infty$)，有

$$x(\infty) = \lim_{t\to\infty} x(t) = \lim_{s\to 0} sX(s) = \lim s\frac{1}{Ms^2 + fs + K} \cdot \frac{3}{s} = \frac{3}{K}$$

由图 3.3-15(b)知，$x(\infty) = 1\text{cm}$，所以

$$\frac{3}{K} = 1\text{，即 K} = 3(\text{N/cm})$$

由题中条件已知 $\sigma_p = 9.5\%$，相应于 $\xi = 0.6$。又由图 3.3-15(b)知 $t_P = 2\text{s}$，即

$$t_p = \frac{\pi}{\omega_n\sqrt{1-\xi^2}} = 2$$

即

$$\omega_n = \frac{\pi}{2\sqrt{1-\xi^2}} = 1.96(\text{rad/s})$$

将 $K = 3(\text{N/cm})$ 代入 $X(s)$ 中得

$$X(s) = \frac{3}{Ms^2 + fs + 3} \cdot \frac{1}{s} = \frac{\frac{3}{M}}{s^2 + \frac{f}{M}s + \frac{3}{M}} \cdot \frac{1}{s} = \frac{\omega_n^2}{s^2 + 2\xi\omega_n s + \omega_n^2} \cdot \frac{1}{s}$$

所以

$$\omega_n^2 = \frac{3}{M}$$

得

$$M = \frac{3}{\omega_n^2} = 0.780\ 9(\text{N} \cdot \text{s}^2/\text{cm})$$

又由

$$2\xi\omega_n = \frac{f}{M}$$

得

$$f = 2\xi\omega_n M = 2 \times 0.6 \times 1.96 \times 0.780\ 9 = 1.8(\text{N} \cdot \text{s/cm})$$

五、 二阶系统的脉冲过渡函数

令 $r(t)=\delta(t)$，则有 $R(s)=1$。因此，对于具有标准形式闭环传递函数的二阶系统，输出信号的拉氏变换式为

$$C(s)=\frac{\omega_n^2}{s^2+2\xi\omega_n s+\omega_n^2}$$

取上式的拉氏反变换，便可得到下列各种情况下的脉冲过渡函数。

欠阻尼($0<\xi<1$)时的脉冲过渡函数为

$$k(t)=c(t)=\frac{\omega_n}{\sqrt{1-\xi^2}}e^{-\xi\omega_n t}\sin\omega_n\sqrt{1-\xi^2}t \quad (t\geqslant 0) \tag{3.3-27}$$

无阻尼($\xi=0$)时的脉冲过渡函数为

$$k(t)=c(t)=\omega_n\sin\omega_n t \quad (t\geqslant 0) \tag{3.3-28}$$

临界阻尼($\xi=1$)时的脉冲过渡函数为

$$k(t)=c(t)=\omega_n^2 te^{-\omega_n t} \quad (t\geqslant 0) \tag{3.3-29}$$

过阻尼($\xi>1$)时的脉冲过渡函数为

$$k(t)=c(t)=\frac{\omega_n}{2\sqrt{\xi^2-1}}[e^{-(\xi-\sqrt{\xi^2-1})\omega_n t}-e^{-(\xi+\sqrt{\xi^2-1})\omega_n t}] \quad (t\geqslant 0) \tag{3.3-30}$$

上述各种情况下的脉冲过渡函数曲线示于图 3.3-16 中。

应当指出，因为单位脉冲函数是单位阶跃函数对时间的导数，所以脉冲过渡函数，除了从 $C(s)=\Phi(s)$ 的拉氏反变换求得外，还可以通过单位阶跃函数作用下的过渡过程对时间求导数而得到。

从图 3.3-16 可见，临界阻尼和过阻尼时的脉冲过渡函数总是正值，或者等于零。对于欠阻尼情况，脉冲过渡函数是围绕横轴振荡的函数，它有正值，也有负值。因此，可以得到如下结论：如果系统脉冲过渡函数不改变符号，系统或处于临界阻尼状态或处于过阻尼状态。这时，相应的反应阶跃函数的过渡过程不具有超调现象，而是单调地趋于某一常值。

对于欠阻尼系统，对式(3.3-27)求导，并令其导数等于零，可求得脉冲过渡函数的最大超调量发生的时间 t'_p，即

令
$$\frac{dc(t)}{dt}\Big|_{t=t'_p}=\frac{d}{dt}\left(\frac{\omega_n}{\sqrt{1-\xi^2}}e^{-\xi\omega_n t}\sin\omega_n\sqrt{1-\xi^2}t\right)\Big|_{t=t'_p}=0$$

求得
$$t'_P=\frac{\operatorname{arctg}\dfrac{\sqrt{1-\xi^2}}{\xi}}{\omega_n\sqrt{1-\xi^2}} \quad (0<\xi<1) \tag{3.3-31}$$

将 t'_p 代入式(3.3-27)得最大超调量为

$$c(t)_{\max}=\omega_n e^{-\frac{\xi}{\sqrt{1-\xi^2}}\operatorname{arctg}\frac{\sqrt{1-\xi^2}}{\xi}} \quad (0<\xi<1) \tag{3.3-32}$$

反应单位阶跃函数的过渡过程的峰值时间 t_p 等于图 3.3-17 所示脉冲过渡函数与时间轴第一次相交处的时间。这可从式(3.3-27)直接求得。

当 $t=t_p$ 时，$c(t)=0$

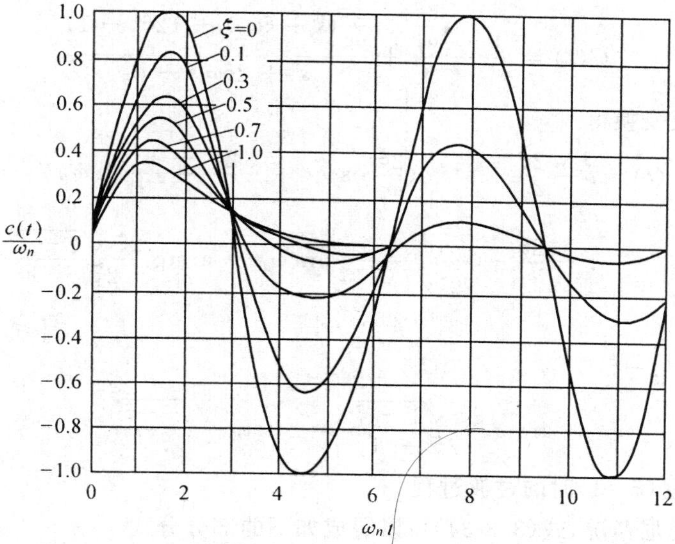

图 3.3-16 二阶系统的脉冲过渡函数

即 $$\frac{\omega_n}{\sqrt{1-\xi^2}}e^{-\xi\omega_n t_p}\sin\omega_n\sqrt{1-\xi^2}t_p=0$$

得 $$\sin\omega_n\sqrt{1-\xi^2}t_p=0$$

$$\omega_n\sqrt{1-\xi^2}t_p=\pi$$

所以 $$t_p=\frac{\pi}{\omega_n\sqrt{1-\xi^2}}$$

由此求得的值与反应单位阶跃函数时的过渡过程的峰值时间 t_p 完全相同。

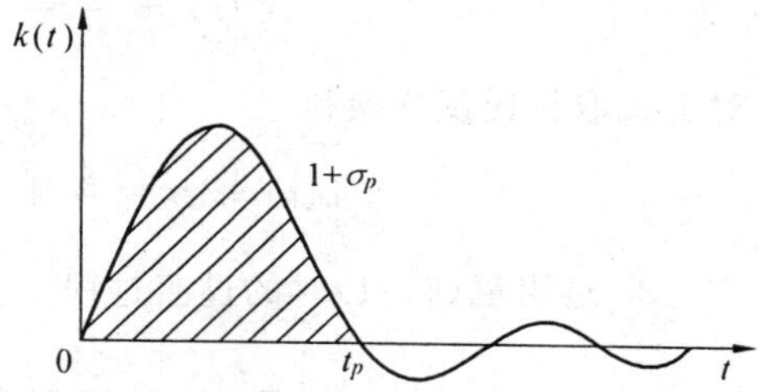

图 3.3-17 二阶系统的脉冲过渡函数

因为系统的脉冲过渡函数是反应单位阶跃函数的过渡过程对时间的导数，所以反应单位阶跃函数过渡过程的最大超调量 σ_p 也可从系统的脉冲过渡函数求得。在图(3.3-17)中，由 $t=0$ 到 $t=t_P$ 间，脉冲过渡函数与横轴所包围的面积等于 $1+\sigma_p$。

即 $$\int_0^{t_p}c(t)\mathrm{d}t=\int_0^{t_p}\frac{\omega_n}{\sqrt{1-\xi^2}}e^{-\xi\omega_n t}\sin\omega_n\sqrt{1-\xi^2}t\mathrm{d}t=$$

$$1+e^{-\frac{\pi\xi}{\sqrt{1-\xi^2}}}=1+\sigma_p \tag{3.3-33}$$

六、 单位速度函数作用下二阶系统的过渡过程

令 $r(t)=t$，则有 $R(s)=\frac{1}{s^2}$，对应输出信号的拉氏变换式为

$$C(s)=\frac{\omega_n^2}{s^2+2\xi\omega_n s+\omega_n^2}\cdot\frac{1}{s^2} \tag{3.3-34}$$

1. 欠阻尼($0<\xi<1$)时的过渡过程

这时式(3.3-34)可以展成如下的部分分式

$$C(s)=\frac{1}{s^2}-\frac{\frac{2\xi}{\omega_n}}{s}+\frac{\frac{2\xi}{\omega_n}(s+\xi\omega_n)+(2\xi^2-1)}{s^2+2\xi\omega_n s+\omega_n^2}$$

取上式的拉氏反变换得

$$c(t)=t-\frac{2\xi}{\omega_n}+\mathrm{e}^{-\xi\omega_n t}(\frac{2\xi}{\omega_n}\cos\omega_d t+\frac{2\xi^2-1}{\omega_n\sqrt{1-\xi^2}}\sin\omega_d t)=$$

$$t-\frac{2\xi}{\omega_n}+\frac{\mathrm{e}^{-\xi\omega_n t}}{\omega_n\sqrt{1-\xi^2}}\sin(\omega_d t+\mathrm{arctg}\frac{2\xi\sqrt{1-\xi^2}}{2\xi^2-1})$$

$$(t\geqslant 0) \qquad (3.3\text{-}35)$$

式中 $\omega_d=\omega_n\sqrt{1-\xi^2}$

$$\mathrm{arctg}\frac{2\xi\sqrt{1-\xi^2}}{2\xi^2-1}=2\mathrm{arctg}\frac{\sqrt{1-\xi^2}}{\xi}$$

2. 临界阻尼($\xi=1$)时的过渡过程

对于临界阻尼情况，式(3.3-34)可以展成如下的部分分式

$$C(s)=\frac{1}{s^2}-\frac{\frac{2}{\omega_n}}{s}+\frac{1}{(s+\omega_n)^2}+\frac{\frac{2}{\omega_n}}{s+\omega_n}$$

对上式取拉氏反变换得

$$c(t)=t-\frac{2}{\omega_n}+\frac{2}{\omega_n}(1+\frac{\omega_n}{2}t)\mathrm{e}^{-\omega_n t} \qquad (t\geqslant 0) \qquad (3.3\text{-}36)$$

3. 过阻尼($\xi>1$)时的过渡过程

$$c(t)=t-\frac{2\xi}{\omega_n}-\frac{2\xi^2-1-2\xi\sqrt{\xi^2-1}}{2\omega_n\sqrt{\xi^2-1}}\mathrm{e}^{-(\xi+\sqrt{\xi^2-1})\omega_n t}+$$

$$\frac{2\xi^2-1+2\xi\sqrt{\xi^2-1}}{2\omega_n\sqrt{\xi^2-1}}\mathrm{e}^{-(\xi-\sqrt{\xi^2-1})\omega_n t} \qquad (t\geqslant 0) \qquad (3.3\text{-}37)$$

二阶系统反应单位速度函数的过渡过程还可以通过对反应单位阶跃函数的过渡过程的积分求得，其中积分常数可根据 $t=0$ 时过渡过程 $c(t)$ 的初始条件来确定。

在单位速度函数作用下的二阶系统工作在欠阻尼及过阻尼状态时的偏差信号 $\varepsilon(t)$ 分别是

$$\varepsilon(t)=r(t)-c(t)=$$

$$\frac{2\xi}{\omega_n}-\frac{\mathrm{e}^{-\xi\omega_n t}}{\omega_n\sqrt{1-\xi^2}}\sin(\omega_d t+\mathrm{arctg}\frac{2\xi\sqrt{1-\xi^2}}{2\xi^2-1}) \quad (0<\xi<1) \quad (3.3\text{-}38)$$

及

$$\varepsilon(t)=r(t)-c(t)=$$

$$\frac{2\xi}{\omega_n}+\frac{2\xi^2-1-2\xi\sqrt{\xi^2-1}}{2\omega_n\sqrt{\xi^2-1}}\mathrm{e}^{-(\xi+\sqrt{\xi^2-1})\omega_n t}-$$

$$\frac{2\xi^2-1+2\xi\sqrt{\xi^2-1}}{2\omega_n\sqrt{\xi^2-1}}\mathrm{e}^{-(\xi-\sqrt{\xi^2-1})\omega_n t} \qquad (\xi>1) \qquad (3.3\text{-}39)$$

上述偏差信号 $\varepsilon(t)$ 就是系统的误差信号 $e(t)$（详见 3.6）。对于上述两种状态下的误差信

号，分别求取 t 趋于无穷大时的极限，将得到完全相同的稳态误差 $e(\infty)$，即

$$e(\infty)=\frac{2\xi}{\omega_n} \qquad (3.3\text{-}40)$$

式(3.3-40)说明，二阶系统在跟踪单位速度函数时，稳态误差 $e(\infty)$ 是一个常数，其值与 ω_n 成反比，与 ξ 成正比。于是，欲减少系统的稳态误差值，需要增大 ω_n 或减小 ξ，但减小 ξ 值会使反应单位阶跃函数的过渡过程的超调量 σ_p 增大。因此，设计二阶系统时，需要在速度函数作用下的稳态误差与反应单位阶跃函数过渡过程的超调量之间进行折衷考虑，以便确定一个合理的设计方案。二阶系统反应速度函数的过渡过程曲线示于图 3.3-18 中，图中 K_1、K_2、K_3 为同一系统的不同开环放大倍数。

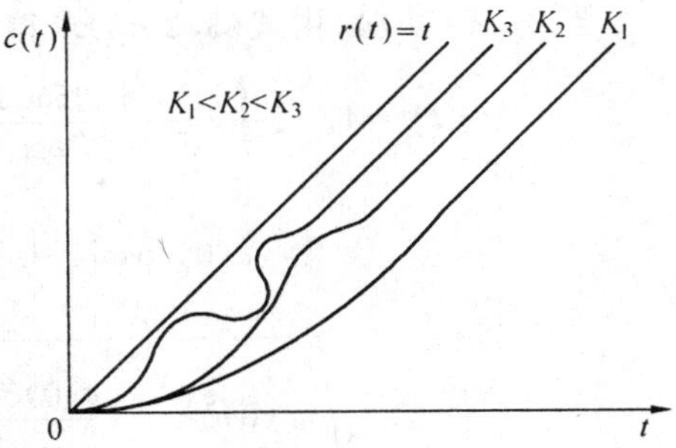

图 3.3-18　二阶系统反应速度函数的过渡过程曲线

七、　初始条件不为零时二阶系统的过渡过程

在上面分析二阶系统的过渡过程时，曾假设系统的初始条件为零。但实际上在输入信号作用于系统的瞬间，初始条件并不一定为零，这就需要考虑初始条件的影响。下面予以说明。

设二阶系统的运动方程式具有如下形式

$$a_2\ddot{c}(t)+a_1\dot{c}(t)+a_0c(t)=b_0r(t) \qquad (3.3\text{-}41)$$

对上式进行拉氏变换，并考虑初始条件，得

$$a_2[s^2C(s)-sc(0)-\dot{c}(0)]+a_1[sC(s)-c(0)]+a_0C(s)=b_0R(s)$$

或

$$C(s)=\frac{b_0}{a_2s^2+a_1s+a_0}R(s)+\frac{a_2[s\,c(0)+\dot{c}(0)]+a_1c(0)}{a_2s^2+a_1s+a_0} \qquad (3.3\text{-}42)$$

为将上式写成标准形式，需令 $a_0=b_0$，于是上式改写成

$$C(s)=\frac{\omega_n^2}{s^2+2\xi\omega_ns+\omega_n^2}R(s)+\frac{c(0)[s+2\xi\omega_n]+\dot{c}(0)}{s^2+2\xi\omega_ns+\omega_n^2} \qquad (3.3\text{-}43)$$

式中

$$\omega_n^2=\frac{a_0}{a_2};\quad 2\xi\omega_n=\frac{a_1}{a_2}$$

式(3.3-43)等号右边的第二项便反映了初始条件 $c(0)$、$\dot{c}(0)$ 对系统过渡过程的影响。

对式(3.3-43)取拉氏反变换，便得到在控制信号 $r(t)$ 作用下反映初始条件影响的过渡过程

$$c(t)=c_1(t)+c_2(t)$$

其中　$c_1(t)$ 为过渡过程中反映控制信号的分量；$c_2(t)$ 为过渡过程中反映初始条件影响的分量。关于 $c_1(t)$ 分量，在上面的分析中已作了详尽的讨论，这里只对分量 $c_2(t)$ 进行重点分析。

当 $0<\xi<1$ 时，由式(3.3-43)求得

$$c_2(t)=\mathrm{L}^{-1}\left[\frac{c(0)[s+2\xi\omega_n]+\dot{c}(0)}{s^2+2\xi\omega_n s+\omega_n^2}\right]=$$

$$\mathrm{e}^{-\xi\omega_n t}\left[c(0)\cos\omega_d t+\frac{c(0)\xi\omega_n+\dot{c}(0)}{\omega_n\sqrt{1-\xi^2}}\sin\omega_d t\right]=$$

$$\sqrt{[c(0)]^2+\left[\frac{c(0)\xi\omega_n+\dot{c}(0)}{\omega_n\sqrt{1-\xi^2}}\right]^2}\mathrm{e}^{-\xi\omega_n t}\sin(\omega_d t+\theta)\quad(t\geqslant 0)\qquad(3.3\text{-}44)$$

式中
$$\theta=\operatorname{arctg}\frac{\omega_n\sqrt{1-\xi^2}}{\xi\omega_n+\dfrac{\dot{c}(0)}{c(0)}}\quad(0<\xi<1)$$

当 $\xi=0$ 时，由式(3.3-44)直接得

$$c_2(t)=\sqrt{[c(0)]^2+\left[\frac{\dot{c}(0)}{\omega_n}\right]^2}\sin\left[\omega_n t+\operatorname{arctg}\frac{\omega_n}{\dfrac{\dot{c}(0)}{c(0)}}\right]\quad(t\geqslant 0)\qquad(3.3\text{-}45)$$

从式(3.3-44)及式(3.3-45)看出，系统过渡过程中与初始条件有关的分量 $c_2(t)$ 的振荡特性和分量 $c_1(t)$ 一样，取决于系统 阻尼比 ξ。ξ 值越大，则 $c_2(t)$ 的振荡特性表现得越弱。反之 ξ 值越小，则 $c_2(t)$ 的振荡特性表现得越强。当 $\xi=0$ 时，$c_2(t)$ 变为等幅振荡，其振幅与初始条件有关，见式(3.3-45)。当 $0<\xi<1$，且 $t\to\infty$ 时，分量 $c_2(t)$ 衰减到零。分量 $c_2(t)$ 的衰减速度取决于阻尼比 ξ 及无阻尼自振频率 ω_n 的大小。显然，上述这些结论和分析 $c_1(t)$ 分量时所得到的结论完全相同。因此，在很多情况下，只需深入研究一个分量，所得结论可大致用来评价另一个分量对系统工作的影响。

3.4 高阶系统的过渡过程

控制系统的输出信号与输入信号之间的关系，凡是用高于二阶的常微分方程描述的，均称为高阶系统。严格地说，大多数控制系统都是高阶系统。

对于高阶系统的分析是比较复杂的。在这一节中，我们的目的不在于研究高阶系统的过渡过程本身，而在于通过对三阶系统在单位阶跃函数作用下的过渡过程的讨论，引出闭环主导极点这一重要概念。以便将高阶系统在一定的条件下转为具有一对闭环主导极点的二阶系统进行分析研究。

一、 三阶系统在单位阶跃函数作用下的过渡过程

设三阶系统的闭环传递函数具有如下形式

$$\frac{C(s)}{R(s)}=\frac{\omega_n^2 P}{(s+P)(s^2+2\xi\omega_n s+\omega_n^2)}$$

在单位阶跃函数作用下，其输出信号的拉氏变换式为

$$C(s)=\frac{\omega_n^2 P}{(s+P)(s^2+2\xi\omega_n s+\omega_n^2)}\cdot\frac{1}{s}$$

当 $0<\xi<1$ 时,上式可展成如下的部分分式

$$C(s)=\frac{1}{s}-\frac{a_1(s+\xi\omega_n)}{(s+\xi\omega_n)^2+(\omega_n\sqrt{1-\xi^2})^2}-$$

$$\frac{a_2\omega_n\sqrt{1-\xi^2}}{(s+\xi\omega_n)^2+(\omega_n\sqrt{1-\xi^2})^2}-\frac{a_3}{s+P}$$

式中
$$a_1=\frac{\beta\xi^2(\beta-2)}{\beta\xi^2(\beta-2)+1},\quad a_2=\frac{\beta\xi[\xi^2(\beta-2)+1]}{[\beta\xi^2(\beta-2)+1]\sqrt{1-\xi^2}}$$

$$a_3=\frac{1}{\beta\xi^2(\beta-2)+1},\quad \beta=\frac{P}{\xi\omega_n}$$

对上式取拉氏反变换得

$$c(t)=1-a_1e^{-\xi\omega_n t}\cos\omega_d t-a_2e^{-\xi\omega_n t}\sin\omega_d t-a_3e^{-Pt}\qquad(t\geqslant 0)\qquad(3.4\text{-}1)$$

其中 $\omega_d=\omega_n\sqrt{1-\xi^2}$

下面将式(3.4-1)与式(3.3-9)进行比较,看三阶系统与二阶系统在单位阶跃函数作用下(欠阻尼状态)的过渡过程有何异同之处。

为了分析方便,将式(3.3-9)重写于此,即

$$c(t)=1-e^{-\xi\omega_n t}\left(\cos\omega_d t+\frac{\xi}{\sqrt{1-\xi^2}}\sin\omega_d t\right)=$$

$$1-\frac{e^{-\xi\omega_n t}}{\sqrt{1-\xi^2}}\sin(\omega_d t+\varphi)\qquad(t\geqslant 0)$$

将上式与式(3.4-1)比较看出:三阶系统与二阶系统在单位阶跃函数作用下的过渡过程的稳态分量是一样的,都是1。这是因为作用于两个系统的输入信号相同。式(3.4-1)与式(3.3-9)表示的过渡过程中都包括一个正弦衰减项,这是因为三阶系统与二阶系统都有一对共轭复数闭环极点。

式(3.4-1)所表示的三阶系统的过渡过程比式(3.3-9)所表示的二阶系统的过渡过程多一项指数衰减项($-a_3e^{-Pt}$)。因为

$$\beta\xi^2(\beta-2)+1=\xi^2(\beta-1)^2+(1-\xi^2)>0$$

所以 e^{-Pt} 项的系数总为负数。因此,($-a_3e^{-Pt}$)项对三阶系统反应单位阶跃函数的过渡过程的影响是:使最大超调量减小,使过渡过程时间增加。图3.4-1表示出三阶系统在 $\xi=0.5$ 时的单位阶跃响应曲线,比值 $\beta=P/\xi\omega_n$ 是曲线族中的参变量。

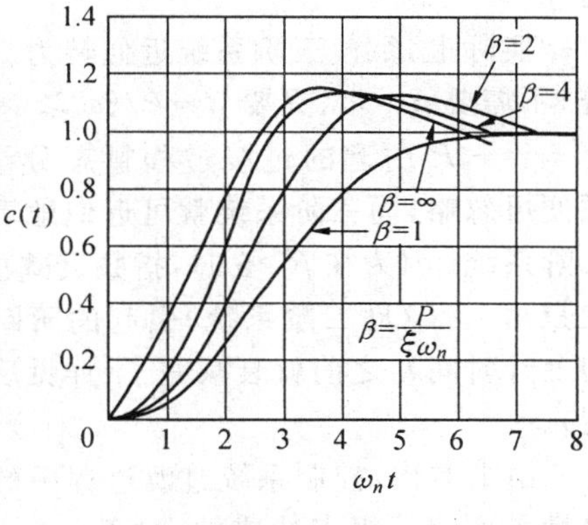

图 3.4-1 三阶系统的单位阶跃响应曲线

三阶系统与二阶系统相比较,上述过渡过程的变化仅仅是因为三阶系统增加了一个闭环负实数极点。下面以三阶系统为例,进一步定性地讨论闭环极点、闭环零点对系统过渡过程的影响。

1. 闭环极点对过渡过程的影响

三阶系统有三个闭环极点,即 $s_{1,2}=-\xi\omega_n\pm$

$j\omega_n\sqrt{1-\xi^2}$是一对共轭复数极点；$s_3=-P$ 是负实数极点。这三个极点的实部之比，$\beta=P/\xi\omega_n$ 反映了它们距〔s〕平面上虚轴的远近程度。现在通过改变 β 值来讨论极点对式(3.4-1)所表示的过渡过程的影响。

当 P 值下降($P>0$)，即 β 值下降时，式(3.4-1)所表示的过渡过程 $c(t)$中的 e^{-Pt}项衰减得慢，因此 e^{-Pt}项对过渡过程 $c(t)$的影响就大。当 P 值继续下降，使 $\beta<1$ 时，有 $P<\xi\omega_n$，这样极点 $s_3=-P$ 将比极点 s_1、s_2 离虚轴近，如图 3.4-2(a)所示。这样就决定了 e^{-Pt}项

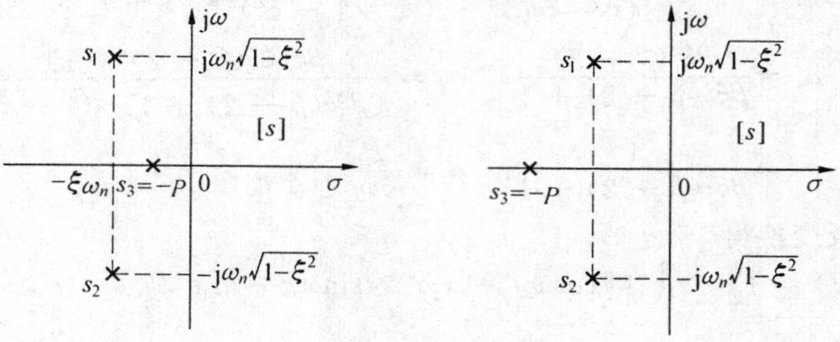

(a)　　　　　　　　　　　　(b)

图 3.4-2　三阶系统闭环极点分布图

将在过渡过程中起主导作用，使过渡过程 $c(t)$的形状发生质变——不振荡。总之，是使 $c(t)$曲线无超调量，见图 3.4-3 中的曲线①。当极点 $s_3=-P$ 和与极点 s_1、s_2 与虚轴的距离非常接近时，式(3.4-1)中的两个暂态分量将同时起作用，既振荡又无超调量，而是以指数规律为基准进行振荡，见图 3.4-3 中的曲线②。说明三个闭环极点对过渡过程的作用无主次之分。

当 P 值上升，即 β 值上升时，式(3.4-1)中的 e^{-Pt}项衰减得快，因此 e^{-Pt}项对过渡过程的影响就小。当 P 值继续上升，使 $\beta>1$ 时，有 $P>\xi\omega_n$，这样，极点 $s_3=-P$ 将比极点 s_1、s_2 离虚轴远，如图 3.4-2(b)所示。这就决定了式(3.4-1)中的正弦衰减项将在过渡过程中起主导作用，即极点 s_1、s_2 对过渡过程起主导作用。当 $\beta=\infty$时，说明极点 $s_3=-P$ 处在离虚轴无限远处，e^{-Pt}项在过渡过程中的作用已经消失。此时，三阶系统已变成二阶系统。相应的过渡过程曲线见图 3.4-3 中的曲线③与④。

实际上，欲使三阶系统近似转为二阶系统，不需要 $\beta=\infty$，只要 $\beta=P/\xi\omega_n\geqslant5$ 时，极点 $s_3=-P$ 引起的过渡过程暂态分量 e^{-Pt}项便可忽略，而三阶系统就可近似地看作是二阶系统。因为在 $\beta\geqslant5$ 时，指数衰减项 e^{-Pt}在只由 s_1、s_2(即二阶系统)引起的阶跃响应的上升时间 t_r 之前就衰减完了(详见后边说明)。

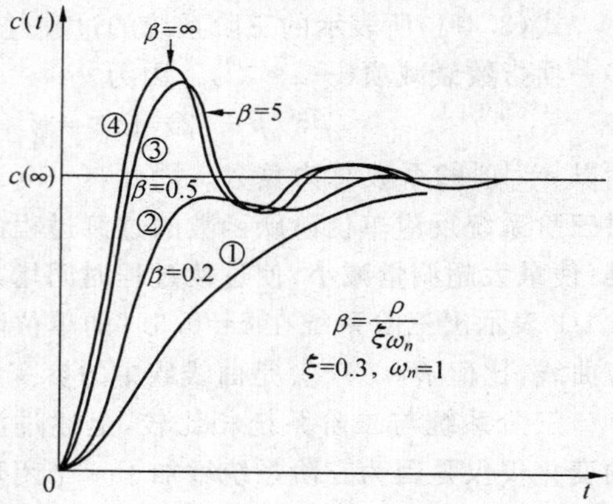

图 3.4-3　三阶系统阶跃响应实验曲线

由上看出，控制系统过渡过程中的暂态分量是由闭环极点造成的，对于一个稳定的高阶系统，如有 n 个闭环极点，则过渡过程 c

(t)中就有 n 项暂态分量，当 $t\to\infty$时，暂态分量全部趋于零。这 n 项暂态分量对过渡过程的影响如何，主要看造成该项暂态分量的闭环极点距离虚轴的远近程度如何而定。这就引出了闭环主导极点的概念。

2. 闭环零点对过渡过程的影响

为了说明闭环零点对系统过渡过程的影响，在三阶系统中加进一个闭环零点，即

$$\frac{C(s)}{R(s)}=\frac{\omega_n^2P(s+Z)/Z}{(s+P)(s^2+2\xi\omega_ns+\omega_n^2)} \tag{3.4-2}$$

当 $r(t)=1(t)$时，求得系统过渡过程的拉氏变换式为

$$C(s)=\frac{\omega_n^2P(s+Z)/Z}{s(s+P)(s^2+2\xi\omega_ns+\omega_n^2)}$$

在欠阻尼($0<\xi<1$)情况下，将上式展成部分分式

$$C(s)=\frac{A}{s}+\frac{a'_3}{s+P}+\frac{Bs+D}{s^2+2\xi\omega_ns+\omega_n^2} \tag{3.4-3}$$

式中　$A=1$

$$a'_3=\frac{\omega_n^2P(-P+Z)/Z}{(-P)(P^2-2\xi\omega_nP+\omega_n^2)} \tag{3.4-4}$$

为了简便起见，不必具体求解系数 B、D。由式(3.4-3)求得的过渡过程 $c(t)$一定与式(3.4-1)具有相同的形式，即

$$c(t)=1-a'_1e^{-\xi\omega_nt}\cos\omega_dt-a'_2e^{-\xi\omega_nt}\sin\omega_dt-a'_3e^{-Pt}\qquad(t\geqslant 0) \tag{3.4-5}$$

比较式(3.4-1)与式(3.4-5)得

$$a_1\neq a'_1,a_2\neq a'_2,\ a_3\neq a'_3$$

从上述分析可以看出：

1. 闭环零点只影响过渡过程 $c(t)$中暂态分量的系数 $a_i(i=1,2,\cdots,n)$，即影响暂态分量衰减的初始值，不影响暂态分量中的 $e^{-\xi\omega_nt}\cos\omega_dt$、$e^{-\xi\omega_nt}\sin\omega_dt$ 及 e^{-Pt}部分。因此可以得出如下结论：控制系统过渡过程的类型取决于闭环极点，而过渡过程的具体形状由闭环极点、闭环零点共同决定。

2. 由负实数极点 $s_3=-P$ 决定的暂态分量 a'_3e^{-Pt}的初始值(对应 $t=0$)就是系数 a'_3，a'_3 的大小与闭环极点($s_3=-P$)及闭环零点($s=-Z$)的相对位置有关(见式(3.4-4))。若$(-Z)$越靠近$(-P)$，则系数 a'_3 的值越小，从而使分量 a'_3e^{-Pt}在过渡过程中起的作用越小。如果$-Z=-P$，则暂态分量 a'_3e^{-Pt}将因 $a'_3=0$ 而消失，即负实数极点与负实数零点对过渡过程的作用相互抵消。

上述结论，在复数极点与复数零点间也适用。

二、　闭环主导极点

假若距虚轴较远的闭环极点的实部与距虚轴最近的闭环极点的实部的比值大于或等于 5，且在距虚轴最近的闭环极点附近不存在闭环零点。这个离虚轴最近的闭环极点将在系统的过渡过程中起主导作用，称之为闭环主导极点。它常以一对共轭复数极点的形式出现。

应用闭环主导极点的概念，常常可把高阶系统近似地看成具有一对共轭复数极点的

二阶系统来研究。例如，上述的三阶系统，当 $\beta=P/\xi\omega_n\geqslant5$ 时，便可把极点 $s_3=-P$ 引起的暂态分量 e^{-Pt} 项忽略，于是式(3.4-1)变为

$$c(t)=1-a_1e^{-\xi\omega_n t}\cos\omega_d t-a_2e^{-\xi\omega_n t}\sin\omega_d t \qquad (t\geqslant0) \tag{3.4-6}$$

式(3.4-6)给出的是一对闭环主导极点起主要作用时三阶系统过渡过程的近似表达式。式中虽然没有计入由极点 $s_3=-P$ 引起的暂态分量，但极点 $s_3=-P$ 的影响已表现在由主导极点确定的过渡过程暂态分量的振幅及相位上。应用闭环主导极点的概念，将三阶系统近似地作为二阶系统，体现了抓问题的主要矛盾。但三阶系统毕竟不是二阶系统，所以还要考虑非主导极点 $s_3=-P$ 对由共轭复数主导极点决定的过渡过程的影响。

上述处理三阶系统的方法完全适用于高阶系统。应特别注意，将高阶系统化为具有一对闭环主导极点的二阶系统，是忽略非主导极点引起的过渡过程暂态分量，而不是忽略非主导极点本身，这样才能使对高阶系统过渡过程的分析得到简化而又力求确切地反映高阶系统的客观特性。

需要指出，应用闭环主导极点的概念分析、设计控制系统时，使分析和设计工作得到很大简化，且易于进行。但必须满足假设条件。

〔说明〕 设三阶系统的闭环极点分布如图 3.4-4 所示。极点 s_3 距虚轴的距离为共轭复数 s_1、s_2 距虚轴距离的 5 倍以上，即

$$|\mathrm{Re}s_3|\geqslant5|\mathrm{Re}s_1|=5\xi\omega_n$$

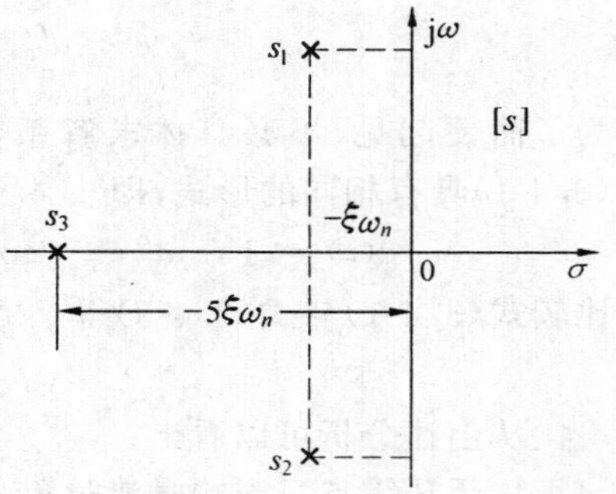

图 3.4-4　三阶系统闭环极点分布

由一阶系统在单位阶跃函数作用下的过渡过程分析可知，当取 $\Delta=2\%$ 时，极点 $s_3=-P$ 单独引起的过渡过程暂态分量的衰减时间是

$$t_{s3}\approx\frac{4}{5\xi\omega_n}$$

由二阶系统在单位阶跃函数作用下的过渡过程分析可知，以共轭复数极点 s_1、s_2 引起的过渡过程暂态分量的衰减时间是

$$t_{s1}\approx\frac{4}{\xi\omega_n}$$

所以

$$t_{s3}=0.2t_{s1}$$

而上升时间 t_r、峰值时间 t_p 与过渡过程时间 t_{s1} 之比分别为

$$\frac{t_r}{t_{s1}}=\frac{\dfrac{\pi-\mathrm{arctg}\dfrac{\sqrt{1-\xi^2}}{\xi}}{\omega_n\sqrt{1-\xi^2}}}{\dfrac{4}{\xi\omega_n}}=\frac{\pi-\mathrm{arctg}\dfrac{\sqrt{1-\xi^2}}{\xi}}{4}\cdot\frac{\xi}{\sqrt{1-\xi^2}}$$

$$\frac{t_p}{t_{s1}}=\frac{\dfrac{\pi}{\omega_n\sqrt{1-\xi^2}}}{\dfrac{4}{\xi\omega_n}}=\frac{\pi}{4}\cdot\frac{\xi}{\sqrt{1-\xi^2}}$$

当取常用的阻尼比 $\xi=0.4$ 时，得

$$t_r = 0.216t_{s1}, t_p = 0.34t_{s1}$$

所以

$$t_{s3} = 0.2t_{s1} < t_r = 0.216t_{s1}$$

上述结果表明，当 $|\mathrm{Re}s_3| \geqslant 5|\mathrm{Re}s_1|$，且取 $\xi = 0.4$ 时，极点 s_3 对应的过渡过程分量，早在极点 s_1、s_2 对应的过渡过程分量的上升时间 t_r 之前，已基本衰减完毕。因此，极点 s_3 对应的过渡过程分量，对三阶系统总的过渡过程只影响由 $0 \sim t_r$ 一段的过渡过程形状，而对过渡过程的特征值(即性能指标 t_r、t_p、σ_p、t_s 及 N)基本上无影响，所以闭环极点 s_3 对应的过渡过程分量可以忽略不计。

推而广之，对于高阶系统，不管有多少个闭环极点，只要满足条件 $|\mathrm{Re}s_i| \geqslant 5|\mathrm{Re}s_1| = 5\xi\omega_n$ 时，远离虚轴的闭环极点 s_i 对应的过渡过程分量均可忽略不计，即可将高阶系统近似化为二阶系统。

若高阶系统不满足应用闭环主导极点的条件，则高阶系统不能近似为二阶系统。这时高阶系统的过渡过程必须具体求解，其研究方法同一阶、二阶系统。这里不再详述。

三、 高阶系统性能指标的近似计算公式

闭环主导极点的概念建立之后，便可以应用分析二阶系统的方法来近似确定高阶系统的性能指标。高阶系统的性能指标和二阶系统一样，主要是通过反应单位阶跃函数的过渡过程曲线上的一些特征量来表示。

设高阶系统有 n 个闭环极点 $s_i(i=1,2,\cdots,n)$，其中 s_1、s_2 为一对共轭复数闭环主导极点。有 m 个闭环零点 $z_j(j=1,2,\cdots,m)$。下面直接给出高阶系统性能指标的近似计算公式，并进一步讨论闭环零点、极点对过渡过程的影响。

1. 峰值时间 t_p 的计算

$$t_p = \frac{1}{\omega_d}\left(\pi - \sum_{j=1}^{m}\theta_{z_j} + \sum_{i=3}^{n}\theta_{s_i}\right) \tag{3.4-7}$$

式中 $\theta_{z_j} = \angle(s_1 - z_j)$；$\theta_{s_i} = \angle(s_1 - s_i)$(见图 3.4-5)。

根据图 3.4-5 所示高阶系统闭环零极点分布，按式(3.4-7)求得的峰值时间是

$$t_p = \frac{1}{\omega_d}(\pi - \theta_{z_1} + \theta_{s_3} + \theta_{s_4} + \theta_{s_5})$$

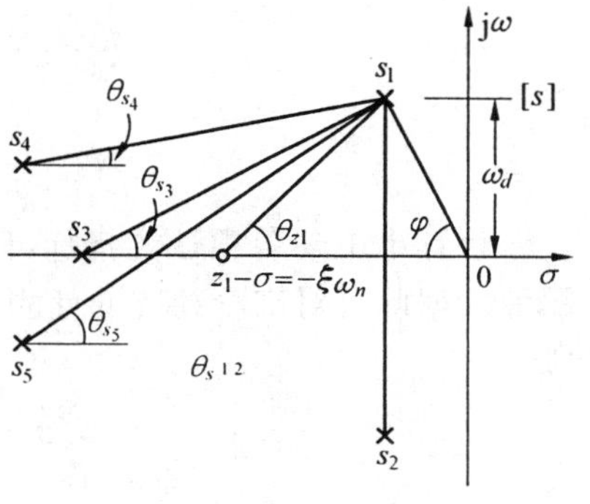

图 3.4-5 高阶系统闭环零极点分布图

式(3.4-7)说明：

(1)闭环零点对由闭环主导极点确定的近似过渡过程的影响，表现在峰值时间 t_p 的减少上，即闭环零点的作用在于提高系统的反应速度，且零点越靠近虚轴，上述作用越大。

(2)闭环主导极点以外的其它极点对上述过渡过程的影响，在于使峰值时间 t_p 拖长，也就是说，使系统的反应速度降低，而且这些极点越靠近虚轴，反应速度的降低越显著。

(3)当闭环零点和极点彼此靠得很近时，它们对系统过渡过程的影响将相互抵消。从式(3.4-7)可以看出，在上述情况下，它们对峰值时间几乎无影响。

(4)如果系统除闭环主导极点外，没有其它的附加零点、极点，则由式(3.4-7)求得的

峰值时间为 $t_p=\frac{\pi}{\omega_d}$，与曾经求得的二阶系统的峰值时间 t_p 完全相同(见式(3.3-18))。

2.最大超调量 σ_p 的计算

$$\sigma_p=\frac{\prod_{i=3}^{n}|s_i|\cdot\prod_{j=1}^{m}|s_1-z_j|}{\prod_{i=3}^{n}|s_1-s_i|\cdot\prod_{j=1}^{m}|z_j|}e^{-\xi\omega_n t_p} \tag{3.4-8}$$

据图 3.4-5 所示高阶系统闭环零极点分布，按式(3.4-8)可求得最大超调量为

$$\sigma_p=\frac{|s_3|}{|s_1-s_3|}\cdot\frac{|s_4|}{|s_1-s_4|}\cdot\frac{|s_5|}{|s_1-s_5|}\cdot\frac{|s_1-z_1|}{|z_1|}e^{-\xi\omega_n t_p} \tag{3.4-9}$$

式中　$t_p=\frac{1}{\omega_n}(\pi-\theta_{z1}+\theta_{s3}+\theta_{s4}+\theta_{s5})$

从式(3.4-9)可以看出，若闭环零点离虚轴太近，这时 $|s_1-z_1|\gg|z_1|$，则超调量 σ_p 将变得很大。若附加极点(如 s_3)离虚轴较近，且 $|s_1-s_3|\gg|s_3|$ 时，则超调量 σ_p 将大为减小。

综上可知，附加零点的存在可使过渡过程的峰值时间 t_p 缩短，从而提高了系统反应输入信号的快速性，但若附加零点距虚轴太近，将导致超调量增大，使系统的阻尼性能变坏。因此，在配置附加零点时，要很好地解决 σ_p 与 t_p 之间的矛盾。附加极点的出现将使峰值时间 t_P 拖长，这对提高系统的快速性不利，但附加极点却可以减小超调量 σ_p，使系统的阻尼性能变好。当附加负实极点很接近虚轴时，系统将变成过阻尼系统，这是因为距虚轴最近的实数极点，变成了闭环主导极点的缘故。

3.过渡过程时间 t_s 的计算

当 $\Delta=0.05$ 时　　$t_s\approx\frac{3}{\xi\omega_n}$

当 $\Delta=0.02$ 时　　$t_s\approx\frac{4}{\xi\omega_n}$

4.振荡次数 N 的计算

$$N=\frac{1.5\sqrt{1-\xi^2}}{\pi\xi}\qquad(\Delta=0.05)$$

$$N=\frac{2\sqrt{1-\xi^2}}{\pi\xi}\qquad(\Delta=0.02)$$

计算出上述各项性能指标，便可描绘出高阶系统反应单位阶跃函数过渡过程的大致图形。据此可对高阶系统的性能进行全面的定量分析。

3.5　控制系统的稳定性

稳定性是控制系统的重要性能，也是系统能够正常工作的首要条件。现在就来分析控制系统的稳定性，找出控制系统稳定的条件。

一、稳定的概念和定义

为建立稳定的概念，首先通过两个直观的例子说明稳定的涵意。

图 3.5-1(a)所示是一个摆的示意图。设在外界干扰力作用下，摆由原平衡点“a”偏到

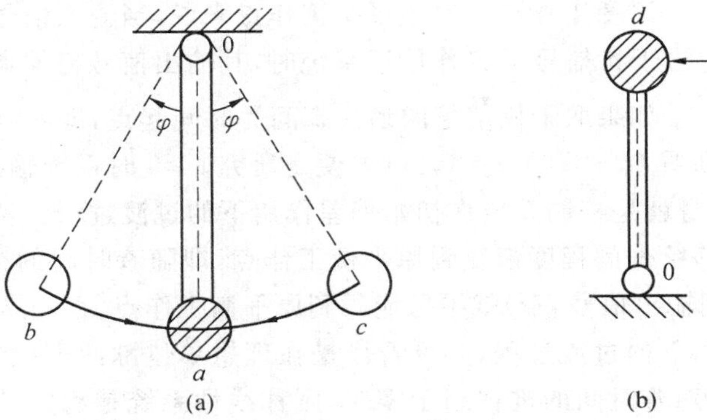

图 3.5-1　摆的平衡

新的位置“b”。当外力去掉后，摆在重力作用下，由位置“b”回到位置“a”。在位置“a”，摆因惯性作用，将继续向前摆动，最后达到位置“c”。此后，摆将以点“a”为中心反复振荡，经过一定时间，待摆因受介质阻碍使其所有的能量耗尽后，重新停留在原平衡点“a”上。就平衡点“a”来说，在干扰力作用下，摆暂时偏离了它，但当干扰力消失后，经过一段有限时间，摆还可以再回到这个平衡点上。象这样的平衡点“a”就称为稳定的平衡点。

如果让摆处于另一平衡点“d”，如图 3.5-1(b)所示。显然，在干扰力 f 作用下，一旦摆离开了平衡点“d”，即使外力消失，无论经过多么长的时间，摆也不会再回到原平衡点“d”上来。对于这样的平衡点“d”，称为不稳定平衡点。

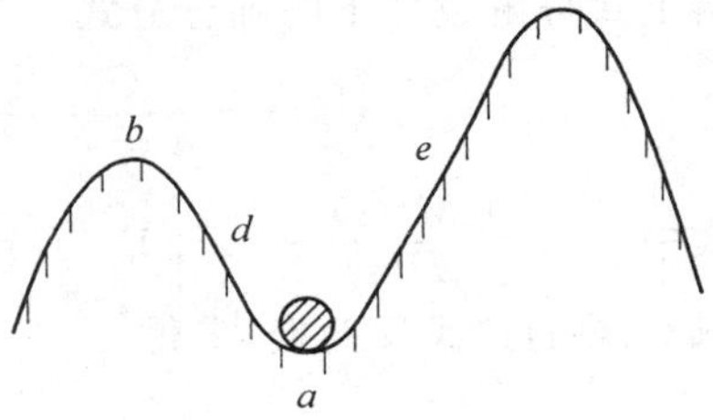

图 3.5-2　小球的稳定性

再如图 3.5-2 所示的小球，小球处在“a”点时，“a”点是稳定平衡点，因为作用于小球的有界干扰力消失之后，小球总能回到“a”点。小球处在“b”点、“c”点时为不稳定平衡点，因为只要有干扰力作用于小球，小球便不再回到点“b”或点“c”。

上述两个实例，说明系统的稳定性反映在干扰消失后的过渡过程的性质上。这样，在干扰消失时，系统与平衡状态的偏差可以看作是系统的初始偏差。因此，控制系统的稳定性可以这样来定义：

设系统处于平衡状态时的输出为零，当所有的输入为零时，若控制系统在任何足够小的初始偏差作用下，其输出随着时间的推移，逐渐衰减并趋于零，即具有自行恢复原平衡状态的性质，则称该系统为稳定。否则，称该系统为不稳定。

稳定性是控制系统自身的固有特性。对于纯线性系统来说，系统稳定与否与初始偏差的大小无关。但纯线性系统实际是不存在的，我们所研究的线性系统大多是经过“小偏差”线性化处理后得到的线性化系统，所以上述稳定性的概念只是“小偏差”稳定性。因此，要求初始偏差所引起的系统中诸信号的变化均不超出其线性化范围。

二、　稳定条件

下面按稳定的定义，求取线性系统的稳定条件。

设线性系统具有一个平衡工作点。对该平衡工作点来说，当输入信号 $r(t)$ 为零时，系统的输出信号亦为零。当干扰信号 $f(t)$ 作用于系统时，其输出信号将偏离原平衡工作点，产生 $c(t)$、$\dot{c}(t)$、$\ddot{c}(t)$、…。如果取干扰信号的消失瞬间为时间起点，即 $t=0$，则此时系统的输出信号 $c(0)$ 及其各阶导数 $c^{(i)}(0)(i=1,2,\cdots)$ 便是研究 $t\geqslant 0$ 时系统输出信号 $c(t)$ 的初始偏差，而输出信号本身就是控制系统在初始偏差作用下的过渡过程。若系统稳定，则输出信号 $c(t)$ 就能以足够精确的程度恢复到原平衡工作点，即随着时间的推移，$c(t)$ 趋近于零。若系统不稳定，则输出信号 $c(t)$ 就不可能回到原平衡工作点。

上述初始偏差作用下的过渡过程，亦可看作是在理想单位脉冲干扰信号作用下的过渡过程，若此过渡过程随着时间的推移趋于零时，则称线性系统是稳定的。反之，为不稳定。

设线性系统的输出信号 $c(t)$ 对干扰信号 $f(t)$ 的闭环传递函数为

$$\Phi_f(s) = \frac{C(s)}{F(s)} = \frac{M_f(s)}{D(s)} = \frac{K(s-Z_1)(s-Z_2)\cdots(s-Z_m)}{(s-S_1)(s-S_2)\cdots(s-S_n)}$$

式中 $D(s)=0$，称为系统的特征方程，而 $s=S_i(i=1,2,\cdots,n)$ 是 $D(s)=0$ 的根，称为系统的特征根，且彼此不等。

令 $f(t)=\delta(t)$，并设系统的初始条件为零，则系统的输出信号的拉氏变换式为

$$C(s) = \Phi_f(s)F(s) = \frac{M_f(s)}{D(s)} = \frac{K(s-Z_1)(s-Z_2)\cdots(s-Z_m)}{(s-S_1)(s-S_2)\cdots(s-S_n)}$$

将上式分解成如下的部分分式

$$C(s) = \frac{C_1}{s-S_1} + \frac{C_2}{s-S_2} + \cdots + \frac{C_n}{s-S_n} = \sum_{i=1}^{n}\frac{C_i}{s-S_i}$$

式中 $C_i=\left[\frac{M_f(s)}{D(s)}(s-S_i)\right]_{s=S_i}(i=1,2,\cdots,n)$

取 $C(s)$ 的拉氏反变换，求得

$$c(t) = \sum_{i=1}^{n} C_i e^{S_i t}$$

从上式不难看出，欲满足条件 $\lim\limits_{t\to\infty} c(t)=0$，必须使系统的特征根全部具有负实部，即

$$\mathrm{Re}S_i < 0 \qquad (i=1,2,\cdots,n)$$

由此，得出控制系统稳定的必要和充分条件是：系统特征方程式的根全部具有负实部。

系统特征方程式的根就是闭环极点，所以控制系统稳定的充分和必要条件又可说成是闭环传递函数的极点全部具有负实部，或说闭环传递函数的极点全部在〔s〕平面的左半平面。

三、 劳斯稳定判据

根据稳定条件判断控制系统的稳定性，需要求解系统特征方程式的根，但当系统阶次高于4时，求解特征方程将会遇到较大的困难，计算工作将相当麻烦。劳斯稳定判据正好解决了这个困难。

劳斯稳定判据是一种不用求解特征方程式的根，根据特征方程式（特征方程必须是有

限项的多项式)的系数就可以判断控制系统是否稳定的间接方法。

下面介绍劳斯稳定判据的具体内容。设控制系统的特征方程式为

$$D(s) = a_0 s^n + a_1 s^{n-1} + a_2 s^{n-2} + \cdots + a_{n-1} s + a_n = 0 \tag{3.5-1}$$

首先,劳斯稳定判据给出控制系统稳定的必要条件是:控制系统特征方程式(3.5-1)的所有系数 $a_i(i=0,1,2,\cdots,n)$ 均为正值,且特征方程式不缺项。

其次,劳斯稳定判据给出控制系统稳定的充分条件是:劳斯阵列中第一列所有项均为正号。

如果式(3.5-1)所有系数都是正值,将多项式的系数排成下面形式的行和列,即为劳斯阵列

$$\begin{array}{llllll}
s^n & a_0 & a_2 & a_4 & a_6 & \cdots \\
s^{n-1} & a_1 & a_3 & a_5 & a_7 & \cdots \\
s^{n-2} & b_1 & b_2 & b_3 & b_4 & \cdots \\
s^{n-3} & c_1 & c_2 & c_3 & c_4 & \cdots \\
s^{n-4} & d_1 & d_2 & d_3 & d_4 & \cdots \\
\cdots & \cdots & \cdots & & & \\
s^2 & e_1 & e_2 & & & \\
s^1 & f_1 & & & & \\
s^0 & g_1 & & & &
\end{array}$$

其中系数 b_1、b_2、b_3 等,根据下列公式进行计算

$$b_1 = \frac{a_1 a_2 - a_0 a_3}{a_1};\quad b_2 = \frac{a_1 a_4 - a_0 a_5}{a_1};\quad b_3 = \frac{a_1 a_6 - a_0 a_7}{a_1};\cdots$$

系数 b 的计算,一直进行到其余的 b 值全部等于零时为止,用同样的前两行系数交叉相乘的方法,可以计算 c、d、e 等各行的系数,即

$$c_1 = \frac{b_1 a_3 - a_1 b_2}{b_1};\quad c_2 = \frac{b_1 a_5 - a_1 b_3}{b_1};\quad c_3 = \frac{b_1 a_7 - a_1 b_4}{b_1};\cdots$$

$$d_1 = \frac{c_1 b_2 - b_1 c_2}{c_1};\quad d_2 = \frac{c_1 b_3 - b_1 c_3}{c_1};\cdots$$

这种过程一直进行到第$(n+1)$行被算完为止。系数的完整阵列呈现为三角形。注意,在展开的阵列中,为了简化其后的数值运算,可以用一个正整数去除或乘某一整个行,这时并不改变稳定性结论。

劳斯稳定判据说明:式(3.5-1)中,实部为正数的根的个数,等于劳斯阵列中第一列的系数符号改变的次数。

例 3.5-1 设控制系统的特征方程式为

$$D(s) = s^4 + 2s^3 + 3s^2 + 4s + 5 = 0$$

试应用劳斯稳定判据判断系统的稳定性。

解 首先,由给出的特征方程可知,方程中所有项系数均为正值,满足稳定的必要条件。

其次,排劳斯阵列(前两行可由特征方程系数直接得到,其余各项可根据方程中系数

求得)。

s^4	1	3	5
s^3	2	4	0
s^2	1	5	
s^1	-6		
s^0	5		

由劳斯阵列的第一列看出:第一列中系数符号不全为正值,且改变符号两次(从$+1\to-6\to+5$),说明闭环系统有两个正实部的根,即在〔s〕右半平面有两个闭环极点,所以控制系统不稳定。

例 3.5-2 已知控制系统的方块图如图 3.5-3 所示,试确定欲使系统稳定时 K 的取值范围。

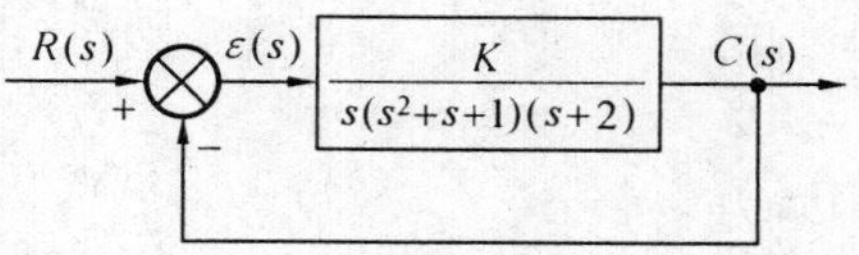

图 3.5-3 控制系统方块图

解 系统的闭环传递函数为

$$\frac{C(s)}{R(s)}=\frac{K}{s(s^2+s+1)(s+2)+K}$$

由上式得系统的特征方程为

$$D(s)=s^4+3s^3+3s^2+2s+K=0$$

欲满足稳定的必要条件,必须使 $K>0$。

再看劳斯阵列

s^4	1	3	K
s^3	3	2	0
s^2	$\frac{7}{3}$	K	
s^1	$2-\frac{9}{7}K$		
s^0	K		

要满足稳定的充分条件,必须使

$$\begin{cases}K>0\\2-\frac{9}{7}K>0\end{cases}$$

由此,求得欲使系统稳定,K 的取值范围是

$$0<K<\frac{14}{9}$$

当 $K=\frac{14}{9}$时,系统处于临界稳定状态,出现等幅振荡。

需要指出在运用劳斯稳定判据分析系统的稳定性时,有时会遇到下列两种特殊情况:

(1)在劳斯阵列的任一行中,出现第一个元为零,而其余各元均不为零,或部分不为零的情况;

(2)在劳斯阵列的任一行中,出现所有元均为零的情况。

在这两种情况下,表明系统在〔s〕平面内存在正根或存在两个大小相等符号相反的实根或存在两个共轭虚根,系统处在不稳定状态或临界稳定状态。

下面通过实例说明这时应如何排劳斯阵列。若遇到第一种情况，可用一个很小的正数 ε 代替为零的元素，然后继续进行计算，完成劳斯阵列。

例如，系统的特征方程为

$$D(s) = s^4 + 2s^3 + 3s^2 + 6s + 1 = 0$$

其劳斯阵列为

$$\begin{array}{llll}
s^4 & 1 & 3 & 1 \\
s^3 & 2 & 6 & \\
s^2 & 0 \to \varepsilon & 1 & \\
s^1 & \dfrac{6\varepsilon - 2}{\varepsilon} \to -\infty & & \\
s^0 & 1 & &
\end{array}$$

因为劳斯阵列的第一列元素改变符号两次，所以系统不稳定，且有两个具有正实部的特征根。

若遇到第二种情况，先用全零行的上一行元素构成一个辅助方程，它的次数总是偶数，它表示特征根中出现数值相同符号不同的根的数目。再将上述辅助方程对 s 求导，用求导后的方程系数代替全零行的元素，继续完成劳斯阵列。

例如，系统的特征方程为

$$D(s) = s^3 + 2s^2 + s + 2 = 0$$

其劳斯阵列为

$$\begin{array}{llll}
s^3 & 1 & 1 & \\
s^2 & 2 & 2 & \to \text{辅助方程 } 2s^2 + 2 = 0 \\
s^1 & 4 & 0 & \leftarrow \text{辅助方程求导后的系数} \\
s^0 & 2 & &
\end{array}$$

由上看出，劳斯阵列第一列元素符号相同，故系统不含具有正实部的根，而含一对纯虚根，可由辅助方程 $2s^2 + 2 = 0$ 解出 $\pm j$。

例 3.5-3 已知系统的特征方程为

$$D(s) = s^5 + 2s^4 + 3s^3 + 6s^2 - 4s - 8 = 0$$

试根据辅助方程求特征根。

解 劳斯阵列为

$$\begin{array}{lllll}
s^5 & 1 & 3 & -4 & \\
s^4 & 2 & 6 & -8 & \to \text{辅助方程 } 2s^4 + 6s^2 - 8 = 0 \\
s^3 & 8 & 12 & 0 & \leftarrow \text{辅助方程求导后的系数} \\
s^2 & 3 & -8 & & \\
s^1 & 33.3 & 0 & & \\
s^0 & -8 & & &
\end{array}$$

第一列变号一次，说明有一个具有正实部的根，可根据辅助方程

$$2s^4 + 6s^2 - 8 = (2s^2 - 2)(s^2 + 4) = 0$$

解得

$$s = \pm 1; s = \pm j2$$

3.6 控制系统稳态误差的基本概念

控制系统的方块图如图 3.6-1 所示。图中 $c(t)$是被控量的实际值，用 $c_r(t)$表示系统被控量的希望值。

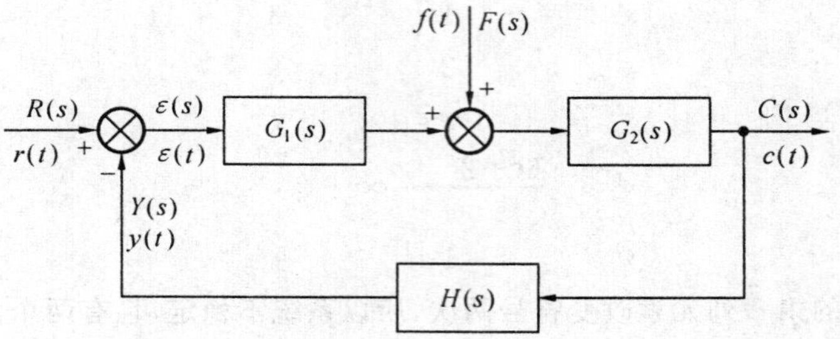

图 3.6-1 控制系统方块图

误差 对于误差有多种定义，本书定义被控量的希望值与实际值之差为控制系统的误差，记为 $e(t)$，即

$$e(t) = c_r(t) - c(t) \tag{3.6-1}$$

式(3.6-1)中的被控制量 $c(t)$中包含有两个分量：一个是暂态分量；另一个是稳态分量。因此，误差信号 $e(t)$中亦包含有暂态分量和稳态分量。其稳态分量反映控制系统跟踪控制信号 $r(t)$或抑制干扰信号 $f(t)$的能力和精度，即反映控制系统的稳态性能。这就引出了稳态误差的定义。

稳态误差 误差信号 $e(t)$的稳态分量定义为控制系统的稳态误差，记为 $e_{ss}(t)$。

$c_r(t)$与 $r(t)$的关系 对于被控量的希望值 $c_r(t)$，也有不同的定义。对于图 3.6-1 所示负反馈系统，当反馈通道传递函数 $H(s)$是常数(通常如此)时，本书定义，偏差信号 $\varepsilon(t)=0$时的被控量的值就是希望值。

令 $\varepsilon(s)=0$，则 $C(s)=C_r(s)$，由图 3.6-1 知

$$R(s)-H(s)C_r(s)=0 \tag{3.6-2}$$

故

$$C_r(s)=\frac{R(s)}{H(s)} \tag{3.6-3}$$

$$c_r(t)=\frac{1}{H(s)}r(t) \tag{3.6-4}$$

误差与偏差

由式(3.6-1)得

$$E(s)=C_r(s)-C(s) \tag{3.6-5}$$

故

$$E(s)=\frac{R(s)}{H(s)}-C(s) \tag{3.6-6}$$

由

$$\varepsilon(s)=R(s)-H(s)C(s)$$

还可得

$$E(s)=\frac{1}{H(s)}\varepsilon(s) \tag{3.6-7}$$

$$e(t)=\frac{1}{H(s)}\varepsilon(t) \tag{3.6-8}$$

对于单位负反馈系统($H(s)=1$)，偏差信号就是误差信号。对于非单位负反馈系统

$(H(s)\neq 1)$，通常先计算出偏差信号 $\varepsilon(t)$，再根据式(3.6-8)计算误差信号。

3.7 稳态误差的计算

引用误差系数，可以方便地求出稳态误差。本节将介绍二种求误差系数的方法，即通过对误差传递函数求导求误差系数，用长除法求误差系数。

为了方便起见，首先研究单位负反馈系统稳态误差的求取，然后再推向一般。

设有一单位负反馈系统，见图 3.7-1。

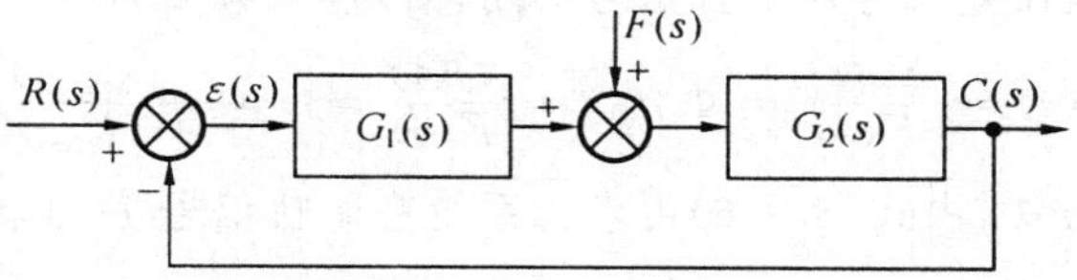

图 3.7-1 控制系统方块图

参考输入信号 $r(t)$与干扰信号 $f(t)$同时作用于系统，先分别求参考输入信号(令 $f(t)=0$)与干扰信号(令 $r(t)=0$)单独作用时造成的稳态误差，然后再应用迭加原理计算参考输入信号与干扰信号同时作用时引起的系统的稳态误差。

1. 令 $f(t)=0$，求参考输入信号 $r(t)$引起的稳态误差 $e_{ssr}(t)$。

由图 3.7-1 求得偏差信号 $\varepsilon(t)$对参考输入信号 $r(t)$的闭环传递函数为

$$\Phi_\varepsilon(s)=\frac{\varepsilon_R(s)}{R(s)}=\frac{1}{1+G_1(s)G_2(s)}$$

因为是单位负反馈系统，所以误差信号 $e(t)$对参考输入信号 $r(t)$的闭环传递函数 $\Phi_e(s)$等于偏差信号 $\varepsilon(t)$对参考输入信号 $r(t)$的闭环传递函数 $\Phi_\varepsilon(s)$，即

$$\Phi_e(s)=\frac{E_R(s)}{R(s)}=\Phi_\varepsilon(s)=\frac{\varepsilon_R(s)}{R(s)}=\frac{1}{1+G_1(s)G_2(s)} \tag{3.7-1}$$

将式(3.7-1)在 $s=0$ 的邻域展开成泰勒级数

$$\Phi_e(s)=\frac{E_R(s)}{R(s)}=\Phi_e(0)+\dot{\Phi}_e(0)s+\frac{1}{2!}\ddot{\Phi}_e(0)s^2+\cdots+\frac{1}{l!}\Phi_e^{(l)}(0)s^l \tag{3.7-2}$$

式中 $\Phi_e(0)=\Phi_e(s)|_{s=0}$，$\dot{\Phi}_e(0)=\frac{\mathrm{d}\Phi_e(s)}{\mathrm{d}s}|_{s=0}$，$\cdots$，$\Phi_e^{(l)}(0)=\frac{\mathrm{d}^l\Phi_e(s)}{\mathrm{d}s^l}|_{s=0}$

式(3.7-2)还可写成

$$\Phi_e(s)=\frac{E_R(s)}{R(s)}=C_{0d}+C_{1d}s+\frac{1}{2!}C_{2d}s^2+\cdots+\frac{1}{l!}C_{ld}s^l \tag{3.7-3}$$

比较式(3.7-2)与式(3.7-3)，有

$$C_{0d}=\Phi_e(0),C_{1d}=\Phi_e^{(1)}(0),C_{2d}=\Phi_e^{(2)}(0),\cdots,C_{ld}=\Phi_e^{(l)}(0)$$

称 C_{0d}、C_{1d}、C_{2d}、$\cdots$、C_{ld}为单位负反馈系统的误差系数。

由式(3.7-3)求得在参考输入信号作用下系统误差信号的拉氏变换式

$$E_R(s)=C_{0d}R(s)+C_{1d}sR(s)+\frac{C_{2d}}{2!}s^2R(s)+\cdots+\frac{C_{ld}}{l!}s^lR(s) \tag{3.7-4}$$

式(3.7-3)所示的泰勒级数是在 $s=0$ 的邻域得到的，所以级数是收敛的。假设所有初

始条件均为零，并忽略 $t=0$ 时的脉冲，对式(3.7-4)进行拉氏反变换，便得到误差信号 $e_r(t)$ 的稳态分量，即得参考输入信号作用下的稳态误差(证明从略)

$$e_{ssr}(t)=C_{0d}r(t)+C_{1d}\dot{r}(t)+\frac{1}{2!}C_{2d}\ddot{r}(t)+\cdots+\frac{1}{l!}C_{ld}r^{(l)}(t)=$$

$$\sum_{i=0}^{l}\frac{1}{i!}C_{id}r^{(i)}(t)\qquad(t\geqslant t_s)\tag{3.7-5}$$

从式(3.7-5)看出，稳态误差不仅与系统的特性有关，还与参考输入信号的特性有关。

2. 令 $r(t)=0$，求干扰信号 $f(t)$ 引起的稳态误差。

由图 3.7-1 求得误差信号对干扰信号的闭环传递函数 $\Phi_{ef}(s)$，即

$$\Phi_{ef}(s)=\frac{E_F(s)}{F(s)}=\Phi_{\varepsilon f}(s)=\frac{\varepsilon_F(s)}{F(s)}=-\frac{G_2(s)}{1+G_1(s)G_2(s)}\tag{3.7-6}$$

应用与上述相同的方法，由式(3.7-6)可求得系统在干扰信号 $f(t)$ 单独作用下的稳态误差

$$e_{ssf}(t)=\Phi_{ef}(0)f(t)+\Phi_{ef}^{(1)}(0)\dot{f}(t)+\frac{1}{2!}\Phi_{ef}^{(2)}(0)\ddot{f}(t)+\cdots+\frac{1}{k!}\Phi_{ef}^{(k)}(0)f^{(k)}(t)=$$

$$\sum_{j=0}^{k}\frac{1}{j!}\Phi_{ef}^{(j)}(0)f^{(j)}(t)\qquad(t\geqslant t_s)\tag{3.7-7}$$

3. 由迭加原理知，当参考输入信号 $r(t)$ 与干扰信号 $f(t)$ 同时作用于系统时，控制系统的稳态误差 $e_{ss}(t)$ 应是式(3.7-5)与式(3.7-7)所示稳态误差之代数和，即

$$e_{ss}(t)=e_{ssr}(t)+e_{ssf}(t)\qquad(t\geqslant t_s)\tag{3.7-8}$$

对于非单位反馈控制系统(见图 3.6-1)，设 $H(s)=K_H$，误差信号 $e(t)$ 与偏差信号 $\varepsilon(t)$ 是两个不同的物理量。但当 $H(s)$ 为常数时，误差信号 $e(t)$ 与偏差信号 $\varepsilon(t)$ 之间成简单的比例关系。在计算非单位反馈控制系统的稳态误差时，可应用与上面相同的方法先求偏差信号的稳态分量，即稳态偏差，记为 $\varepsilon_{ss}(t)$，再用稳态偏差 $\varepsilon_{ss}(t)$ 除以 K_H，即得系统的稳态误差(见例 3.7-4)。

例 3.7-1 已知单位负反馈系统的开环传递函数为 $G(s)=\dfrac{K}{s(Ts+1)}$，其中 $K=10$，$T=1$，试求在 $r(t)=a_0+a_1t+a_2t^2$ 作用下的稳态误差。

解 首先求参考输入信号的误差闭环传递函数 $\Phi_e(s)$。因为是单位负反馈系统，所以

$$\Phi_e(s)=\Phi_\varepsilon(s)=\frac{E(s)}{R(s)}=\frac{1}{1+G(s)}=\frac{Ts^2+s}{Ts^2+s+K}$$

由上式求得 $C_{0d}=\Phi_e(0)=0$

$$C_{1d}=\Phi_e^{(1)}(0)=\frac{1}{K}=0.1$$

$$C_{2d}=\Phi_e^{(2)}(0)=2\left(\frac{T}{K}-\frac{1}{K^2}\right)=0.18$$

将 C_{0d}、C_{1d}、C_{2d} 代入式(3.7-5)得

$$e_{ssr}(t)=C_{0d}r(t)+C_{1d}\dot{r}(t)+\frac{1}{2!}C_{2d}\ddot{r}(t)+\cdots=$$

$$0.1\dot{r}(t)+0.09\ddot{r}(t)+\cdots\qquad(t\geqslant t_s)$$

已知 $r(t)=a_0+a_1t+a_2t^2$

求得 $\dot{r}(t) = a_1 + 2a_2t,\quad \ddot{r}(t) = 2a_2,\quad \dddot{r}(t) = 0$

所以 $e_{ssr}(t) = 0.1a_1 + 0.18a_2 + 0.2a_2t \qquad (t \geqslant t_s)$

上面介绍的用误差传递函数的导数求误差系数，进而求稳态误差的方法，当控制系统的阶次较高时，计算起来比较麻烦。为此再介绍第二种求误差系数的方法：用误差传递函数 $\Phi_e(s)$ 的分子多项式除以分母多项式的整式除法（亦称长除法）求误差系数。在作整式除法前，要将误差传递函数的分子、分母排成 s 的升幂级数，然后再作除法。下面通过实例加以说明。

例 3.7-2 用整式除法求例 3.7-1 所示控制系统的稳态误差。

解 由例 3.7-1 知，误差传递函数为

$$\Phi_e=\frac{E(s)}{R(s)}=\frac{1}{1+G(s)}=\frac{s+Ts^2}{K+s+Ts^2}=\frac{\frac{1}{K}s+\frac{T}{K}s^2}{1+\frac{1}{K}s+\frac{T}{K}s^2}$$

作整式除法，见下面竖式

$$\begin{array}{r|l} & \frac{1}{K}s+\left(\frac{T}{K}-\frac{1}{K^2}\right)s^2+\cdots \\ \hline 1+\frac{1}{K}s+\frac{T}{K}s^2 & \frac{1}{K}s+\frac{T}{K}s^2 \\ & -)\ \frac{1}{K}s+\frac{1}{K^2}s^2+\frac{T}{K^2}s^3 \\ \hline & \left(\frac{T}{K}-\frac{1}{K^2}\right)s^2-\frac{T}{K^2}s^3 \\ & \qquad\cdots \qquad\qquad \cdots \end{array}$$

所以 $\Phi_e(s)=\dfrac{E(s)}{R(s)}=\dfrac{1}{K}s+\left(\dfrac{T}{K}-\dfrac{1}{K^2}\right)s^2+\cdots$

与式(3.7-3)比较得

$$C_{0d}=0;C_{1d}=\frac{1}{K}=0.1;C_{2d}=2\left(\frac{T}{K}-\frac{1}{K^2}\right)=0.18$$

显然，与例 3.7-1 所求得的误差系数完全相同。

由 $\Phi_e(s)$ 求得误差信号的拉氏变换式

$$E(s)=\frac{1}{K}sR(s)+\left(\frac{T}{K}-\frac{1}{K^2}\right)s^2R(s)+\cdots=$$
$$0.1sR(s)+0.09s^2R(s)+\cdots$$

取上式的拉氏反变换，得

$$e_{ss}(t) = 0.1\dot{r}(t) + 0.09\ddot{r}(t) + \cdots \qquad (t \geqslant t_s)$$

已知 $r(t) = a_0 + a_1t + a_2t^2$

求得 $\dot{r}(t) = a_1 + 2a_2t;\quad \ddot{r}(t) = 2a_2;\quad \dddot{r}(t) = 0$

所以 $e_{ss}(t) = 0.1a_1 + 0.18a_2 + 0.2a_2t \qquad (t \geqslant t_s)$

可见，两种方法求得的稳态误差完全一样。但后一种方法（整式除法）计算起来比较简单，特别对高阶系统，这种方法就更显得有优越性。

例 3.7-3 设有一随动系统如图 3.7-2 所示,已知 $r(t)=t$ 及 $f(t)=-1(t)$,试计算随动系统的稳态误差。

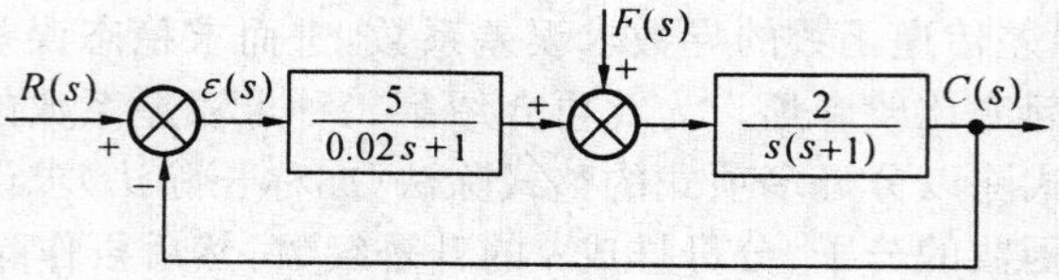

图 3.7-2 随动系统方块图

解 首先,设 $f(t)=0$,求参考输入引起的稳态误差。偏差信号对参考输入的闭环传递函数为

$$\Phi_{\varepsilon}(s)=\frac{\varepsilon(s)}{R(s)}=\frac{1}{1+\dfrac{5}{0.02s+1}\cdot\dfrac{2}{s(s+1)}}=\frac{s(0.02s+1)(s+1)}{s(0.02s+1)(s+1)+10}$$

因为 $H(s)=1$

所以 $\Phi_{e}(s)=\Phi_{\varepsilon}(s)=\dfrac{E_R(s)}{R(s)}=\dfrac{s+1.02s^2+0.02s^3}{10+s+1.02s^2+0.02s^3}$

作整式除法,见下面竖式

$$\begin{array}{r|l}
 & 0.1s+0.092s^2+\cdots \\
\hline
10+s+1.02s^2+0.02s^3 & s+1.02s^2+0.02s^3 \\
 & -)\,s+0.1s^2+0.102s^3+0.002s^4 \\
\hline
 & 0.92s^2-0.082s^3-0.002s^4 \\
 & \cdots \qquad \cdots
\end{array}$$

即
$$\Phi_{e}(s)=\frac{E_R(s)}{R(s)}=0.1s+0.092s^2+\cdots$$

$$E_R(s)=0.1sR(s)+0.092s^2R(s)+\cdots$$

对上式取拉氏反变换,得

$$e_{ssr}(t)=0.1\dot{r}(t)+0.092\ddot{r}(t)+\cdots \qquad (t\geqslant t_s)$$

已知 $r(t)=t$,求得 $\quad \dot{r}(t)=1,\ddot{r}(t)=0$

代入 e_{ssr} 中得 $\quad e_{ssr}(t)=0.1$

其次,设 $r(t)=0$,求 $f(t)$ 引起的稳态误差。

因为 $H(s)=1$,所以

$$\Phi_{ef}(s)=\frac{E_F(s)}{F(s)}=\Phi_{\varepsilon f}(s)=\frac{\varepsilon_F(s)}{F(s)}=\frac{-\dfrac{2}{s(s+1)}}{1+\dfrac{5}{0.02s+1}\cdot\dfrac{2}{s(s+1)}}=$$

$$-\frac{2(0.02s+1)}{s(0.02s+1)(s+1)+10}=\frac{-(2+0.04s)}{10+s+1.02s^2+0.02s^3}=$$

$$-(0.2-0.16s+\cdots)$$

即
$$E_F(s)=-0.2F(s)+0.16sF(s)-\cdots$$

取上式的拉氏反变换，得

$$e_{ssf}(t)=-0.2f(t)+0.16\dot{f}(t)-\cdots \qquad (t\geqslant t_s)$$

已知　$f(t)=-1(t)$，求得　$\dot{f}(t)=0$

所以　$e_{ssf}(t)=0.2$

最后，求系统在 $r(t)$ 和 $f(t)$ 同时作用下的稳态误差，得

$$e_{ss}(t)=e_{ssr}(t)+e_{ssf}(t)=0.1+0.2=0.3$$

例 3.7-4　调速系统的方块图如图 3.7-3 所示。图中 $K_1=10, K_2=2, \alpha=0.1, k_c=0.05$ 伏/(转/分)。试求：当 $r(t)=1(t)$(伏)时的稳态误差。

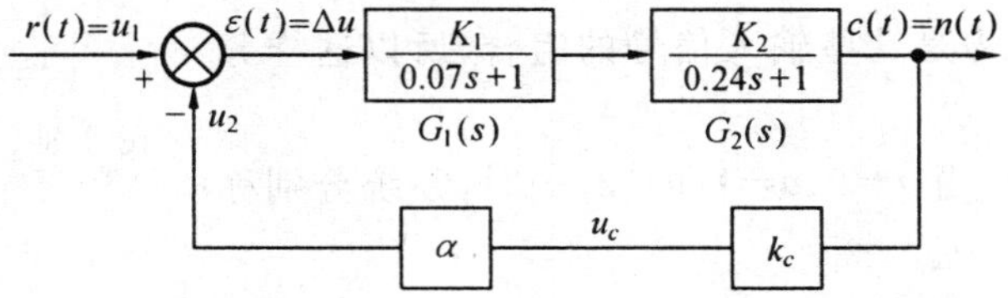

图 3.7-3　调速系统方块图

解　(1)用整式除法先求稳态偏差 $\varepsilon_{ss}(t)$。

由图 3.7-3 求得偏差信号对控制信号的闭环传递函数为

$$\Phi_\varepsilon(s)=\frac{\varepsilon(s)}{R(s)}=\frac{1}{1+\alpha k_c G_1(s)G_2(s)}=$$

$$\frac{(0.07s+1)(0.24s+1)}{(0.07s+1)(0.24s+1)+\alpha k_c K_1 K_2}=$$

$$\frac{1+0.31s+0.0168s^2}{1.1+0.31s+0.0168s^2}=$$

$$\frac{1}{1.1}+\frac{0.03}{1.1}s-\frac{0.008}{1.1}s^2+\cdots=$$

$$0.909+0.0273s-0.0073s^2+\cdots$$

于是　$$\varepsilon(s)=0.909R(s)+0.0273sR(s)-0.0073s^2R(s)+\cdots$$

对上式进行拉氏反变换，求得稳态偏差为

$$\varepsilon_{ss}(t)=0.909r(t)+0.0273\dot{r}(t)-0.0073\ddot{r}(t)+\cdots \qquad (t\geqslant t_s)$$

已知　$$r(t)=1(t),\quad \dot{r}(t)=0$$

所以　$$\varepsilon_{ss}(t)=0.909$$

(2)再求稳态误差 $e_{ss}(t)$

$$e_{ss}(t)=\frac{\varepsilon_{ss}(t)}{\alpha k_c}=\frac{0.909}{0.1\times 0.05}=181.8$$

由图 3.7-3 看出：稳态偏差是电压差 Δu，即

$$\varepsilon_{ss}(t)=\Delta u=u_1-u_2=0.909\text{ 伏}$$

而稳态误差是转速差 Δn，即

$$e_{ss}(t)=\Delta n=n_0-n=181.8\text{(转/分)}$$

3.8 消除和减少稳态误差的办法

图 3.8-1 所示为一单位负反馈控制系统方块图。设控制系统的开环传递函数为

$$G(s)=\frac{M(s)}{s^{v}N(s)}=\frac{K(\tau_1 s+1)(\tau_2 s+1)\cdots(\tau_m s+1)}{s^{v}(T_1 s+1)(T_2 s+1)\cdots(T_n s+1)} \tag{3.8-1}$$

式中 $M(s)$、$N(s)$都不含 $s=0$ 的因子。

控制系统可以按照它们跟踪阶跃输入信号、恒速输入信号、恒加速输入信号等的能力来分类。因为系统实际的输入信号往往可以认为是这些输入信号的组合，所以这样分类是合理的。

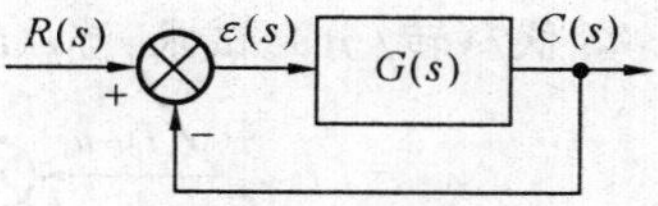

图 3.8-1 控制系统方块图

在式(3.8-1)中，当 $v=0$、$v=1$、$v=2$、…时，系统分别称为 0 型、Ⅰ型、Ⅱ型、…。

在这一节中将先引用终值定理求取系统的稳态误差 $e_{ss}(t)$的终值 $e_{ss}(\infty)$，再进一步说明消除和减少稳态误差的办法。这样得出的结论将更为清晰。

由图 3.8-1 求得系统偏差信号 $\varepsilon(t)$对输入信号 $r(t)$的闭环传递函数为

$$\Phi_{\varepsilon}(s)=\frac{\varepsilon(s)}{R(s)}=\frac{1}{1+G(s)} \tag{3.8-2}$$

因为 $H(s)=1$，所以误差信号 $e(t)$对输入信号 $r(t)$的闭环传递函数 $\Phi_e(s)$等于 $\Phi_{\varepsilon}(s)$，即

$$\Phi_e(s)=\frac{E(s)}{R(s)}=\Phi_{\varepsilon}(s)=\frac{1}{1+G(s)} \tag{3.8-3}$$

于是，误差信号的拉氏变换式为

$$E(s)=\frac{1}{1+G(s)}R(s)$$

控制系统的稳态误差 $e_{ss}(t)$的终值可根据终值定理由下式给出

$$e_{ss}(\infty)=\lim_{t\to\infty}e(t)=\lim_{s\to 0}sE(s)=\lim_{s\to 0}s\frac{1}{1+G(s)}R(s) \tag{3.8-4}$$

下面研究单位阶跃信号、单位斜坡信号、恒加速度信号分别作用于 0 型、Ⅰ型、Ⅱ型系统时的稳态误差的终值 $e_{ss}(\infty)$。

一、 $r(t)=1(t)$

由式(3.8-4)得控制系统稳态误差的终值

$$e_{ss}(\infty)=\lim_{s\to 0}s\cdot\frac{1}{1+G(s)}\cdot\frac{1}{s}=\lim_{s\to 0}\frac{1}{1+G(s)}=\frac{1}{1+\lim\limits_{s\to 0}G(s)}=\frac{1}{1+G(0)}$$

定义

$$K_P=\lim_{s\to 0}G(s)=G(0) \tag{3.8-5}$$

为开环位置放大倍数〔注意：对 K_P 不能按一般放大倍数的概念来理解，它是与 $G(s)$的型式有关的〕。于是，用开环位置放大倍数 K_P 表示稳态误差的终值时有

$$e_{ss}(\infty)=\frac{1}{1+K_P} \tag{3.8-6}$$

式(3.8-6)所表征的是系统的位置误差。

对于 0 型系统

$$K_P=\lim_{s\to 0}\frac{K(\tau_1 s+1)(\tau_2 s+1)\cdots(\tau_m s+1)}{(T_1 s+1)(T_2 s+1)\cdots(T_n s+1)}=K$$

因此,0 型系统跟踪单位阶跃输入信号时引起的稳态误差可表示为

$$e_{ss}(\infty)=\frac{1}{1+K} \tag{3.8-7}$$

图 3.8-2 所示是 0 型系统对单位阶跃输入信号的响应的例子,表示存在稳态误差。

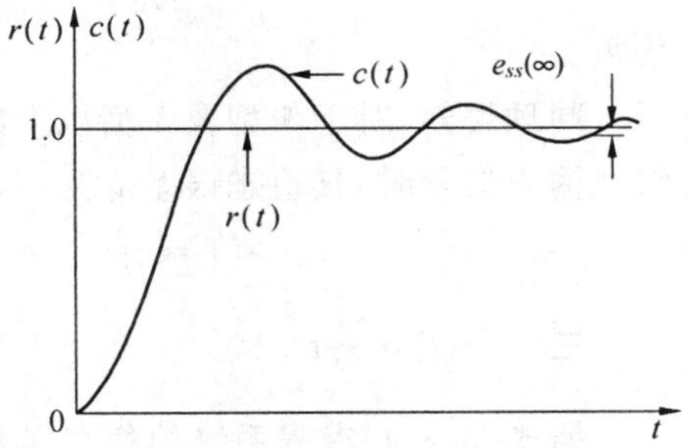

图 3.8-2　0 型系统的阶跃响应

对于 I 型系统,据式(3.8-4)求得

$$e_{ss}(\infty)=\lim_{s\to 0}s\cdot\frac{1}{1+G(s)}\cdot R(s)=$$

$$\lim_{s\to 0}s\cdot\frac{1}{1+G(s)}\cdot\frac{1}{s}=$$

$$\lim_{s\to 0}\frac{sN(s)}{sN(s)+M(s)}=0 \tag{3.8-8}$$

对于 I 型以上的系统,同样可得 $e_{ss}(\infty)=0$,因此对于 I 型及 I 型以上的系统,当跟踪阶跃输入信号时其稳态误差为零。

二、 $r(t)=t$

由式(3.8-4)求得系统的稳态误差的终值为

$$e_{ss}(\infty)=\lim_{s\to 0}s\cdot\frac{1}{1+G(s)}\cdot\frac{1}{s^2}=\frac{1}{\lim\limits_{s\to 0}sG(s)}$$

定义

$$K_V=\lim_{s\to 0}sG(s) \tag{3.8-9}$$

为开环速度放大倍数。于是,用开环速度放大倍数所表示的稳态误差由下式给出

$$e_{ss}(\infty)=\frac{1}{K_V} \tag{3.8-10}$$

式(3.8-10)所表征的是系统的速度误差。速度误差并不是速度上的误差,而是由于系统跟踪斜坡输入信号而造成的位置上的误差。所以速度误差量纲与位置误差量纲是一样的。

对于 0 型系统

$$K_V=\lim_{s\to 0}s\cdot\frac{M(s)}{N(s)}=0$$

所以

$$e_{ss}(\infty)=\frac{1}{K_V}=\infty \tag{3.8-11}$$

对于 I 型系统

$$K_V=\lim_{s\to 0}\frac{sK(\tau_1 s+1)(\tau_2 s+1)\cdots(\tau_m s+1)}{s(T_1 s+1)(T_2 s+1)\cdots(T_n s+1)}=K$$

因此,I 型系统跟踪单位斜坡输入信号时引起的稳态误差可表示为

$$e_{ss}(\infty)=\frac{1}{K} \tag{3.8-12}$$

图 3.8-3 所示是Ⅰ型系统对斜坡输入信号响应的例子。它形象地说明了在过渡过程结束后，Ⅰ型系统的输出速度恰好与输入速度相等，但有一个位置误差。此误差正比于输入信号的变化率(若 $r(t)=Vt$，则 $e_{ss}(\infty)=\frac{V}{K_V}$)，反比于开环放大倍数。

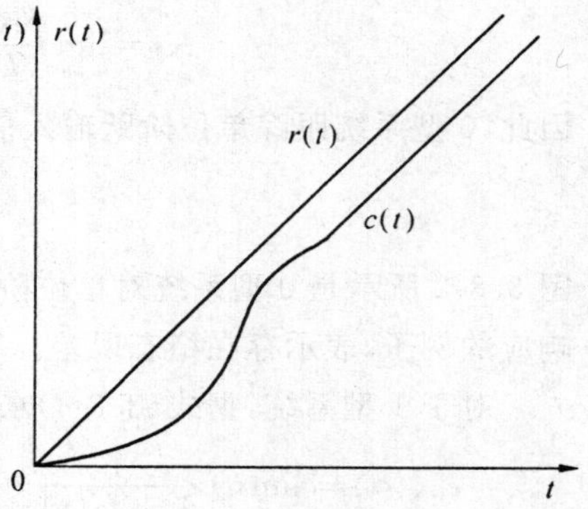

图 3.8-3 Ⅰ型系统对斜坡输入的响应

同理可知，对于Ⅱ型及Ⅱ型以上的系统，跟踪斜坡输入信号时，其稳态误差应为零，即

$$e_{ss}(\infty)=0 \tag{3.8-13}$$

三、 $r(t)=\frac{1}{2}t^2$

据式(3.8-4)求得系统的稳态误差的终值为

$$e_{ss}(\infty)=\lim_{s\to 0}s\cdot\frac{1}{1+G(s)}\cdot\frac{1}{s^3}=\frac{1}{\lim\limits_{s\to 0}s^2G(s)}$$

定义

$$K_a=\lim_{s\to 0}s^2G(s) \tag{3.8-14}$$

为开环加速度放大倍数。于是，用开环加速度放大倍数所表示的稳态误差由下式给出

$$e_{ss}(\infty)=\frac{1}{K_a} \tag{3.8-15}$$

式(3.8-15)所表征的是系统的加速度误差。加速度误差并不是加速度的误差，而是由于系统跟踪恒加速输入信号而造成的位置误差。加速度误差量纲与位置误差量纲一样。

对于 0 型和Ⅰ型系统，其 $K_a=0$，所以其稳态误差为

$$e_{ss}(\infty)=\infty \tag{3.8-16}$$

对于Ⅱ型系统

$$K_a=\lim_{s\to 0}\frac{s^2K(\tau_1s+1)(\tau_2s+1)\cdots(\tau_ms+1)}{s^2(T_1s+1)(T_2s+1)\cdots(T_ns+1)}=K$$

因此，Ⅱ型系统跟踪恒加速输入信号时引起的稳态误差可表示为

$$e_{ss}(\infty)=\frac{1}{K} \tag{3.8-17}$$

图 3.8-4 所示是Ⅱ型系统对恒加速输入信号响应的例子。它说明Ⅱ型系统在跟踪恒加速信号时，有一恒定的位置误差。

现将单位反馈的 0 型、Ⅰ型、Ⅱ型系统，当跟踪输入信号 $r(t)=1(t)$、t、$\frac{1}{2}t^2$ 时，对应 $t\to\infty$ 的稳态误差值〔见式(3.8-7)、式(3.8-8)、式(3.8-11)、式(3.8-12)、式(3.8-13)、式(3.8-16)、式(3.8-17)〕列于表 3.8-1 中，以便读者查用。

表　3.8-1

$e_{ss}(\infty)$ $r(t)$ / 系统类型	$1(t)$	t	$\frac{1}{2}t^2$
0	$\frac{1}{1+K_P}=\frac{1}{1+K}$	∞	∞
Ⅰ	0	$\frac{1}{K_V}=\frac{1}{K}$	∞
Ⅱ	0	0	$\frac{1}{K_a}=\frac{1}{K}$

由以上的讨论可知，减少或消除系统的稳态误差的办法是：

1. 提高系统的开环放大倍数

从表 3.8-1 看出：0 型系统跟踪单位阶跃信号、Ⅰ型系统跟踪单位斜坡信号、Ⅱ型系统跟踪恒加速信号时，其系统的稳态误差均为常值，且都与开环放大倍数 K 有关。若增大开环放大倍数 K，则系统的稳态误差可以显著下降。

提高开环放大倍数 K 固然可以使稳态误差下降，但 K 值取得过大会使系统的稳定性变坏，甚至造成系统的不稳定。如何解决这个矛盾，将是本书以后数章中讨论的中心问题。

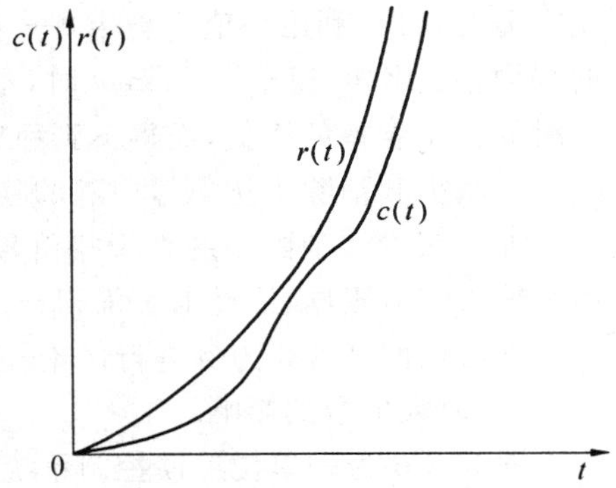

图 3.8-4　Ⅱ型系统对恒加速信号的响应

2. 增加系统的类型数

从表 3.8-1 看出：若开环传递函数（$H(s)=1$ 时，开环传递函数就是系统前向通道传递函数）中没有积分环节（即 0 型系统）时，跟踪阶跃输入信号引起的稳态误差为常值；若开环传递函数中含有一个积分环节（即Ⅰ型系统）时，跟踪阶跃输入信号引起的稳态误差为零；若开环传递函数中含有两个积分环节（即Ⅱ型系统）时，则系统跟踪阶跃输入信号、斜坡输入信号引起的稳态误差为零。

依此类推，可得如下结论：若单位反馈控制系统的开环传递函数中含有 υ 个积分环节时，则当系统跟踪 $r(t)=\sum_{i=0}^{\upsilon-1}\frac{1}{i!}r_it^i$ 类型的信号时，系统的稳态误差等于零。

上述结论可用终值定理直接证明。由式(3.8-1)求得误差信号 $e(t)$ 对输入信号 $r(t)$ 的闭环传递函数的另一种表示形式为

$$\Phi_e(s)=\frac{E(s)}{R(s)}=\frac{1}{1+G(s)}=\frac{s^\upsilon N(s)}{s^\upsilon N(s)+M(s)}$$

所以
$$E(s)=\Phi_e(s)R(s)=\frac{s^\upsilon N(s)}{s^\upsilon N(s)+M(s)}\cdot R(s)$$

设
$$r(t)=r_0+r_1t+\frac{1}{2!}r_2t^2+\cdots+\frac{1}{(\upsilon-1)!}r_{\upsilon-1}t^{\upsilon-1}$$

则有
$$R(s)=\frac{r_0}{s}+\frac{r_1}{s^2}+\frac{r_2}{s^3}+\cdots+\frac{r_{\upsilon-1}}{s^\upsilon}$$

而
$$e_{ss}(\infty)=\lim_{s\to 0}sE(s)=$$

$$\lim_{s\to 0} s\cdot\frac{s^{\upsilon}N(s)}{s^{\upsilon}N(s)+M(s)}\left(\frac{r_0}{s}+\frac{r_1}{s^2}+\frac{r_2}{s^3}+\cdots+\frac{r_{\upsilon-1}}{s^{\upsilon}}\right)=0 \quad (3.8\text{-}18)$$

因此，对于形如 $r(t)=\sum_{i=0}^{\upsilon-1}\frac{1}{i!}r_i t^i$ 的输入信号而言，只要在系统前向通道中串联 υ 个积分环节就可以消除稳态误差。

由上面的分析，粗看起来好象系统类型愈高，该系统“愈好”。如果只考虑稳态精度，情况的确是这样。但若开环传递函数中含积分环节数目过多，会降低系统的稳定性，以致于使系统不稳定。因此，在控制工程中，反馈控制系统的设计往往需要在稳态误差与稳定性要求之间求得折衷。一般控制系统开环传递函数中的积分环节个数最多不超过 2。

需要指出，利用终值定理求 $t\to\infty$ 时的稳态误差来进行分析是比较方便的，但有一定的局限性。比如，当 $r(t)=\sin\omega t$ 时，不能应用终值定理。另外，利用终值定理只能求出 $t\to\infty$ 时的稳态误差的终值，而得不到稳态误差的时间表达式 $e_{ee}(t)$。

3. 减少和消除干扰信号引起的稳态误差的办法。

如何减少和消除系统在干扰信号作用下引起的稳态误差，由于干扰信号的作用点与参考输入信号不同，因此对上面得出的结论尚需进一步探讨。

下面以图 3.8-5 为例进行讨论。

(1)放大倍数的影响

图 3.8-5 为一单位反馈控制系统，设

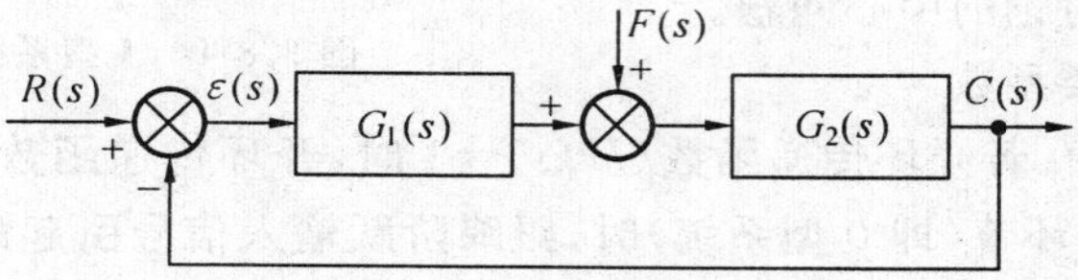

图 3.8-5　控制系统方块图

$$G_1(s)=\frac{K_1}{T_1s+1},\quad G_2(s)=\frac{K_2}{T_2s+1}$$

据图 3.8-5 求得误差信号对干扰信号的闭环传递函数为

$$\Phi_{ef}(s)=\Phi_{\varepsilon f}(s)=\frac{E_F(s)}{F(s)}=-\frac{G_2(s)}{1+G_1(s)G_2(s)}=$$

$$-\frac{K_2(T_1s+1)}{(T_1s+1)(T_2s+1)+K_1K_2}$$

由上式求得误差信号的拉氏变换式为

$$E_F(s)=-\frac{K_2(T_1s+1)}{(T_1s+1)(T_2s+1)+K_1K_2}\cdot F(s)$$

若 $f(t)=1(t)$，则有 $F(s)=\frac{1}{s}$

所以 $$e_{ssf}(\infty)=\lim_{s\to 0} sE_F(s)=$$

$$\lim_{s\to 0} s\left(-\frac{K_2(T_1s+1)}{(T_1s+1)(T_2s+1)+K_1K_2}\right)\cdot\frac{1}{s}=$$

$$-\frac{K_2}{1+K_1K_2} \quad (3.8\text{-}19)$$

由式(3.8-19)看出,提高系统前向通道中干扰信号作用点之前的环节〔即 $G_1(s)$〕的放大倍数,可以减少系统受干扰信号作用引起的稳态误差。

(2)系统类型的影响

首先,假设图 3.8-5 所示系统前向通道中有 υ 个串联积分环节,且都集中在 $G_1(s)$ 中,即设

$$G_1(s)=\frac{M_1(s)}{s^{\upsilon}N_1(s)}\quad,\quad G_2(s)=\frac{M_2(s)}{N_2(s)}$$

又 $M_1(s)$、$N_1(s)$、$M_2(s)$、$N_2(s)$ 中都不含 $s=0$ 的因子。

根据图 3.8-5 分别求得误差信号对参考输入信号及干扰信号的闭环传递函数为

$$\Phi_e(s)=\Phi_\varepsilon(s)=\frac{E_R(s)}{R(s)}=\frac{1}{1+G_1(s)G_2(s)}=\frac{s^{\upsilon}N_1(s)N_2(s)}{s^{\upsilon}N_1(s)N_2(s)+M_1(s)M_2(s)} \tag{3.8-20}$$

$$\Phi_{ef}(s)=\Phi_{\varepsilon f}(s)=\frac{E_F(s)}{F(s)}=-\frac{G_2(s)}{1+G_1(s)G_2(s)}=-\frac{s^{\upsilon}N_1(s)M_2(s)}{s^{\upsilon}N_1(s)N_2(s)+M_1(s)M_2(s)} \tag{3.8-21}$$

式(3.8-20)及式(3.8-21)表明,误差传递函数 $\Phi_e(s)$ 和 $\Phi_{ef}(s)$ 中都含有 υ 个 $s=0$ 的零点。因此,控制系统在参考输入信号

$$r(t)=\sum_{i=0}^{\upsilon-1}\frac{1}{i!}r_i t^i \tag{3.8-22}$$

及干扰信号

$$f(t)=\sum_{i=0}^{\upsilon-1}\frac{1}{i!}f_i t^i \tag{3.8-23}$$

同时作用下的稳态误差等于零(这个结论用终值定理很容易证明,请读者参照式(3.8-18)自行证明)。说明这 υ 个串联积分环节对消除参考输入信号和干扰信号作用于系统引起的稳态误差的效果是一样的。

其次,假设 υ 个串联积分环节中,有 υ_1 个集中在 $G_1(s)$ 部分,有 $(\upsilon-\upsilon_1)$ 个集中在 $G_2(s)$ 部分,即

$$G_1(s)=\frac{M_1(s)}{s^{\upsilon_1}N_1(s)}\quad,\quad G_2(s)=\frac{M_2(s)}{s^{(\upsilon-\upsilon_1)}N_2(s)}$$

且 $M_1(s)$、$N_1(s)$、$M_2(s)$、$N_2(s)$ 中均不含 $s=0$ 的因子。这时,系统的误差传递函数分别为

$$\Phi_e(s)=\frac{E_R(s)}{R(s)}=\frac{1}{1+G_1(s)G_2(s)}=\frac{s^{\upsilon}N_1(s)N_2(s)}{s^{\upsilon}N_1(s)N_2(s)+M_1(s)M_2(s)} \tag{3.8-24}$$

$$\Phi_{ef}(s)=-\frac{G_2(s)}{1+G_1(s)G_2(s)}=-\frac{s^{\upsilon_1}N_1(s)M_2(s)}{s^{\upsilon}N_1(s)N_2(s)+M_1(s)M_2(s)} \tag{3.8-25}$$

式(3.8-24)及式(3.8-25)表明,误差传递函数 $\Phi_e(s)$ 中仍含有 υ 个 $s=0$ 的零点,而误差传递函数 $\Phi_{ef}(s)$ 中只含有 $\upsilon_1(\upsilon_1<\upsilon)$ 个 $s=0$ 的零点,因此,当系统同时承受式(3.8-22)及式(3.8-23)所表示的信号时,其稳态误差不等于零。但当系统仍跟踪式(3.8-22)所表示的参考输入信号,而承受的干扰信号改为

$$f(t)=\sum_{i=0}^{v_1-1}\frac{1}{i!}f_i t^i \tag{3.8-26}$$

这时系统的稳态误差又等于零。

上述讨论说明：对参考输入信号而言，欲从原理上消除稳态误差，前向通道中 v 个串联积分环节都起了作用。而对干扰信号而言，欲从原理上消除稳态误差，前向通道中 v 个串联积分环节只有 $G_1(s)$ 中的 v_1 个起了作用。因此，当讨论减少和消除系统在干扰信号作用下引起的稳态误差时，要特别注意干扰信号的作用点。

综上得出结论：要减少和消除由参考输入信号和干扰信号同时作用于系统引起的稳态误差，希望提高前向通道中干扰信号作用点之前的环节（即 $G_1(s)$）的放大倍数，串联积分环节亦应集中在前向通道中干扰信号作用点之前的环节中。

对于非单位反馈控制系统，当 $H(s)=$常数时，本节中得出的结论均适用。

例 3.8-1 已知单位负反馈控制系统的开环传递函数为

$$G(s)=\frac{10}{(0.1s+1)(0.5s+1)}$$

试分别求出当输入信号 $r(t)=1(t)$、t 时的稳态误差。

解 误差信号对 $r(t)$ 的闭环传递函数为

$$\Phi_e(s)=\frac{E(s)}{R(s)}=\frac{1}{1+G(s)}=\frac{(0.1s+1)(0.5s+1)}{(0.1s+1)(0.5s+1)+10}$$

所以 $$E(s)=\frac{(0.1s+1)(0.5s+1)}{(0.1s+1)(0.5s+1)+10}\cdot R(s)$$

（1）当 $r(t)=1(t)$ 时

$$e_{ss}(\infty)=\lim_{s\to 0}sE(s)=\lim_{s\to 0}s\cdot\frac{(0.1s+1)(0.5s+1)}{(0.1s+1)(0.5s+1)+10}\cdot\frac{1}{s}=\frac{1}{11}=0.09$$

（2） 当 $r(t)=t$ 时

$$K_V=\lim_{s\to 0}sG(s)=\lim_{s\to 0}s\frac{10}{(0.1s+1)(0.5s+1)}=0$$

所以 $e_{ss(\infty)}=\infty$

讨论：本系统是 0 型系统，跟踪单位阶跃信号时稳态误差为常值；跟踪斜坡信号时，当 $t\to\infty$ 其稳态误差亦为无穷大。由此可见，0 型系统不能跟踪斜坡输入信号。但是，进一步用误差系数法计算 $e_{ss}(t)$，可得此系统跟踪斜坡输入信号的稳态误差为

$$e_{ss}(s)=0.09t+0.0496 \qquad (t\geqslant t_s)$$

由于系统实际的工作时间不可能为无穷大，因此 0 型系统仍然可以在有限的工作时间内，按一定的精度（满足允许的稳态误差）跟踪斜坡信号。

例 3.8-2 图 3.8-6 为某仪表随动系统方块图。

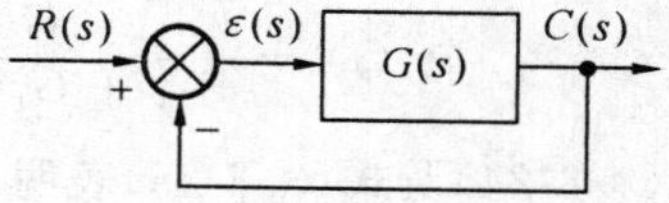

图 3.8-6 仪表随动系统方块图

图中 $$G(s)=\frac{5}{s(s+1)(s+2)}$$

试分别求取当 $r(t)=1(t)$、$10t$、$3t^2$ 时的稳态误差。

解 （1）当 $r(t)=1(t)$ 时

$$e_{ss}(\infty)=\lim_{s\to 0}s\cdot\frac{1}{1+G(s)}\cdot\frac{1}{s}=\lim_{s\to 0}\frac{s(s+1)(s+2)}{s(s+1)(s+2)+5}=0$$

(2)当 $r(t)=10t$ 时

$$K_V=\lim_{s\to 0}sG(s)=\lim_{s\to 0}s\cdot\frac{5}{s(s+1)(s+2)}=2.5$$

所以

$$e_{ss}(\infty)=\frac{10}{K_V}=\frac{10}{2.5}=4$$

(3)当 $r(t)=3t^2=\frac{6}{2}t^2$ 时

$$K_a=\lim_{s\to 0}s^2G(s)=\lim_{s\to 0}s^2\cdot\frac{5}{s(s+1)(s+5)}=0$$

所以

$$e_{ss}(\infty)=\frac{6}{K_a}=\frac{6}{0}=\infty$$

本系统是Ⅰ型系统，跟踪单位阶跃信号时稳态误差为零，跟踪斜坡信号时稳态误差为常值，跟踪恒加速信号时，当 $t\to\infty$ 其稳态误差亦为无穷大。由此来看，Ⅰ型系统不能跟踪恒加速信号。但是，进一步用误差系数法计算 $e_{ss}(t)$，可求得此系统跟踪上述恒加速信号的稳态误差为

$$e_{ss}(t)=2.4t+2.64 \qquad (t\geqslant t_s)$$

因此，Ⅰ型系统仍可以在有限的工作时间内，以一定的精度跟踪恒加速信号。

3.9　顺馈控制的误差分析

由§3-8的分析可知，提高系统的开环放大倍数 K 和类型数 υ 可以减小或消除系统的稳态误差，但同时降低了系统的动态性能，甚至当 K 和 υ 取得过大时会使系统不稳定。采取适当的校正措施，可以保证在一定控制精度的前提下，满足系统动态性能的要求。但若对控制精度和动态性能要求都很高时，仅用按偏差控制的反馈控制系统就难以完成。如

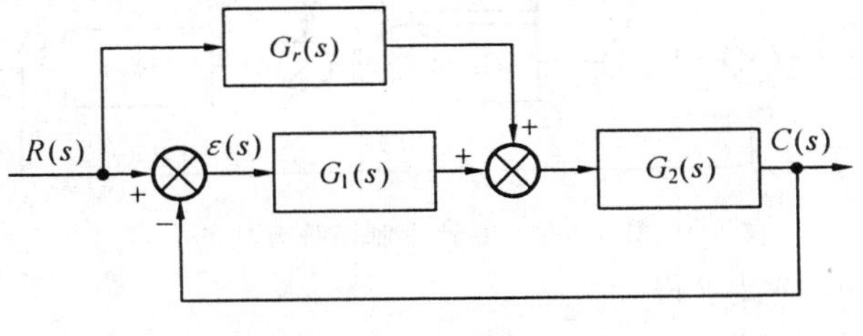

图 3.9-1　复合控制系统方块图

果把开环控制(即顺馈控制)与闭环控制相结合，组成复合控制系统，就可以很好地完成上述任务。

一、　顺馈补偿

复合控制系统方块图如图 3.9-1 所示。图中 $G_r(s)$是补偿装置的传递函数。该系统有两个通道，由 $G_r(s)$、$G_2(s)$组成的通道是按开环控制的顺馈控制通道(补偿通道)，由 $G_1(s)$、$G_2(s)$及主反馈线组成的通道是按闭环控制的主控通道。

1. 按参考输入补偿

由图 3.9-1 求得

$$C(s)=G_1(s)G_2(s)\varepsilon(s)+G_r(s)G_2(s)R(s)=$$
$$G_1(s)G_2(s)[R(s)-C(s)]+G_r(s)G_2(s)R(s)$$

所以
$$C(s)=\frac{G_1(s)G_2(s)}{1+G_1(s)G_2(s)}R(s)+\frac{G_r(s)G_2(s)}{1+G_1(s)G_2(s)}R(s) \tag{3.9-1}$$

若取
$$G_r(s)=\frac{1}{G_2(s)} \tag{3.9-2}$$

则有
$$C(s)=R(s) \tag{3.9-3}$$

上式说明，在任何时刻，被控制信号 $c(t)$ 都可以完全无误地复现参考输入信号 $r(t)$，其跟踪误差为零。

通过计算误差，也可得出上述结论。因为 $H(s)=1$，所以

$$E(s)=\varepsilon(s)=R(s)-C(s)=$$
$$R(s)-\frac{G_1(s)G_2(s)+G_r(s)G_2(s)}{1+G_1(s)G_2(s)}R(s) \tag{3.9-4}$$

若取
$$G_r(s)=\frac{1}{G_2(s)}$$

有
$$E(s)\equiv 0 \tag{3.9-5}$$

对参考输入补偿可以这样解释，在原来反馈控制的基础上，增加一个输入 $G_r(s)R(s)$，在满足 $G_r(s)=\frac{1}{G_2(s)}$ 的条件下，它所产生的误差与原来产生的误差大小相等，符号相反，使总的误差恒为零。

2. 按干扰输入补偿

这时系统的方块图如图 3.9-2 所示。讨论这个问题的前题条件是干扰信号 $f(t)$ 必须

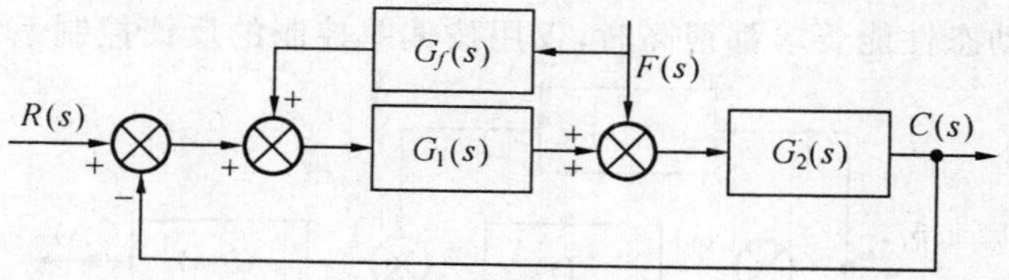

图 3.9-2　复合控制系统方块图

是可以测量的。由图 3.9-2 求得

$$C(s)=G_1(s)G_2(s)[R(s)-C(s)]+[G_2(s)+G_f(s)G_1(s)G_2(s)]F(s) \tag{3.9-6}$$

在上式中，使

$$G_2(s)+G_f(s)G_1(s)G_2(s)=0 \tag{3.9-7}$$

则有
$$G_f(s)=-\frac{1}{G_1(s)} \tag{3.9-8}$$

这时可完全补偿干扰信号 $f(t)$ 对系统输出 $c(t)$ 的影响。

需要说明，式(3.9-2)、式(3.9-8)是全补偿条件。全补偿难以实现，因为 $G_1(s)$、$G_2(s)$ 都是分母阶次高于分子阶次，所以 $G_r(s)$、$G_f(s)$ 必然是分子阶次高于分母阶次，实现起来

非常困难。但这种补偿思想极为有用，它是提高系统精度的有效措施之一，在许多控制系统中(如驱逐舰上导弹发射架随动系统)得到广泛应用。

为使 $G_r(s)$、$G_f(s)$便于实现，多采用近似补偿方案。因为顺馈通道与反馈通道同时存在，可测干扰及 $r(t)$引起的稳态误差由顺馈通道全部或部分补偿，其它干扰及未补偿掉的 $e_{ssr}(t)$由反馈通道给予消除，这样就降低了对反馈通道的要求。例如，开环放大倍数可以取得小一些，有利于改善系统的动特性。另外，顺馈补偿属于开环控制，要求补偿装置的参数要有较高的稳定性，否则，补偿装置的参数漂移将削弱顺馈补偿效果，同时还将增添新的误差。

为使补偿装置传递函数具有简单形式，希望把顺馈信号加在靠近系统输出端的部位上，但从功率角度看，这需要顺馈通道具有功率放大能力，会使顺馈通道的结构变得更加复杂。通常，将顺馈信号加在偏差信号 $\varepsilon(t)$之后的综合放大器输入端。

3. 等效传递函数

为便于在工程实践中，找到满足跟踪精度的部分补偿条件，使 $G_r(s)$、$G_f(s)$易于实现，引入等效传递函数的概念。

由图 3.9-1 求得

$$C(s) = G_1(s)G_2(s)[R(s) - C(s)] + G_r(s)G_2(s)R(s)$$

定义

$$\Phi_{dx}(s) = \frac{C(s)}{R(s)} = \frac{G_1(s)G_2(s) + G_r(s)G_2(s)}{1 + G_1(s)G_2(s)} \qquad (3.9\text{-}9)$$

为复合控制系统的等效闭环传递函数。

$$G_{dx}(s) = \frac{\Phi_{dx}(s)}{1 - \Phi_{dx}(s)} \qquad (3.9\text{-}10)$$

为复合控制系统的等效开环传递函数。若 $H(s)=1$

$$\Phi_{edx}(s) = 1 - \Phi_{dx}(s) \qquad (3.9\text{-}11)$$

为复合控制系统的等效误差闭环传递函数。

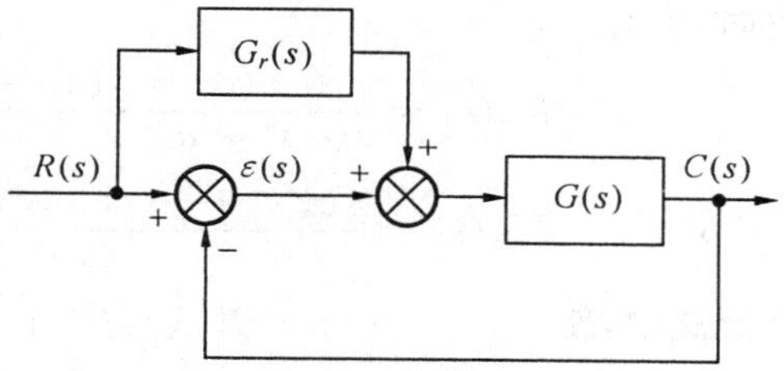

图 3.9-3 复合控制系统方块图

二、 复合控制系统的误差和稳定性分析

复合控制系统方块图见图 3.9-3，下面针对部分补偿进行讨论，设

$$G(s) = \frac{K_V}{s(a_n s^n + a_{n-1}s^{n-1} + \cdots + a_1 s + 1)} \qquad (3.9\text{-}12)$$

则有

$$\Phi(s) = \frac{C(s)}{R(s)} = \frac{G(s)}{1 + G(s)} = \frac{K_V}{s(a_n s^n + a_{n-1}s^{n-1} + \cdots + a_1 s + 1) + K_V} \qquad (3.9\text{-}13)$$

式(3.9-13)是未加顺馈通道时原反馈系统的闭环传递函数。

1. 取 $r(t)$的一阶导数作为顺馈控制信号，这时

$$G_r(s) = \lambda_1 s \qquad (3.9\text{-}14)$$

式中 λ_1——常数，表示顺馈信号的强度。

据式(3.9-9)可求得复合控制系统的等效闭环传递函数,即

$$\Phi_{dx}(s)=\frac{K_V(1+\lambda_1 s)}{s(a_n s^n+a_{n-1}s^{n-1}+\cdots+a_1 s+1)+K_V} \tag{3.9-15}$$

根据式(3.9-11)及式(3.9-15)可求得等效误差传递函数

$$\Phi_{edx}(s)=\frac{s(a_n s^n+a_{n-1}s^{n-1}+\cdots+a_1 s)+(1-K_V\lambda_1)s}{s(a_n s^n+a_{n-1}s^{n-1}+\cdots+a_1 s+1)+K_V} \tag{3.9-16}$$

在式(3.9-16)中,使 $1-K_V\lambda_1=0$,即

$$\lambda_1=\frac{1}{K_V} \tag{3.9-17}$$

则得

$$\Phi_{edx}(s)=\frac{s^2(a_n s^{n-1}+a_{n-1}s^{n-2}+\cdots+a_2 s+a_1)}{s(a_n s^n+a_{n-1}s^{n-1}+\cdots+a_1 s+1)+K_V} \tag{3.9-18}$$

$$\Phi_{dx}(s)=\frac{s+K_V}{s(a_n s^n+a_{n-1}s^{n-1}+\cdots+a_1 s+1)+K_V} \tag{3.9-19}$$

据式(3.9-10)及式(3.9-19)求得等效开环传递函数为

$$G_{dx}(s)=\frac{s+K_V}{s^2(a_n s^{n-1}+a_{n-1}s^{n-2}+\cdots+a_1)} \tag{3.9-20}$$

显见,系统的类型数由Ⅰ提高到Ⅱ。

2. 取 $r(t)$ 的一阶、二阶导数作为顺馈控制信号,即取

$$G_r(s)=\lambda_2 s^2+\lambda_1 s \tag{3.9-21}$$

这时,求得

$$\Phi_{dx}(s)=\frac{K_V(\lambda_2 s^2+\lambda_1 s+1)}{s(a_n s^n+a_{n-1}s^{n-1}+\cdots+a_1 s+1)+K_V} \tag{3.9-22}$$

$$\Phi_{edx}(s)=\frac{s(a_n s^n+\cdots+a_2 s^2)+(a_1-K_V\lambda_2)s^2+(1-K_V\lambda_1)s}{s(a_n s^n+\cdots+a_1 s+1)+K_V} \tag{3.9-23}$$

在上式中,使 $a_1-K_V\lambda_2=0 \quad 1-K_V\lambda_1=0$

即选

$$\lambda_1=\frac{1}{K_V}, \quad \lambda_2=\frac{a_1}{K_V} \tag{3.9-24}$$

则得

$$\Phi_{edx}(s)=\frac{s^3(a_n s^{n-2}+a_{n-1}s^{n-3}\cdots+a_2)}{s(a_n s^n+a_{n-1}s^{n-1}+\cdots+a_1 s+1)+K_V} \tag{3.9-25}$$

$$\Phi_{dx}(s)=\frac{a_1 s^2+s+K_V}{s(a_n s^n+a_{n-1}s^{n-1}+\cdots+a_1 s+1)+K_V} \tag{3.9-26}$$

$$G_{dx}(s)=\frac{a_1 s^2+s+K_V}{s^3(a_n s^{n-2}+a_{n-1}s^{n-3}+\cdots+a_3 s+a_2)} \tag{3.9-27}$$

显见,系统的类型数由Ⅰ提高到Ⅲ。

综上分析,可得如下结论:

当在反馈控制系统中引入顺馈控制信号,取顺馈通道的传递函数 $G_r(s)=\lambda_1 s=\frac{s}{K_V}$ 时,可将系统的类型数从Ⅰ提高到Ⅱ,从而从原理上消除了速度误差。取 $G_r(s)=\lambda_2 s^2+\lambda_1 s=(\frac{a_1}{K_V}s^2+\frac{s}{K_V})$ 时,可将系统的类型数从Ⅰ提高到Ⅲ,从原理上消除了加速度误差。因此,复

合控制将显著地提高系统复现控制信号的精度。

从式(3.9-13)、式(3.9-15)、式(3.9-22)看出，引入顺馈控制，系统的稳定性未变，因为复合控制系统的特征方程式与无顺馈控制通道时反馈控制系统的特征方程式完全一样，所以复合控制很好地解决了提高控制精度与确保系统稳定性之间的矛盾。

习　题

3-1　设系统的初始条件为零，其微分方程式如下

(1)　$0.2\dot{c}(t)=2r(t)$

(2)　$0.04\ddot{c}(t)+0.24\dot{c}(t)+c(t)=r(t)$

试求(1)系统的脉冲过渡函数；

(2)在单位阶跃函数作用下系统的过渡过程及超调量 σ_p、峰值时间 t_p、过渡过程时间 t_s。

3-2　典型二阶系统的单位阶跃响应为

$$c(t)=1-1.25\mathrm{e}^{-1.2t}\sin(1.6t+53.1°)$$

试求系统的超调量 σ_p、峰值时间 t_p、过渡过程时间 t_s。

3-3　系统的单位阶跃响应为

$$c(t)=1+0.2\mathrm{e}^{-60t}-1.2\mathrm{e}^{-10t}$$

(1)试求该系统的闭环传递函数；

(2)试确定阻尼比 ξ 与无阻尼自振频率 ω_n。

3-4　已知单位负反馈系统开环传递函数为

$$G(s)=\frac{50}{s(s+10)}$$

试求(1)系统的脉冲过渡函数；

(2)当初始条件 $c(0)=1,\dot{c}(0)=0$ 时系统的输出特性；

(3)当 $r(t)=1(t)$时的过渡过程；

(4)当 $c(0)=1,\dot{c}(0)=0$ 与 $r(t)=1(t)$同时加入时系统的输出特性及超调量 σ_P、过渡过程时间 t_s。

3-5　设单位负反馈系统的开环传递函数为

$$G(s)=\frac{1}{s(s+1)}$$

试求系统反应单位阶跃函数的过渡过程的上升时间 t_r、峰值时间 t_p、超调量 σ_p 和过渡过程时间 t_s。

3-6　试求图题 3-6 所示系统的阻尼比 ξ、无阻尼自振频率 ω_n 及反应单位阶跃函数的过渡过程的峰值时间 t_p、超调量 σ_p。系统的参数是：

(1)$K_M=10\mathrm{s}^{-1},T_M=0.1\mathrm{s}$

(2)$K_M=20\mathrm{s}^{-1},T_M=0.1\mathrm{s}$

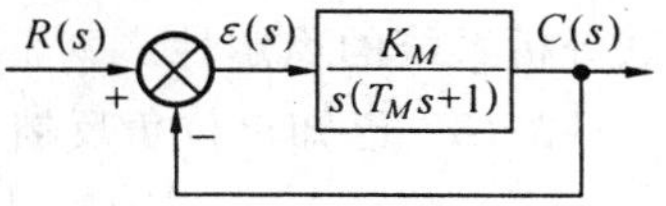

图题 3-6　控制系统方块图

3-7 设系统的闭环传递函数为

$$\frac{C(s)}{R(s)}=\frac{\omega_n^2}{s^2+2\xi\omega_n s+\omega_n^2}$$

为使系统阶跃响应有 5% 的超调量和 2 秒的过渡过程时间，试求 ξ 和 ω_n。

3-8 对由如下闭环传递函数表示的三阶系统

$$\frac{C(s)}{R(s)}=\frac{816}{(s+2.74)(s+0.2+j0.3)(s+0.2-j0.3)}$$

试求：

(1)单位阶跃响应曲线；

(2)取闭环主导极点之后，再求单位阶跃响应曲线；

(3)将上述两条曲线画在一张坐标纸上，并比较性能指标。

3-9 由实验测得二阶系统的单位阶跃响应曲线 $c(t)$ 如图题 3-9 所示，试计算系统参数 ξ 及 ω_n。

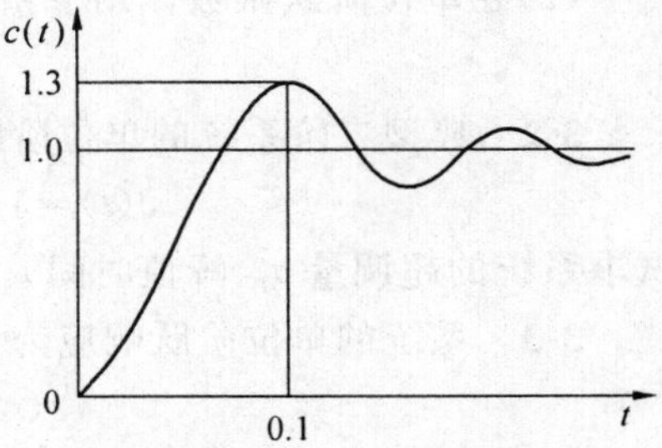

图题 3-9 二阶系统的单位阶跃响应

3-10 已知控制系统的方块图如图题 3-10 所示。要求系统的单位阶跃响应 $c(t)$ 具有超调量 $\sigma_p=16.3\%$ 和峰值时间 $t_p=1\text{s}$。试确定前置放大器的增益 K 及内反馈系数 τ。

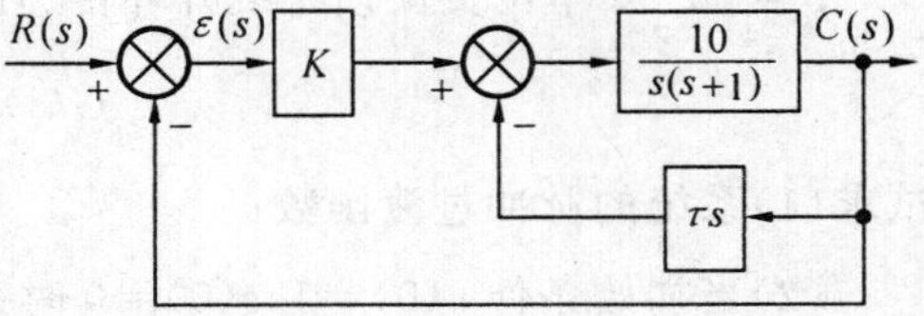

图题 3-10 控制系统方块图

3-11 已知系统非零初始条件下的单位阶跃响应为

$$c(t)=1+e^{-t}-e^{-2t} \qquad (t\geqslant 0)$$

传递函数分子为常数，求该系统的传递函数。

3-12 已知二阶系统的闭环传递函数为 $\Phi(s)=\dfrac{C(s)}{R(s)}=\dfrac{\omega_n^2}{s^2+2\xi\omega_n s+\omega_n^2}$，试在同一〔s〕平面上画出对应图题 3-12 中三条单位阶跃响应曲线的闭环极点相对位置，并简要说明。图中 t_{s1}、t_{s2} 分别是曲线①、曲线②的过渡过程时间，t_{p1}、t_{p2}、t_{p3} 分别是曲线①、②、③的峰值时间。

3-13 控制系统方块图如图题 3-13 所示。要求系统的单位阶跃响应具有超调量 $\sigma_p=20\%$，过渡过程时间 $t_s\leqslant 1.5\text{s}$(取 $\Delta=0.05$)，试确定 K 与 b 值。

3-14 已知控制系统的特征方程为

(1)$s^4+2s^3+s^2+2s+1=0$

(2)$s^6+2s^5+8s^4+12s^3+20s^2+16s+16=0$

试分析系统的稳定性。

3-15 已知单位负反馈系统的开环传递函数为

(1)$G(s)=\dfrac{10(s+1)}{s(s-1)(s+5)}$

(2)$G(s)=\dfrac{10}{s(s-1)(2s+3)}$

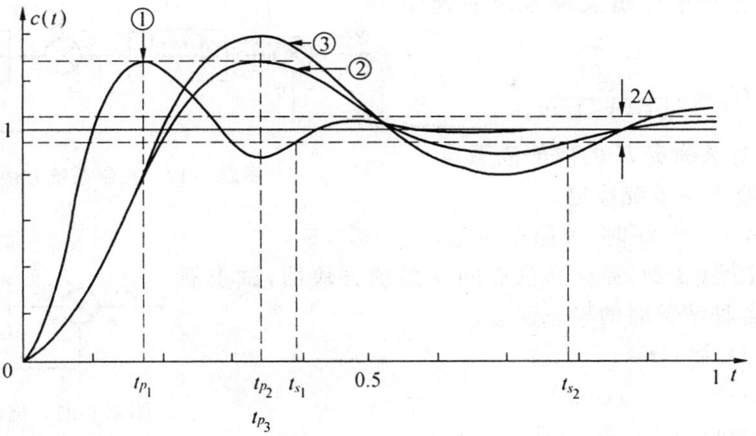

图题 3-12　二阶系统的单位阶跃响应

(3)$G(s)=\dfrac{24}{s(s+2)(s+4)}$

(4)$G(s)=\dfrac{100}{(0.1s+1)(s+5)}$

(5)$G(s)=\dfrac{3s+1}{s^2(300s^2+600s+50)}$

试分析闭环系统的稳定性。

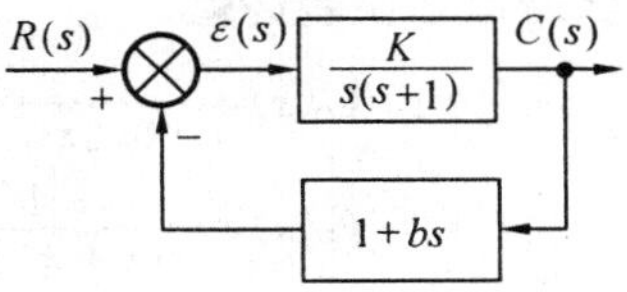

图题 3-13　控制系统方块图

3-16　试分析图题 3-16(a)、(b)所示系统的稳定性。

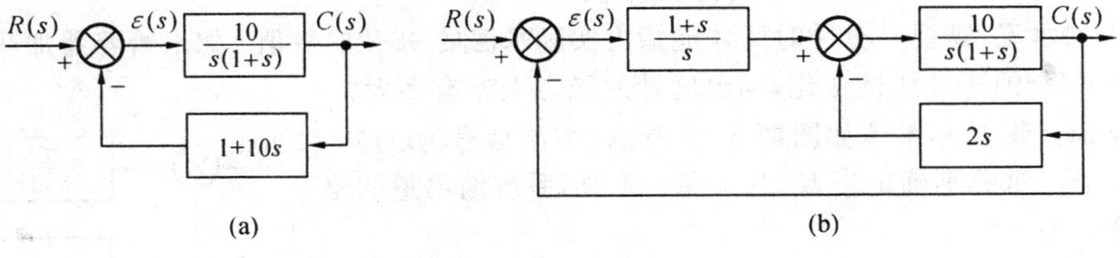

图题 3-16　控制系统方块图

3-17　已知单位负反馈系统的开环传递函数为

$$G(s)=\frac{K}{s(s+1)(s+2)}$$

试应用劳斯稳定判据确定欲使闭环系统稳定时开环放大倍数 K 的取值范围。

3-18　设单位负反馈系统的开环传递函数为

$$G(s)=\frac{K}{(s+2)(s+4)(s^2+6s+25)}$$

试应用劳斯稳定判据确定 K 为多大值时，将使系统振荡，并求出振荡频率。

3-19　已知系统方块图如图题 3-19 所示，要求：

(1)当 $r(t)=2t^2$ 时，$e_{ssr}(t)\leqslant 0.1$

(2)当 $f(t)=t$ 时，$e_{ssf}(t)\leqslant 0.1$

试确定 K_1 的值。

3-20 已知单位负反馈系统的开环传递函数为

$$G(s)=\frac{K}{s(s^2+8s+25)}$$

试根据下述要求确定 K 的取值范围

(1) 使闭环系统稳定；

(2) 当 $r(t)=2t$ 时，其稳态误差 $e_{ssr}(t)\leqslant 0.5$。

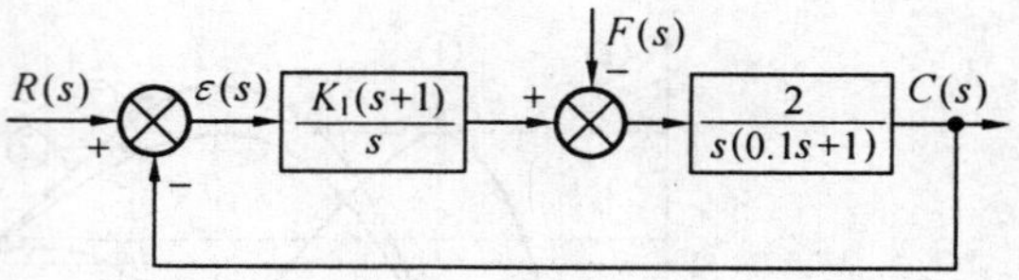

图题 3-19 控制系统方块图

3-21 图题 3-21 所示为仪表随动系统方块图，试求取 $r(t)$ 为下述各种情况时的稳态误差。

(1) $r(t)=1(t)$

(2) $r(t)=10\cdot 1(t)$；

(3) $r(t)=4+6t+3t^2$

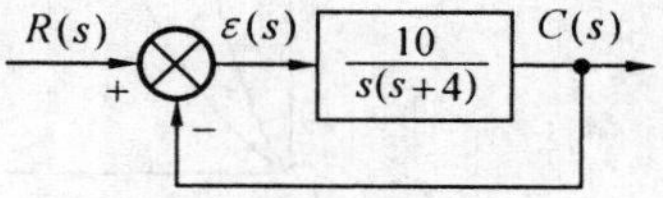

图题 3-21 随动系统方块图

3-22 已知单位负反馈系统开环传递函数如下，试分别求出当 $r(t)=1(t)$、t、t^2 时系统的稳态误差终值。

(1) $G(s)=\dfrac{100}{(0.1s+1)(0.5s+1)}$

(2) $G(s)=\dfrac{4(s+3)}{s(s+4)(s^2+2s+2)}$

(3) $G(s)=\dfrac{8(0.5s+1)}{s^2(0.1s+1)}$

3-23 假设可用传递函数 $\dfrac{C(s)}{R(s)}=\dfrac{1}{Ts+1}$ 描述温度计的特性，现在用温度计测量盛在容器内的水温，需要一分钟时间才能指出实际水温的 98% 的数值。如果给容器加热，使水温依 10°/分的速度线性变化，问温度计的稳态误差有多大？

3-24 设控制系统如图题 3-24 所示，控制信号为 $r(t)=1(t)$(rad)。试分别确定当 K_h 为 1 和 0.1 时，系统输出量的位置误差。

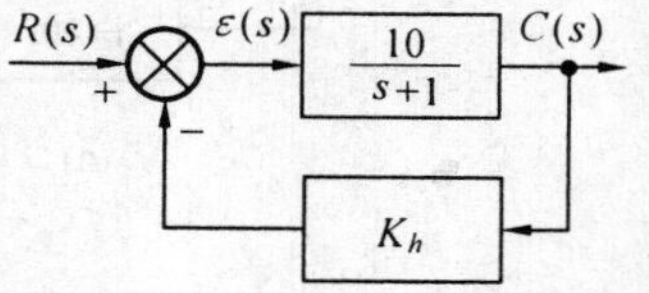

图题 3-24 控制系统方块图

3-25 图题 3-25 所示为调速系统方块图，图中 $K_h=0.1\text{V}/(\text{rad/s})$。当输入电压为 10V 时，试求稳态偏差与稳态误差。

3-26 具有干扰输入 $f(t)$ 的控制系统如图题 3-26 所示。试计算干扰输入时系统的稳态误差。其干扰信号为 $f(t)=R_f\cdot 1(t)$。

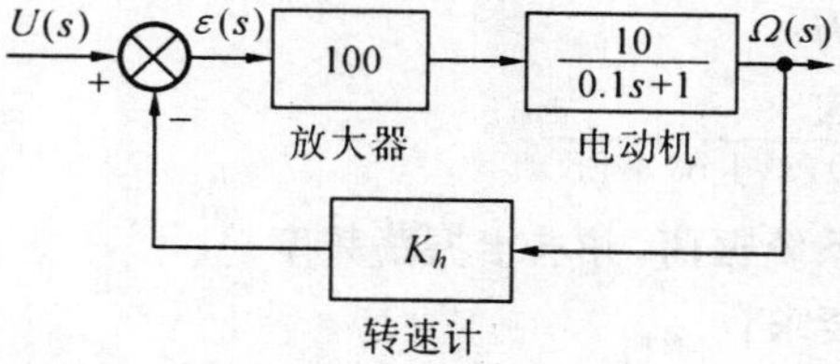

图题 3-25 调速系统方块图

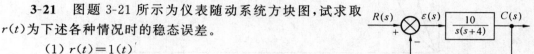

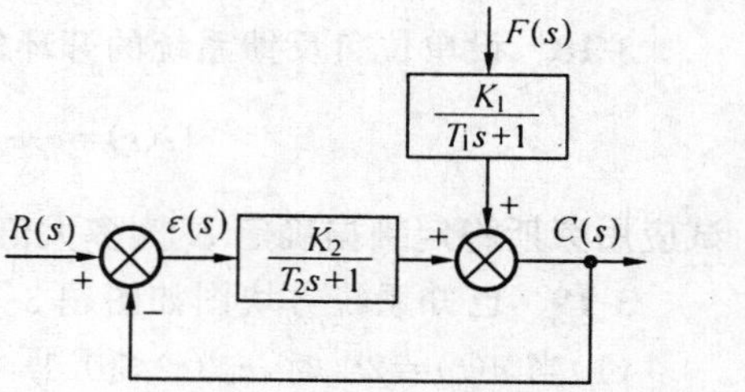

图题 3-26 控制系统方块图

3-27 对图题 3-27 所示控制系统，要求：

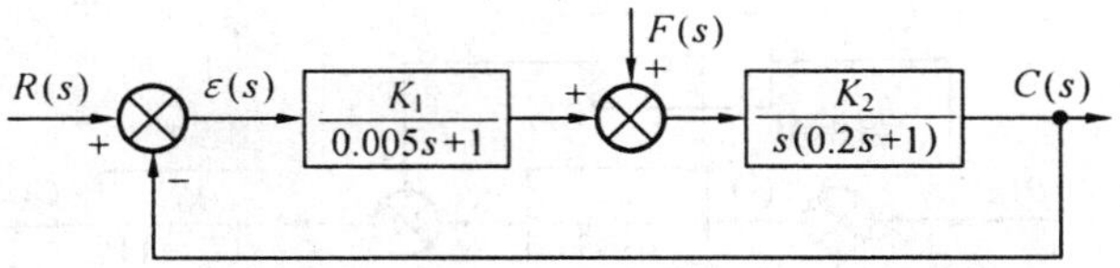

图题 3-27　控制系统言块图

(1)在 $r(t)$作用下，过渡过程结束后，$c(t)$以 2rad/s 变化，其 $e_{ssr}(t)=0.01\text{rad}$；

(2)当 $f(t)=-1(t)$时，$e_{ssf}(t)=0.1\text{rad}$。

试确定 K_1、K_2 的值，并说明要提高系统控制精度 K_1、K_2 应如何变化？

3-28　设单位负反馈系统的开环传递函数为

$$G(s)=\frac{100}{s(0.1s+1)}$$

试求当输入信号 $r(t)=\sin 5t$ 时，系统的稳态误差。

3-29　控制系统方块图如图题 3-29 所示。当干扰信号分别为 $f(t)=1(t)$、$f(t)=t$ 时，试计算下列两种情况下系统响应干扰信号 $f(t)$的稳态误差。

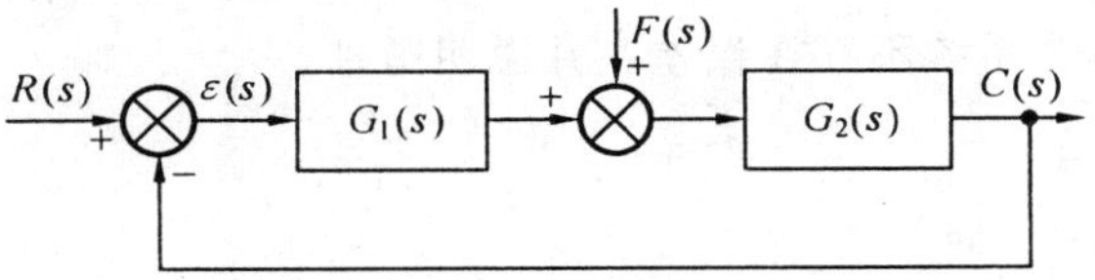

图题 3-29　控制系统方块图

(1) $G_1(s)=K_1$

$$G_2(s)=\frac{K_2}{s(T_2s+1)}$$

(2) $G_1(s)=\dfrac{K_1(T_1s+1)}{s}$

$$G_2(s)=\frac{K_2}{s(T_2s+1)}\quad (T_1>T_2)$$

3-30　在图题 3-30 所示系统中，输入信号为 $r(t)=at$，式中 a 是一个任意常数。试证明通过适当地调节 K_i 的值，使该系统由斜坡输入信号引起的稳态误差能达到零。

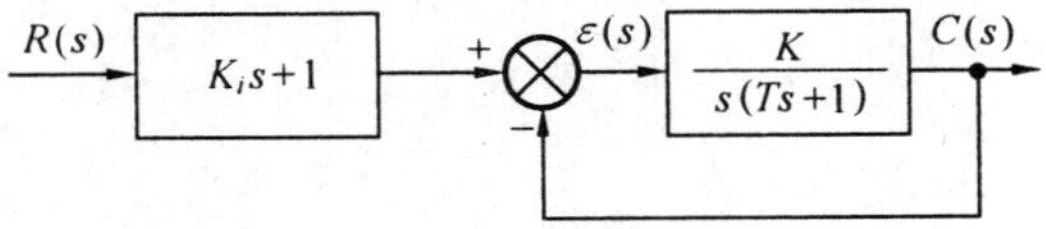

图题 3-30　控制系统方块图

3-31　复合控制系统如图题 3-31 所示。若使系统的类型数由 Ⅰ 型提高到 Ⅱ 型，试求 λ 的值 。

3-32　如图题 3-32 所示复合控制系统，为使系统由原来的 Ⅰ 型提高到 Ⅲ 型，设

$$G_3(s)=\frac{\lambda_2 s^2+\lambda_1 s}{Ts+1}$$

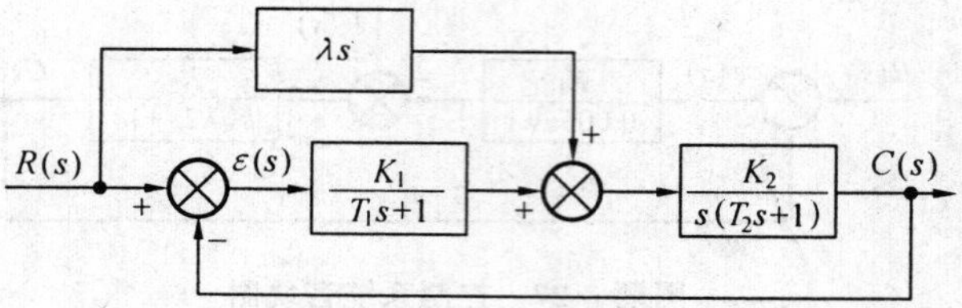

图题 3-31　复合控制系统方块图

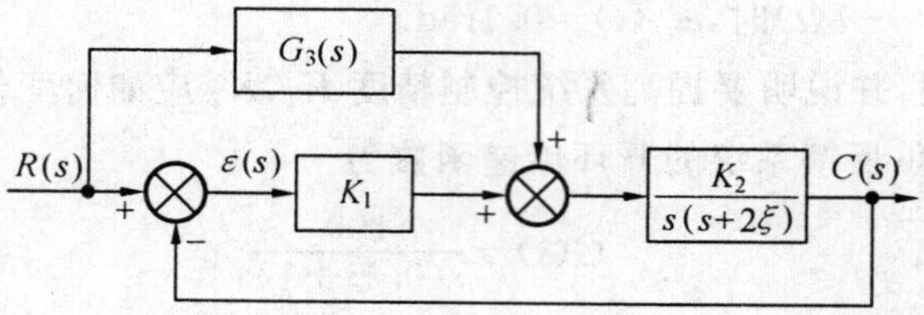

图题 3-32　复合控制系统方块图

已知系统参数 $K_1=2, K_2=50, \xi=0.5, T=0.2$，试确定顺馈参数 λ_1 及 λ_2。

3-33　比较图题 1-1 与图题 1-2 所示两个液面控制系统，对于阶跃干扰信号而言，哪个系统存在误差，哪个系统不存在误差？并说明道理。

第四章 根轨迹法

4.1 控制系统的根轨迹

控制系统的稳定性由闭环极点唯一地确定，而控制系统过渡过程 $c(t)$ 的基本特性由闭环极点、闭环零点共同决定。因此，在分析研究控制系统的性能时，确定闭环极点、闭环零点在〔s〕平面上的位置就显得特别重要。特别是设计控制系统时，希望通过调节开环极点、零点使闭环极点、零点处在〔s〕平面上所需的位置上。欲知闭环极点在〔s〕平面上的位置，就要求解闭环系统特征方程，但当特征方程阶次高时，计算相当麻烦，且不能看出系统参数变化对闭环极点分布影响的趋势，这对分析、设计控制系统是很不方便的。

伊凡思(W. R. Evans)提出一种求闭环系统特征根的简便的图解法，并在控制工程中得到广泛应用。这种工程方法称为根轨迹法，它是在已知开环极点、零点分布的基础上研究一个或某些系统参数变化对闭环极点分布的影响。应用根轨迹法，只需进行简单计算就可得知系统某个或某些参数变化对闭环极点的影响趋势。这种定性分析在研究系统性能和提出改善系统性能的合理途径方面具有重要意义。更重要的是应用这种方法能直观地看出系统某个参数作全局变化(例如某个参数从 $0\to\infty$)时，闭环极点的变化趋势。

下面结合具体例子说明什么是根轨迹。控制系统方块图如图 4.1-1 所示，其开环传递函数为

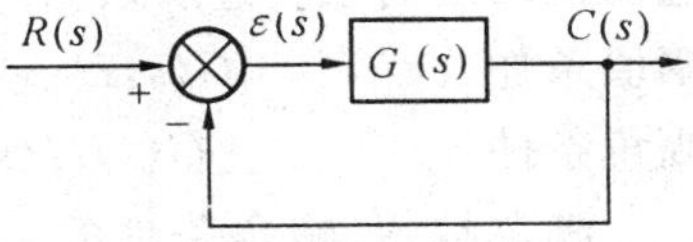

图 4.1-1 控制系统方块图

$$G(s)=\frac{K}{s(0.5s+1)} \tag{4.1-1}$$

将上式化为

$$G(s)=\frac{2K}{s(s+2)}=\frac{k}{s(s+2)} \tag{4.1-2}$$

在式(4.1-2)中，记 $k=2K$，此式便是根轨迹法所用传递函数的形式。

由式(4.1-2)解得两个开环极点：$p_1=0$，$p_2=-2$ 画于图 4.1-2 中。由式(4.1-2)求得闭环传递函数为

$$\Phi(s)=\frac{C(s)}{R(s)}=\frac{G(s)}{1+G(s)}=\frac{k}{s(s+2)+k} \tag{4.1-3}$$

于是得到闭环系统的特征方程

$$D(s)=1+G(s)=s^2+2s+k=0 \tag{4.1-4}$$

解得

$$\left.\begin{aligned} s_1&=-1+\sqrt{1-k}\\ s_2&=-1-\sqrt{1-k}\end{aligned}\right\} \tag{4.1-5}$$

下面用解析法说明，令 k 从 $0\to\infty$，看闭环极点 s_1、s_2 如何变化。

当 $k=0$ 时，$s_1=0$、$s_2=-2$，此时闭环极点就是开环极点。当 $0<k<1$ 时，s_1、s_2 均为负实数，在 $(-2,0)$ 一段负实轴上。当 $k=1$ 时，$s_1=s_2=-1$，两个负实数闭环极点重合在一起。当 $1<k<\infty$ 时，两个闭环极点变为一对共轭复数极点 $s_{1,2}=-1\pm j\sqrt{k-1}$，且 s_1、s_2 的实部不随 k 变化，说明 s_1、s_2 位于过 $(-1,j0)$ 点且平行于虚轴的直线上。当 $k\to\infty$ 时，s_1、s_2 将趋于无限远处。图4.1-1控制系统的根轨迹图如图4.1-2所示。

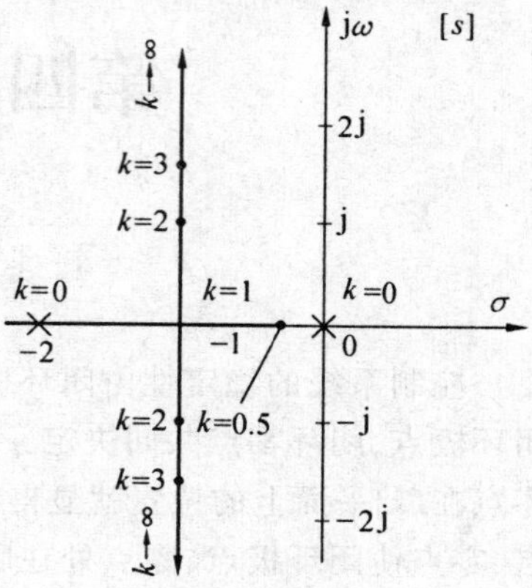

图 4.1-2　二阶系统根轨迹

根轨迹　控制系统特征方程式的根（闭环极点）随系统参数 k 的变化在〔s〕平面上行走的轨迹。

根轨迹表明系统参数 k 从 $0\to\infty$ 作全局变化时闭环极点所有可能的分布情况。一旦 k 值确定，闭环极点 s_1、s_2 便可唯一地在根轨迹上确定，然后即可分析控制系统的性能。

下面求绘制根轨迹所依据的条件。设控制系统的开环传递函数为 $G(s)H(s)$，其中 $G(s)$ 为控制系统前向通道传递函数，$H(s)$ 是控制系统主反馈通道的传递函数，则负反馈系统的特征方程为

$$1+G(s)H(s)=0 \tag{4.1-6}$$

或写成

$$G(s)H(s)=-1 \tag{4.1-7}$$

将上式改写成

$$|G(s)H(s)|e^{j\angle G(s)H(s)}=1\cdot e^{j(\pm 180°+i\cdot 360°)}\quad (i=0,1,2\cdots) \tag{4.1-8}$$

进而得出绘制根轨迹所依据的条件

幅值条件　　$|G(s)H(s)|=1$　　(4.1-9)

幅角条件　　$\angle G(s)H(s)=\pm 180°+i\cdot 360°\quad (i=0,1,2,\cdots)$　　(4.1-10)

满足幅值、幅角条件的 s 值，就是特征方程的根，即是闭环极点，或说是根轨迹上的点。根轨迹包含了可变参数 k 从 $0\to\infty$ 时特征方程的全部根，所以在〔s〕平面上只有满足幅角条件的一切点才能对应 k 从 $0\to\infty$ 时特征方程的全部根。也就是说在〔s〕平面上满足幅角条件的点构成的图形才是根轨迹图。绘制根轨迹时，第一步应用幅角条件找出所有可能的根轨迹，然后利用幅值条件在根轨迹上标出 k 的参数值。

4.2　绘制根轨迹的基本规则

绘制根轨迹时，需将开环传递函数化为用极点、零点表示的标准形式，即

$$G(s)H(s)=\frac{k(s-z_1)(s-z_2)\cdots(s-z_m)}{(s-p_1)(s-p_2)\cdots(s-p_n)}\quad (n\geqslant m) \tag{4.2-1}$$

式中　$s=z_j(j=1,2,\cdots,m)$ 为系统的开环零点；

$s=p_i(i=1,2,\cdots,n)$ 为系统的开环极点。

设系统为 v 型，即有 ν 个 $s=0$ 的开环极点，将式(4.2-1)改写为

$$G(s)H(s)=\frac{K(\tau_1 s+1)(\tau_2 s+1)\cdots(\tau_m s+1)}{s(T_{\nu+1}s+1)(T_{\nu+2}s+1)\cdots(T_n s+1)}=$$

$$\frac{k\prod_{j=1}^{m}(-z_j)(-\frac{1}{z_1}s+1)(-\frac{1}{z_2}s+1)\cdots(-\frac{1}{z_m}s+1)}{\prod_{i=\nu+1}^{n}(-p_i)s^{\nu}(-\frac{1}{p_{\nu+1}}s+1)(-\frac{1}{p_{\nu+2}}s+1)\cdots(-\frac{1}{p_n}s+1)} \tag{4.2-2}$$

式中 $K=k\cdot\frac{\prod_{j=1}^{m}(-z_j)}{\prod_{i=\nu+1}^{n}(-p_i)}$ 为系统的开环放大倍数。

所以绘制根轨迹时以 k 为可变参数就是以开环放大倍数 K 为可变参数。

一、 根轨迹的分支数

根据式(4.1-6)及式(4.2-1)可以写出

$$(s-p_1)(s-p_2)\cdots(s-p_n)+k(s-z_1)(s-z_2)\cdots(s-z_m)=0 \tag{4.2-3}$$

因为 $n\geqslant m$,所以式(4.2-3)最高阶次是 n,即有 n 个闭环极点,就应有 n 条根轨迹。

规则一 根轨迹在〔s〕平面上的分支数等于控制系统特征方程式的阶次,即等于闭环极点数目,亦等于开环极点数目。

二、 根轨迹的连续性与对称性

代数定理可以证明,式(4.2-3)中参数 k 连续变化,特征方程的根便连续变化。特征方程某些系数是 k 的函数,所以 k 连续变化,特征方程的系数也连续变化,特征方程的根肯定连续变化。

特征方程的系数由实际物理系统结构参数所决定,所以一定是实数,特征方程若有复数根,必是共轭复根。

规则二 根轨迹是连续且对称于实轴的曲线。

三、 根轨迹的起点和终点

根轨迹的起点是指 $k=0$ 时闭环极点在〔s〕平面上的位置,根轨迹的终点是指 $k\to\infty$ 时闭环极点在〔s〕平面上的位置 。

由式(4.2-3),当 $k=0$ 时,解得

$$(s-p_1)(s-p_2)\cdots(s-p_n)=0$$

即
$$s=p_i(i=1,2,\cdots,n)$$

此时开环极点就是闭环极点,说明根轨迹起于开环极点。将式(4.2-3)改写为

$$\frac{(s-p_1)(s-p_2)\cdots(s-p_n)}{k}+(s-z_1)(s-z_2)\cdots(s-z_m)=0 \tag{4.2-4}$$

当 $k\to\infty$ 时,得 $(s-z_1)(s-z_2)\cdots(s-z_m)=0$

即 $s=z_j \quad (j=1,2,\cdots,m)$

此时闭环极点与开环零点重合,说明根轨迹终止于开环零点。若开环零点数目 m 小于开环极点数目 n 时,可认为有$(n-m)$个开环零点位于〔s〕平面上无穷远处,则有$(n-m)$条根轨迹趋于〔s〕平面无穷远处。

规则三 根轨迹起于开环极点，终止于开环零点。如果开环零点数目 m 小于开环极点数目 n，则有 $(n-m)$ 条根轨迹终止于〔s〕平面无穷远处。

四、 根轨迹的渐近线

根轨迹的渐近线就是确定当开环零点数目 m 小于开环极点数目 n 时，$(n-m)$ 条根轨迹沿什么方向趋于〔s〕平面无穷远处。

由式(4.1-7)及式(4.2-1)求得

$$k\frac{(s-z_1)(s-z_2)\cdots(s-z_m)}{(s-p_1)(s-p_2)\cdots(s-p_n)}=-1$$

根据代数方程根与系数的关系将上式改写成

$$\frac{s^m+\sum_{j=1}^{m}(-z_j)s^{m-1}+\cdots+\prod_{j=1}^{m}(-z_j)}{s^n+\sum_{i=1}^{n}(-p_i)s^{n-1}+\cdots+\prod_{i=1}^{n}(-p_i)}=-\frac{1}{k} \tag{4.2-5}$$

因为 $m<n$，所以当 $k\to\infty$ 时，满足式(4.2-5)的复变量 s 也必趋于无穷大，因此上式中只需研究 s 阶次较高的几项即可。用长除法改写式(4.2-5)，写出下列近似式

$$s^{m-n}+\left[\sum_{j=1}^{m}(-z_j)-\sum_{i=1}^{n}(-p_i)\right]s^{m-n-1}=-\frac{1}{k}\quad(k\to\infty,s\to\infty) \tag{4.2-6}$$

将式(4.2-6)改写为

$$s^{m-n}\left[1+\frac{\sum_{j=1}^{m}(-z_j)-\sum_{i=1}^{n}(-p_i)}{s}\right]=-\frac{1}{k}\quad(k\to\infty,s\to\infty) \tag{4.2-7}$$

将式(4.2-7)两边开 $(m-n)$ 次方，得

$$s\left[1+\frac{\sum_{j=1}^{m}(-z_j)-\sum_{i=1}^{n}(-p_i)}{s}\right]^{\frac{1}{m-n}}=\left(-\frac{1}{k}\right)^{\frac{1}{m-n}}\quad(k\to\infty,s\to\infty) \tag{4.2-8}$$

将上式左边用二项式定理展开，并忽略 $\left(\frac{1}{s}\right)$ 二次以上高次项，得

$$s\left[1+\frac{1}{m-n}\cdot\frac{\sum_{j=1}^{m}(-z_j)-\sum_{i=1}^{n}(-p_i)}{s}\right]=\left(-\frac{1}{k}\right)^{\frac{1}{m-n}}\quad(k\to\infty,s\to\infty)$$

进一步整理

$$s+\frac{\sum_{j=1}^{m}(-z_j)-\sum_{i=1}^{n}(-p_i)}{m-n}=(-k)^{\frac{1}{n-m}}\quad(k\to\infty,s\to\infty)$$

$$s=\frac{\sum_{j=1}^{m}(-z_j)-\sum_{i=1}^{n}(-p_i)}{n-m}+k^{\frac{1}{n-m}}\cdot(-1)^{\frac{1}{n-m}}\quad(k\to\infty,s\to\infty)$$

$$s=\frac{\sum_{i=1}^{n}(p_i)-\sum_{j=1}^{m}(z_j)}{n-m}+k^{\frac{1}{n-m}}\cdot e^{j\frac{(2l+1)\pi}{n-m}}$$

$$(k\to\infty,s\to\infty,l=0,1,2,\cdots,n-m-1) \tag{4.2-9}$$

式(4.2-9)说明，当 $k \to \infty$ 时，有 $(n-m)$ 条根轨迹趋于[s]平面上无穷远处，即有 $(n-m)$ 个闭环极点分布在[s]平面上无穷远处，此 $(n-m)$ 个闭环极点在[s]平面上的坐标是两个复向量之和，其中一个是位于实轴上的常数向量

$$\sigma_a = \frac{\sum_{i=1}^{n}(p_i) - \sum_{j=1}^{m}(z_j)}{n-m} \tag{4.2-10}$$

如图(4.2-1)中的 OA，另一个复向量是 $k^{\frac{1}{n-m}} \cdot e^{\frac{j(2l+1)\pi}{n-m}}$ $(l=0,1,2,\cdots,n-m-1)$ 中的一个，如图(4.2-1)中的 OB。复向量 $k^{\frac{1}{n-m}} \cdot e^{\frac{j(2l+1)\pi}{n-m}}$ 的模相同，且随 $k \to \infty$ 时伸向无穷远处。这些复向量与实轴正方向的夹角分别为 $\frac{\pi}{n-m}, \frac{3\pi}{n-m}, \cdots, \frac{[2(n-m)-1]\pi}{n-m}$。当 l 值确定后，这些复向量在[s]平面上的位置便可确定。在图(4.2-1)中，当 $k \to \infty, s \to \infty$ 时，点 O' 才既是 s 向量又是 OB 向量上的点，所以向量 s 端点描绘的线 AO' $(k=0$ 时，$s=\sigma_a)$ 便是 $(n-m)$ 个闭环极点趋于[s]平面无穷远处的渐近线，即是 $(n-m)$ 条根轨迹的渐近线。

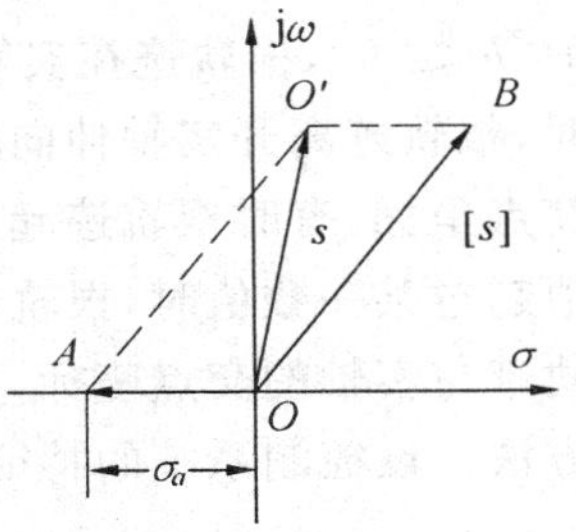

图 4.2-1　复向量图

规则四　如果控制系统的开环零点数目 m 小于开环极点数目 n，当 $k \to \infty$ 时，伸向无穷远处根轨迹的渐近线共有 $(n-m)$ 条。这些渐近线在实轴上交于一点，其坐标是 $\left(\frac{\sum_{i=1}^{n}(p_i) - \sum_{j=1}^{m}(z_j)}{n-m}, j0\right)$，而渐近线与实轴正方向的夹角分别是 $\frac{(2l+1)\pi}{n-m}$ $(l=0,1,2,\cdots,n-m-1)$。

五、 实轴上的根轨迹

以实例说明如何确定实轴上的根轨迹。设有 $G(s)H(s) = \frac{k(s-z_1)}{(s-p_1)(s-p_2)(s-p_3)}$，其中 p_1、p_2 是共轭复数极点，开环极点、零点在[s]平面上的位置如图(4.2-2)所示。在[s]平面实轴上取试验点，用幅角条件检查该试验点是不是根轨迹上的点。首先在 z_1 与 p_3 之间选试验点 s_1，则有

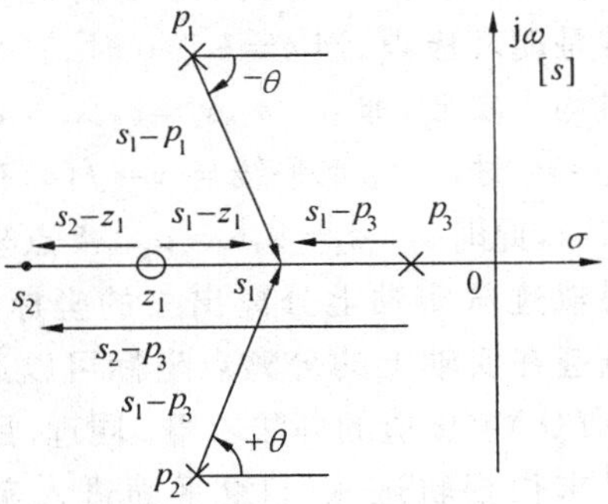

图 4.2-2　确定实轴上的根轨迹

$$\begin{aligned}\angle G(s)H(s) &= \angle(s_1 - z_1) - \angle(s_1 - p_1) - \\ &\angle(s_1 - p_2) - \angle(s_1 - p_3) = \\ &0° - (-\theta) - \theta - 180° = -180°\end{aligned}$$

说明 s_1 是根轨迹上的点。其次在 $(-\infty, z_1)$ 中间取试验点 s_2，则有

$$\begin{aligned}\angle G(s)H(s) &= \angle(s_2 - z_1) - \angle(s_2 - p_1) - \angle(s_2 - p_2) - \angle(s_2 - p_3) = \\ &\angle(s_2 - z_1) - \angle(s_2 - p_3) = 180° - 180° = 0°\end{aligned}$$

说明 s_2 不是根轨迹上的点。分析试验点 s_1、s_2 所处线段的特点，并将结论推向一般，便可得出规则五。

规则五　实轴上的根轨迹只能是那些在其右侧开环实数极点、实数零点总数为奇数的线段。共轭复数开环极点、零点对确定实轴上的根轨迹无影响。

六、 根轨迹与实轴的交点

若根轨迹起于开环实数极点，当参数 k 值较小时，根轨迹在实轴上行走，当参数 k 值超过某一数值时，根轨迹将在实轴上会合，并脱离实轴进入〔s〕复平面 。如图 4.1-2 所示，$0<k<1$ 时，根轨迹在实轴上，$k=1$ 时，根轨迹在实轴上交于一点，称此点为分离点。$k>1$ 时，根轨迹离开实轴伸向〔s〕复平面，此时两条根轨迹与实轴正交，需要确定根轨迹与实轴交点坐标。有时根轨迹起于开环复数极点，当 k 值较小时，根轨迹在〔s〕复平面上行走，当 k 值超过某一数值时，根轨迹亦将在实轴上相交，并进入实轴，称此相交点为会合点。确定根轨迹与实轴的交点座标，实质上就是求特征方程的实数等根。下面介绍一种求实数等根的方法。设控制系统的特征方程为

$$G(s)H(s)=k\cdot\frac{\prod_{j=1}^{m}(s-z_j)}{\prod_{i=1}^{n}(s-p_i)}=-1 \tag{4.2-11}$$

特征方程的实数等根用 α 表示，将 $s=\alpha$ 代入式(4.2-11)中，并进行改写

$$y=f(\alpha)=\frac{\prod_{i=1}^{n}(\alpha-p_i)}{\prod_{j=1}^{m}(\alpha-z_j)}=-k \tag{4.2-12}$$

$y=f(\alpha)$是以 α 为自变量的函数，若系统阶次为 3，给定不同的 α 值，便可得出图 4.2-3 所示的曲线。当 $k=0$ 时，开环极点 p_1、p_2、p_3 就是闭环极点。当 $k=k_1>0$ 时，三个闭环极点均为实数，即 $s_1=\alpha_1$、$s_2=\alpha_2$、$s_3=\alpha_3$。当 $k=k_2>k_1$ 时，$-k_2$ 水平线与 $y=f(\alpha)$有一相切点 A，此时 $s_1=s_2=\alpha$，$s_3=\alpha_3'$。A 点坐标就是根轨迹从实轴上分离出去的坐标，所以根轨迹在实轴上的分离点坐标可以通过对 $y=f(\alpha)$求极值的办法求得。同理，用此法也可求得根轨迹从〔s〕复平面进入实轴的会合点坐标。

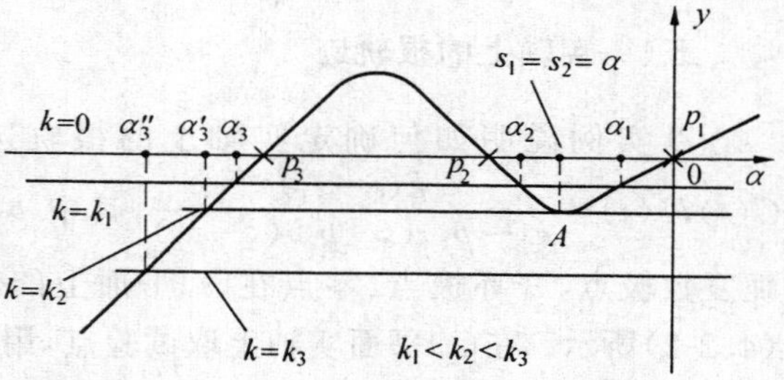

图 4.2-3　图解特征方程的实根

规则六　根轨迹与实轴交点(分离点或会合点)坐标 α 是方程

$$\frac{\mathrm{d}}{\mathrm{d}s}\left[\frac{\prod_{i=1}^{n}(s-p_i)}{\prod_{j=1}^{m}(s-z_j)}\right]_{s=\alpha}=0 \tag{4.2-13}$$

的根。

例 4.2-1　已知负反馈系统的开环传递函数为

$$G(s)H(s)=\frac{k}{s(s+1)(s+2)}$$

试绘制系统的根轨迹。

解 令 $s(s+1)(s+2)=0$,解得三个开环极点 $p_1=0, p_2=-1, p_3=-2$。

1. 根轨迹分支数等于 3。

2. 三条根轨迹起点分别是:(0,j0)、(−1,j0)、(−2,j0),终点均为无穷远处。

3. 根轨迹的渐近线:由于 $n=3, m=0$,所以该系统的根轨迹共有三条渐近线,它们在实轴上的交点坐标是

$$\sigma_a=\frac{\sum_{i=1}^{n}(p_i)-\sum_{j=1}^{m}(z_j)}{n-m}=\frac{0-1-2-0}{3}=-1$$

渐近线与实轴正方向的夹角分别是

$$l=0:\frac{(2l+1)\pi}{n-m}=\frac{\pi}{3}=60^\circ$$

$$l=1:\frac{3\pi}{3}=180^\circ$$

$$l=2:\frac{5\pi}{3}=300^\circ=-60^\circ$$

4. 实轴上的根轨迹:$(-\infty,-2)$段及$(-1,0)$段。

5. 根轨迹与实轴的分离点坐标

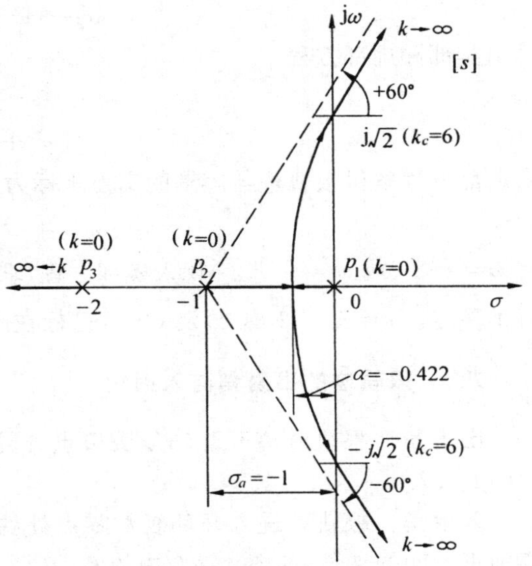

图 4.2-4 例 4.2-1 所示系统根轨迹图

根据式(4.2-13),解方程

$$\frac{\mathrm{d}}{\mathrm{d}s}[s(s+1)(s+2)]_{s=\alpha}=0$$

$$(3s^2+6s+2)_{s=\alpha}=0$$

$$3\alpha^2+6\alpha+2=0$$

解得 $\alpha_1=-0.422, \alpha_2=-1.578$

由前边分析得知,α_2 不是根轨迹上的点,故舍去。α_1 是根轨迹与实轴分离点坐标。最后画出根轨迹如图 4.2-4 所示。

七、 根轨迹与虚轴的交点

根轨迹与虚轴相交,说明控制系统有位于虚轴上的闭环极点,即特征方程含有纯虚根,将 $s=\mathrm{j}\omega$ 代入特征方程式(4.1-6)中,得到

$$1+G(\mathrm{j}\omega)H(\mathrm{j}\omega)=0$$

或

$$\mathrm{Re}[1+G(\mathrm{j}\omega)H(\mathrm{j}\omega)]+j\mathrm{Im}[1+G(\mathrm{j}\omega)H(\mathrm{j}\omega)]=0 \quad (4.2\text{-}14)$$

将上式分为实部、虚部两个方程,即

$$\left.\begin{aligned}\mathrm{Re}[1+G(\mathrm{j}\omega)H(\mathrm{j}\omega)]=0\\ \mathrm{Im}[1+G(\mathrm{j}\omega)H(\mathrm{j}\omega)]=0\end{aligned}\right\} \quad (4.2\text{-}15)$$

解式(4.2-15)两个方程，可以求得根轨迹与虚轴的交点坐标 ω 值及与此交点相对应的参数 k 的临界值 k_c。

例 4.2-2 求例 4.2-1 系统根轨迹与虚轴交点的坐标及参数临界值 k_c。

解 控制系统的特征方程是

$$s^3+3s^2+2s+k=0$$

令 $s=\mathrm{j}\omega$，代入上式，得

$$-\mathrm{j}\omega^3-3\omega^2+\mathrm{j}2\omega+k=0$$

写出实部和虚部方程

$$-3\omega^2+k=0$$

$$-\omega^3+2\omega=0$$

由虚部方程解得根轨迹与虚轴的交点坐标为

$$\omega=\pm\sqrt{2}\,(\mathrm{s}^{-1})$$

将 $\omega=\sqrt{2}$（或 $\omega=-\sqrt{2}$）代入实部方程，求得参数 k 的临界值 $k_c=6$。当 $k>k_c$ 时，系统将不稳定。$\omega=\pm\sqrt{2}\,(\mathrm{s}^{-1})$ 及 $k_c=6$ 已标在图 4.2-4 中。

八、 根轨迹的出射角与入射角

出射角 根轨迹离开开环复数极点处的切线方向与实轴正方向的夹角，如图 4.2-5 中的 θ_{p_1}、θ_{p_2}。

入射角 根轨迹进入开环复数零点处的切线方向与实轴正方向的夹角，如图 4.2-5 中的 θ_{z_1}、θ_{z_2}。

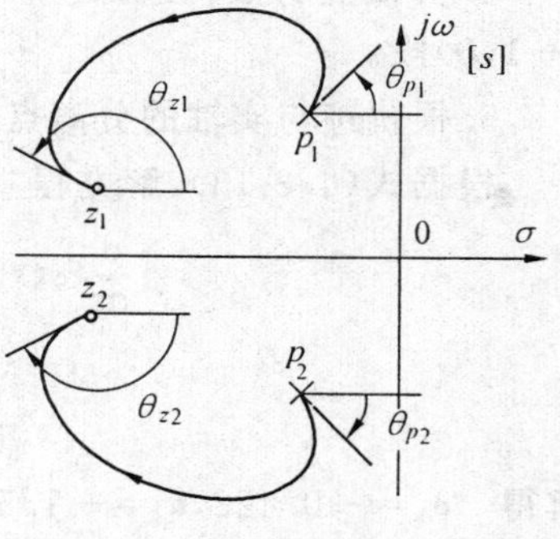

图 4.2-5 根轨迹的出射角与入射角

因为 $\theta_{p_1}=-\theta_{p_2}$，$\theta_{z_1}=-\theta_{z_2}$，所以只求 θ_{p_1}、θ_{z_1} 即可。下面以图 4.2-6 所示开环极点与开环零点分布为例，说明如何求取出射角 θ_{p_1}。

在图 4.2-6 所示的根轨迹上取一试验点 s_1，使 s_1 无限地靠近开环复数极点 p_1，即认为 $s_1=p_1$，这时 $\angle(s_1-p_1)=\theta_{p_1}$，依据幅角条件

$$\angle G(s)H(s)=\angle(p_1-z_1)-\theta_{p_1}-\angle(p_1-p_2)-\angle(p_1-p_3)=\pm180^\circ$$

由上式求得出射角 θ_{p_1} 为

$$\theta_{p_1}=\pm180^\circ+\angle(p_1-z_1)-\angle(p_1-p_2)-\angle(p_1-p_3)$$

推向一般，计算根轨迹出射角的一般表达式为

$$\theta_{p_1}=\pm180^\circ+\sum_{j=1}^{m}\angle(p_1-z_j)-\sum_{i=2}^{n}\angle(p_1-p_i) \tag{4.2-16}$$

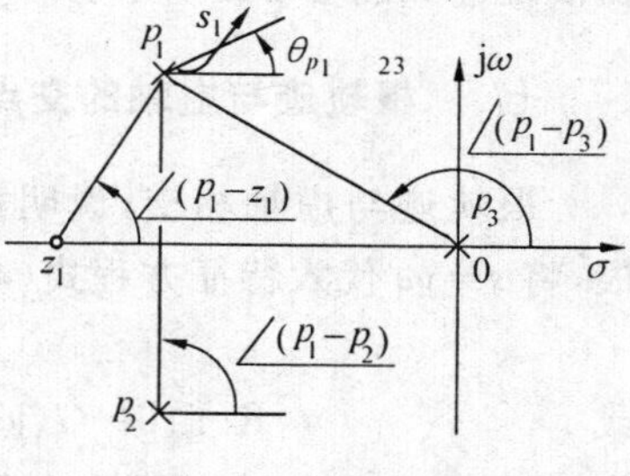

图 4.2-6 出射角 θ_{p_1} 的求取

同理可求出根轨迹入射角的计算公式为

$$\theta_{z_1}=\pm180^\circ+\sum_{i=1}^{n}\angle(z_1-p_i)-\sum_{j=2}^{m}\angle(z_1-z_j) \tag{4.2-17}$$

规则八 始于开环复数极点处的根轨迹的出射角按式(4.2-16)计算,止于开环复数零点处的根轨迹的入射角按式(4.2-17)计算。

例 4.2-3 已知负反馈系统的开环传递函数为

$$G(s)H(s)=\frac{k(s+1)}{s^2+3s+3.25}$$

试绘制系统的根轨迹图。

解 令 $s^2+3s+3.25=0$,解得 $p_{1,2}=-1.5\pm j$

令 $s+1=0$,解得 $z_1=-1$

1. 根轨迹分支数等于 2;

2. 二条根轨迹起点分别是 p_1、p_2。终点是 z_1 及无穷远处;

3. 根轨迹的渐近线:因为 $n=2,m=1$,所以只有一条渐近线,是负实轴;

4. 实轴上的根轨迹:$(-\infty,-1)$;

5. 根轨迹与实轴会合点坐标

$$\frac{d}{ds}\left[\frac{s^2+3s+3.25}{s+1}\right]_{s=\alpha}=0$$

$$\alpha^2+2\alpha-0.25=0$$

解得 $\alpha_1=-2.12,\quad \alpha_2=0.12$

α_2 不是根轨迹上的点,故舍去,α_1 是根轨迹与实轴的会合点。

6. 求出射角

$$\theta_{p_1}=\pm 180°+\angle(p_1-z_1)-\angle(p_1-p_2)=$$

$$180°+116.6°-90°=206.6°$$

$$\theta_{p2}=-206.6°$$

最后画出根轨迹图,如图 4.2-7 所示。

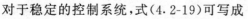

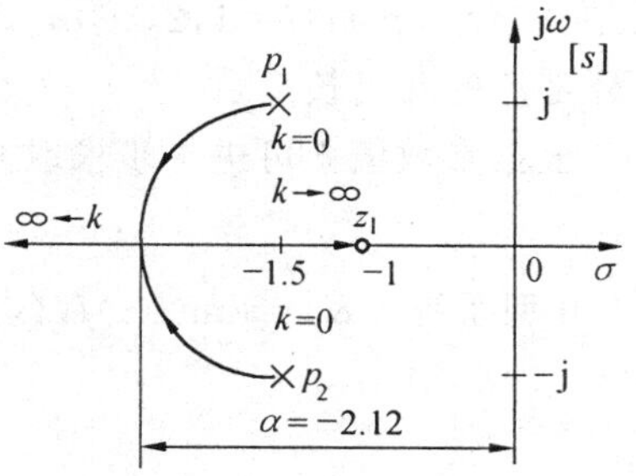

图 4.2-7 例 4.2-3 系统根轨迹图

九、 闭环极点的和与积

设控制系统特征方程式(4.1-6)的 n 个根为 s_1、s_2、…、s_n,则有

$$1+G(s)H(s)=s^n+a_{n-1}s^{n-1}+\cdots+a_1s+a_0=0$$

$$1+G(s)H(s)=(s-s_1)(s-s_2)\cdots(s-s_n)=0$$

根据代数方程根与系数的关系,可写出

$$\sum_{i=1}^{n}s_i=-a_{n-1} \qquad (4.2\text{-}18)$$

$$\prod_{i=1}^{n}(-s_i)=a_0 \qquad (4.2\text{-}19)$$

对于稳定的控制系统,式(4.2-19)可写成

$$\prod_{i=1}^{n}|s_i|=a_0 \qquad (4.2\text{-}20)$$

根据式(4.2-18)、式(4.2-19)或式(4.2-20)可在已知某些较简单系统的部分闭环极点的情况下,比较容易地确定其余闭环极点在[s]平面上的分布位置以及对应的参数值 k。

例 4.2-4 已知例 4.2-1 所示系统的根轨迹与虚轴相交时两个闭环极点为 $s_{1、2}=\pm j\sqrt{2}$，试确定与之对应的第三个闭环极点 s_3 及参数值 k_c。

解 例 4.2-1 所示系统的特征方程为

$$1+G(s)H(s)=s^3+3s^2+2s+k=0$$

根据式(4.2-18)有

$$s_1+s_2+s_3=-3$$

$$s_3=-3-s_1-s_2=-3-j\sqrt{2}-(-j\sqrt{2})=-3$$

根据式(4.2-20)有 $$k_c=|s_1||s_2||s_3|=6$$

这个结果与例 4.2-2 所得到的结果完全相同。

十、 放大倍数的求取

按幅角条件绘出控制系统的根轨迹后，还需标出根轨迹上的点所对应的参数 k 值，这时绘制根轨迹的全部工作才告结束。

求取根轨迹上的点所对应的参数值 k，要用式(4.1-9)给出的幅值条件，即

$$k\frac{|s-z_1||s-z_2|\cdots|s-z_m|}{|s-p_1||s-p_2|\cdots|s-p_n|}=1$$

对应根轨迹上确定点 s_l，有

$$k_l=\frac{\prod_{i=1}^{n}|(s_l-p_i)|}{\prod_{j=1}^{m}|(s_l-z_j)|} \tag{4.2-21}$$

式中 $|(s_l-p_i)|(i=1,2,\cdots,n)$，$|(s_l-z_j)|(j=1,2,\cdots,m)$表示点 s_l 到全部开环极点与开环零点的几何长度。

根据参数值 k 可进一步求取开环放大倍数，参数 k 与开环放大倍数的关系分别是

0 型系统 $$K_P=\lim_{s\to 0}G(s)H(s)=k\frac{\prod_{j=1}^{m}(-z_j)}{\prod_{i=1}^{n}(-p_i)} \tag{4.2-22}$$

Ⅰ型系统 $$K_V=\lim_{s\to 0}sG(s)H(s)=k\frac{\prod_{j=1}^{m}(-z_j)}{\prod_{i=2}^{n}(-p_i)} \tag{4.2-23}$$

Ⅱ型系统 $$K_a=\lim_{s\to 0}s^2G(s)H(s)=k\frac{\prod_{j=1}^{m}(-z_j)}{\prod_{i=3}^{n}(-p_i)} \tag{4.2-24}$$

例 4.2-5 求例 4.2-1 所示系统的临界开环放大倍数 K_c。

解 例 4.2-1 所示系统为Ⅰ型系统，其开环极点为 $p_1=0$，$p_2=-1$，$p_3=-2$，无有限开环零点。在例 4.2-2 中已求出临界参数值 $k_c=6$，根据式(4.2-23)可得

$$K_{Vc}=k_c\cdot\frac{1}{(-p_2)(-p_3)}=6\times\frac{1}{1\times2}=3(\mathrm{s}^{-1})$$

注意，若系统无有限开环零点，当应用式(4.2-22)～(4.2-24)计算开环放大倍数时，应取$\prod_{j=1}^{m}(-z_j)=1$。

例 4.2-6 负反馈控制系统的开环传递函数为

$$G(s)H(s)=\frac{k}{s(s+2.73)(s^2+2s+2)}$$

试绘制系统的根轨迹图。

解 由已知的 $G(s)H(s)$，求得四个开环极点

$$p_1=0,p_2=-1+\mathrm{j},p_3=-1-\mathrm{j},p_4=-2.73$$

1. 根轨迹分支数等于 4；

2. 四条根轨迹分别起于 p_1、p_2、p_3、p_4，终止于无穷远处；

3. 根轨迹的渐近线：根轨迹有四条渐近线，它们在实轴上的交点坐标是

$$\sigma_a=\frac{\sum_{i=1}^{n}(p_i)-\sum_{j=1}^{m}(z_j)}{n-m}=\frac{0-1+\mathrm{j}-1-\mathrm{j}-2.73-0}{4-0}=-1.18$$

渐近线与实轴正方向的夹角分别是

$l=0$：$\dfrac{(2l+1)\pi}{n-m}=\dfrac{\pi}{4}=45°$

$l=1$：$\dfrac{3\pi}{4}=135°$

$l=2$：$\dfrac{5\pi}{4}=225°=-135°$

$l=3$：$\dfrac{7\pi}{4}=315°=-45°$

4. 实轴上的根轨迹：$(-2.73,0)$；

5. 根轨迹与实轴的分离点坐标

根据式(4.2-13) $\dfrac{\mathrm{d}}{\mathrm{d}s}[s(s+2.73)(s^2+2s+2)]_{s=\alpha}=0$

解得 $\alpha=-2.06$

此 $\alpha=-2.06$ 是起始于开环极点 $p_1=0$、$p_4=-2.73$ 的两条根轨迹脱离实轴时的分离点坐标。

6. 根轨迹的出射角

根据式(4.2-16)可求得出射角 θ_{p2}、θ_{p3}

$$\theta_{p_2}=\pm180°-\angle(p_2-p_1)-\angle(p_2-p_3)-\angle(p_2-p_4)=$$
$$180°-135°-90°-30°=-75°$$

$$\theta_{p_3}=75°$$

7. 根轨迹与虚轴的交点

起始于开环极点 p_2、p_3 的两条根轨迹与虚轴相交，其交点坐标可根据式(4.2-15)求

得实部方程与虚部方程进行计算，即

$$\omega^4 - 7.46\omega^2 + k = 0$$
$$-4.73\omega^3 + 5.46\omega = 0$$

由虚部方程解得

$$\omega = 0(k=0) \text{ 及 } \omega = \pm 1.07(\mathrm{s}^{-1}) \quad (k > 0)$$

将 $\omega=1.07$ 代入实部方程求得参数 k 的临界值 $k_c=7.28$。给定系统为 Ⅰ 型系统，根据式(4.2-23)可求得该系统的临界开环放大倍数 K_{Vc}

$$K_{Vc} = k_c \frac{\prod_{j=1}^{m}(-z_j)}{\prod_{i=2}^{n}(-p_i)} = 7.28 \times \frac{1}{(1-\mathrm{j})(1+\mathrm{j})(2.73)} = 1.33(\mathrm{s}^{-1})$$

最后绘出该系统的根轨迹图如图 4.2-8 所示。

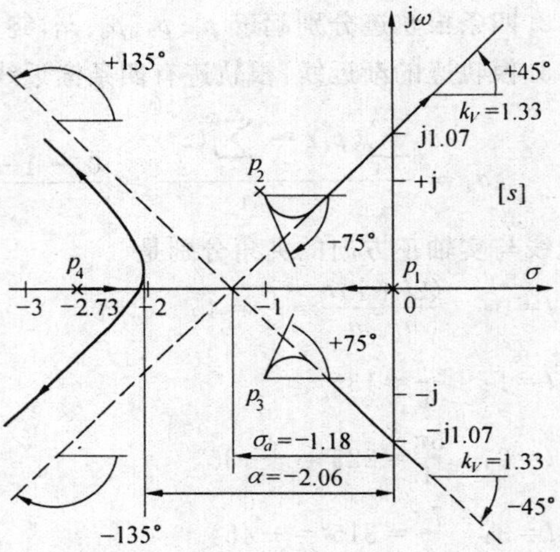

图 4.2-8 例 4.2-6 系统根轨迹图

8. 闭环极点的和与积

系统的特征方程为

$$D(s) = s^4 + 4.73s^3 + 7.46s^2 + 5.46s + k = 0$$

根据式(4.2-18)求得四个闭环极点之和为

$$s_1 + s_2 + s_3 + s_4 = -4.73$$

根据式(4.2-19)求得四个闭环极点之积为

$$(-s_1)(-s_2)(-s_3)(-s_4) = k$$

已知系统在临界稳定状态时两个闭环极点为 $s_{1、2}=\pm \mathrm{j}1.07$ 及 $k_c=7.28$。利用前边两个关系式可求得此时对应的另外两个闭环极点 s_3、s_4

$$s_3 + s_4 = -4.73 - s_1 - s_2 = -4.73$$

$$s_3 \cdot s_4 = \frac{7.28}{s_1 \cdot s_2} = 6.3$$

解得　$s_{3、4} = -2.365 \pm \mathrm{j}0.84$

4.3　按根轨迹分析控制系统

控制系统的根轨迹绘制完毕，当参数值 k 确定之后，即可确定闭环传递函数，进而分析系统的控制性能。下面以实例进行说明。

例 4.3-1　已知单位负反馈系统的开环传递函数为 $G(s)=\dfrac{K}{s(0.5s+1)}$，试应用根轨迹法分析开环放大倍数 K 对系统性能的影响，并计算 $K=5$ 时，系统的动态指标。

解 将开环传递函数 $G(s)$ 化为在根轨迹法中常用的形式，即

$$G(s)=\frac{2K}{s(s+2)}=\frac{k}{s(s+2)}$$

式中 $k=2K$。在 4.1 节中已经画出该系统的根轨迹（图 4.1-2），现重画于图 4.3-1 中。

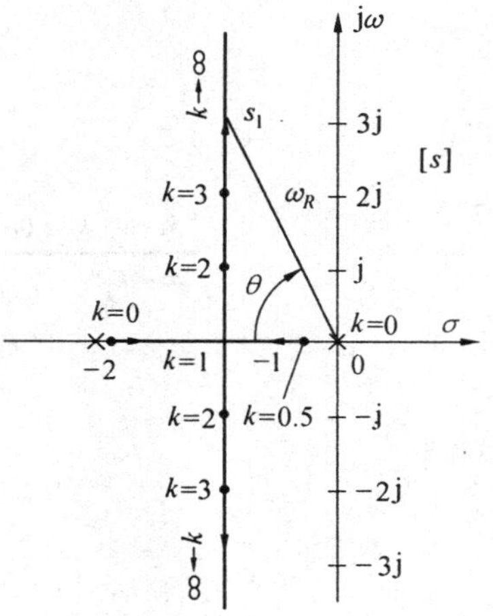

图 4.3-1 例 4.3-1 系统的根轨迹

按根轨迹图分析，K 为任意值时，系统都是稳定的。当 $0<K<0.5(0<k<1)$ 时，系统具有两个不相等的负实根，当 $K=0.5(k=1)$ 时，系统具有两个相等的负实根，这时系统的动态响应是非振荡的。当 $0.5<K<\infty(1<k<\infty)$ 时，系统具有一对共轭复数极点，则系统的动态响应是振荡的。$K=5(k=10)$ 时，系统的闭环极点为

$$s_{1、2}=-\xi\omega_n\pm j\omega_n\sqrt{1-\xi^2}=-1\pm j3$$

则 $\omega_n=\sqrt{10}=3.16$

由此求得阻尼比为 $\xi=\cos\theta=\dfrac{1}{3.16}=0.316$

于是得系统的性能指标

超调量 $\sigma_p=e^{-\frac{\pi\xi}{\sqrt{1-\xi^2}}}=e^{-1.05}=35\%$

上升时间 $t_r=\dfrac{\pi-\theta}{\omega_n\sqrt{1-\xi^2}}=\dfrac{3.14-1.25}{3}=0.63s$

峰值时间 $t_p=\dfrac{\pi}{\omega_n\sqrt{1-\xi^2}}=1.05s$

过渡过程时间 $t_s=\dfrac{3}{\xi\omega_n}=3s(\Delta=5\%)$

例 4.3-2 已知负反馈系统的开环传递函数为 $G(s)H(s)=\dfrac{k}{s(s+1)(s+2)}$ 试根据系统的根轨迹，分析系统的稳定性，并计算闭环主导极点具有阻尼比 $\xi=0.5$ 时的动态性能指标。

解 该系统的根轨迹画于图 4.3-2 中，具体计算见例 4.2-1 及例 4.2-2。

1. 稳定性分析

例 4.2-2 中已求出临界参数值 $k_c=6$，即 $k_c>6$ 时，根轨迹将有两条分支伸向〔s〕平面右半面，即闭环极点中将有两个带正实部的极点，系统将不稳定。因此，欲使系统满足稳定性要求，开环放大倍数 $K_V=\dfrac{k}{2}$ 必须小于临界值 $3s^{-1}$。

2. 据 $\xi=0.5$ 确定闭环主导极点 s_1、s_2 的位置

首先在图 4.3-2 中画出等阻尼比线 $0A$，使 $\theta=\cos^{-1}0.5=60°$，$0A$ 交根轨迹于 s_1 点，从图中测得 $s_1=-0.33+j0.58$，$s_2=-0.33-j0.58$，据幅值条件式(4.2-21)求得对应的参数值 $k=1.06$，对应的开环放大倍数 $K_V=0.53s^{-1}$。

根据闭环极点的和与积式(4.2-18)及式(4.2-19)求得第三个闭环极点 $s_3=-2.34$

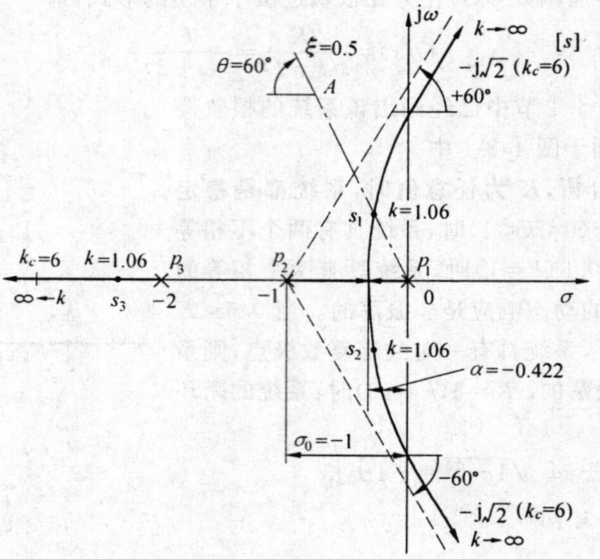

图 4.3-2　例 4.3-2 系统的根轨迹

(k=1.06)。因为

$$\frac{\mathrm{Re}s_3}{\mathrm{Re}s_1}=\frac{-2.34}{-0.33}=7.09>5$$

所以 s_1、s_2 可以认为是闭环主导极点。

3. 据 $\xi=0.5$ 计算动态性能指标

$K_V=0.53\mathrm{s}^{-1}$时：$\xi=0.5$

$\omega_n=\sqrt{0.33^2+0.58^2}=0.667$

应用闭环主导极点概念，将负实极点 s_3 忽略，将系统近似成二阶系统，则有

$$\Phi(s)=\frac{\omega_n^2}{s^2+2\xi\omega_n s+\omega_n^2}=\frac{0.445}{s^2+0.667s+0.445}$$

进而求得系统的动态性能指标为

超调量　$\sigma_p=\mathrm{e}^{-\frac{\pi\xi}{\sqrt{1-\xi^2}}}=\mathrm{e}^{-\frac{0.5\pi}{\sqrt{1-0.5^2}}}=16.3\%$

上升时间　$t_r=\dfrac{\pi-\theta}{\omega_n\sqrt{1-\xi^2}}=\dfrac{3.14-1.05}{0.667\sqrt{1-0.5^2}}=3.62\mathrm{s}$

峰值时间　$t_p=\dfrac{\pi}{\omega_n\sqrt{1-\xi^2}}=\dfrac{3.14}{0.667\sqrt{1-0.5^2}}=5.4\mathrm{s}$

过渡过程时间　$t_s=\dfrac{3}{\xi\omega_n}=\dfrac{3}{0.5\times0.667}=9\mathrm{s}(\Delta=5\%)$

习　题

4-1　单位负反馈系统的开环传递函数为

$$G(s)=\frac{k}{s(s^2+2s+2)}$$

试绘制系统的根轨迹图。

4-2 负反馈系统的开环传递函数为

$$G(s)H(s)=\frac{k(s+0.1)(0.6s+1)}{s^2(s+0.01)}$$

试绘制系统的根轨迹图。

4-3 单位负反馈系统的开环传递函数为

$$G(s)=\frac{K(0.25s+1)}{s(0.5s+1)}$$

试应用根轨迹法确定系统无超调响应时的开环增益 K。

4-4 负反馈系统的开环传递函数为

$$G(s)H(s)=\frac{K(s+1)}{s^2(0.1s+1)}$$

试绘制系统的根轨迹图。

4-5 非最小相位负反馈系统的开环传递函数为

$$G(s)H(s)=\frac{k(s+1)}{s(s-3)}$$

试绘制系统的根轨迹图。

4-6 负反馈系统的开环传递函数为

$$G(s)H(s)=\frac{k(s+2)}{s(s+3)(s^2+2s+2)}$$

试绘制系统的根轨迹图。

4-7 单位负反馈系统的开环传递函数为

$$G(s)=\frac{K}{s(0.1s+1)(s+1)}$$

试绘制系统的根轨迹图,并求 K 为何值时系统将不稳定。

4-8 负反馈系统的开环传递函数为

$$G(s)H(s)=\frac{k}{(s+1)(s+2)(s+4)}$$

试证明 $s_1=-1+\mathrm{j}\sqrt{3}$ 在该系统的根轨迹上,并求出相应的 k 值。

4-9 单位负反馈系统的开环传递函数为

$$G(s)=\frac{k}{s(s+3)(s+7)}$$

试确定使系统具有欠阻尼阶跃响应特性的 k 的取值范围。

第五章　频率特性法

采用频率特性作为数学模型来分析和设计系统的方法称为频率特性法。频率特性法具有下述优点。(1)频率特性这个概念具有明确的物理意义。(2)频率特性法的计算量很小，一般都是采用近似的作图方法，简单，直观，易于在工程技术界使用。(3)可以采用实验的方法求出系统或元件的频率特性，这对于机理复杂或机理不明而难以列写微分方程的系统或元件，具有重要的实用价值。正因为这些优点，频率特性法在工程技术领域得到非常广泛的应用。

5.1　频 率 特 性

首先，分析输入量是正弦信号时，稳定的线性定常系统输出量的稳态分量。

设线性定常系统的传递函数是 $G(s)$，输入量和输出量分别为 $x(t)$ 和 $y(t)$，t 表示时间，则有

$$G(s)=\frac{Y(s)}{X(s)}=\frac{N(s)}{D(s)}=\frac{N(s)}{(s-p_1)(s-p_2)\cdots(s-p_n)} \tag{5.1-1}$$

$$N(s)=b_m s^m+b_{m-1}s^{m-1}+\cdots+b_1 s+b_0$$

$$D(s)=s^n+a_{n-1}s^{n-1}+\cdots+a_1 s+a_0=(s-p_1)(s-p_2)\cdots(s-p_n)$$

式中　$p_1,p_2,\cdots,p_n$ 是系统的极点，它们可以是实数极点，也可以是共轭复数极点；设系统是稳定的，则极点 $p_1,p_2,\cdots,p_n$ 都具有负实部，并假定它们是互不相同的。

设输入量是正弦信号，即

$$x(t)=X\sin\omega t \tag{5.1-2}$$

式中　X ——正弦信号的幅值；

ω ——正弦信号的角频率。

于是有

$$X(s)=\frac{X\omega}{(s+\mathrm{j}\omega)(s-\mathrm{j}\omega)} \tag{5.1-3}$$

由式(5.1-3)可知

$$Y(s)=\frac{N(s)}{(s-p_1)(s-p_2)\cdots(s-p_n)}\cdot\frac{X\omega}{(s+\mathrm{j}\omega)(s-\mathrm{j}\omega)} \tag{5.1-4}$$

将上式写成部分分式和的形式，得

$$Y(s)=\frac{a_1}{s+\mathrm{j}\omega}+\frac{a_2}{s-\mathrm{j}\omega}+\frac{b_1}{s-p_1}+\frac{b_2}{s-p_2}+\cdots+\frac{b_n}{s-p_n} \tag{5.1-5}$$

式中　a_1、a_2 及 b_1、b_2、$\cdots$、b_n 为待定系数。

对上式两边取拉氏反变换，得到系统对正弦输入信号的响应函数

$$y(t) = a_1 e^{-j\omega t} + a_2 e^{j\omega t} + \sum_{i=1}^{n} b_i e^{p_i t} \tag{5.1-6}$$

由数学知，当 p_i 具有负实部时有

$$\lim_{t\to\infty} e^{p_i t} = 0 \tag{5.1-7}$$

可见，当 $t\to\infty$ 时，系统响应函数中与负实部极点有关的指数项都将衰减至零。因此，系统的输入量是正弦信号 $X\sin\omega t$ 时，当 $t\to\infty$，其输出量就是它的稳态分量(称稳态响应) $y_{ss}(t)$，且有

$$y_{ss}(t) = \lim_{t\to\infty} y(t) = a_1 e^{-j\omega t} + a_2 e^{j\omega t} \tag{5.1-8}$$

若系统传递函数中有重极点 p_j，则 $y(t)$ 中将包含有象 $t^{h_j} e^{p_j t}$ 这样一些项。由数学可知，当 p_j 具有负实部时，同样有 $t^{h_j} e^{p_j t}$ 的各项随 t 趋于无穷大而都趋于零。所以，对于稳定的线性定常系统，式(5.1-8)总是成立的。

由数学知识还可知，待定系数 a_1、a_2 为

$$a_1 = G(s)\frac{X\omega}{(s+j\omega)(s-j\omega)}(s+j\omega)\Big|_{s=-j\omega} = -\frac{X}{2j}G(-j\omega) \tag{5.1-9}$$

$$a_2 = G(s)\frac{X\omega}{(s+j\omega)(s-j\omega)}(s-j\omega)\Big|_{s=j\omega} = \frac{X}{2j}G(j\omega) \tag{5.1-10}$$

将上两式代入式(5.1-8)，考虑到 $G(j\omega)$ 和 $G(-j\omega)$ 是共轭复数，并利用数学中的欧拉公式，可推得

$$y_{ss}(t) = X|G(j\omega)|\sin(\omega t+\theta) = Y\sin(\omega t+\theta) \tag{5.1-11}$$

式中　$G(j\omega)$ 就是令 $G(s)$ 中的 s 等于 $j\omega$ 所得到的复数量；$|G(j\omega)|$ 为复量 $G(j\omega)$ 的模或称幅值，$\theta=\angle G(j\omega)$ 是输出信号对于输入信号的相位移，它就等于复量 $G(j\omega)$ 的辐角；$Y=X|G(j\omega)|$ 是稳态响应 $y_{ss}(t)$ 的幅值。

综上所述，对于稳定的线性定常系统，若传递函数为 $G(s)$，当输入量是正弦信号 $x(t)$(见式 5.1-2)时，其稳态响应 $y_{ss}(t)$ 是同一频率的正弦信号(见式 5.1-11)。此时称稳态响应的幅值 Y 与输入信号的幅值 X 之比 $Y/X=|G(j\omega)|$ 为系统的幅频特性，称 $y_{ss}(t)$ 与 $x(t)$ 之间的相位移 $\theta=\angle G(j\omega)$ 为系统的相频特性；它们都是 ω 的函数。幅频特性和相频特性统称为频率特性或频率响应。可见，对于传递函数 $G(s)$，令 $s=j\omega$ 得到的 $G(j\omega)$ 就是系统或元件的频率特性，它是输入信号频率 ω 的复变量。系统或元件的频率特性表示输入量为正弦信号时，其输出信号的稳态分量与输入信号的关系。然而，频率特性的应用意义远不止于这一点。频率特性是重要的数学模型。频率特性法以频率特性为数学模型，不但能分析出系统的动态性能和稳态精度，判定出系统对其它形式的输入信号的响应情况，而且能方便地设计系统使其满足预先规定的动态和稳态性能指标。

如果不知道系统的传递函数 $G(s)$，我们可通过下述实验确定频率特性 $G(j\omega)$。以正弦信号 $x(t)=X\sin\omega t$ 作为输入信号，一般使幅值 X 不变，但改变角频率 ω，通常使信号频率由最低开始逐渐增加。测出相应的稳态输出 $y_{ss}(t)$ 的幅值 $Y(\omega)$，以及 $y_{ss}(t)$ 对于 $x(t)$ 的相位移 $\theta(\omega)$，则 $Y(\omega)/X$ 就是幅频特性 $|G(j\omega)|$，而 $\theta(\omega)$ 就是相频特性 $\angle G(j\omega)$。

复量 $G(j\omega)$ 可以写成指数式、三角式或实部与虚部相加的代数式

$$G(j\omega) = |G(j\omega)|e^{j\theta(\omega)} = |G(j\omega)|[\cos\theta + j\sin\theta] = U(\omega) + jV(\omega) \tag{5.1-12}$$

式中　$U(\omega)$ 是 $G(j\omega)$ 的实部，又称实频特性；$V(\omega)$ 是 $G(j\omega)$ 的虚部，又称虚频特性。而相角 $\theta(\omega)$ 为

$$\theta(\omega)=\angle G(j\omega)=\begin{cases}\mathrm{tg}^{-1}\dfrac{V(\omega)}{U(\omega)} & U(\omega)>0\\ \pi+\mathrm{tg}^{-1}\dfrac{V(\omega)}{U(\omega)} & U(\omega)<0\end{cases} \tag{5.1-13}$$

相角 $\theta(\omega)$ 本来是多值函数，为了方便起见，在计算基本环节的相角 $\theta(\omega)$ 时，一般取 $-180°<\theta(\omega)\leqslant 180°$。

实验表明，对于所有实际的物理系统或元件，当正弦输入信号的频率很高时，输出信号的幅值一定很小。这说明，对于实际的物理元件，当 ω 很大时，$G(j\omega)$一定很小。以这个事实为基础，我们解释一下实际物理元件传递函数分子阶次比分母阶次低的问题。假定分子的阶次比分母阶次高，例如设 $G(s)=(s^2+s+1)/(2s+1)$，则

$$G(j\omega)=\frac{(j\omega)^2+j\omega+1}{2j\omega+1}=\frac{j\omega+1+\dfrac{1}{j\omega}}{2+\dfrac{1}{j\omega}}$$

故有
$$\lim_{\omega\to\infty}|G(j\omega)|=\left|\frac{j\infty+1+0}{2+0}\right|=\infty$$

这说明 ω 很高时，$|G(j\omega)|$将很大，这与实际情况相矛盾。可见实际物理系统的传递函数，其分子阶次不能高于分母阶次，通常分子的阶次应小于分母的阶次。如果碰到一种元件或系统，其传递函数分子的阶次高于分母阶次，它指的一定是在一个指定的频率范围内的近似传递函数。

5.2 典型环节的频率特性

当系统的传递函数 $G(s)$较复杂时，其频率特性 $G(j\omega)$的代数式也是复杂的，使用起来很不方便。实际中频率特性法总是采用图形表示法，用图形直观地表示出 $G(j\omega)$的幅值与相角随频率 ω 变化的情况。最常用的频率特性图是极坐标图与对数坐标图，其中又以对数坐标图用得最广。

一、 极坐标图

一个复数可以用复平面上的一个点或一条矢量表示。在直角坐标或极坐标平面上，以 ω 为参变量，当 ω 由 $0\to\infty$时，画出频率特性 $G(j\omega)$的点的轨迹，这个图形就称为频率特性的极坐标图，或称奈魁斯特(Nyquist)图，这个平面称为 $G(s)$的复平面。

绘制极坐标图的根据就是式(5.1-12)。大部分情况下不必逐点准确绘图，只要画出简图，找出 $\omega=0$ 及 $\omega\to\infty$时 $G(j\omega)$的位置，以及另外的 1、2 个点或关键点，再把它们联接起来并标上 ω 的变化情况，就成为极坐标简图。绘制极坐标简图的主要根据是相频特性 $\theta(\omega)=\angle G(j\omega)$，同时参考幅频特性$|G(j\omega)|$。有时也要利用实频特性和虚频特性。

极坐标图的优点是在一张图上就可以较容易地得到全部频率范围内的频率特性，利用图形可以较容易地对系统进行定性分析。缺点是不能明显地表示出各个环节对系统的影响和作用。

下面首先介绍基本环节的频率特性。

1. 惯性环节

传递函数是

$$G(s)=\frac{1}{Ts+1} \tag{5.2-1}$$

频率特性是

$$G(\mathrm{j}\omega)=\frac{1}{jT\omega+1} \tag{5.2-2}$$

相频特性

$$\angle G(\mathrm{j}\omega)=0-\mathrm{tg}^{-1}T\omega=-\mathrm{tg}^{-1}T\omega \tag{5.2-3}$$

幅频特性

$$|G(\mathrm{j}\omega)|=\frac{1}{\sqrt{T^2\omega^2+1}} \tag{5.2-4}$$

实频特性

$$U(\omega)=\frac{1}{T^2\omega^2+1} \tag{5.2-5}$$

虚频特性

$$V(\omega)=-\frac{T\omega}{T^2\omega^2+1} \tag{5.2-6}$$

根据式(5.2-4～6)可列出下表

ω	$\angle G(\mathrm{j}\omega)$	$\lvert G(\mathrm{j}\omega)\rvert$	U	V
0	0°	1	1	0
$1/T$	−45°	$1/\sqrt{2}$	1/2	−1/2
∞	−90°	0	0	0

根据$\angle G(\mathrm{j}\omega)$和$|G(\mathrm{j}\omega)|$随频率$\omega$的变化情况可知极坐标图在第四象限,并可绘出它的简图,如图 5.2-1。

根据式(5.2-5、6)还可推得

$$(U-\frac{1}{2})^2+V^2=(\frac{1}{2})^2 \tag{5.2-7}$$

这是一个圆的方程,圆心在$(1/2,j0)$,半径为 1/2。可见,惯性环节频率特性的极坐标图是第四象限的半圆,如图 5.2-1 所示。

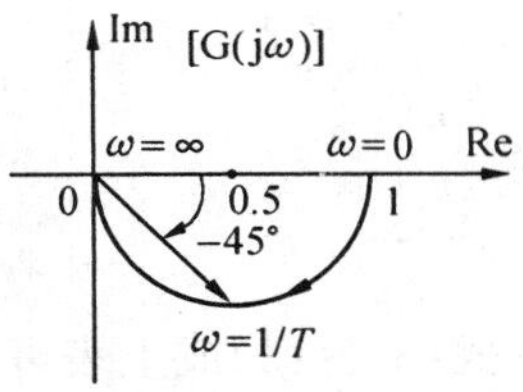

图5.2-1 惯性环节的极坐标图

2. 积分环节

积分环节的传递函数是

$$G(s)=\frac{1}{s} \tag{5.2-8}$$

频率特性

$$G(\mathrm{j}\omega)=\frac{1}{\mathrm{j}\omega}=-j\frac{1}{\omega}=\frac{1}{\omega}\mathrm{e}^{-j\frac{\pi}{2}} \tag{5.2-9}$$

由上式可列出下表

ω	$\angle G(\mathrm{j}\omega)$	$\lvert G(\mathrm{j}\omega)\rvert$	$U(\omega)$	$V(\omega)$
0	−90°	∞	0	$-\infty$
1	−90°	1	0	−1
∞	−90°	0	0	0

积分环节频率特性的极坐标图是负虚轴,如图 5.2-2 所示。

3. 纯微分环节和一阶微分环节

纯微分环节的传递函数是

$$G(s)=s \tag{5.2-10}$$

频率特性是 $$G(j\omega) = j\omega = \omega e^{j\frac{\pi}{2}} \tag{5.2-11}$$

由上式可列出下表

ω	$\angle G(j\omega)$	$\lvert G(j\omega)\rvert$	$U(\omega)$	$V(\omega)$
0	90°	0	0	0
1	90°	1	0	1
∞	90°	∞	0	∞

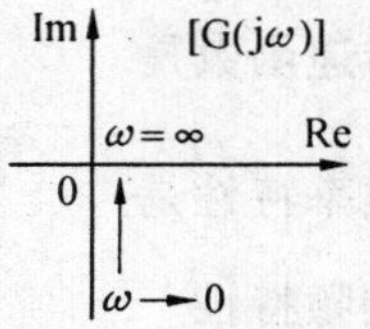

图5.2-2　积分环节的极坐标图

纯微分环节频率特性的极坐标图是正虚轴，如图5.2-3(a)所示。

一阶微分环节的传递函数是

$$G(s) = \tau s + 1 \tag{5.2-12}$$

频率特性为

$$G(j\omega) = j\tau\omega + 1 = \sqrt{\tau^2\omega^2 + 1}e^{j\mathrm{tg}^{-1}\tau\omega} \tag{5.2-13}$$

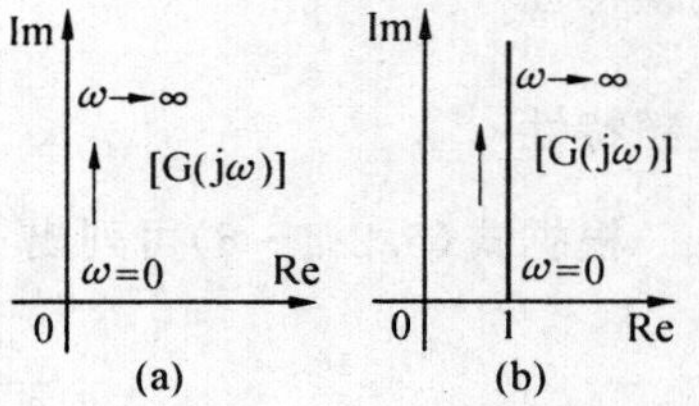

图5.2-3　微分环节和一阶微分环节的极坐标图

由上式列出下表

ω	$\angle G(j\omega)$	$\lvert G(j\omega)\rvert$	$U(\omega)$	$V(\omega)$
0	0	1	1	0
$1/\tau$	45°	$\sqrt{2}$	1	1
∞	90°	∞	1	∞

由式(5.2-13)或上表可绘出 $G(s)=\tau s+1$ 的频率特性极坐标图，如图5.2-3(b)所示，它是第一象限内过$(1,j0)$点而与正虚轴平行的直线。

4. 振荡环节

振荡环节的传递函数是

$$G(s) = \frac{1}{T^2s^2 + 2\xi Ts + 1} = \frac{\omega_n^2}{s^2 + 2\xi\omega_n s + \omega_n^2} \quad (0 \leqslant \xi < 1) \tag{5.2-14}$$

式中　$T>0$，为振荡环节的时间常数，$\omega_n=1/T$。若 $\xi\geqslant1$，它是两个惯性环节相串联。

频率特性是

$$G(j\omega) = \frac{1}{(1 - T^2\omega^2) + j2\xi T\omega} \tag{5.2-15}$$

$$\angle G(j\omega) = \begin{cases} -\mathrm{tg}^{-1}\dfrac{2\xi T\omega}{1 - T^2\omega^2} & \omega \leqslant \dfrac{1}{T} \\ -180° - \mathrm{tg}^{-1}\dfrac{2\xi T\omega}{1 - T^2\omega^2} & \omega > \dfrac{1}{T} \end{cases} \tag{5.2-16}$$

$$|G(j\omega)| = \frac{1}{\sqrt{(1 - T^2\omega^2)^2 + (2\xi T\omega)^2}} \tag{5.2-17}$$

$$U(\omega) = \frac{1 - T^2\omega^2}{(1 - T^2\omega^2)^2 + (2\xi T\omega)^2} \tag{5.2-18}$$

$$V(\omega) = \frac{-2\xi T\omega}{(1 - T^2\omega^2)^2 + (2\xi T\omega)^2} \tag{5.2-19}$$

由上述各式可列出下表

ω	$\angle G(j\omega)$	$\lvert G(j\omega)\rvert$	$U(\omega)$	$V(\omega)$
0	0°	1	1	0
$1/T$	−90°	$1/2\xi$	0	$-1/2\xi$
∞	−180°	0	0	0

由上表可绘出振荡环节频率特性的极坐标图，如图5.2-4所示。可见，频率特性曲线开始于正实轴的$(1, j0)$点，顺时针经第四象限后交负虚轴于$(0, -j/2\xi)$。然后图形进入第三象限，在原点与负实轴相切并终止于坐标原点。

利用图5.2-4或式(5.2-17)，在$\omega - |G(j\omega)|$的直角坐标上可画出幅频特性图$|G(j\omega)|$，其中两种典型的曲线形状如图5.2-5中曲线a、b所示。曲线a的特点是，$|G(j\omega)|$从$\omega=0$时的最大值$G(0)=1$开始单调衰减。曲线b的特点是，在$0 \leqslant \omega < \infty$范围内幅频特性曲线将会出现大于起始值$G(0)$的波峰。这时称这个振荡环节产生谐振现象。$|G(j\omega)|$取得最大值时的频率称为谐振频率，记为$\omega_r$。$\omega_r$所对应的频率特性最大幅值$|G(j\omega_r)|$称为谐振峰值，记为$M_r$。

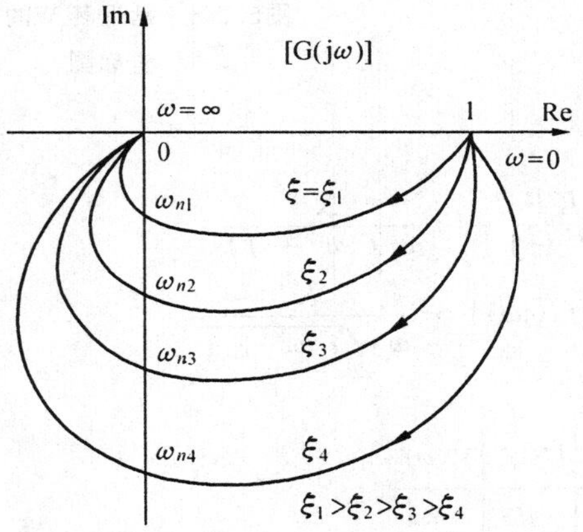

图5.2-4　振荡环节的极坐标图

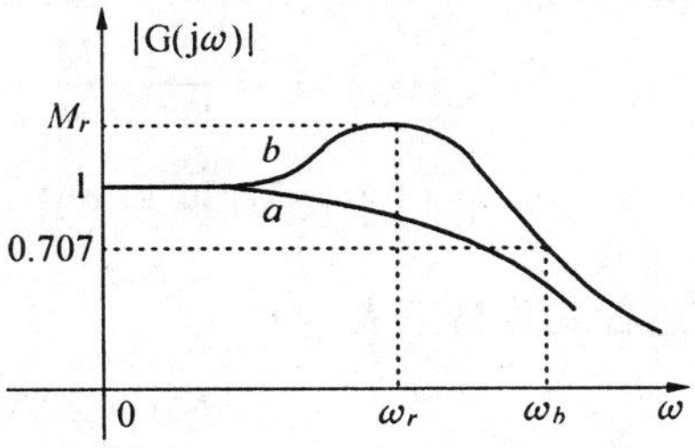

图5.2-5　振荡环节的幅频特性

利用式(5.2-17)，取$\frac{d|G(j\omega)|}{d\omega}=0$，可求得

$$\omega_r = \frac{1}{T}\sqrt{1 - 2\xi^2} = \omega_n\sqrt{1 - 2\xi^2} \tag{5.2-20}$$

$$M_r = |G(j\omega_r)| = \frac{1}{2\xi\sqrt{1 - \xi^2}} \tag{5.2-21}$$

由式(5.2-20)可知，当

$$0 < \xi < \frac{1}{\sqrt{2}} \text{ 即 } 0 < \xi < 0.707 \tag{5.2-22}$$

振荡环节将出现谐振现象，谐振频率和峰值满足式(5.2-20、21)。当 $\xi \geqslant 1/\sqrt{2}$，由式(5.2-20)求得的 ω_r 为虚数或零，这表明振荡环节这时不会出现谐振现象，$|G(j\omega)|$ 最大值位于 $\omega=0$ 处，幅频特性曲线是单调衰减的。但只要 $\xi<1$，振荡环节的阶跃响应仍会出现超调和振荡现象。

5. 延迟环节

延迟环节的传递函数是

$$G(s) = e^{-\tau s} \tag{5.2-23}$$

频率特性是

$$G(j\omega) = e^{-j\tau\omega} \tag{5.2-24}$$

$$\angle G(j\omega) = -\tau\omega\ \mathrm{rad} = -57.3^\circ\tau\omega \tag{5.2-25}$$

$$|G(j\omega)| = 1 \tag{5.2-26}$$

可见当 ω 由 $0\to\infty$ 时，$\angle G(j\omega)$ 由 $0\to-\infty$，而 $|G(j\omega)|=1$。延迟环节极坐标图是单位圆，如图5.2-6所示。

下面我们举例说明如何绘制频率特性的极坐标图。例子中的传递函数都具有基本环节相乘除的形式。这种形式传递函数的频率特性比较容易画。而一般系统的开环传递函数都具有这种形式，所以我们往往都是绘制开环传递函数的频率特性(简称开环频率特性)。

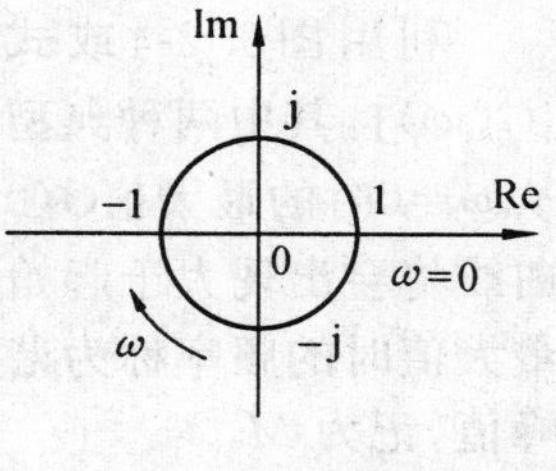

图5.2-6 延迟环节的极坐标图

例5.2-1 开环传递函数为

$$G(s)=\frac{K}{s(Ts+1)}$$

绘制开环频率特性的极坐标图。

解 由 $G(s)$ 表达式可知频率特性为

$$G(j\omega) = \frac{K}{j\omega(jT\omega+1)} = \frac{-KT}{T^2\omega^2+1} - j\frac{K}{\omega(T^2\omega^2+1)}$$

$$\angle G(j\omega) = -90^\circ - \mathrm{tg}^{-1}T\omega,\ |G(j\omega)| = \frac{K}{\omega\sqrt{T^2\omega^2+1}}$$

由前边各式可得下表

ω	$\angle G(j\omega)$	$\lvert G(j\omega)\rvert$	$U(\omega)$	$V(\omega)$
0	-90°	∞	$-KT$	$-\infty$
∞	-180°	0	0	0

由上表中 $\angle G(j\omega)$ 和 $|G(j\omega)|$ 随 ω 变化的情况，可绘出频率特性极坐标简图，如图5.2-7(a)所示。根据 $U(\omega)$ 和 $V(\omega)$ 可绘出频率特性较准确的图形，如图5.2-7(b)所示。图(a)和(b)虽然有些差别，但它们所反映的系统特性却是一致的。当一个人站在图(b)中的原点观察图形时，会感到 $\omega\to0$ 时，$|G(j\omega)|$ 的轨迹离负虚轴越来越近，于是就得到了图(a)。

例5.2-2 传递函数为

$$G(s)=\frac{1}{(T_1s+1)(T_2s+1)(T_3s+1)}$$

绘制频率特性极坐标简图。

解 $\angle G(j\omega)=-tg^{-1}T_1\omega-tg^{-1}T_2\omega-tg^{-1}T_3\omega$

列出下表

ω	$\angle G(j\omega)$	$\|G(j\omega)\|$
0	0	1
∞	$-270°$	0

频率特性极坐标简图如图5.2-8(a)所示。

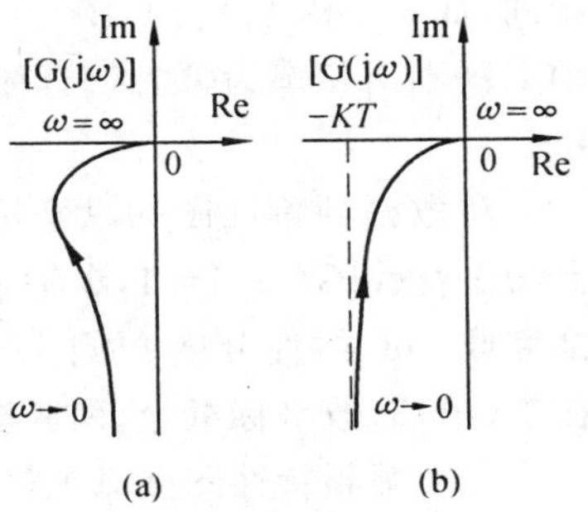

图5.2-7 例5.2-1的极坐标图

例5.2-3 $G(s)=\dfrac{\omega_n^2}{s(s^2+2\xi\omega_n s+\omega_n^2)}$，绘频率特性的极坐标简图。

解 令 $G_1(s)=\dfrac{1}{s}$，$G_2(s)=\dfrac{{\omega_n}^2}{(s^2+2\xi\omega_n s+{\omega_n}^2)}$，则 $G(s)=G_1(s)G_2(s)$。

ω	$\angle G_1(j\omega)$	$\angle G_2(j\omega)$	$\angle G(j\omega)$	$\|G\|$
0	$-90°$	$0°$	$-90°$	∞
∞	$-90°$	$-180°$	$-270°$	0

频率特性极坐标简图如图5.2-8(b)所示。

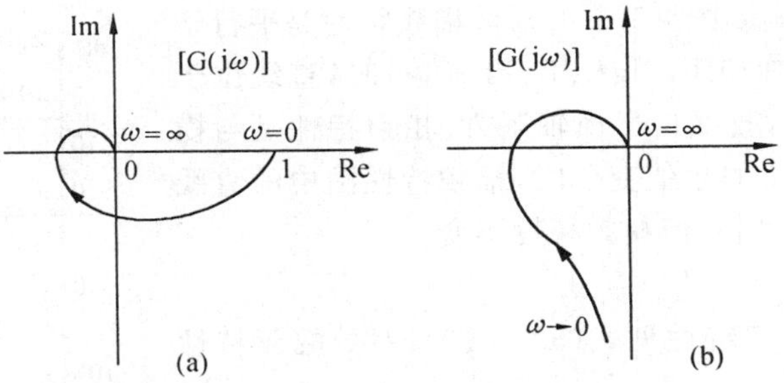

图5.2-8 例5.2-2、3极坐标图

二、 对数频率特性图

频率特性的对数坐标图又称为 Bode（伯德）图或对数频率特性图。Bode 图容易绘制，从图形上容易看出某些参数变化和某些环节对系统性能的影响，所以它在频率特性法中成为应用得最广的图示法。

Bode 图包括幅频特性图和相频特性图，分别表示频率特性的幅值和相角与角频率之间的关系。两种图的横坐标都是角频率 ω(rad/s)，采用对数分度，即横轴上标示的是角频率 ω，但它的长度实际上是 $\lg\omega$。采用对数分度的最大优点是可以将很宽的频率范围清楚地画在一张图上，从而能同时清晰地表示出频率特性在低频段、中频段和高频段的情况，这对于分析和设计控制系统是非常重要的。

频率由 ω 变到 2ω 的频带宽度称为2倍频程。频率由 ω 变到 10ω 的频带宽度称为10倍频程或10倍频，记为 dec。频率轴采用对数分度，频率比相同的各点间的横轴方向的距离相同，如 ω 为0.1、1、10、100、1000的各点间横轴方向的间距相等。由于 $\lg 0=-\infty$，所以横轴上画不出频率为0的点。具体作图时，横坐标轴的最低频率要根据所研究的频率范围选定。

对数幅频特性图的纵坐标表示 $20\lg|G(j\omega)|$，单位为 dB(分贝)，采用线性分度。纵轴上0dB 表示 $|G(j\omega)|=1$，纵轴上没有 $|G(j\omega)|=0$的点。相频特性图纵坐标是 $\angle G(j\omega)$，单位是度或 rad，线性分度。由于纵坐标是线性分度，横坐标是对数分度，所以 Bode 图是绘制在单(半)对数坐标纸上。两种图按频率上下对齐，容易看出同一频率时的幅值和相角。

由于幅频特性图中纵坐标是幅值的对数 $20\lg|G(j\omega)|$，如果传递函数可以写成基本环节传递函数相乘除的形式，那么它的幅频特性就可以由相应的基本环节幅频特性的代数和得到，明显简化了计算和作图过程。此外，幅频特性图中往往采用直线代替复杂的曲线，所以对数幅频特性图容易绘制。

下面先介绍典型环节的对数频率特性图，再介绍一般开环传递函数的对数频率特性图。

1. 比例环节

传递函数 $G(s)=K$，频率特性 $G(j\omega)=K$，故有

$$20\lg|G(j\omega)| = 20\lg K \tag{5.2-27}$$

$$\angle G(j\omega) = 0° \tag{5.2-28}$$

比例环节的 Bode 图见5.2-9。对数幅频特性是平行于横轴的直线，与横轴相距 $20\lg K$dB。当 $K>1$时，直线位于横轴上方；$K<1$时，直线位于横轴下方。相频特性是与横轴相重合的直线。K 的数值变化时，幅频特性图中的直线 $20\lg K$ 向上或向下平移，但相频特性不变。

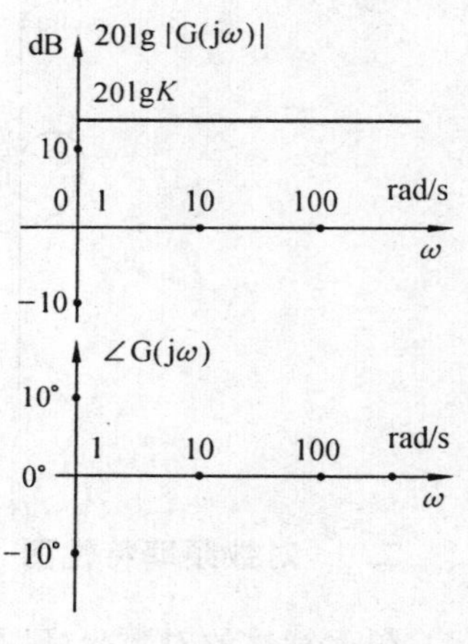

图5.2-9　比例环节的对数坐标图

2. 积分环节

传递函数和频率特性见式(5.2-8、9)，对数幅频特性为

$$20\lg|G(j\omega)| = 20\lg\frac{1}{\omega} = -20\lg\omega \tag{5.2-29}$$

由于横坐标实际上是 $\lg\omega$，把 $\lg\omega$ 看成是横轴的自变量，而纵轴是函数 $20\lg|G(j\omega)|$，可见式(5.2-29)是一条直线，斜率为-20。当 $\omega=1$时，$20\lg|G(j\omega)|=0$，该直线在 $\omega=1$处穿越横轴(或称0 dB 线)，见图5.2-10。由于

$$20\lg\frac{1}{10\omega}-20\lg\frac{1}{\omega}=-20\lg 10\omega+20\lg\omega=-20\text{dB}$$

可见在该直线上，频率由 ω 增大到10倍变成 10ω 时，纵坐标数值减少20 dB，故记其斜率为-20 dB/dec。因为 $\angle G(j\omega)=-90°$，所以相频特性是通过纵轴上$-90°$且平行于横轴的直线，如图5.2-10所示。

如果 n 个积分环节串联，则传递函数为

$$G(s)=\frac{1}{s^n} \tag{5.2-30}$$

对数幅频特性为

$$20\lg|G(j\omega)| = 20\lg\frac{1}{\omega^n} = -20n\lg\omega \tag{5.2-31}$$

它是一条斜率为$-20n$ dB/dec 的直线，并在$\omega=1$处穿越横轴。因为

$$\angle G(j\omega) = -n\cdot 90° \tag{5.2-32}$$

所以它的相频特性是通过纵轴上$-n\cdot 90°$且平行于横轴的直线。

如果一个比例环节K和n个积分环节串联，则整个环节的传递函数和频率特性分别为

$$G(s) = \frac{K}{s^n} \tag{5.2-33}$$

$$G(j\omega) = \frac{K}{j^n\omega^n} \tag{5.2-34}$$

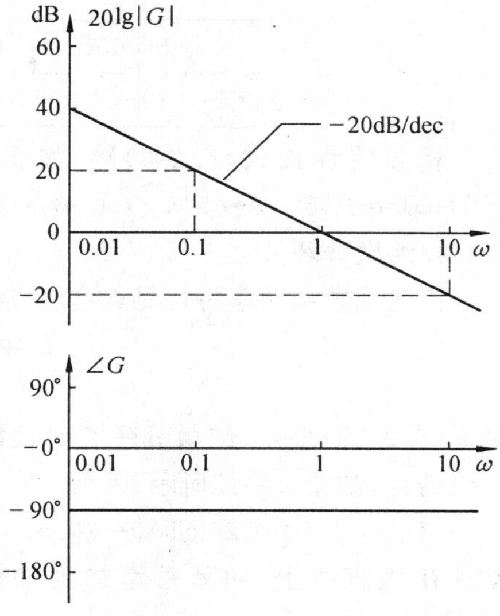

图5.2-10　积分环节的对数坐标图

相频特性见式(5.2-32)，对数幅频特性为

$$20\lg|G(j\omega)| = 20\lg\frac{K}{\omega^n} = 20\lg K - 20n\lg\omega \tag{5.2-35}$$

这是斜率为$-20n$ dB/dec 的直线，它在$\omega=\sqrt[n]{K}$处穿越0 dB线；它也通过$\omega=1$、$20\lg|G(j\omega)|=20\lg K$这一点。

3. 惯性环节

惯性环节的传递函数和频率特性见式(5.2-1～4)。对数幅频特性为

$$20\lg|G(j\omega)| = 20\lg\frac{1}{\sqrt{T^2\omega^2+1}} = -20\lg\sqrt{T^2\omega^2+1} \tag{5.2-36}$$

由上式可见，对数幅频特性是一条比较复杂的曲线。为了简化，一般用直线近似地代替曲线。当$\omega\ll 1/T$时，略去$T\omega$，上式变成

$$20\lg|G(j\omega)| \approx -20\lg 1 = 0\ \text{dB} \tag{5.2-37}$$

这是与横轴重合的直线. 当$\omega\gg 1/T$时，略去1，式(5.2-36)变成

$$20\lg|G(j\omega)| \approx -20\lg T\omega = -20\lg T - 20\lg\omega \tag{5.2-38}$$

这是一条斜率为-20 dB/dec 的直线，它在$\omega=1/T$处穿越横轴。上述两条直线在横轴上的$\omega=1/T$处相交，称角频率$\omega=1/T$为转折频率或交接频率，并称这两条直线形成的折线为惯性环节的渐近线或渐近幅频特性。幅频特性曲线与渐近线的图形见图5.2-11。它们在$\omega=1/T$附近的误差较大，误差值由式(5.2-36、37、38)计算，典型数值列于表5.2-1中，最大误差发生在$\omega=1/T$处，误差为-3 dB。渐近线容易画，误差也不大，所以绘惯性环节的对数幅频特性曲线时，一般都绘渐近线。绘渐近线的关键是找到转折频率$1/T$。低于转折频率的频段，渐近线是0 dB线；高于转折频率的部分，渐近线是斜率为-20 dB/dec 的直线。必要时可根据表5.2-1或式(5.2-36)对渐近线进行修正而得到精确的幅频特性曲线。

表5.2-1　惯性环节渐近幅频特性误差表

ωT	0.1	0.25	0.4	0.5	1.0	2.0	2.5	4.0	10
误差 dB	−0.04	−0.26	−0.65	−1.0	−3.01	−1.0	−0.65	−0.26	−0.04

相频特性按式(5.2-3)绘，如图5.2-11。相频特性曲线有3个关键处：$\omega=1/T$ 时 $\angle G(j\omega)=-45°$；$\omega\to 0$时，$\angle G(j\omega)\to 0°$；$\omega\to\infty$时，$\angle G(j\omega)\to -90°$。

4. 纯微分环节

传递函数和频率特性见式(5.2-10、11)，对数频率特性为

$$20\lg|G(j\omega)| = 20\lg\omega \tag{5.2-39}$$

$$\angle G(j\omega) = 90° \tag{5.2-40}$$

由式(5.2-39)可知，纯微分环节对数幅频特性是一条斜率为20的直线，直线通过横轴上 $\omega=1$的点，如图5.2-12所示。因为

$$20\lg 10\omega - 20\lg\omega = 20\lg 10 + 20\lg\omega - 20\lg\omega = 20\ \text{dB}$$

可见在该直线上，频率每增加到10倍，纵坐标的数值便增加20 dB，故称直线斜率是20 dB/dec。

由式(5.2-40)知，相频特性是通过纵轴上90°点且与横轴平行的直线，如图5.2-12所示。

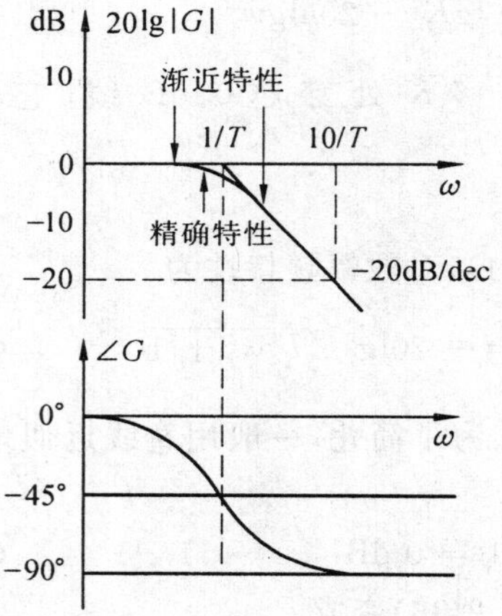

图5.2-11　惯性环节的对数坐标图

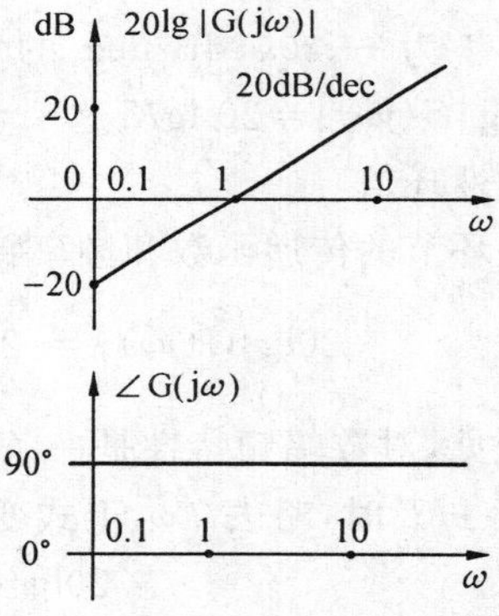

图5.2-12　纯积分环节的对数坐标图

5. 一阶微分环节

传递函数和频率特性见式(5.2-12、13)，对数幅频特性为

$$20\lg|G(j\omega)| = 20\lg\sqrt{\tau^2\omega^2+1} \tag{5.2-41}$$

$$\angle G(j\omega) = \mathrm{tg}^{-1}\tau\omega \tag{5.2-42}$$

式(5.2-41)表示一条曲线，通常用如下所述的直线渐近线代替它。当 $\omega\ll 1/\tau$ 时略去 $\tau\omega$，得

$$20\lg|G(j\omega)| = 20\lg 1 = 0\ \text{dB} \tag{5.2-43}$$

当 $\omega\gg 1/\tau$ 时略去1，得

$$20\lg|G(j\omega)| = 20\lg\sqrt{\tau^2\omega^2}$$
$$= 20\lg\tau\omega = 20\lg\tau + 20\lg\omega \qquad (5.2\text{-}44)$$

式(5.2-43)表示0 dB线，式(5.2-44)表示一条斜率为20 dB/dec的直线，该直线通过横轴上$\omega=1/\tau$点。这两条直线相交于横轴上$\omega=1/\tau$点。这两条直线形成的折线就称为一阶微分环节的渐近线或渐近幅频特性，它们交点对应的频率$1/\tau$称为转折频率。一阶微分环节的精确幅频特性曲线和渐近线如图5.2-13所示，它们之间的误差可由式(5.2-41、43、44)计算。最大误差发生在转折频率$\omega=1/\tau$处，数值为3 dB。通常以渐近线作为对数幅频特性曲线，必要时给以修正。

根据式(5.2-42)可绘出相频特性曲线，见图5.2-13。其中3个关键位置是：$\omega=1/\tau$时，$\angle G(j\omega)=45°$；$\omega\to 0$时，$\angle G(j\omega)\to 0°$；$\omega\to\infty$时，$\angle G(j\omega)\to 90°$。

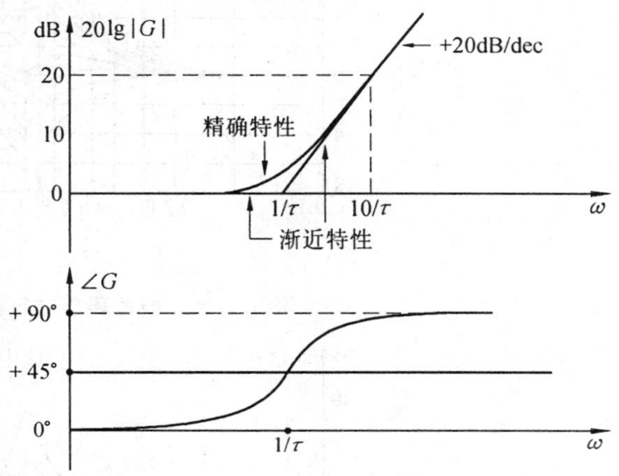

图5.2-13　一阶微分环节的对数坐标图

6. 振荡环节

振荡环节的传递函数、频率特性见式(5.2-14～17)，而对数幅频特性为

$$20\lg|G(j\omega)| = -20\lg\sqrt{(1-T^2\omega^2)^2+(2\xi T\omega)^2} \qquad (5.2\text{-}45)$$

可见对数幅频特性是角频率ω和阻尼比ξ的二元函数，它的精确曲线相当复杂，一般以渐近线代替。当$\omega\ll 1/T$时，略去上式中的$T\omega$可得

$$20\lg|G(j\omega)| = -20\lg 1 = 0\ \text{dB} \qquad (5.2\text{-}46)$$

当$\omega\gg 1/T$时，略去1和$2\xi T\omega$可得

$$20\lg|G(j\omega)| = -20\lg T^2\omega^2$$
$$= -40\lg T\omega = -40\lg T - 40\lg\omega\ \text{dB} \qquad (5.2\text{-}47)$$

式(5.2-46)表示横轴，式(5.2-47)表示斜率为-40dB/dec的直线，它通过横轴上$\omega=1/T=\omega_n$处。这两条直线交于横轴上$\omega=1/T$处。称这两条直线形成的折线为振荡环节的渐近线或渐近幅频特性，如图5.2-14所示。它们交点所对应的频率$\omega=1/T=\omega_n$同样称为转折频率或交接频率。我们可以用渐近线代替精确曲线，必要时进行修正。

振荡环节的精确幅频特性与渐近线之间的误差由式(5.2-45、46、47)计算，它是ω与ξ的二元函数，如图5.2-15所示。可见这个误差值可能很大，特别是在转折频率处误差最大。所以往往要利用图5.2-15对渐近线进行修正，特别是在转折频率附近进行修正。$\omega=1/T$时的精确值是$-20\lg 2\xi$ dB。精确的对数幅频特性曲线如图5.2-16所示。

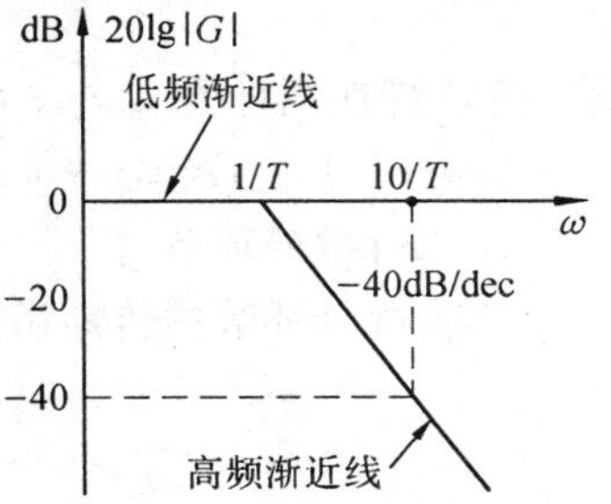

图5.2-14　振荡环节的渐近幅频特性

由式(5.2-16)可绘出相频特性曲线，如图5.2-16所

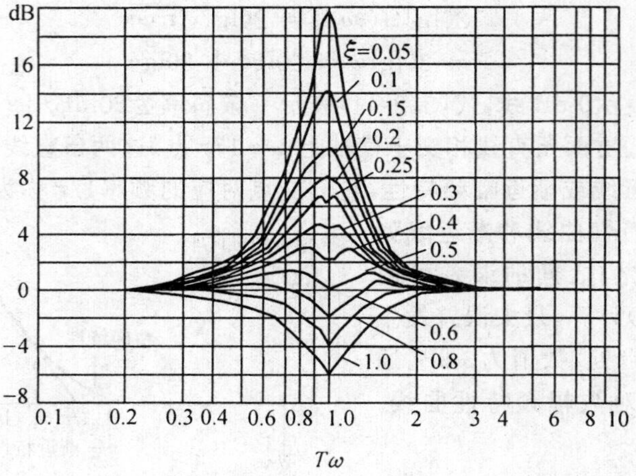

图5.2-15 振荡环节对数幅频特性误差曲线

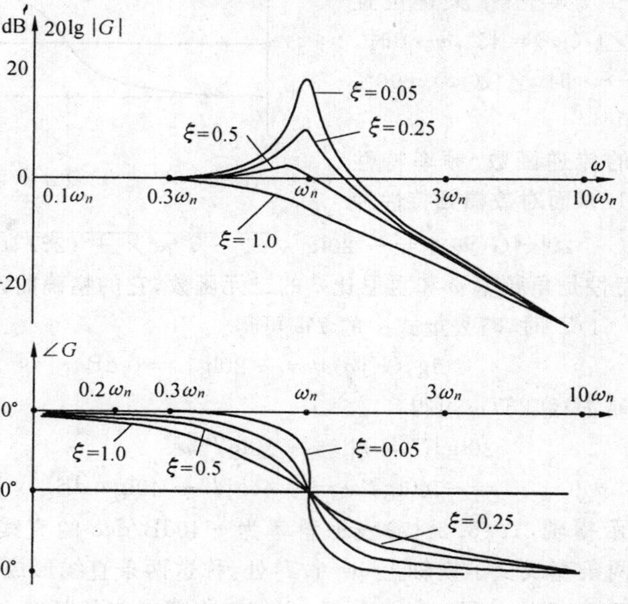

图5.2-16 振荡环节的对数坐标图

示。相频特性同样是 ω 与 ξ 的二元函数。曲线的典型特征是：$\omega=1/T=\omega_n$ 时，$\angle G(\mathrm{j}\omega)=-90°$，$\omega\rightarrow0$时，$\angle G(\mathrm{j}\omega)\rightarrow0°$；$\omega\rightarrow\infty$时，$\angle G(\mathrm{j}\omega)\rightarrow-180°$。

7. 二阶微分环节

二阶微分环节的传递函数、频率特性为

$$G(s)=\tau^2s^2+2\xi\tau s+1 \quad (\xi<1) \tag{5.2-48}$$

$$G(\mathrm{j}\omega)=1-\tau^2\omega^2+j2\xi\tau\omega \tag{5.2-49}$$

对数幅频特性和相频特性分别为

$$20\lg|G(\mathrm{j}\omega)|=20\lg\sqrt{(1-\tau^2\omega^2)^2+(2\xi\tau\omega)^2} \tag{5.2-50}$$

$$\angle G(j\omega)=\begin{cases}\operatorname{tg}^{-1}\dfrac{2\xi\tau\omega}{1-\tau^2\omega^2} & (\omega\leqslant 1/\tau)\\ 180^\circ+\operatorname{tg}^{-1}\dfrac{2\xi\tau\omega}{1-\tau^2\omega^2} & (\omega>1/\tau)\end{cases} \tag{5.2-51}$$

由式(5.2-50、51)和式(5.2-45、16)知，二阶微分环节与振荡环节的对数频率特性关于横轴对称。二阶微分环节的渐近线方程是

$$20\lg|G(j\omega)|=0\mathrm{dB}\qquad(\omega\ll 1/\tau) \tag{5.2-52}$$

$$20\lg|G(j\omega)|=40\lg\tau\omega=40\lg\tau+40\lg\omega\qquad(\omega\gg 1/\tau) \tag{5.2-53}$$

上述两条直线相交于横轴上 $\omega=1/\tau$ 处，$\omega=1/\tau$ 称为转折频率。其中式(5.2-53)表示斜率为40 dB/dec 的直线，它通过横轴上 $\omega=1/\tau$ 点。二阶微分环节的对数坐标图见图5.2-17。

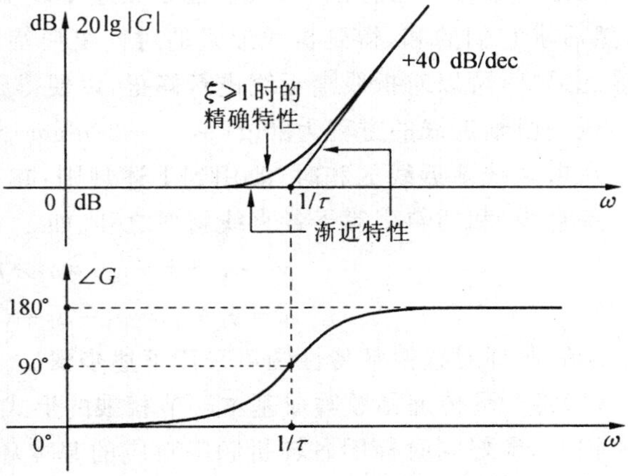

图5.2-17　二阶微分环节的对数坐标图

8. 延迟环节

延迟环节的传递函数、频率特性见式(5.2-23～26)。对数幅频特性为

$$20\lg|G(j\omega)|=20\lg 1=0\ \mathrm{dB} \tag{5.2-54}$$

根据式(5.2-54、25)可绘出延迟环节的频率特性对数坐标图，$\tau=0.5$ s 时的图形见图5.2-18。

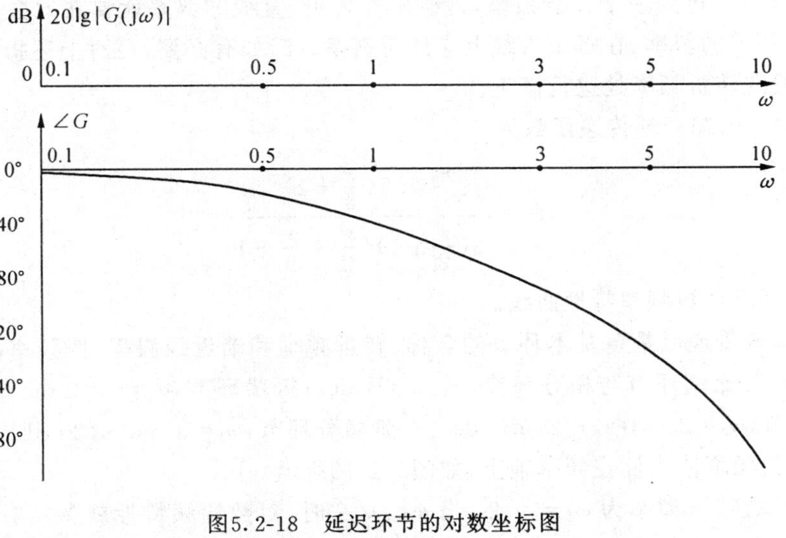

图5.2-18　延迟环节的对数坐标图

9. 开环对数频率特性的绘制

系统的开环传递函数 $G(s)$ 一般容易写成如下的基本环节传递函数相乘的形式

$$G(s)=G_1(s)G_2(s)\cdots G_n(s) \tag{5.2-55}$$

式中　$G_1(s)$、$G_2(s)$、…、$G_n(s)$ 为基本环节的传递函数。对应的开环频率特性为

$$G(j\omega) = G_1(j\omega)G_2(j\omega)\cdots G_n(j\omega) \tag{5.2-56}$$

开环对数幅频特性函数和相频特性函数分别为

$$20\lg|G(j\omega)| = 20\lg|G_1(j\omega)| + 20\lg|G_2(j\omega)| + \cdots + 20\lg|G_n(j\omega)| \tag{5.2-57}$$

$$\angle G(j\omega) = \angle G_1(j\omega) + \angle G_2(j\omega) + \cdots + \angle G_n(j\omega) \tag{5.2-58}$$

可见开环对数频率特性等于相应的基本环节对数频率特性之和。这就是开环对数频率特性图容易绘制的原因，所以一般总是绘开环对数坐标图。

在绘对数幅频特性图时，我们总是用基本环节的直线或折线渐近线代替精确幅频特性，然后求它们的和，得到折线形式的对数幅频特性图，这样可以明显减少计算和绘图工作量。必要时可以对折线渐近线进行修正，以便得到足够精确的对数幅频特性。

任一段渐近线的方程为$20\lg|G| = -20n\lg\omega + 20\lg k_i$。

在求直线渐近线的和时，要用到下述规则：在平面坐标图上，几条直线相加的结果仍为一条直线，和的斜率等于各直线斜率之和。如

$$y_1 = a_1 + k_1x, y_2 = a_2 + k_2x$$

则

$$y = y_1 + y_2 = a_1 + a_2 + (k_1 + k_2)x$$

绘制开环对数幅频特性图可采用下述步骤。

(1)将开环传递函数写成基本环节相乘的形式。(2)计算各基本环节的转折频率，并标在横轴上。最好同时标明各转折频率对应的基本环节渐近线的斜率。(3)设最低的转折频率为 ω_1，先绘 $\omega < \omega_1$ 的低频区图形，在此频段范围内，只有积分（或纯微分）环节和比例环节起作用，其对数幅频特性见式(5.2-35)。(4)按着由低频到高频的顺序将已画好的直线或折线图形延长。每到一个转折频率，折线发生转折，直线的斜率就要在原数值之上加上对应的基本环节的斜率。在每条折线上应注明斜率。(5)如有必要，可对上述折线渐近线加以修正，一般在转折频率处进行修正。

例5.2-4 已知开环传递函数为

$$G(s) = \frac{7.5(\frac{s}{3}+1)}{s(\frac{s}{2}+1)(\frac{s^2}{2}+\frac{s}{2}+1)}$$

绘制系统的开环对数频率特性曲线。

解 (1)该传递函数各基本环节的名称、转折频率和渐近线斜率，按频率由低到高的顺序排列如下：比例环节与积分环节，-20 dB/dec；振荡环节，$\omega_1 = \sqrt{2}$ rad/s，-40 dB/dec；惯性环节，$\omega_2 = 2$ rad/s，-20 dB/dec；一阶微分环节，$\omega_3 = 3$ rad/s，20 dB/dec。将各基本环节的转折频率依次标在频率轴上，如图5.2-19所示。

(2)最低的转折频率为 $\omega_1 = \sqrt{2}$。当 $\omega < \sqrt{2}$ 时，对数幅频特性就是 $7.5/s$ 的对数幅频图。这是一条斜率为-20 dB/dec 的直线，直线位置由下述条件之一确定：当 $\omega = 1$时，直线纵坐标为$20\lg 7.5 = 17.5$ dB；$\omega = 7.5$时直线穿过0 dB 线。图形见图5.2-19。

(3)将上述直线延长至转折频率 $\omega_1 = \sqrt{2}$ 处，在此位置直线斜率变为：-20 dB/dec$-$40 dB/dec$=-60$ dB/dec。将折线延长到 $\omega_2 = 2$处，在此处斜率变成：$-60-20=-80$ dB/

dec。将折线延至 $\omega_3=3$ 处，斜率变为：$-80+20=-60$ dB/dec。这样就得到了全部开环对数幅频渐近线，如图5.2-19所示。如果有必要，可对渐近线进行修正。

（4）求相频特性　根据频率特性函数的代数式，将分子的相角减去分母的相角就得到相频特性函数。或者，将各基本环节的相频特性相加，如式(5.2-58)所示，也可求出相频特性。对于本例，有

$$\angle G(j\omega)=\mathrm{tg}^{-1}\frac{\omega}{3}-90°-\mathrm{tg}^{-1}\frac{\omega}{2}+\angle G_1(j\omega) \qquad (5.2\text{-}59)$$

式中　$\angle G_1(j\omega)$ 表示振荡环节的相频特性，且有

$$\angle G_1(j\omega)=\begin{cases}-\mathrm{tg}^{-1}\dfrac{\omega}{2-\omega^2} & \omega\leqslant\sqrt{2}\\ -180°-\mathrm{tg}^{-1}\dfrac{\omega}{2-\omega^2} & \omega>\sqrt{2}\end{cases} \qquad (5.2\text{-}60)$$

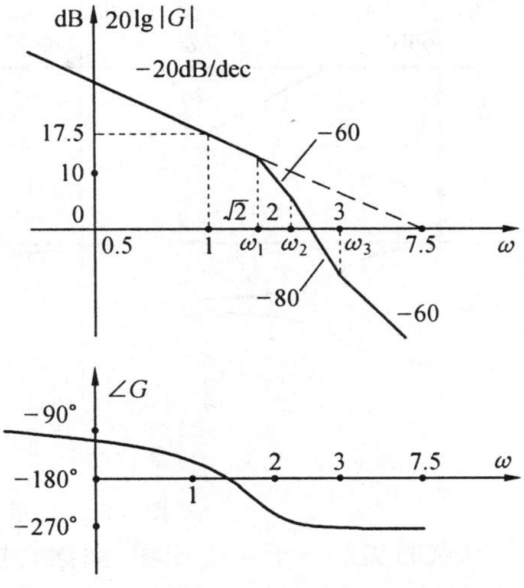

图5.2-19　例5.2-4的对数频率特性

根据上两式就可计算出各频率所对应的相角，从而画出相频特性图形，如图5.2-19。一般只绘相频特性的近似曲线。$\angle G_1(j\omega)$ 的典型数据是：$\omega\to 0$ 时，$\angle G_1(j\omega)\to 0°$；$\omega=\sqrt{2}$ 时，$\angle G_1(j\omega)=-90°$；$\omega\to\infty$ 时，$\angle G_1(j\omega)\to -180°$。根据这些数据和式(5.2-59)就可绘出相频特性的近似图形。

三、　最小相位系统

首先我们绘制和比较几个环节的对数频率特性图。

1. $G_1(s)=1/(Ts+1)$，$G_2(s)=1/(Ts-1)$，$20\lg|G_1(j\omega)|=20\lg|G_2(j\omega)|=-20\lg\sqrt{T^2\omega^2+1}$。$\angle G_1(j\omega)=-\mathrm{tg}^{-1}T\omega$，$\angle G_2(j\omega)=-180°+\mathrm{tg}^{-1}T\omega$。对数频率特性图见图5.2-20(a)。

2. $G_1(s)=1$，$G_2(s)=e^{-\tau s}$，$20\lg|G_1(j\omega)|=20\lg|G_2(j\omega)|=0\mathrm{dB}$，$\angle G_1(j\omega)=0$，$\angle G_2(j\omega)=-\tau\omega$。对数频率特性见图5.2-20(b)。

3. $G_1(s)=(1+\tau s)/(1+Ts)$，$G_2(s)=(1-\tau s)/(1+Ts)$，其中 $0<\tau<T$。$20\lg|G_1(j\omega)|=20\lg|G_2(j\omega)|=20\lg\sqrt{1+\tau^2\omega^2}-20\lg\sqrt{1+T^2\omega^2}$，$\angle G_1(j\omega)=\mathrm{tg}^{-1}\tau\omega-\mathrm{tg}^{-1}T\omega$，$\angle G_2(j\omega)=-\mathrm{tg}^{-1}\tau\omega-\mathrm{tg}^{-1}T\omega$。对数频率特性如图5.2-20(c)所示。

由上可见，在一些幅频特性相同的环节之间，存在着不同的相频特性，其中相位移（相角绝对值或相角变化量）最小的称为最小相位环节，而其它相位移较大者称为非最小相位环节。从传递函数的角度看，如果一个环节的传递函数的极点和零点的实部全都小于或等于零，则称这个环节是最小相位环节。如果传递函数中具有正实部的零点或极点，或有延迟环节 $e^{-\tau s}$，这个环节就是非最小相位环节。对于闭环系统，如果它的开环传递函数的极

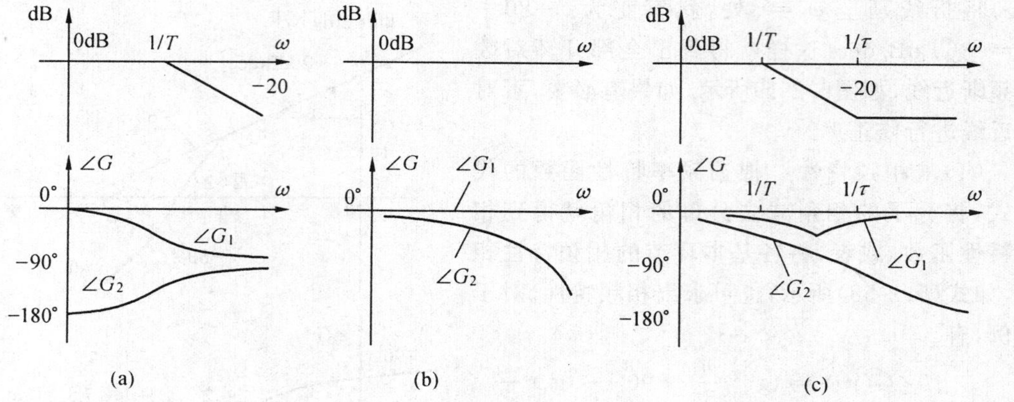

图5.2-20　最小相位与非最小相位环节

点和零点的实部小于或等于零，则称它是最小相位系统。如果开环传递函数中有正实部的零点或极点，或有延迟环节 $e^{-\tau s}$，则称系统是非最小相位系统。若把 $e^{-\tau s}$ 用零点和极点的形式近似表达时，会发现它也具有正实部零点。

设系统（或环节）传递函数分母的阶次（s 的最高幂次数）是 n，分子的阶次是 m，串联积分环节的个数是 v，对于最小相位系统，当 $\omega\to\infty$ 时，对数幅频特性的斜率为 $-20(n-m)$dB/dec，相角等于 $-(n-m)\cdot 90°$；当 $\omega\to 0$ 时，相角等于 $-v\cdot 90°$。符合上述特征的系统也一定是最小相位系统。

数学上可以证明，对于最小相位系统，对数幅频特性和相频特性不是相互独立的，两者之间存在着严格确定的联系。如果已知对数幅频特性，通过公式也可以把相频特性计算出来。同样，通过公式也可以由相频特性计算出幅频特性。所以两者包含的信息内容是相同的。从建立数学模型和分析、设计系统的角度看，只要详细地画出两者中的一个就足够了。由于对数幅频特性容易画，所以对于最小相位系统，通常只绘制详细的对数幅频特性图，而对于相频特性只画简图，或者甚至不绘相频特性图。

四、 Nichols 图

Nichols 图又称为对数幅相图。它采用直角坐标。纵坐标表示 $20\lg|G(j\omega)|$，单位是 dB，线性刻度。横坐标表示 $\angle G(j\omega)$，单位是度，线性分度。在曲线上一般标注角频率 ω 的值作为参变量。通常是先画出 Bode 图，再根据 Bode 图绘 Nichols 图。图5.2-21是惯性环节 $G(s)=1/(Ts+1)$ 的 Nichols 图。

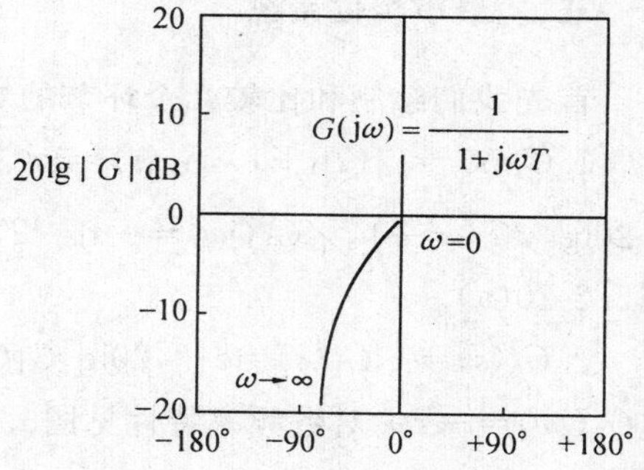

图5.2-21　Nichols 图

5.3　Nyquist 稳定判据

应用劳斯稳定判据分析闭环系统的稳定性有两个缺点。第一，必须知道闭环系统的特征方程，而有些实际系统的特征方程是列写不出来的。第二，它不能指出系统的稳定程度。

1932年，Nyquist(奈魁斯特)提出了另一种判定闭环系统稳定性的方法，称为 Nyquist(奈魁斯特)稳定判据。这个判据的主要特点是利用开环频率特性判定闭环系统的稳定性。开环频率特性容易画，若不知道传递函数，还可由实验测出开环频率特性。此外，Nyquist 稳定判据还能够指出稳定的程度，提示改善系统稳定性的方法。因此，Nyquist 稳定判据在频率域控制理论中有重要的地位。

一、 增补的频率特性极坐标图

为了应用 Nyquist 稳定判据，需要对5.1节介绍的频率特性极坐标图的概念加以扩充。

对于图5.3-1所示闭环系统，闭环传递函数为

$$\Phi(s)=\frac{C(s)}{R(s)}=\frac{G(s)}{1+G(s)H(s)} \tag{5.3-1}$$

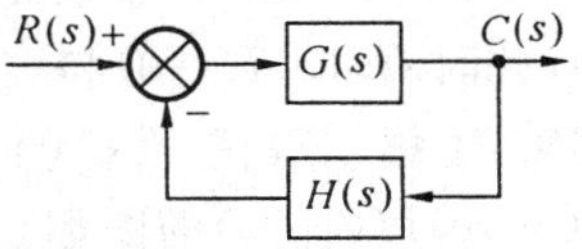

图5.3-1 闭环系统方块图

该系统的开环传递函数为 $G(s)H(s)$，开环频率特性为 $G(j\omega)H(j\omega)$。在绝大部分情况下，$G(s)H(s)$可写成下述形式

$$G(s)H(s)=\frac{KN(s)}{s^{\upsilon}D(s)} \tag{5.3-2}$$

除此而外，它可以写成

$$G(s)H(s)=-\frac{KN(s)}{s^{\upsilon}D(s)} \tag{5.3-3}$$

式中 $N(0)=D(0)=1$，υ 为串联积分环节个数，$K>0$，K 称为放大系数。以后如不加说明，指的都是式(5.3-2)形式的开环传递函数。

使开环传递函数分母等于零的 s 值称为开环极点。开环极点即下述方程的根

$$s^{\upsilon}D(s)=0 \tag{5.3-4}$$

由于开环传递函数容易写成简单因式相乘除的形式，所以开环极点是很容易求出来的。如果所有的开环极点的实部都小于或等于零，即开环传递函数没有正实部的极点，就称系统是开环稳定的。

在 s 的复平面上，以整个虚轴为左边界，做一个包围整个右半平面的封闭曲线 D，如图5.3-2(a)所示。称封闭曲线 D 是 $\upsilon=0$时式(5.3-2、3)所对应的 s 平面上的 Nyquist 围线。若 $\upsilon\neq0$，则 Nyquist 围线与图5.3-2(a)只在原点附近不同。这时，以原点为圆心，以无穷小的正数 ε ($\varepsilon\to0$)为半径，在 s 的右半平面做一个小半圆，该半圆交负虚轴、正实轴、正虚轴于 $a(-j\varepsilon)$、$b(\varepsilon)$、$c(j\varepsilon)$，如图5.3-2(b)所示。通常记 $-j\varepsilon$ 和 $j\varepsilon$ 两点为 $j0^-$ 和 $j0^+$。当 s 由 $-j\infty$沿负虚轴到达 a 点，沿半圆 abc 到 c 点，沿正虚轴到无穷远处的 $j\infty$，再按顺时针方向转过180°与 $-j\infty$重合，这时所形成的封闭曲线 D，就是 $\upsilon\neq0$时式(5.3-2、3)所对应的 s 平面上的 Nyquist 围线，如图5.3-2(b)所示。可见此时 Nyquist 围线不直接通过原点，而是沿半圆 abc 绕过原点。

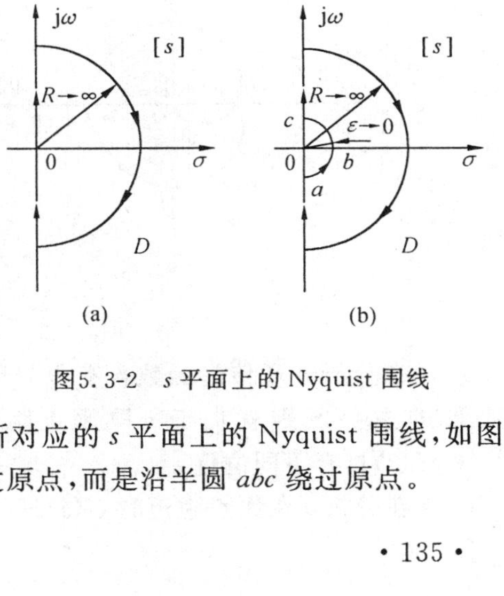

图5.3-2 s 平面上的 Nyquist 围线

当 s 沿 s 平面上的 Nyquist 围线顺时针转一周时，$G(s)H(s)$ 的值也随之连续地变化，而在 GH 的复平面上描出一条封闭曲线，这条曲线就称为增补的 Nyquist 图或增补的频率特性极坐标图，有时简称为 Nyquist 图或极坐标图。

按照5.1节的频率特性概念，开环频率特性 $G(j\omega)H(j\omega)$ 中的 ω 应取正值。为了与增补的 Nyquist 图相适应，我们重新定义频率特性就是将传递函数中的复变量 s 用变量 $j\omega$ 代替后所得到的函数，其中 ω 是使 $G(j\omega)H(j\omega)$ 解析的所有实数。因此 ω 既可为正值，又可为负值。若规定 $\omega>0$，则 $G(s)H(s)$ 的频率特性包括 $G(j\omega)H(j\omega)$ 和 $G(-j\omega)H(-j\omega)$ 两部分。

对于一切集总参数元件和系统，$G(s)H(s)$ 是 s 的有理分式，s 的系数是实数。由数学知，此时 $G(j\omega)H(j\omega)$ 和 $G(-j\omega)H(-j\omega)$ 是共轭复数，它们在 GH 复平面上的图形关于实轴对称。知道了 $G(j\omega)H(j\omega)$ 的图形，取它关于实轴的对称图形就得到 $G(-j\omega)H(-j\omega)$ 的图形。

对于实际的物理系统，$G(s)H(s)$ 分母多项式次数总是高于分子多项式次数，这样，当 $s\to\infty$ 时，总有 $G(s)H(s)\to 0$。于是，当 s 沿 Nyquist 围线无穷大半圆变化时，$G(s)H(s)$ 就映射成一个点，即原点，它与 $G(\pm j\infty)H(\pm j\infty)$ 是一样的。所以在画增补的 Nyquist 图时，可以不考虑 s 在无穷大半圆上变化时的情况，而认为 s 只在整个虚轴和原点或原点附近的小半圆 abc 上变化。相对于5.2节，称这时得到的图形为完整的 Nyquist 图。

根据以上所述，若开环传递函数不含积分环节，即 $v=0$，求增补的 Nyquist 图时，先按5.2节画出 $\omega>0$ 时的 $G(j\omega)H(j\omega)$ 的极坐标图，再取其关于实轴对称的图形就得到 $G(-j\omega)H(-j\omega)$，把它们合在一起就是增补的 Nyquist 图。它就是此时 ω 由 $-\infty\to+\infty$ 的图形，就是完整的开环频率特性图。不含积分环节时，s 无论是沿负虚轴趋近于原点，还是沿正虚轴趋近于原点，$G(s)H(s)$ 的数值都相同，且等于 $G(0)H(0)=K$，即

$$G(j0^-)H(j0^-) = G(j0^+)H(j0^+) = G(0)H(0) \tag{5.3-5}$$

图5.3-3给出2个 $v=0$ 时的开环 Nyquist 图。

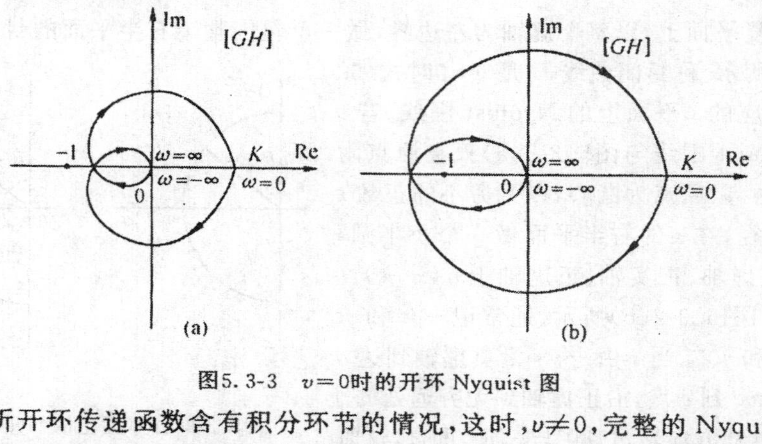

图5.3-3　$v=0$时的开环 Nyquist 图

现在分析开环传递函数含有积分环节的情况，这时，$v\neq 0$，完整的 Nyquist 图与前述图形的主要区别就在于 s 取原点附近的值时。s 取 $j0^-$、$j0^+$ 和无穷小的正数 ε 时，$G(s)H(s)$ 具有不同位置。

现在分析 s 在原点附近时 $G(s)H(s)$ 的图形。这时 s 应沿图5.3-2(b)中原点附近的右

小半圆 abc 变化。此时可令 $s=\varepsilon e^{j\theta}$，$\varepsilon>0$，$\varepsilon\to 0$，$-\pi/2<\theta<\pi/2$。对于式(5.3-2)的开环传递函数，因 $|s|\to 0$，故有 $N(s)=D(s)=1$。开环传递函数就变成

$$G(s)H(s)=\frac{K}{s^{\upsilon}}=\frac{K}{\varepsilon^{\upsilon}e^{j\upsilon\theta}}=\frac{K}{\varepsilon^{\upsilon}}e^{-j\upsilon\theta} \tag{5.3-6}$$

根据上式可列出下表

s	θ	$\|G(s)H(s)\|$	$\angle G(s)H(s)=-\upsilon\theta$
$j0^-$	$-\pi/2$	∞	$\upsilon\pi/2$
ε	0	∞	0
$j0^+$	$\pi/2$	∞	$-\upsilon\pi/2$

由式(5.3-6)和上表可知，若开环传递函数含有 υ 个串联积分环节，当 s 沿原点附近的小半圆 $a(j0^-)b(\varepsilon)c(j0^+)$ 运动时，对应的 $G(s)H(s)$Nyquist 图位于无穷远处，其相角由 $\upsilon\pi/2\to 0\to -\upsilon\pi/2$，顺时针转动 $\upsilon\pi$ rad。当 s 由 $a\to b\to c$ 变化时，我们也称 ω 由 $0^-\to 0\to 0^+$ 变化，把 s 在 b 点的位置称为 $\omega=0$的位置。所以当 $\omega=0$时，$G(s)H(s)$位于正实轴无穷远处，且 ω 由$0\to 0^+$时，$G(s)H(s)$应顺时针转过 $\upsilon\pi/2$ rad。

当 s 在小半圆以外的负虚轴和正虚轴上变化时，$G(j\omega)H(j\omega)$图形的画法与无积分环节时相同。

图5.3-4给出含有1、2和3个积分环节的 Nyquist 图。

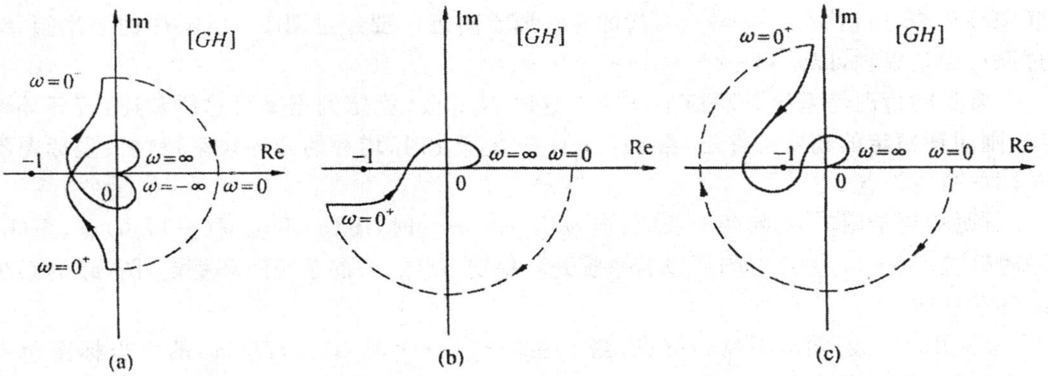

图5.3-4　具有积分环节的 Nyguist 图

为了叙述方便起见，对于含有积分环节的开环传递函数，当 s 由 $-j\infty\to j0^-\to\varepsilon\to j0^+\to j\infty$变化时，我们也称 ω 由$-\infty\to 0\to\infty$连续变化。

若开环传递函数具有式(5.3-3)的形式，当 s 位于原点或 b 点即 $\omega=0$时，$G(s)H(s)$位于负实轴的有限远点或无穷远处。当 ω 由$0\to 0^+$时，$G(s)H(s)$同样顺时针转过 $\upsilon\pi/2$ rad。

二、　Nyquist 稳定判据

复变函数中有如下的辐角定理：设 $F(s)$是复变量 s 的单值连续解析函数(除 s 平面上的有限个奇点外)，它在 s 的复平面上的某一封闭曲线 D 的内部有 P 个极点和 Z 个零点(包括重极点和重零点)，且该封闭曲线不通过 $F(s)$的任一极点和零点。当 s 按顺时针方

向沿封闭曲线 D 连续地变化一周时，函数 $F(s)$ 所取的值也随之连续地变化而在 $F(s)$ 的复平面上描出一个封闭曲线 D'。此时，在 $F(s)$ 的复平面上，从原点指向动点 $F(s)$ 的向量顺时针方向旋转的周数 n 等于 $Z-P$，即曲线 D' 顺时针方向包围原点的周数 n 是

$$n = Z - P \tag{5.3-7}$$

若 n 为负，则表示逆时针方向包围原点的周数。利用上述的辐角定理可以证明下面的 Nyquist 稳定判据，这里不予证明。

Nyquist 稳定判据的基本内容如下：若闭环系统的开环传递函数 $G(s)H(s)$ 有 P 个正实部极点，则闭环系统稳定的充要条件是，当 s 按顺时针方向沿图5.3-2的 Nyquist 围线连续变化一周时，$G(s)H(s)$ 绘出的封闭曲线应当按逆时针方向包围$(-1,j0)$点 P 周。

判据中所谓包围$(-1,j0)$点的周数，指的是在 GH 的复平面上，由$(-1,j0)$点引出的指向 $G(s)H(s)$ 的矢量，绕$(-1,j0)$点转动的角度的代数和除以2πrad 或$360°$所得的商。若该矢量转动角度的代数和为零，则称图形没有包围$(-1,j0)$点，若$(-1,j0)$点明显地处于 $G(s)H(s)$ 图形之外，这时图形当然也没有包围$(-1,j0)$点。

因为 P 是正实部极点个数，不能为负数，所以若极坐标图顺时针方向包围$(-1,j0)$点，则闭环系统一定不稳定。

采用角频率 ω 这个术语，Nyquist 稳定判据又可叙述如下：闭环系统稳定的充要条件是，当 ω 由$-\infty\to\infty$变化时，开环频率特性 $G(\mathrm{j}\omega)H(\mathrm{j}\omega)$ 的极坐标图应当逆时针方向包围$(-1,j0)$点 P 周，P 是开环传递函数正实部极点的个数。需注意，若开环传递函数含有串联积分环节，所谓 ω 由$-\infty\to\infty$，指的是在原点附近，s 要经过图5.3-2(b)中的小半圆，绕过原点到正虚轴，即 ω 由$-\infty\to0^-\to0\to0^+\to\infty$。

常见的情况是系统开环稳定，$P=0$，这时 Nyquist 稳定判据又可这样叙述：若开环稳定，则闭环稳定的充要条件是，当 ω 由$-\infty\to\infty$变化时，增补的开环频率特性极坐标图不包围$(-1,j0)$点。

例如，对于图5.3-3的两个系统，当 ω 由$-\infty\to\infty$时，图(a)不包围$(-1,j0)$点，图(b)顺时针包围$(-1,j0)$点2周。所以若系统开环稳定，则图(a)的系统闭环稳定，图(b)的系统闭环不稳定。

由图5.3-3及图5.3-4(a)可见，当 ω 由$0\to0^+\to\infty$时 $G(\mathrm{j}\omega)H(\mathrm{j}\omega)$ 的极坐标图包围$(-1,j0)$点的情况，与 ω 由$-\infty\to0^-\to0$时的情况完全相同。所以当 ω 由$-\infty\to\infty$时，$G(\mathrm{j}\omega)H(\mathrm{j}\omega)$ 极坐标图包围$(-1,j0)$点的周数，是 ω 由$0\to0^+\to\infty$时极坐标图包围$(-1,j0)$点周数的2倍。因此采用 Nyquist 稳定判据时，只要画出 ω 由$0\to0^+\to\infty$时的极坐标图就够了，这时 Nyquist 稳定判据又可叙述如下：闭环系统稳定的充要条件是，当 ω 由$0\to0^+\to\infty$时，开环 Nyquist 图应当按逆时针方向包围$(-1,j0)$点 $P/2$周，P 是开环传递函数正实部极点的个数。以后，使用 Nyquist 判据时，ω 由$0\to0^+\to\infty$简称为 ω 由$0\to\infty$。

需注意，5.2节所画的极坐标图，对于含有串联积分环节的开环传递函数，是 ω 由$0^+\to\infty$时的图形。采用 Nyquist 稳定判据时，应当增补 ω 由$0\to0^+$的图形，否则可能出错。对于式(5.3-2)所示系统，当 $\omega=0$时，$G(s)H(s)$位于正实轴上。

对于图5.3-4所示三个系统，当 ω 由$0\to\infty$时，极坐标图都不包围$(-1,j0)$点，所以若系统开环稳定，则闭环系统一定是稳定的。

例5.3-1 系统开环频率特性极坐标图如图5.3-5所示，P 为开环正实部极点个数，试判定闭环系统的稳定性。

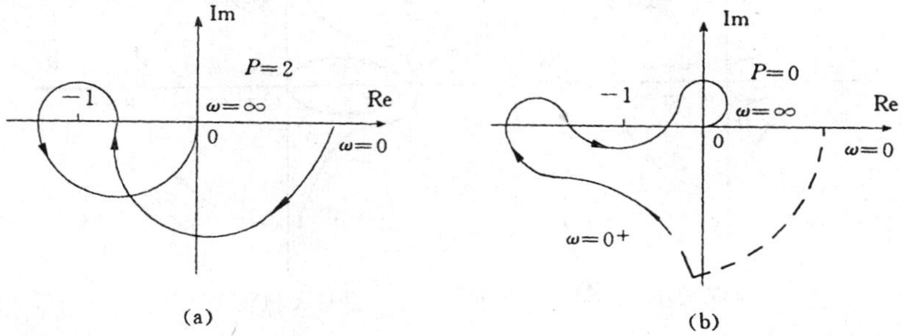

图5.3-5 例5.3-1附图

解 当 ω 由$0\to\infty$时，图(a)逆时针方向包围$(-1,j0)$点一周，而 $P=2$；图(b)不包围$(-1,j0)$点，而 $P=0$，故闭环系统都是稳定的。

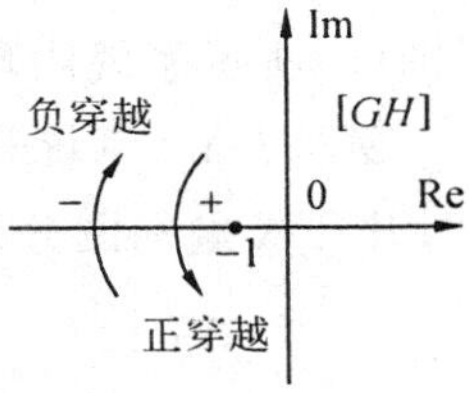

图5.3-6 正、负穿越

对于复杂的开环极坐标图，采用"包围周数"的概念判定闭环系统是否稳定比较麻烦，容易出错。为了简化判定过程，我们引用正、负穿越的概念。正、负穿越的概念见图5.3-6。如果开环极坐标图按逆时针方向(从上向下)穿过负实轴，称为正穿越，正穿越时相角增加；按顺时针方向(从下向上)穿过负实轴，称为负穿越，负穿越时相角减小。

由图5.3-3、4、5可知，当 ω 变化时，开环极坐标图包围$(-1,j0)$点的周数正好等于极坐标图在$(-1,j0)$点左方正、负穿越负实轴次数之差。因此，Nyquist 稳定判据可以叙述如下：闭环系统稳定的充要条件是，当 ω 由$0\to\infty$时，开环频率特性极坐标图在$(-1,j0)$点左方正、负穿越负实轴次数之差应为 $P/2$，P 为开环传递函数正实部极点个数。若 $\omega=0$时，$G(s)H(s)$位于负实轴上，则当它离开负实轴时，穿越次数定义为1/2次。若开环极坐标图在$(-1,j0)$点左方负穿越负实轴的次数大于正穿越的次数，则闭环系统一定不稳定。

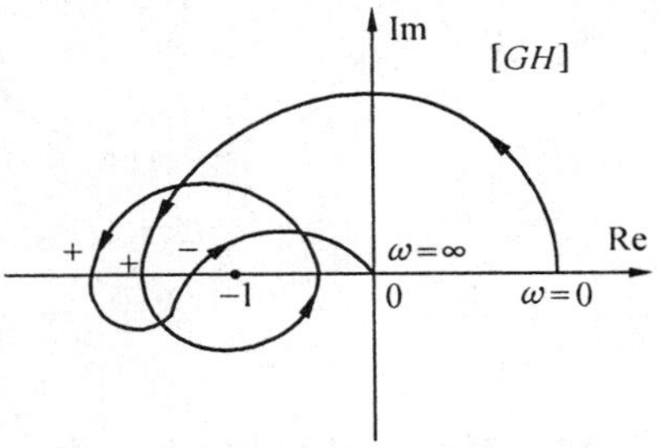

图5.3-7 例5.3-2附图

例5.3-2 系统开环传递函数有2个正实部极点，开环极坐标图如图5.3-7所示，闭环系统是否稳定？

解 $P=2$，ω 由$0\to\infty$，极坐标图在$(-1,j0)$点左方正负穿越负实轴次数之差是$2-1=1=P/2$，所以闭环系统稳定。

例5.3-3 系统的开环传递函数为

$$G(s)H(s)=\frac{K}{s(T_1s+1)(T_2s+1)}$$

当 K 取小值和大值时的开环极坐标图如图5.3-8(a)、(b)所示，判定闭环系统的稳定性。

解 开环传递函数无正实部极点。当 ω 由$0\to\infty$时，图(a)中开环极坐标图在$(-1,j0)$

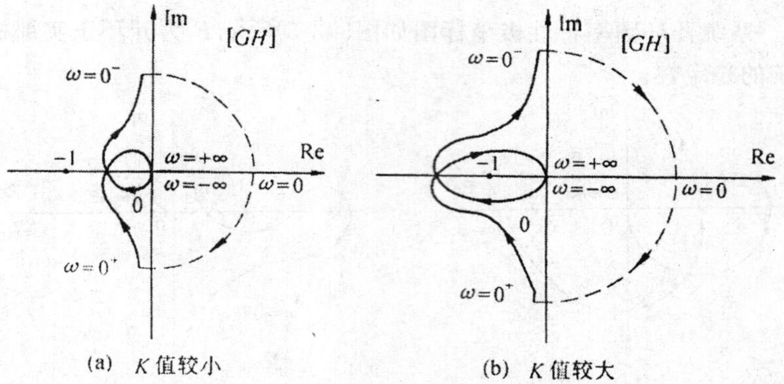

图5.3-8 例5.3-3附图

点左方没有穿越负实轴，而图(b)中极坐标图在$(-1,j0)$左方对负实轴有一次负穿越。所以图(a)所示系统闭环稳定，而图(b)的系统闭环不稳定。

例5.3-4 系统开环传递函数为$G(s)H(s)=K(\tau s+1)/[s^2(Ts+1)]$，当$T<\tau$和$T>\tau$时开环极坐标图分别如图5.3-9(a)、(b)所示，判定闭环系统的稳定性。

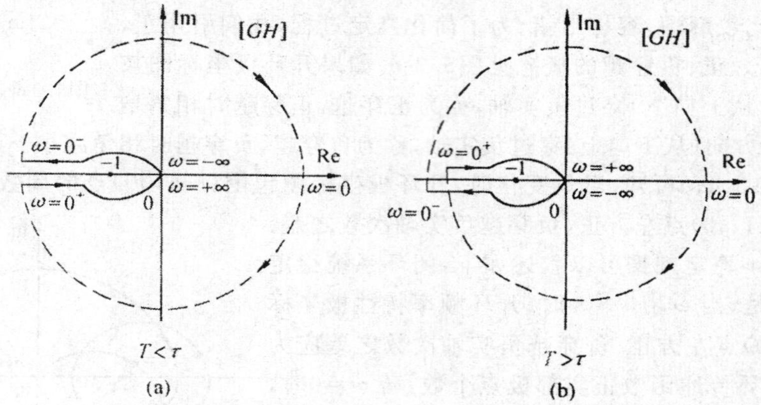

图5.3-9 例5.3-4附图

解 系统开环稳定。当ω由$0\to\infty$时，图(a)中极坐标图没有穿越负实轴，而图(b)中开环极坐标图在$(-1,j0)$点左方无穷远处负穿越负实轴一次，所以图(a)的系统闭环稳定，而图(b)的系统闭环不稳定。

三、 用开环 Bode 图判定闭环稳定性

由于频率特性的极坐标图较难画，所以人们希望利用开环 Bode 图来判定闭环稳定性。这里的关键问题是，极坐标中在$(-1,j0)$点左方正、负穿越负实轴的情况在对数坐标中是如何反映的。因为极坐标图上的负实轴对应于对数相频特性坐标上的$-180°$线，所以，按照正穿越相角增加、负穿越相角减少的概念，极坐标图上的正、负穿越负实轴就是 Bode 图中对数相频特性曲线正、负穿越$-180°$线，如图5.3-10所示。因为极坐标图上以原点为圆心的单位圆对应于对数幅频特性坐标上的0 dB 线，极坐标图中单位圆以外的区

域，对应于对数幅频特性坐标中0 dB 线以上的区域，所以，开环频率特性的极坐标图在$(-1,j0)$点左方正、负穿越负实轴的次数，就对应于 Bode 图上，在开环对数幅频特性大于0 dB 的频段内，相频特性曲线正穿越（相角增加）和负穿越（相角减少）$-180°$线的次数。

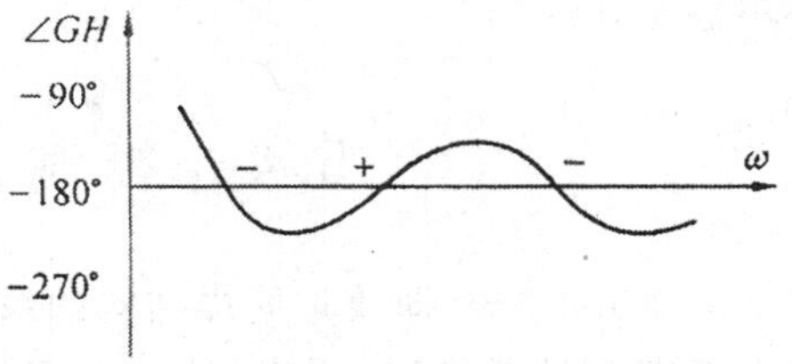

图5.3-10　Bode 图上的正、负穿越

根据 Bode 图分析闭环系统稳定性的 Nyquist 稳定判据可叙述如下：闭环系统稳定的充要条件是，在开环幅频特性大于0dB 的所有频段内，相频特性曲线对$-180°$线的正、负穿越次数之差等于$P/2$，其中P为开环正实部极点个数。需注意的是，当开环系统含有积分环节时，相频特性应增补ω由$0\to0^+$的部分。对于形如式(5.3-2)的开环传递函数，当$\omega\to0$时，相角趋于0°。

例5.3-5　系统开环 Bode 图和开环正实部极点个数P如图5.3-11(a)、(b)、(c)所示，判定闭环系统稳定性。

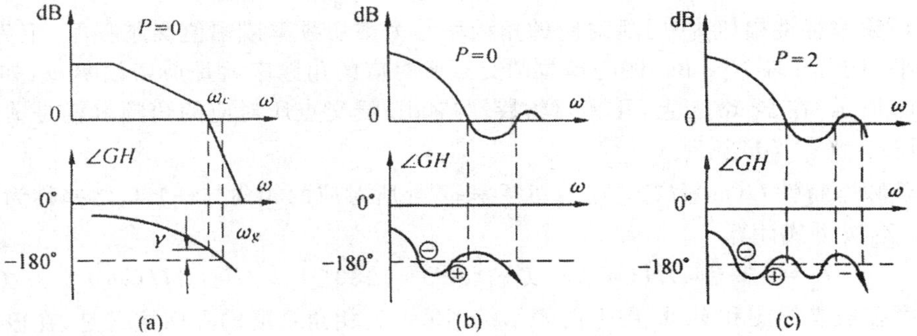

图5.3-11　例5.3-5附图

解　图(a)中，$P=0$，幅频特性大于0dB 时，相频特性曲线没有穿越$-180°$线，故闭环稳定。

图(b)中，$P=0$，幅频特性大于0dB 的各频段内，相频特性曲线对$-180°$线的正、负穿越次数之差$=1-1=0$，所以系统闭环稳定。

图(c)中，$P=2$，在幅频特性大于0dB 的所有频段内，相频特性曲线对$-180°$线的正、负穿越次数之差$=1-2=-1\neq1$，故闭环不稳定。

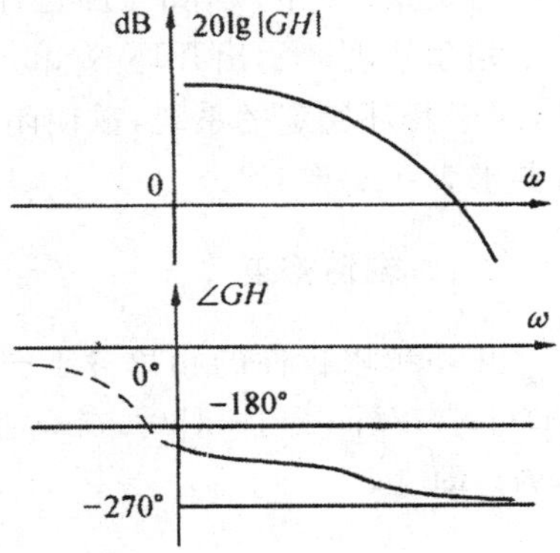

图5.3-12　例5.3-6附图

例5.3-6　某最小相位系统的开环传递函数如式(5.3-2)，且开环 Bode 图如图5.3-12所示，判定闭环系统的稳定性。

解　由已知条件和图形可知，该系统开环传递函数含有2个积分环节，且$\omega\to0^+$时，$\angle GH\to-180°$；$\omega\to0$时，$\angle GH\to0°$。用虚线绘出相频特性的增补部分。从增补后的 Bode 图看，在$20\lg|GH|>0$ dB 的频段内，相频特性对$-180°$线有1次负穿越，没有正穿越，故闭

环不稳定。

5.4 控制系统的相对稳定性

由例5.3-3知，即使是同样结构的系统，由于参数(如开环放大系数 K)的变化，系统可能由稳定变成不稳定。系统在运行过程中参数发生变化是常有的事。因此，为了使系统能始终正常工作，不仅要求系统是稳定的，而且要求它具有足够的稳定程度或稳定裕度。此外，系统稳定裕度的大小还和它的动态性能有密切关系。系统的稳定裕度就称为相对稳定性。由图5.3-8(a)可知，对于开环和闭环都稳定的系统，极坐标平面上的开环 Nyquist 图离$(-1,j0)$点越远，稳定裕度越大。一般采用相角裕度和幅值裕度来定量地表示相对稳定性，它们实际上就是表示开环 Nyquist 图离$(-1,j0)$点的远近程度，它们也是系统的动态性能指标。

一、 相角裕度

开环频率特性幅值为1时所对应的角频率称为剪切频率或幅值交越频率，记为 ω_c。在极坐标平面上，开环 Nyquist 图与单位圆交点所对应的角频率就是剪切频率 ω_c，如图5.4-1(a)、(b)所示。在 Bode 图上，开环幅频特性与0dB 线交点所对应的角频率就是剪切频率 ω_c，如图5.4-1(c)、(d)所示。

开环频率特性 $G(\mathrm{j}\omega)H(\mathrm{j}\omega)$在剪切频率 ω_c 处所对应的相角与$-180°$之差称为相角裕度，记为γ，按下式计算

$$\gamma=\angle G(\mathrm{j}\omega_c)H(\mathrm{j}\omega_c)-(-180°)=180°+\angle G(\mathrm{j}\omega_c)H(\mathrm{j}\omega_c) \tag{5.4-1}$$

相角裕度在极坐标图和 Bode 图上的表示见图5.4-1。相角裕度的几何意义是，在极坐标图上，负实轴绕原点转到与 $G(\mathrm{j}\omega_c)H(\mathrm{j}\omega_c)$重合时所转过的角度，逆时针转向为正角，顺时针转动为负角。开环 Nyquist 图正好通过$(-1,j0)$点时，称闭环系统是临界稳定的。

相角裕度表示出开环 Nyquist 图在单位圆上离$(-1,j0)$点的远近程度。由图5.4-1可知，对于开环稳定的系统，欲使闭环稳定，其相角裕度必须为正。一个良好的控制系统，通常要求 $\gamma=40°\sim60°$。

二、 幅值裕度

开环频率特性的相角等于$-180°$时所对应的角频率称为相角交越频率，记为 ω_g，即$\angle G(\mathrm{j}\omega_g)H(\mathrm{j}\omega_g)=-180°$。在 ω_g，开环幅频特性幅值的倒数称为控制系统的幅值裕度，记作 K_g，即

$$K_g=\frac{1}{|G(\mathrm{j}\omega_g)H(\mathrm{j}\omega_g)|} \tag{5.4-2}$$

幅值裕度在 Nyquist 图上的表示见图5.4-1(a)、(b)。在 Bode 图上，幅值裕度用 $20\lg K_g=-20\lg|G(\mathrm{j}\omega_g)H(\mathrm{j}\omega_g)|$dB 表示，见图5.4-1(c)、(d)。若$|G(\mathrm{j}\omega_g)H(\mathrm{j}\omega)|<1$，则 $K_g>1$，$20\lg|K_g|>0$ dB，称幅值裕度为正。若$|G(\mathrm{j}\omega_g)H(\mathrm{j}\omega_g)|>1$，则 $K_g<1$，$20\lg K_g<0$dB，则称幅值裕度为负，见图5.4-1(c)、(d)。

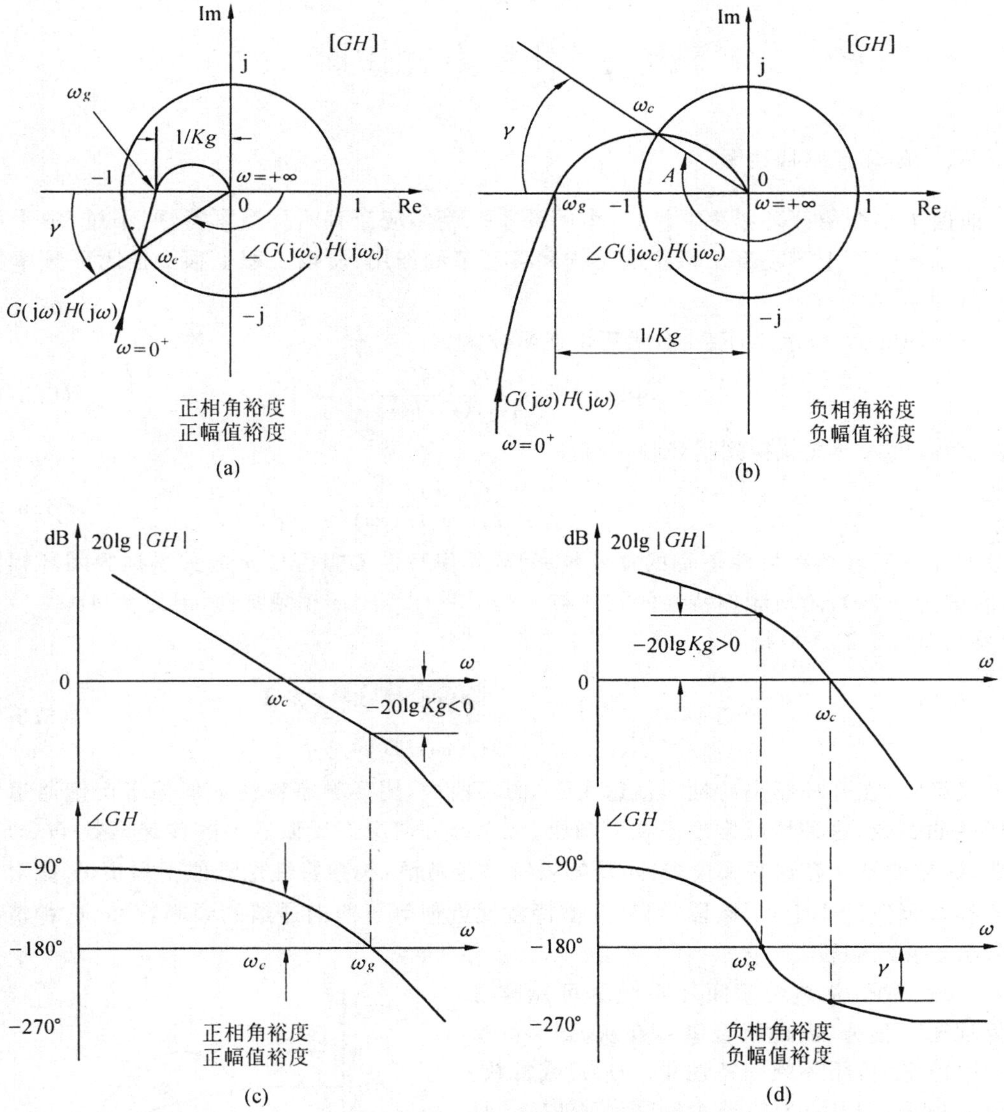

图5.4-1　相角裕度与幅值裕度

幅值裕度表示开环 Nyquist 图在负实轴上离$(-1, j0)$点的远近程度。由图5.4-1可知，对于开环稳定的系统，欲使闭环稳定，通常其幅值裕度应为正值。一个良好的系统，一般要求 $K_g=2\sim3.16$或$20\lg K_g=6\sim10$ dB。

当开环放大系数变化而其它参数不变时，ω_g 不变但$|G(j\omega_g)H(j\omega_g)|$变化。幅值裕度的物理意义是，对于闭环稳定的系统，使系统达到临界稳定时，开环放大系数可以增大的倍数。

要注意的是，对于开环不稳定的系统，及开环频率特性幅值为1的点或相角为$-180°$的点不止一个的系统，不要使用上述关于幅值裕度和相角裕度的定义和结论，否则可能会导致错误。这时应当根据 Nyquist 图的具体形式作适当的处理。

5.5 闭环频率特性图

一、 闭环频率特性图

前面主要介绍开环频率特性。一个闭环系统当然应当有闭环频率特性。不过，由于从闭环频率特性图上不易看出系统的结构和各环节的作用，所以工程上很少绘闭环频率特性图。

对于图5.3-1所示闭环系统，闭环传递函数为

$$\Phi(s)=\frac{G(s)}{1+G(s)H(s)} \tag{5.5-1}$$

令 $s=\mathrm{j}\omega$，代入上式就得到闭环频率特性

$$\Phi(\mathrm{j}\omega)=\frac{G(\mathrm{j}\omega)}{1+G(\mathrm{j}\omega)H(\mathrm{j}\omega)} \tag{5.5-2}$$

一般情况下闭环频率特性是 ω 的复变量。闭环频率特性的幅值与 ω 的关系称为闭环幅频特性，记为 $A(\omega)$；闭环频率特性的相角与 ω 的关系称为闭环相频特性，记为 $\theta(\omega)$。

由式(5.5-2)还可得

$$\Phi(\mathrm{j}\omega)=\begin{cases}\dfrac{1}{H(\mathrm{j}\omega)} & |G(\mathrm{j}\omega)H(\mathrm{j}\omega)|\gg 1\\ G(\mathrm{j}\omega) & |G(\mathrm{j}\omega)H(\mathrm{j}\omega)|\ll 1\end{cases} \tag{5.5-3}$$

由上式可知，在开环频率特性幅值远大于1的频段内，闭环频率特性近似等于反馈通道频率特性的倒数。这种情况常出现在低频段。绝大部分情况下反馈通道的传递函数 $H(s)$是常数，这样的系统在这些频段内，闭环幅频特性是常值，相频特性也近似于恒值0°。而对于开环频率幅值远小于1的频段，闭环频率特性就近似等于前向通道的频率特性。这种情况通常出现在高频段。

一般情况，总是希望闭环系统尽可能准确地复现输入信号，因此就希望 ω 在从0到∞的整个频率范围内，闭环频率特性 $\Phi(\mathrm{j}\omega)$为1或常数。这就意味着，从0到∞的整个频率范围内，开环频率特性幅值都要很大，这在事实上是不可能的。因此，绝对准确地复现输入信号是不可能的。但，一个系统开环幅频特性保持大数值的频率范围越宽，其闭环系统就能把输入信号复现得越好。

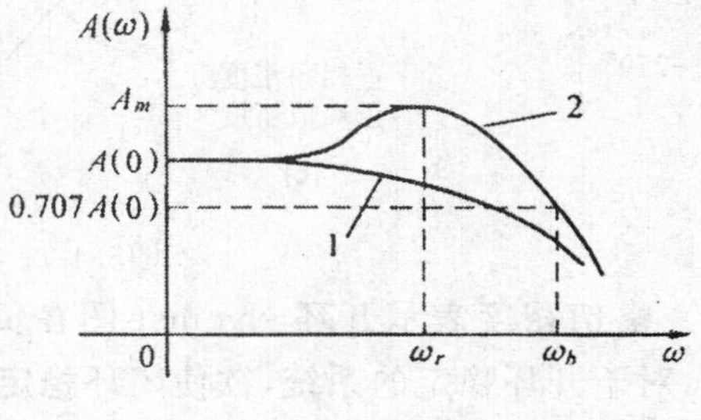

图5.5-1 闭环幅频特性

图5.5-1给出闭环幅频特性的两种曲线1和2。图中 $A(0)$为零频值。曲线1表示闭环频率特性幅值 $A(\omega)$随 ω 的增加而单调减小。曲线2的特点是，曲线的低频部分变化缓慢、平滑，随着频率的不断增加，曲线出现大于 $A(0)$的波峰，称这种现象为谐振。$A(\omega)$的最大值记为 A_m，对应的频率称为谐振频率，记为 ω_r。称 $A_m/A(0)$为相对谐振峰值，简称为谐振峰值，记为 M_r。当闭环频率特性幅值下降到零频值 $A(0)$的0.707倍时，所对应的频率称为截

止频率，记作 ω_b，ω_b 又称为系统的频带宽度。当 $\omega>\omega_r$ 后，特别是 $\omega>\omega_b$ 后，闭环幅频特性曲线以较大的陡度衰减至零。

利用式(5.5-2)逐点描出闭环频率特性图的方法太麻烦。工程上都是利用开环频率特性图绘闭环频率特性图。而常用的方法，首先是绘制对应的单位反馈系统的闭环频率特性，然后再绘非单位反馈系统的频率特性图。

根据开环 Nyquist 图绘单位负反馈系统的闭环频率特性图时，利用等 M 圆图和等 N 圆图是比较方便的。

二、 等 M 圆

设开环频率特性 $G(j\omega)$ 为

$$G(j\omega)=U+jV \tag{5.5-4}$$

则单位反馈系统的闭环频率特性为

$$\Phi(j\omega)=\frac{G(j\omega)}{1+G(j\omega)}=\frac{U+jV}{1+U+jV} \tag{5.5-5}$$

闭环频率特性幅值 M 满足下式

$$M^2=\frac{U^2+V^2}{(1+U)^2+V^2} \tag{5.5-6}$$

如果 $M=1$，则上式变为

$$2U+1=0 \tag{5.5-7}$$

这是一条过$(-1/2,j0)$点且平行于虚轴的直线。如果 $M\neq1$，则式(5.5-6)可化成

$$\left(U+\frac{M^2}{M^2-1}\right)^2+V^2=\frac{M^2}{(M^2-1)^2} \tag{5.5-8}$$

上式是圆的方程，圆心为$(-M^2/(M^2-1),j0)$，半径为$|M/(M^2-1)|$。给出不同的 M 值，在$[G(j\omega)]$平面上就得到了一族圆，称为等 M 圆，如图5.5-2所示。其中每一个圆对应于一个 M 值。当 $M>1$时，等 M 圆位于 $M=1$的直线左边，圆心位于实轴上$(-1,j0)$点的左边，随着 M 的增大，等 M 圆越来越小，最后收敛到点$(-1,j0)$。当 $M<1$时，等 M 圆位于 $M=1$的直线右侧，圆心位于正实轴上，随着 M 的减小，等 M 圆也越来越小，最后收敛到原点。

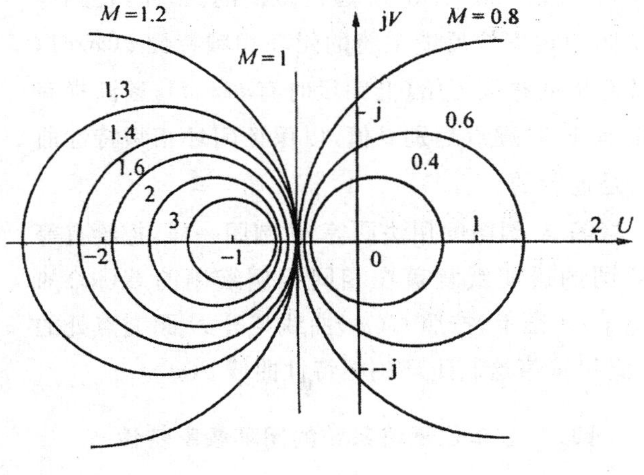

图5.5-2 等 M 圆

应用等 M 圆求单位反馈系统闭环频率特性时，将绘有等 M 圆图的透明纸复盖在开

环频率特性图上，两张图的比例必须一致。读取$G(j\omega)$曲线与各个等M圆的交点所对应的M值和ω值，便可画出闭环幅频特性$M(\omega)$的曲线。如果$G(j\omega)$与某一M圆相切后不再进入圆内区域，则该圆所对应的M值就是闭环幅频特性的最大值，即谐振峰值M_r，切点对应的ω值就是谐振角频率ω_r。

三、等N圆

由式(5.5-5)可得闭环幅频特性的相角θ为

$$\theta(\omega) = \mathrm{tg}^{-1}\frac{V}{U} - \mathrm{tg}^{-1}\frac{V}{1+U}$$

记$\mathrm{tg}\theta = N$，由上式可得

$$(U+\frac{1}{2})^2 + (V-\frac{1}{2N})^2 = \frac{1}{4} + (\frac{1}{2N})^2 \tag{5.5-9}$$

上式是圆的方程，圆心为$(-\frac{1}{2}, j\frac{1}{2N})$，半径为$\sqrt{\frac{1}{4}+(\frac{1}{2N})^2}$。当给出不同的$N$值，在〔$G(j\omega)$〕平面上得到一族圆，称为等$N$圆，如图5.5-3所示。

从图5.5-3可以看出，无论N值大小，所有等N圆都通过坐标原点及点$(-1, j0)$。等N轨线不是一个完整的圆，而是一段圆弧。并且因$\mathrm{tg}(\theta \pm K \cdot 180°) = \mathrm{tg}\theta (K=0,1,2,\cdots)$，所以$\theta$与$\theta \pm K\cdot 180°$在同一段圆弧上，等$N$圆是多值的。因此，在用等$N$圆确定单位反馈系统的闭环相频特性$\theta(\omega)$时，最好从低频段开始（低频段时有$\theta \approx 0°$），逐渐提高频率，同时逐点判别$\theta$值，以保证闭环相频特性曲线是连续的。

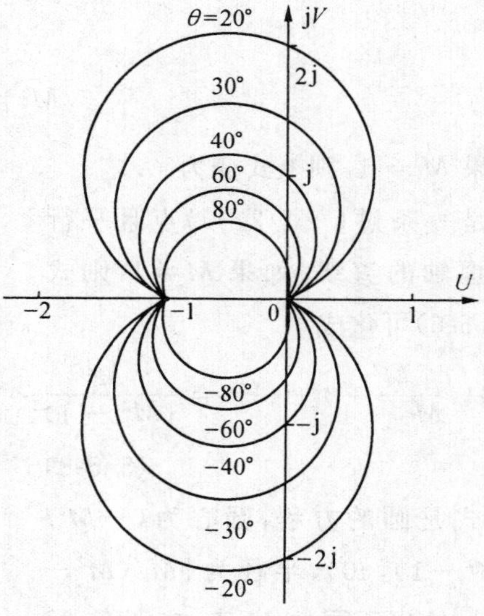

图5.5-3 等N圆

等N圆图的用法同等M圆图一样，把绘有等N圆的透明纸复盖在相同比例绘制的$G(j\omega)$的Nyquist图上，按照$G(j\omega)$曲线与等N圆交点处的θ值和ω值绘制闭环相频特性曲线$\theta(\omega)$。

四、 非单位反馈系统的闭环频率特性

对于图5.3-1所示非单位反馈系统，其闭环频率特性可写成

$$\Phi(j\omega) = \frac{1}{H(j\omega)} \cdot \frac{G(j\omega)H(j\omega)}{1+G(j\omega)H(j\omega)} \tag{5.5-10}$$

我们可以先求出开环传递函数为$G(j\omega)H(j\omega)$的单位反馈系统的闭环频率特性

$$G(j\omega)H(j\omega)/[1+G(j\omega)H(j\omega)]$$

然后把它绘制在 Bode 图上，再与 $H(j\omega)$ 的 Bode 图相减，就得到闭环频率特性的 Bode 图。

5.6 开环频率特性与控制系统性能的关系

一、控制系统的性能指标

控制系统性能的优劣以性能指标衡量。由于研究方法和应用领域的不同，性能指标有很多种，大体上可以归纳成两类：时间域指标和频率域指标。

时域指标包括静态指标和动态指标。静态指标包括稳态误差 e_{ss}、无差度 υ 以及开环放大系数 K。动态指标包括过渡过程时间 t_s、超调量 σ_p、上升时间 t_r、峰值时间 t_p、振荡次数 N 等，常用的是 t_s 和 σ_p。

频率域指标包括开环指标和闭环指标。开环指标有剪切频率 ω_c、相角裕度 γ、幅值裕度 K_g，常用的是 ω_c 和 γ。

在直角坐标上绘闭环幅频特性时，纵坐标有两种表示方法。一种是以闭环幅值 $A(\omega)$ 为纵坐标，如图5.5-1所示。另一种是以输出幅值 $A(\omega)$ 与零频值 $A(0)$ 之比作为纵坐标，记为 $M(\omega)$

$$M(\omega)=\frac{A(\omega)}{A(0)} \tag{5.6-1}$$

$M(\omega)$ 也称为闭环幅值。带有谐振现象的典型闭环幅频特性如图5.6-1所示。闭环幅值的最大值 A_m 与零频值 $A(0)$ 之比称为相对谐振峰值，记为 M_r

$$M_r=\frac{A_m}{A(0)} \tag{5.6-2}$$

产生 M_r 时的角频率就是谐振频率 ω_r，使 $M(\omega)$ 为0.707时的频率为截止频率 ω_b，即 $M(\omega_b)=0.707$，$20\lg M(\omega_b)=-3\ \text{dB}$。$\omega_r$ 和 ω_b 的数值和含义与图5.5-1是一致的。

闭环频率域指标主要指闭环谐振峰值 M_r、谐振频率 ω_r 和截止频率 ω_b。

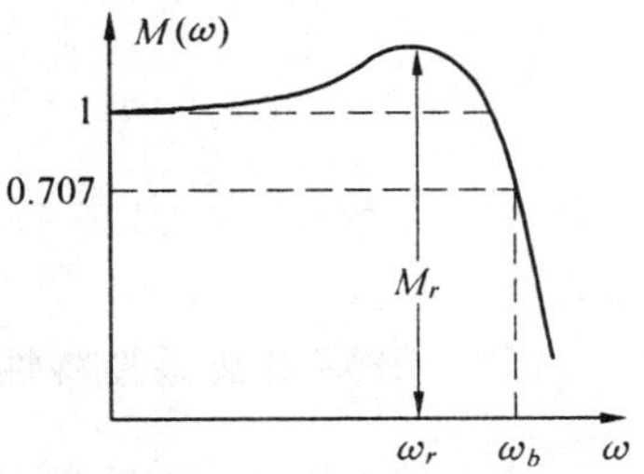

图5.6-1　典型闭环幅频特性

二、二阶系统性能指标间的关系

对于图5.6-2所示的简单二阶系统，可以推导出性能指标间的下述准确关系式

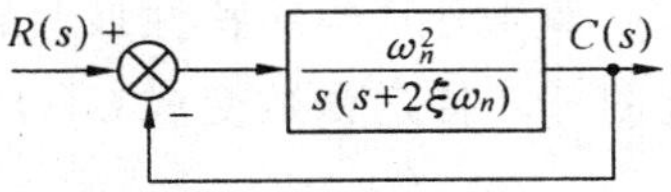

图5.6-2　二阶反馈控制系统

$$\begin{cases}\omega_c=\omega_n\sqrt{\sqrt{4\xi^2+1}-2\xi^2}\\ \gamma=\mathrm{tg}^{-1}\dfrac{2\xi}{\sqrt{\sqrt{4\xi^2+1}-2\xi^2}}\end{cases} \tag{5.6-3}$$

$$
\begin{cases}
M_r = \dfrac{1}{2\xi\sqrt{1-\xi^2}} & (\xi < 0.707) \\
\omega_r = \omega_n\sqrt{1-2\xi^2} \\
\omega_b = \omega_n\sqrt{\sqrt{4\xi^4-4\xi^2+2}-2\xi^2+1}
\end{cases}
\tag{5.6-4}
$$

考虑到以前介绍的关系式

$$\sigma_p = e^{-\frac{\pi\xi}{\sqrt{1-\xi^2}}} \tag{5.6-5}$$

可以看出 ξ、σ_p、γ、M_r 间具有一一对应的关系；ω_b/ω_c 及 ω_r/ω_c 是 ξ(或 σ_p、γ、M_r)的函数，当 ξ(或 σ_p、γ、M_r)一定时，ω_b/ω_c 及 ω_r/ω_c 也是定值。对于常见的 $\xi=0.4$值，有

$$\omega_b = 1.6\omega_c \tag{5.6-6}$$

此外还可推导出下述近似关系式

$$\omega_c t_s = \frac{6}{\mathrm{tg}\gamma} \tag{5.6-7}$$

可见，在相角裕度相同时，ω_c 越大，t_s 越小，系统响应速度越快。

按阻尼强弱和响应速度的快慢可以把性能指标分为两大类。表示系统阻尼大小的指标有 ξ、σ_p、γ、M_r。表示响应速度快慢的指标有 t_s、ω_c、ω_r、ω_b。在阻尼比 ξ(或 σ_p、γ、M_r)一定时，ω_c、ω_r、ω_b 越大，系统响应速度越快。规定系统性能指标时，每类指标规定一项就够了。

三、 高阶系统性能指标间的关系

高阶系统性能指标间的关系比较复杂。如果高阶系统的控制性能主要受一对闭环共轭复极点影响时，则可以采用上面给出的二阶系统指标间的关系式。一般情况下采用下面的经验公式近似地表示高阶系统性能指标间的关系

$$M_r = \frac{1}{\sin\gamma} \tag{5.6-8}$$

$$\sigma_p = 0.16 + 0.4(M_r - 1) \quad (1 \leqslant M_r \leqslant 1.8) \tag{5.6-9}$$

$$t_s = \frac{\pi}{\omega_c}[2 + 1.5(M_r - 1) + 2.5(M_r - 1)^2] \quad (1 \leqslant M_r \leqslant 1.8) \tag{5.6-10}$$

四、 开环对数幅频特性与性能指标间的关系

对于常见的系统，特别是最小相位系统，主要是利用开环对数幅频特性(Bode 图)分析和设计系统。

如果开环幅频特性最低的转折频率是 ω_1，则低于 ω_1 的频段称为低频。在低频部分，系统的开环传递函数变成 $G(s)H(s)=K/s^\upsilon$，系统的开环频率特性为

$$G(j\omega)H(j\omega) = \frac{K}{j^\upsilon\omega^\upsilon} \tag{5.6-11}$$

低频部分的对数幅频特性是

$$20\lg|G(j\omega)H(j\omega)| = 20\lg K - 20\upsilon\lg\omega \tag{5.6-12}$$

上式是直线方程，斜率为 -20υ dB/dec，直线通过 $\omega=1$、$20\lg|GH|=20\lg K$ 这一点；同时

直线或其延长线在 $\omega=\sqrt[\upsilon]{K}$ 处通过0dB 线。所以，由低频部分的斜率和直线位置可求出无差度或串联积分环节个数 υ 和开环放大系数 K。因此，开环对数幅频特性曲线的低频部分反映出系统的静态性能，或者说，系统的静态指标取决于开环幅频特性的低频部分。

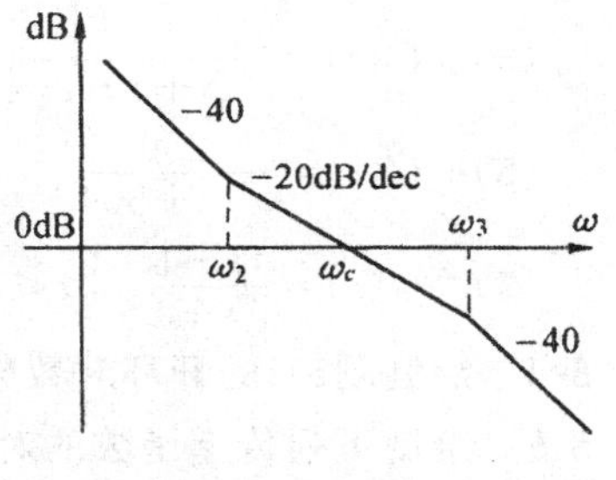

图5.6-3 幅频特性的中频段

剪切频率 ω_c 属于中频段。在相角裕度 γ 一定的情况下，ω_c 的大小决定了系统响应速度的大小，见式(5.6-8、10)。

经验表明，为了使闭环系统稳定并具有足够的相角裕度，开环对数幅频特性最好以 -20 dB/dec 的斜率通过0 dB 线，如图5.6-3所示。如果以 -40 dB/dec 的斜率通过0 dB 线，则闭环系统可能不稳定，即使稳定，相角裕度往往也较小。如果以 -60 dB/dec 或更负的斜率通过0 dB 线，则闭环系统肯定不稳定。对于图5.6-3，设

$$h=\frac{\omega_3}{\omega_2} \tag{5.6-13}$$

即

$$\lg h=\lg\omega_3-\lg\omega_2 \tag{5.6-14}$$

建议按下述公式选取 ω_2 和 ω_3

$$\omega_2\leqslant\omega_c\frac{M_r-1}{M_r} \tag{5.6-15}$$

$$\omega_3\geqslant\omega_c\frac{M_r+1}{M_r} \tag{5.6-16}$$

h 和 M_r 间的关系可用下述经验公式表示

$$h\geqslant\frac{M_r+1}{M_r-1} \tag{5.6-17}$$

比剪切频率 ω_c 高出许多倍的频率范围称为高频段。系统开环幅频特性的高频部分对系统性能指标影响不大，一般只要求高频部分有比较负的斜率，幅值衰减得快一些。

习　题

5-1 系统的闭环传递函数为

$$\Phi(s)=\frac{C(s)}{R(s)}=\frac{K(T_2s+1)}{T_1s+1}$$

输入信号为 $r(t)=R\sin\omega t$，求系统的稳态输出。

5-2 求下列传递函数对应的相频特性表达式 $\angle G(\mathrm{j}\omega)$

(1) $G(s)=\dfrac{\tau s+1}{Ts+1}$

(2) $G(s)=\dfrac{(aT_1s+1)(bT_2s+1)}{(T_1s+1)(T_2s+1)}$

5-3 已知开环传递函数如下，绘制开环频率特性的极坐标图。

(1) $G(s)=\dfrac{1}{s(s+1)}$　　(2) $G(s)=\dfrac{1}{(s+1)(2s+1)}$

(3) $G(s)=\dfrac{1}{s^2(s+1)(2s+1)}$　　(4) $G(s)=\dfrac{250}{s(s+50)}$

(5) $G(s)=\dfrac{250}{s^2(s+50)}$　　(6) $G(s)=\dfrac{\tau s+1}{Ts+1}$　$(\tau>T)$

(7) $G(s)=\dfrac{\tau s+1}{Ts+1}$　$(\tau<T)$　　(8) $G(s)=\dfrac{\tau s+1}{Ts-1}$　$(1>\tau>T>0)$

5-4　绘制题5-3的开环对数频率特性图。

5-5　绘制下列传递函数的对数幅频特性图。

(1) $G(s)=\dfrac{1}{s(s+1)(2s+1)}$　　(2) $G(s)=\dfrac{250}{s(s+5)(s+15)}$

(3) $G(s)=\dfrac{250(s+1)}{s^2(s+5)(s+15)}$　　(4) $G(s)=\dfrac{500(s+2)}{s(s+10)}$

(5) $G(s)=\dfrac{2000(s-6)}{s(s^2+4s+20)}$　　(6) $G(s)=\dfrac{2000(s+6)}{s(s^2+4s+20)}$

(7) $G(s)=\dfrac{2}{s(0.1s+1)(0.5s+1)}$　　(8) $G(s)=\dfrac{2s^2}{(0.04s+1)(0.4s+1)}$

(9) $G(s)=\dfrac{50(0.6s+1)}{s^2(4s+1)}$　　(10) $G(s)=\dfrac{7.5(0.2s+1)(s+1)}{s(s^2+16s+100)}$

5-6　已知最小相位开环系统对数幅频特性如图题5-6所示，求开环传递函数。

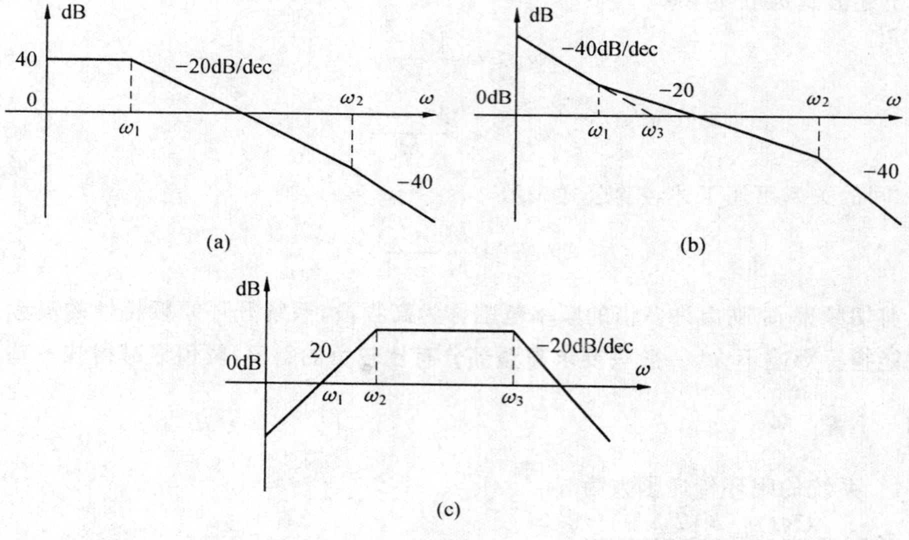

图题5-6

5-7　图题5-7表示几个开环传递函数 $G(s)$ 的 Nyquist 图的正频部分。$G(s)$ 不含有正实部极点，判断其闭环系统的稳定性。

5-8　图题5-8表示几个开环 Nyquist 图。图中 P 为开环正实部极点个数，判断闭环系统的稳定性。

5-9　图题5-9表示开环 Nyquist 图的负频部分，P 为开环正实部极点个数，判断闭环系统是否稳定。

5-10　图题5-10表示开环 Nyquist 图，其开环传递函数为

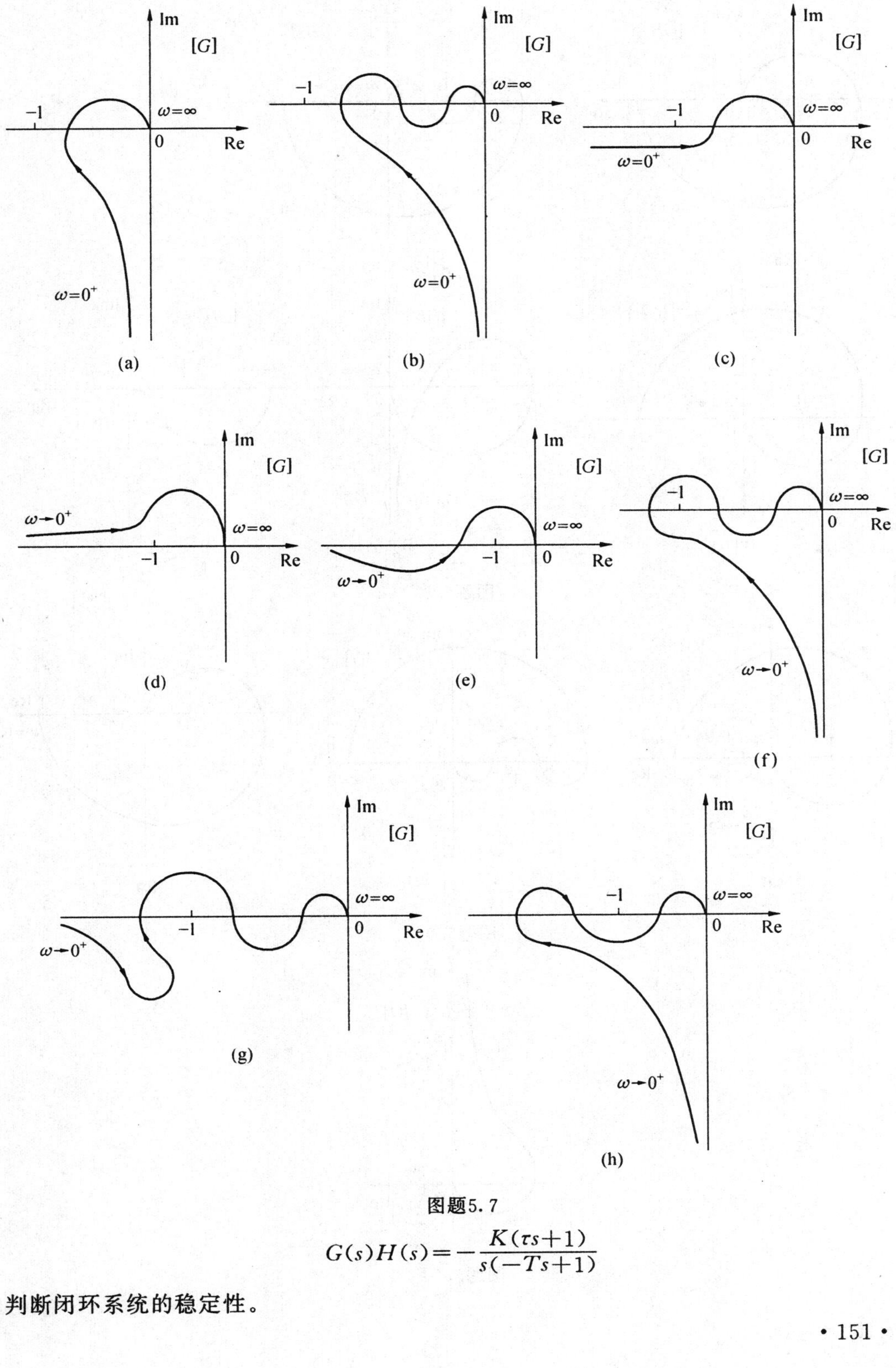

图题5.7

$$G(s)H(s)=-\frac{K(\tau s+1)}{s(-Ts+1)}$$

判断闭环系统的稳定性。

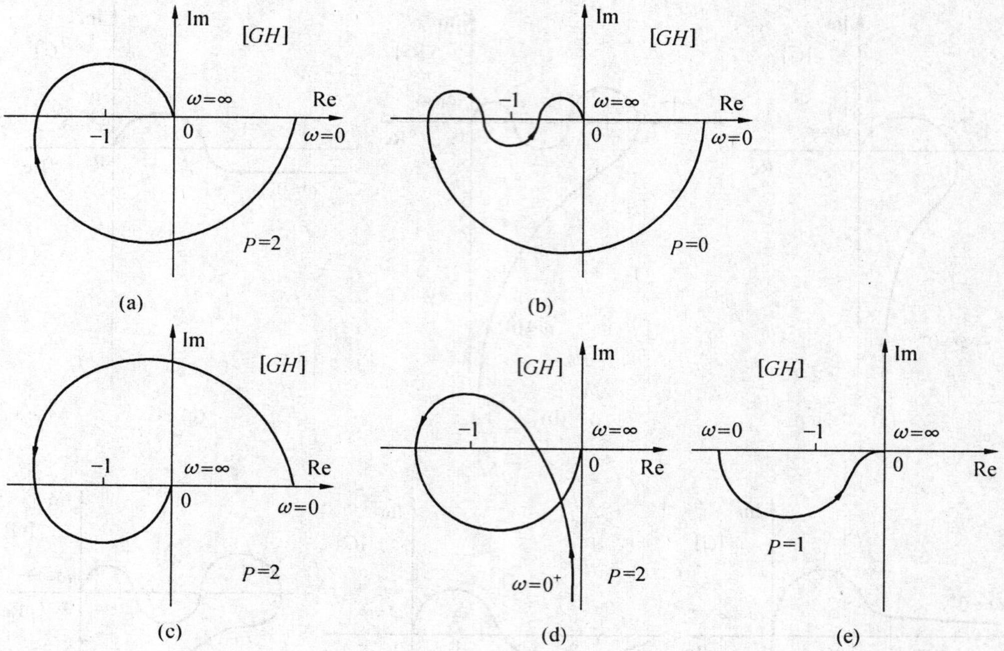

图题5.8

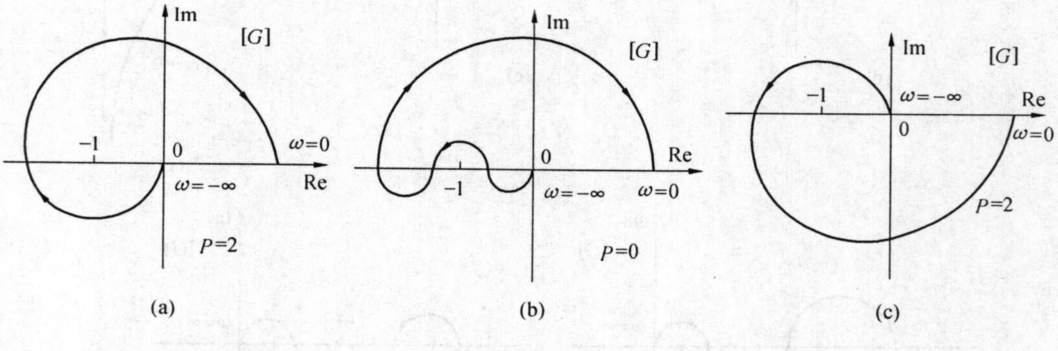

图题5.9

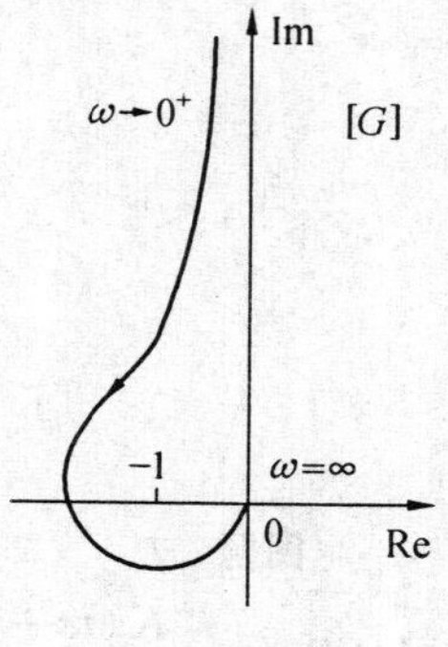

图题5.10

5-11 一个最小相位系统的开环 Bode 图如图题5-11所示，图中曲线1、2、3和4分别表示放大系数 K 为不同值时的对数幅频特性，判断对应的闭环系统的稳定性。

5-12 最小相位系统的开环 Bode 图如图题5-12所示，判断闭环系统的稳定性。

5-13 系统的开环传递函数为

$$G(s)=\frac{10(0.56s+1)}{s(0.1s+1)(s+1)(0.028s+1)}$$

剪切频率 $\omega_c=0.6\text{rad/s}$，求相角裕度。

5-14 系统的开环传递函数为

$$G(s)=\frac{K(s+3)}{s(s^2+20s+625)}$$

求下述两种情况下剪切频率 ω_c 所对应的相位角 $\angle G(j\omega_c)$ 和相角裕度 γ：

（1） $\omega_c=15\ \text{rad/s}$ （2） $\omega_c=50\ \text{rad/s}$

5-15 系统的开环传递函数为

$$G(s)=\frac{K(20s+1)}{s(400s+1)(s+1)(0.1s+1)}$$

求下列情况下的相角裕度 γ：

（1） 剪切频率 $\omega_c=0.5\ \text{rad/s}$；

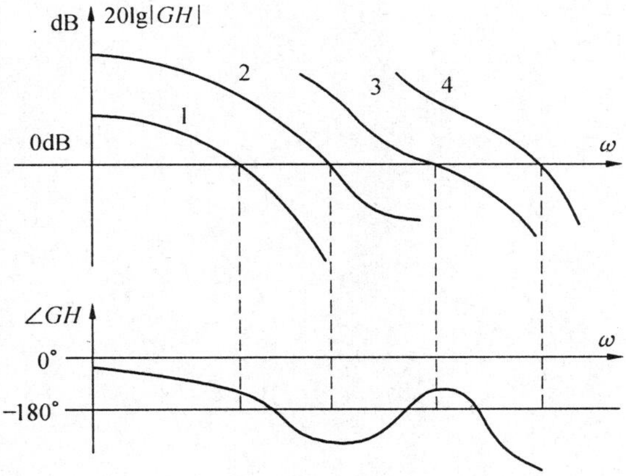

图题5.11

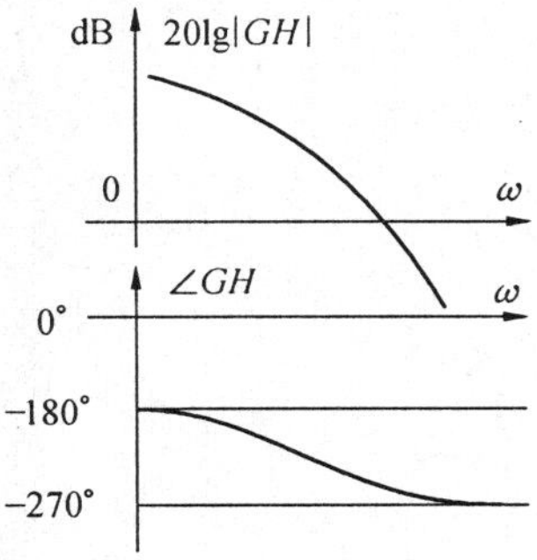

图题5.12

（2） $\omega_c=5\ \text{rad/s}$；

（3） $\omega_c=15\ \text{rad/s}$。

5-16 典型二阶系统的传递函数为

$$G(s)=\frac{\omega_n^2}{s^2+2\xi\omega_n s+\omega_n^2}$$

图题5-16给出该传递函数对应不同参数值时的三条对数幅频特性曲线1、2和3。

（1） 在〔s〕平面上画出三条曲线所对应的传递函数极点（s_1, s_1'；s_2, s_2'；s_3, s_3'）的相对位置。

（2） 比较三个系统的超调量（σ_{p1}、σ_{p2}、σ_{p3}）和调整时间（t_{s1}、t_{s2}、t_{s3}）的大小，并简要说明理由。

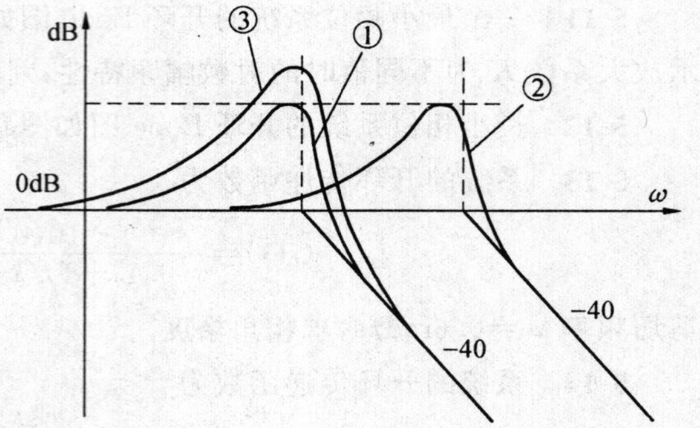

图题5.16

5-17 系统开环传递函数为

$$G(s)=\frac{316(\tau s+1)}{s^2(Ts+1)}$$

（1） $\tau=0.1\text{s}, T=0.01\text{s}$

（2） $\tau=0.01\text{s}, T=0.1\text{s}$

画 Bode 图，求 $\gamma(\omega_c)$、$20\lg K_g$(dB)，并分析稳定性。

第六章　控制系统的综合与校正

6.1　引　　言

当被控对象确定之后，自动控制系统所要完成的任务也就确定了。这时可根据性能指标的要求和被控对象的特性选择测量比较元件、执行元件，以及从测量比较元件输出到执行元件输入之间应具有的前置放大器、功率放大器的基本形式。上述包括被控对象在内的诸元件组成系统的不可变部分，其对应的特性称为系统的不可变特性，有时称为固有特性，其传递函数用 $G_0(s)$ 表示。不可变部分除放大倍数可作适当调整外，其余部分均固定不变。

为使控制系统满足性能指标要求，在上述情况下，最简单的方法是调整开环放大倍数。例如，使开环放大倍数增加，但只能使稳态性能得到改善，而控制系统的稳定性却随之变差，甚至有可能造成系统不稳定。因此，要让控制系统全面满足稳态性能和动态性能的要求，还需引入其它元件来校正控制系统的特性。为保证系统的控制性能达到预期的性能指标要求，而有目的地增添的元件，称为控制系统的校正元件。根据校正元件与不可变部分的联接方式，校正方案分为串联校正和反馈校正。若校正元件在前向通道，与不可变部分相串联，称此种形式的校正为串联校正，其校正装置的传递函数用 $G_c(s)$ 表示，如图 6.1-1 所示。若校正元件在局部反馈回路，与不可变部分组成内反馈环，称此种校正形式为反馈校正，其校正装置传递函数用 $H_c(s)$ 表示，如图 6.1-2 所示。

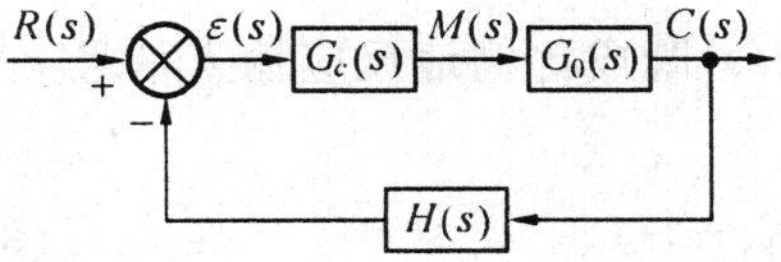

图 6.1-1　串联校正系统的方块图

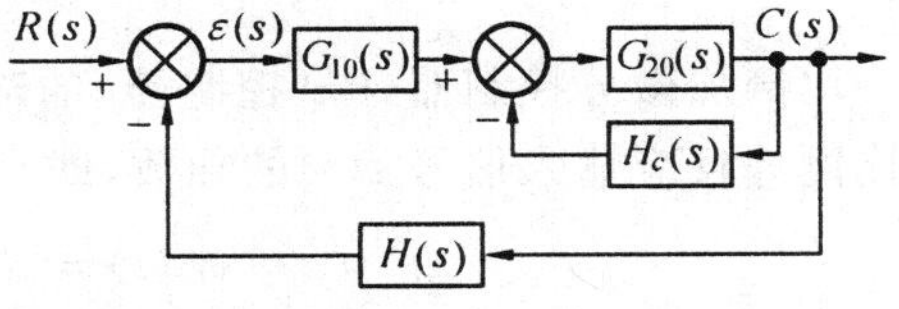

图 6.1-2　反馈校正系统的方块图

串联校正又分为超前校正、滞后校正、滞后-超前校正，这些串联校正装置实现的控制规律常采用比例、微分、积分等基本控制规律，或这些基本控制规律的组合，如比例加微分控制规律(PD)，比例加积分控制规律(PI)，比例加积分加微分控制规律(PID)。古典控制理论是用试探法研究单输入-单输出的线性定常系统的设计问题，其设计方案不是绝对唯一的。在这一章中将介绍如何用频率特性法、根轨迹法确定校正装置的参数问题，其重点是频率特性法。

6.2 基本控制规律分析

一、 比例控制规律(P)

比例控制器是一个放大倍数可调整的放大器，如图 6.2-1 所示。控制器的输出信号 $m(t)$成比例地反应输入信号$\varepsilon(t)$，即

$$m(t) = K_P\varepsilon(t) \tag{6.2-1}$$

由第三章得知，提高比例控制器的增益，可以减小系统的稳态误差，从而提高控制精度。对于一阶系统，提高 K_P，还可以降低系统的惯性。例如，在图 6.2-1 中，$G_o(s)=\dfrac{K_o}{T_s+1}$，若不引入比例控制器$(K_P=1)$，则系统的闭环传递函数为

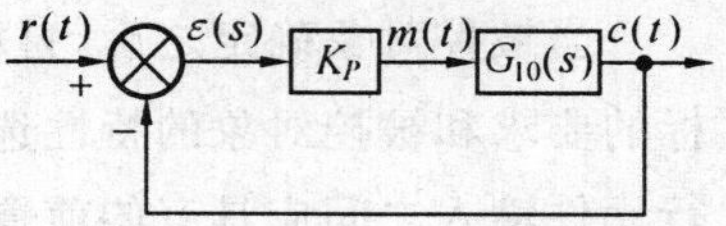

图 6.2-1 控制系统方块图

$$\frac{C(s)}{R(s)}=\frac{K_o}{T_s+1+K_o}=\frac{\dfrac{K_o}{1+K_o}}{\dfrac{T}{1+K_o}s+1}=\frac{K_1}{T_1s+1}$$

若引入比例控制器$(K_P>1)$，则有

$$\frac{C(s)}{R(s)}=\frac{K_oK_P}{T_s+1+K_oK_P}=\frac{\dfrac{K_oK_P}{1+K_oK_P}}{\dfrac{T}{1+K_oK_P}s+1}=\frac{K_2}{T_2s+1}$$

显然 $T_2<T_1$，说明系统的惯性降低。

注意，提高比例控制器的增益，可提高控制精度，但控制系统的稳定性却随之降低，甚至会造成控制系统不稳定。因此，在控制系统中，常将比例控制规律与其它控制规律结合使用，以便使控制系统的稳态性能和动态性能都得到改善。

二、 比例加微分控制规律(PD)

比例加微分控制器(PD 控制器)的输出信号 $m(t)$既成比例地反应输入信号 $\varepsilon(t)$，又成比例地反应输入信号 $\varepsilon(t)$的导数，即

$$m(t) = K_P\varepsilon(t) + K_P\tau\dot{\varepsilon}(t) \tag{6.2-2}$$

控制器的传递函数为

$$G_c(s) = \frac{M(s)}{\varepsilon(s)} = K_P(1+\tau s) \tag{6.2-3}$$

式中 K_P 为比例系数，τ 为微分时间常数。K_P 与 τ 都是可调的参数。具有 PD 控制器的系统方块图如图 6.2-2所示。

下面用物理概念说明PD 控制规律的作用及物理意义。图 6.2-3 为 PD 控制规律的信号曲线图。从图中看出，在 $t=0\sim t_1$ 时，PD 控制器的输出信号 $m(t)$为正，控制系统处于加速阶段，其被控信号 $c(t)$随时间的推移而上升。在 $t=t_1$ 时，系统被控信号 $c(t_1)$的数值与稳态值 $c(\infty)$相当接近，为防止因系统的惯性作用引起严重超调，需提前给系统加制动信

号。这时 PD 控制器的输出信号 $m(t)$恰好从正变负，从而保证系统停止加速并开始作减速运动。若微分时间常数 τ 值选择合适，使开始制动时间 t_1 非常恰当，控制系统的阶跃响应就可能超调量 σ_p 很小，并很快结束过渡过程。对图 6.2-3 中$t=t_4$及 $t=t_7$ 时的分析与 $t=t_1$ 时的分析方法完全相同。

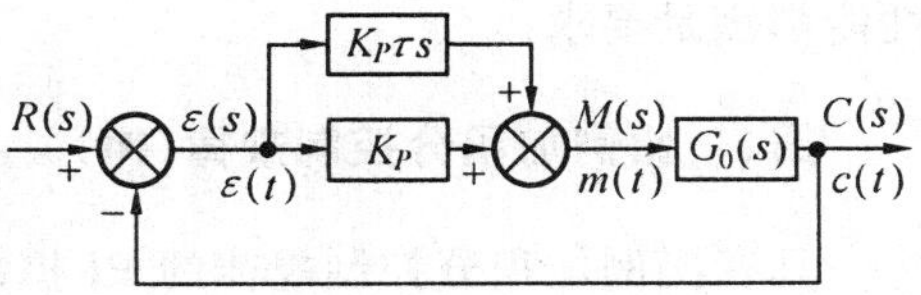

图 6.2-2　具有 PD 控制器的系统方块图

从上看出，PD 控制规律能给出使系统提前制动的信号，说明 PD 控制规律具有“预见性”，主要是微分控制规律能预知偏差信号变化率所起的作用。只有比例控制而无微分控制时，系统在 $t=t_2$ 时才开始制动，使动特性不好，同时加入比例与微分控制，系统便提前到 t_1 时刻开始制动，从而改善了动特性。但关键问题是 t_1 时刻的选择，而 t_1 取决于微分时间常数 τ 值的选择。

注意，微分控制规律不能单独使用，因为它只在暂态过程中起作用，当系统进入稳态时，偏差信号 $\varepsilon(t)$不变化，微分控制不起作用。若单独使用微分控制规律，此时相当于信号断路，控制系统将无法正常工作。另外，微分控制规律虽具有预见信号变化趋势的优点，也有易于放大噪声的缺点。对此，在控制系统设计中，同样需要给予足够的重视。

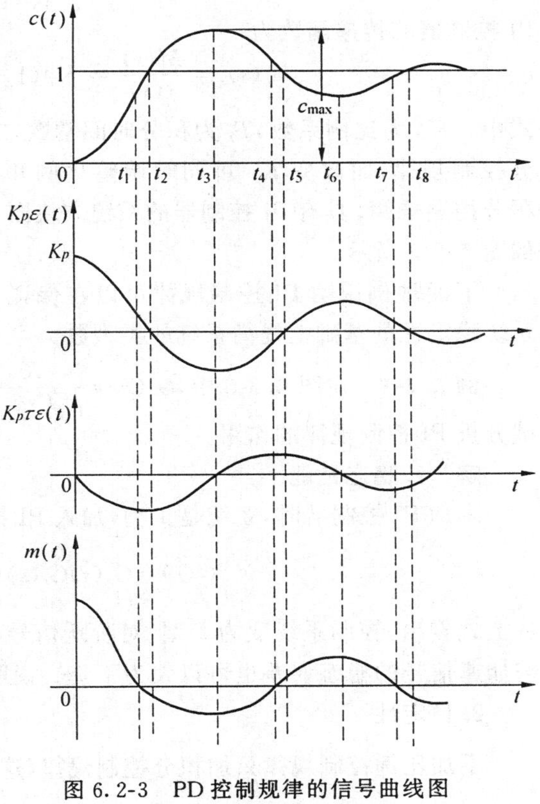

图 6.2-3　PD 控制规律的信号曲线图

三、　积分控制规律(Ⅰ)

具有积分控制规律的Ⅰ控制器的输出信号 $m(t)$成比例地反应输入信号 $\varepsilon(t)$的积分，即

$$m(t)=K_i\int_0^t \varepsilon(t)\mathrm{d}t \tag{6.2-4}$$

控制器的传递函数为

$$G_c(s)=\frac{M(s)}{\varepsilon(s)}=\frac{K_i}{s} \tag{6.2-5}$$

式中　K_i 是可调的比例系数。积分控制器的方块图如图 6.2-4 所示。

在控制系统中，采用积分控制规律可以提高系统的类型数，从而改善控制系统的稳态性能，但同时使稳定性下降，故常用比例加积分控制规律，使控制系统的稳态性能和动态性能都满足要求。

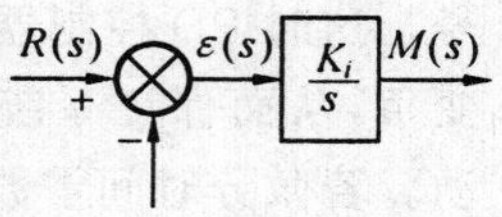

图 6.2-4　I 控制器方块图

四、　比例加积分控制规律(PI)

具有比例加积分控制规律的 PI 控制器的输出信号 $m(t)$,同时成比例地反应输入信号 $\varepsilon(t)$和它的积分,即

$$m(t) = K_P\varepsilon(t) + \frac{K_P}{T_i}\int_0^t \varepsilon(t)\mathrm{d}t \tag{6.2-6}$$

PI 控制器的传递函数为

$$G_c(s) = \frac{M(s)}{\varepsilon(s)} = K_P(1 + \frac{1}{T_i s}) = \frac{K_P}{T_i s}(1 + T_i s) \tag{6.2-7}$$

式中　K_P 为比例系数,T_i 为积分时间常数,二者都是可调参数。不过,改变 T_i 只能调积分控制规律,而改变 K_P 可同时调整比例和积分控制规律。具有 PI 控制器的系统方块图如图 6.2-5 所示。

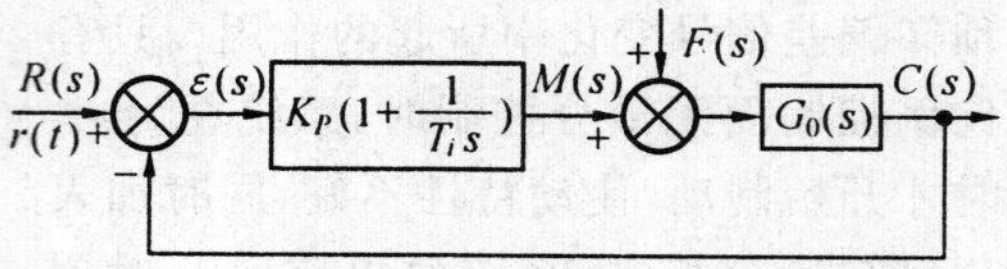

图 6.2-5　具有 PI 控制器的系统方块图

下面举例说明 PI 控制规律可以在保证系统稳定性的基础上提高系统的类型数。

例 6.2-1　在图 6.2-5 中,$G_o(s)=\dfrac{K_o}{s(Ts+1)}$,令 $f(t)=0$

试分析 PI 控制规律的作用。

解　1.稳态性能

未加 PI 控制器时,系统是 Ⅰ 型,加入 PI 控制器后,系统的开环传递函数为

$$G(s)=G_o(s)G_c(s)=\frac{K_oK_P(T_is+1)}{T_is^2(Ts+1)}$$

从上式看出,控制系统变为 Ⅱ 型,对阶跃信号、斜坡信号的稳态误差为零,参数选择合适,匀加速信号的稳态误差也可以大为下降。说明 PI 控制规律改善了系统的稳态性能。

2.稳定性

不加比例控制规律只加积分控制规律,这时 $G_c(s)=\dfrac{K_P}{T_is}$,系统的开环传递函数为

$$G(s)=G_o(s)G_c(s)=\frac{K_oK_P}{T_is^2(Ts+1)}$$

闭环系统的特征方程为

$$D(s)=T_is^2(Ts+1)+K_oK_P=T_iTs^3+T_is^2+K_oK_P=0$$

显然,上式中缺 s 的一次方项,系统不稳定。

同时加入比例和积分控制规律,控制器的传递函数为

$$G_c(s) = \frac{K_p(T_is + 1)}{T_is}$$

闭环系统的特征方程为

$$D(s) = T_is^2(Ts + 1) + K_oK_P(T_is + 1) =$$
$$T_iTs^3 + T_is^2 + K_oK_PT_is + K_oK_P = 0$$

从上式看出,满足稳定的必要条件,只要合理选择参数亦能满足稳定的充分条件。说明 PI

控制规律使系统的类型数从Ⅰ型上升到Ⅱ型，并可满足动态性能的要求。

例 6.2-2 在图 6.2-5 中，$G_o(s)=\dfrac{1}{s(Ts+1)}$，$f(t)=f_o\cdot 1(t)$，令 $r(t)=0$。试求 $e_{ssf}(t)$。

解 只加比例控制规律，不加积分控制规律，求得 $e_{ssf}(t)=-\dfrac{f_o}{K_P}$，同时加入 PI 控制规律，求得 $e_{ssf}(t)=0$。说明 PI 控制规律对干扰信号 $f(t)$，类型数从 0 型上升到Ⅰ型，抑制阶跃干扰信号的稳态误差由常值变为 0，参数选择合理，仍能保证控制系统的动态性能。

上两例充分说明，同时应用 PI 控制规律，即可提高稳态性能，又能保证动态性能。

五、 比例加积分加微分控制规律(PID)

具有比例加积分加微分控制规律的 PID 控制器的输出信号 $m(t)$，同时成比例地反应输入信号 $\varepsilon(t)$ 和它的积分、微分，即

$$m(t)=K_P\varepsilon(t)+\frac{K_P}{T_i}\int_0^t\varepsilon(t)\mathrm{d}t+K_P\tau\dot{\varepsilon}(t) \tag{6.2-8}$$

控制器的传递函数为

$$G_c(s)=\frac{M(s)}{\varepsilon(s)}=K_P(1+\frac{1}{T_is}+\tau s)=\frac{K_P(T_i\tau s^2+T_is+1)}{T_is} \tag{6.2-9}$$

PID 控制器的方块图如图 6.2-6 所示。

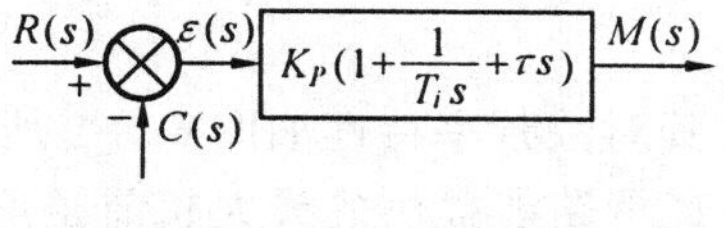

图 6.2-6 PID 控制器方块图

在式(6.2-9)中，令 $T_i\tau s^2+T_is+1=0$

解得 $s_{1,2}=\dfrac{1}{2\tau}(-1\pm\sqrt{1-\dfrac{4\tau}{T_i}})$

当 $\dfrac{4\tau}{T_i}<1$ 时，s_1、s_2 为两个负实根，于是式(6.2-9)可以写成

$$G_c(s)=\frac{K_P(\tau_1s+1)(\tau_2s+1)}{T_is} \tag{6.2-10}$$

从式(6.2-10)看出，PID 控制规律除使系统提高一个类型数之外，还提供了两个负实零点。与 PI 控制规律比较，PID 控制规律保持了 PI 控制规律提高系统稳态性能的优点，同时多提供一个负实零点，更有利于改善系统的动态性能。因此，PID 控制规律在控制系统中得到广泛应用。

6.3 超前校正参数的确定

超前校正，实现 PD 或近似实现 PD 控制规律，本节介绍按频率特性法和根轨迹法确定超前校正参数的步骤。

超前校正装置可以由有源网路或无源网路实现，现在以无源网为例说明其特性。

一、 超前校正网路的特性

超前网路如图 6.3-1 所示，它的传递函数为

$$G_c(s)=\frac{M(s)}{\varepsilon(s)}=\frac{1}{a}\cdot\frac{1+aT_cs}{1+T_cs} \tag{6.3-1}$$

式中
$$a=\frac{R_1+R_2}{R_2}>1 \tag{6.3-2}$$

$$T_c=\frac{R_1R_2}{R_1+R_2}C \tag{6.3-3}$$

由式(6.3-1)看出，图 6.3-1 所示超前校正网络是一种带惯性的比例加微分控制器，近似实现 PD 控制规律。此网路能提供正的相角，这便是超前校正的超前含意，它正是用超前相角对系统实现校正。用此超前网路对系统实现校正时，可视具体情况把惯性限制到极小程度，即使 T_c 很小。由于 $\frac{1}{a}<1$，所以用此校正网路将使系统的开环放大倍数下降，为保证系统的开环放大倍数不变，需将系统放大器的放大系数提高 a 倍。通常取 $a=5\sim20$，若 a 值取的过小，超前校正中的微分作用不够强，若 a 值取的过大，不仅会使系统放大器需补偿过大的衰减，在设计与实现上产生困难，同时超前校正效果也不一定最佳。这个问题从超前校正网路的频率特性上更能清晰地看出。

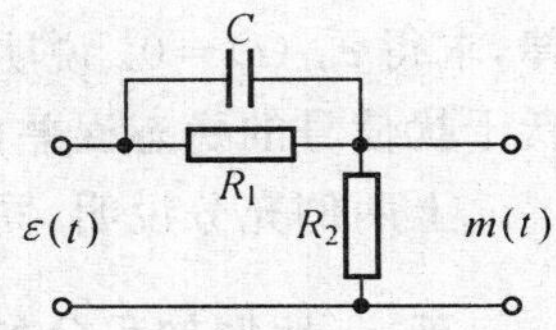

图 6.3-1　无源 RC 相角超前网络

在绘制超前校正网路频率特性时，认为放大倍数衰减 $\frac{1}{a}$ 已为系统放大器所补偿，则有
$$G_c(j\omega)=\frac{1+j\omega aT_c}{1+j\omega T_c}\qquad (a>1)$$

其对数频率特性如图 6.3-2 所示。从 Bode 图中看出，超前校正网路的相角是正的，我们对此网路能提供的最大超前相角 $\Phi_{cm}(\omega_m)$ 最感兴趣。下面求出现 Φ_{cm} 的频率 ω_m 及 Φ_{cm} 与哪些因素有关，以便于设计时配置参数。图 6.3-2 所示相频特性的表达式为
$$\begin{aligned}\angle G_c(j\omega)=\Phi_c(\omega)=&\angle(1+j\omega aT_c)-\angle(1+j\omega T_c)=\\ &\mathrm{tg}^{-1}\omega aT_c-\mathrm{tg}^{-1}\omega T_c=\\ &\mathrm{tg}^{-1}\frac{a\omega T_c-\omega T_c}{1+a\omega^2T_c^2}\end{aligned} \tag{6.3-4}$$
根据式(6.3-4)及图 6.3-2 所示的相频特性，令 $\frac{\mathrm{d}\Phi_c(\omega)}{\mathrm{d}\omega}=0$，求得产生 Φ_{cm} 的频率 ω_m 及 Φ_{cm} 的表达式，即
$$\omega_m=\frac{1}{\sqrt{a}\,T_c} \tag{6.3-5}$$
将式(6.3-5)代入式(6.3-4)得
$$\Phi_{cm}(\omega_m)=\mathrm{tg}^{-1}\frac{a-1}{2\sqrt{a}} \tag{6.3-6}$$
根据式(6.3-6)可画出图 6.3-3 所示的三角形，进而求得
$$\Phi_{cm}=\sin^{-1}\frac{a-1}{a+1} \tag{6.3-7}$$
从式(6.3-7)看出，超前校正网路所提供的最大超前相角 Φ_{cm} 仅是 a 的函数，Φ_{cm} 随 a 值的变化情况见图 6.3-4 所示。从图中看出，当 a 值较小时，Φ_{cm} 较小，故超前校正作用不强。a 值取的过大，放大倍数下降太多，增加系统放大器的负担，同时 $a>20$ 时，Φ_{cm} 随 a 值的增加变化较小。当 $a=5\sim20$ 时，Φ_{cm} 随 a 值增加上升较快，其值 $\Phi_{cm}=42°\sim65°$ 也较大，超前校

正作用显著，同时放大倍数衰减也不大。故 a 值通常取在 5～20 之间。

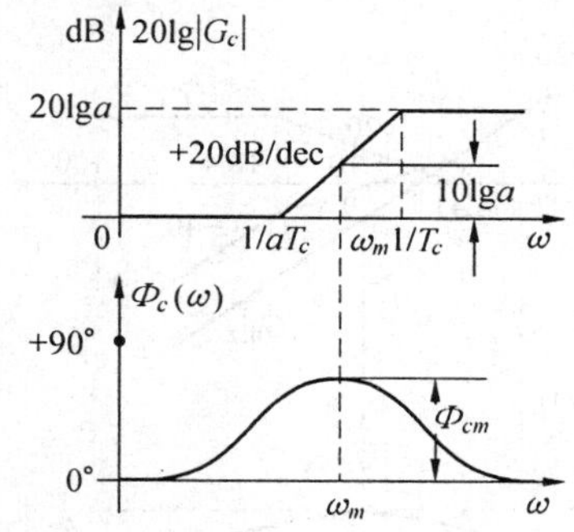

图 6.3-2　带惯性的 PD 控制器的 Bode 图

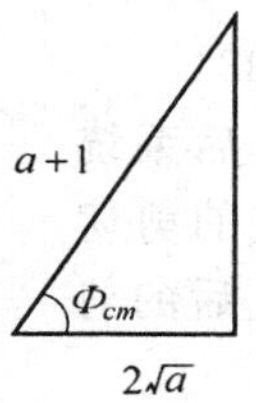

图 6.3-3　由 a 计算 Φ_{cm} 的三角形

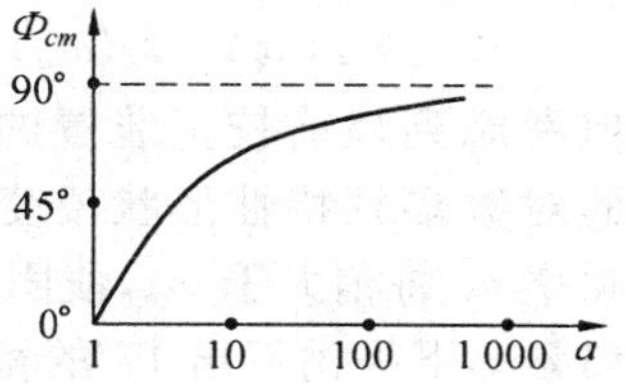

图 6.3-4　由 a 求 Φ_{cm} 的曲线

将 $\omega_m=\dfrac{1}{\sqrt{a}\,T_c}$ 代入超前校正网路的对数幅频特性表达式，求得对应 $\omega=\omega_m$ 时的对数幅值，即

$$20\lg|G_c(j\omega_m)|=20\lg\sqrt{1+(a\omega_m T_c)^2}-20\lg\sqrt{1+(\omega_m T_c)^2}$$

得

$$20\lg|G_c(j\omega_m)|=20\lg\sqrt{a} \tag{6.3-8}$$

二、　按频率特性法确定超前校正参数

超前校正利用其超前相位增加相角裕度，改善系统的稳定性。另一方面，超前校正在幅频特性上提高高频增益，使系统的剪切频率 ω_c 增加，展宽系统的频带，使系统响应速度加快。

下面通过例题说明用对数频率特性确定超前校正参数的步骤及有关问题。

例 6.3-1　单位负反馈系统不可变部分的传递函数为　$G_o(s)=\dfrac{K}{s(0.5s+1)}$

要求满足性能指标：

1. 开环放大倍数 $K_V=20\ \text{s}^{-1}$；
2. 相位裕度 $\gamma(\omega_c)\not<50°$；
3. 幅值裕度 K_gdB$\not<10$ dB。

试确定串联超前校正参数。

解　1. 根据要求的开环放大倍数绘制系统不可变部分的伯德图，即绘制$G_o(s)=\dfrac{20}{s(0.5s+1)}$的伯德图，求未校正时的相位裕度和幅值裕度。

$\omega=1$ 时：$20\lg K_V=20\lg20=26$ dB

$G_o(s)$的伯德图见图 6.3-5。从图中得未校正时

剪切频率 $\omega_{co}=6.3$ rad/s

相位裕度 $\gamma_o(\omega_{co})=17°$

幅值裕度 $K_g(\text{dB})=\infty$

可见未加校正时，系统是稳定的，但相位裕度不满足要求，决定加超前校正。

2. 确定在系统上需要增加的最大超前相角 Φ_{cm} 及 a 值。

根据要求的相位裕度 $\gamma(\omega_c)$ 和固有系统所能提供的相位裕度 $\gamma_o(\omega_{co})$，初定

$$\Phi'_{cm}=\gamma(\omega_c)-\gamma_o(\omega_{co})=50°-17°=33°$$

但考虑到超前校正装置的加入，使校正后系统的对数幅频特性形状改变，校正后系统的剪切频率 ω_c 将稍大于 ω_{co}，使固有系统在校正后的剪切频率下提供不出 17°的相位裕度，即

$$\angle G_o(j\omega_c)<\angle G_o(j\omega_{co})$$

$$\gamma_o(\omega_c)=180°+\angle G_o(j\omega_c)<17°$$

因此还要在 Φ'_{cm} 上追加一个角度，一般追加 $\Delta\gamma=5°\sim10°$，现取 $\Delta\gamma=5°$。

所以 $\quad\Phi_{cm}=\Phi'_{cm}+\Delta\gamma=33°+5°=38°$

需要说明，只有固有系统的相频特性 $\angle G_o(j\omega)$ 在 $\omega_{co}\sim\omega_c$ 频段内变化不大，才适于用此种校正装置。

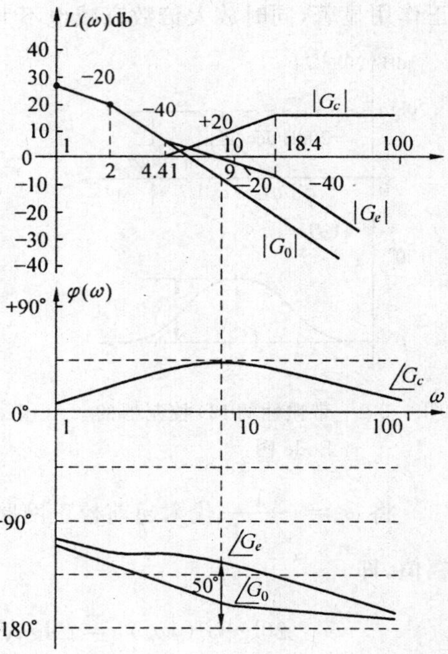

图 6.3-5 例 6.3-1 控制系统的伯德图

根据式(6.3-7)

$$\sin\Phi_{cm}=\sin38°=\frac{a-1}{a+1}=0.6157$$

求得 $\quad a=4.2$。

3. 确定校正后系统的剪切频率 ω_c

这是关键的一步。为使前边确定的 Φ_{cm} 全部发挥作用，希望校正后系统的剪切频率 $\omega_c=\omega_m$，这样 Φ_{cm} 才会出现在校正后剪切频率 ω_c 处，使相位裕度最大。但现在 ω_c 和 ω_m 都不知道，要确定校正后系统的剪切频率 ω_c，需到对数幅频特性上去找。根据式(6.3-8)

$$20\lg|G_c(j\omega_m)|=20\lg\sqrt{a}$$

校正后系统的传递函数用 $G_e(s)$ 表示，即

$$G_e(s)=G_o(s)G_c(s)$$

当 $\omega=\omega_c=\omega_m$ 时

$$20\lg|G_e(j\omega_c)|=20\lg|G_o(j\omega_c)|+20\lg|G_c(j\omega_c)|=0\text{ dB}$$

所以

$$\begin{aligned}20\lg|G_o(j\omega_c)|&=-20\lg|G_c(j\omega_c)|=\\&-20\lg|G_c(j\omega_m)|=\\&-20\lg\sqrt{a}=\\-20\lg\sqrt{4.2}&=-6.2\text{ dB}\end{aligned}$$

由图 6.3-5 查得，对应 $20\lg|G_o(j\omega_c)|=-6.2$ dB 时

$$\omega_c=\omega_m=9\text{ rad/s}$$

在 $\omega_c=9$ rad/s 时，经计算固有系统能提供相位裕度 $\gamma_o(\omega_c)=12°$，说明在 Φ'_{cm} 的基础上追加 $\Delta\gamma=5°$ 正好，即

$$\gamma(\omega_c)=\Phi_{cm}(\omega_c)+\gamma_o(\omega_c)=38°+12°=50°$$

说明取 $\omega_c=9\ \mathrm{rad/s}$ 是合理的。

4. 确定校正装置转折频率及时间常数

已知
$$\omega_m=\omega_c=\frac{1}{\sqrt{a}\,T_c}=9\ \mathrm{rad/s}$$
所以
$$\frac{1}{T_c}=9\sqrt{a}=18.4\ \mathrm{rad/s}$$
$$T_c=0.054\ \mathrm{s}$$
$$aT_c=4.2\times0.054=0.227\ \mathrm{s}$$
$$\frac{1}{aT_c}=4.41\ \mathrm{rad/s}$$
最后得校正装置的传递函数为
$$G_c(s)=\frac{1}{a}\cdot\frac{0.227s+1}{0.054s+1}$$
系统放大器需要增加放大倍数 $K'=a=4.2$

校正装置的伯德图见图 6.3-5，此时认为 $\frac{1}{a}$ 已被系统放大器所补偿。

校正后系统的传递函数为
$$G_e(s)=K'G_o(s)G_c(s)=\frac{20(0.227s+1)}{s(0.5s+1)(0.054s+1)}$$
校正后系统的伯德图见图 6.3-5 所示。

5. 检验性能指标

经检验，性能指标完全合格，不必修改参数。

6. 确定校正网路电路参数

根据式(6.3-2)及式(6.3-3)
$$a=\frac{R_1+R_2}{R_2}=4.2$$
$$T_c=\frac{R_1R_2}{R_1+R_2}C=0.054$$
确定 R_1、R_2、C 的参数。两个方程要确定三个参数，可根据电阻、电容标准件参数，先选定其中一个参数值，再由上边两个方程确定另两个元件参数值。

7. 实验调试

前边是基于频率特性法进行的理论设计。现场调试时，若指标不合格，尚需修改参数，这里不再多述。

6.4 滞后校正参数的确定

一、 滞后校正网路的特性

滞后校正网路如图 6.4-1 所示。该网路的传递函数为
$$G_c(s)=\frac{1+aT_cs}{1+T_cs}\tag{6.4-1}$$

式中
$$a = \frac{R_2}{R_1 + R_2} < 1 \tag{6.4-2}$$
$$T_c = (R_1 + R_2)C \tag{6.4-3}$$
其频率特性表达式为
$$G_c(j\omega) = \frac{1 + j\omega a T_c}{1 + j\omega T_c} \tag{6.4-4}$$
相频特性表达式为
$$\Phi_c(\omega) = \angle G_c(j\omega) = \mathrm{tg}^{-1} a\omega T_c - \mathrm{tg}^{-1}\omega T_c \tag{6.4-5}$$
滞后校正网路的伯德图如图 6.4-2 所示。根据式(6.4-5),令$\frac{\mathrm{d}\Phi_c(\omega)}{\mathrm{d}\omega}=0$,可以求出滞后校正网路产生的最大滞后相角 Φ_{cm}及对应的频率 ω_m
$$\Phi_{cm} = \sin^{-1}\frac{1-a}{1+a} \tag{6.4-6}$$
$$\omega_m = \frac{1}{\sqrt{a}\,T_c} \tag{6.4-7}$$
根据图 6.4-2 中的对数幅频特性可以求出高频衰减量 X 的表达式
$$X = 20\lg a \tag{6.4-8}$$

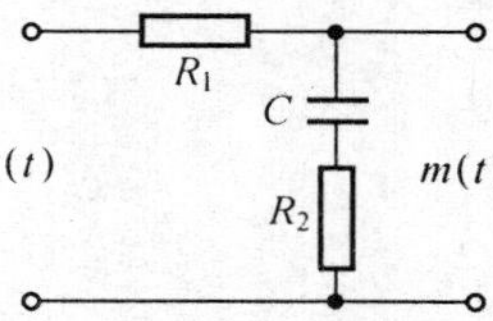

图 6.4-1　滞后校正网络

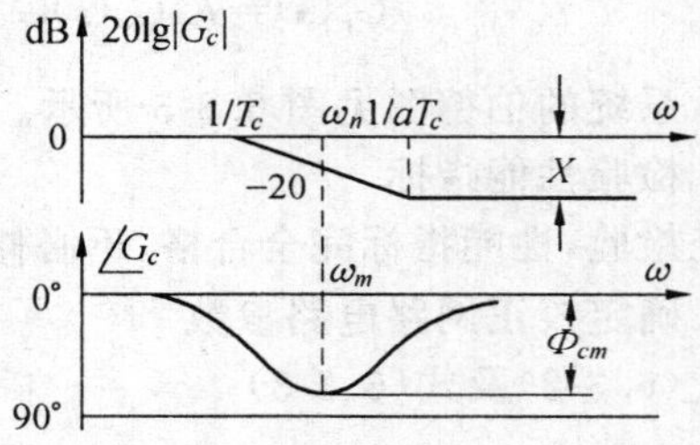

图 6.4-2　滞后校正网线的伯德图

二、　按频率特性法确定串联滞后校正参数

大多数系统固有部分的相频特性随着频率 ω 的增加而变得越来越负。滞后校正利用滞后校正环节幅频特性的高频衰减特性使系统的剪切频率前移,从而加大相角裕度。但滞后校正环节产生负的相位,特别是在两个转折频率 $1/T_c$ 和 $1/aT_c$ 之间,负相位的绝对值比较大,因此设计时应使这个频段离校正后系统的剪切频率远一些,使滞后校正环节产生的负相位对相角裕度影响小一些。滞后校正使 ω_c 前移,系统的频带变窄,时域响应速度会变慢。

下面通过例题说明用频率特性法确定串联滞后校正参数的步骤。

例 6.4-1　单位负反馈系统不可变部分的传递函数为
$$G_o(s)=\frac{K}{s(s+1)(0.5s+1)}$$
要求满足性能指标:

1. 开环放大倍数 $K_V=5\ \mathrm{s}^{-1}$;

2. 相位裕度 $\gamma(\omega_c)\nless 40°$；

3. 幅值裕度 $K_g(\text{dB})\nless 10\text{ dB}$。

试应用频率特性法确定串联滞后校正参数。

解 1. 按要求的开环放大倍数 K_V 绘制不可变部分的伯德图，求未校正时的相位裕度 $\gamma_o(\omega_{co})$ 及幅值裕度 $K_g(\text{dB})$。这时不可变部分的传递函数为

$$G_o(s)=\frac{5}{s(s+1)(0.5s+1)}$$

对应的伯德图见图 6.4-3。图中 $\omega=1$ 时

$$20\lg K_V=20\lg 5=14\text{ dB}$$

从图 6.4-3 中求得未校正时剪切频率 $\omega_{co}=2.1\text{ rad/s}$，相位裕度 $\gamma_o(\omega_{co})=-20°$，对应于 $\angle G_o(j\omega)=-180°$ 的频率为 $\omega_g=\sqrt{\frac{1}{T_1T_2}}=\sqrt{\frac{1}{1\times 0.5}}=1.4\text{ rad/s}$，可知幅值裕度 $K_g(\text{db})<0\text{ dB}$。所以系统不稳定，需加校正装置才能使系统满足性能指标要求。

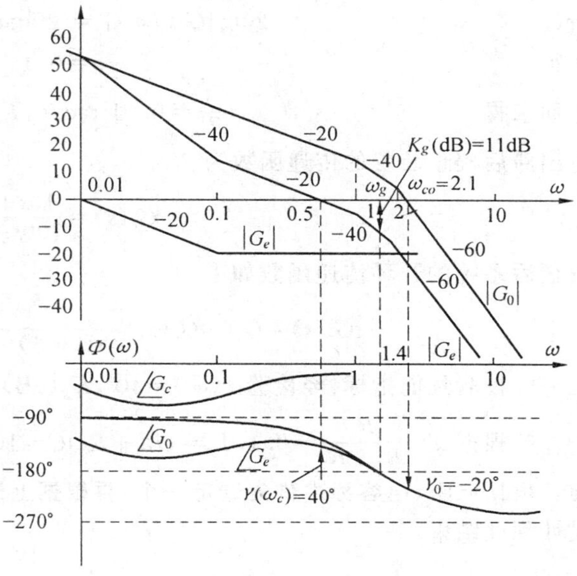

图 6.4-3 串联滞后校正系统的伯德图

2. 选择校正方案：系统不可变部分的相频特性在剪切频率 ω_{co} 附近变化较快，用超前校正效果不明显，故考虑用滞后校正。其基本思想是在图 6.4-3 所示的伯德图上，保持 $20\lg|G_o(j\omega)|$ 低频段不变，从而满足稳态性能要求，将 $20\lg|G_o(j\omega)|$ 高频段拉下来，相位裕度 $\gamma(\omega_c)$ 由不可变部分的特性提供。

3. 确定校正后系统的剪切频率 ω_c：这是关键一步。根据相位裕度要求，初定 $\omega'_c=0.7\text{ rad/s}$，对应 $\gamma_o(\omega'_c)=40°$。考虑到滞后校正装置要引入滞后相移，因此要求不可变部分提供的相位裕度还要在要求的相位裕度上追加一个角度 $\Delta\gamma$，才能保证校正后系统满足相位裕度 $\gamma(\omega_c)=40°$ 的要求。一般取 $\Delta\gamma=5°\sim 10°$，这里取 $\Delta\gamma=10°$，即允许 $|\angle G_c(j\omega_c)|=\Delta\gamma=10°$，所以 $\gamma_o(\omega_c)=40°+\Delta\gamma=40°+10°=50°$，据此求得 $\omega_c=0.5\text{ rad/s}$。

4. 根据 $\frac{1}{aT_c}=(\frac{1}{5}\sim\frac{1}{10})\omega_c$ 确定 aT_c：确定 aT_c 的原则是保证 $|\angle G_c(j\omega_c)|\ngtr 10°$，同时还要使校正装置便于实现，如果 T_c 太大，实现起来有困难。取

$$\frac{1}{aT_c}=\frac{\omega_c}{5}=\frac{0.5}{5}=0.1\text{rad/s}$$

所以 $aT_c=10\text{ s}$

5. 确定 a 值：校正后系统的频率特性表达式为

$$G_e(j\omega)=G_o(j\omega)G_c(j\omega)$$

当 $\omega=\omega_c$ 时 $$20\lg|G_e(j\omega_c)|=20\lg|G_o(j\omega_c)|+20\lg|G_c(j\omega_c)|=0\text{ dB}$$

根据上式及式(6.4-8)有

$$20\lg|G_c(j\omega_c)| = -20\lg|G_o(j\omega_c)| = 20\lg a$$

由图 6.4-3 得 $\omega=\omega_c=0.5$ rad/s 时，$20\lg|G_o(j\omega_c)|=20$ dB

所以

$$20\lg|G_c(j\omega_c)| = 20\lg a = -20 \text{ dB}$$

解得

$$a=0.1$$

进而求得

$$\frac{1}{T_c}=0.01 \text{ rad/s}, T_c=100 \text{ s}$$

得出滞后校正装置的传递函数为

$$G_c(s)=\frac{10s+1}{100s+1}$$

校正后系统的开环传递函数如下

$$G_e(s)=G_o(s)G_c(s)=\frac{5(10s+1)}{s(s+1)(0.5s+1)(100s+1)}$$

6. 校验性能指标：经检验 $\gamma(\omega_c)=40°$，$K_g(\text{dB})=11$ dB，$K_V=5\ \text{s}^{-1}$，完全满足要求。

7. 根据 $a=\dfrac{R_2}{R_1+R_2}=0.1$，$T_c=(R_1+R_2)C=100$，确定滞后网路参数 R_1、R_2、C，方法同前。根据电阻、电容标准件先选定一个，再根据上边两个方程确定另两个元件参数。理论设计到此结束。

6.5 滞后-超前校正参数的确定

有些系统不可变部分特性与性能指标的要求差距较大，采用单级超前校正或滞后校正不能奏效，这时可以同时使用滞后校正和超前校正，即滞后一超前校正。

一、 滞后-超前校正网路的特性

滞后-超前校正网路如图 6.5-1 所示，此网路所对应的传递函数为

$$G_c(s)=\frac{(T_1 s+1)(T_2 s+1)}{(\frac{T_1}{\beta}s+1)(\beta T_2 s+1)} \tag{6.5-1}$$

式中 $\beta>1, T_2>T_1$

$$\left.\begin{aligned} &T_1=R_1C_1, \qquad T_2=R_2C_2 \\ &R_1C_1+R_2C_2+R_1C_2=\frac{T_1}{\beta}+\beta T_2 \end{aligned}\right\} \tag{6.5-2}$$

式(6.5-1)对应的频率特性表达式为

$$G_c(j\omega)=\frac{(1+j\omega T_1)(1+j\omega T_2)}{(1+j\omega\frac{T_1}{\beta})(1+j\omega\beta T_2)} \tag{6.5-3}$$

式(6.5-3)的对数频率特性示于图 6.5-2 中，图中对应$\angle G_c(j\omega)=0°$的频率为 $\omega_1=\dfrac{1}{\sqrt{T_1T_2}}$。由图 6.5-2 可以看出，在 $0\sim\omega_1$ 频段里，该网路具有滞后相角，即具有单独的滞后

校正特性。在 $\omega_1 \sim \infty$ 频段里，该网路具有超前相角，它将起单独的超前校正作用。

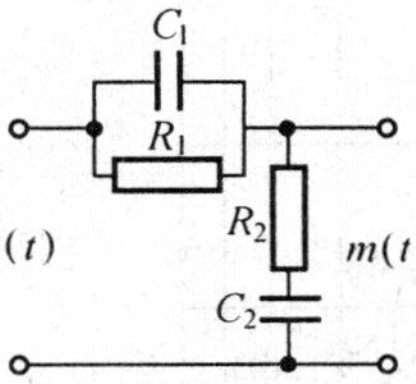

6.5-1　滞后-超前校正网络

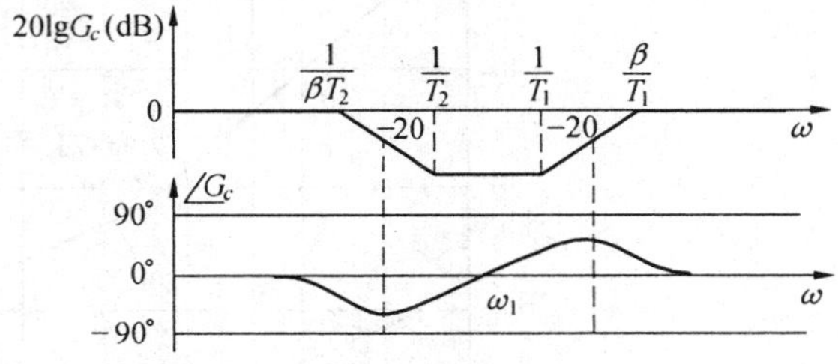

图 6.5-2　滞后-超前校正网络的伯德图

二、　按频率特性法确定滞后-超前校正参数

例 6.5-1　单位负反馈系统不可变部分的传递函数为

$$G_o(s)=\frac{K}{s(s+1)(0.5s+1)}$$

要求满足性能指标：

1. 开环放大倍数 $K_V=10\text{s}^{-1}$；

2. 相位裕度 $\gamma(\omega_c)\geqslant 45°$；

3. 幅值裕度 $K_g(\text{dB})\geqslant 10\text{dB}$。

试确定串联滞后-超前校正参数。

解　1. 按要求的开环放大倍数 K_V 绘制 $G_o(s)$ 的伯德图，如图 6.5-3 所示。求未校正时的相位裕度 $\gamma_o(\omega_{co})$ 及幅值裕度 K_g(dB)。

由图中得

$$\omega_{co}=2.7\text{rad/s},\gamma_o(\omega_{co})=-33°$$

$$\omega_g=1.4\ \text{rad/s},K_g(\text{dB})<0\ \text{dB}$$

所以系统不稳定，需要进行校正。$20\lg|G_o(j\omega)|$ 以 −60 dB/dec 过 0 dB 线，只加一个超前校正网路不能保证相位裕度的要求。如果让中频段（ω_{co}附近）特性衰减，再让超前校正发挥作用，可能使性能指标满足要求，中频段特性衰减正好由滞后校正完成。因此，决定采用滞后-超前校正。

2. 确定校正后剪切频率 ω_c，本系统对频带未提要求，为保证反应速度，校正后剪切频率 ω_c 不应离校正前剪切频率 ω_{co} 太远，若 $\omega_c>\omega_{co}$ 太多，不可变部分在校正后 ω_c 处的相角更负，增加超前校正的负担。若 $\omega_c<\omega_{co}$ 太多，使频带变得过窄，影响系统的快速性。

综上，选 $\omega_c=1.4$ rad/s，此时 $\angle G_o(j\omega_c)=-180°$，$\gamma_0(\omega_c)=0°$，即所提的相位裕度 $\gamma(\omega_c)\geqslant 45°$ 的要求全由超前校正网路给出。

3. 根据 $\frac{1}{T_2}=(\frac{1}{5}\sim\frac{1}{10})\omega_c$ 确定滞后校正部分参数，确定滞后校正部分参数的原则是滞后校正部分在校正后剪切频率 ω_c 处的相角不能小于 −5°，同时还要考虑滞后校正网路的实现问题。在这里，取

$$\frac{1}{T_2}=\frac{\omega_c}{10}=\frac{1.4}{10}=0.14\ \text{rad/s}$$

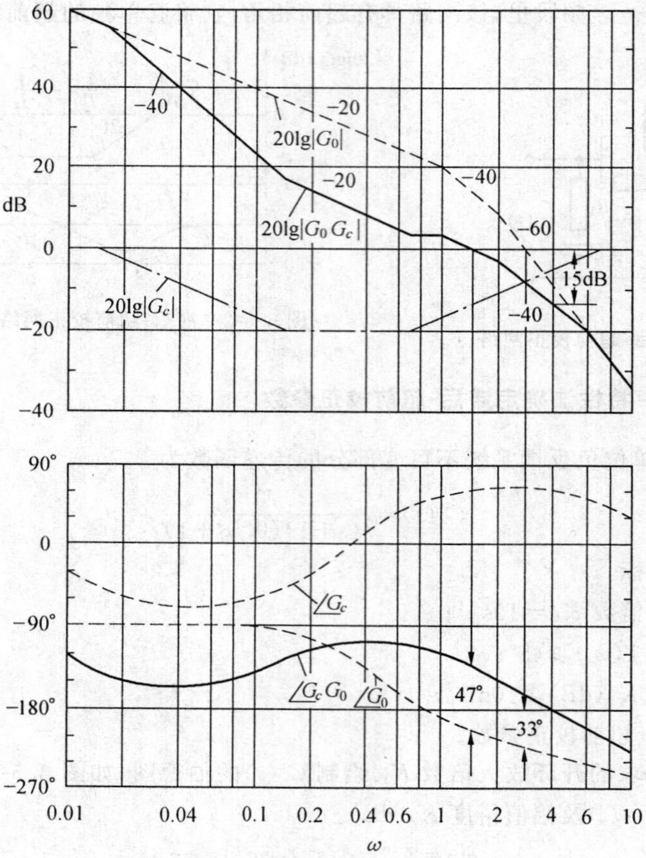

图 6.5-3　例 6.5-1 系统校正前后的伯德图

解得　　　　$T_2=\frac{1}{0.14}=7.14\ \text{s}$

取　　　　　$\beta=10, \frac{1}{\beta T_2}=0.014\ \text{rad/s}$

解得　　　　$\beta T_2=71.4\ \text{s}$

于是，求得滞后校正部分的传递函数 $G_{c1}(s)$ 为

$$G_{c1}(s)=\frac{7.14s+1}{71.4s+1}$$

滞后校正部分在校正后 ω_c 处的相角为

$$\angle G_{c1}(j\omega_c)=-5°$$

4. 确定超前校正部分的参数，确定超前校正部分参数的原则是要保证校正后系统剪切频率 $\omega_c=1.4\ \text{rad/s}$。校正后系统传递函数为

$$G_e(s)=G_o(s)G_c(s)$$

当 $\omega=\omega_c$ 时　　　$20\lg|G_e(j\omega_c)|=20\lg|G_o(j\omega_c)|+20\lg|G_c(j\omega_c)|=0\ \text{dB}$

即　　　　$20\lg|G_c(j\omega_c)|=-20\lg|G_o(j\omega_c)|$

从图 6.5-3 中得 $\omega=\omega_c=1.4\ \mathrm{rad/s}$

$$20\lg|G_o(j\omega_c)|=14\ \mathrm{dB}$$

所以 $$20\lg|G_c(j\omega_c)|=-14\ \mathrm{dB}$$

在图 6.5-3 中，过(1.4 rad/s，−14 dB)点做+20 dB/dec 直线，交滞后校正部分(−20 dB 水平线)于

$$\frac{1}{T_1}=0.7\ \mathrm{rad/s}$$

交 0 dB 线于 $$\frac{\beta}{T_1}=7\ \mathrm{rad/s}$$

解得 $$T_1=\frac{1}{0.7}=1.43\ \mathrm{s},\frac{T_1}{\beta}=\frac{1}{7}=0.143\ \mathrm{s}$$

得出超前校正部分的传递函数 $G_{c2}(s)$ 为

$$G_{c2}(s)=\frac{1.43s+1}{0.143s+1}$$

最后求得滞后-超前校正网路的传递函数为

$$G_c(s)=G_{c1}(s)G_{c2}(s)=\frac{(1.43s+1)(7.14s+1)}{(0.143s+1)(71.4s+1)}$$

5. 校验性能指标，$\omega=\omega_c=1.4\ \mathrm{rad/s}$ 时

$$\angle G_c(j\omega_c)=\angle G_{c2}(j\omega_c)+\angle G_{c1}(j\omega_c)=52°-5°=47°$$

$$\angle G_o(j\omega_c)=0°$$

所以相位裕度 $$\gamma(\omega_c)=47°>45°$$

用试探法求得 $$\omega_g=4\ \mathrm{rad/s}$$

由图 6.5-3 求得幅值裕度 $K_g(\mathrm{dB})=15\ \mathrm{dB}>10\ \mathrm{dB}$。开环放大倍数 $K_V=10\ \mathrm{s}^{-1}$。说明完全符合性能指标要求。校正后系统的开环传递函数为

$$G_e(s)=G_o(s)G_c(s)=\frac{10(1.43s+1)(7.14s+1)}{s(s+1)(0.5s+1)(0.143s+1)(71.4s+1)}$$

6. 确定滞后-超前校正网路的电路参数，根据式(6.5-2)，先选定一个元件参数，再根据式中的三个方程确定另三个电路参数。

7. 实验调试。

6.6 按系统期望频率特性确定串联校正参数

系统期望频率特性就是满足性能指标要求的开环对数频率特性。设控制系统的方块图如图 6.6-1 所示。图中 $G_o(s)$ 是系统不可变部分的传递函数，$G_c(s)$ 是待定的串联校正装置的传递函数。校正后满足性能指标要求的期望传递函数为

$$G_e(s)=G_o(s)G_c(s) \tag{6.6-1}$$

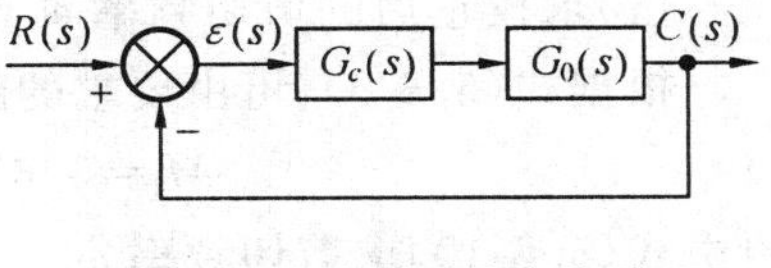

图 6.6-1 控制系统方块图

其期望对数频率特性表达式为

$$20\lg|G_e(j\omega)| = 20\lg|G_o(j\omega)| + 20\lg|G_c(j\omega)| \quad (6.6\text{-}2)$$

由式(6.6-2)求得

$$20\lg|G_c(j\omega)| = 20\lg|G_e(j\omega)| - 20\lg|G_o(j\omega)| \quad (6.6\text{-}3)$$

若根据性能指标要求，求出期望频率特性 $20\lg|G_e(j\omega)|$，则可根据式(6.6-3)求出校正装置的对数幅频特性，进而确定校正装置的传递函数 $G_c(s)$。下面通过实例说明按系统期望频率特性确定串联校正参数的步骤及有关问题。

例 6.6-1 已知随动系统方块图如图 6.6-2 所示。图中

$$G_{10}(s)=\frac{K_1}{T_L s+1}=\frac{K_1}{0.00315s+1}$$

$$G_{20}(s)=\frac{K_2}{s(T_m s+1)}=\frac{K_2}{s(0.262s+1)}$$

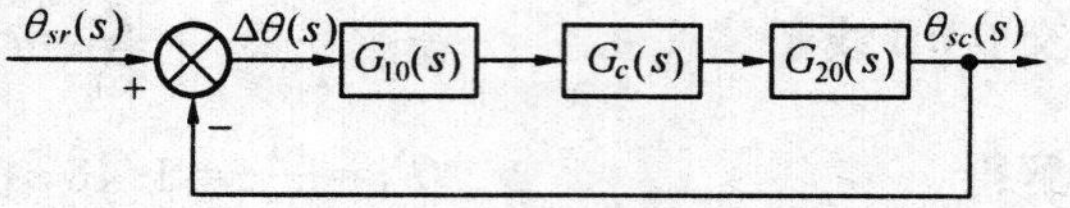

图 6.6-2 随动系统方块图

要求满足性能指标：

1. 开环放大倍数 $K_V=600\ \text{s}^{-1}$；
2. 超调量 $\sigma_p\leqslant 30\%$；
3. 过渡过程时间 $t_s\leqslant 0.25\ \text{s}$。

试设计串联校正装置。

解 1. 按要求的开环放大倍数 K_V 绘制不可变部分的伯德图，对固有系统进行分析。

不可变部分的传递函数为

$$G_o(s)=G_{10}(s)G_{20}(s)=\frac{K_1K_2}{s(0.00315s+1)(0.262s+1)}=\frac{600}{s(0.00315s+1)(0.262s+1)}$$

为画伯德图而计算

$$20\lg K_V=20\lg 600=56\ \text{dB}$$

$$\frac{1}{T_L}=\frac{1}{0.00315}=317\ \text{rad/s}\approx 320\ \text{rad/s}$$

$$\frac{1}{T_m}=\frac{1}{0.262}=3.82\ \text{rad/s}$$

其伯德图见图 6.6-3 所示. 由图中得：$\omega_{co}=50\ \text{s}^{-1}$

求得 $\gamma_o(\omega_{co})=-4.5°$，$K_g(\text{dB})<0\ \text{dB}$。说明系统不稳定，需加校正装置。

2. 根据经验公式求取系统期望频率特性

(1)求校正后的剪切频率 ω_c

根据式(5.6-9)，可由要求的超调量 σ_p 求出闭环频率特性的谐振峰值 M_r

$$M_r=0.6+2.5\sigma_p=0.6+2.5\times 0.3=1.35$$

再由式(5.6-10)求剪切频率 ω_c

$$k=2+1.5(M_r-1)+2.5(M_r-1)^2=2.83$$

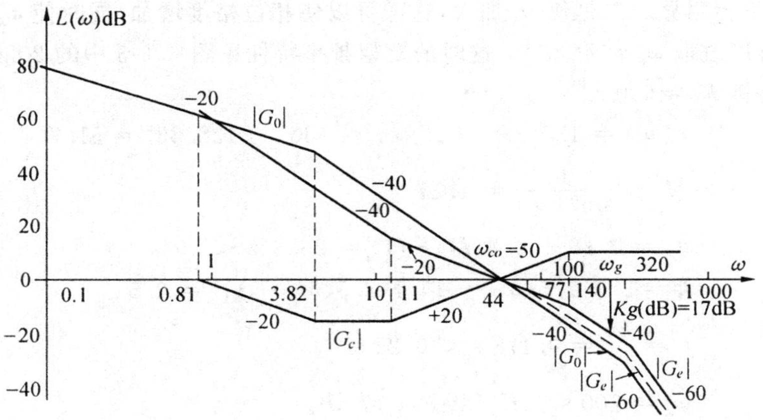

图 6.6-3　例 6.6-1 系统的伯德图

$$\omega_c=\frac{k\pi}{t_s}=\frac{2.83\times3.14}{0.25}=35.56\mathrm{s}^{-1}$$

为留有余地，取 $\omega_c=44\ \mathrm{s}^{-1}$。

(2)根据式(5.6-15)、式(5.6-16)、式(5.6-17)确定期望频率特性中频段参数

$$h\geqslant\frac{M_r+1}{M_r-1}=6.7,\text{取 } h=7$$

$$\omega_3=\frac{2h}{h+1}\omega_c=77\ \mathrm{s}^{-1}$$

$$\omega_2=\frac{2}{h+1}\omega_c=11\ \mathrm{s}^{-1}$$

(3)确定期望频率特性低频段参数

为保证系统类型($\upsilon=1$)及开环放大倍数的要求，低频段应与 $20\lg|G_o(j\omega)|$ 的低频段重合。根据下式可求得交接频率 ω_1

$$\omega_1=\frac{\omega_2\cdot\omega_c}{K_V}=0.81\ \mathrm{s}^{-1}$$

ω_1 亦可用作图法求之，就是过 ω_2 所对应的 $20\lg|G_e(j\omega_2)|$ 上的点作 -40dB/dec 直线，交 $20\lg|G_o(j\omega)|$ 的点所对应的频率就是 ω_1。

(4)期望频率特性高频段尽量与 $20\lg|G_o(j\omega)|$ 斜率相同，以使校正装置形式简单，便于实现。将上述各参数画于图 6.6-3 中，见特性 $20\lg|G'_e(j\omega)|$。

3. 校验性能指标

根据 $20\lg|G'_e(j\omega)|$ 特性，求得

相位裕度　　　　　　$\gamma(\omega_c)=39.44°$

$$M_r=\frac{1}{\sin\gamma(\omega_c)}=1.57>1.35$$

幅值裕度　　　　　$K_g(\mathrm{dB})<6\ \mathrm{dB}$

可见，指标不合格，需进行修改参数。

4. 为使期望频率特性满足性能指标要求，应加长中频段。这有两个方案，一是使 ω_2 下

降，但效果不会明显。二是使 ω_3 加大，这样可以使相位裕度增加，同时使 ω_g 加大，提高幅值裕度。所以改取 $\omega_3=140\ s^{-1}$。这时的期望频率特性见图 6.6-3 中的 $20\lg|G_e(j\omega)|$。

再次验算 $K_V=600\ s^{-1}$

$$\gamma(\omega_c)=180°+\angle G_e(j\omega_c)=180°-128.33°=51.7°$$

$$M_r=\frac{1}{\sin\gamma(\omega_c)}=1.27$$

$$\sigma_p=0.16+0.4(M_r-1)=26.8\%<30\%$$

$$k=2+1.5(M_r-1)+2.5(M_r-1)^2=2.5$$

$$t_s=\frac{k\pi}{\omega_c}=0.178\ s<0.25\ s$$

$$\omega_g=200\ s^{-1}, K_g(dB)=17\ dB。$$

性能指标全部符合要求。

根据式(6.6-3)求得校正装置的对数幅频特性 $20\lg|G_c(j\omega)|$，见图 6.6-3 所示。由对数幅频特性 $20\lg|G_c(j\omega)|$ 写出校正装置的传递函数

$$G_c(s)=\frac{(\frac{1}{3.82}s+1)(\frac{1}{11}s+1)}{(\frac{1}{0.81}s+1)(\frac{1}{140}s+1)}=\frac{(0.262s+1)(0.091s+1)}{(1.23s+1)(0.007s+1)}$$

最后得校正后系统期望传递函数

$$G_e(s)=G_o(s)G_c(s)=\frac{600(0.091s+1)}{s(1.23s+1)(0.007s+1)(0.00315s+1)}$$

$G_e(s)$ 也可根据图 6.6-3 中的 $20\lg|G_e(j\omega)|$ 特性直接写出。

5. 根据 $G_c(s)$ 的表达式查书后附录二，定校正装置的电路形式及电路参数，这里不再详述。

6.7 反馈校正参数的确定

改善控制系统的性能，除采用串联校正方案，反馈校正也是广泛应用的校正形式之一。控制系统采用反馈校正后，除了能得到与串联校正相同的校正效果外，反馈校正还将赋于控制系统某些有利于改善控制性能的特殊功能。

一、 反馈功能

1. 比例负反馈可以减弱为其包围环节的惯性，从而扩展频带。

如图 6.7-1 所示的系统方块图，当不加比例负反馈($K_h=0$)时，其传递函数为

$$G(s)=\frac{K}{Ts+1}$$

当加入比例负反馈($K_h\neq0$)时，其传递函数为

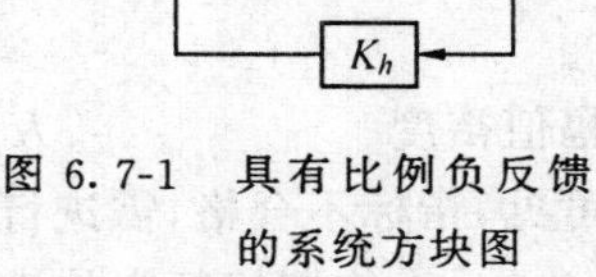

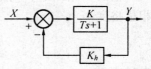

图 6.7-1 具有比例负反馈的系统方块图

$$G(s)=\frac{Y(s)}{X(s)}=\frac{K}{Ts+1+KK_h}=\frac{K'}{T's+1} \tag{6.7-1}$$

式中　$K'=\frac{K}{1+KK_h}, T'=\frac{T}{1+KK_h}$

显然 $T'<T$，说明比例负反馈使惯性有所减弱，其减弱程度大致与反馈系数 K_h 成反比。也就是比例负反馈越强，反馈后的时间常数 T' 将越小，即惯性越小。同时 $K'<K$，比例负反馈使放大倍数降低，这是不希望的。通常，因比例负反馈而降低的放大倍数可通过提高放大环节的增益来补偿，以保持系统开环放大倍数不变。

从频域角度来看，由于比例负反馈使环节或系统的时间常数下降，从而扩展频带，使过渡过程时间 t_s 缩短，提高环节或系统的响应速度。

2. 负反馈可以减弱参数变化对系统性能的影响

在控制系统中，为了减弱系统对参数变化的敏感性，通常最有效的措施之一就是应用负反馈。在图 6.7-2(a)所示的开环控制系统中，设因参数变化而引起的系统传递函数$G(s)$的变化为 $\Delta G(s)$，相应的输出变化为 $\Delta C(s)$。这时开环系统的输出为

$$c(s)+\Delta c(s)=[G(s)+\Delta G(s)]R(s) \tag{6.7-2}$$

即

$$\Delta c(s)=\Delta G(s)R(s) \tag{6.7-3}$$

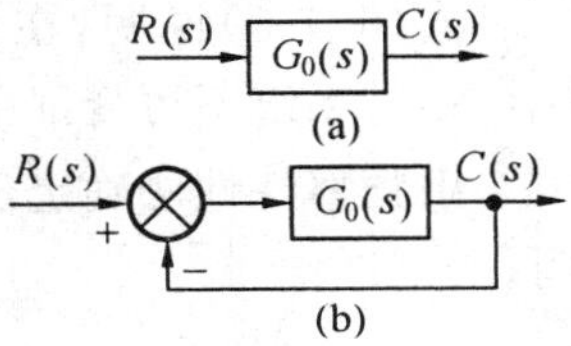

图 6.7-2　控制系统的方块图

式(6.7-3)表明，对开环系统来说，参数变化引起输出的变化量 $\Delta C(s)$与传递函数变化量 $\Delta G(s)$成正比。

对图 6.7-2(b)所示闭环系统，如果发生上述的参数变化，则闭环系统的输出为

$$c(s)+\Delta c(s)=\frac{G(s)+\Delta G(s)}{1+G(s)+\Delta G(s)}R(s)$$

通常$|G(s)|\gg|\Delta G(s)|$，于是近似有

$$\Delta c(s)\approx\frac{\Delta G(s)}{1+G(s)}R(s) \tag{6.7-4}$$

式(6.7-4)表明，因参数变化而引起的闭环系统输出的变化 $\Delta C(s)$将是开环系统这类变化的$\frac{1}{1+G(s)}$倍。由于$|1+G(s)|\gg1$，所以负反馈能大大减弱参数变化对控制系统性能的影响。因此，如果说对于开环控制系统必须采用高精度元件来抑制参数变化对控制系统性能的影响，那么，对于负反馈控制系统来说，就可选用精度较低的元件达到相同的目的。

3. 负反馈可以消除系统不可变部分中不希望有的特性。

控制系统方块图如图 6.7-3 所示。根据此图求出等效开环传递函数

$$G_d(s)=\frac{G_o(s)}{1+G_o(s)H_c(s)} \tag{6.7-5}$$

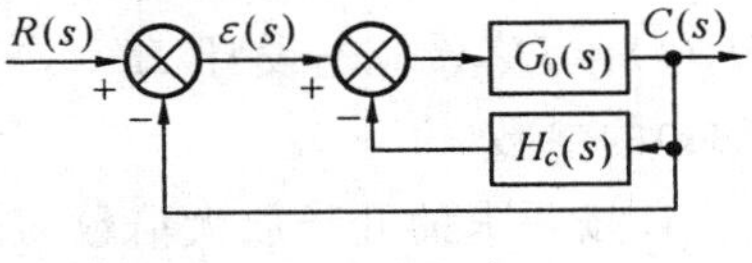

图 6.7-3　控制系统方块图

其频率特性表达式为

$$G_d(j\omega)=\frac{G_o(j\omega)}{1+G_o(j\omega)H_c(j\omega)} \tag{6.7-6}$$

若$|G_o(j\omega)H_c(j\omega)|\gg1$ 时，则有

$$G_d(j\omega) \approx \frac{1}{H_c(j\omega)} \tag{6.7-7}$$

若 $|G_o(j\omega)H_c(j\omega)| \ll 1$ 时，则有

$$G_d(j\omega) \approx G_o(j\omega) \tag{6.7-8}$$

式(6.7-7)说明，在感兴趣的频段里，只要满足 $|G_o(j\omega)H_c(j\omega)| \gg 1$，就可用 $\frac{1}{H_c(j\omega)}$ 取代原来的特性 $G_o(j\omega)$，进而消除 $G_o(s)$ 参数变化对系统性能的影响。当然也要求 $H_c(s)$ 参数有一定的稳定性和精度。反馈校正的上述特点十分重要，而串联校正不具有这种特性。因为 $G_o(s)$ 代表不可变部分特性，其参数变化与否不以人的意志为转移，而反馈校正环节 $H_c(s)$ 的特性是由设计者确定的，对反馈通道使用的元件如能加以精心挑选，便比较容易做到使其特性不受工作条件改变的影响，从而保证控制特性的稳定。这正是工程上所需要的。通常称上述感兴趣的频段为接受校正频段。

式(6.7-8)说明，在某频段内，当满足 $|G_o(j\omega)H_c(j\omega)| \ll 1$ 时，等效开环频率特性 $G_d(j\omega)$ 与系统不可变部分特性 $G_o(j\omega)$ 近似相同。通常称此频段为不接受校正频段。

用频率特性法确定反馈校正参数就是依据式(6.7-7)及式(6.7-8)。下面通过例题说明。

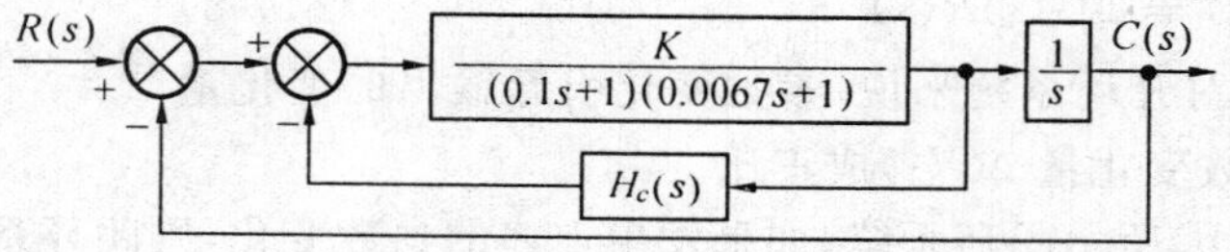

图 6.7-4　控制系统方块图

二、 按频率特性法确定反馈校正参数

例 6.7-1　位置随动系统方块图如图 6.7-4 所示，要求满足性能指标。

1. 开环放大倍数 $K_V = 100\ s^{-1}$；
2. 超调量 $\sigma_p \leqslant 23\%$；
3. 过渡过程时间 $t_s \leqslant 0.6\ s$。

试设计反馈校正装置。

解　为便于应用式(6.7-7)及式(6.7-8)确定反馈校正装置 $H_c(s)$ 的参数，将图 6.7-4 所示控制系统方块图变换成图 6.7-5，令 $sH_c(s) = H'_c(s)$，先设计 $H'_c(s)$，再确定 $H_c(s)$ 的参数。

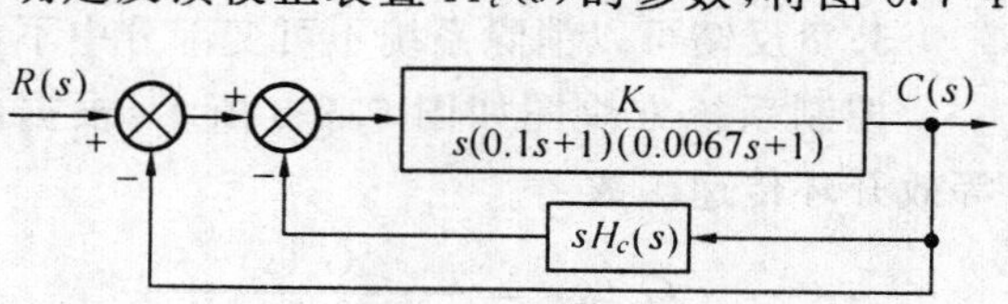

图 6.7-5　控制系统方块图

1. 按要求的开环放大倍数 K_V 绘制系统不可变部分 $G_o(s)$ 的伯德图，求未校正时的相位裕度和幅值裕度。这时不可变部分的传递函数为

$$G_o(s) = \frac{100}{s(0.1s+1)(0.0067s+1)}$$

对应的伯德图如图 6.7-6 所示。由图中得，$\omega_{co}=31(\mathrm{s}^{-1})$，经计算求得

$$\gamma_o(\omega_{co})=6.3°$$

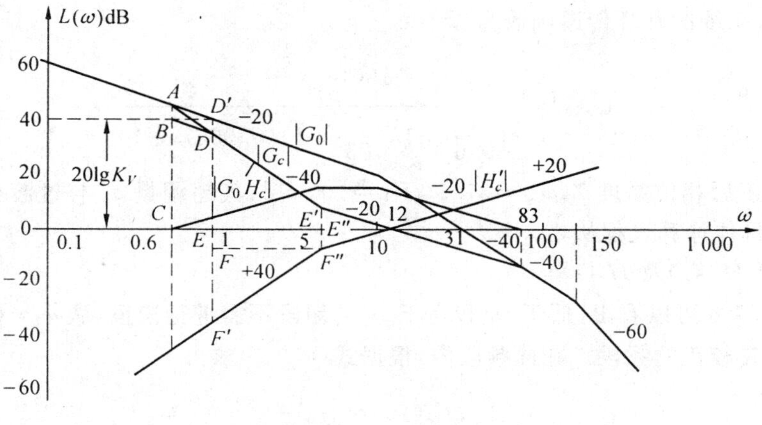

图 6.7-6　例 6.7-1 系统的伯德图

$$\omega_g=\sqrt{\frac{1}{0.1\times 0.0067}}=38.6\ \mathrm{s}^{-1}$$

由图 6.7-6 查得 $K_g(\mathrm{dB})=4.5\mathrm{dB}$。可见，系统稳定，但动态指标不合格，需进行校正。

2. 求取期望频率特性

将给定的时域指标 σ_p、t_s 转换成相应的频域指标，依式(5.6-8)～式(5.6-17)

$$M_r=0.6+2.5\sigma_p=0.6+2.5\times 0.23=1.175$$

$$\sin\gamma(\omega_c)=\frac{1}{M_r}$$

求得 $\gamma(\omega_c)=58°$。

$$k=2+1.5(M_r-1)+2.5(M_r-1)^2=2.34$$

$$\omega_c=\frac{k\pi}{t_s}=\frac{2.34\times 3.14}{0.6}=12.246\ \mathrm{s}^{-1}$$

取　$\omega_c=12\ \mathrm{s}^{-1}$

$$h=\frac{M_r+1}{M_r-1}=12.4\text{，取 }h=12$$

$$\omega_3\geqslant\frac{2h}{h+1}\omega_c=22\ \mathrm{s}^{-1}\text{，取 }\omega_3=83\ \mathrm{s}^{-1}$$

$$\omega_2\leqslant\frac{\omega_3}{h}=6.9\ \mathrm{s}^{-1}\text{，取 }\omega_2=5\ \mathrm{s}^{-1}$$

在图 6.7-6 的 0 dB 线上过 $\omega_c=12\ \mathrm{s}^{-1}$点作斜率为 -20 dB/dec 的直线，其高频段与 $20\lg|G_o(j\omega)|$相交点所对应的频率正是期望频率特性 $20\lg|G_e(j\omega)|$的转折频率 $\omega_3=83\ \mathrm{s}^{-1}$。为使校正装置形式简单，便于实现，$20\lg|G_e(j\omega)|$在频率大于 ω_3 的频率高段与 $20\lg|G_o(j\omega)|$重合。过 $\omega_2=5\ \mathrm{s}^{-1}$所对应的点 E' 作斜率为 -40 dB/dec 的直线，其低频段与 $20\lg|G_o(j\omega)|$相交于 A 点，A 点所对应的频率即为期望频率特性 $20\lg|G_e(j\omega)|$的转折频率 $\omega_1=0.6\ \mathrm{s}^{-1}$。为保证开环放大倍数 $K_V=100\ \mathrm{s}^{-1}$，期望频率特性小于 ω_1 的频段与

$20\lg|G_o(j\omega)|$重合。期望频率特性画于图 6.7-6 中。

3. 校验性能指标

校正后系统的开环传递函数为

$$G_e(s)=\frac{100(\frac{1}{5}s+1)}{s(\frac{1}{0.6}s+1)(\frac{1}{83}s+1)(0.0067s+1)}$$

经计算，校正后相位裕度 $\gamma(\omega_c)=57.5°$，$K_V=100\ s^{-1}$，其超调量 σ_p 与过渡过程时间 t_s 均符合要求，具体计算过程从略。

4. 确定 $H'_c(s)$ 及 $H_c(s)$

从图 6.7-6 可以看出，低于 ω_1 和高于 ω_3 的频段不需进行校正，从 $\omega_1=0.6\ s^{-1}\sim\omega_3=83\ s^{-1}$ 是需要校正的频段。在此频段内，根据式(6.7-7)求出

$$H'_c(j\omega)=\frac{1}{G_e(j\omega)}$$

$20\lg|H'_c(j\omega)|$的伯德图见图 6.7-6 所示。

下面校验式(6.7-7)所需满足的条件，由图 6.7-6 可见，在 $\omega=\omega_1\sim\omega=\omega_3$ 频段

$$20\lg|G_o(j\omega)|+20\lg|H'_c(j\omega)|\gg 0\ \text{dB}$$

即 $|G_o(j\omega)H'_c(j\omega)|\gg 1$，满足式(6.7-7)的条件，只是在 $\omega=\omega_1$ 与 $\omega=\omega_3$ 时，$|G_o(j\omega)H'_c(j\omega)|=1$，不满足式(6.7-7)所需条件，可能引起误差，但 ω_1 与 ω_3 离 ω_c 较远，且工程上允许这样的误差。因此认为 $H'_c(j\omega)$的参数是符合要求的。由图 6.7-6 得

$$H'_c(s)=\frac{K_h s^2}{\frac{1}{5}s+1}=\frac{K_h s^2}{0.2s+1}$$

K_h 的确定有三种方法

一是直接查图

$$20\lg K_h=-DE=-35.6\text{dB}$$

求得

$$K_h=0.0167$$

二是用对数方程根据 0 dB 线上边的伯德图求，得

$$K_h=\frac{1}{K_V\omega_1}=0.0167$$

三是用对数方程根据 0 dB 线下边的伯德图求，得

$$K_h=\frac{1}{\omega_c\omega_2}=0.0167$$

最后得

$$H'_c(s)=\frac{0.0167s^2}{0.2s+1}$$

进而求得反馈校正装置的传递函数

$$H_c(s)=\frac{H'_c(s)}{s}=\frac{0.0167s}{0.2s+1}$$

5. $H_c(s)$的实现

从图 6.7-4 所示位置随动系统方块图可以看出，反馈信号取自系统的输出速度 $\dot{c}(t)$，

故传递函数 $H_c(s)$ 可通过图 6.7-7 所示测速发电机加 RC 无源网路来实现。从图中求得

$$\frac{U_2(s)}{U_1(s)}=\frac{RCs}{RCs+1}=\frac{Ts}{Ts+1}$$

式中 $T=RC$

令 $\frac{u_1}{u_c}=K'_c<1$

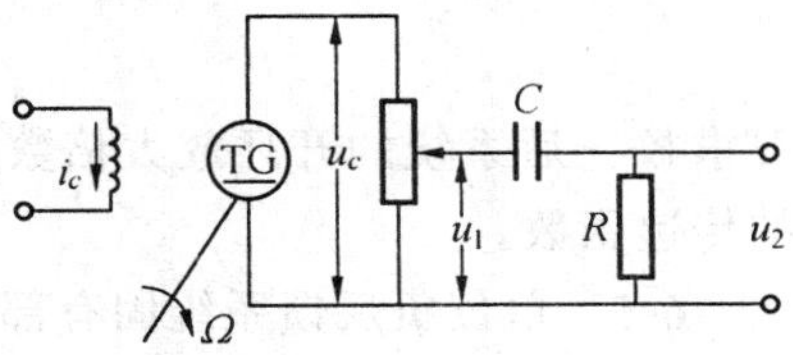

图 6.7-7 校正装置 $H_c(s)$ 的实现

则求得图 6.7-7 所对应的传递函数

$$H_c(s)=\frac{U_2(s)}{U_c(s)}=K'_c\cdot\frac{Ts}{Ts+1}=\frac{K_hs}{Ts+1}$$

式中 $K_h=K'_cT=K'_cRC$

串联校正与反馈校正的比较

串联校正比反馈校正容易设计，结构简单，成本低，且容易实现。反馈校正一般要用测速发电机，故成本高。串联滞后校正由于积分充放电时间长，使系统由某种干扰容易引起"慢爬现象"，而速度微分反馈校正可解决此问题。串联超前校正抗干扰能力差，而速度反馈相当于串联超前校正，但抗干扰能力强。反馈校正可使系统低速平稳性好。反馈校正还可以在需要的频段内，消除不需要的特性，抑制参数变化对系统性能的影响，而串联校正无此特性。若需结构简单、降低成本，又无特殊要求时，可采用串联校正。若有特殊要求，特别是被控对象参数不稳定时，应采用反馈校正。总之，究竟采用哪种校正形式，在某种程度上取决于具体系统的结构及对系统的要求和被控对象的性质。

习 题

6-1 单位负反馈系统的开环传递函数为

$$G_o(s)=\frac{K}{s(0.04s+1)}$$

要求系统响应匀速信号 $r(t)=t$ 的稳态误差 $e_{ss}\leqslant 0.01$ 及相角裕度 $\gamma(\omega_c)\geqslant 45°$，试确定串联校正环节的传递函数。

6-2 单位负反馈系统的开环传递函数为

$$G_o(s)=\frac{K}{s(0.5s+1)}$$

要求系统响应匀速信号 $r(t)=t$ 的稳态误差 $e_{ss}=0.1$ 及闭环幅频特性的相对谐振峰值 $M_r\leqslant 1.5$。试确定串联校正环节的传递函数。

6-3 单位负反馈系统的开环传递函数为

$$G_o(s)=\frac{K}{s(0.1s+1)(0.2s+1)}$$

要求：(1)开环放大倍数 $K_V=100\text{s}^{-1}$；

(2)相位裕度 $\gamma(\omega_c)\geqslant 40°$。

试设计串联滞后-超前校正环节。

6-4 单位负反馈系统固有部分的传递函数为

$$G_o(s)=\frac{1}{s(0.1s+1)}$$

要求校正后系统的开环放大倍数为 $K_V \geqslant 100\text{s}^{-1}$，相位裕度 $\gamma(\omega_c) \geqslant 50°$，试确定校正装置的传递函数。

6-5 单位负反馈系统固有部分的传递函数为

$$G_o(s)=\frac{K}{s(s+1)(0.25s+1)}$$

要求校正后系统的开环放大倍数为 $K_V=10\ \text{s}^{-1}$，相位裕度 $\gamma(\omega_c)=30°$，试确定校正装置的传递函数。

6-6 单位负反馈系统固有部分的传递函数为

$$G_o(s)=\frac{K}{s(0.9s+1)(0.007s+1)}$$

要求：(1)开环放大倍数 $K_V=1\,000\ \text{s}^{-1}$；

(2)超调量 $\sigma_p \leqslant 30\%$；

(3)过流过程时间 $t_s \leqslant 0.25$ s。

试设计串联校正装置。

6-7 控制系统方块图如图题 6-7 所示。欲通过反馈校正使系统相位裕度 $\gamma(\omega_c)=50°$，试确定反馈校正参数 K_h。

6-8 控制系统方块图如图题 6-8 所示。要求采用速度反馈校正，使系统具有临界阻尼，即阻尼比 $\xi=1$。试确定反馈校正参数 K_h。

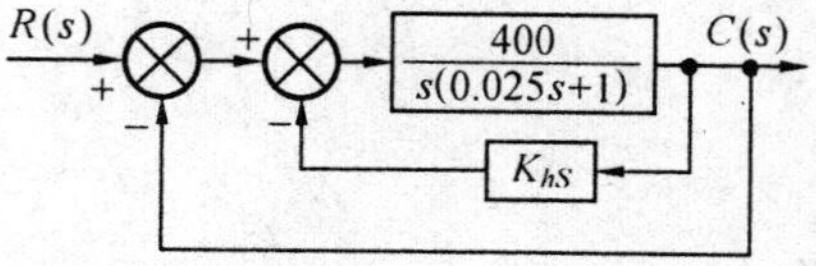

图题 6.7 控制系统方块图

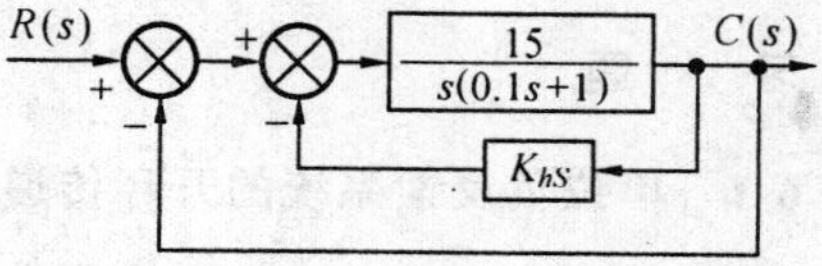

图题 6.8 控制系统方块图

6-9 控制系统的方块图如图题 6-9 所示，要求设计 $H_c(s)$，使系统达到下述指标：

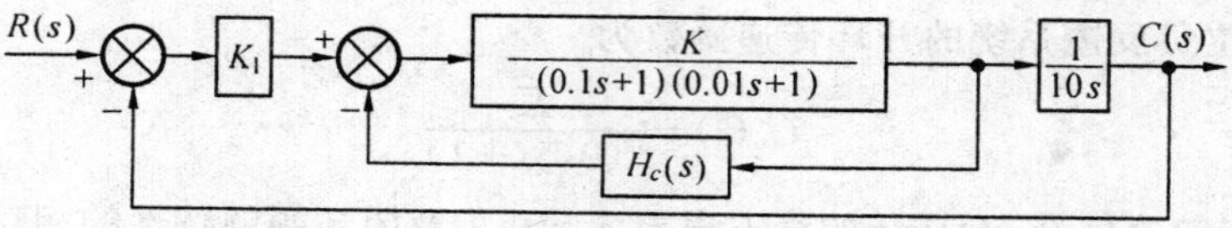

图题 6.9 控制系统方块图

(1)开环放大倍数 $K_V=200\ \text{s}^{-1}$；

(2)相位裕度 $\gamma(\omega_c)=45°$。

6-10 控制系统方块图如图题 6-10(a)所示，图中 $G_o(s)$ 为系统不可变部分的传递函数，其对数幅频特性如图题 6-10(b)所示，$G_c(s)$ 为待定的校正装置传递函数。要求校正后系统满足

(1)$f(t)=1(t)$ 时，$e_{ssf}(t)=0$；

(2)$\omega=1$ 时：$20\lg K=57$ dB；

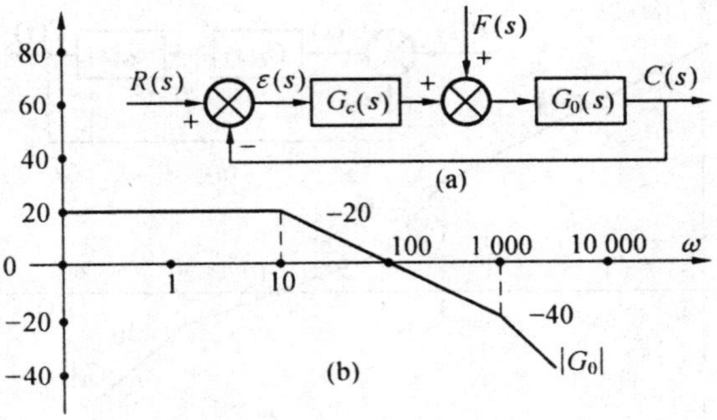

图题 6.10 控制系统方块图与伯德图

(3)相位裕度 $\gamma(\omega_c)=45°$。

试确定 $G_c(s)$的形式及参数。

6-11 控制系统方块图如图题 6-11(a)所示,图中 $G_o(s)$为系统固有部分的传递函数,其对数幅频特性如图题 6-11(b)所示,$G_c(s)$为待定的校正装置传递函数。要求校正后系统满足:

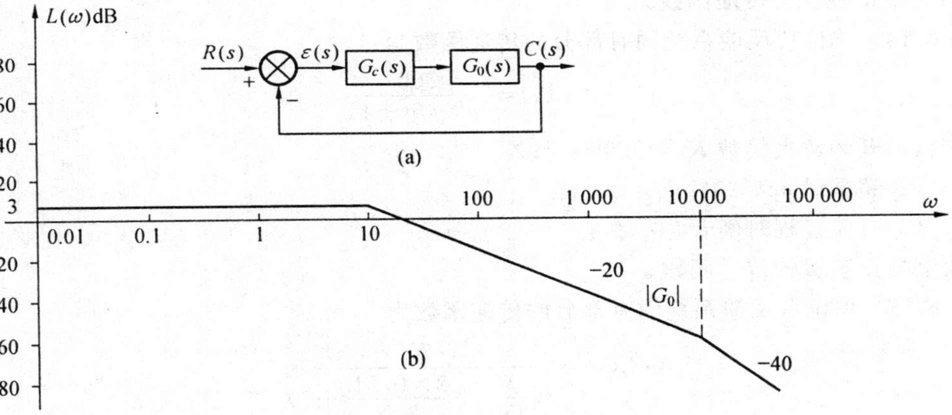

图题 6.11 控制系统方块图与伯德图

(1)$r(t)=1(t)$时,$e_{ss}(t)=0$;$20\lg K=43$ dB;

(2)剪切频率 $\omega_c=10$ rad/s;

(3)相位裕度 $\gamma(\omega_c)=45°$。

试确定 $G_c(s)$的形式及参数。

6-12 在图题 6-12(a)所示系统中,系统固有部分的传递函数为 $G_o(s)=\dfrac{2}{s(0.5s+1)}$,希望频率特性 $20\lg|G_e(j\omega)|$画于图题 6-12(b)中,要求:

(1)绘出校正装置的渐近对数幅频特性及对数相频特性;

(2)写出校正装置的传递函数 $G_c(s)$;

(3)说明此校正装置的特点。

6-13 单位负反馈系统固有部分的传递函数为

$$G_o(s)=\frac{K}{s(0.31s+1)(0.003s+1)}$$

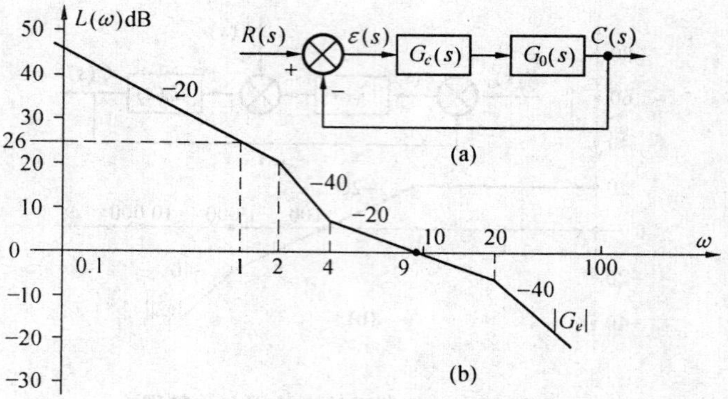

图图 6.12　控制系统方块图与伯德图

要求：(1)开环放大倍数 $K_V=2\ 000\ \mathrm{s}^{-1}$；

(2)超调量 $\sigma_p\leqslant30\%$；

(3)过渡过程时间 $t_s\leqslant0.15$ s。

试确定校正装置的传递函数。

6-14　单位负反馈系统固有部分的传递函数为

$$G_o(s)=\frac{500}{s(0.46s+1)}$$

要求：(1)开环放大倍数 $K_V=2000\ \mathrm{s}^{-1}$；

(2)超调量 $\sigma_p\leqslant20\%$；

(3)过渡过程时间 $t_s\leqslant0.09$ s。

试确定校正装置的传递函数。

6-15　单位负反馈系统固有部分的传递函数为

$$G_o(s)=\frac{K}{s(\frac{s^2}{250^2}+\frac{2\times0.51}{250}s+1)}$$

要求：(1)超调量 $\sigma_p\leqslant20\%$；

(2)过渡过程时间 $t_s\leqslant0.25$ s；

(3)系统跟踪匀速信号 $r(t)=Vt$ 时，其稳态误差 $e_{ss}(t)\leqslant0.05$mm，其中 $V=0.5$m/min。

试设计校正装置的传递函数。

6-16　单位负反馈系统固有部分的传递函数为

$$G_o(s)=\frac{300}{s(0.1s+1)(0.003s+1)}$$

要求：(1)超调量 $\sigma_p\leqslant30\%$；

(2)过渡过程时间 $t_s\leqslant0.5$ s；

(3)系统跟踪匀速信号 $r(t)=Vt$ 时，其稳态误差 $e_{ss}(t)\leqslant0.033$ rad，其中 $V=10$ rad/s。

试设计综合校正装置。

第七章　非线性控制系统

7.1　非线性控制系统概述

在前面几章中，讨论了线性系统的分析和设计方法。然而，一个实际的控制系统都不同程度地存在非线性的特性。所谓非线性是指元件或环节的输入输出静特性不是按线性规律变化的。如果一个控制系统包含一个或一个以上具有非线性特性的环节，则称这类系统为非线性控制系统。

对于非线性程度不很严重，且仅仅在工作点附近小范围内工作的系统，可以用小偏差线性化的方法将非线性特性线性化，线性化之后的系统可以看作线性系统，并可以用线性系统的理论进行分析和研究。然而，对于非线性程度比较严重，输入信号变化范围较大的系统，某些元件将明显地工作在非线性范围，不满足小偏差线性化的条件。这种非线性系统的响应会出现许多用线性系统理论无法解释的现象，只有用非线性系统的理论进行分析，才能得出较为正确的结论。

非线性系统有其特有的规律和特点。在这一章里我们将要讨论为什么会出现非线性特性；非线性系统与线性系统的基本性质有什么不同，分析非线性系统的基本方法；利用非线性特性改善系统性能的方法等。

一、　典型非线性特性

控制系统中常见的非线性特性，有的是组成系统的元件所固有的，如饱和、死区、间隙、摩擦、滞环等。有些是为了改善系统的性能而加入的，如继电器、变增益放大器等，在系统中加入这类非线性特性可能使系统具有比线性系统更好的动态性能，或者更经济。

下面简要地介绍一下控制系统中常见的典型非线性的基本特性。

1. 饱和特性

饱和非线性的静特性如图 7.1-1 所示。图中 $e(t)$ 为非线性环节的输入信号，$x(t)$ 为非线性环节的输出信号。在 $-a<e(t)<a$ 的范围内是线性区，线性区的增益为 k，当 $|e(t)|>a$ 时，进入饱和区。饱和非线性特性的数学表达式为

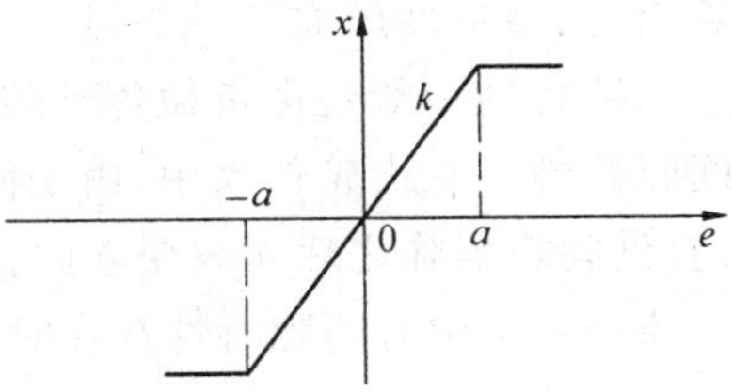

图 7.1-1　饱和非线性特性

$$x(t)=\begin{cases}ke(t) & |e(t)|<a\\ ka & e(t)>a\\ -ka & e(t)<-a\end{cases}$$

一般放大器、执行元件都具有饱和特性。当输入信号超过线性区继续增大时，其输出

量趋于一个常数值，等效的放大倍数下降。控制系统中有饱和非线性特性存在时，将使系统在大信号作用下的等效开环增益下降，可能使系统响应过程变长和稳态误差增加。饱和特性可以限制输出信号的幅度，为了充分发挥系统中各元件的作用，应使系统中各环节同时进入饱和，或者使后级（如功放，执行元件）先进入饱和。

有些系统中加入的限幅、限位装置也可看作是饱和特性的应用。

2. 死区特性

死区非线性的静特性如图 7.1-2 所示。其中 $-a<e(t)<a$ 的区域称为死区或不灵敏区，当输入信号的绝对值小于死区范围时，无输出信号。当输入信号的绝对值大于死区时，输出信号才随输入信号变化。死区非线性特性的数学表达式为

$$x(t)=\begin{cases}0 & |e(t)|<a\\ k[e(t)-a\cdot \mathrm{signe}(t)] & |e(t)|>a\end{cases}$$

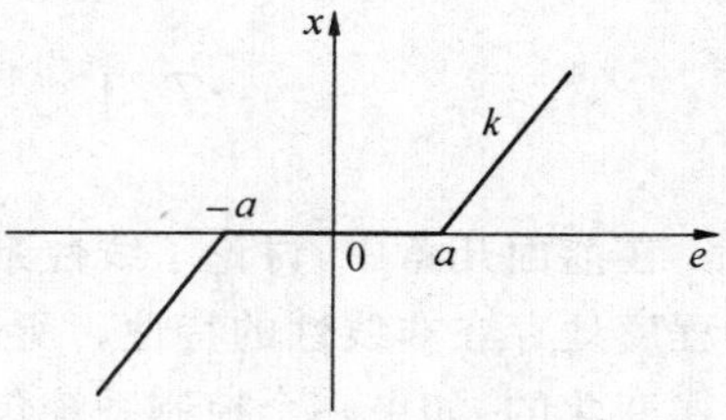

图 7.1-2　死区非线性特性

式中 $\mathrm{signe}(t)=\begin{cases}+1 & e(t)>0\\ -1 & e(t)<0\end{cases}$

控制系统中的测量元件、执行元件（如伺服电机，液压伺服油缸）等一般都具有死区特性。例如某些测量元件对小于某值的输入量不敏感，伺服电动机只有在输入信号大到一定程度以后才会动作。在控制系统中，由于死区的存在，将产生静态误差，特别是测量元件的不灵敏区的影响较为明显。由摩擦造成的死区将造成系统低速运动的不平滑性。一般说来，控制系统前向通道中，前面环节的死区对系统造成的影响较大，而后面元件的死区对系统的不良影响可以通过提高前级元件的传递系数来减小。

3. 间隙特性

间隙特性如图 7.1-3 所示，其数学表达式为

$$x(t)=\begin{cases}k[e(t)-a] & \dot{x}(t)>0\\ k[e(t)+a] & \dot{x}(t)<0\\ b\cdot \mathrm{signe}(t) & \dot{x}(t)=0\end{cases}$$

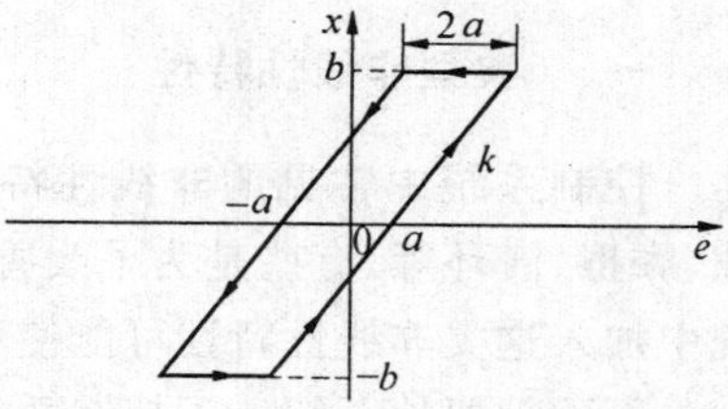

图 7.1-3　间隙非线性特性

间隙的宽度为 $2a$，线性段的斜率为 k。上式表明，间隙特性的输出 $x(t)$ 不但与输入信号 $e(t)$ 的大小有关，而且与 $e(t)$ 的增加或减小的方向有关。从图 7.1-3 中可以看出，间隙特性形成了一个回环，即输入输出关系不是单值对应的。

间隙特性一般是由机械传动装置造成的，齿轮传动的齿隙及液压传动的油隙等都属于间隙特性。在齿轮传动中，由于间隙的存在，当主动轮改变方向时，从动轮保持原位不动，直到间隙消除之后才改变方向。

控制系统中有间隙特性存在时，将使系统输出信号在相位上产生滞后，从而使系统的稳定裕量减少，稳定性变差。另外，间隙特性的存在还常常引起系统的自持振荡和稳态误差的增加。因此应尽量减小和避免间隙，如采用双片弹性无隙齿轮代替一般的齿轮，采用低速的力矩电机而去掉减速齿轮箱。

4. 继电器特性

继电器是广泛应用于控制系统和保护装置中的器件。

继电器的类型较多，从输入输出特性上看，有理想继电器，如图 7.1-4(a)；具有死区的继电器，如图 7.1-4(b)；具有滞环的继电器，如图 7.1-4(c)；具有死区与滞环的继电器，图 7.1-4(d)等。死区的存在是由于继电器线圈需要一定数量的电流才能产生吸合作用。滞环的存在是由于铁磁元件磁滞特性使继电器的吸上电流与释放电流不一样大。

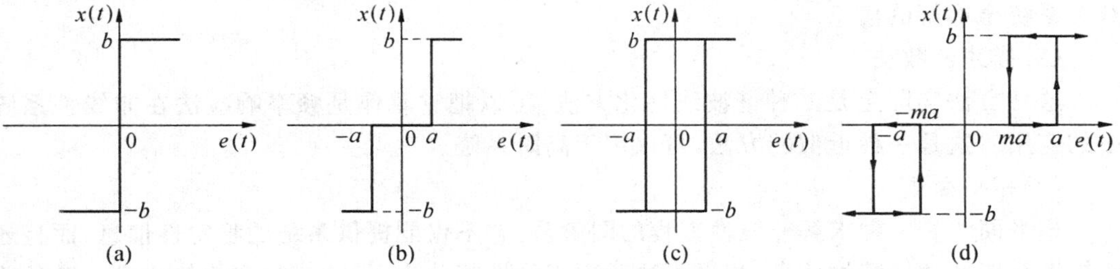

图 7.1-4　继电器特性

二、　非线性系统的特点

非线性系统与线性系统相比，有许多不同的特点，主要有以下几个方面。

1. 在线性系统中，系统的稳定性只与其结构和参数有关，而与初始条件和外加输入信号无关。对于线性定常系统，其稳定性仅取决于其特征根在 s 平面的分布。而非线性系统的稳定性除了与系统的结构参数有关之外，还与初始条件和输入信号有关。对于一个非线性系统，在不同的初始条件下，运动的最终状态可能完全不同。可能在某一种初始条件下系统是稳定的，而在另一种初始条件下系统是不稳定的。或者在某一种输入信号作用下系统是稳定的，在另一种输入信号作用下系统是不稳定的。因此，对于非线性系统只能判断在某种条件下系统的稳定性如何。

2. 对线性系统来说，系统的运动状态或收敛于平衡状态，或者发散。只有当系统处于临界稳定状态时，才会出现等幅振荡。但在实际的情况下，这种状态是不能持久的。只要系统参数稍有变化，这一临界状态就不能继续，而变为发散或收敛。然而在非线性系统中，除了发散或收敛于平衡状态两种运动状态外，还会遇到即使没有外界作用存在，系统本身也会产生具有一定振幅和频率的振荡。这种振荡的频率和振幅具有一定的固定性，称为自持振荡、自振荡或自激振荡。改变系统的结构和参数，能够改变这种自持振荡的频率和振幅。这是非线性系统所独具的特殊现象，是非线性理论研究的重要问题。

3. 在线性系统中，当输入信号为正弦函数时，其输出的稳态分量是同频率的正弦信号。输入和稳态输出之间，一般仅在振幅和相位上有所不同，因此可以用频率响应来描述系统的固有特性。对于非线性系统，如果输入信号为某一频率的正弦信号，其稳态的输出一般并不是同频率的正弦，而是含有高次谐波分量的非正弦周期函数。因此不能直接应用频率特性、传递函数等线性系统常用的概念来分析和综合非线性系统。

4. 对于线性系统，可用线性微分方程来描述，可以应用迭加原理求解。对于非线性系统，要用非线性方程来描述，求解非线性系统，不能使用迭加原理。

对于非线性控制系统，我们把分析的重点放在系统是否稳定，系统是否产生自持振荡，自持振荡的频率和振幅是多少，怎样消除或减小自持振荡的振幅等问题的分析上。

用非线性系统的理论分析非线性系统，常采用下面一些方法：

(1)数值解法

这是一种利用数字计算机来求解非线性微分方程的方法。一般说来，该方法能解任何非线性系统，且其精度能达到预期的要求。但这种方法注重于系统的特定解，而缺乏反映有关系统全部解的信息。

(2)描述函数法

这种方法实际上是一种谐波线性化方法，可以把它看作是频率响应法在非线性系统中的应用。这是一种近似的方法，可以用于高阶系统。

(3)相平面法

相平面法是一种求解非线性方程的图解法。它不仅能提供系统的稳定性信息，而且还能提供系统的动态特性信息。相平面法适用于线性部分为一阶、二阶和能简化成二阶的非线性系统。

(4)李雅普诺夫直接法

这种方法原则上可以适用于任何复杂的非线性系统。这是用现代控制理论分析非线性系统的一种方法。它可以根据系统的状态方程直接判断系统的稳定性，此方法需要构造一个李雅普诺夫函数，而构造李雅普诺夫函数一般比较困难，需要有较高的技巧。

(5)波波夫法

该方法是分析非线性系统稳定性的一种方法。它是在频率域内，根据线性部分的频率特性直接分析非线性系统的稳定性。该方法比较简单，但有一定局限性。

分析非线性系统的方法较多，本章主要讨论描述函数法和相平面法。

7.2 描述函数法

描述函数法是在频率域中分析非线性系统的一种工程近似方法。它是频率法在一定假设条件下在非线性系统中的应用。描述函数法的实质是一种谐波线性化方法（又称谐波平衡法），其基本思想是用非线性环节输出信号中的基波分量来近似代替正弦信号作用下的实际输出，即忽略输出中的高次谐波分量。描述函数法主要用于分析非线性系统的稳定性，是否产生自持振荡，自持振荡的频率和振幅，消除或减弱自持振荡的方法等。用这种方法分析非线性系统时，系统的阶数不受限制。

一、 描述函数的基本概念

应用描述函数法分析非线性系统时，要求元件和系统应满足以下条件。

第一　非线性系统的结构图可以简化为只有一个非线性环节 $N(A)$ 和线性部分 $G(s)$ 相串联的典型形式，如图 7.2-1 所示。应用描述函数法分析时，我们着重要讨论的是非线性环节的输入信号 $e(t)$ 和输出信号 $x(t)$，可以设系统的输入信号 $r(t)$ 为零，系统的输出信号可看作回路中的一个中间变量。这样就可以更方便地将非线性系统化简成一个非线性环节与线性部分串联的形式。

第二　非线性环节的输入输出特性是奇对称的，即 $x(e)=-x(-e)$，以保证非线性环节在正弦输入信号作用下的输出不含直流分量，也就是输出响应的平均值为零。

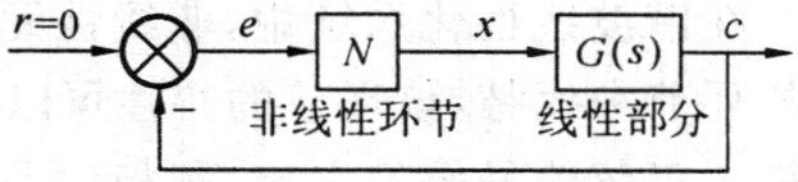

图 7.2-1　非线性系统的典型结构

第三　系统中的线性部分具有较好的低通滤波特性。这样，当非线性环节输入正弦信号时，输出中的高次谐波分量将被大大削弱。因此，闭环通道内近似地只有一次谐波信号流通。对于一般的非线性系统来说，这个条件是满足的。线性部分的低通滤波特性越好，用描述函数法分析的精度就越高。

设非线性环节的输入信号为正弦信号

$$e(t) = A\sin\omega t$$

则非线性环节的输出信号 $x(t)$ 是一个非正弦周期函数。$x(t)$ 中含有基波分量（即一次谐波），还有高次谐波。$x(t)$ 可以展开成下列傅立叶级数的形式

$$x(t) = A_0 + \sum_{n=1}^{\infty}(A_n\cos n\omega t + B_n\sin n\omega t) =$$

$$A_0 + \sum_{n=1}^{\infty}X_n\sin(n\omega t + \Phi_n) \tag{7.2-1}$$

式中 $A_n = \frac{1}{\pi}\int_0^{2\pi}x(t)\cos n\omega t\ \mathrm{d}(\omega t)$

$$B_n = \frac{1}{\pi}\int_0^{2\pi}x(t)\sin n\omega t\ \mathrm{d}(\omega t)$$

$$X_n = \sqrt{A_n^2 + B_n^2}$$

$$\Phi_n = \mathrm{tg}^{-1}\frac{A_n}{B_n}$$

如果非线性环节的特性是奇对称的，则式(7.2-1)中 $A_0=0$。一般，高次谐波的幅值比基波要小，系统中线性部分所具有的低通滤波特性又使高次谐波分量大大衰减。因此，可以近似认为只有非线性环节输出信号中的基波分量能沿闭环回路反馈到非线性环节的输入端而构成正弦输入 $e(t)$。

输出的基波分量为

$$x_1(t) = A_1\cos\omega t + B_1\sin\omega t = X_1\sin(\omega t + \Phi_1) \tag{7.2-2}$$

式中 $A_1 = \frac{1}{\pi}\int_0^{2\pi}x(t)\cos\omega t\ \mathrm{d}(\omega t)$

$$B_1 = \frac{1}{\pi}\int_0^{2\pi}x(t)\sin\omega t\ \mathrm{d}(\omega t)$$

$$X_1 = \sqrt{A_1^2 + B_1^2}$$

$$\Phi_1 = \mathrm{tg}^{-1}\frac{A_1}{B_1}$$

这实际上相当于把非线性元件在一定条件下看成为具有对输入正弦信号的响应仍是同频率正弦的线性特性的一种线性 元件。从而使含这种非线性元件的非线性系统变成一类有条件的线性系统，或称线性化系统，其中的条件便是指谐波线性化。

在谐波线性化系统中，非线性元件可以用一个只是对正弦信号的幅值和相位进行变换的环节来代替，该环节的特性可以用一个复函数来描述，其模等于输出基波信号的幅值与输入正弦信号幅值之比，其相位是输出基波信号与输入正弦信号之间的相位差。定义这个复函数为非线性元件的描述函数，它实际上是非线性元件输出的基波分量对输入正弦波的复数比。描述函数用符号 $N(A)$ 表示，即

$$N(A) = \frac{X_1}{A} e^{j\Phi_1} \tag{7.2-3}$$

式中 $N(A)$——非线性元件的描述函数；

A——正弦输入信号的振幅；

X_1——输出信号基波分量的振幅；

Φ_1——输出信号基波分量相对输入正弦信号的相移。

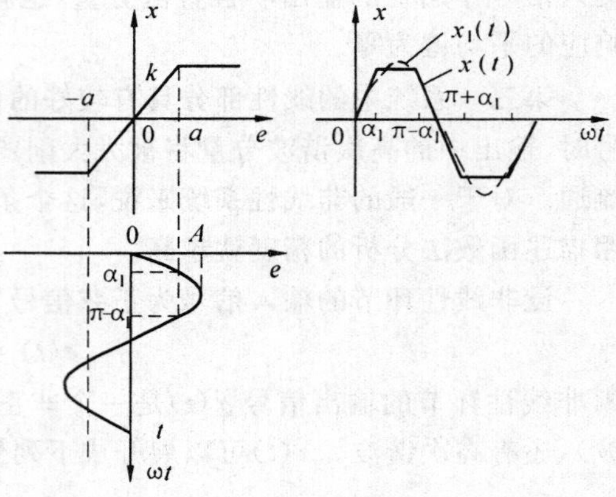

图 7.2-2 饱和非线性特性及输入输出波形

描述函数一般为输入信号振幅的函数，当非线性环节中包含储能元件时，描述函数同时为输入信号振幅 A 和频率 ω 的函数。这时记为 $N(A,\omega)$。

如果非线性特性为单值奇函数时，$A_1=0$，从而 $\Phi_1=0$，于是有

$$N(A) = \frac{B_1}{A}$$

这时描述函数 $N(A)$ 是一个实函数，输出基波信号 $x_1(t)$ 与输入正弦信号 $e(t)$ 同相位。

二、 典型非线性特性的描述函数

1. 饱和特性的描述函数

饱和特性在输入正弦信号 $e(t)=A\sin\omega t$ 时的输入输出波形图如图 7.2-2 所示。输出信号 $x(t)$ 的数学表达式为

$$x(t) = \begin{cases} kA\sin\omega t & 0 \leqslant \omega t \leqslant \alpha_1 \\ ka & \alpha_1 \leqslant \omega t \leqslant \pi - \alpha_1 \\ kA\sin\omega t & \pi - \alpha_1 \leqslant \omega t \leqslant \pi \end{cases} \tag{7.2-4}$$

式中 $\alpha_1 = \sin^{-1}\dfrac{a}{A}$

由于输出 $x(t)$ 是单值奇对称函数，所以有

$$A_0 = 0 \quad , \quad A_1 = 0$$

由式(7.2-2)可求得

$$B_1 = \frac{1}{\pi}\int_0^{2\pi} x(t)\sin\omega t \, d(\omega t) =$$

$$\frac{4}{\pi}\int_0^{\frac{\pi}{2}} x(t)\sin\omega t \, d(\omega t) =$$

$$\frac{4kA}{\pi}\left\{\left[\frac{1}{2}\omega t-\frac{1}{4}\sin 2\omega t\right]\Big|_0^{\alpha_1}+\frac{a}{A}[-\cos\omega t]\Big|_{\alpha_1}^{\frac{\pi}{2}}\right\}=$$

$$\frac{4kA}{\pi}\left[\frac{1}{2}\alpha_1-\frac{1}{4}\sin 2\alpha_1+\frac{a}{A}\cos\alpha_1\right]=$$

$$\frac{2kA}{\pi}\left[\sin^{-1}\frac{a}{A}+\frac{a}{A}\sqrt{1-(\frac{a}{A})^2}\right] \tag{7.2-5}$$

式中 $\alpha_1=\sin^{-1}\dfrac{a}{A}, A\geqslant a$

由式(7.2-3)及(7.2-5)，求得饱和特性的描述函数为

$$N(A)=\frac{2k}{\pi}\left[\sin^{-1}\frac{a}{A}+\frac{a}{A}\sqrt{1-(\frac{a}{A})^2}\right] \qquad (A\geqslant a) \tag{7.2-6}$$

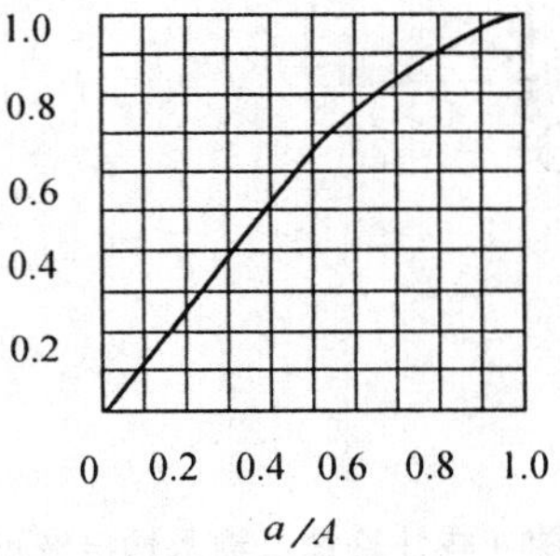

图 7.2-3 饱和非线性的描述函数曲线

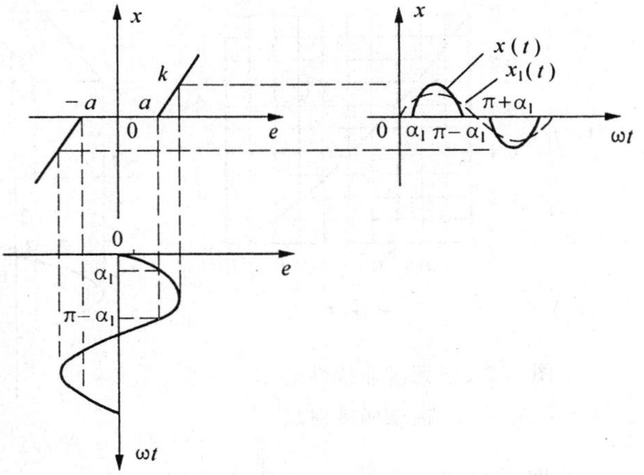

图 7.2-4 死区非线性特性及输入输出波形

以$\dfrac{a}{A}$为自变量，以 $N(A)/k$ 为因变量的函数曲线如图 7.2-3 所示，当 $A\to\infty$，$a/A\to 0$，$N(A)/k\to 0$。当 $A\to a$，$a/A\to 1$，$N(A)/k\to 1$。若 $a/A>1$，相当 $A<a$，即输入正弦信号仅在线性区变化，没进入饱和区。

2. 死区特性的描述函数

死区特性在输入 $e(t)=A\sin\omega t$ 时的输入与输出波形图如图 7.2-4 所示。输出信号 $x(t)$的数学表达式为

$$x(t)=\begin{cases}0 & 0\leqslant\omega t\leqslant\alpha_1\\ k(A\sin\omega t-a) & \alpha_1\leqslant\omega t\leqslant\pi-\alpha_1\\ 0 & \pi-\alpha_1\leqslant\omega t\leqslant\pi\end{cases} \tag{7.2-7}$$

式中 $\alpha_1=\sin^{-1}\dfrac{a}{A}$ ， $A\geqslant a$。由于输出 $x(t)$为单值奇对称函数，故有 $A_0=0, A_1=0$。由式(7.2-2)可求得

$$B_1=\frac{1}{\pi}\int_0^{2\pi}x(t)\sin\omega t\,\mathrm{d}(\omega t)=$$

$$\frac{4}{\pi}\int_{\alpha_1}^{\frac{\pi}{2}} k(A\sin\omega t - a)\sin\omega t \, \mathrm{d}(\omega t) =$$

$$\frac{2kA}{\pi}\left[\frac{\pi}{2} - \sin^{-1}\frac{a}{A} - \frac{a}{A}\sqrt{1-\left(\frac{a}{A}\right)^2}\right] \quad A \geqslant a \tag{7.2-8}$$

因此求得死区非线性的描述函数为

$$N(A) = \frac{2k}{\pi}\left[\frac{\pi}{2} - \sin^{-1}\frac{a}{A} - \frac{a}{A}\sqrt{1-\left(\frac{a}{A}\right)^2}\right] \quad A \geqslant a \tag{7.2-9}$$

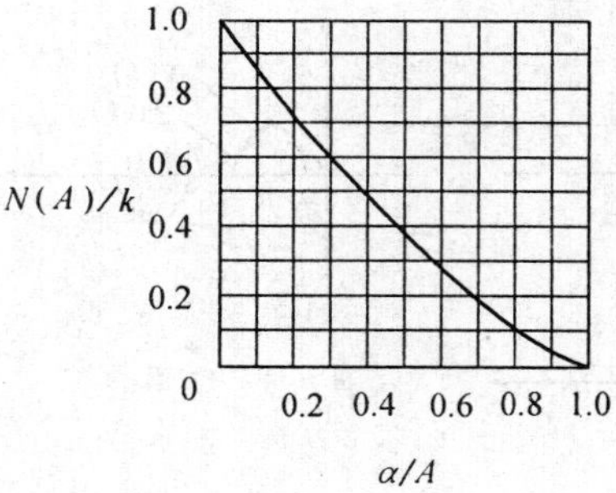

图 7.2-5　死区非线性的描述函数曲线

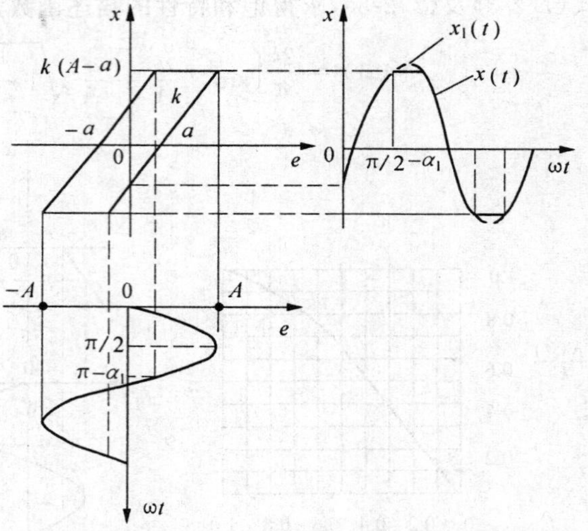

图 7.2-6　间隙非线性特性及输入输出波形

根据式(7.2-9)，以 a/A 为自变量，以 $N(A)/k$ 为因变量的函数曲线如图 7.2-5 所示。

当 $A\to a$，$\left(\frac{a}{A}\right)\to 1$，$N(A)/k\to 0$；

当 $A\to\infty$，$\left(\frac{a}{A}\right)\to 0$，$N(A)/k\to 1$。

3. 间隙特性的描述函数

间隙特性在输入 $e(t)=A\sin\omega t$ 时的输入与输出波形如图 7·2-6 所示，输出信号 $x(t)$ 的数学表达式为

$$x(t) = \begin{cases} k(A\sin\omega t - a) & 0 \leqslant \omega t \leqslant \frac{\pi}{2} \\ k(A - a) & \frac{\pi}{2} \leqslant \omega t \leqslant \pi - \alpha_1 \\ k(A\sin\omega t + a) & \pi - \alpha_1 \leqslant \omega t \leqslant \pi \end{cases} \tag{7.2-10}$$

式中 $A\geqslant a$，$\alpha_1 = \sin^{-1}\frac{A-2a}{A}$。输出波形既非奇函数，也非偶函数，所以 A_1、B_1 均不为零，但输出中没有直流分量，$A_0=0$。可求得

$$A_1 = \frac{1}{\pi}\int_0^{2\pi} x(t)\cos\omega t \, \mathrm{d}(\omega t) =$$

$$\frac{2}{\pi}\int_{0}^{\frac{\pi}{2}}k(A\sin\omega t-a)\cos\omega t\,\mathrm{d}(\omega t)+$$

$$\frac{2}{\pi}\int_{\frac{\pi}{2}}^{\pi-\alpha_1}k(A-a)\cos\omega t\,\mathrm{d}(\omega t)+$$

$$\frac{2}{\pi}\int_{\pi-\alpha_1}^{\pi}k(A\sin\omega t+a)\cos\omega t\,\mathrm{d}(\omega t)=$$

$$\frac{4ka}{\pi}(\frac{a}{A}-1)\qquad A\geqslant a \tag{7.2-11}$$

$$B_1=\frac{1}{\pi}\int_{0}^{2\pi}x(t)\sin\omega t\,\mathrm{d}(\omega t)=$$

$$\frac{2}{\pi}\int_{0}^{\frac{\pi}{2}}k(A\sin\omega t-a)\sin\omega t\,\mathrm{d}(\omega t)+$$

$$\frac{2}{\pi}\int_{\frac{\pi}{2}}^{\pi-\alpha_1}k(A-a)\sin\omega t\,\mathrm{d}(\omega t)+$$

$$\frac{2}{\pi}\int_{\pi-\alpha_1}^{\pi}k(A\sin\omega t+a)\sin\omega t\,\mathrm{d}(\omega t)=$$

$$\frac{kA}{\pi}\left[\frac{\pi}{2}+\sin^{-1}(1-\frac{2a}{A})+2(1-\frac{2a}{A})\sqrt{\frac{a}{A}(1-\frac{a}{A})}\right]\quad A\geqslant a \tag{7.2-12}$$

于是,间隙特性的描述函数为

$$N(A)=\frac{B_1}{A}+j\frac{A_1}{A}=$$

$$\frac{k}{\pi}\left[\frac{\pi}{2}+\sin^{-1}(1-\frac{2a}{A})+2(1-\frac{2a}{A})\sqrt{\frac{a}{A}(1-\frac{a}{A})}\right]+$$

$$j\frac{4ka}{\pi A}(\frac{a}{A}-1)\qquad A\geqslant a \tag{7.2-13}$$

根据式(7.2-13),以 a/A 为自变量,分别以 $|N(A)|/k$ 及 $\angle N(A)$ 为因变量的函数曲线如图 7.2-7 所示。

需要指出,由于在间隙非线性中出现了滞环,使此特性成为非单值特性,即一个输入值对应不只一个输出值。反映到描述函数上,已不再是实函数,而是具有实部和虚部的复函数。这说明,间隙非线性环节响应正弦输入时,输出非正弦周期函数的基波 $x_1(t)$ 在相位上滞后于正弦输入信号 $e(t)$,滞后角为 $\Phi_1=\mathrm{tg}^{-1}A_1/B_1$。

4. 继电器非线性的描述函数

具有死区和滞环的继电器特性在输入 $e(t)=A\sin\omega t$ 时的输入与输出波形图如图 7.2-8 所示,$x(t)$ 的数学表达式为

$$x(t)=\begin{cases}0 & 0\leqslant\omega t\leqslant\alpha_1\\ b & \alpha_1\leqslant\omega t\leqslant\pi-\alpha_2\\ 0 & \pi-\alpha_2\leqslant\omega t\leqslant\pi\end{cases}$$

式中　$\alpha_1=\sin^{-1}\frac{a}{A}$　,　$\alpha_2=\sin^{-1}\frac{ma}{A}$　　$A\geqslant a$。

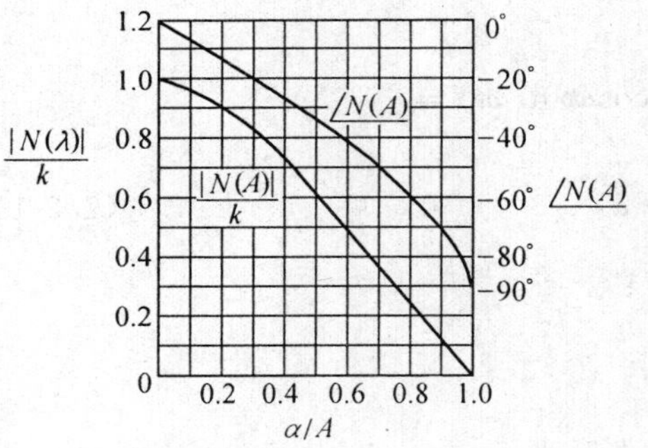

图 7.2-7　间隙非线性的描述函数曲线

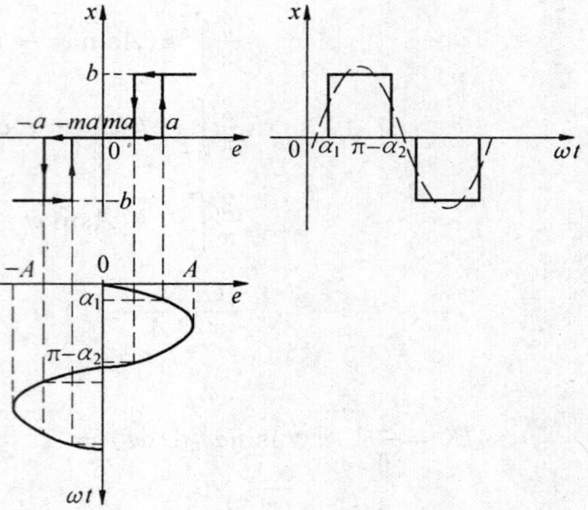

图 7.2-8　继电器非线性特性及输入输出波形

由图 7.2-8 中可见，输出 $x(t)$ 具有正、负半周对称性，直流分量为零，故有 $A_0=0$。$x(t)$ 既非奇函数，又非偶函数，所以 A_1 与 B_1 都存在

$$A_1=\frac{1}{\pi}\int_0^{2\pi}x(t)\cos\omega t\,\mathrm{d}(\omega t)=$$

$$\frac{2}{\pi}\int_{\alpha_1}^{\pi-\alpha_2}b\cos\omega t\,\mathrm{d}(\omega t)=$$

$$\frac{2ab}{\pi A}(m-1)\qquad A\geqslant a \tag{7.2-14}$$

$$B_1=\frac{1}{\pi}\int_0^{2\pi}x(t)\sin\omega t\,\mathrm{d}(\omega t)=$$

$$\frac{2}{\pi}\int_{\alpha_1}^{\pi-\alpha_2}b\sin\omega t\,\mathrm{d}(\omega t)=$$

$$\frac{2b}{\pi}\left[\sqrt{1-\left(\frac{a}{A}\right)^2}+\sqrt{1-\left(\frac{ma}{A}\right)^2}\right]\qquad A\geqslant a$$

由此可得具有死区和滞环的继电器特性的描述函数为

$$N(A)=\frac{B_1}{A}+j\frac{A_1}{A}=\frac{2b}{\pi A}\left[\begin{matrix}\sqrt{1-\left(\frac{a}{A}\right)^2}+\\ \sqrt{1-\left(\frac{ma}{A}\right)^2}\end{matrix}\right]+j\frac{2ab}{\pi A^2}(m-1)\quad A\geqslant a \tag{7.2-15}$$

式中，b 为饱和输出，a 为继电器吸上电压，ma 为释放电压。

由式(7.2-15)可知，具有死区和滞环的继电器的描述函数既有实部又有虚部，是一个复函数。图 7.1-4 中其他几种继电器的描述函数也可由该式求得。$a=0$ 时为理想继电器特性，描述函数为

$$N(A)=\frac{4b}{\pi A} \tag{7.2-16}$$

$m=1$ 时为具有死区而无滞环的继电器特性，吸上电压与释放电压相等，其描述函数为

$$N(A)=\frac{4b'}{\pi A}\sqrt{1-(\frac{a}{A})^2}\qquad A\geqslant a \tag{7.2-17}$$

$m=-1$ 时为仅具有滞环的继电器特性，其描述函数为

$$N(A)=\frac{4b}{\pi A}\sqrt{1-(\frac{a}{A})^2}-j\frac{4ab}{\pi A^2}\qquad A\geqslant a \tag{7.2-18}$$

5. 其他非线性环节的描述函数

非线性特性的种类很多，只要掌握了方法，就可以将描述函数一一求出。表 7.2-1 列出了一些常见的非线性特性的描述函数。

6. 组合非线性特性的描述函数

当非线性系统中含有两个或两个以上非线性环节时，应求出等效的非线性特性的描述函数。

(1)非线性特性的并联

设系统中有两个非线性环节并联，而且非线性特性都是单值函数，因此它们的描述函数 $N_1(A)$ 和 $N_2(A)$ 都是实函数，见图 7.2-9。当输入 $e(t)=A\sin\omega t$ 时，两个环节输出的基波分量分别为输入信号乘以各自的描述函数，即

$$x_{11}=N_1(A)A\sin\omega t$$
$$x_{21}=N_2(A)A\sin\omega t$$

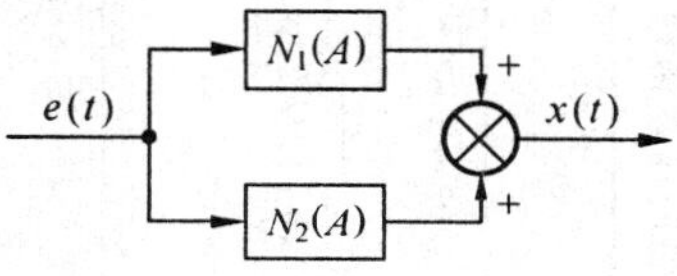

图 7.2-9　非线性环节并联

所以总的描述函数

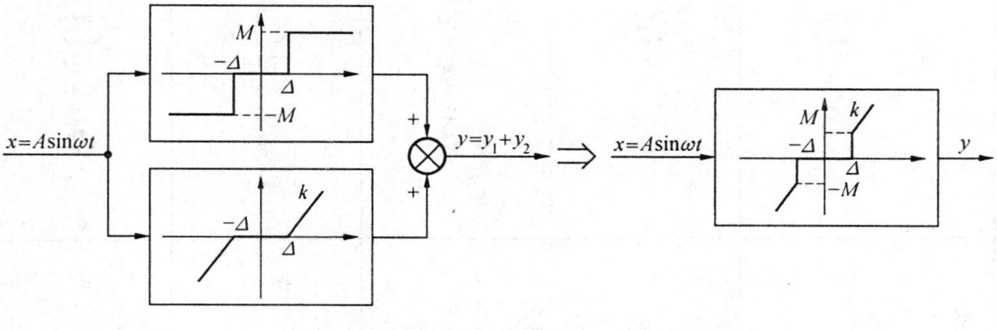

图 7.2-10　两个非线性特性并联及其等效非线性特性

$$N(A)=N_1(A)+N_2(A)$$

当 $N_1(A)$ 和 $N_2(A)$ 是复函数时，结论不变。总之，数个非线性环节并联后，总的描述函数等于各非线性环节描述函数之和。

图 7.2-10 所示为一个死区非线性环节与一个具有死区的继电器非线性环节相并联，对于这个并联结构，其等效的描述函数为

$$N(A)=\frac{4M}{\pi A}\sqrt{1-(\frac{\Delta}{A})^2}+\frac{2k}{\pi}\left(\frac{\pi}{2}-\sin^{-1}\frac{\Delta}{A}-\frac{\Delta}{A}\sqrt{1-(\frac{\Delta}{A})^2}\right)=$$
$$k-\frac{2k}{\pi}\sin^{-1}\frac{\Delta}{A}+\frac{4M-2k\Delta}{\pi A}\sqrt{1-(\frac{\Delta}{A})^2}\qquad A\geqslant\Delta$$

(2)非线性特性的串联

表 7.2-1　典型非线性特性的描述函数

名　称	非线性特性	描述函数
饱和特性	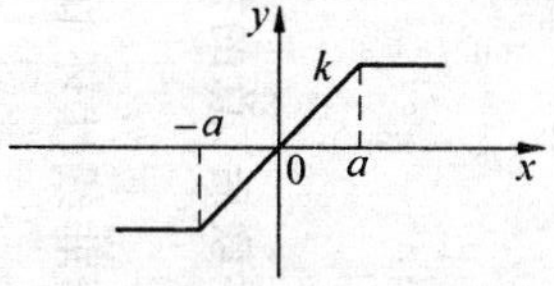	$N(A)=\frac{2k}{\pi}\left[\sin^{-1}\frac{a}{A}+\frac{a}{A}\sqrt{1-(\frac{a}{A})^2}\right]\quad(A>a)$
死区特性(一)	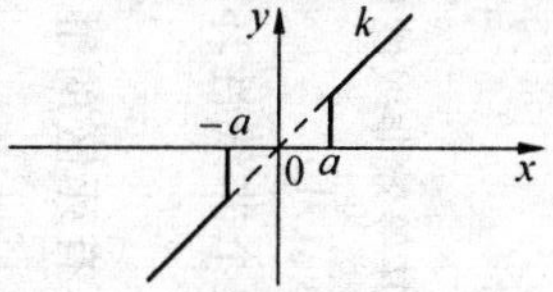	$N(A)=\frac{2k}{\pi}\left[\frac{\pi}{2}-\sin^{-1}\frac{a}{A}+\frac{a}{A}\sqrt{1-(\frac{a}{A})^2}\right]\quad(A>a)$
死区特性(二)	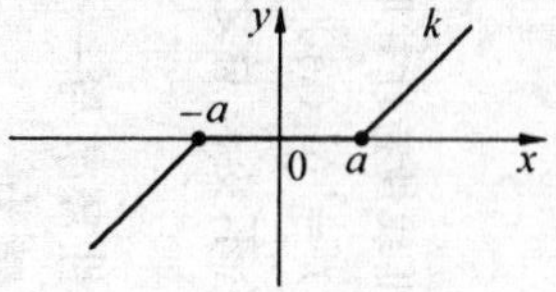	$N(A)=k-\frac{2k}{\pi}\left[\sin^{-1}\frac{a}{A}+\frac{a}{A}\sqrt{1-(\frac{a}{A})^2}\right]\quad(A>a)$
具有死区的饱和特性	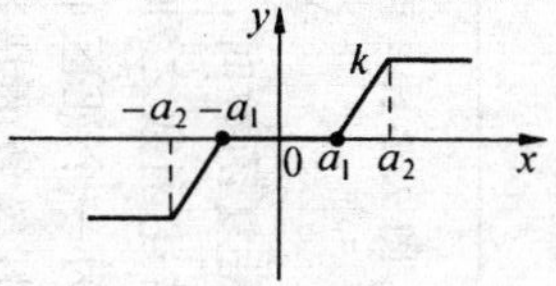	$N(A)=\frac{2k}{\pi}\left[\sin^{-1}\frac{a_2}{A}-\sin^{-1}\frac{a_1}{A}+\frac{a_2}{A}\sqrt{1-(\frac{a_2}{A})^2}-\frac{a_1}{A}\sqrt{1-(\frac{a_1}{A})^2}\right]\quad(A>a_2)$
间隙特性	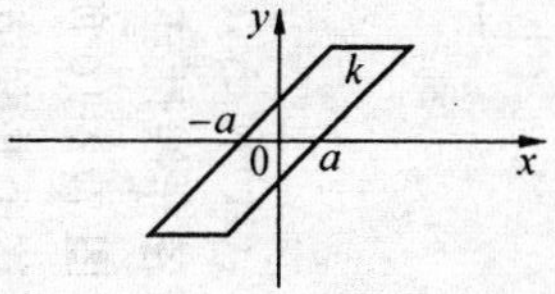	$N(A)=\frac{k}{\pi}\left[\frac{\pi}{2}+\sin^{-1}(\frac{A-2a}{A})+(\frac{A-2a}{A})\sqrt{1-(\frac{A-2a}{A})^2}\right]+j\frac{4k}{\pi}\left[\frac{a(a-A)}{A^2}\right]\quad(A>a)$

续表 7.2-1

名　称	非线性特性	描述函数
理想继电器特性	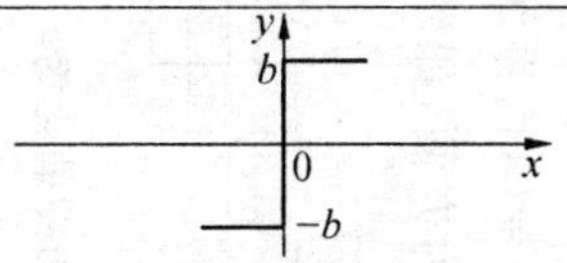	$N(A)=\frac{4b}{\pi A}$
具有死区的继电器特性	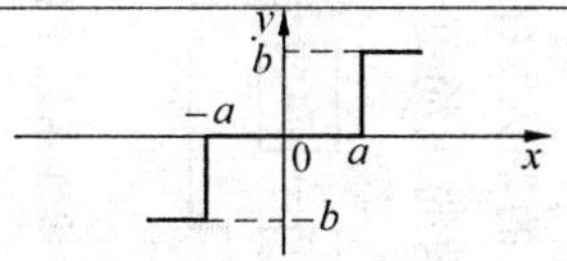	$N(A)=\frac{4b}{\pi A}\left\{\sqrt{1-(\frac{a}{A})^2}\right\}\quad (A>a)$
具有滞环的继电器特性	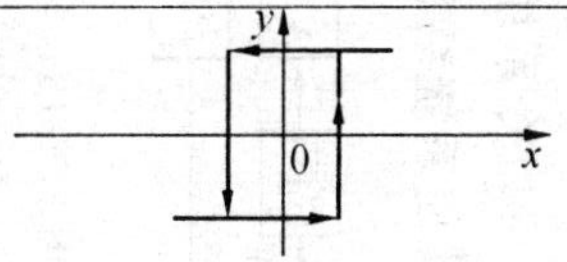	$N(A)=\frac{2b}{\pi A}\left\{\sqrt{1-(\frac{a}{A})^2}-j\frac{a}{A}\right\}\quad (A>a)$
典型继电器特性	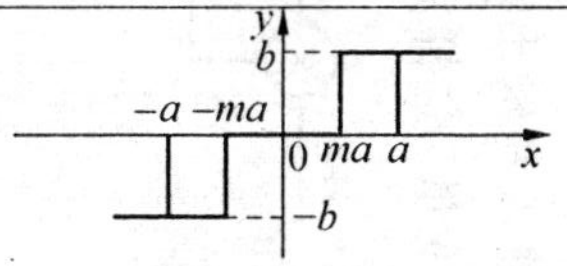	$N(A)=\frac{4b}{\pi A}\left\{\sqrt{1-(\frac{a}{A})^2}-\sqrt{1-(\frac{ma}{A})^2}+j\frac{a(m-1)}{A}\right\}\quad (A>a)$
变增益特性	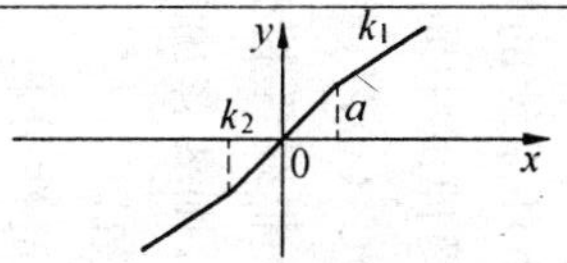	$N(A)=k_2+\frac{2(k_1-k_2)}{\pi}\left\{\sin^{-1}\frac{a}{A}+\frac{a}{A}\sqrt{1-(\frac{a}{A})^2}\right\}\quad (A>a)$
单值非线性	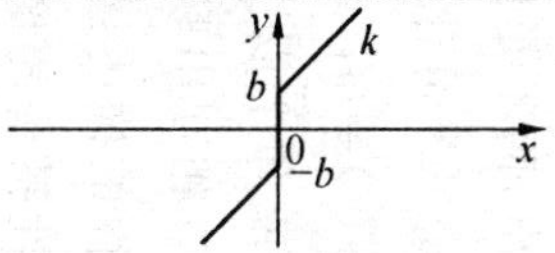	$N(A)=k+\frac{4b}{\pi A}$
三次曲线	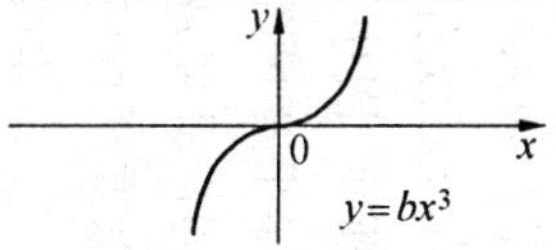	$N(A)=\frac{3}{4}bA^2$

当两个非线性环节串联时，其总的描述函数不等于两个非线性环节描述函数的乘积，而是需要通过折算。首先要求出这两个非线性环节的等效非线性特性，然后根据等效的非线性特性求总的描述函数，见图7.2-11。应注意的是，如果两个非线性环节的前后次序调换，等效的非线性特性并不相同，总的描述函数也不一样，这一点与线性环节串联的化简规则明显不同。

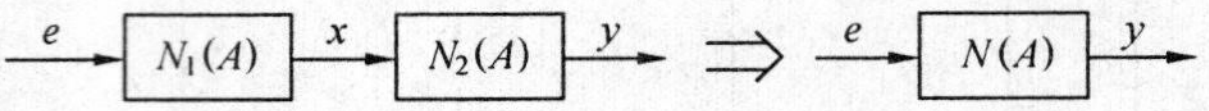

图 7.2-11　非线性环节的串联

图 7.2-12 所示为一个死区非线性环节与一个饱和非线性环节相串联，对于这个串联结构，其等效的非线性环节为一个既有死区又有饱和的非线性特性，总的描述函数为

$$N(A)=\frac{4}{\pi}\left[\sin^{-1}\frac{2}{A}-\sin^{-1}\frac{1}{A}+\frac{2}{A}\sqrt{1-\left(\frac{2}{A}\right)^{2}}-\frac{1}{A}\sqrt{1-\frac{1}{A^{2}}}\right]\qquad A\geqslant 1$$

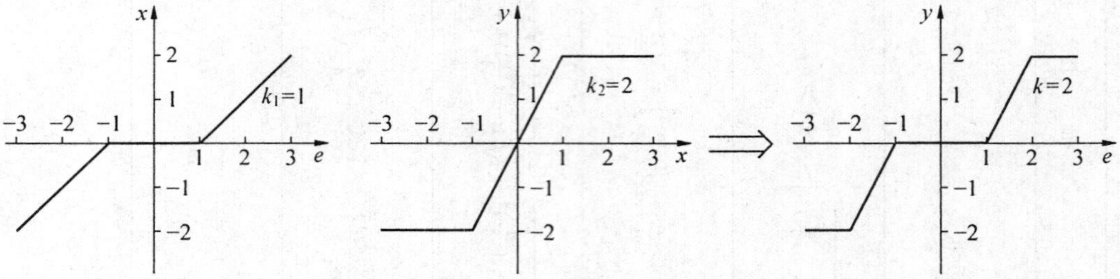

图 7.2-12　两个非线性特性串联及其等效非线性特性

三、　非线性系统的描述函数分析

应用描述函数法可以分析非线性系统是否稳定，是否产生自持振荡，确定自持振荡的频率与振幅以及对系统进行校正以消除或减弱自持振荡。当使用描述函数法分析非线性系统时，要把非线性系统化简成一个等效线性部分 $G(s)$ 与等效非线性部分 $N(A)$ 在闭环回路中串联的标准形式。在分析过程中我们比较感兴趣的信号是非线性环节的输入输出，而不是闭环系统的输入和输出。可以令系统的输入 $r(t)=0$，而系统的输出 $c(t)$ 可以看成一个可化简掉的中间变量。这样就使系统结构的化简更为方便，如图 7.2-13 所示，图中 $G(s)=G_1(s)G_2(s)H(s)$。如果有两个或两个以上非线性特性同向并联或者相互串联，则要算出等效非线性特性的描述函数。

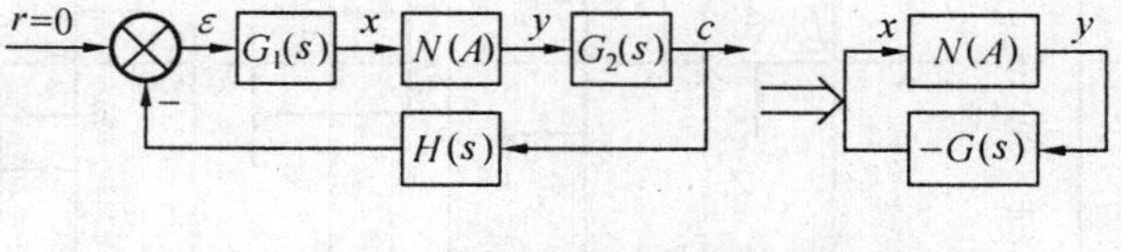

图 7.2-13　非线性系统结构图的化简

1. 非线性系统的稳定性分析

用描述函数法分析非线性系统的稳定性，实际上是线性系统中的奈氏判据在非线性系统中的推广。设非线性系统的结构如图 7.2-14 所示，则经谐波线性化后系统的闭环频率响应为

$$\frac{C(j\omega)}{R(j\omega)}=\frac{N(A)G(j\omega)}{1+N(A)G(j\omega)}\qquad(7.2\text{-}19)$$

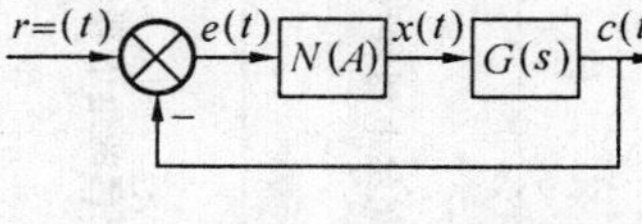

图 7.2-14　非线性系统结构

系统在 $s=j\omega$ 时的特征方程为

$$1+N(A)G(j\omega)=0 \tag{7.2-20}$$

或者写成

$$G(j\omega)=-\frac{1}{N(A)} \tag{7.2-21}$$

其中 $-1/N(A)$ 称为非线性特性的负倒描述函数。方程(7.2-21)中有两个未知数，频率 ω 和非线性环节输入正弦信号振幅 A。如果方程(7.2-21)成立，相当 $G(j\omega)$ 与 $-1/N(A)$ 相交，有解 ω_0 和 A_0，则意味着系统中存在着频率为 ω_0，振幅为 A_0 的等幅振荡。这种情况相当于在线性系统中，开环频率特性 $G(j\omega)$ 穿过其稳定临界点 $(-1,j0)$。在非线性系统的描述函数分析中，负倒描述函数 $-1/N(A)$ 的轨迹是稳定的临界线。因此可以用 $G(j\omega)$ 轨迹和 $-1/N(A)$ 轨迹之间的相对位置来判别非线性系统的稳定性。

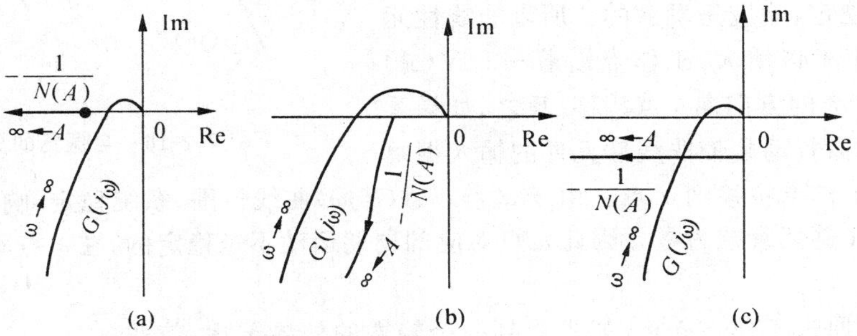

图 7.2-15　非线性系统稳定性分析

为了判别非线性系统的稳定性，应当首先画出 $G(j\omega)$ 和 $-1/N(A)$ 的轨迹，在 $G(j\omega)$ 上标明 ω 增加的方向，在 $-1/N(A)$ 上标明 A 增加的方向。假设非线性系统的线性部分是最小相位环节，所有的零、极点都在 s 平面左半部。非线性系统稳定性判断的规则如下：

(1)如果线性部分的频率特性 $G(j\omega)$ 的轨迹不包围 $-1/N(A)$ 的轨迹，如图 7.2-15(a)所示，则非线性系统是稳定的。$G(j\omega)$ 离 $-1/N(A)$ 越远，系统的相对稳定性越好。

(2)如果 $G(j\omega)$ 的轨迹包围 $-1/N(A)$ 的轨迹，如图 7.2-15(b)所示，则非线性系统是不稳定的，不稳定的系统，其响应是发散的。

(3)如果 $G(j\omega)$ 的轨迹与 $-1/N(A)$ 的轨迹相交，如图 7.2-15(c)所示，交点处的 ω_0 和 A_0 对应系统中的一个等幅振荡。这个等幅振荡可能是自持振荡，也可能在一定条件下收敛或发散。这要根据具体情况分析确定。

2. 自持振荡的确定

$G(j\omega)$ 与 $-1/N(A)$ 轨迹相交，即方程

$$G(j\omega)=-\frac{1}{N(A)}$$

有解，方程的解 ω 和 A 对应着一个周期运动信号的频率和振幅。只有稳定的周期运动才是非线性系统的自持振荡。

所谓稳定的周期运动，是指系统受到轻微扰动作用偏离原来的运动状态，在扰动消失后，系统的运动又能重新恢复到原来频率和振幅的等幅持续振荡。不稳定的周期运动是指

系统一经扰动就由原来的周期运动变为收敛、发散或转移到另一稳定的周期运动状态。

图 7.2-16 中，$G(j\omega)$与$-1/N(A)$有两个交点 a 和 b。a 点处对应的频率和振幅为 ω_a 和 A_a，b 点处对应的频率和振幅为 ω_b 和 A_b。这说明系统中可能产生两个不同频率和振幅的周期运动，这两个周期运动能否维持，是不是自持振荡必须具体分析。

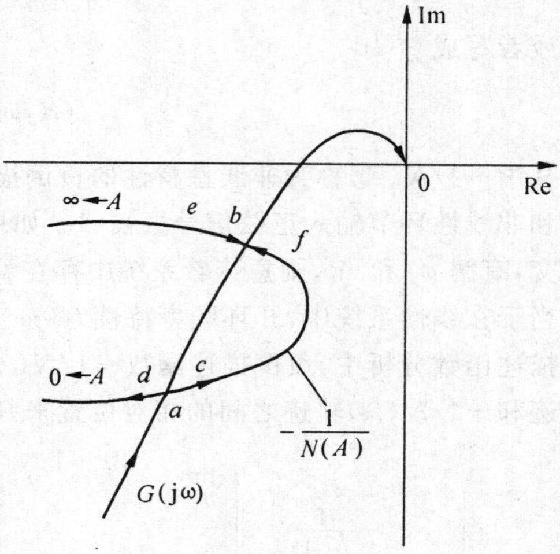

图 7.2-16　自振荡的分析

假设系统原来工作在 a 点，如果受到一个轻微的外界干扰，至使非线性元件输入振幅 A 增加，则工作点沿着$-1/N(A)$轨迹上 A 增大的方向移到 c 点，由于 c 点被 $G(j\omega)$曲线所包围，系统不稳定，响应是发散的。所以非线性元件输入振幅 A 将增大，工作点沿着$-1/N(A)$曲线上 A 增大的方向向 b 点转移。反之，如果系统受到的轻微扰动是使非线性元件的输入振幅 A 减小，则工作点将移到 d 点。由于 d 点不被$G(j\omega)$曲线包围，系统稳定，响应收敛，振荡越来越弱，A 逐渐衰减为零。因此 a 点对应的周期运动不是稳定的，在 a 点不产生自持振荡。

若系统原来工作在 b 点，如果受到一个轻微的外界干扰，使非线性元件的输入振幅 A 增大，则工作点由 b 点移到 e 点。由于 e 点不被 $G(j\omega)$所包围，系统稳定，响应收敛，工作点将沿着 A 减小的方向又回到 b 点。反之，如果系统受到轻微扰动使 A 减小，则工作点将由 b 点移到 f 点。由于 f 点被 $G(j\omega)$曲线所包围，系统不稳定，响应发散，振荡加剧，使 A 增加。于是工作点沿着 A 增加的方向又回到 b 点。这说明 b 点的周期运动是稳定的，系统在这一点产生自持振荡，振荡的频率为 ω_b，振幅为 A_b。

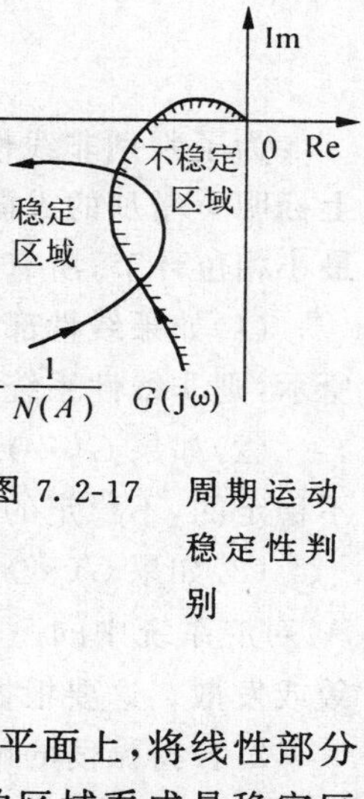

图 7.2-17　周期运动稳定性判别

由上面的分析可知，图 7.2-16 所示系统在非线性环节的正弦输入振幅 $A<A_a$ 时，系统收敛；当 $A>A_a$ 时，系统产生自持振荡，自持振荡的频率为 ω_b，振幅为 A_b。系统的稳定性与初始条件及输入信号有关，这正是非线性系统与线性系统的不同之处。

综上所述，非线性系统周期运动的稳定性可以这样来判断：在复平面上，将线性部分 $G(j\omega)$曲线包围的区域看成是不稳定区域，而不被 $G(j\omega)$曲线包围的区域看成是稳定区域，如图 7.2-17 所示。当交点处的$-1/N(A)$曲线沿着 A 增加的方向由不稳定区进入稳定区，则该交点代表的是稳定的周期运动，即产生自持振荡。反之，交点处的$-1/N(A)$曲线沿着 A 增加的方向由稳定区进入不稳定区时，该交点代表的是不稳定的周期运动，不产生自持振荡。

3. 典型非线性系统描述函数分析

下面举例说明如何利用描述函数法分析非线性系统。

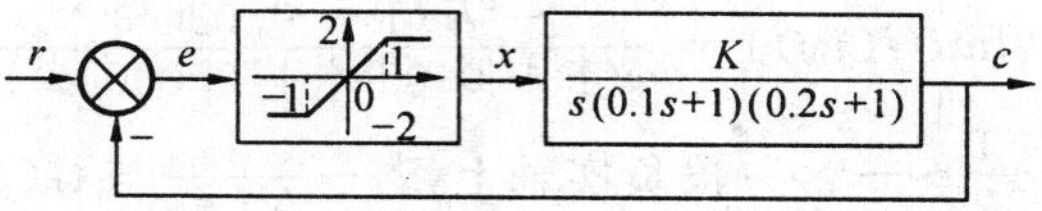

图 7.2-18　含饱和特性的非线性系统

例 7.2-1　设含饱和特性的非线性系统如图 7.2-18 所示，其中饱和非线性特性的参数 $a=1,k=2$。

(1)试确定系统稳定时线性部分增益 K 的临界值 K_c。

(2)试计算 $K=15$ 时，系统自持振荡的振幅和频率。

解　(1)饱和非线性特性的描述函数为

$$N(A)=\frac{2k}{\pi}\left[\sin^{-1}\frac{a}{A}+\frac{a}{A}\sqrt{1-\left(\frac{a}{A}\right)^2}\right]$$

其负倒描述函数为

$$-\frac{1}{N(A)}=\frac{-\pi}{2k\left[\sin^{-1}\frac{a}{A}+\frac{a}{A}\sqrt{1-\left(\frac{a}{A}\right)^2}\right]}=$$

$$\frac{-\pi}{4\left[\sin^{-1}\frac{1}{A}+\frac{1}{A}\sqrt{1-\left(\frac{1}{A}\right)^2}\right]}$$

在上式中，当 $A\to a=1$ 时，$-\frac{1}{N(A)}=-\frac{1}{2}$

当 $A\to\infty$ 时，$-\frac{1}{N(A)}=-\infty$

因此，$-\frac{1}{N(A)}$ 的轨迹在负实轴上 $-\frac{1}{2}$ 至 $-\infty$ 一段，如图 7.2-19。欲使系统稳定，则线性部分 $G(j\omega)$ 轨迹必须不包围 $(-\frac{1}{2}\sim-\infty)$ 线段。由线性部分传递函数

$$G(s)=\frac{K}{s(0.1s+1)(0.2s+1)}$$

可求得

$$G(j\omega)=\frac{K}{j\omega(0.1j\omega+1)(0.2j\omega+1)}=$$

$$\frac{K}{j\omega[0.02(j\omega)^2+0.3j\omega+1]}=$$

$$\frac{K}{\omega}\frac{[-0.3\omega-j(1-0.02\omega^2)]}{(1+0.05\omega^2+0.0004\omega^4)}$$

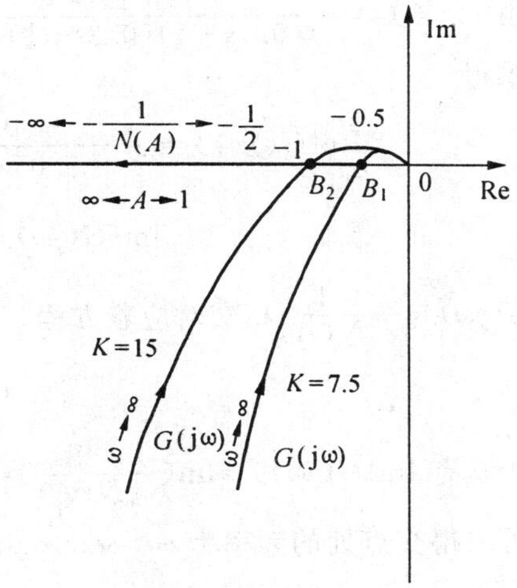

图 7.2-19　含饱和特性非线性系统的 $G(j\omega)$ 和 $-\frac{1}{N(A)}$ 图

$G(j\omega)$ 的实部和虚部分别为

$$\mathrm{Re}[G(j\omega)]=\frac{-0.3K}{1+0.05\omega^2+0.0004\omega^4}$$

$$\mathrm{Im}[G(j\omega)]=\frac{-K(1-0.02\omega^2)}{\omega(1+0.05\omega^2+0.0004\omega^4)}$$

因为$-\frac{1}{N(A)}$在$-\frac{1}{2}\sim-\infty$一段负实轴上，若$-\frac{1}{N(A)}$与$G(j\omega)$相交，交点也必然在负实轴上。令

$$\mathrm{Im}[G(j\omega)]=\frac{-K(1-0.02\omega^2)}{\omega(1+0.05\omega^2+0.0004\omega^4)}=0$$

可求得$G(j\omega)$与负实轴相交处的频率为$\omega=\sqrt{50}$rad/s。将$\omega=\sqrt{50}$rad/s代入$\mathrm{R_e}[G(j\omega)]$可求得$G(j\omega)$与负实轴相交处的幅值为

$$\mathrm{Re}[G(j\omega)]|_{\omega=\sqrt{50}}=\frac{-0.3K}{1+0.05\omega^2+0.0004\omega^4}\Big|_{\omega=\sqrt{50}}=-\frac{0.3K}{4.5}$$

当$G(j\omega)$轨迹通过$(-\frac{1}{2},j0)$点时，则可求得系统稳定时K的临界值K_c，即

$$-\frac{0.3K_c}{4.5}=-\frac{1}{2}$$

所以　$K_c=7.5$

(2)当线性部分增益$K=15$时，$G(j\omega)$与$-\frac{1}{N(A)}$相交，如图7.2-19，交点B_2为稳定点，产生自持振荡。

由　$G(s)=\dfrac{15}{s(0.1s+1)(0.2s+1)}$

求得

$$\mathrm{Re}[G(j\omega)]=\frac{-0.3\times15}{1+0.05\omega^2+0.0004\omega^4}=\frac{-4.5}{1+0.05\omega^2+0.0004\omega^4}$$

$$\mathrm{Im}[G(j\omega)]=\frac{-15(1-0.02\omega^2)}{\omega(1+0.05\omega^2+0.0004\omega^4)}$$

$G(j\omega)$与$-\frac{1}{N(A)}$相交对应着方程

$$G(j\omega)=-\frac{1}{N(A)}$$

于是有$\mathrm{Im}[G(j\omega)]=\mathrm{Im}[-\frac{1}{N(A)}]=0$

可求得交点处的频率为$\omega=\sqrt{50}$rad/s

由　$\mathrm{Re}[G(j\omega)]|_{\omega=\sqrt{50}}=\mathrm{Re}[-\frac{1}{N(A)}]$

可求得交点处的幅值A。

因为

$$\mathrm{Re}[G(j\omega)]|_{\omega=\sqrt{50}}=\frac{-4.5}{1+0.05\omega^2+0.0004\omega^4}\Big|_{\omega=\sqrt{50}}=-1$$

$$\mathrm{Re}[-\frac{1}{N(A)}]=\frac{-\pi}{4\left[\sin^{-1}(\frac{1}{A})+\frac{1}{A}\sqrt{1-(\frac{1}{A})^2}\right]}$$

所以
$$\frac{-\pi}{4\left[\sin^{-1}\left(\frac{1}{A}\right)+\frac{1}{A}\sqrt{1-\left(\frac{1}{A}\right)^2}\right]}=-1$$

或
$$\sin^{-1}\left(\frac{1}{A}\right)+\frac{1}{A}\sqrt{1-\left(\frac{1}{A}\right)^2}=\frac{\pi}{4}$$

可以求得 $A=2.5$

所以，当 $K=15$ 时系统自持振荡的振幅为 $A=2.5$，频率为 $\omega=\sqrt{50}=0.707\text{rad/s}$。

这个系统中的饱和非线性特性如果换成一个增益为 2 的线性放大器，则成为线性系统。这个线性系统是不稳定的，其响应是发散的。有了饱和非线性环节之后，响应由发散变成等幅的自持振荡，其原因是饱和特性限制了振幅的无限制增加。

例 7.2-2 设非线性系统如图 7.2-20 所示，其中非线性特性为具有死区的继电器，饱和输出 $b=3$，死区 $a=1$。

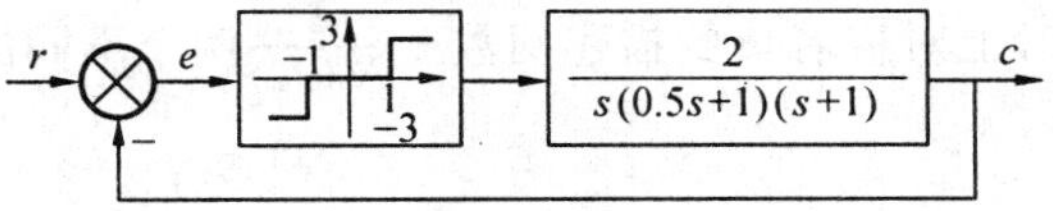

图 7.2-20 含继电器特性的非线性系统

(1)试分析系统的稳定性；

(2)若使系统不产生自持振荡，继电器的参数 a、b 应怎样调整。

解 (1)具有死区的继电器的描述函数为

$$N(A)=\frac{4b}{\pi A}\sqrt{1-\left(\frac{a}{A}\right)^2}\qquad A\geqslant a$$

当 $a=1,b=3$ 时，负倒描述函数为

$$-\frac{1}{N(A)}=\frac{-\pi A}{4\times 3\sqrt{1-\left(\frac{1}{A}\right)^2}}$$

在上式中，当 $A\to 1$ 时，$-\frac{1}{N(A)}\to -\infty$

当 $A\to\infty$ 时，$-\frac{1}{N(A)}\to -\infty$，$-\frac{1}{N(A)}$ 的极值发生在 $A=\sqrt{2}$ 处，其值为

$$-\frac{\pi}{2\cdot\frac{b}{a}}=-\frac{\pi}{2\times 3}=-\frac{\pi}{6}=-0.523$$

负倒描述函数 $-\frac{1}{N(A)}$ 随着 A 的增加从 $-\infty$ 处沿着负实轴从左到右，到达拐点 $-\frac{\pi}{6}$ 之后又沿着负实轴从右到左趋于 $-\infty$，如图7.2-21所示。

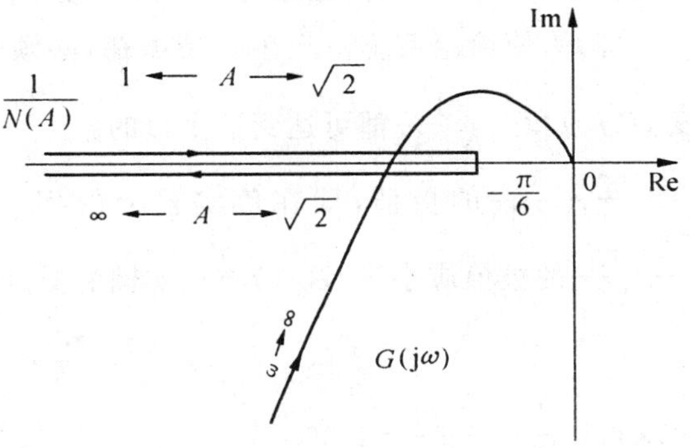

图 7.2-21 $G(j\omega)$ 和 $-1/N(A)$ 轨迹

由线性部分传递函数

$$G(s)=\frac{2}{s(0.5s+1)(s+1)}$$

求得　$G(j\omega)=\dfrac{2}{j\omega(0.5j\omega+1)(j\omega+1)}=\dfrac{2[-1.5\omega-j(1-0.5\omega^2)]}{\omega(0.25\omega^4+1.25\omega^2+1)}$

令线性部分频率响应 $G(j\omega)$ 的虚部

$$\mathrm{Im}[G(j\omega)]=\frac{-2(1-0.5\omega^2)}{\omega(0.25\omega^4+1.25\omega^2+1)}=0$$

求得 $G(j\omega)$ 曲线与负实轴交点处的频率为 $\omega=\sqrt{2}$ rad/s。将其代入 $\mathrm{Re}[G(j\omega)]$ 中，求得

$$\mathrm{Re}[G(j\omega)]\big|_{\omega=\sqrt{2}}=\frac{-3}{0.25\omega^4+1.25\omega^2+1}\Big|_{\omega=\sqrt{2}}=-\frac{1}{1.5}=-0.667$$

即 $G(j\omega)$ 曲线与负实轴的交点坐标为 $(-0.667,j0)$。由于 $-\dfrac{1}{N(A)}$ 轨迹位于负实轴上 $-0.523\sim-\infty$ 之间，所以 $G(j\omega)$ 与 $-\dfrac{1}{N(A)}$ 两条曲线必然相交，在同一个坐标 $(-0.667,j0)$ 上对应着负倒描述函数 $-\dfrac{1}{N(A)}$ 两个不同的 A 值，由

$$\mathrm{Re}[G(j\sqrt{2})]=-\frac{1}{N(A)}$$

即

$$-\frac{1}{1.5}=\frac{-\pi A}{12\sqrt{1-\left(\frac{1}{A}\right)^2}}$$

可求得 $A_1=1.11$ 及 $A_2=2.3$。存在两个振幅值是因为当 A 值由 1 趋于 $\sqrt{2}$ 时，$-\dfrac{1}{N(A)}$ 由 $-\infty$ 变到 $-\dfrac{\pi}{6}$；当 A 由 $\sqrt{2}$ 趋于 ∞ 时，$-\dfrac{1}{N(A)}$ 由 $-\dfrac{\pi}{6}$ 变到 $-\infty$。交点处两个不同的 A 值对应着振幅不同，频率相同的两个周期运动。$A_1=1.11$ 对应着随着 A 的增加，$-\dfrac{1}{N(A)}$ 由稳定区进入不稳定区，因此这个周期运动是不稳定的。$A_2=2.3$ 对应着随着 A 的增加，$-\dfrac{1}{N(A)}$ 由不稳定区进入 稳定区，这个周期运动是稳定的，即产生自持振荡 。因此，系统中实际存在的自持振荡振幅为 $A=2.3$，频率为 $\omega=\sqrt{2}$ rad/s。

(2)为使给定系统不产生自持振荡，必须保证 $G(j\omega)$ 轨迹与 $-\dfrac{1}{N(A)}$ 轨迹不相交，改变 $G(j\omega)$ 和 $-\dfrac{1}{N(A)}$ 都可达到这个目的。

$-\dfrac{1}{N(A)}$ 的极值，即在负实轴上的拐点为 $-\dfrac{\pi a}{2b}$，为使 $-\dfrac{1}{N(A)}$ 与 $G(j\omega)$ 不相交，$-\dfrac{1}{N(A)}$ 的极值应小于 $G(j\omega)$ 与负实轴的交点坐标，即

$$-\frac{\pi a}{2b}<-\frac{1}{1.5}$$

可求得　$\dfrac{b}{a}<\dfrac{1.5\pi}{2}=2.36$

若取 $b/a=2$，则 $-\dfrac{\pi a}{2b}=-\dfrac{\pi}{4}=-0.786<-\dfrac{1}{1.5}$，不产生自振荡。取 $b/a=2$ 时，若保持 $b=3$，则继电器的死区参数 a 应调整到 1.5。

例 7.2-3　非线性系统如图 7.2-22 所示，非线性部分是具有滞环的继电器。试确定 $a=0.1, 0.2, 0.3$ 时所对应的自持振荡的振幅和频率，并说明滞环宽度(即 a 值)对系统自振荡振幅和频率的影响。

解　具有滞环的继电器特性的描述函数为

$$N(A)=\frac{4b}{\pi A}\left[\sqrt{1-(\frac{a}{A})^2}-j\frac{a}{A}\right]$$

其负倒描述函数为

$$-\frac{1}{N(A)}=-\frac{\pi A}{4b}\sqrt{1-(\frac{a}{A})^2}-j\frac{\pi a}{4b}$$

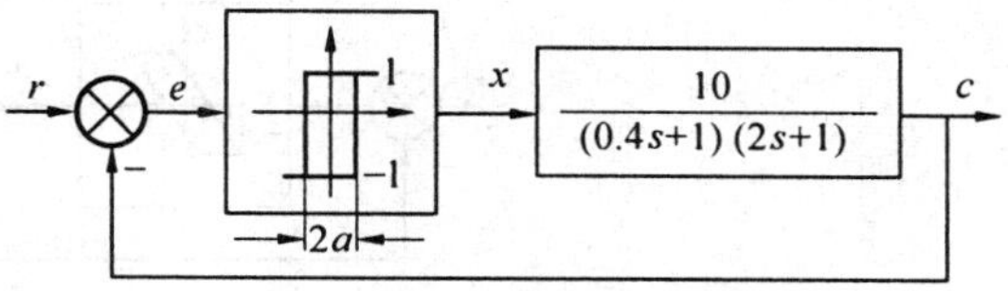

图 7.2-22　具有滞环继电器非线性系统

本例中，$b=1$，所以 $-\frac{1}{N(A)}=-\frac{\pi}{4}\sqrt{A^2-a^2}-j\frac{\pi a}{4}$

由上式可见，$-\frac{1}{N(A)}$的虚部$-j\frac{\pi a}{4}$与振幅 A 无关。当 A 变化时，$-\frac{1}{N(A)}$在复平面上是与实轴平行的直线。对应 $a=0.1,0.2,0.3$ 的$-\frac{1}{N(A)}$轨迹如图 7.2-23 所示。

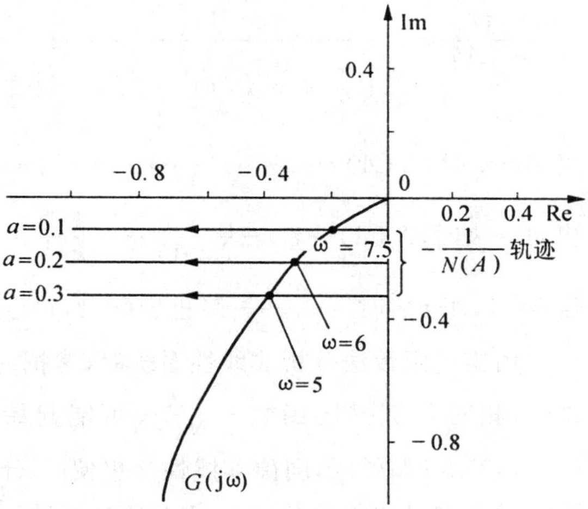

图 7.2-23　$G(j\omega)$与$-\frac{1}{N(A)}$轨迹

线性部分的频率特性为

$$G(j\omega)=\frac{10}{(0.4j\omega+1)(2j\omega+1)}=\frac{12.5(1.25-\omega^2-3j\omega)}{(6.25+\omega^2)(0.25+\omega^2)}$$

由图 7.2-23 中可以看出，$G(j\omega)$与$-\frac{1}{N(A)}$的交点是稳定交点，对应着系统中的自持振荡，其振幅和频率可求取如下：

在交点处，满足方程 $G(j\omega)=-\frac{1}{N(A)}$，则有

$$\text{Im}[G(j\omega)]=\text{Im}[-\frac{1}{N(A)}]$$

即

$$-\frac{12.5\times 3\omega}{(6.25+\omega^2)(0.25+\omega^2)}=-\frac{\pi a}{4}$$

当 $a=0.1$ 时，可求得 $\omega=7.5\text{rad/s}$

又因为 $\text{Re}[G(j\omega)]=\text{Re}[-\frac{1}{N(A)}]$，即

$$\frac{12.5(12.5-\omega^2)}{(6.25+\omega^2)(0.25+\omega^2)}=-\frac{\pi}{4}\sqrt{A^2-(0.1)^2}$$

将 $\omega=7.5\text{rad/s}$ 代入上式，可求得振幅 $A=0.27$。同理可以求得

$a=0.2$ 时，$\omega=6$，$A=0.42$

$a=0.3$ 时，$\omega=5$，$A=0.57$

由此可见，随着滞环宽度的增加(a 值增大)，自持振荡的频率 ω 变慢，而振幅 A 却增大。

例 7.2-4　含有间隙特性的非线性系统如图 7.2-24 所示，间隙特性的参数为 $a=0.1$，$k=0.1$，试确定该系统是否产生自持振荡；若产生自持振荡，确定其频率和幅值。

解　(1)间隙特性的描述函数为

$$N(A)=\frac{k}{\pi}\left[\frac{\pi}{2}+\sin^{-1}(1-\frac{2a}{A})+2(1-\frac{2a}{A})\sqrt{\frac{a}{A}(1-\frac{a}{A})}\right]+j\frac{4ka}{\pi A}(\frac{a}{A}-1)$$

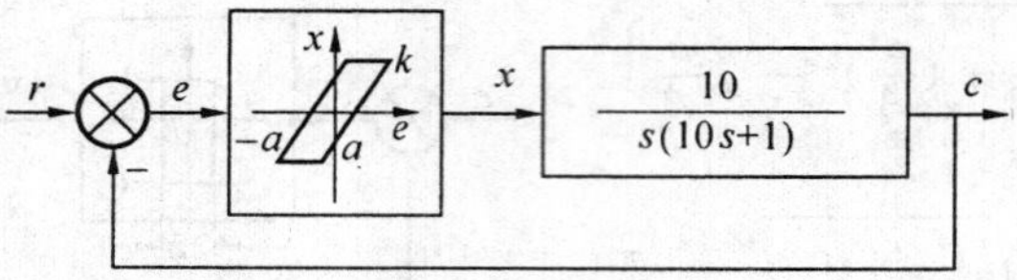

图 7.2-24　含有间隙特性的非线性系统

负倒描述函数为

$$-\frac{1}{N(A)}=\frac{-1}{\frac{k}{\pi}\left[\frac{\pi}{2}+\sin^{-1}\left(1-\frac{2a}{A}\right)+2\left(1-\frac{2a}{A}\right)\sqrt{\frac{a}{A}\left(1-\frac{a}{A}\right)}\right]+j\frac{4ka}{\pi A}\left(\frac{a}{A}-1\right)}$$

当 $A=a$ 时，$N(A)=0,-\frac{1}{N(A)}\to-\infty-j\infty$

当 $A\to\infty$时，$N(A)\to k,-\frac{1}{N(A)}\to-\frac{1}{k}+j0$

若 $k=1,A\to\infty$时，$-\frac{1}{N(A)}$终止于$(-1,j0)$点。

用描述函数法分析非线性系统时，常把一些非线性特性的 k 值折算到线性部分中去，这样，相对负倒描述函数$-\frac{k}{N(A)}$可能起始于$(-1,j0)$点（如饱和非线性），或终止于$(-1,j0)$点（如死区，间隙非线性），更便于分析和对比。在计算时可以用 A/a 为自变量，则相对负倒描述函数是 A/a 相对值的函数。这样可以使曲线标准化，不会因为间隙宽度的变化而改变。在一条曲线上可以分析间隙宽度变化对系统特性的影响。

以 A/a 为自变量的相对负倒描述函数值如表 7.2-2 所示。

表 7.2-2　例 7.2-4 中 $-k/N(A/a)$ 的数据

A/a	1.2	1.3	1.5	2	3	5	10	∞
$\lvert -k/N(A/a)\rvert$	4.8	3.5	2.46	1.69	1.32	1.19	1.04	1
$\angle -k/N(A/a)$	−122°	−127.6°	−136°	−147.4°	−158.5°	−166.9°	−173.2°	−180°
$\mathrm{Re}[-k/N(A/a)]$	−2.54	−2.14	−1.77	−1.42	−1.23	−1.14	−1.03	−1
$\mathrm{Im}[-k/N(A/a)]$	−4.07	−2.77	−1.7	−0.91	−0.48	−0.34	−0.12	0

(2)将非线性部分的 k 值折算到线性部分，则

$$kG(s)=0.1\times\frac{10}{s(10s+1)}=\frac{1}{s(10s+1)}$$

频率特性

$$kG(j\omega)=\frac{1}{j\omega(10j\omega+1)}$$

可以算出 $kG(j\omega)$的数据列于表 7.2-3 中。

表 7.2-3 例 7.2-4 中 $kG(j\omega)$的数据

ω(rad/s)	0.1	0.13	0.15	0.20	0.25	0.3	0.5	∞
$\lvert kG(j\omega)\rvert$	7	4.69	3.7	2.24	1.48	1.05	0.392	0
$\angle kG(j\omega)$	−135°	−142°	−146°	−153°	−158°	−161°	−168.7°	−180°
Re[$kG(j\omega)$]	−4.95	−3.72	−3.07	−2	−1.37	−1	−0.384	0
Im[$kG(j\omega)$]	−4.95	−2.85	−2.05	−1	−0.55	−0.332	−0.067	0

(3)由表 7.2-2 和表 7.2-3 的数据绘制出系统 $kG(j\omega)$和$-k/N(A/a)$曲线如图 7.2-25 所示。从图中可以看出 $kG(j\omega)$与$\dfrac{-k}{N(\frac{A}{a})}$有一个交点。这个交点是稳定的交点，系统中将产生自持振荡，振荡的频率约为 $\omega=0.27$rad/s，相对振幅 $A/a=3$。因为题设$a=0.1$，所以振幅 $A=3a=3\times0.1=0.3$。如果减小间隙宽度，取 $a=0.05$，则自持振荡的频率不变，仍为 2.7rad/s，而振幅 $A=3a=3\times0.05=0.15$。由此可见，调整间隙的宽度，可以改变自振荡的振幅。间隙越大，自振荡的振幅越大，间隙越小，自振荡的振幅也越小。

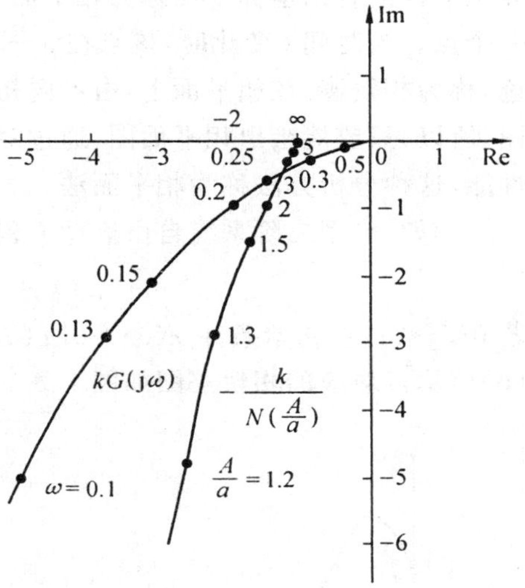

图 7.2-25 例 7.2-4 中 $kG(\omega)$和 $-k/N(A/\alpha)$ 图

(4) 本例是二阶系统，若没有间隙非线性的存在，当开环增益>0 时，闭环系统总是稳定的。但是由于间隙特性的引入，使系统产生了自持振荡，这对于自动控制系统是不希望的。但并不是所有系统传动装置有一点间隙就一定产生自持振荡，系统中的摩擦对振荡有抑制作用。

7.3 相平面法

相平面法是一种求解一、二阶常微分方程的图解方法。这种方法的实质是将系统的运动过程形象地转化为相平面上一个点的移动，通过研究这个点移动的轨迹，就能获得系统运动规律的全部信息。由于它能比较直观、全面地表征系统的运动状态，因而得到广泛应用。

相平面法可以用来分析一、二阶线性和非线性系统的稳定性、平衡位置、时间响应、稳态精度以及初始条件和参数对系统运动的影响。在非线性程度严重，或有非周期输入，不能采用描述函数法时，利用相平面法方便可行。对于线性部分传递函数可以简化为二阶的系统，也可以用相平面法进行近似分析。

相平面法分析的精度与作图的精度有关。有时既使绘制一个相轨迹的草图，也会得出对非线性系统进行分析非常有益的信息。

一、 相轨迹的概念和性质

设有一个二阶系统可用下列微分方程来描述

$$\ddot{x} + f(x,\dot{x}) = 0 \tag{7.3-1}$$

式中 $f(x,\dot{x})$是 x 和 $\dot{x}$ 的线性或非线性函数。该系统的时间响应一般可以用两种方法来表示。一种是分别用 $x(t)$和 $\dot{x}(t)$与 t 的关系图来表示；另一种是在 $x(t)$和 $\dot{x}(t)$中消去 t，把 t 作为参变量，用 $x(t)$和 $\dot{x}(t)$的关系，即 $\dot{x}=f(x)$图来表示。用 x 和 $\dot{x}$ 分别作为横坐标和纵坐标的直角坐标平面称为相平面。该系统在每一时刻的运动状态都对应相平面上的一个点。当时间 t 变化时，该点在 $x-\dot{x}$ 平面上便描绘出一条表征系统状态变化过程的轨迹，称为相轨迹。在相平面上，由不同初始条件对应的一簇相轨迹构成的图象，称为相平面图。所以，只要能绘出相平面图，通过对相平面图的分析，就可以完全确定系统所有的动态性能，这种分析方法称为相平面法。

例如，典型二阶系统自由运动方程为

$$x + 2\xi\omega_n\dot{x} + \omega_n^2 x = 0$$

若 $0<\xi<1$，在初始条件 $x(0)>0$，$\dot{x}(0)>0$ 的作用下，其响应 $x(t)$和 $\dot{x}(t)$如图 7.3-1(a)、(b)所示。对应的相轨迹图如图 7.3-1(c)所示。

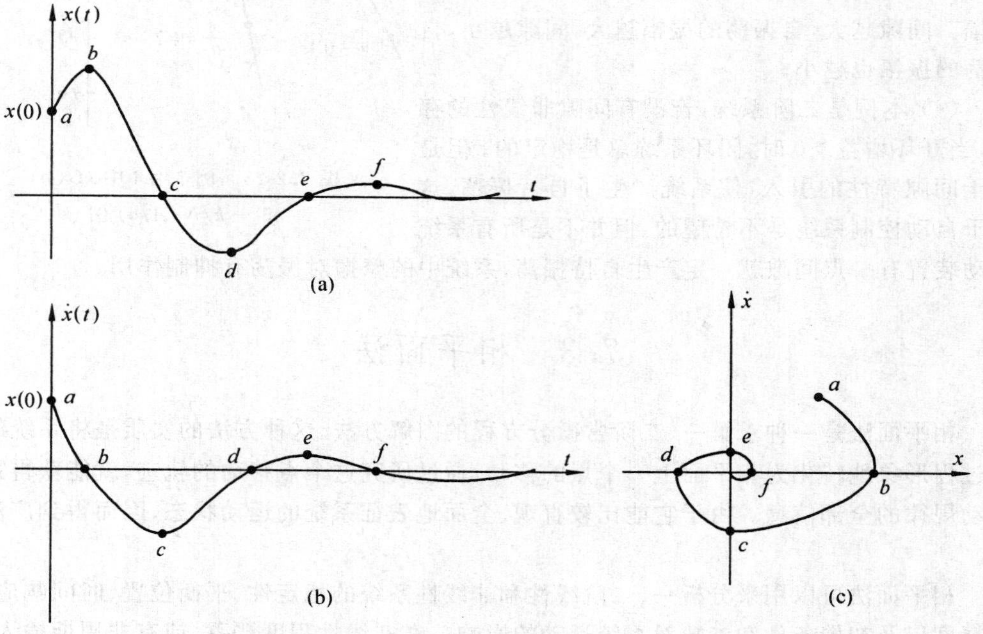

图 7.3-1 时域响应与相轨迹

若二阶系统的微分方程为

$$\ddot{x} + f(x,\dot{x}) = 0$$

上式可改写成

$$\frac{\mathrm{d}\dot{x}}{\mathrm{d}t}=-f(x,\dot{x}) \tag{7.3-2}$$

上式两边同时除以$\frac{\mathrm{d}x}{\mathrm{d}t}=\dot{x}$有

$$\frac{\mathrm{d}\dot{x}}{\mathrm{d}x}=-\frac{f(x,\dot{x})}{\dot{x}} \tag{7.3-3}$$

$\frac{\mathrm{d}\dot{x}}{\mathrm{d}x}$表示相轨迹在点$(x,\dot{x})$处的斜率，因此式(7.3-3)称为相轨迹的斜率方程。

相轨迹有几个性质，介绍如下。

(1)相轨迹的对称性

相轨迹的曲线可能对称于x轴、$\dot{x}$轴或坐标原点。相轨迹的斜率方程为

$$\frac{\mathrm{d}\dot{x}}{\mathrm{d}x}=-\frac{f(x,\dot{x})}{\dot{x}}$$

若$f(x,\dot{x})=f(x,-\dot{x})$，即$f(x,\dot{x})$是$\dot{x}$的偶函数，则相轨迹对称于$x$轴。

若$f(x,\dot{x})=-f(-x,\dot{x})$，即$f(x,\dot{x})$是$x$的奇函数，则相轨迹对称于$\dot{x}$轴。

若$f(x,\dot{x})=-f(-x,-\dot{x})$，则相轨迹对称于原点。

(2)相轨迹的走向

若$\dot{x}>0$，则x增大，若$\dot{x}<0$，则x减小。因此在相平面的上半部，相轨迹从左向右运动，而在相平面的下半部，相轨迹从右向左运动。

(3)正交性

相轨迹的斜率方程为

$$\frac{\mathrm{d}\dot{x}}{\mathrm{d}x}=-\frac{f(x,\dot{x})}{\dot{x}}$$

相轨迹与x轴相交时，$\dot{x}=0$，斜率$\frac{\mathrm{d}\dot{x}}{\mathrm{d}x}$无穷大，因此相轨迹与$x$轴正交。

二、 奇点与极限环

1.奇点

二阶系统的微分方程为

$$\ddot{x}+f(x,\dot{x})=0$$

其斜率方程为

$$\frac{\mathrm{d}\dot{x}}{\mathrm{d}x}=-\frac{f(x,\dot{x})}{\dot{x}}$$

在相平面上，同时满足$f(x,\dot{x})=0$和$\dot{x}=0$的特殊点称为奇点。奇点处的斜率$\frac{\mathrm{d}\dot{x}}{\mathrm{d}x}=\frac{0}{0}$不确定，这说明可以有无穷多条相轨迹以不同的斜率进入、离开或包围该点。在奇点处，$\dot{x}=0$，$\ddot{x}=-f(x,\dot{x})=0$，即速度和加速度同时为零，这表示系统不再运动，处于平衡状态，所以奇点也称为平衡点。因为奇点处$\dot{x}=0$，所以奇点只能出现在x轴上。令$\dot{x}=0$，$\ddot{x}=0$即可确定奇点的坐标。

如果在一条线上满足$\dot{x}=0$和$f(x,\dot{x})=0$，则称该直线为平衡线。

不同时满足$\dot{x}=0$和$f(x,\dot{x})=0$的点称为普通点。在普通点，相轨迹上每一点的斜率

是一个确定的值，故经过普通点的相轨迹只有一条，所以说除奇点外，不同初始条件的相轨迹不会相交。

系统的微分方程为

$$\ddot{x} + f(x,\dot{x}) = 0$$

若 $f(x,\dot{x})$ 是 x 和 $\dot{x}$ 的线性函数，则线性微分方程的一般形式如下：

$$\ddot{x} + 2\xi\omega_n\dot{x} + \omega_n^2 x = 0 \tag{7.3-4}$$

分别取 x 和 $\dot{x}$ 为相平面的横坐标与纵坐标，并将上式改写成

$$\frac{d\dot{x}}{dx} = -\frac{2\xi\omega_n\dot{x} + \omega_n^2 x}{\dot{x}} \tag{7.3-5}$$

式(7.3-5)代表描述二阶线性系统自由运动的相轨迹各点处的斜率

令

$$\begin{cases} f(x,\dot{x}) = 2\xi\omega_n\dot{x} + \omega_n^2 x = 0 \\ \dot{x} = 0 \end{cases}$$

有

$$\begin{cases} x = 0 \\ \dot{x} = 0 \end{cases}$$

即系统奇点的位置在坐标原点(0,0)。当 ξ 取不同值时，系统的特征根在复平面上的分布情况不同，相应的有六种性质不同的奇点。

(1)中心点

当 $\xi=0$ 时，系统的特征根是一对纯虚根，位于复平面的虚轴上。系统的时域响应为不衰减的正弦振荡，相平面图是一簇围绕原点的椭圆。这种情况下的奇点称为中心点。

(2)稳定焦点

当 $0<\xi<1$ 时，系统的特征根是一对具有负实部的共轭复根，位于复平面的左半部。系统的时域响应为收敛于平衡点的周期性衰减振荡。相平面图是一簇收敛于原点的对数螺线。这种情况下的奇点称为稳定焦点。

(3)稳定节点

当 $\xi>1$ 时，系统的特征根是两个负实根，位于复平面的负实轴上。系统的时域响应是收敛于平衡点的非周期性衰减。这种情况下的奇点称为稳定节点。

(4)不稳定焦点

当 $-1<\xi<0$ 时，系统的特征根是一对具有正实部的共轭复根，位于复平面的右半部。系统的时域响应是发散的振荡。相轨迹的曲线也是向外发散的。这种情况下的奇点称为不稳定焦点。

(5)不稳定节点

当 $\xi<-1$ 时，系统的特征根是两个正实根，位于复平面的正实轴上。系统的时域响应是非周期的发散，相轨迹的曲线背离奇点向外发散。这种情况下的奇点称为不稳定节点。

(6)鞍点

当出现"$-\omega_n^2 x$"项时，系统的方程为

$$\ddot{x} + 2\xi\omega_n\dot{x} - \omega_n^2 x = 0$$

这相当于正反馈系统的情况，这时系统的特征根为一正、一负两个实根。系统的时域响应也是非周期性发散的，相轨迹中有直线和双曲线族，这种情况下的奇点称为鞍点。

这六种不同性质奇点所对应的根的分布相平面图都绘于 7.3-2 中以便比较。

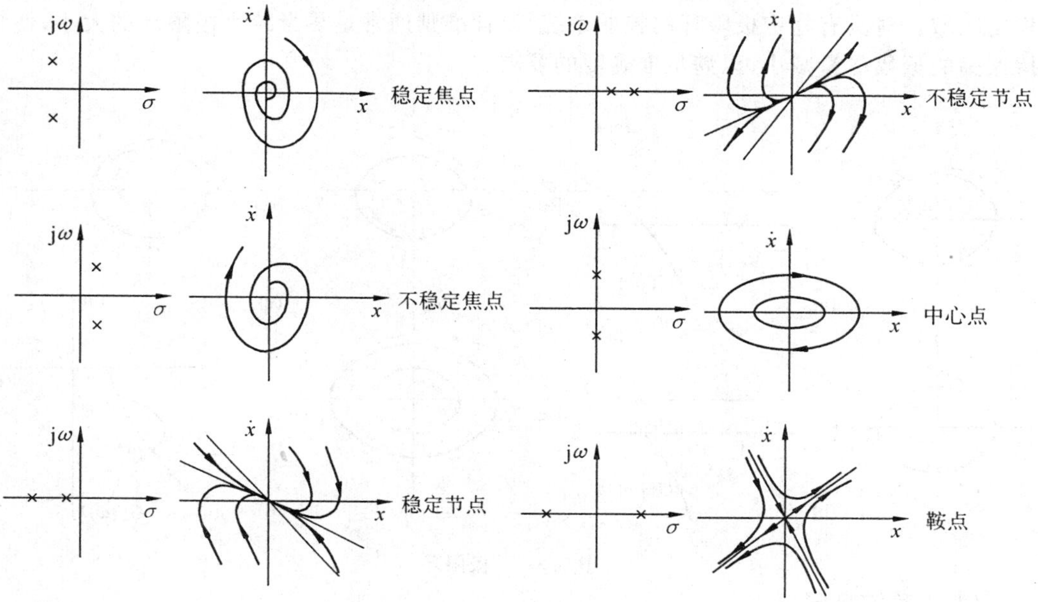

图 7.3-2　奇点的性质

2.极限环

极限环是指相平面图中存在的孤立的封闭相轨迹。所谓孤立的封闭相轨迹是指在这类封闭曲线的邻近区域内只存在着卷向它或起始于它而卷出的相轨迹。系统中可能有两个或两个以上极限环，有大环套小环的情况，但在相邻的两个极限环之间存在着卷向某个极限环，或从某个极限环卷出的相轨迹。极限环对应着周期性的运动，相当描述函数分析法中 $G(j\omega)$ 曲线与 $-\dfrac{1}{N(A)}$ 曲线有交点的情况。极限环把相平面分为内部平面和外部平面。相轨迹不能从环内穿越极限环进入环外，也不能从环外进入环内。

应当指出的是，并不是相平面上所有封闭相轨迹都是极限环，奇点的性质是中心点时，对应的相轨迹也是封闭曲线，但这时相轨迹是封闭的曲线族，不存在卷向某条封闭曲线或由某条封闭曲线卷出的相轨迹，在任何特定的封闭曲线附近仍存在着封闭的曲线。所以这些封闭的相轨迹曲线不是孤立的，不是极限环。

极限环有稳定、不稳定和半稳定之分，分析极限环邻近相轨迹的运动特点，可以判断极限环的类型。

(1)稳定极限环

如果在极限环附近，起始于极限环外部和内部的相轨迹都 趋于该极限环，即环内的相轨发散到该环，环外的相轨迹收敛到该环，则这样的极限环称为稳定极限环，如图 7.3-3(a)所示。这时系统将出现自持振荡。相平面中出现稳定的极限环对应着描述函数法分析中，$G(j\omega)$与$-\dfrac{1}{N(A)}$相交，交点为稳定交点的情况。$-\dfrac{1}{N(A)}$在交点处沿着 A 增加的方向由不稳定区进入稳定区，产生自持振荡。因为稳定极限环内部的相轨迹都发散至极限环，而外部的相轨迹都收敛 于极限环，从这种意义上讲，极限环内部为不稳定区域，而外部为稳定区域。对具有稳定极限环的控制系统，设计准则通常是尽量减小极限环的大小，使自持振荡的振幅尽量减小，以满足准确度的要求。

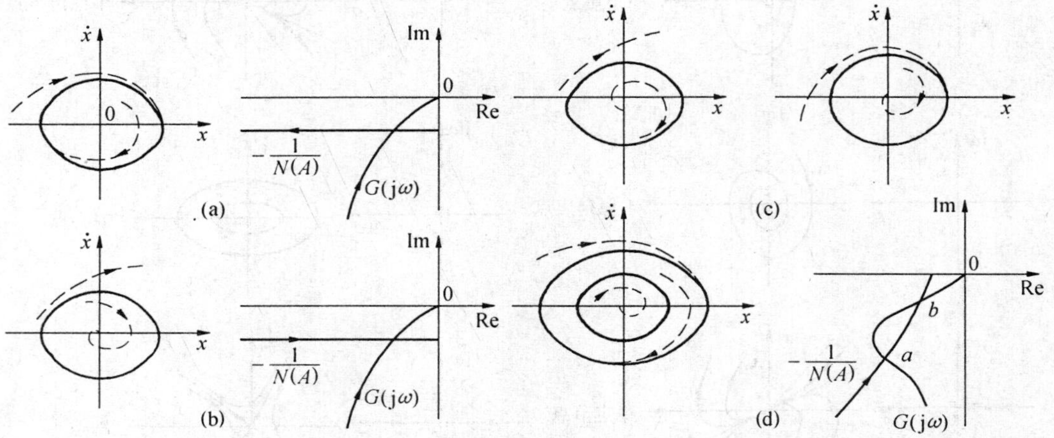

图 7.3-3　极限环

(2)不稳定极限环

如果在极限环附近，起始于极限环内部的相轨迹离开该极限环逐渐收敛，而起始于极限环外部的相轨迹离开该极限环而发散，则该极限环称为不稳定极限环，如图 7.3-3(b)所示，不稳定极限环对应着描述函数分析中，$G(j\omega)$与$-\dfrac{1}{N(A)}$相交，而交点是不稳定交点的情况。$-\dfrac{1}{N(A)}$在交点处沿 A 增加的方向由稳定区进入不稳定区，不产生自持振荡。在相平面上，不稳定极限环内部是稳定区域，外部是不稳定区域。对具有不稳定极限环的非线性系统，会出现小偏差时系统稳定，大偏差时系统不稳定，设计时应尽量扩大极限环，以扩大稳定区。

(3)半稳定极限环

半稳定极限环如图 7.3-3(c)所示，有两种不同的情况。一种是起始于极限环外部的相轨迹从极限环发散出去，而起始于极限环内部的相轨迹发散到极限环。它反映的是小偏差时系统等幅振荡，大偏差时系统不稳定。另一种情况相反，起始于极限环外的相轨迹收敛于极限环，起始于极限环内的相轨迹收敛于环内的奇点。它反映小偏差时系统稳定，大偏差时系统等幅振荡。

(4)双极限环

非线性系统中可能没有极限环，也可能存在一个或多个极限环。有一个极限环就对应着 $G(j\omega)$与$-\dfrac{1}{N(A)}$有一个交 点。图 7.3-3(d)是双极限环的情况。相平面图中里面的小环是不稳定极限环，对应着 $G(j\omega)$与$-\dfrac{1}{N(A)}$的不稳定交点 a；外面的大环是稳定极限环，

对应着 $G(j\omega)$ 与 $-\frac{1}{N(A)}$ 的稳定交点 b。这个系统在小偏差时稳定，在大偏差时产生自持振荡。

三、 相轨迹的绘制

应用相平面法分析非线性系统，首先要绘制出相轨迹。下面介绍几种常用的绘制方法。

1.解析法

一般说来，当描述系统的微分方程比较简单，或者可以分段线性化时，可采用解析法绘制相轨迹。用解析法绘制相轨迹时要求出相轨迹方程 $\dot{x}=f(x)$，然后根据这个方程在相平面上作图。

解析法求相轨迹方程有两种方法，第一种方法是对斜率方程进行积分求相轨迹方程。

设系统的微分方程为

$$\ddot{x}+f(x,\dot{x})=0$$

相轨迹的斜率方程为

$$\frac{\mathrm{d}\dot{x}}{\mathrm{d}x}=-\frac{f(x,\dot{x})}{\dot{x}}$$

若斜率方程比较简单，可直接进行积分求得包含初始条件的相轨迹方程。

例如，设描述系统的微分方程为

$$\ddot{x}=-M$$

其中 M 为常量，初始条件为 $\dot{x}(0)=0, x(0)=x_0$。由给定微分方程写出斜率方程为

$$\frac{\mathrm{d}\dot{x}}{\mathrm{d}x}=-\frac{M}{\dot{x}}$$

上式也可写成

$$\dot{x}\mathrm{d}\dot{x}=-M\mathrm{d}x$$

对上式两端进行积分

$$\int\dot{x}\mathrm{d}\dot{x}=-M\int\mathrm{d}x$$

考虑到给定的初始条件，可得相轨迹方程

$\dot{x}^2=-2M(x-x_0)$ 这是抛物线方程，当 $M>0$ 时，抛物线开口向左；$M<0$ 时，开口向右。不同初始条件下的相轨迹是抛物线簇，如图 7.3-4 所示。

求相轨迹方程的第二种方法是，根据给定的微分方程分别求出 $\dot{x}(t)$ 和 $x(t)$ 对时间 t 的函数关系，然后再从这两个关系式中消去变量 t，便得到相轨迹方程。

例如，直接对微分方程

$$\ddot{x}=-M$$

进行积分，积分变量为 t

$$\int\ddot{x}\mathrm{d}t=-M\int\mathrm{d}t$$

考虑到初始条件 $\dot{x}(0)=0$，可得

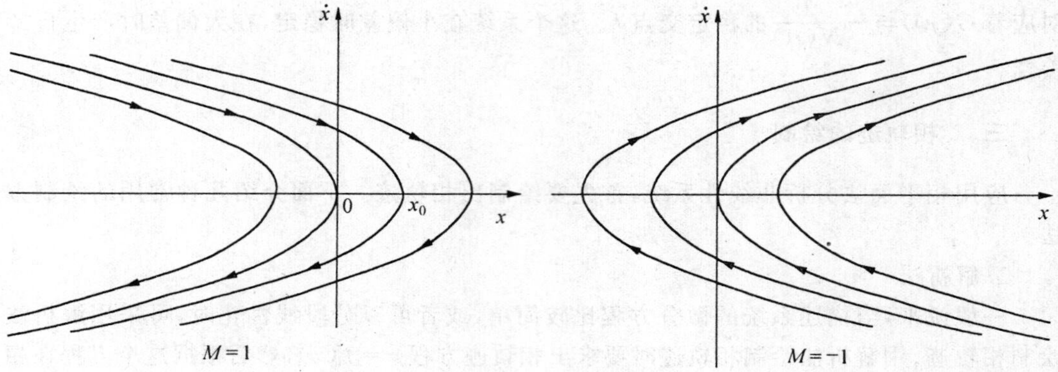

图 7.3-4 方程 $\ddot{x}=-M$ 的相轨迹图

$$\dot{x}(t)=-Mt$$

对上式再进行积分，并考虑初始条件 $x(0)=x_0$，于是有

$$x(t)=-\frac{1}{2}Mt^2+x_0$$

从以上两式中消去变量 t，可得相轨迹方程

$$\dot{x}^2=-2M(x-x_0)$$

与第一种方法的结果一样。

2. 等倾线法

等倾线法是一种不必求解微分方程，而通过作图求取相轨迹的方法。这种方法既适用于非线性特性能用数学表达式表示的非线性系统，也可以用于线性系统。

设描述系统的微分方程为

$$\ddot{x}=-f(x,\dot{x})$$

其中 $f(x,\dot{x})$ 为解析函数。由上式写出相轨迹的斜率方程为

$$\frac{\mathrm{d}\dot{x}}{\mathrm{d}x}=-\frac{f(x,\dot{x})}{\dot{x}}$$

令 $\alpha=\frac{\mathrm{d}\dot{x}}{\mathrm{d}x}$，即用 α 表示相轨迹的斜率，则相轨迹的斜率方程可改写成

$$\alpha=-\frac{f(x,\dot{x})}{\dot{x}} \tag{7.3-6}$$

这是关于 x 和 $\dot{x}$ 方程。在 α 为一常数时，根据式(7.3-6)可以在相平面上画出一条曲线(在特殊情况下为直线)，在该曲线各点上的相轨迹具有相同的斜率 α。这条曲线叫作等倾线，通过同一条等倾线上的相轨迹斜率相等。根据式(7.3-6)可写出等倾线的方程

$$\dot{x}=F(\alpha,x) \tag{7.3-7}$$

当相轨迹的斜率 α 取不同值 时，由式(7.3-7)可以在相平面上画出若干条不同的等倾线。在每条等倾线上画出斜率等于该等倾线所对应 α 值的短线段，它表示了相轨迹通过该等倾线时的方向，如图 7.3-5 所示。任意给定一个初始条件，就相当相轨迹的一个起始点。由这点出发，根据等倾线上表示相轨迹方向的短线段就可以画出一条相轨迹来。

例 7.3-1 已知系统微分方程为

$$\ddot{x} + 2\xi\omega_n\dot{x} + \omega_n^2 x = 0$$

其中 $\xi=0.5$，$\omega_n=1$，初始条件为 $x(0)=0$，$\dot{x}(0)>0$，试画出相轨迹。

解 该系统相轨迹斜率的方程为

$$\alpha = \frac{\mathrm{d}\dot{x}}{\mathrm{d}x} = -\frac{2\xi\omega_n\dot{x} + \omega_n^2 x}{\dot{x}} = -\frac{\dot{x} + x}{\dot{x}}$$

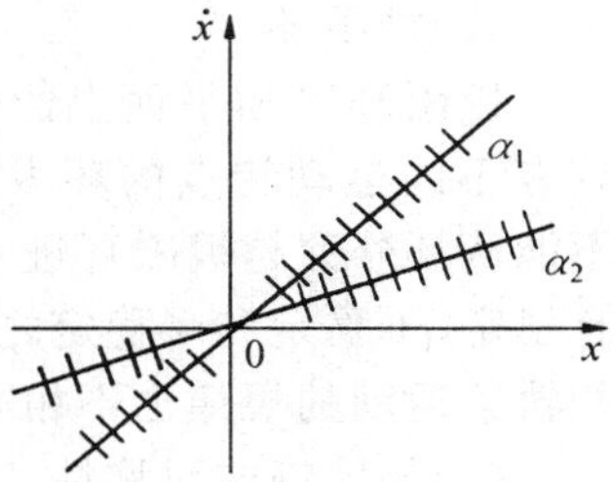

图 7.3-5 等倾线和表示相轨迹方向的短线段

等倾线的方程为

$$\dot{x} = -\frac{\omega_n^2}{2\xi\omega_n + \alpha}x = \frac{-1}{1+\alpha}x$$

由上式可知等倾线是过原点的直线，等倾线的斜率为$\frac{-1}{1+\alpha}$。根据该等倾线方程，给定不同的 α 值，可以在相平面上画出一簇等倾线。

例如取 $\alpha=-1$，　$\mathrm{tg}^{-1}\alpha=-45°$

等倾线的斜率 $\beta = \frac{-1}{1+\alpha} = \frac{-1}{1-1} \to -\infty$，　$\mathrm{tg}^{-1}\beta = -90°$

即 $\alpha=-1$ 时的等倾线是与 $\dot{x}$ 轴重合的铅垂线，等倾线上表示相轨迹方向的小线段与正 x 轴夹角为 $\mathrm{tg}^{-1}\alpha=-45°$。

若取 $\alpha=-2$，　$\mathrm{tg}^{-1}\alpha=-63.4°$

等倾线的斜率　$\beta = \frac{-1}{1+\alpha} = \frac{-1}{1-2} = 1$，　$\mathrm{tg}^{-1}\beta = 45°$

即 $\alpha=-2$ 时的等倾线与正 x 轴夹角为 45°，等倾线上表示相轨迹方向的小线段与正 x 轴夹角为 $\mathrm{tg}^{-1}\alpha=-63.4°$。

在图 7.3-6 中，由给定初始条件 x_0，$\dot{x}_0$ 确定的点 A 开始，按斜率 $\alpha_1=[-1+(-1.2)]/2=-1.1$ 作直线 AB，按 $\alpha_2=[-1.2+(-1.4)]/2=-1.3$ 作直线 BC，按 $\alpha_3=[-1.4+(-1.6)]/2=-1.5$ 作直线 CD，…。这样可以作出一条完整的相轨迹，这条相轨迹收敛于原点。

用等倾线法画相轨迹时，等倾线画的越密，相轨迹的精确度越高。一般取两条等倾线的夹角为 5°～10°之间为宜。

当等倾线是直线时，该方法比较方便。如果等倾线是曲线，这种方法是比较麻烦的，而且精度也较差。

3.定性绘图法

定性绘图法的基本思想是，先找出决定相轨迹形状的一些特征量，并利用相轨迹的性质，概略地绘制出系统的相轨迹。如果需要，还可结合其它方法使相轨迹进一步精确。

采用定性绘图法绘制相轨迹通常要考虑以下几个方面的问题：

(1)奇点的类型

我们介绍过线性系统的六种奇点：中心点、稳定焦点、稳定节点、不稳定焦点、不稳定节点、鞍点。只要知道了奇点的类型，线性系统的相轨迹图及系统的运动规律就基本清楚了。有些非线性系统是分段线性的，在相平面上分为几个区域，每个区可能有一个奇点，决定了这个区相轨迹运动的规律。

(2)极限环

极限环是相平面上的分隔线，将相平面划分成具有不同运动特点的环内区域和环外区域，相轨迹不能从环外穿越极限环进入环内，或者相反。极限环有稳定、不稳定和半稳定之分，不同类型极限环内外相轨迹运动的规律也不相同。

(3)相轨迹的对称性

相轨迹图往往是关于原点或某个坐标轴对称的。画图时可以先画出其中一部分，而另一部分可根据对称原理补上。

(4)相轨迹的走向

在相平面上半部，相轨迹从左向右运动，在相平面下半部，相轨迹从右向左运动。

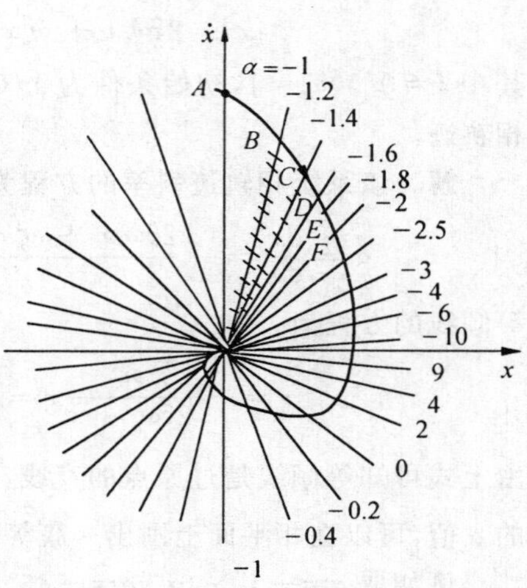

图 7.3-6 例 7.3-1 的相轨迹

(5)渐近线

在等倾线上，相轨迹的斜率为 $\alpha=\mathrm{tg}\varphi$，如果等倾线是直线，则等倾线的斜率可记为 $k=\mathrm{tg}\theta$。如果在一条等倾线上，等倾线的斜率等于相轨迹的斜率，即 $\alpha=k$，则称这条等倾线为相轨迹的渐近线。在渐近线上，相轨迹与等倾线重合，形成一条直线型相轨迹。在渐进线两侧相轨迹的斜率趋向于这条渐近线的斜率。

(6)水平等倾线

它是相轨迹斜率

$$\alpha=\frac{\mathrm{d}\dot{x}}{\mathrm{d}x}=-\frac{f(x,\dot{x})}{\dot{x}}=\mathrm{tg}\varphi=0 \qquad (\varphi=0°)$$

即 $f(x,\dot{x})=0$ 的曲线，在这条等倾线上，相轨迹的斜率为 0。

(7)铅垂等倾线

相轨迹与横轴正交。横轴 $\dot{x}=0$ 正好对应一条等倾线，在这条等倾线上，相轨迹的方向是铅垂的，所以叫作铅垂等倾线

例 7.3-2 绘制下述系统的相平面图

$$\ddot{x}+3\dot{x}+2x=0$$

解 (1)确定奇点的性质和位置

由给定方程可求得系统的特征值为 $\lambda_1=-1,\lambda_2=-2$，奇点的性质为稳定节点。

相轨迹的斜率方程为

$$\alpha=\frac{\mathrm{d}\dot{x}}{\mathrm{d}x}=-\frac{f(x,\dot{x})}{\dot{x}}=-\frac{2x+3\dot{x}}{\dot{x}}$$

令

$$\begin{cases}f(x,\dot{x})=2x+3\dot{x}=0\\ \dot{x}=0\end{cases}$$

解得

$$\begin{cases}x=0\\ \dot{x}=0\end{cases}$$

可确定奇点的位置在 $x-\dot{x}$ 平面坐标原点。

(2)确定对称性

$$f(x,\dot{x})=2x+3\dot{x}$$

因为 $$f(-x,\dot{x}) = -f(x,-\dot{x})$$
所以相轨迹对称于原点

(3)求渐近线

等倾线方程为

$$\dot{x} = kx = \frac{-2}{\alpha+3}x$$

等倾线方程的斜率为 $k = \dfrac{-2}{\alpha+3}$

令 $\alpha = k$

有 $k^2 + 3k + 2 = 0$

可求得两条渐近线的斜率为

$$k_1 = -1, \quad k_2 = -2$$

稳定节点渐近线的斜率与特征值相等。两条渐近线的方程为

$$\dot{x} = k_1 x = -x, \quad \dot{x} = k_2 x = -2x$$

与正 x 轴的夹角分别为

$$\theta_1 = \text{tg}^{-1}(-1) = -45^\circ \quad , \quad \theta_2 = \text{tg}^{-1}(-2) = -63.4^\circ$$

(4)求水平等倾线

令 $f(x,\dot{x}) = 2x + 3\dot{x} = 0$

可求得相轨迹斜率为 0 的等倾线方程

$$\dot{x} = -\frac{2}{3}x$$

与正 x 轴的夹角为

$$\theta = \text{tg}^{-1}(-\frac{2}{3}) = -33.7^\circ$$

根据以上信息,可以抓住相轨迹图的基本特点,较快地绘制出相轨迹的概略图形,如图 7.3-7 所示。

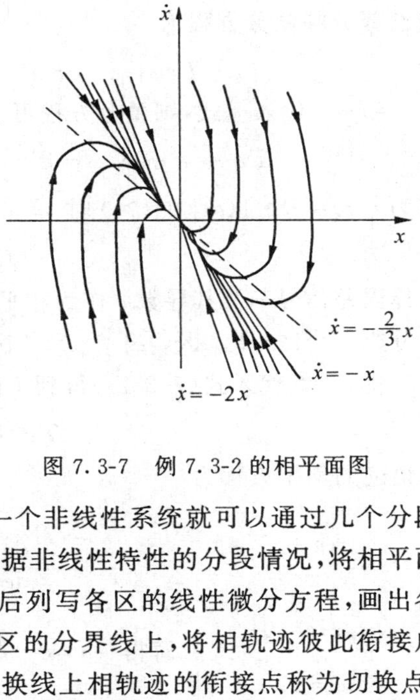

图 7.3-7 例 7.3-2 的相平面图

四、 非线性系统的相平面分析

在非线性控制系统中,常见的非线性环节有些是分段线性的,有些可以用分段线性来近似。这样,一个非线性系统就可以通过几个分段线性的系统来近似。在用相平面法分析时,首先要根据非线性特性的分段情况,将相平面分成几个区,即所谓"非线性分段,相平面分区 "。然后列写各区的线性微分方程,画出各区的相轨迹,最后根据系统状态变化的连续性,在各区的分界线上,将相轨迹彼此衔接成连续曲线。通常将各区域的分界线称为切换线。在切换线上相轨迹的衔接点称为切换点。

在分区绘制相轨迹时,首先要确定奇点的位置和类型,它们均取决于支配该区域工作状态的微分方程,奇点的位置还是输入信号的函数,随输入信号的形式和大小变化。每个区域都可能具有奇点,奇点的位置可以在本区域之内,也可以在本区域之外。如果奇点的位置在本区域之内,称为实奇点,该区的相轨迹可以汇集于这个实奇点;如果奇点的位置在本区之外,则称为虚奇点,该区的相轨迹不可能汇集于虚奇点。在二阶非线性控制系统

中，只能有一个实奇点，而其它区域的奇点都是虚奇点。辨明虚、实奇点对于正确分析系统的运动是非常重要的。

用相平面法分析可以分段线性化的非线性系统的一般步骤如下：

(1)将非线性特性用分段的直线特性来表示，写出各段的数学表达式。

(2)选择合适的坐标，常用误差 e 及其导数 $\dot{e}$ 分别作为相平面的横坐标和纵坐标。根据非线性特性将相平面分成若干区域，使非线性特性在每个区域内都呈线性特性。

(3)确定每个区域奇点的类型和在相平面上的位置。奇点的位置还与输入信号的形式和大小有关。

(4)画出各区的相轨迹。

(5)在切换点上将相邻区域的相轨迹连接起来。

例 7.3-3 具有死区特性的非线性系统如图 7.3-8 所示。$r(t)=R\cdot 1(t)$，R 为常数。试画出相轨迹图，分析系统的运动规律。

解 题中死区非线性的数学表达式为

$$x=\begin{cases}0 & |e|<e_0\\ e-e_0 & e>e_0\\ e+e_0 & e<-e_0\end{cases}\qquad (7.3\text{-}8)$$

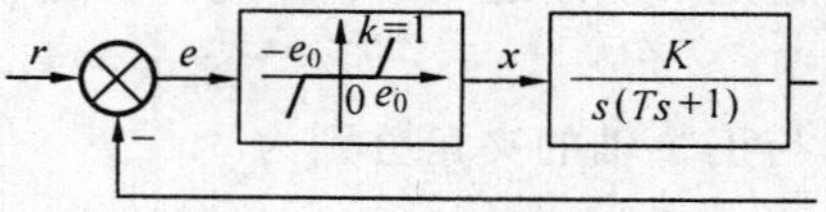

图 7.3-8 例 7.3-3 中具有死区的非线性系统

线性部分的微分方程为

$$T\ddot{c}+\dot{c}=Kx \qquad (7.3\text{-}9)$$

将 $c=r-e$ 代入上式，则微分方程可写成

$$T\ddot{e}+\dot{e}+Kx=T\ddot{r}+\dot{r} \qquad (7.3\text{-}10)$$

因为 $r(t)=R\cdot 1(t)$，在 $t>0$ 时，有 $\dot{r}=\ddot{r}=0$，因此有

$$T\ddot{e}+\dot{e}+Kx=0 \qquad (7.3\text{-}11)$$

选择误差信号 e 及其导数 $\dot{e}$ 作为相平面的横坐标和纵坐标。根据死区非线性特性将相平面分成三个区，即 Ⅰ 区（$|e|<e_0$），Ⅱ 区（$e>e_0$）及 Ⅲ 区（$e<-e_0$）。

将 $x=0$ 代入式(7.3-11)得到 Ⅰ 区的微分方程为

$$T\ddot{e}+\dot{e}=0 \qquad |e|<e_0$$

相轨迹的斜率方程为

$$\frac{\mathrm{d}\dot{e}}{\mathrm{d}e}=\frac{-\frac{1}{T}\dot{e}}{\dot{e}}=-\frac{1}{T}$$

令 $\begin{cases}\frac{1}{T}\dot{e}=0\\ \dot{e}=0\end{cases}$ 解得 $\dot{e}=0 \quad |e|<e_0$

这说明 Ⅰ 区没有奇点，有平衡线 $\dot{e}=0$，$|e|<e_0$。Ⅰ 区的相轨迹为斜率为 $-\frac{1}{T}$ 的直线。

将 $x=e-e_0$ 代入式(7.3-11)得到 Ⅱ 区的微分方程

$$T\ddot{e}+\dot{e}+K(e-e_0)=0 \qquad e>e_0$$

相轨迹的斜率方程为

$$\frac{\mathrm{d}\dot{e}}{\mathrm{d}e}=-\frac{\frac{1}{T}\dot{e}+\frac{K}{T}(e-e_0)}{\dot{e}}$$

令 $\begin{cases}\frac{1}{T}\dot{e}+\frac{K}{T}(e-e_0)=0\\ \dot{e}=0\end{cases}$ 解得 $\begin{cases}\dot{e}=0\\ e=e_0\end{cases}$

Ⅱ区奇点的位置在$(e_0,0)$，处于Ⅰ区和Ⅱ区的分界线上，实际上是个虚奇点。奇点的类型为稳定焦点或稳定节点，视参数 T、K 的值而定。

将 $x=e+e_0$ 代入式(7.3-11)，可得Ⅲ区的微分方程

$$T\ddot{e}+\dot{e}+K(e+e_0)=0 \qquad e<-e_0$$

类似地可确定Ⅲ区奇点的坐标为$(-e_0,0)$，位于Ⅰ区和Ⅲ区的分界线上，实际上也是一个虚奇点。

设Ⅱ区和Ⅲ区的奇点是稳定焦点，则Ⅱ区和Ⅲ区的相轨迹为对数螺线。若系统原来处于静止状态，则相轨迹的起始点坐标在$(R,0)$。

该系统响应阶跃输入信号时完整的相轨迹如图7.3-9中曲线 $ABCDEFG$ 所示。这是始于Ⅱ区的初始点 A，中间经Ⅰ、Ⅲ、Ⅰ、Ⅱ等区，最终进入死区的衰减振荡的相轨迹。从图中看到，相轨迹最终并不趋向位于分界线上的奇点$(e_0,0)$和$(-e_0,0)$，而停止在Ⅰ区的代表死区的平衡线 $\dot{e}=0$，$|e|<e_0$ 上的某一点。系统的稳态误差在 $e_0\sim-e_0$ 之间，其值与初始条件及输入信号的幅度有关。

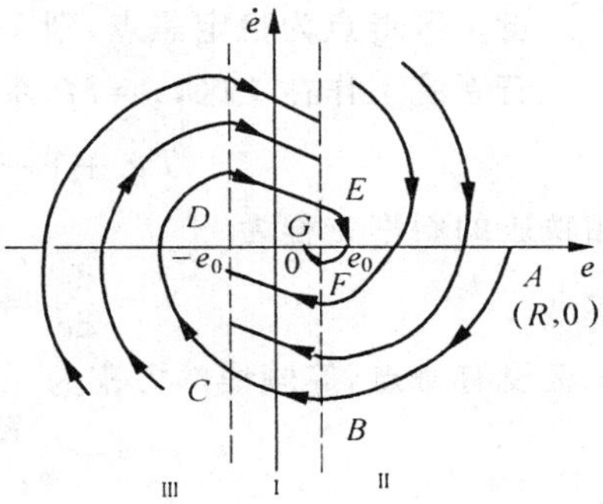

图 7.3-9 例 7.3-3 的相轨迹

如果系统中没有死区特性，则是一个Ⅰ型线性系统，对阶跃输入的稳态误差为零，由此可见，死区会增加系统的稳态误差。

例 7.3-4 具有饱和特性的非线性系统如图7.3-10所示，试分析 $r(t)=R\cdot 1(t)$ 和 $r(t)=R+vt$ 时系统的运动规律。

解 饱和非线性的数学表达式为

$$x=\begin{cases}e & |e|<e_0\\ M & e>e_0\\ -M & e<-e_0\end{cases} \qquad (7.3\text{-}12)$$

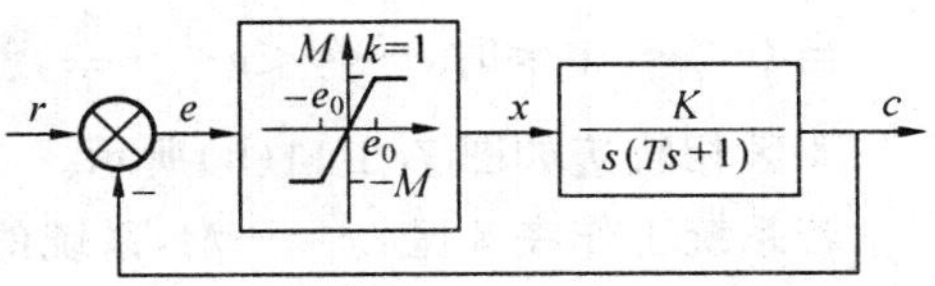

图 7.3-10 例 7.3-4 的非线性系统

因此以 $e=e_0$ 和 $e=-e_0$ 为分界线，将相平面分成三个区：Ⅰ区，$|e|<e_0$；Ⅱ区，$e>e_0$；Ⅲ区，$e<-e_0$。

线性部分的微分方程为

$$T\ddot{c}+\dot{c}=Kx$$

考虑到 $r-c=e$，上式可改写为用误差信号表示的形式

$$T\ddot{e}+\dot{e}+Kx=T\ddot{r}+\dot{r} \qquad (7.3\text{-}13)$$

在输入为阶跃信号 $r(t)=R\cdot 1(t)$ 时，当 $t>0$，有 $\ddot{r}=\dot{r}=0$，于是在阶跃输入信号作用下的微分方程为

$$T\ddot{e}+\dot{e}+Kx=0 \tag{7.3-14}$$

系统工作在Ⅰ区时，$x=e$，系统微分方程为

$$T\ddot{e}+\dot{e}+Ke=0 \qquad |e|<e_0$$

相轨迹的斜率方程为

$$\alpha=\frac{\mathrm{d}\dot{e}}{\mathrm{d}e}=-\frac{\dfrac{1}{T}\dot{e}+\dfrac{K}{T}e}{\dot{e}} \qquad |e|<e_0$$

令 $\frac{1}{T}\dot{e}+\frac{K}{T}e=0$ 及 $\dot{e}=0$，可求得Ⅰ区奇点的坐标为(0,0)，即相平面的原点。这个奇点位于本区之内，是实奇点，它可能是稳定焦点或稳定节点，视 T 和 K 的取值而定。

设Ⅰ区奇点为稳定焦点，则Ⅰ区相轨迹如图 7.3-11(a)所示。

若系统工作在Ⅱ区，$x=M$，系统微分方程为

$$T\ddot{e}+\dot{e}+KM=0 \qquad e>e_0$$

相轨迹的斜率方程为

$$\alpha=\frac{\mathrm{d}\dot{e}}{\mathrm{d}e}=-\frac{1}{T}\,\frac{\dot{e}+KM}{\dot{e}} \qquad e>e_0 \tag{7.3-15}$$

Ⅱ区没有奇点，等倾线的方程为

$$\dot{e}=-\frac{KM}{\alpha T+1} \qquad e>e_0 \tag{7.3-16}$$

等倾线是平行于横轴的水平线，等倾线的斜率为 0。令相轨迹的斜率等于等倾线的斜率，即将 $\alpha=0$ 代入式(7.3-16)可得Ⅱ区相轨迹渐近线方程

$$\dot{e}=-KM \qquad e>e_0$$

在渐近线两侧，相轨迹的斜率趋于渐近线。由相轨迹的斜率方程(7.3-15)可知，在Ⅱ区

当 $-\infty<\dot{e}<-KM$ 时，$-\frac{1}{T}<\alpha<0$，斜率为负；

当 $-KM<\dot{e}<0$ 时，$0<\alpha<+\infty$，斜率为正；

当 $0<\dot{e}<+\infty$ 时，$-\infty<\alpha<-\frac{1}{T}$，斜率为负。

Ⅱ区相轨迹如图 7.3-11(b)所示。

若系统工作在Ⅲ区，$x=-M$，系统的微分方程为

$$T\ddot{e}+\dot{e}-KM=0 \qquad e<-e_0$$

相轨迹的斜率方程为

$$\alpha=\frac{\mathrm{d}\dot{e}}{\mathrm{d}e}=-\frac{1}{T}\,\frac{\dot{e}-KM}{\dot{e}} \qquad e<-e_0$$

Ⅲ区也没有奇点，等倾线的方程为

$$\dot{e}=\frac{KM}{\alpha T+1} \qquad e<-e_0$$

Ⅲ区渐近线的方程为

$$\dot{e}=KM \qquad e<-e_0$$

当 $KM<\dot{e}<+\infty$ 时，$0>\alpha>-\dfrac{1}{T}$，斜率为负；

当 $0<\dot{e}<KM$ 时，$+\infty>\alpha>0$，斜率为正；

当 $-\infty<\dot{e}<0$ 时，$-\dfrac{1}{T}>\alpha>-\infty$ 斜率为负。

Ⅲ区的相轨迹也绘在图 7.3-10(b)中。

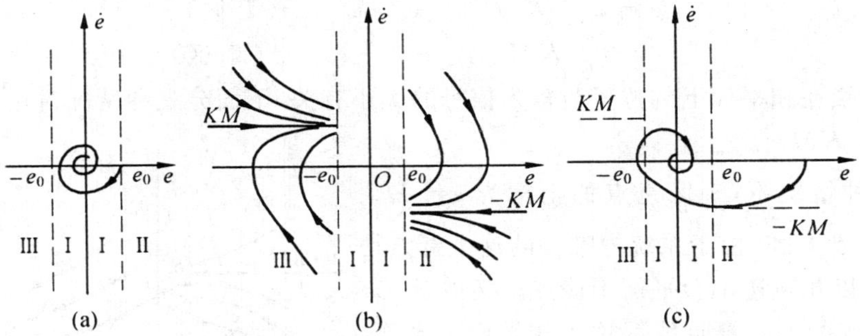

图 7.3-11　输入阶跃时相轨迹图

该系统在阶跃信号作用下，相轨迹图如图 7.3-11(c)所示。相轨迹的初始位置由

$$e(0)=r(0)-c(0)$$

$$\dot{e}(0)=\dot{r}(0)-\dot{e}(0)$$

来确定。相轨迹最后收敛于坐标原点，无稳态误差。

若输入信号为 $r(t)=R+vt$，当 $t>0$ 时，有 $\ddot{r}=0,\dot{r}=v$，代入式(7.3-13)，得到描述系统的微分方程

$$T\ddot{e}+\dot{e}+Kx=v \tag{7.3-17}$$

考虑到式(7.3-12)，含饱和特性的非线性系统工作在Ⅰ区的微分方程为

$$T\ddot{e}+\dot{e}+Ke=v \qquad |e|<e_0$$

Ⅰ区相轨迹斜率的方程为

$$\alpha=\frac{\mathrm{d}\dot{e}}{\mathrm{d}e}=-\frac{1}{T}\frac{\dot{e}+Ke-v}{\dot{e}} \qquad |e|<e_0$$

可求出奇点的坐标在 $e=\dfrac{v}{K},\dot{e}=0$。奇点的位置与输入速度信号的斜率 v 有关，奇点的类型为稳定焦点或稳定节点，视系统参数 T、K 的取值而定，奇点的类型与输入信号无关。

Ⅱ区和Ⅲ区的微分方程分别为

$$T\ddot{e}+\dot{e}+KM=v \qquad e>e_0 \qquad (\text{Ⅱ 区})$$

$$T\ddot{e}+\dot{e}-KM=v \qquad e<-e_0 \qquad (\text{Ⅲ 区})$$

相轨迹斜率的方程分别为

$$\alpha=\frac{\mathrm{d}\dot{e}}{\mathrm{d}e}=-\frac{1}{T}\frac{\dot{e}+KM-v}{\dot{e}} \qquad e>e_0 \qquad (\text{Ⅱ 区})$$

$$\alpha=\frac{\mathrm{d}\dot{e}}{\mathrm{d}e}=-\frac{1}{T}\frac{\dot{e}-KM-v}{\dot{e}} \qquad e<-e_0 \qquad (\text{Ⅲ 区})$$

等倾线的方程分别为

$$\dot{e}=\frac{v-KM}{\alpha T+1} \qquad e>e_0 \qquad (\text{Ⅱ 区})$$

$$\dot{e}=\frac{v+KM}{\alpha T+1} \qquad e<-e_0 \qquad (\text{Ⅲ 区})$$

等倾线是斜率为零的水平线，令相轨迹的斜率等于等倾线的斜率，即令 $\alpha=0$，得到渐近线方程分别为

$$\dot{e}=v-KM \quad , \quad e>e_0 \qquad (\text{Ⅱ 区})$$

$$\dot{e}=v+KM \quad , \quad e<-e_0 \qquad (\text{Ⅲ 区})$$

可见，渐近线在相平面上的位置与输入信号的大小有关，下面分三种情况讨论。

(1)$v>KM$

在这种情况下，Ⅰ区奇点的坐标为 $e=\frac{v}{K}>e_0, \dot{e}=0$，位于Ⅱ区。由于系统中唯一的这个奇点是虚奇点，所以相轨迹不会平衡于该点。又由于 $v>KM$，相轨迹的两条渐近线都位于相平面上半部，$\dot{e}>0$。在相平面上半部，相轨迹运动的方向是从左向右，相轨迹最终会沿着渐近线 $\dot{e}=v-KM$ 向右趋于无穷远。系统的稳态误差为无穷大。起始于 A 点的一条相轨迹如图 7.3-12 中曲线 $ABCD$ 所示。

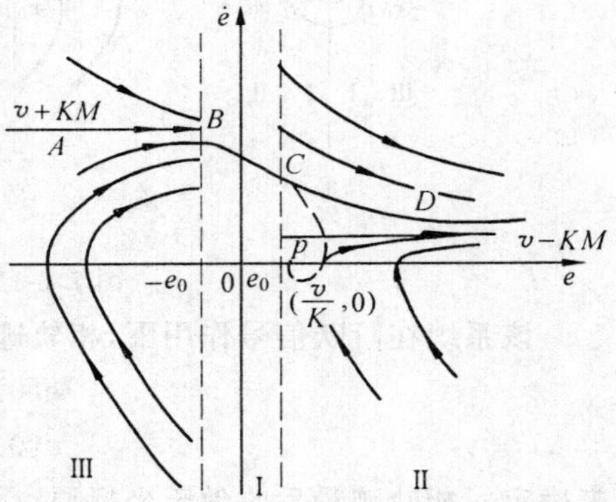

图 7.3-12　$v>KM$ 时的相轨迹

如果该系统中的饱和非线性环节是一个线性放大器，则该系统是一个Ⅰ型线性系统。对速度输入信号的稳态误差为一个有限值，而不是无穷大。由此可见，饱和非线性有可能增大系统的稳态误差。

(2)$v<KM$

在这种情况下，奇点$(\frac{v}{K},0)$为Ⅰ区内的实奇点，相轨迹将收敛于该实奇点。Ⅱ区的渐近线 $\dot{e}=v-KM$ 位于横轴之下，而Ⅲ区的渐近线 $\dot{e}=v+KM$ 在横轴之上。图 7.3-13 中由 A 点出发的相轨迹最终进入Ⅰ区而趋于奇点$(\frac{v}{K},0)$。系统的稳态误差为$\frac{v}{K}<e_0$。

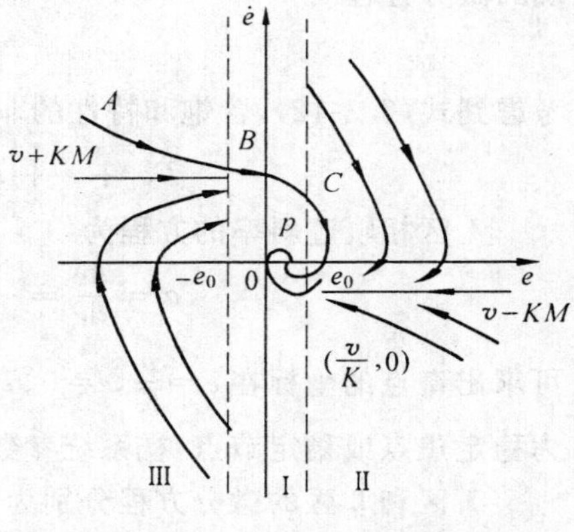

图 7.3-13　$v<KM$ 时的相轨迹

(3)$v=KM$

在这种情况下，奇点坐标为$(e_0,0)$，恰好位于Ⅰ、Ⅱ区的分界线上，对于Ⅱ区，可求得在 $v=KM$ 时的微分方程

$$T\ddot{e}+\dot{e}=0 \qquad e>e_0$$

或写成

$$\dot{e}\left(T\frac{\mathrm{d}\dot{e}}{\mathrm{d}e}+1\right)=0 \qquad e>e_0$$

上式说明，Ⅱ区的相轨迹为斜率等于$-\frac{1}{T}$的直线，终止于$\dot{e}=0$的横轴，即横轴$e>e_0$区段，见图7.3-14。

从图7.3-14中可见，起始于A点的相轨迹为曲线$ABCD$，相轨迹由Ⅰ区进入Ⅱ区后不可能趋向奇点$(e_0, 0)$，而是沿着斜率等于$-1/T$的直线继续向前运动，最终停止在横轴上的$e>e_0$区段内。由此可见，在这种情况下系统的稳态误差介于e_0和$+\infty$之间，其值与相轨迹的初始点位置有关。

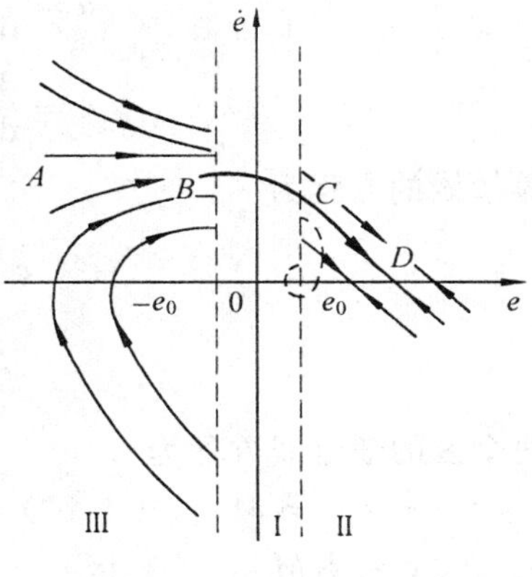

图7.3-14　$v=KM$时的相轨迹

在上述三种情况下，相轨迹的起始点坐标均由初始条件

$$e(0)=r(0)-c(0)=R-c(0)$$
$$\dot{e}(0)=\dot{r}(0)-\dot{c}(0)=v-\dot{c}(0)$$

来确定。

综上分析可知，含饱和特性的二阶非线性系统，响应阶跃输入信号时，其相轨迹收敛于稳定焦点或节点(0,0)，系统无稳态误差；响应匀速输入信号时，随着输入匀速值v的不同，非线性系统在$v>KM$，$v<KM$和$v=KM$情况下的相轨迹及相应的稳态误差也各异，甚至在$v=KM$时系统的平衡状态并不唯一，其确切位置取决于系统的初始条件与输入信号的参数。

例7.3-5　具有继电器特性的非线性系统如图7.3-15所示。其中继电器为仅具有滞环的继电器，试分析系统在阶跃信号作用下的响应。

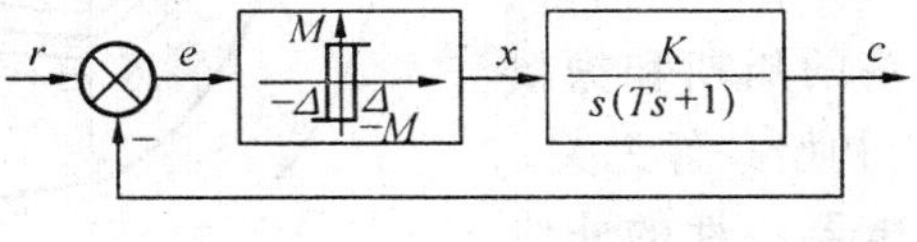

图7.3-15　例7.3-5的非线性系统

解　题中仅具滞环的继电器的数学表达式为

$$x=\begin{cases}M & e>\Delta;\quad e>-\Delta,\quad \dot{e}<0。\\ -M & e<-\Delta;\quad e<\Delta,\quad \dot{e}>0。\end{cases}$$

该继电器特性可将$e-\dot{e}$平面划分为两个区域，在$\dot{e}>0$的上半平面，以$e=\Delta$为分界线；在$\dot{e}<0$的下半平面内以$e=-\Delta$为分界线。Ⅰ区位于$\dot{e}>0$时$e=\Delta$直线右侧和$\dot{e}<0$时$e=-\Delta$的右侧，$e-\dot{e}$平面的其余部分为Ⅱ区，如图7.3-16所示。

线性部分微分方程为

$$T\ddot{c}+\dot{c}=Kx$$

考虑到$e=r-c$，方程可写成

$$T\ddot{e}+\dot{e}+Kx=T\ddot{r}+\dot{r}$$

输入为阶跃信号，在$t>0$时$\ddot{r}=\dot{r}=0$，所以两个区的微分方程分别为

$$T\ddot{e}+\dot{e}+KM=0\qquad(\text{Ⅰ 区})$$

$$T\ddot{e}+\dot{e}-KM=0 \qquad (\text{Ⅱ 区})$$

相轨迹的斜率方程分别为

$$\alpha=\frac{\mathrm{d}\dot{e}}{\mathrm{d}e}=-\frac{1}{T}\frac{\dot{e}+KM}{\dot{e}} \qquad (\text{Ⅰ 区})$$

$$\alpha=\frac{\mathrm{d}\dot{e}}{\mathrm{d}e}=-\frac{1}{T}\frac{\dot{e}-KM}{\dot{e}} \qquad (\text{Ⅱ 区})$$

等倾线的方程为

$$\dot{e}=-\frac{KM}{\alpha T+1} \qquad (\text{Ⅰ 区})$$

$$\dot{e}=\frac{KM}{\alpha T+1} \qquad (\text{Ⅱ 区})$$

两个区的渐近线方程为

$$\dot{e}=-KM \qquad (\text{Ⅰ 区})$$

$$\dot{e}=KM \qquad (\text{Ⅱ 区})$$

从图中可以看出，初始状态较大的相轨迹都有向内收敛的趋势，而初始状态较小的相轨迹都有向外发散的趋势。因此介于从内向外发散的相轨迹和从外向内收敛的相轨迹之间，存在一个封闭的相轨迹。由于在它外面和里面的相轨迹都逐渐趋近它，所以这条封闭曲线是一个稳定的极限环，它对应一个自持振荡。不论初始条件如何，该系统都产生自持振荡，振荡的周期和振幅仅取决于系统的参数，而与初始条件无关。

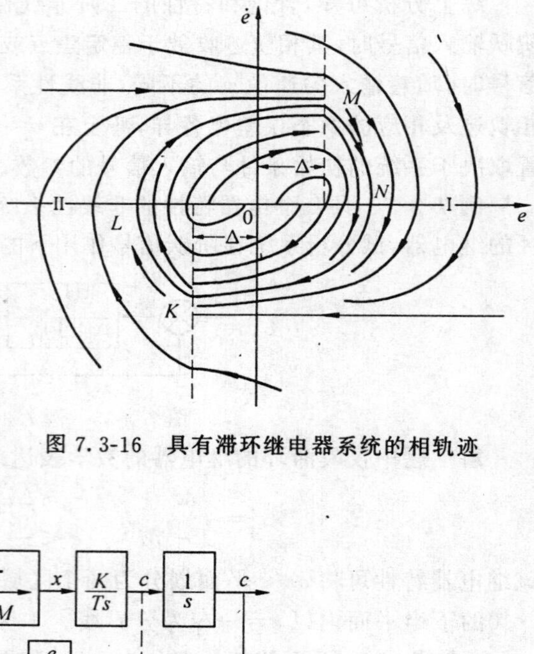

图 7.3-16　具有滞环继电器系统的相轨迹

例 7.3-6　含理想继电器特性的非线性系统如图 7.3-17 所示，输入信号为阶跃信号。试用相平面法分析没有速度反馈和有速度反馈时系统的运动规律。

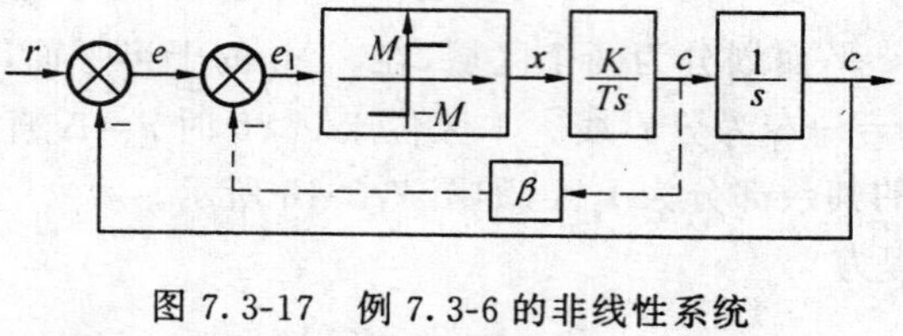

图 7.3-17　例 7.3-6 的非线性系统

解　题中给出的理想继电器特性的数学表达式为

$$x=\begin{cases}M & e_1>0\\ -M & e_1<0\end{cases}$$

前向通道中线性部分的微分方程为

$$T\ddot{c}=Kx$$

考虑到 $e=r-c$，方程可写成

$$T\ddot{e} + Kx = T\ddot{r}$$

因为输入是阶跃信号，$t>0$ 时，$\ddot{r}=\dot{r}=0$，所以方程又可写成

$$T\ddot{e} + Kx = 0$$

(1)无速度反馈时，$\beta=0$

因为 $\beta=0$，所以 $e=e_1$，由 $e=0$ 将 $e-\dot{e}$ 平面分成两个区，微分方程分别为

$$T\ddot{e} + KM = 0 \qquad e>0 \quad (\text{Ⅰ 区})$$

$$T\ddot{e} - KM = 0 \qquad e<0 \quad (\text{Ⅱ 区})$$

上两式可改写成

$$\dot{e}\mathrm{d}\dot{e} = -\frac{KM}{T}\mathrm{d}e \qquad e>0 \quad (\text{Ⅰ 区})$$

$$\dot{e}\mathrm{d}\dot{e} = \frac{KM}{T}\mathrm{d}e \qquad e<0 \quad (\text{Ⅱ 区})$$

分别对上面两个式子积分，可得到相轨迹方程

$$\dot{e}^2 = -\frac{2KM}{T}(e-C) \qquad e>0 \quad (\text{Ⅰ 区})$$

$$\dot{e}^2 = \frac{2KM}{T}(e-C) \qquad e<0 \quad (\text{Ⅱ 区})$$

其中 C 为与初始条件有关的积分常数，Ⅰ区和Ⅱ区相轨迹方程都是抛物线方程，Ⅰ区抛物线簇开口向左，Ⅱ区开口向右，这两簇抛物线顶点到相平面原点的距离相等，而转换线又为相平面的 $\dot{e}$ 轴，因此，相轨迹构成封闭的曲线，系统将产生等幅振荡，如图 7.3-18(a) 所示。输入阶跃信号的幅度将影响振荡的幅度。

(2)有速度反馈，$\beta>0$

有速度反馈时继电器的输入信号 e_1 为

$$e_1 = e - \beta\dot{c}$$

考虑到 $\dot{c}=\dot{r}-\dot{e}$ 及阶跃输入 $t>0$ 时 $\dot{r}=0$，则有

$$e_1 = e + \beta\dot{e}$$

由于理想继电器的切换线方程为 $e_1=0$，由

$$e_1 = e + \beta\dot{e} = 0$$

得到 $e-\dot{e}$ 平面上的切换线方程

$$\dot{e} = -\frac{1}{\beta}e$$

这是一个过原点(0,0)的直线方程，它表明由于速度反馈的加入使原切换线 $e=0$ 沿逆时针方向转过一个角度 φ 而形成的，$\varphi=\mathrm{tg}^{-1}\beta$。

加入速度反馈之后，相平面的切换线变了，Ⅰ、Ⅱ两个区的划分有了变化，但两个区的微分方程形式没有变，仍为

$$T\ddot{e} + KM = 0 \qquad e_1>0 \quad \text{即 } e>-\beta\dot{e} \quad (\text{Ⅰ 区})$$

$$T\ddot{e} - KM = 0 \qquad e_1<0 \quad \text{即 } e<-\beta\dot{e} \quad (\text{Ⅱ 区})$$

所以两个区的相轨迹仍为两簇抛物线。由于切换线变化，使转换时间提前，相轨迹收敛于

原点，如图 7.3-18(b)所示。

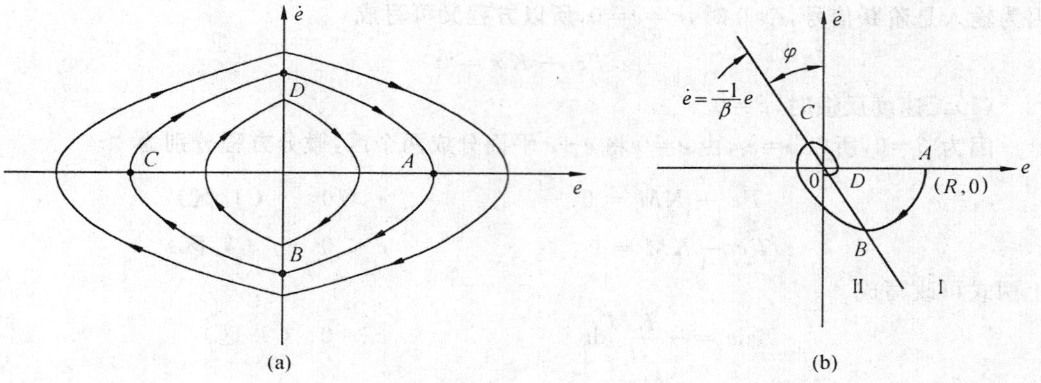

图 7.3-18 继电器系统的相轨迹

加入速度反馈之后，增加了系统的阻尼，改善了系统的稳定性，使等幅振荡变成收敛的振荡。

7.4 利用非线性特性改善系统的性能

控制系统中存在的非线性因素可能对系统的性能产生不利影响。但在有些情况下，在控制系统中人为地加入某些非线性特性却能使系统的性能得到改善，可以取得比线性控制系统更好的效果。

系统中存在死区非线性时，有可能使系统的稳态误差增加。但有些系统，对精度要求并不高，而希望避免执行机构的频繁动作。对于这样的系统，在前向通道中加入死区非线性特性就能满足这样的要求。许多水箱的水位控制系统就是采用这种非线性的控制方式。

一般说，理想的过渡过程是响应速度既快又平稳，没有超调和振荡。但是实际上，对于一个线性控制系统要达到这个要求是困难的。一个二阶线性系统如果工作在欠阻尼状态，其响应速度快，但可能有超调和振荡；如果工作在过阻尼状态，响应过程平稳，没有超调和振荡，但响应速度慢，在系统中引入非线性的变增益放大器却有可能取得比较理想的效果。系统的结构如图 7.4-1(a)所示，变增益放大器的数学表达式为

$$x(t)=\begin{cases}k_1e(t) & |e(t)|<e_0\\ k_2e(t) & |e(t)|>e_0\end{cases}\qquad k_2>k_1$$

当$|e(t)|<e_0$时，系统的特征方程为

$$Ts^2+s+Kk_1=0$$

如果选择$k_1<\frac{1}{4TK}$，则系统工作于过阻尼状态。

当$|e(t)|>e_0$时，系统的特征方程为

$$Ts^2+s+Kk_2=0$$

如果选择$k_2>\frac{1}{4TK}$，则系统工作于欠阻尼状态。

这样，在偏差较大时，系统有较大的增益，工作在欠阻尼状态，响应速度快，迅速减小

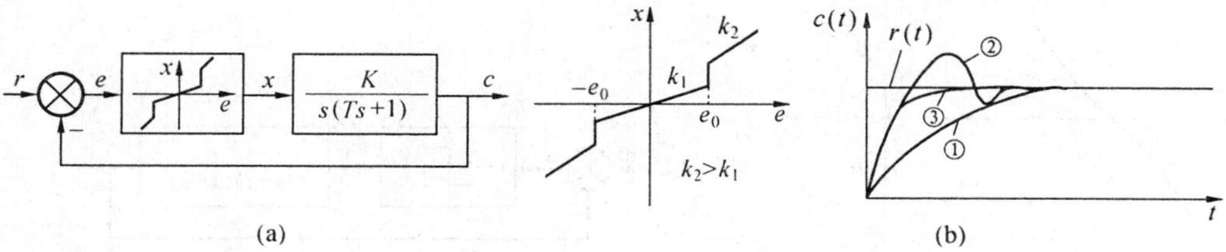

图 7.4-1　含变增益放大器的非线性系统及其过渡过程

偏差。当偏差较小，响应接近稳态值时，降低系统的增益，工作在过阻尼状态，有可能实现无超调和振荡的平稳响应。从而可以获得比较理想的过渡过程，如图 7・4-1(b)所示，其中曲线(1)是过阻尼的过渡过程，曲线(2)是欠阻尼的过渡过程，曲线(3)是采用变增益放大器时系统的过渡过程。

习　　题

7-1　试将图题 7-1 所示非线性系统简化成在一个闭环回路中非线性特性 $N(A)$ 与等效线性部分 $G(s)$ 相串联的典型结构，并写出等效线性部分的传递函数。

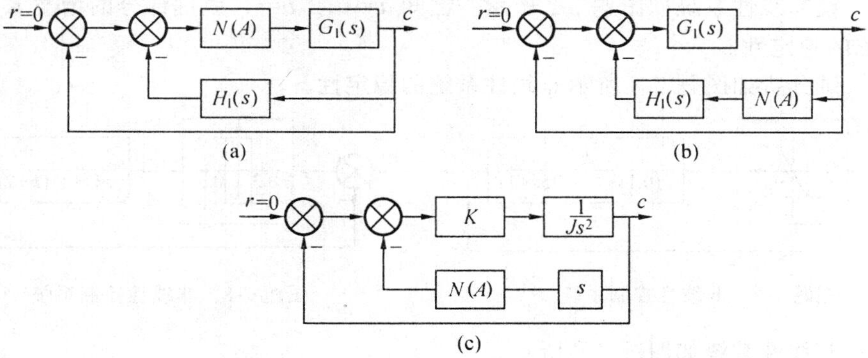

图题 7-1　非线性系统的方块图

7-2　设有三个非线性控制系统具有相同的非线性特性，而线性部分各不相同，它们的传递函数分别为

$$G_1(s)=\frac{2}{s(0.1s+1)}$$

$$G_2(s)=\frac{2}{s(s+1)}$$

$$G_3(s)=\frac{2(1.5s+1)}{s(s+1)(0.1s+1)}$$

试判断应用描述函数法进行分析时，哪个系统的分析准确度高。

7-3　求图题 7-3 所示非线性环节的描述函数。

7-4　某非线性控制系统如图题 7-4 所示。试确定自持振荡的振幅和频率。

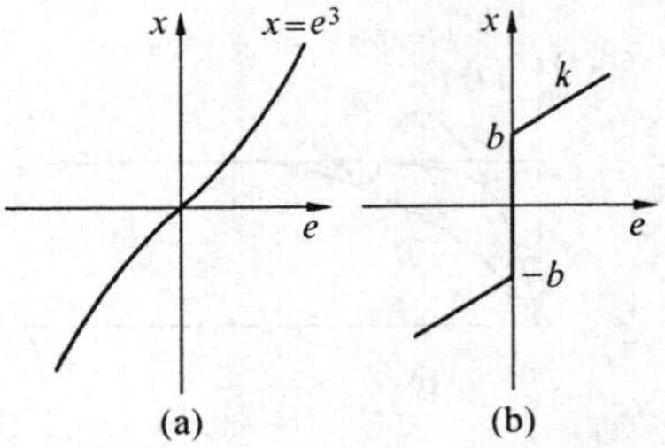

图题 7-3　非线性环节

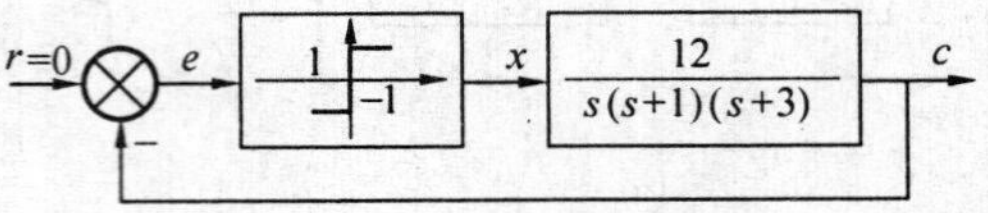

图题 7-4　非线性控制系统

7-5　求图题 7-5 所示串联非线性环节的描述函数。

7-6　分析图题 7-6 所示非线性系统的稳定性。

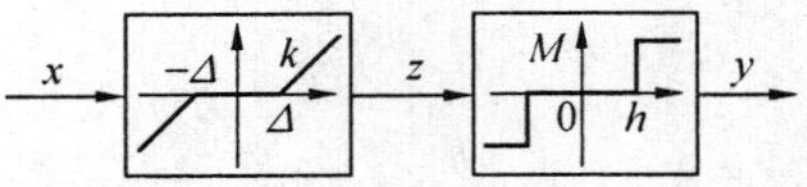

图题 7-5　非线性环节的串联

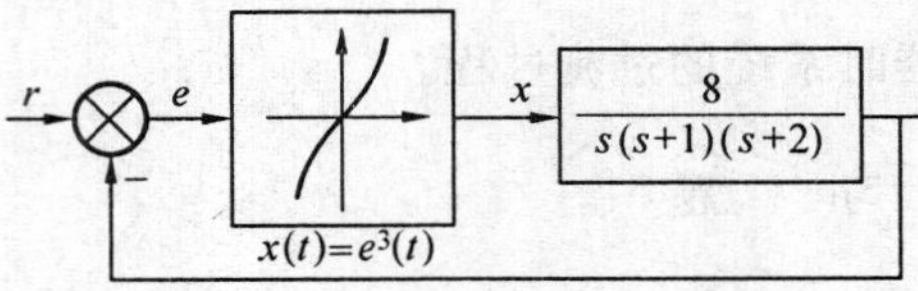

图题 7-6　非线性控制系统

7-7　设非线性系统如图题 7-7 所示。已知 $a=0.2$，$b=1$，线性部分的增益 $K=10$，试分析系统的稳定性。

7-8　试分析如图题 7-8 所示非线性系统的稳定性。

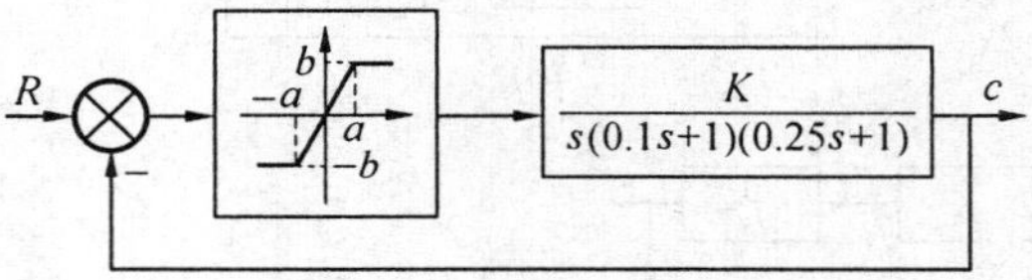

图题 7-7　非线性控制系统

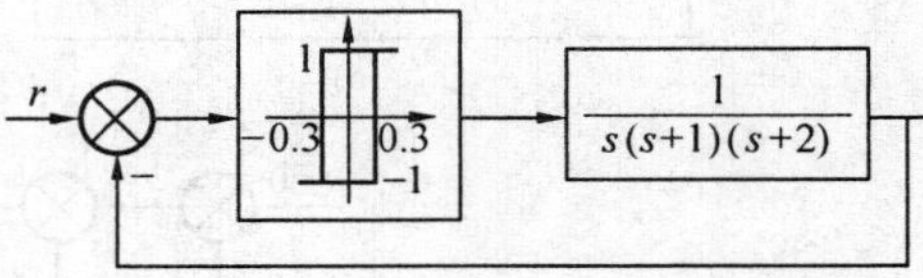

图题 7-8　非线性控制系统

7-9　非线性系统如图题 7-9 所示。

(1)已知 $a=1$，$b=3$，$K=11$，试用描述函数法分析系统的稳定性。

(2)为消除自持振荡，继电器的参数 a 和 b 应作如何调整？

7-10　具有间隙的非线性系统如图题 7-10 所示。

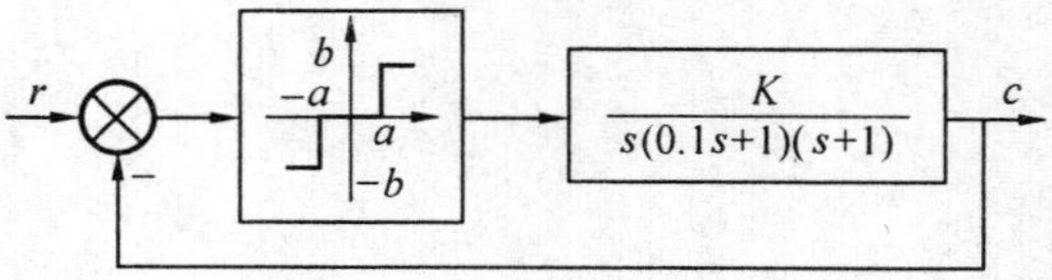

图题 7-9　非线性控制系统

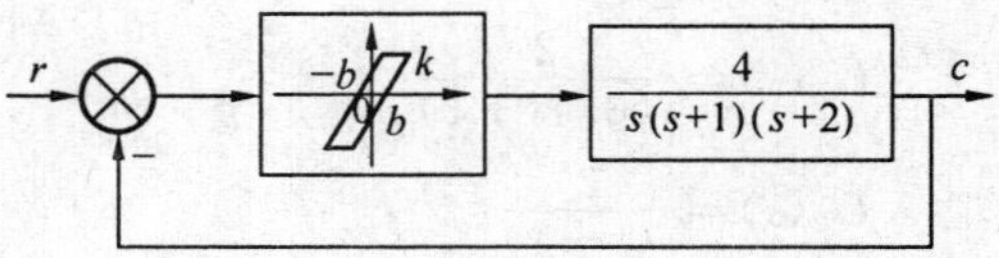

图题 7-10　具有间隙的非线性系统

(1)若 $k=0.75$，$b=1$，应用描述函数法分析非线性系统的稳定性；如果产生自持振荡，则确定其频率和振幅。

(2)讨论减小间隙非线性的 k 值对自持振荡的影响。

7-11　非线性系统如图题 7-11 所示，用描述函数法分析其稳定性。

7-12 非线性系统如图题 7-12 所示，用描述函数法分析其稳定性

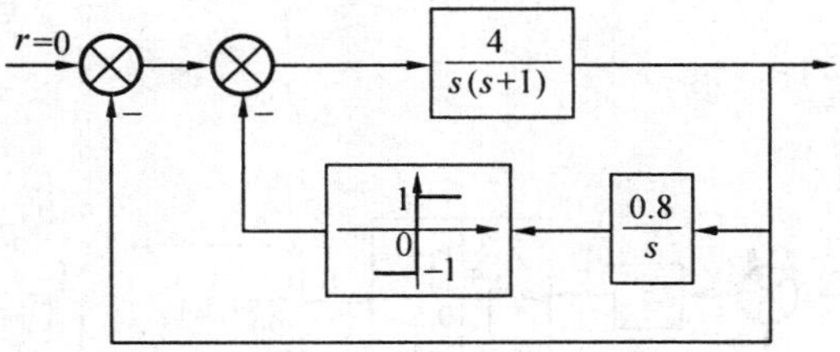

图题 7-11 非线性控制系统

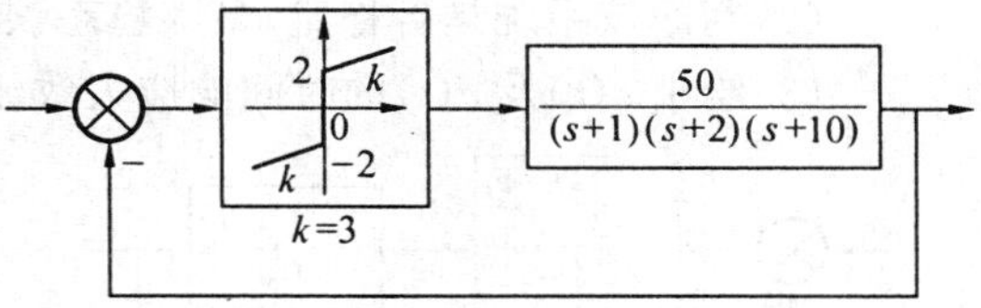

图题 7-12 非线性控制系统

7-13 非线性系统如图题 7-13 所示，试用描述函数法分析其稳定性，若存在自持振荡，求出振幅和频率。

7-14 非线性控制系统如图题 7-14 所示。

(1)确定自持振荡的幅值和频率。

(2)如果加入传递函数为

$$D(s)=\frac{1+0.8s}{1+0.4s}$$

的串联校正装置，能否消除自持振荡？

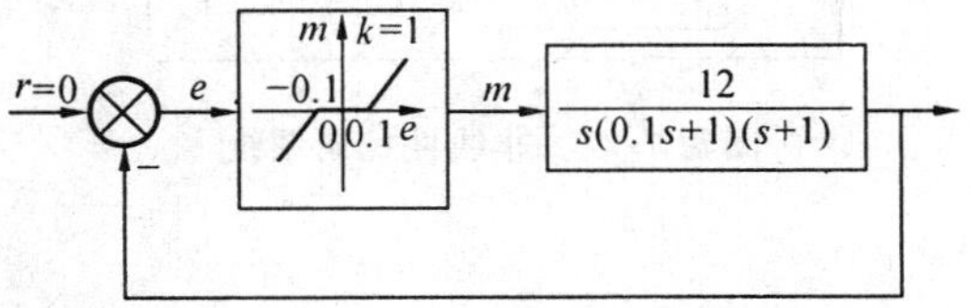

图题 7-13 非线性控制系统

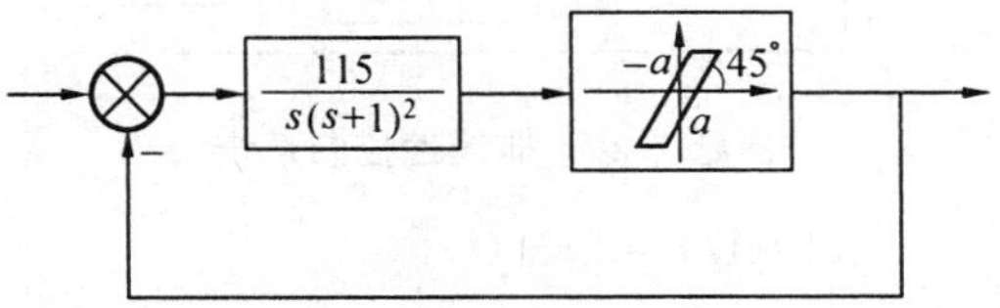

图题 7-14 非线性控制系统

7-15 电子振荡器的方框图如图题 7-15 所示，试分析为使振荡器产生稳定的自激振荡，饱和特性线性区增益 k 的取值范值。若 $k=0.25$，自激振荡的频率和振幅是多少？

7-16 二阶非线性系统的微分方程为

$$\ddot{e}+0.5\dot{e}+2e+e^{2}=0$$

试确定奇点的类型及位置。提示：先求出奇点位置，在奇点的邻域内将方程线性化，然后再确定奇点的类型。

7-17 非线性系统如图题 7-17 所示，$r(t)=0$，试画出系统在初始条件作用下的相轨迹图，并分析系统的瞬态响应。$c(0)>0, \dot{c}(0)>0$。

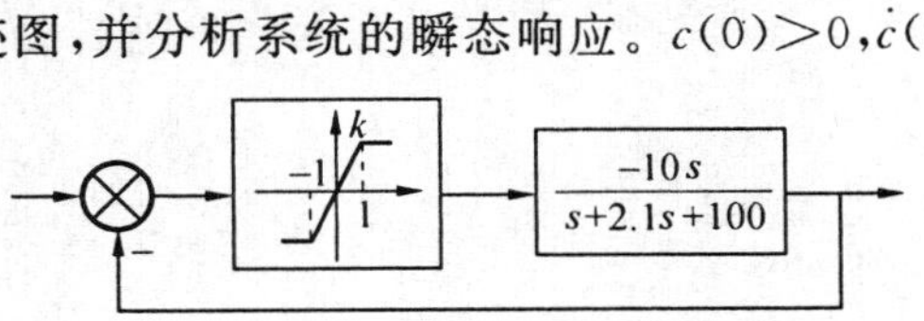

图题 7-15 电子振荡的方块图

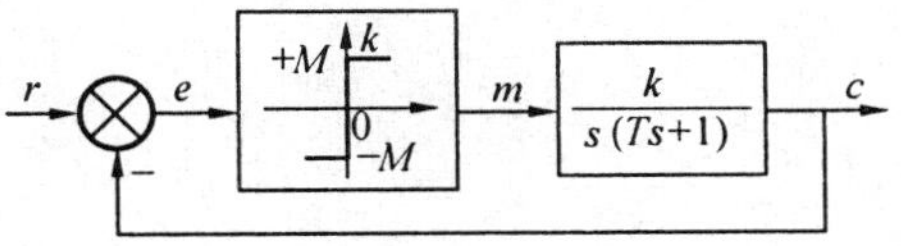

图题 7-17 非线性控制系统

7-18 非线性系统如图题 7-18 所示，系统开始是静止的，输入信号 $r(t)=4\cdot 1(t)$. 试画出系统的相轨迹图，并分析系统的运动特点。

7-19 非线性系统如图题 7-19 所示。若输出为零初始条件，$r(t)=1(t)$，要求

(1)在 $e-\dot{e}$ 平面上画出相轨迹；

(2)判断该系统是否稳定，最大稳态误差是多少；

(3)绘出 $e(t)$ 及 $c(t)$ 的时间响应大致波形。

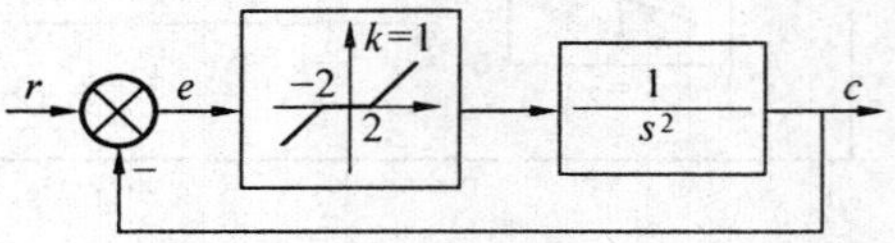

图题 7-18　非线性控制系统

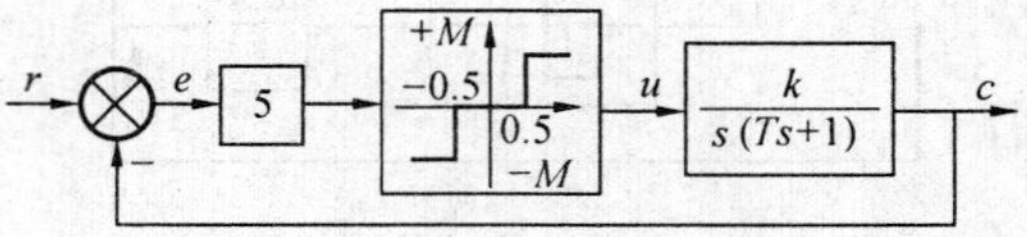

图题 7-19　非线性控制系统

7-20 已知非线性系统如图题 7-20 所示，$r(t)=1(t)$。试用相平面法分析

(1)$T_d=0$ 时系统的运动。

(2)$T_d=0.5$ 时系统的运动，并说明比例微分控制对改善系统性能的影响。

7-21 二阶非线性系统如图题 7-21 所示，其中 $e_0=0.2$，$M=0.2$，$K=4$ 及 $T=1$。试分别画出输入信号取下列函数时系统的相轨迹图。设系统原处于静止状态。

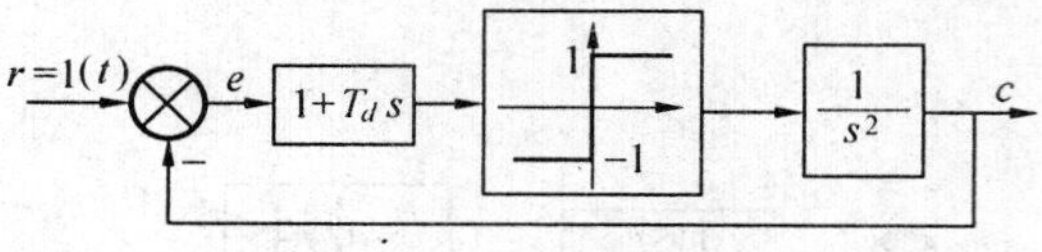

图题 7-20　非线性控制系统

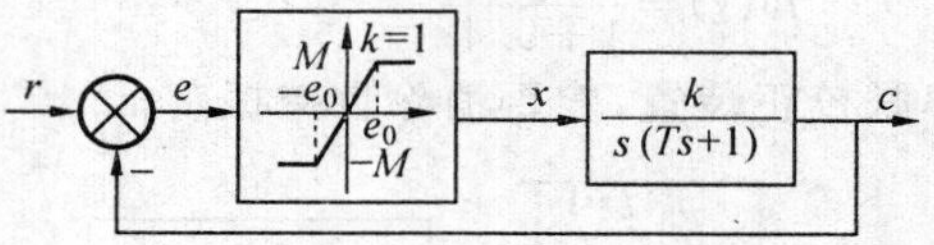

图题 7-21　非线性控制系统

(1)$r(t)=2\cdot 1(t)$

(2)$r(t)=-2\cdot 1(t)+0.4t$

(3)$r(t)=-2\cdot 1(t)+0.8t$

(4)$r(t)=-2\cdot 1(t)+1.2t$

7-22 非线性系统的稳定性与哪些因素有关？与线性系统有什么相同或不同之处？

7-23 奇点中的中心点是否对应极限环？

7-24 用描述函数法研究非线性系统的适用条件是什么？

7-25 相平面法可以分析什么样的非线性系统？

第八章　线性离散系统

近年来，脉冲技术、数字式元器件、数字计算机，特别是微型计算机在控制系统中得到广泛的应用。分析和综合这类系统的离散控制理论得到了迅速的发展。

在连续系统中，系统所有的变量都是连续时间的函数，即在 $t>0$ 的任何时刻都有定义。这样的信号称为连续时间信号。如果信号只有在时间的一些离散点上或区间上有定义，则称这样的信号为离散时间信号，简称离散信号。如果一个系统中的变量有离散时间信号，就把这个系统叫作离散时间系统，简称离散系统。如果系统中的离散时间信号是通过对系统中的连续时间信号采样得到的，就称这样的系统为采样系统。如果系统中的离散信号是经过量化而成为数字序列形式的数字信号，则可称这样的系统为数字系统。有数字计算机参与控制的控制系统称为计算机控制系统，计算机控制系统是最常见的一种数字控制系统。

采样系统、数字系统、计算机控制系统中都存在离散时间信号，所以都 可以叫作离散系统。

本章主要讨论离散系统的分析和校正方法。首先建立信号采样和保持的数学描述，然后介绍 Z 变换理论和脉冲传递函数，最后研究线性离散系统稳定性和性能的分析，以及离散系统校正的方法。

8.1　采样过程

信号的采样过程是将模拟信号变成离散时间信号的过程。

离散系统中信号的特点可以从时间和取值两方面来描述。模拟信号从时间上看是连续时间信号，即在 $t>0$ 的任何时刻都有定义；从取值上看，信号幅值的取值是连续的，即在给定的范围内取值可以是任意的。离散时间信号从幅值的取值上又可分为连续的和离散的。如果离散时间信号在幅值的取值上是连续的叫作离散模拟信号。如果离散时间信号的幅值经过量化，用一组字长有限的数码表示，其取值在给定范围内只可以取有限的离散值，则称为数字信号。

一个计算机控制系统的方块图如图 8.1-1(a)所示。系统包括工作在离散状态下的计算机和工作在连续状态下的被控对象两大部分。A/D 转换器是将模拟信号转换成数字信号的装置，A/D 转换的过程可看成一个采样的过程和量化的过程。偏差信号 $\varepsilon(t)$ 是个连续的模拟信号，经 A/D 转换器转换成离散的数字信号 $\varepsilon^*(t)$ 送入计算机。计算机根据这些数字信息按预定的控制规律进行运算。计算机的输出是数字量 $u^*(t)$，经 D/A 转换器(其中包括保持器)转换成连续信号 $u_h(t)$，去控制具有连续工作状态的被控对象，以使被控制量 $c(t)$ 满足性能指标要求。图 8.1-1(b)是简化的等效方块图。

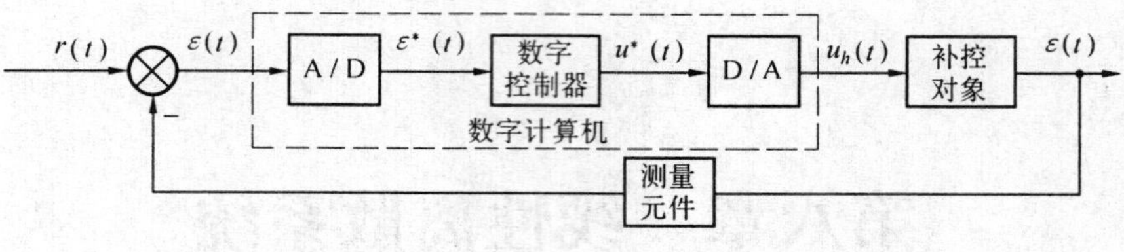

(a)

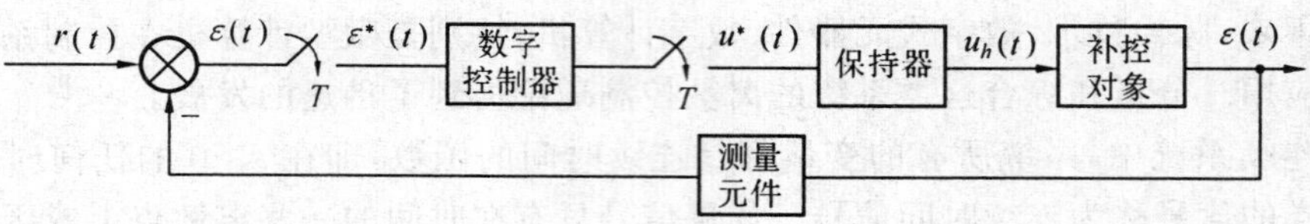

(b)

图 8.1-1　计算机控制系统

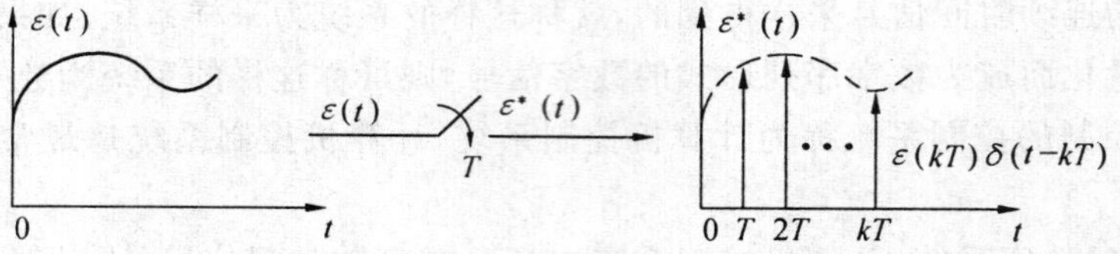

图 8.1-2

采样的过程可以用一个采样开关形象地表示，见图 8.1-2。假设采样开关每隔一定时间 T 闭合一次，T 称为采样周期，采样频率为

$$f_s = \frac{1}{T}$$

而采样角频率为

$$\omega_s = \frac{2\pi}{T} = 2\pi f_s$$

采样角频率的单位是 rad/s。

经过采样开关之后，连续信号 $\varepsilon(t)$ 变成离散的脉冲序列 $\varepsilon^*(t)$

$$\varepsilon^*(t) = \sum_{k=0}^{\infty}\varepsilon(kT)\delta(t-kT) \tag{8.1-1}$$

式中 $\delta(t-kT)$ 在这里仅表示发生在 $t=kT(k=0,1,2,\cdots)$ 时刻的具有单位强度的脉冲；$\varepsilon(kT)$ 表示发生在 kT 时刻脉冲的强度，其值与被采样的连续信号 $\varepsilon(t)$ 在采样时刻 kT 时的值相等。引入 δ 函数可使数学处理比较简单，而且这种抽象也比较准确地符合工程实际。

量化就是采用有限字长的一组数码(如二进制码)去逼近离散模拟信号的幅值。在计算机中，任何数值都可以表示成二进制数字量最低位的整数倍。数字量最低位所代表的数值称为量化单位，通常用 q 来表示。若 A/D 的字长是 N 位，则量化单位

$$q = \frac{1}{2^N}$$

于是 A/D 转换器所允许的模拟信号幅值变化的全部范围，只用 2^N 个离散的数值来表示，

这 2^N 个数值都是 q 的整数倍。量化或称整量化通常采用四舍五入的整量方法，即把小于 $q/2$ 的值舍去，大于 $q/2$ 的值进位，量化会带来一定误差，A/D 的字长越长，量化单位 q 越小，量化所带来的误差也越小。通常系统中 A/D 的字长是足够长的，量化的误差也是足够小，本书不讨论量化误差问题，量化后得到的数字信号序列仍可用下式表示。

$$\varepsilon^*(t)=\sum_{k=0}^{\infty}\varepsilon(kT)\delta(t-kT)$$

8.2 采样定理与采样周期的确定

一、 采样定理

采样定理(shannon 定理)指出，如果对一个具有有限频谱($-\omega_{\max}<\omega<\omega_{\max}$)的连续信号进行采样，当采样角频率 $\omega_s>2\omega_{\max}$(或者说采样频率 $f_s>2f_{\max}$)时，则由采样得到的离散信号能无失真地恢复到原来的连续信号。

从物理意义上来理解采样定理那就是，如果选择这样一个采样频率，使得对连续信号中所含最高频率的信号来说，能作到在其一个周期内采样两次以上，则在经采样获得的离散信号中将包含连续信号的全部信息。反之，如果采样次数太少，即采样周期太长，那就作不到无失真地再现原连续信号。

设连续信号 $x(t)$的频率特性为 $X(\mathrm{j}\omega)$，频谱$|X(\mathrm{j}\omega)|$是一个带宽有限的连续频谱，其最高角频率为 $\omega_{\max}$，如图 8.2-1(a)所示。$x(t)$经周期为 T 的等周期采样得到离散信号

$$x^*(t)=x(t)\sum_{k=0}^{\infty}\delta(t-kT)=\sum_{k=0}^{\infty}x(kT)\delta(t-kT) \tag{8.2-1}$$

由于$\sum\limits_{k=0}^{\infty}\delta(t-kT)$是周期函数，可以展开成复数形式的傅氏级数

$$\sum_{k=0}^{\infty}\delta(t-kT)=\sum_{n=-\infty}^{\infty}C_n\mathrm{e}^{jn\omega_s t} \tag{8.2-2}$$

式中　$\omega_s=\dfrac{2\pi}{T}$为采样角频率。

C_n 为傅氏系数，即

$$\begin{aligned}C_n=&\frac{1}{T}\int_{-\frac{T}{2}}^{\frac{T}{2}}\sum_{k=0}^{\infty}\delta(t-kT)\mathrm{e}^{-jn\omega_s t}\mathrm{d}t=\\&\frac{1}{T}\int_{0-}^{0+}\delta(t)\mathrm{e}^{-jn\omega_s t}\mathrm{d}t=\\&\frac{1}{T}\mathrm{e}^{-jn\omega_s t}\big|_{t=0}=\frac{1}{T}\end{aligned} \tag{8.2-3}$$

将(8.2-3)代入(8.2-2)得

$$\sum_{k=0}^{\infty}\delta(t-kT)=\frac{1}{T}\sum_{n=-\infty}^{\infty}\mathrm{e}^{jn\omega_s t}$$

于是

$$x^*(t)=x(t)\sum_{k=0}^{\infty}\delta(t-kT)=x(t)\frac{1}{T}\sum_{n=-\infty}^{\infty}e^{jn\omega_s t}=$$

$$\frac{1}{T}\sum_{n=-\infty}^{\infty}x(t)e^{jn\omega_s t} \tag{8.2-4}$$

对上式进行拉氏变换，并考虑到复域位移定理及求和的对称性，可得到

$$X^*(s)=L\left[\frac{1}{T}\sum_{n=-\infty}^{\infty}x(t)e^{jn\omega_s t}\right]=$$

$$\frac{1}{T}\sum_{n=-\infty}^{\infty}X(s-jn\omega_s)=$$

$$\frac{1}{T}\sum_{n=-\infty}^{\infty}X(s+jn\omega_s) \tag{8.2-5}$$

若 $X^*(s)$的极点都位于 s 平面左半部，可令 $s=j\omega$ 得到离散信号 $x^*(t)$的傅氏变换

$$X^*(j\omega)=\frac{1}{T}\sum_{n=-\infty}^{\infty}X[j(\omega+n\omega_s)] \tag{8.2-6}$$

于是，$x^*(t)$的频谱为

$$|X^*(j\omega)|=\frac{1}{T}\left|\sum_{n=-\infty}^{\infty}X[j(\omega+n\omega_s)]\right| \tag{8.2-7}$$

由式(8.2-7)可以看出，采样信号 $x^*(t)$的频谱$|X^*(j\omega)|$是以 ω_s 为周期的无穷多个频谱分量之和，其中 $n=0$ 时的频谱分量$\frac{1}{T}|X(j\omega)|$称为主频谱分量，其幅值是连续信号 $x(t)$频谱的$\frac{1}{T}$倍；其余 $n=\pm1,\pm2,\cdots$时的各频谱分量都是由于采样而产生的高频频谱分量。若 $\omega_s>2\omega_{max}$，各频谱分量不会发生重迭，如图 8.2-1(b)所示。如果用一个理想的低通滤波器(其幅频特性如图 8.2-1 中虚线画出的矩形)可将 $\omega>\frac{1}{2}\omega_s$ 的高频部分全部滤掉，只保留主频谱分量$\frac{1}{T}|X(j\omega)|$。离散信号主频谱分量与原连续信号频谱只是在幅值上差$\frac{1}{T}$倍，经过一个 T 倍的放大器就可得到原连续信号的频谱$|X(j\omega)|$，不失真地恢复原连续信号 $x(t)$。

若 $\omega_s<2\omega_{max}$，不同的频率分量之间将发生重迭，如图 8.2-1(c)所示，称为频率混迭现象。这样，既使有一个理想滤波器滤去高频部分也不能无失真地恢复原来的连续信号 $x(t)$。

应当指出，采样定理只是给出了对有限频谱连续信号进行采样时选择采样周期 T 或采样角频率 ω_s 的指导原则。它给出的是由采样脉冲序列无失真地再现原连续信号所允许的最大采样周期，或最低采样频率。在工程实际中总是取 ω_s 比 $2\omega_{max}$大得多。

必须指出，对于实际的非周期连续信号，其频谱中最高频率是无限的，既使采样频率再高也存在频率混迭现象，但一般当频率相当高时，频谱中高频信号的幅值不大，所以常把高频部分幅值较小的长“尾巴”割掉，认为实际信号具有有限的最高频率值。这时，信息的损失不会很大，按照采样定理选择的采样频率也不至太高。这样恢复出的连续信号会有一定失真，但仍能满足工程实际的精度要求。

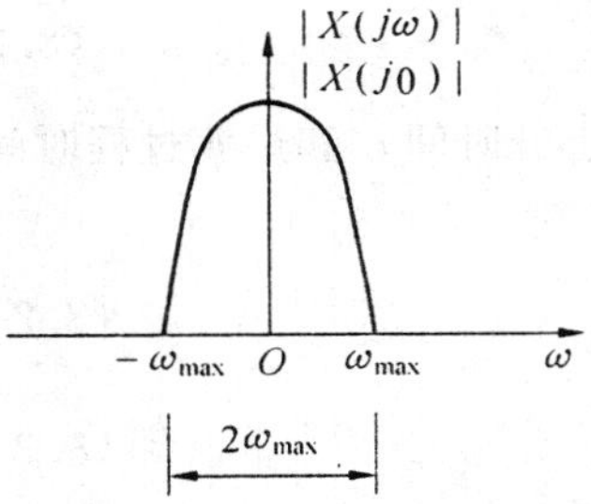

(a) 连续信号 $x(t)$ 频谱

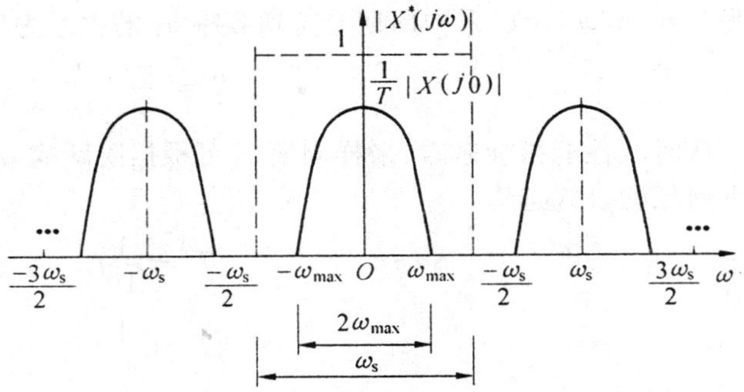

(b) $\omega_s > 2\omega_{max}$

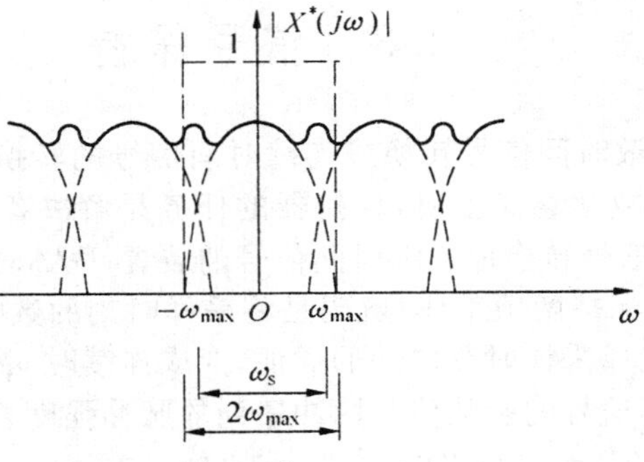

(c) $\omega_s < 2\omega_{max}$

图 8.2-1

二、采样周期的选取

采样周期 T 是离散控制系统设计的一个关键问题，必须给以充分注意。采样定理只是给出了选择采样周期的基本原则，而并未给出解决实际问题的具体公式。显然，采样周期 T 选得越小，也就是采样角频率 ω_s 选得越高，对系统控制过程的信息了解便越多，控制效果也会越好。但是，采样周期 T 选得过短，将增加不必要的计算负担，造成实现较复杂控制规律的困难。反之，采样周期 T 选得过长，又会给控制过程带来较大的误差，降低系统的动态性能，甚至有可能导致整个控制系统失去稳定性。因此采样周期 T 的选择要根据实际情况综合考虑，合理选择。有时要经过实验反复几次最后确定。

在一般工业过程控制中，微型计算机所能提供的运算速度，对于采样周期的选择来说，回旋余地较大。对于随动系统，采样周期的选择在很大程度上取决于系统的性能指标。

从频域性能指标来看，控制系统的闭环频率特性通常具有低通滤波特性，当随动系统输入信号的角频率高于其闭环幅频特性的谐振频率 ω_r 时，信号通过系统将会很快地衰减，因此可以近似认为通过系统的控制信号最高频率分量为 ω_r。在随动系统中，一般认为开环系统的截止频率 ω_c 与闭环系统的谐振频率 ω_r 比较接近，近似地有 $\omega_c \approx \omega_r$。这就是说，通过随动系统的控制信号的最高频率分量为 ω_c，超过 ω_c 的频率分量通过系统时将被大幅度地衰减掉。根据工程实践经验，随动系统的采样频率 ω_s 可选为

$$\omega_s \approx 10\omega_c \tag{8.2-8}$$

因为 $T=2\pi/\omega_s$，所以采样周期与剪切频率 ω_c 的关系为

$$T=\frac{\pi}{5}\cdot\frac{1}{\omega_c} \tag{8.2-9}$$

从时域性能指标来看，采样周期 T 可根据阶跃响应的上升时间 t_r 和过渡过程时间 t_s，按下列经验公式选取

$$T=\frac{1}{10}t_r \tag{8.2-10}$$

$$T=\frac{1}{40}t_s \tag{8.2-11}$$

即在上升时间 t_r 内，采样 10 次左右，在整个过渡过程时间 t_s 内，采样 40 次左右。

8.3 信号保持

信号保持是将离散时间信号转换成连续时间信号的转换过程，用于这种转换工作的装置称为保持器。从数学意义上讲，保持器的任务是解决各采样时刻之间的插值问题。D/A转换器是将数字信号转换成连续时间信号的装置，D/A转换器中都包括一个保持器。D/A 主要完成解码和保持两项工作，解码是将采样时刻的数字编码转换成对应的电压或电流值，再由保持器完成采样时刻之间的插值，变成连续时间信号。

在采样时刻，连续信号的函数值与脉冲序列的脉冲强度相等。在 kT 时刻，有

$$x(t)|_{t=kT}=x(kT)=x^*(kT) \qquad k=0,1,2,\cdots$$

对于 $(k+1)T$ 时刻，则有

$$x(t)|_{t=(k+1)T}=x[(k+1)T]=x^*[(k+1)T]$$

然而在脉冲序列 $x^*(t)$ 向连续时间信号 $x_h(t)$ 的转换过程中，对于处在 kT 与相邻采样时刻 $(k+1)T$ 之间的任意时刻 $kT+\tau$ $(0<\tau<T)$，连续时间信号 $x_h(kT+\tau)$ 的值究竟有多大，它与 $x(kT)$ 的关系如何，这就是保持器要解决的问题。

保持器是具有外推功能的元件，也就是说，保持器现在时刻（如 $kT+\tau$）的输出信号取决于过去时刻（如 kT）离散信号的外推。在数字控制系统中，应用最广泛的是零阶保持器，一般用符号 H_0 来表示。零阶保持器具有常值外推功能，它将前一个采样时刻 kT 时的采样值 $x(kT)$ 不增不减地保持到下一个采样时刻 $(k+1)T$ 到来之前。即

$$x_h(kT+\tau)=x(kT), 0<\tau<T \tag{8.3-1}$$

当下一个采样时刻 $(k+1)T$ 到来时，应以 $x[(k+1)T]$ 为常值继续外推。也就是说，任何一个采样时刻的采样值只能作为常值保持到下一个相邻的采样时刻到来之前，其保持时间是一个采样周期。零阶保持器的输出 $x_h(t)$ 为阶梯信号，如图 8.3-1 所示。

如果给零阶保持器输入一个理想单位脉冲 $\delta(t)$，则其脉冲过渡函数（或称权函数）$g_h(t)$ 是一个幅值为 1 持续时间为 T 的矩形脉冲，并可表示为两个阶跃函数之和

$$g_h(t)=1(t)-1(t-T)$$

对脉冲过渡函数 $g_h(t)$ 取拉氏变换，可得零阶保持器的传递函数

$$H_0(s)=\frac{1}{s}-\frac{e^{-Ts}}{s}=\frac{1-e^{-Ts}}{s} \tag{8.3-2}$$

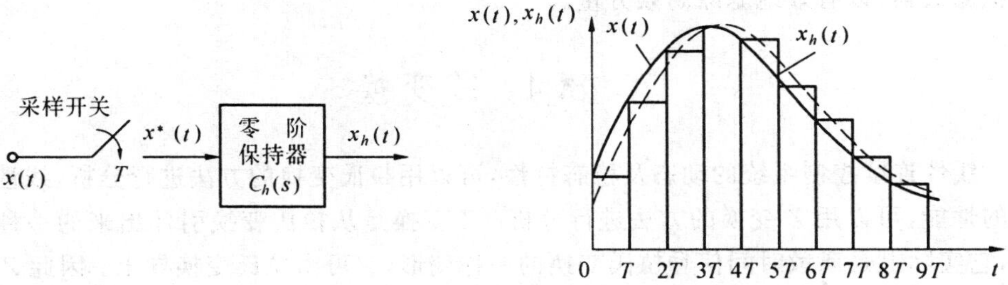

图 8.3-1 零阶保持器的输出特性

在式(8.3-2)中，令 $s=\mathrm{j}\omega$，可得零阶保持器的频率特性为

$$H_0(\mathrm{j}\omega)=\frac{1-\mathrm{e}^{-\mathrm{j}\omega T}}{\mathrm{j}\omega}=T\frac{\sin(\frac{\omega T}{2})}{\frac{\omega T}{2}}\mathrm{e}^{-\frac{\mathrm{j}\omega T}{2}} \tag{8.3-3}$$

幅频特性为

$$|H_0(\mathrm{j}\omega)|=T\left|\frac{\sin(\frac{\omega T}{2})}{\frac{\omega T}{2}}\right| \tag{8.3-4}$$

考虑到 $\sin\frac{\omega T}{2}$ 符号的正负，相频特性可写成

$$\angle H_0(\mathrm{j}\omega)=-\frac{\omega T}{2}+\theta \tag{8.3-5}$$

$$\theta=\begin{cases}0 & \sin\frac{\omega T}{2}>0\\ \pi & \sin\frac{\omega T}{2}<0\end{cases}$$

当 $\omega\to 0$ 时幅频特性

$$\lim_{\omega\to 0}|H_0(\mathrm{j}\omega)|=\lim_{\omega\to 0}T\left|\frac{\sin(\frac{\omega T}{2})}{\frac{\omega T}{2}}\right|=T$$

零阶保持器的频率特性如图 8.3-2 所示。从幅频特性看，零阶保持器是具有高频衰减特性的低通滤波器，$\omega\to 0$时的幅值为 T。从相频特性看，零阶保持器具有负的相角，会对闭环系统的稳定性产生不利因素。

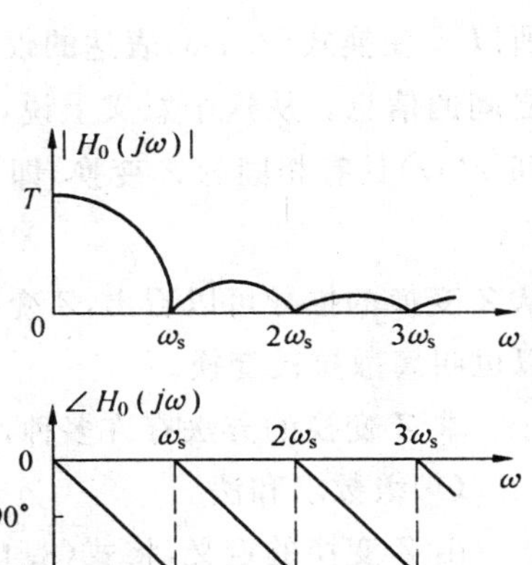

图 8.3-2 零阶保持器的频率特性

零阶保持器相对其它类型的保持器具有实现容易及相位滞后小等优点，是在数字控制系统中应用最广泛的一种保持器。在工程实践中，零阶保持器可用输出寄存器实现，在正常情况下，还应附加

模拟滤波器，以有效地滤除高频分量。

8.4 Z 变换

线性连续控制系统的动态及稳态特性，可以用拉氏变换的方法进行分析。线性离散系统的性能，可以用 Z 变换的方法进行分析。Z 变换是从拉氏变换引伸出来的一种变换方法，它实际上是离散时间信号拉氏变换的一种变形，它可由拉氏变换导出。因此 Z 变换也称为离散拉氏变换。

一、 Z 变换

设连续时间信号 $x(t)$ 可进行拉氏变换，其象函数为 $X(s)$。考虑到 $t<0$ 时，$x(t)=0$，则 $x(t)$ 经过周期为 T 的等周期采样后，得到离散时间信号

$$x^*(t) = \sum_{k=0}^{\infty} x(kT)\delta(t-kT)$$

对上式表示的脉冲序列进行拉氏变换，可得到

$$X^*(s) = \sum_{k=0}^{\infty} x(kT)e^{-kTs} \tag{8.4-1}$$

因复变量 s 含在指数函数 e^{-kTs} 中不便计算，故引进一个新的复变量 z，即

$$z = e^{Ts} \tag{8.4-2}$$

将式(8.4-2)代入式(8.4-1)，便得到以 z 为变量的函数 $X(z)$，即

$$X(z) = \sum_{k=0}^{\infty} x(kT)z^{-k} \tag{8.4-3}$$

$X(z)$ 称为离散时间函数——脉冲序列 $x^*(t)$ 的 Z 变换，记为

$$X(z) = Z[x^*(t)]$$

在 Z 变换过程中，考虑的只是连续时间信号经采样后得到的离散时间信号——脉冲序列，或者说只考虑连续时间信号在采样时刻上的采样值，而不考虑采样时刻之间的值。所以 Z 变换式(8.4-3)表达的仅是连续时间信号在采样时刻上的信息，而不反映采样时刻之间的信息。从这个意义上说，连续时间函数 $x(t)$ 与经采样后得到的相应的采样脉冲序列 $x^*(t)$ 具有相同的 Z 变换，即

$$X(z) = Z[x(t)] = Z[x^*(t)] \tag{8.4-4}$$

从 Z 变换的推导可以看出，Z 变换是对离散时间信号进行的拉氏变换的一种表示方法，所以也叫离散拉氏变换。

求 Z 变换的方法有许多种，下面介绍常用的 3 种方法。

(1)级数求和法

由 Z 变换的定义，将式(8.4-3)展开得到

$$X(z) = x(0) + x(T)z^{-1} + x(2T)z^{-2} + \cdots + x(kT)z^{-k} + \cdots \tag{8.4-5}$$

式(8.4-5)是 Z 变换的一种级数表达形式。显然，只要知道连续时间函数 $x(t)$ 在采样时刻

$kT(k=0,1,2,\cdots)$上的采样值$x(kT)$，便可以写出Z变换的级数展开形式。这种级数展开式是开放式的，有无穷多项，如果不能写成闭式，是很难应用的。一些常用函数Z变换的级数形式可以写成闭式。

例 8.4-1 求单位阶跃函数$1(t)$的Z变换。

解 单位阶跃函数$1(t)$在所有采样时刻上的采样值均为1，即

$1(kT)=1,k=0,1,2,\cdots$

根据式(8.4-5)求得

$X(z)=Z[1(t)]=1+z^{-1}+z^{-2}+\cdots+z^{-k}+\cdots$

这是一个等比级数，首项$a_1=1$，公比$q=z^{-1}$，通项$a_n=a_1q^{n-1}=z^{-n+1}$，前n项和

$$S_n=\frac{a_1-a_nq}{1-q}=\frac{1-z^{-n}}{1-z^{-1}}$$

若$|z|>1$，这个无穷级数的和为

$$X(z)=\lim_{n\to\infty}S_n=\lim_{n\to\infty}\frac{1-z^{-n}}{1-z^{-1}}=\frac{1}{1-z^{-1}}=\frac{z}{z-1}$$

因为$|z|=|e^{Ts}|=e^{\sigma T}$，$\sigma=\mathrm{Re}s$，所以条件$|z|>1$意味着$\sigma>0$。这正是单位阶跃函数能进行拉氏变换的条件。

例 8.4-2 求衰减指数$e^{-at}(a>0)$的Z变换。

解 衰减指数$e^{-at}(a>0)$在各采样时刻上的采样值为$1,e^{-aT},e^{-2aT},e^{-3aT},\cdots,e^{-kaT},\cdots$，将其代入式(8.4-5)有

$$X(z)=Z[e^{-at}]=1+e^{-aT}z^{-1}+e^{-2aT}z^{-2}+\cdots+e^{-kaT}z^{-k}+\cdots$$

这也是个等比级数，若满足条件$|e^{aT}z|>1$，则

$$X(z)=Z[e^{-at}]=\frac{1}{1-e^{-aT}z^{-1}}=\frac{z}{z-e^{-aT}}$$

例 8.4-3 求理想脉冲序列$\delta_T(t)=\sum_{k=0}^{\infty}\delta(t-kT)$的$Z$变换。

解 因为T为采样周期，所以

$$x^*(t)=\delta_T(t)=\sum_{k=0}^{\infty}\delta(t-kT)$$

$$X^*(s)=\mathrm{L}[x^*(t)]=\sum_{k=0}^{\infty}e^{-kTs}$$

由于$z=e^{Ts}$，上式可改写成

$$X(z)=\sum_{k=0}^{\infty}z^{-k}=1+z^{-1}+z^{-2}+\cdots$$

若$|z|>1$，可将上式写成闭式

$$X(z)=\frac{1}{1-z^{-1}}=\frac{z}{z-1}$$

比较例8.4-1和例8.4-3可知，若两个脉冲序列在采样时刻的脉冲强度相等，则Z变换相等。

(2)部分分式法

利用部分分式法求 Z 变换时,先求出已知连续函数 $x(t)$ 的拉氏变换 $X(s)$。$X(s)$ 通常是 s 的有理分式,将其展成部分分式之和的形式,使每一部分分式对应简单的时间函数,然后分别求出(或查表)每一项的 Z 变换。最后作通分化简运算,求得 $x(t)$ 的 Z 变换 $X(z)$。

例 8.4-4 已知连续函数 $x(t)$ 的拉氏变换为 $X(s)=\frac{a}{s(s+a)}$,试求相应的 Z 变换。

解 将 $X(s)$ 展成如下部分分式

$$X(s)=\frac{1}{s}-\frac{1}{s+a}$$

对上式逐项求拉氏反变换,得到

$$x(t)=1(t)-\mathrm{e}^{-at}$$

由例 8.4-1 及例 8.4-2 知

$$Z[1(t)]=\frac{z}{z-1}$$

$$Z[\mathrm{e}^{-at}]=\frac{z}{z-\mathrm{e}^{-aT}}$$

所以
$$X(z)=\frac{z}{z-1}-\frac{z}{z-\mathrm{e}^{-aT}}=\frac{z(1-\mathrm{e}^{-aT})}{z^2-(1+\mathrm{e}^{-aT})z+\mathrm{e}^{-aT}}$$

(3)留数计算法

若已知连续信号 $x(t)$ 的拉氏变换 $X(s)$ 和它的全部极点 $s_i(i=1,2,\cdots,n)$,可用下列的留数计算公式求 $X(z)$

$$X(z)=\sum_{i=1}^{n}\mathrm{Res}\left[X(s)\frac{z}{z-\mathrm{e}^{sT}}\right]_{s=s_i} \tag{8.4-6}$$

当 $X(s)$ 具有非重极点 s_i 时

$$\mathrm{Res}\left[X(s)\frac{z}{z-\mathrm{e}^{sT}}\right]_{s=s_i}=\lim_{s\to s_i}\left[X(s)\frac{z}{z-\mathrm{e}^{sT}}(s-s_i)\right] \tag{8.4-7}$$

当 $X(s)$ 在 s_i 处具有 r 重极点时

$$\mathrm{Res}\left[X(s)\frac{z}{z-\mathrm{e}^{sT}}\right]_{s=s_i}=\frac{1}{(r-1)!}\lim_{s\to s_i}\frac{\mathrm{d}^{r-1}}{\mathrm{d}s^{r-1}}\left[X(s)\frac{z}{z-\mathrm{e}^{sT}}(s-s_i)^r\right] \tag{8.4-8}$$

例 8.4-5 求连续时间函数 $x(t)=\begin{cases}0 & t<0\\ t & t\geqslant 0\end{cases}$ 的 Z 变换。

解 $x(t)$ 的拉氏变换为 $X(s)=\frac{1}{s^2}$

$X(s)$ 有两个 $s=0$ 的极点,即 $s_1=0,r_1=2$

$$X(z)=\frac{1}{(2-1)!}\lim_{s\to 0}\frac{\mathrm{d}}{\mathrm{d}s}\left[\frac{1}{s^2}\frac{z}{z-\mathrm{e}^{sT}}(s-0)^2\right]=\frac{Tz}{(z-1)^2}$$

例 8.4-6 求 $X(s)=\frac{s(2s+3)}{(s+1)^2(s+2)}$ 的 Z 变换

解 $X(s)$ 的极点为

$s_{1,2}=-1$(二重极点)；$s_3=-2$

$$X(z)=\frac{1}{(2-1)!}\lim_{s\to-1}\frac{d}{ds}\left[\frac{s(2s+3)}{(s+1)^2(s+2)}\frac{z}{z-e^{sT}}(s+1)^2\right]+$$

$$\lim_{s\to-2}\left[\frac{s(2s+3)}{(s+1)^2(s+2)}\frac{z}{z-e^{sT}}(s+2)\right]=$$

$$\frac{-Tze^{-T}}{(z-e^{-T})^2}+\frac{2z}{z-e^{-2T}}$$

常用时间函数的 Z 变换及相应的拉氏变换见书后附录 1,以备求取 Z 变换时查用。

二、 Z 变换的基本定理

Z 变换有一些基本的定理,可使 Z 变换的应用变得简单和方便。由于 Z 变换是由拉氏变换导出的,所以这些定理与拉氏变换的基本定理有许多相似之处。

(1)线性定理

若 $X_1(z)=Z[x_1(t)]$,$X_2(z)=Z[x_2(t)]$,$X(z)=Z[x(t)]$,并设 a 为常数或者是与时间 t 及复变量 z 无关的变量,则有

$$Z[ax(t)]=aX(z) \tag{8.4-9}$$

$$Z[x_1(t)\pm x_2(t)]=X_1(z)\pm X_2(z) \tag{8.4-10}$$

证明　由 Z 变换定义

$$Z[x_1(t)\pm x_2(t)]=\sum_{k=0}^{\infty}[x_1(kT)\pm x_2(kT)]z^{-k}=$$

$$\sum_{k=0}^{\infty}x_1(kT)z^{-k}\pm\sum_{k=0}^{\infty}x_2(kT)z^{-k}=$$

$$X_1(z)\pm X_2(z)$$

$$Z[ax(t)]=a\sum_{k=0}^{\infty}x(kT)z^{-k}=aX(z)$$

(2)实数位移定理

实数位移定理又称平移定理,实数位移的含意,是指整个采样序列在时间轴上左右平移若干采样周期,其中向左平移为超前,向右平移为滞后。

设连续时间函数 $x(t)$ 在 $t<0$ 时为零,$x(t)$ 的 Z 变换为 $X(z)$,则有

$$Z[x(t-nT)]=z^{-n}X(z) \tag{8.4-11}$$

$$Z[x(t+nT)]=z^{n}\left[X(z)-\sum_{k=0}^{n-1}x(kT)z^{-k}\right] \tag{8.4-12}$$

实数位移定理中,式(8.4-11)称为滞后定理;式(8.4-12)称为超前定理。

算子 z 有明显的物理意义,z^{-n} 代表时域中的滞后环节,也称为滞后算子,它将采样信号滞后 n 个采样周期。z^n 代表超前环节,也称超前算子,它将采样信号超前 n 个采样周期。但 z^n 仅用于运算,在实际物理系统中并不存在,因为它不满足因果关系。实数位移定理是一个重要的定理,其作用相当于拉氏变换中的微分和积分定理,可将描述离散系统的差分方程转换为 z 域的代数方程。

证明　由 Z 变换定义

$$Z[x(t-nT)] = \sum_{k=0}^{\infty} x(kT-nT)z^{-k} = z^{-n}\sum_{k=0}^{\infty} x[(k-n)T]z^{-(k-n)}$$

令　　$m=k-n$，则有

$$Z[x(t-nT)] = z^{-n}\sum_{m=-n}^{\infty} x(mT)z^{-m}$$

由于 $m<0$ 时，$x(mT)=0$，所以上式可写成

$$Z[x(t-nT)] = z^{-n}\sum_{m=0}^{\infty} x(mT)z^{-m}$$

再令 $m=k$，即可证得式(8.4-11)的滞后定理。超前定理的证明从略，若满足 $x(0)=x(T)=x(2T)=\cdots=x[(n-1)T]=0$，则式(8.4-12)的超前定理可写成

$$Z[x(t+nT)] = z^n X(z)$$

(3)初值定理

若 $Z[x(t)]=X(z)$，且当 $t<0$ 时，$x(t)=0$，则

$$x(0) = \lim_{t\to 0} x^*(t) = \lim_{k\to 0} x(kT) = \lim_{z\to\infty} X(z) \tag{8.4-13}$$

证明　由 Z 变换的定义

$$X(z) = \sum_{k=0}^{\infty} x(kT)z^{-k} = x(0) + x(T)z^{-1} + x(2T)z^{-2} + \cdots$$

所以有　$\lim\limits_{z\to\infty} X(z)=x(0)$

(4)终值定理

若 $Z[x(t)]=X(z)$，且 $(z-1)X(z)$ 的全部极点都位于 z 平面单位圆之内，则

$$x(\infty) = \lim_{t\to\infty} x(t) = \lim_{k\to\infty} x(kT) = \lim_{z\to 1}(z-1)X(z) \tag{8.4-14}$$

证明　$X(z)=\sum\limits_{k=0}^{\infty} x(kT)z^{-k}$

由超前定理

$$Z[x(t+T)] = z[X(z)-x(0)] = \sum_{k=0}^{\infty} x(kT+T)z^{-k}$$

将上两式相减

$$z[X(z)-x(0)] - X(z) = \sum_{k=0}^{\infty} x(kT+T)z^{-k} - \sum_{k=0}^{\infty} x(kT)z^{-k}$$

$$(z-1)X(z) - zx(0) = \sum_{k=0}^{\infty}[x(kT+T)-x(kT)]z^{-k}$$

上式两端取 $z\to 1$ 的极限

$$\lim_{z\to 1}[(z-1)X(z)-zx(0)] = \lim_{z\to 1}\left\{\sum_{k=0}^{\infty}[x(kT+T)-x(kT)]z^{-k}\right\}$$

$$\lim_{z\to 1}[(z-1)X(z)-zx(0)] = x(\infty)-x(0)$$

$$x(\infty) = \lim_{z\to 1}(z-1)X(z)$$

说明：定理中要求 $(z-1)X(z)$ 的全部极点位于 z 平面单位圆内是 $x(t)$ 的终值为零或常数的条件，若允许在 $t\to\infty$ 时，$x(t)\to\infty$，可把条件放宽为 $(z-1)X(z)$ 有 $z=1$ 的极点。

(5)卷积定理

若 $Z[x_1(t)]=X_1(z)$，$Z[x_2(t)]=X_2(z)$，则

$$X_1(z)\cdot X_2(z)=Z\left[\sum_{m=0}^{\infty}x_1(mT)\cdot x_2(kT-mT)\right]$$

三、 Z 反变换

根据 $X(z)$求 $x^*(t)$或 $x(kT)$的过程称为 Z 反变换，并记为 $Z^{-1}[X(z)]$。Z 反变换是 Z 变换的逆运算。下面介绍求 Z 反变换的三种常用方法。

(1)长除法

当 $X(z)$是 z 的有理分式时，可用长除法求 Z 反变换。

设 $$X(z)=\frac{M(z)}{N(z)}=\frac{b_0+b_1z^{-1}+b_2z^{-2}+\cdots+b_mz^{-m}}{a_0+a_1z^{-1}+a_2z^{-2}+\cdots+a_nz^{-n}}\qquad n\geqslant m$$

用分子多项式 $M(z)$除以分母多项式 $N(z)$，将商按 z^{-1}的升幂排列有

$$X(z)=\frac{M(z)}{N(z)}=x(0)+x(T)z^{-1}+x(2T)z^{-2}+\cdots+x(kT)z^{-k}+\cdots$$

由此可得到 $X(z)$的 Z 反变换

$$x^*(t)=x(0)\delta(t)+x(T)\delta(t-T)+x(2T)\delta(t-2T)+\cdots+x(kT)\delta(t-kT)+\cdots$$

例 8.4-7 已知 $X(z)=\dfrac{10z}{(z-1)(z-2)}$，求其 Z 反变换 $x^*(t)$。

解 $$X(z)=\frac{10z}{(z-1)(z-2)}=\frac{10z}{z^2-3z+2}=\frac{10z^{-1}}{1-3z^{-1}+2z^{-2}}$$

用分子多项式除以分母多项式

$$\begin{array}{r|l}
 & 10z^{-1}+30z^{-2}+70z^{-3}+150z^{-4}+\cdots \\
\hline
1-3z^{-1}+2z^{-2} & 10z^{-1} \\
 & \underline{10z^{-1}-30z^{-2}+20z^{-3}} \\
 & \quad 30z^{-2}-20z^{-3} \\
 & \quad \underline{30z^{-2}-90z^{-3}+60z^{-4}} \\
 & \qquad 70z^{-3}-60z^{-4} \\
 & \qquad \underline{70z^{-3}-210z^{-4}+140z^{-5}} \\
 & \qquad\quad 150z^{-4}-140z^{-5} \\
 & \qquad\quad \cdots\quad\cdots
\end{array}$$

由此得到级数形式的 $X(z)$

$$X(z)=10z^{-1}+30z^{-2}+70z^{-3}+150z^{-4}+\cdots$$

由 Z 变换的定义可知

$x(0)=0$

$x(T)=10$

$x(2T)=30$

$x(3T)=70$

$x(4T)=150$

……

因此，脉冲序列 $x^*(t)$可写为

$$x^*(t)=10\delta(t-T)+30\delta(t-2T)+70\delta(t-3T)+150\delta(t-4T)+\cdots$$

用长除法要写出 $x(kT)$ 的一般表达式是比较困难的。

(2)部分分式法

这个方法要将 $X(z)$ 展成若干个分式之和，每个分式对应 Z 反变换。考虑到 Z 变换表中，所有 Z 变换函数在其分子上普遍都有因子 z，所以应先将 $X(z)/z$ 展开为部分分式，然后将所得结果的每一项都乘以 z，得到 $X(z)$ 的部分分式展开式。

设 $X(z)$ 的极点为 $z_1, z_2, \cdots, z_n$，且无重极点，$X(z)/z$ 的部分分式展开式为

$$\frac{X(z)}{z} = \sum_{i=1}^{n} \frac{A_i}{z - z_i}$$

上式两端乘以 z，得到 $X(z)$ 的部分分式展开式

$$X(z) = \sum_{i=1}^{n} \frac{A_i z}{z - z_i}$$

逐项查表求出 $\frac{A_i z}{z-z_i}$ 的 Z 反变换，然后写出

$$x(kT) = Z^{-1}\left[\sum_{i=1}^{n} \frac{A_i z}{z - z_i}\right]$$

则脉冲序列 $x^*(t)$ 为

$$x^*(t) = \sum_{k=0}^{\infty}\left[Z^{-1}\sum_{i=1}^{n} \frac{A_i z}{z - z_i}\right]\delta(t - kT)$$

例 8.4-8 已知 $X(z)=\frac{z}{(z+1)(z+2)}$，求 Z 反变换 $x^*(t)$。

解
$$\frac{X(z)}{z}=\frac{1}{(z+1)(z+2)}=\frac{1}{z+1}-\frac{1}{z+2}$$

$$X(z) = \frac{z}{z+1} - \frac{z}{z+2}$$

查附录中的 Z 变换表可知

$$Z^{-1}\left[\frac{z}{z+1}\right] = (-1)^k,\ Z^{-1}\left[\frac{z}{z+2}\right] = (-2)^k$$

$$x^*(t) = \sum_{k=0}^{\infty}[(-1)^k - (-2)^k]\cdot\delta(t - kT) =$$

$$\delta(t - T) - 3\delta(t - 2T) + 7\delta(t - 3T) - 15\delta(t - 4T) + \cdots$$

(3)留数计算法

用留数计算法求取 $X(z)$ 的 Z 反变换，首先求取 $x(kT)$，$k=0,1,2,\cdots$，即

$$x(kT) = \sum \mathrm{Res}[X(z)\cdot z^{k-1}]$$

其中留数和 $\sum \mathrm{Res}[X(z)\cdot z^{k-1}]$ 可写为

$$\sum \mathrm{Res}[x(z)\cdot z^{k-1}] = \sum_{i=1}^{l} \frac{1}{(r_i - 1)!}\frac{\mathrm{d}^{r_i-1}}{\mathrm{d}z^{r_i-1}}[(z - z_i)^{r_i}\cdot X(z)\cdot z^{k-1}]\big|_{z=z_i}$$

式中 $z_i, i=1,2,\cdots,l$ 为 $X(z)$ 彼此不相等的极点，彼此不相等的极点数为 l，r_i 为重极点 z_i 的重复个数。

由求得的 $x(kT)$ 可写出与已知象函数 $X(z)$ 对应的原函数——脉冲序列

$$x^*(t) = \sum_{k=0}^{\infty} x(kT) \cdot \delta(t - kT)$$

例 8.4-9 求 $X(z)=\frac{z}{(z-a)(z-1)^2}$的 Z 反变换。

解 $X(z)$中彼此不相同的极点为 $z_1=a$ 及 $z_2=1$，其中 z_1 为单极点，即 $r_1=1$，z_2 为二重极点，即 $r_2=2$，不相等的极点数为 $l=2$。

$$x(kT) = (z-a) \cdot \frac{z}{(z-a)(z-1)^2} \cdot z^{k-1}\Big|_{z=a} +$$

$$\frac{1}{(2-1)!} \cdot \frac{\mathrm{d}}{\mathrm{d}z}\left[(z-1)^2 \cdot \frac{z}{(z-a)(z-1)^2} \cdot z^{k-1}\right]\Big|_{z=1} =$$

$$\frac{a^k}{(a-1)^2} + \frac{k}{1-a} - \frac{1}{(1-a)^2} \qquad k = 0,1,2,\cdots$$

最后，求得 $X(z)$的 Z 反变换为

$$x^*(t) = \sum_{k=0}^{\infty}\left[\frac{a^k}{(a-1)^2} + \frac{k}{1-a} - \frac{1}{(1-a)^2}\right] \cdot \delta(t - kT)$$

上面列举了求取 Z 反变换的三种常用方法。其中长除法最简单，但由长除法得到的 Z 反变换为开式而非闭式。部分分式法和留数计算法得到的均为闭式。

8.5 脉冲传递函数

一、 脉冲传递函数的概念

脉冲传递函数，也称 Z 传递函数，是线性离散系统或环节的一种数学模型。正如线性连续系统的特性可由传递函数来描述一样，线性离散系统的特性可以通过脉冲传递函数来描述，图 8.5-1 所示为典型开环线性离散控制系统的方块图，其中 $G(s)$为该系统连续部分的传递函数。连续部分的输入为采样周期为 T 的脉冲序列 $\varepsilon^*(t)$，其输出为经过虚拟同步采样开关的脉冲序列 $c^*(t)$。$c^*(t)$反映连续输出信号 $c(t)$在采样时刻上的值。

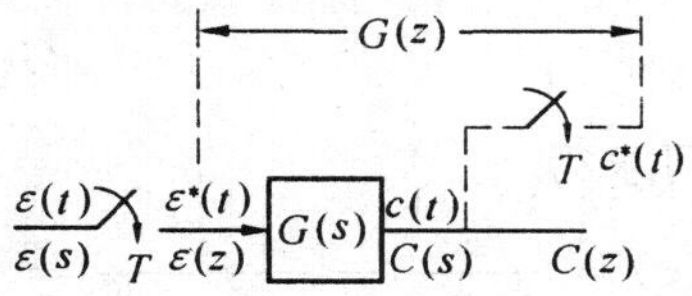

图 8.5-1 开环线性离散系统方块图

脉冲传递函数的定义是，在零初始条件下，输出脉冲序列的 Z 变换与输入脉冲序列 Z 变换之比。

图 8.5-1 所示系统的开环脉冲传递函数为

$$G(z) = \frac{Z[c^*(t)]}{Z[\varepsilon^*(t)]} = \frac{C(z)}{\varepsilon(z)} \tag{8.5-1}$$

为了说明脉冲传递函数的物理意义，下面从系统单位脉冲响应的角度来推导脉冲传递函数。

由线性控制系统的理论知道，当线性部分 $G(s)$的输入为单位脉冲函数 $\delta(t)$时，其输出信号为单位脉冲响应 $g(t)$。当输入信号为一个脉冲序列

$$\varepsilon^*(t) = \sum_{k=0}^{\infty} \varepsilon(kT) \cdot \delta(t - kT)$$

时，根据迭加原理，其输出信号为一系列脉冲响应之和

$$c(t)=\varepsilon(0)\cdot g(t)+\varepsilon(T)\cdot g(t-T)+\cdots+\varepsilon(kT)\cdot g(t-kT)+\cdots$$

在 $t=nT$ 时刻输出的采样信号值为

$$c(nT)=\varepsilon(0)\cdot g(nT)+\varepsilon(T)\cdot g[(n-1)T]+\cdots+\varepsilon(nT)\cdot g(0)=\sum_{k=0}^{n}\varepsilon(kT)\cdot g[(n-k)T]$$

因为系统的单位脉冲响应是从 $t=0$ 才开始出现的信号，当 $t<0$ 时，$g(t)=0$，所以当 $k>n$ 时，上式中

$$g[(n-k)T]=0$$

这就是说，nT 时刻以后的输入脉冲，如 $\varepsilon[(n+1)T]$，$\varepsilon[(n+2)T]$，…等，不会对 nT 时刻的输出信号发生影响。所以前面式子中求和上限 n 可扩展成∞，这时可得

$$c(nT)=\sum_{k=0}^{\infty}\varepsilon(kT)\cdot g[(n-k)T]$$

对上式取 Z 变换，可以得到

$$Z[c(nT)]=Z\left\{\sum_{k=0}^{\infty}\varepsilon(kT)\cdot g[(n-k)T]\right\}$$

由卷积定理有

$$C(z)=\varepsilon(z)\cdot G(z)$$

$$G(z)=\frac{C(z)}{\varepsilon(z)}$$

脉冲传递函数 $G(z)$ 可以通过连续部分的传递函数 $G(s)$ 来求取。设

$$G(s)=\frac{1}{s(0.1s+1)}$$

则可通过部分分式法求取相应的 Z 变换 $G(z)$，该 $G(z)$ 就是对应 $G(s)$ 的脉冲传递函数，即由

$$G(s)=\frac{10}{s(s+10)}=\frac{1}{s}-\frac{1}{s+10}$$

可求得

$$(z)=\frac{z}{z-1}-\frac{z}{z-e^{-10T}}=\frac{z(1-e^{-10T})}{(z-1)(z-e^{-10T})}$$

二、 环节串联时的脉冲传递函数

离散系统中，n 个环节串联时，串联环节间有无同步采样开关，等效的脉冲传递函数是不相同的。

1. 串联环节间无采样开关

图 8.5-2(a)所示串联环节间无同步采样开关时，其脉冲传递函数 $G(z)=C(z)/\varepsilon(z)$。可由描述连续工作状态的传递函数 $G_1(s)$ 与 $G_2(s)$ 的乘积 $G_1(s)G_2(s)$ 求取，记为

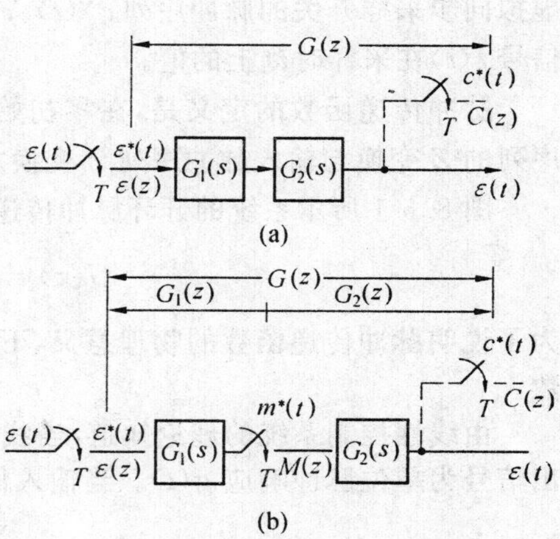

图 8.5-2 串联环节方块图

$$G(z) = Z[G_1(s)G_2(s)] = G_1G_2(z)$$

(8.5-2)

上式表明，两个串联环节间无同步采样开关隔离时，等效的脉冲传递函数等于这两个环节传递函数乘积的 Z 变换。

上述结论可以推广到无采样开关隔离的 n 个环节相串联的情况中，即

$$G(z) = Z[G_1(s)G_2(s)\cdots G_n(s)] = G_1G_2\cdots G_n(z) \tag{8.5-3}$$

例 8.5-1 两串联环节 $G_1(s)$和 $G_2(s)$之间无同步采样开关，$G_1(s)=\frac{a}{s+a}$，$G_2(s)=\frac{1}{s}$，求串联环节等效的脉冲传递函数 $G(z)$。

解 $G(z)=G_1G_2(z)=Z[G_1(s)G_2(s)]=Z\left[\frac{a}{s(s+a)}\right]=$

$$Z\left[\frac{1}{s}-\frac{1}{s+a}\right]=\frac{z}{z-1}-\frac{z}{z-e^{-aT}}=\frac{z(1-e^{-aT})}{(z-1)(z-e^{-aT})}$$

2.串联环节间有同步采样开关

图 8.5-2(b)所示两串联环节间有同步采样开关隔离时，有

$$M(z) = G_1(z)\varepsilon(z)\ ,\ G_1(z) = Z[G_1(s)]$$
$$C(z) = G_2(z)M(z)\ ,\ G_2(z) = Z[G_2(s)]$$

于是，脉冲传递函数为

$$G(z) = \frac{C(z)}{\varepsilon(z)} = G_1(z)G_2(z) \tag{8.5-4}$$

上式表明，有同步采样开关隔开的两个环节串联时，其等效的脉冲传递函数等于这两个环节脉冲传递函数的乘积。上述结论可以推广到有同步采样开关隔开的 n 个环节串联的情况，即

$$G(z) = Z[G_1(s)]\cdot Z[G_2(s)]\cdots Z[G_n(s)] = G_1(z)G_2(z)\cdots G_n(z) \tag{8.5-5}$$

例 8.5-2 两串联环节 $G_1(s)$和 $G_2(s)$之间有同步采样开关，$G_1(s)=\frac{a}{s+a}$，$G_2(s)=\frac{1}{s}$，求串联环节等效的脉冲传递函数 $G(z)$。

解 $G(z)=G_1(z)G_2(z)=Z[G_1(s)]\cdot Z[G_2(s)]=$

$$Z\left[\frac{a}{s+a}\right]\cdot Z\left[\frac{1}{s}\right]=\frac{az}{z-e^{-aT}}\cdot\frac{z}{z-1}=\frac{az^2}{(z-e^{-aT})(z-1)}$$

综上分析，在串联环节间有无同步采样开关隔离，其等效的脉冲传递函数是不相同的。这时，需注意

$$G_1G_2(z) \neq G_1(z)\cdot G_2(z)$$

其不同之处在于零点不同，而极点是一样的。

在图 8.5-2 中(a)和(b)两种情况下，假设前一个环节 $G_1(s)$的输入 $\varepsilon^*(t)$是相同的，串联环节间有无采样开关，后面一个环节 $G_2(s)$的输入是不同的。无采样开关时，$G_2(s)$的输入是连续信号；有采样开关时，$G_2(s)$的输入是脉冲序列。$G_2(s)$的输入不同，其输出 $c^*(t)$也不相同，输出的 Z 变换 $C(z)$亦不相

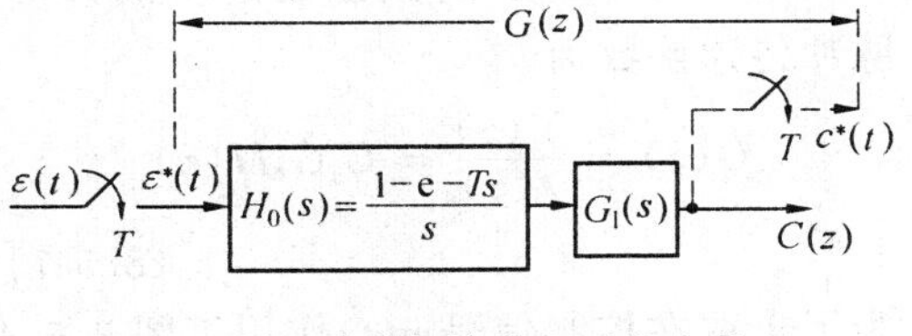

图 8.5-3 零阶保持器与环节串联

同。由脉冲传递函数的定义，等效的脉冲传递函数为

$$G(z)=\frac{C(z)}{\varepsilon(z)}$$

输入 $\varepsilon(z)$ 相同，输出 $C(z)$ 不同，脉冲传递函数自然也不相同。

(3)环节与零阶保持器串联

数字控制系统中通常有零阶保持器与环节串联的情况，如图 8.5-3 所示。零阶保持器的传递函数为 $H_0(s)=\frac{1-\mathrm{e}^{-Ts}}{s}$，与之串联的另一个环节的传递函数为 $G_0(s)$。两串联环节之间无同步采样开关隔离。为了求取等效的脉冲传递函数，首先需要计算

$$G(s)=H_0(s)G_0(s)=\frac{1-\mathrm{e}^{-Ts}}{s}G_0(s)=(1-\mathrm{e}^{-Ts})\frac{G_0(s)}{s}=G_1(s)G_2(s)$$

其中 $G_1(s)=1-\mathrm{e}^{-Ts}$，$G_2(s)=G_0(s)/s$

$$G(s)=G_1(s)G_2(s)=(1-\mathrm{e}^{-Ts})G_2(s)=G_2(s)-\mathrm{e}^{-Ts}G_2(s)$$

$G(s)$ 的单位脉冲响应为

$$\begin{aligned}g(t)&=\mathrm{L}^{-1}\{G(s)\}=\mathrm{L}^{-1}\{G_2(s)-\mathrm{e}^{-Ts}G_2(s)\}\\&=g_2(t)-g_2(t-T)\end{aligned}$$

零阶保持器与环节 $G_0(s)$ 串联时总的脉冲传递函数为

$$\begin{aligned}G(z)&=Z[G(s)]=Z[G_1(s)G_2(s)]=Z[G_2(s)-\mathrm{e}^{-Ts}G_2(s)]=\\&Z[g_2(t)-g_2(t-T)]=G_2(z)-G_2(z)z^{-1}\\&=(1-z^{-1})G_2(z)\end{aligned}$$

即

$$G(z)=(1-z^{-1})Z\left[\frac{G_0(s)}{s}\right] \tag{8.5-6}$$

例 8.5-3 设系统如图 8.5-3 所示，与零阶保持器 $H_0(s)$ 串联的环节为 $G_0(s)=\frac{k}{s(s+a)}$，其中 k 和 a 是常量，求总的脉冲传递函数 $G(z)$。

解 $$G(z)=(1-z^{-1})Z\left[\frac{k}{s^2(s+a)}\right]=(1-z^{-1})Z\left[k\left(\frac{1}{as^2}-\frac{1}{a^2s}+\frac{1}{a^2(s+a)}\right)\right]=\frac{k[(aT-1+\mathrm{e}^{-aT})z+(1-\mathrm{e}^{-aT}-aT\mathrm{e}^{-aT})]}{a^2(z-1)(z-\mathrm{e}^{-aT})}$$

三、 线性离散系统的脉冲传递函数

图 8.5-4 所示离散控制系统的开环脉冲传递函数为

$$G(z)=\frac{Y(z)}{\varepsilon(z)}=G_1G_2H(z) \tag{8.5-7}$$

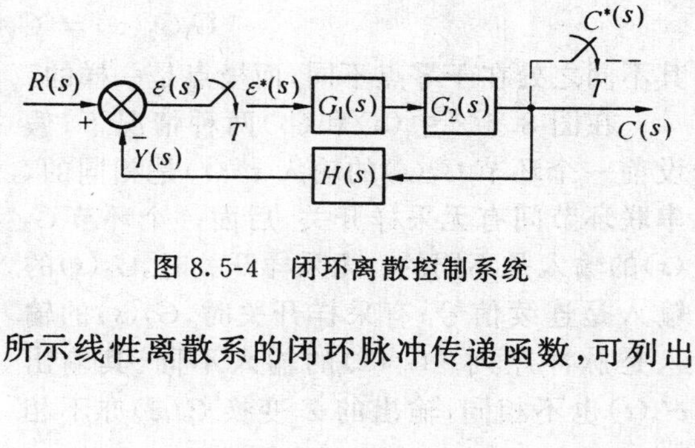

图 8.5-4 闭环离散控制系统

为了求取在控制信号 $r(t)$ 作用下图 8.5-4 所示线性离散系的闭环脉冲传递函数，可列出下列关系式

$$C(s)=G_1(s)G_2(s)\varepsilon^*(s)$$
$$Y(s)=H(s)C(s)$$
$$\varepsilon(s)=R(s)-Y(s)$$

由上列各式求得

$$\varepsilon(s)=R(s)-G_1(s)G_2(s)H(s)\varepsilon^*(s) \tag{8.5-8}$$

其中 $\varepsilon^*(s)$ 代表对偏差信号 $\varepsilon(t)$ 进行采样所得脉冲序列的拉氏变换，也就是离散偏差信号的 Z 变换，即有

$$\varepsilon^*(s)=\varepsilon(z) \tag{8.5-9}$$

将式(8.5-9)代入式(8.5-8)，并对式(8.5-8)取 Z 变换，可得

$$\varepsilon(z)=R(z)-G_1G_2H(z)\varepsilon(z)$$

由上式可求得偏差信号对于控制信号的闭环脉冲传递函数

$$\frac{\varepsilon(z)}{R(z)}=\frac{1}{1+G_1G_2H(z)} \tag{8.5-10}$$

考虑到

$$C(z)=G_1G_2(z)\cdot\varepsilon(z)$$

可由式(8.5-10)求出被控制信号对于控制信号的闭环脉冲传递函数

$$\frac{C(z)}{R(z)}=\frac{G_1G_2(z)}{1+G_1G_2H(z)} \tag{8.5-11}$$

令闭环脉冲传递函数的分母为零，便可得到闭环离散系统的特征方程。图 8.5-4 所示系统的特征方程为

$$1+G_1G_2H(z)=0 \tag{8.5-12}$$

线性离散系统的结构多种多样，而且并不是每个系统都能写出闭环脉冲传递函数。如果偏差信号不是以离散信号的形式输入到前向通道，则一般写不出闭环脉冲传递函数，只能写出输出的 Z 变换的表达式。表 8.5-1 所列为常见线性离散系统的方框图及被控制信号的 Z 变换 $C(z)$。

例 8.5-4　试求图 8.5-5 所示线性离散系统的闭环脉冲传递函数。

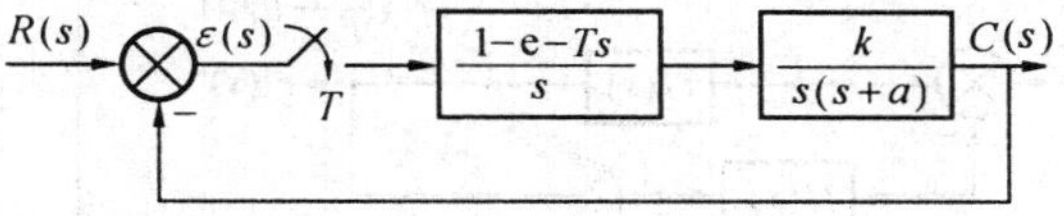

图 8.5-5　例 8.5-4 中的线性离散系统

解　系统开环脉冲传递函数为

$$G(z)=Z[G(s)]=(1-z^{-1})Z\left[\frac{1}{s}\cdot\frac{k}{s(s+a)}\right]=$$
$$\frac{k[(aT-1+e^{-aT})z+(1-e^{-aT}-aTe^{-aT})]}{a^2(z-1)(z-e^{-aT})}$$

偏差信号对控制信号和被控制信号对控制信号的闭环脉冲传递函数分别为

$$\frac{\varepsilon(z)}{R(z)}=\frac{a^2(z-1)(z-e^{-aT})}{a^2z^2+[k(aT-1+e^{-aT})-a^2(1+e^{-aT})]z+[k(1-e^{-aT}-aTe^{-aT})+a^2e^{-aT}]}$$

$$\frac{C(z)}{R(z)}=\frac{k[(aT-1+e^{-aT})z+(1-e^{-aT}-aTe^{-aT})]}{a^2z^2+[k(aT-1+e^{-aT})-a^2(1+e^{-aT})]z+[k(1-e^{-aT}-aTe^{-aT})+a^2e^{-aT}]}$$

表 8.5-1　常见线性离散系统的方块图及被控信号的 Z 变换。

序 号	系 统 方 块 图	$C(z)$ 计 算 式
1	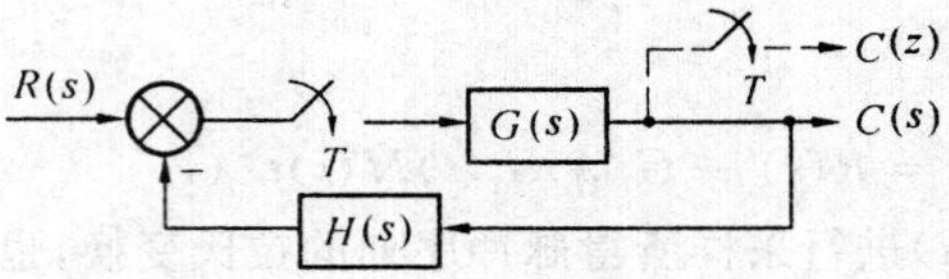	$\dfrac{G(z)\cdot R(z)}{1+GH(z)}$
2	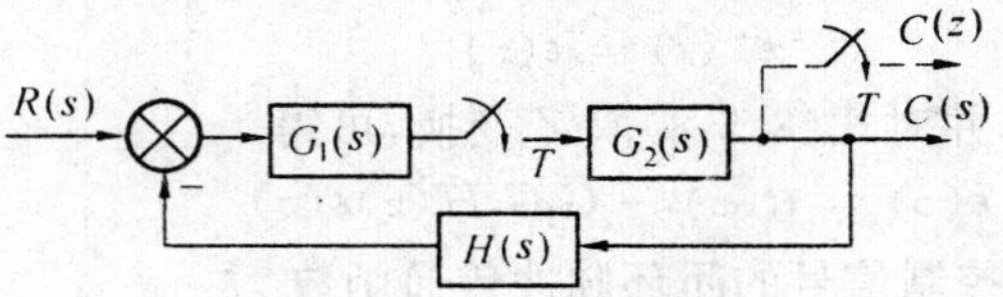	$\dfrac{RG_1(z)\cdot G_2(z)}{1+G_2HG_1(z)}$
3	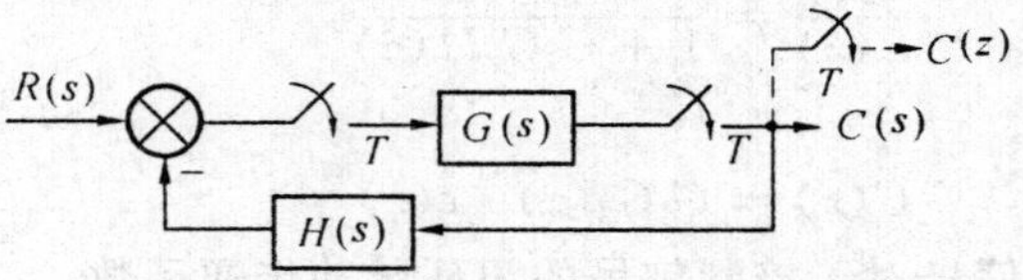	$\dfrac{G(z)\cdot R(z)}{1+G(z)\cdot H(z)}$
4	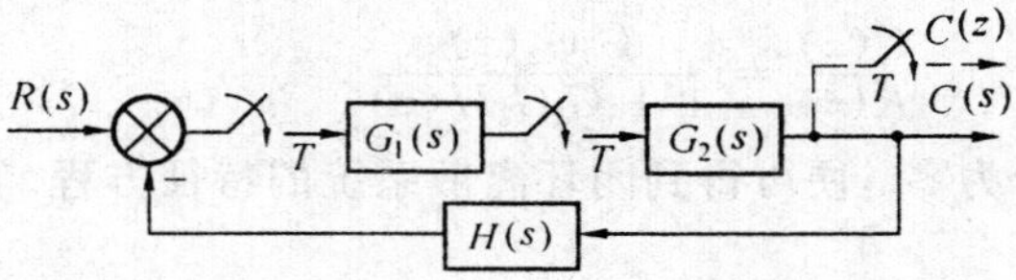	$\dfrac{G_1(z)\cdot G_2(z)\cdot R(z)}{1+G_1(z)G_2H(z)}$
5	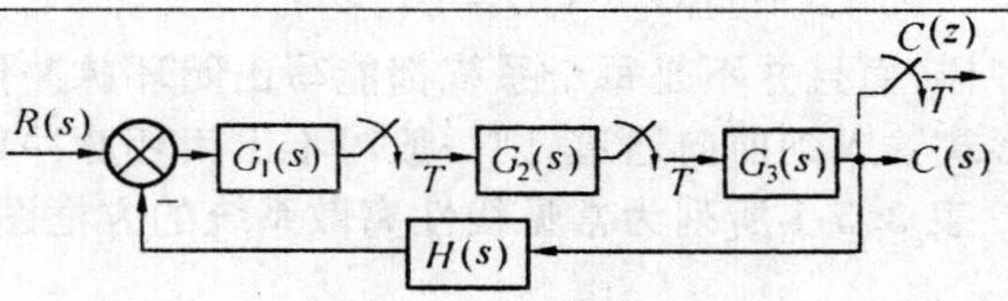	$\dfrac{RG_1(z)\cdot G_2(z)\cdot G_3(z)}{1+G_2(z)G_1G_3H(z)}$
6	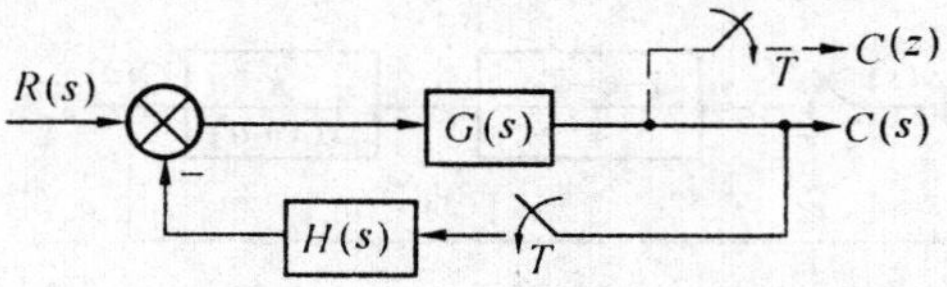	$\dfrac{RG(z)}{1+HG(z)}$
7	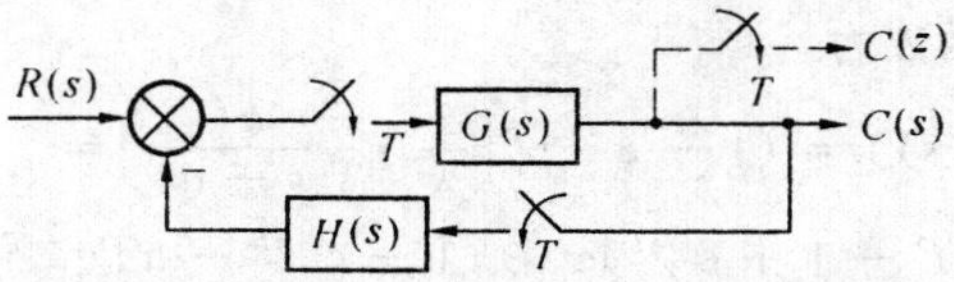	$\dfrac{G(z)\cdot R(z)}{1+G(z)\cdot H(z)}$
8	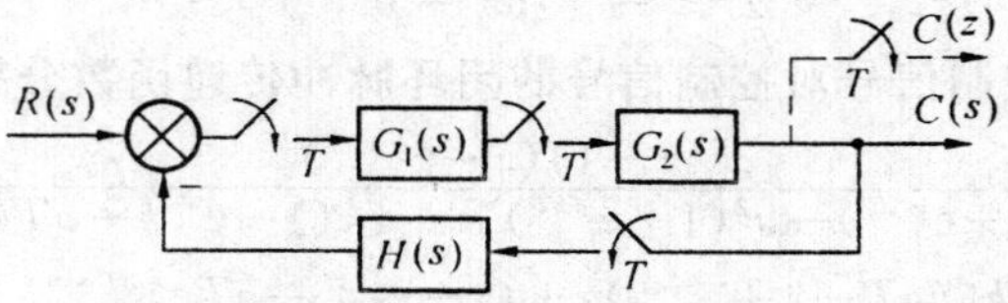	$\dfrac{G_1(z)\cdot G_2(z)\cdot R(z)}{1+G_1(z)\cdot G_2(z)\cdot H(z)}$

例 8.5-5 线性离散系统的结构如图 8.5-6 所示，求系统被控制信号 $c(t)$ 的 Z 变换。

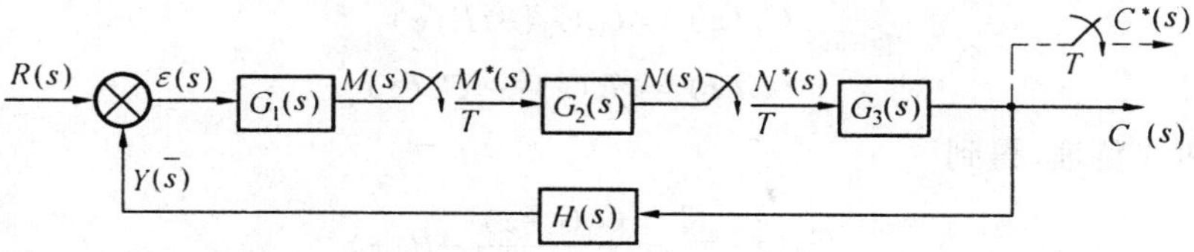

图 8.5-6 例 8.5-5 中的线性离散系统

解 从系统结构图中可以得到

$$C(s) = G_3(s)N^*(s)$$

$$N(s) = G_2(s)M^*(s)$$

$$M(s) = G_1(s)\varepsilon(s) = G_1(s)[R(s) - H(s)C(s)] =$$

$$G_1(s)R(s) - G_1(s)H(s)G_3(s)N^*(s)$$

以上三个方程是对输出变量和实际采样开关两端的变量列出的方程，方程中均有带星号的拉氏变换。对以上三式作 z 变换可以得到

$$C(z) = G_3(z)N(z)$$

$$N(z) = G_2(z)M(z)$$

$$M(z) = G_1R(z) - G_1G_3H(z)N(z)$$

由以上三式进一步整理可得

$$C(z) = G_2(z)G_3(z)M(z) = G_2(z)G_3(z)[G_1R(z) - G_1G_3H(z)\cdot C(z)/G_3(z)] =$$

$$G_2(z)G_3(z)G_1R(z) - G_2(z)G_1G_3H(z)\cdot C(z)$$

即 $[1+G_2(z)G_1G_3H(z)]C(z)=G_2(z)G_3(z)G_1R(z)$

由此可得到被控制信号的 Z 变换

$$C(z) = \frac{G_2(z)G_3(z)G_1R(z)}{1 + G_2(z)G_1G_3H(z)}$$

由图 8.5-6 可见，该系统由于 $R(s)$ 未经采样就输入到 $G_1(s)$，所以，系统的闭环脉冲传递函数是求不出来的。

例 8.5-6 线性离散系统如图 8.5-7 所示，试求参考输入 $R(s)$ 和扰动输入 $F(s)$ 同时作用时，系统被控制量的 Z 变换 $C(z)$

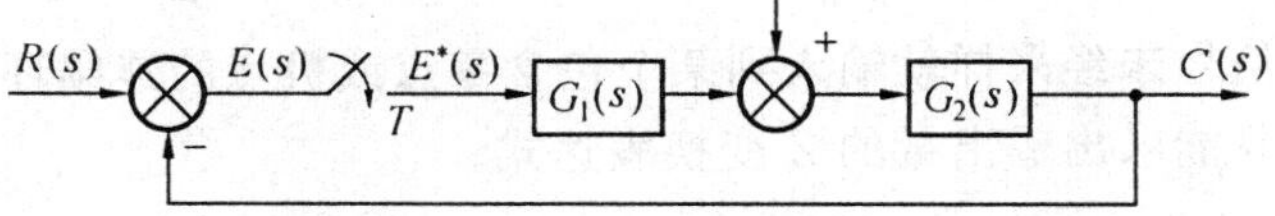

图 8.5-7 例 8.5-6 中的线性离散系统

解 设 $F(s)=0$，$R(s)$ 单独作用，输出为 $C_R(s)$

$$C_R(s) = G_1(s)G_2(s)E^*(s)$$

$$E(s) = R(s) - C_R(s)$$

对上两式取 Z 变换，有

$$C_R(z) = G_1G_2(z)E(z)$$
$$E(z) = R(z) - C_R(z)$$

根据以上两式整理，得到

$$C_R(z) = \frac{G_1G_2(z)}{1 + G_1G_2(z)}R(z)$$

设 $R(s)=0$，$F(s)$单独作用，输出为 $C_F(s)$

$$C_F(s) = G_2(s)F(s) + G_1(s)G_2(s)E^*(s)$$
$$E(s) = -C_F(s)$$

对上两式取 Z 变换，有

$$C_F(z) = G_2F(z) + G_1G_2(z)E(z)$$
$$E(z) = -C_F(z)$$

根据以上两式整理，得到

$$C_F(z) = \frac{G_2F(z)}{1 + G_1G_2(z)}$$

当 $R(s)$和 $F(s)$同时作用时系统输出的 Z 变换为

$$C(z) = C_R(z) + C_F(z) = \frac{G_1G_2(z)R(z)}{1 + G_1G_2(z)} + \frac{G_2F(z)}{1 + G_1G_2(z)}$$

通过以上几个例子，对于线性离散系统的闭环脉冲传递函数和输出量的 Z 变换可以得出以下几点结论。

(1)由于系统中采样开关的个数和在系统中的位置不同，使系统有多种结构形式。系统的闭环脉冲传递函数和开环脉冲传递函数之间没有固定的关系，不能直接由开环脉冲传递函数来求闭环脉冲传递函数。

(2)离散控制系统的闭环脉冲传递函数只能按照方框图中各变量之间的关系具体地求取。

(3)如果选择作为输出的那个变量是连续信号，可以在闭环回路外设一虚拟的采样开关。

(4)当我们对拉氏变换的乘积(其中一些是常规拉氏变换，另一些是带星号的拉氏变换)作 Z 变换时，带星号的拉氏变换可提到 Z 变换符号之外。例如

$$Z[G_1(s)G_2(s)X^*(s)] = Z[G_1(s)G_2(s)]X^*(s) = G_1G_2(z)X(z)$$

(5)如果输入信号未经采样就输入到某个包含零点或极点的连续环节，则闭环脉冲传递函数求不出来，只能求出输出量的 Z 变换表达式。

8.6 线性离散系统的稳定性

线性离散系统的数学模型是建立在 Z 变换基础上的。为了在 z 平面上分析线性离散系统的稳定性，首先要弄清 s 平面与 z 平面之间的映射关系。

一、 s 平面到 z 平面的映射关系

我们在定义 Z 变换时,规定了复变量 s 与复变量 z 的转换关系为

$$z = e^{Ts} \tag{8.6-1}$$

式中 T 为采样周期。

$$s=\sigma+j\omega$$

代入式(8.6-1)中得到

$$z = e^{(\sigma+j\omega)T} = e^{\sigma T} \cdot e^{j\omega T} = |z|e^{j\omega T}$$

于是得到 s 平面到 z 平面的基本映射关系式为

$$|z| = e^{\sigma T} \quad , \quad \angle z = \omega T$$

对于 s 平面的虚轴,复变量 s 的实部 $\sigma=0$,其虚部 ω 从 $-\infty$ 变到 $+\infty$。从上式(8.6-2)可见,$\sigma=0$ 对应 $|z|=1$;ω 从 $-\infty$ 变到 $+\infty$ 对应复变量 z 的幅角 $\angle z$ 也从 $-\infty$ 变到 $+\infty$。当 ω 从 $-\frac{1}{2}\omega_s$ 变到 $+\frac{1}{2}\omega_s$ 时,$\angle z$ 由 $-\pi$ 变化到 $+\pi$,变化了一周。因此 s 平面虚轴由 $s=-j\frac{1}{2}\omega_s$ 到 $s=+j\frac{1}{2}\omega_s$ 区段,映射到 z 平面为一单位圆,如图 8.6-1 所示。不难看出,虚轴上 $s=-j\frac{3}{2}\omega_s$ 到 $s=-j\frac{1}{2}\omega_s$ 以及 $s=+j\frac{1}{2}\omega_s$ 到 $s=+j\frac{3}{2}\omega_s$ 等区段在 z 平面上的映象同样是 z 平面上的单位圆。实际上 s 平面虚轴频率差为 ω_s 的一段都映射为 z 平面上的单位圆,当复变量 s 从 s 平面虚轴的 $-j\infty$ 变到 $+j\infty$ 时,复变量 z 在 z 平面上将按逆时针方向沿单位圆重复转过无穷多圈。也就是说,s 平面的虚轴在 z 平面的映象为单位圆。

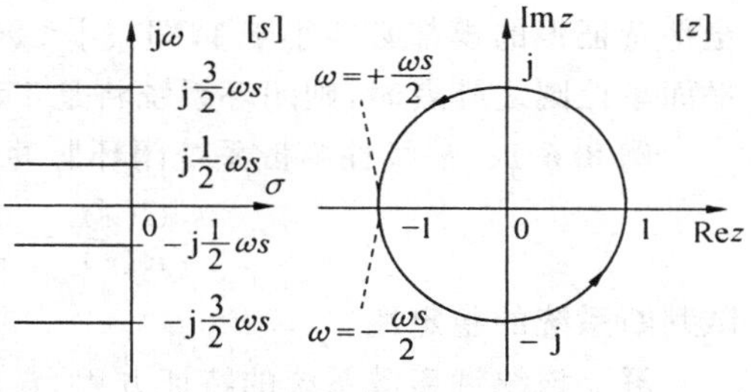

图 8.6-1 s 平面到 z 平面的映射

在 s 平面左半部,复变量 s 的实部 $\sigma<0$,因此 $|z|<1$。这样,s 平面的左半部映射到 z 平面单位圆内部。同理,s 平面的右半部 $\sigma>0$,在 z 平面的映象为单位圆外部区域。

从对 s 平面与 z 平面映射关系的分析可见,s 平面上的稳定区域左半 s 平面在 z 平面上的映象是单位圆内部区域,这说明,在 z 平面上,单位圆之内是 z 平面的稳定区域,单位圆之外是 z 平面的不稳定区域。z 平面上单位圆是稳定区域和不稳定区域的分界线。

s 平面左半部可以分成宽度为 ω_s,频率范围为 $\frac{2n-1}{2}\omega_s \sim \frac{2n+1}{2}\omega_s$ $(n=0,\pm1,\pm2,\cdots)$ 平行于横轴的无数多条带域,每一个带域都映射为 z 平面的单位圆内的圆域。其中 $-\frac{1}{2}\omega_s<\omega<\frac{1}{2}\omega_s$ 的带域称为主频带,其余称为次频带。

二、 线性离散系统稳定的充要条件

若线性离散系统的方块图如图 8.5-4 所示,其闭环脉冲传递函数为

$$\frac{C(z)}{R(z)}=\frac{G_1G_2(z)}{1+G_1G_2H(z)}$$

令闭环脉冲传递函数的分母多项式等于零，得到系统的特征方程

$$1+G_1G_2H(z)=0$$

有些线性离散系统求不出闭环脉冲传递函数，而只能写出被控制量的 Z 变换表达式 $C(z)$。令闭环系统被控制量的 Z 变换 $C(z)$ 表达式的分母多项式为零，也可得到系统的特征方程，如例 8.5-5 中被控制量的 Z 变换为

$$C(z)=\frac{G_2(z)G_3(z)G_1R(z)}{1+G_2(z)G_1G_3H(z)}$$

则系统的特征方程为

$$1+G_2(z)G_1G_3H(z)=0$$

设闭环线性离散系统的特征根，或闭环脉冲传递函数的极点为 $z_1, z_2, \cdots z_n$，则线性离散系统稳定的充要条件是：

线性离散系统的全部特征根 $z_i(i=1,2,\cdots,n)$ 都分布在 z 平面的单位圆之内，或者说全部特征根的模都必须小于 1，即 $|z_i|<1(i=1,2,\cdots,n)$。如果在上述特征根中，有位于 z 平面单位圆之外者时，则闭环系统将是不稳定的。

例 8.6-1 一线性离散系统闭环脉冲传递函数为

$$\frac{C(z)}{R(z)}=\frac{0.368z+0.264}{z^2-z+0.632}$$

试判断系统的稳定性

解 该线性离散系统的特征方程为

$$z^2-z+0.632=0$$

特征根为

$$z_{1,2}=\frac{1\pm\sqrt{1-4\times0.632}}{2}=0.5\pm j0.618$$

该系统的两个特征根 z_1 和 z_2 是一对共轭复根，模是相等的，即

$$|z_1|=|z_2|=\sqrt{0.5^2+0.618^2}=0.795<1$$

由于两个特征根 z_1 和 z_2 都分布在 z 平面单位圆之内，所以该系统是稳定的。

这个例子中的离散系统是一个二阶系统，只有两个特征根，求根比较容易，如果是一个高阶离散系统，求根就比较麻烦。

三、 劳斯稳定判据

线性连续系统的劳斯稳定判据是通过系统特征方程的系数及其构成的劳斯阵列表来判断系统的稳定性。劳斯判据的优点在于不必求解特征方程的根，用代数方法来判断特征方程的根中位于右半 s 平面的个数。而在线性离散系统中，需要判别的是特征方程的根是否在 z 平面的单位圆之内。因此不能直接将劳斯判据应用于以复变量 z 表示的特征方程。为了在线性离散系统中应用劳斯判据，则需要引用一个新的坐标变换，将 z 平面的稳定区域映射到新平面的左半部。由于复变量 z 是 s 的超越函数，用作这种变换时并不方便，所

以我们采用 w 变换，将 z 平面上的单位圆内，映射为 w 平面的左半部。为此令

$$z=\frac{w+1}{w-1} \tag{8.6-2}$$

则有

$$w=\frac{z+1}{z-1} \tag{8.6-3}$$

w 变换是一种可逆的双向变换，变换式是比较简单的代数关系，便于应用。由 w 变换所确定的 z 平面与 w 平面的映射关系如图 8.6-2 所示。上述映射关系不难从数学上证明。为此分别设复变量 z 和 w 为

$$z=x+jy \tag{8.6-4}$$

$$w=u+jv \tag{8.6-5}$$

将式(8.6-4)和式(8.6-5)代入式(8.6-3)有

$$w=u+jv=\frac{(x^2+y^2)-1}{(x-1)^2+y^2}-j\frac{2y}{(x-1)^2+y^2} \tag{8.6-6}$$

注意到 $x^2+y^2=|z|^2$，由式(8.6-6)可知：

当 $|z|=\sqrt{x^2+y^2}=1$ 时，$u=0$，$w=jv$，即 z 平面的单位圆映射为 w 平面上的虚轴。

当 $|z|=\sqrt{x^2+y^2}>1$ 时，$u>0$，即 z 平面单位圆外映射为 w 平面的右半部。

当 $|z|=\sqrt{x^2+y^2}<1$ 时，$u<0$，即 z 平面单位圆内映射为 w 平面的左半部。

应指出，w 变换是线性变换，映射关系是一一对应的。z 的有理多项式经过 w 变换之后，则是 w 的有理多项式。以 z 为变量的特征方程经过 w 变换之后，变成以 w 为变量的特征方程，仍然是代数方程。系统特征方程经过 w 变换之后，就可以应用劳斯判据来判断线性离散系统的稳定性。

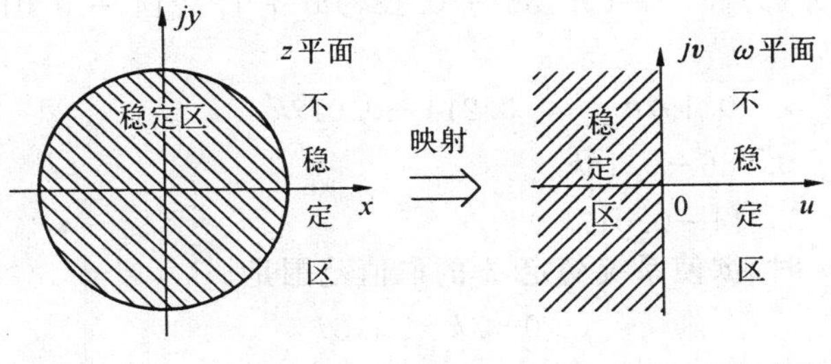

图 8.6-2　z 平面到 w 平面的映射

例 8.6-2　一线性离散系统的闭环脉冲传递函数为

$$\frac{C(z)}{R(z)}=\frac{0.368z+0.264}{z^2-z+0.632}$$

用劳斯判据判断系统的稳定性。

解　系统的特征方程为

$$z^2-z+0.632=0$$

将 $z=\frac{w+1}{w-1}$ 代入上式有

$$\left(\frac{w+1}{w-1}\right)^2-\left(\frac{w+1}{w-1}\right)+0.632=0$$

经整理后可得到以 w 为变量的特征方程

$$0.632w^2+0.736w+2.632=0$$

由此可列出劳斯计算表:

w^2	0.632	2.632
w^1	0.736	
w^0	2.632	

由劳斯计算表可以看出,这个系统是稳定的,与例 8.6-1 中的结论相同。

例 8.6-3 线性离散系统的方块图如图 8.6-3 所示,试分析当 $T=0.5\text{s}$ 和 $T=1\text{s}$ 时增益 k 的临界值。

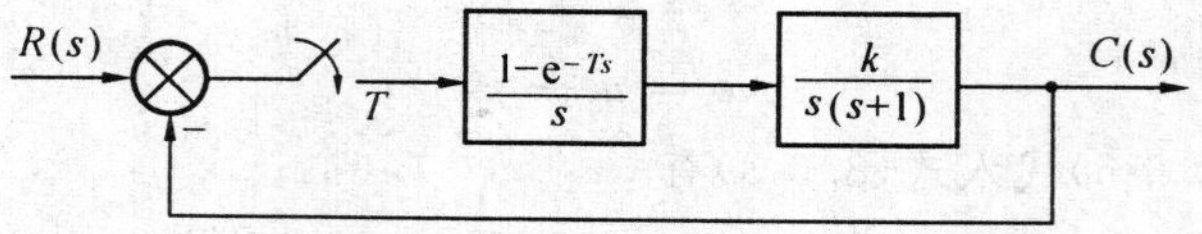

图 8.6-3 例 8.6-3 中的离散系统

解 系统的闭环脉冲传递函数为

$$\frac{C(z)}{R(z)}=\frac{k[(T-1+e^{-T})z+(1-e^{-T}-Te^{-T})]}{z^2+[k(T-1+e^{-T})-(1+e^{-T})]z+[k(1-e^{-T}-Te^{-T})+e^{-T}]}$$

特征方程为

$$D(z)=z^2+[k(T-1+e^{-T})-(1+e^{-T})]z+[k(1-e^{-T}-Te^{-T})+e^{-T}]=0$$

1. 当采样周期为 $T=0.5\text{s}$ 时,特征方程为

$$D(z)=z^2+(0.107k-1.607)z+(0.09k+0.607)=0$$

经过 w 变换可得到以 w 为变量的特征方程

$$D(w)=0.197kw^2+(0.786-0.18k)w+(3.214-0.017k)=0$$

劳斯计算表为

w^2	$0.197k$	$3.214-0.017k$
w^1	$0.786-0.18k$	
w^0	$3.214-0.017k$	

由此可得当 $T=0.5\text{s}$ 时,欲使系统稳定,k 的取值范围是

$$0<k<4.37$$

则当 $T=0.5\text{s}$ 时,k 的临界值为 $k_c=4.37$。

2. 当采样周期为 $T=1\text{s}$ 时,特征方程为

$$D(z)=z^2+(0.368k-1.368)z+(0.264k+0.368)=0$$

经过 w 变换得到以 w 为变量的特征方程

$$D(w)=0.632kw^2+(1.264-0.528k)w+(2.763-0.104k)=0$$

劳斯计算表为

w^2	$0.632k$	$2.736-0.104k$
w^1	$1.264-0.528k$	
w^0	$2.736-0.104k$	

由此得到当 $T=1\text{s}$ 时,在保证系统稳定的条件下,k 的取值范围为

$$0<k<2.39$$

即当 $T=1\text{s}$ 时，k 的临界值为 $k_c=2.39$

应当指出的是，在图 8.6-3 所示系统中，如果没有采样开关和零阶保持器就是一个二阶线性连续系统，无论开环增益 k 取何值，系统始终是稳定的，而二阶线性离散系统却不一定是稳定的，它与系统的参数有关。当开环增益比较小时系统可能稳定，当开环增益比较大，超过临界值时，系统就会不稳定。

另一个值得注意的问题是，采样周期 T 是离散系统的一个重要参数。采样周期变化时，系统的开环脉冲传递函数，闭环脉冲传递函数和特征方程都要变化，因此系统的稳定性也发生变化。一般情况下，缩短采样周期 T 可使线性离散系统的稳定性得到改善，增大采样周期对稳定性不利。这是因为缩短采样周期将导致采样频率的提高，从而增加离散控制系统获取的信息量，使其在特性上更加接近相应的连续系统。

8.7 线性离散系统的时域分析

一、 极点在 z 平面上的分布与瞬态响应

在分析线性连续系统时，我们知道，闭环极点在 s 平面上的位置与系统的瞬态响应有着十分密切的关系。闭环极点决定了瞬态响应中各分量的类型。例如，一个负实数极点对应一个指数衰减分量；一对具有负实部的共轭复数极点对应一个衰减的正弦分量。在线性离散系统中，闭环脉冲传递函数的极点(闭环离散系统的特征根)在 z 平面上的位置决定了系统时域响应中瞬态响应各分量的类型。系统输入信号不同时，仅会对瞬态响应中各分量的初值有影响，而不会改变其类型。

设系统的闭环脉冲传递函数为

$$\Phi(z)=\frac{M(z)}{D(z)}=\frac{k\prod_{i=1}^{m}(z-z_i)}{\prod_{i=1}^{n}(z-p_i)}\qquad n>m \tag{8.7-1}$$

式中 $M(z)$——$\Phi(z)$的分子多项式；

$D(z)$——$\Phi(z)$的分母多项式，即特征多项式；

z_i——系统的闭环零点；

p_i——系统的闭环极点。

当 $r(t)=1(t)$，$R(z)=\frac{z}{z-1}$时，系统输出的 Z 变换为

$$C(z)=\Phi(z)R(z)=\frac{k\prod_{i=1}^{m}(z-z_i)}{\prod_{i=1}^{n}(z-p_i)}\frac{z}{z-1}$$

当特征方程无重根时，$C(z)$可展开为

$$C(z)=\frac{Az}{z-1}+\sum_{i=1}^{n}\frac{B_iz}{z-p_i} \tag{8.7-2}$$

式中
$$A=\frac{M(z)}{D(z)}\Big|_{z=1}$$
$$B_i=\frac{M(z)(z-p_i)}{D(z)(z-1)}\Big|_{z=p_i}$$
对式(8.7-2)进行 Z 反变换可得
$$c(kT)=A+\sum_{i=1}^{n}B_ip_i^k$$
系统的瞬态响应分量为
$$\sum_{i=1}^{n}B_ip_i^k$$
显然，极点 p_i 在 z 平面上的位置决定了瞬态响应中各分量的类型。

1. 实数极点

当闭环脉冲传递函数的极点位于实轴上，则在瞬态响应中将含有一个相应的分量
$$c_i(kT)=B_ip_i^k$$
① 若 $0<p_i<1$，极点在单位圆内正实轴上，其对应的瞬态响应序列单调地衰减。

② 若 $p_i=1$，相应的瞬态响应是不变号的等幅序列。

③ 若 $p_i>1$，极点在单位圆外正实轴上，对应的瞬态响应序列单调地发散。

④ 若 $-1<p_i<0$，极点在单位圆内负实轴上，对应的瞬态响应是正、负交替变号的衰减振荡序列，振荡的角频率为$\frac{\pi}{T}$。

⑤ 若 $p_i=-1$，对应的瞬态响应是正、负交替变号的等幅序列，振荡的角频率为$\frac{\pi}{T}$。

⑥ 若 $p_i<-1$，极点在单位圆外负实轴上，相应的瞬态响应序列是正、负交替变号的发散序列，振荡的角频率为$\frac{\pi}{T}$。

实数极点所对应的瞬态响应序列如图 8.7-1 所示。

2. 共轭复数极点

如果闭环脉冲传递函数有共轭复数极点 $p_{i,i+1}=a\pm jb$，可以证明，这一对共轭复数极点所对应的瞬态响应分量为
$$c_i(kT)=A_i\lambda_i^k\cos(k\theta_i+\psi_i)$$
式中 A_i 和 ψ_i 是由部分分式展开式的系数所决定的常数
$$\lambda_i=\sqrt{a^2+b^2}=|p_i|$$
$$\theta_i=\mathrm{tg}^{-1}\frac{b}{a}$$
①若 $\lambda_i=|p_i|<1$，极点在单位圆之内，这一对共轭复数极点所对应的瞬态响应是收敛振荡的脉冲序列，振荡的角频率为 θ_i/T。

②若 $\lambda_i=|p_i|=1$，则这对共轭复数极点在单位圆上，其瞬态响应是等幅振荡的脉冲序列，振荡的角频率为 θ_i/T。

③若 $\lambda_i=|p_i|>1$，极点在单位圆之外，这对共轭复数极点所对应的瞬态响应是振荡发散的脉冲序列，振荡的角频率为 θ_i/T。

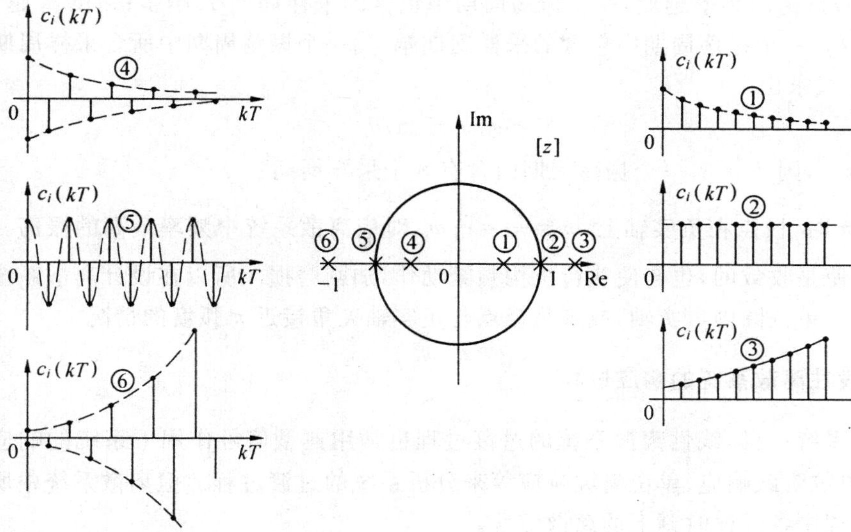

图 8.7-1 实数极点的瞬态响应

复数极点的瞬态响应如图 8.7-2 所示。

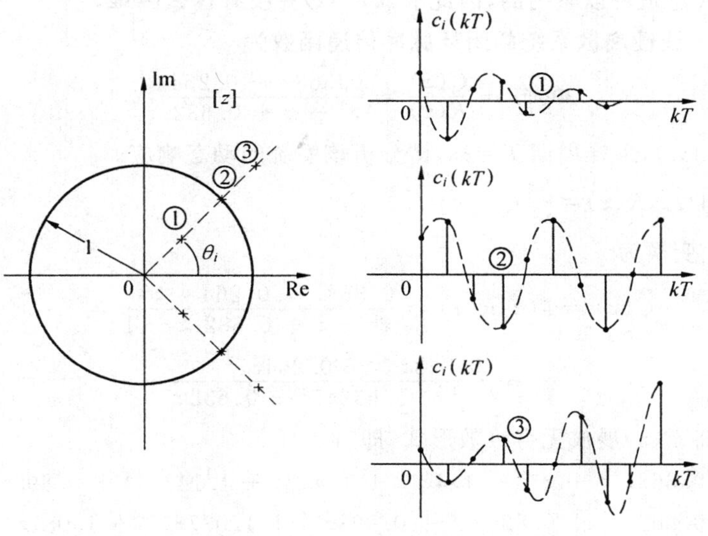

图 8.7-2 复数极点的瞬态响应

上述振荡过程，不论是发散的、衰减的还是等幅振荡，振荡的角频率都由相角 θ_i 决定。θ_i 是极点 p_i 与正实轴的夹角，由 Z 变换的定义

$$z = e^{sT} = e^{(\sigma + j\omega)T} = e^{\sigma T} \cdot e^{j\omega T}$$

$$|z| = e^{\sigma T}, \angle z = \omega T$$

所以有

$$\theta_i = \omega_i T$$

于是振荡角频率

$$\omega_i = \theta_i / T$$

角度 θ_i 越小，振荡的频率越低，一个振荡周期中包含的采样周期 T 越多；角度 θ_i 越大，振荡的频率越高，一个振荡周期中包含的采样周期越少。一个振荡周期中所含采样周期的个数 N 可由下式求出

$$N=\omega_s/\omega_i=2\pi/\theta_i$$

例如 $\theta_i=\pi/4$，则 $N=8$，一个振荡周期内含有 8 个采样周期。

当 $\theta_i=\pi$ 时，极点在负实轴上，$\omega_i=\dfrac{\pi}{T}=\dfrac{1}{2}\omega_s$，对应离散系统中频率最高的振荡。这种高频振荡即使是收敛的，也会使执行机构频繁动作，加剧磨损。所以在设计离散系统时应避免极点位于单位圆内负实轴，或者是极点与正实轴夹角接近 π 弧度的情况。

二、 线性离散系统的响应过程

象连续系统一样，线性离散系统的过渡过程也常用典型信号作用下系统的响应来衡量，如应用单位阶跃响应、单位斜坡响应等来分析系统的过渡过程。但离散系统中所研究的是过渡过程中各采样时刻上的离散信号。

当已知闭环脉冲传递函数及典型输入信号的 Z 变换时，可求出输出信号的 Z 变换 $C(z)$，然后用 Z 反变换求出时域响应 $c^*(t)$。如果有些系统无法写出闭环脉冲传递函数，但 $C(z)$ 的表达式总是可以写出的，因此求取 $c^*(t)$ 并没有什么困难。

例 8.7-1 一线性离散系统的闭环脉冲传递函数为

$$\Phi(z)=\frac{C(z)}{R(z)}=\frac{0.368z+0.264}{z^2-z+0.632}$$

输入信号 $r(t)=1(t)$，采样周期 $T=1\text{s}$，试分析该系统的动态响应。

解 $r(t)=1(t)$，$R(z)=\dfrac{z}{z-1}$

则系统输出的 Z 变换为

$$C(z)=\Phi(z)R(z)=\frac{0.368z+0.264}{z^2-z+0.632}\frac{z}{z-1}=\frac{0.368z^{-1}+0.264z^{-2}}{1-2z^{-1}+1.632z^{-2}-0.632z^{-3}}$$

通过长除法，可将 $C(z)$ 展成无穷级数形式，即

$$\begin{aligned}C(z)=&0.368z^{-1}+z^{-2}+1.4z^{-3}+1.4z^{-4}+1.147z^{-5}+0.895z^{-6}+\\&0.802z^{-7}+0.868z^{-8}+0.993z^{-9}+1.077z^{-10}+1.081z^{-11}+\\&1.032z^{-12}+0.981z^{-13}+0.961z^{-14}+0.973z^{-15}+\\&0.997z^{-16}+1.015z^{-17}+\cdots\end{aligned}$$

由 Z 变换的定义，求得 $c(t)$ 在各采样时刻的值 $c(kT)(k=0,1,2,3,\cdots)$ 为

$c(0)=0$	$c(T)=0.368$	$c(2T)=1$
$c(3T)=1.4$	$c(4T)=1.4$	$c(5T)=1.147$
$c(6T)=0.895$	$c(7T)=0.802$	$c(8T)=0.868$
$c(9T)=0.993$	$c(10T)=1.077$	$c(11T)=1.081$
$c(12T)=1.032$	$c(13T)=0.981$	$c(14T)=0.961$

$c(15T)=0.973 \quad c(16T)=0.997 \quad c(17T)=1.015$

……

阶跃响应的脉冲序列 $c^*(t)$ 为

$$c^*(t)=0.368\cdot\delta(t-T)+1\cdot\delta(t-2T)+1.4\cdot\delta(t-3T)+$$
$$1.4\cdot\delta(t-4T)+1.147\cdot\delta(t-5T)+0.895\cdot\delta(t-6T)+\cdots$$

由 $c(kT)(k=0,1,2,3,\cdots)$ 的数值，可以绘出该离散系统的单位阶跃响应 $c^*(t)$ 如图 8.7-3 所示。可以求得给定离散系统的单位阶跃响应的超调量 $\sigma_p\approx40\%$，调整时间 $t_s\approx12\text{s}$（以误差小于 5%计算）。应当指出，由于离散系统的时域性能指标只能按采样时刻的采样值来计算，所以是近似的。

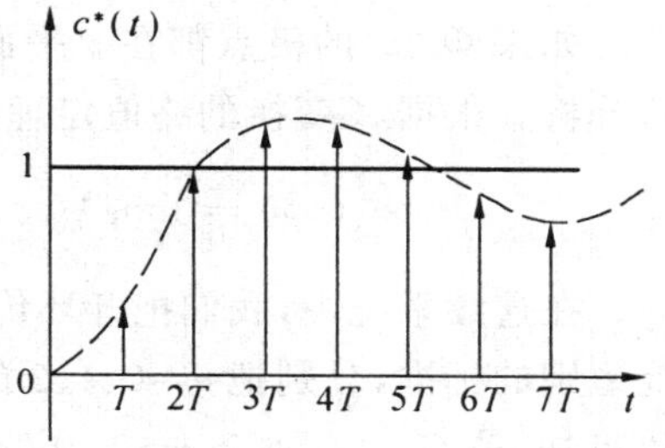

图 8.7-3 系统单位阶跃响应脉冲序列

三、 线性离散系统的稳态误差

1. 稳态误差与终值稳态误差

在连续系统中，采用在典型输入信号作用下，系统响应的稳态误差作为控制精度的评价。对线性离散系统，也可以采用采样时刻的稳态误差来评价控制精度。研究系统的稳态精度，必须首先检验系统的稳定性。只有稳定的系统才存在稳态误差，在这种情况下研究系统的稳态性能才有意义。

离散系统误差信号的脉冲序列 $e^*(t)$ 反映在采样时刻，系统希望输出与实际输出之差。当 $t\geqslant t_s$ 时，即过渡过程结束之后，系统误差信号的脉冲序列就是离散系统的稳态误差，一般记为

$$e_{ss}^*(t) \qquad (t\geqslant t_s)$$

$e_{ss}^*(t)$ 是一个随时间变化的信号，当时间 $t\to\infty$ 时，可以求得线性离散系统在采样点上的终值稳态误差 $e_{ss}^*(\infty)$

$$e_{ss}^*(\infty)=\lim_{t\to\infty}e^*(t)=\lim_{t\to\infty}e_{ss}^*(t)$$

如果误差信号的 Z 变换为 $E(z)$，在满足 Z 变换终值定理使用条件的情况下，可以利用 Z 变换的终值定理求离散系统的终值稳态误差 $e_{ss}^*(\infty)$。

$$e_{ss}^*(\infty)=\lim_{t\to\infty}e^*(t)=\lim_{z\to1}(z-1)E(z)$$

2. 稳态误差系数

设单位负反馈线性离散系统如图 8.7-4 所示。$G(s)$ 为连续部分的传递函数，采样开关对误差信号 $e(t)$ 采样，得到误差信号的脉冲序列 $e^*(t)$。

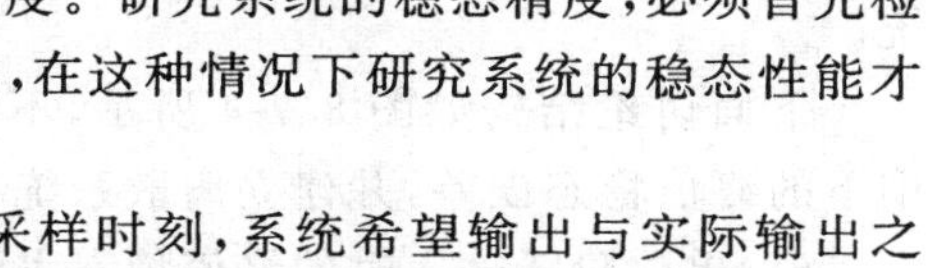

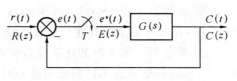

图 8.7-4 单位负反馈离散系统

该系统的开环脉冲传递函数为

$$G(z)=Z[G(s)]$$

系统闭环脉冲传递函数为

$$\Phi(z)=\frac{C(z)}{R(z)}=\frac{G(z)}{1+G(z)}$$

系统闭环误差脉冲传递函数为

$$\Phi_e(z)=\frac{E(z)}{R(z)}=\frac{1}{1+G(z)}$$

系统误差信号的 Z 变换为

$$E(z)=R(z)-C(z)=\Phi_e(z)R(z)$$

如果 $\Phi_e(z)$ 的极点都在 z 平面单位圆内,则离散系统是稳定的,可以对其稳态误差进行分析。根据 Z 变换的终值定理,可以求出系统的终值稳态误差。

$$e_{ss}^*(\infty)=\lim_{t\to\infty}e^*(t)=\lim_{z\to 1}(z-1)E(z)=\lim_{z\to 1}\frac{(z-1)}{1+G(z)}R(z) \tag{8.7-3}$$

在连续系统中,我们把开环传递函数 $G(s)$ 中含有 $s=0$ 的开环极点个数 υ 作为划分系统型别的标准,分别把 $\upsilon=0$、1、2 的系统称为 0 型,Ⅰ型和Ⅱ型系统。由 Z 变换的定义 $z=e^{sT}$可知,若 $G(s)$ 有一个 $s=0$ 的开环极点,$G(z)$ 则有一个 $z=1$ 的开环极点。因此,在线性离散系统中,也可以把开环脉冲传递函数 $G(z)$ 具有 $z=1$ 的开环极点的个数 υ 作为划分离散系统型别的标准,即把 $G(z)$ 中 $\upsilon=0$、1、2 的系统分别称为 0 型、Ⅰ型和Ⅱ型离散系统。

下面讨论结构如图 8.7-4 所示,不同型别的单位负反馈离散系统在典型输入信号作用下的终值稳态误差,并建立离散系统稳态误差系数的概念。

(1)单位阶跃输入时的终值稳态误差

当系统的输入信号为单位阶跃 $r(t)=1(t)$ 时,其 Z 变换为

$$R(z)=\frac{z}{z-1}$$

根据式(8.7-3),终值稳态误差为

$$e_{ss}^*(\infty)=\lim_{z\to 1}(z-1)\frac{1}{1+G(z)}\cdot\frac{z}{z-1}=\lim_{z\to 1}\frac{1}{1+G(z)}=\frac{1}{1+\lim\limits_{z\to 1}G(z)}=\frac{1}{1+K_p} \tag{8.7-4}$$

式中

$$K_p=\lim_{z\to 1}G(z) \tag{8.7-5}$$

K_p 称为稳态位置误差系数。若 $G(z)$ 没有 $z=1$ 的极点,则 $K_p\neq\infty$,从而 $e_{ss}^*(\infty)\neq 0$,这样的系统称为 0 型离散系统;若 $G(z)$ 有一个或一个以上 $z=1$ 的极点,则 $K_p=\infty$,从而 $e_{ss}^*(\infty)=0$,这样的系统相应地称为Ⅰ型或Ⅰ型以上的离散系统。因此,在阶跃信号作用下,0 型离散系统在 $t\to\infty$ 时,在采样点上存在着终值稳态误差;Ⅰ型或Ⅰ型以上系统当 $t\to\infty$ 时,在采样点上不存在终值稳态误差。这种情况与连续系统很相似。

(2)单位斜坡输入时的终值稳态误差

当系统的输入为单位斜坡函数 $r(t)=t$ 时,其 Z 变换为

$$R(z)=\frac{Tz}{(z-1)^2}$$

系统的终值稳态误差为

$$e_{ss}^*(\infty)=\lim_{z\to 1}(z-1)\frac{1}{1+G(z)}\cdot\frac{Tz}{(z-1)^2}=$$

$$\lim_{z\to 1}\frac{Tz}{(z-1)[1+G(z)]}=$$

$$\frac{T}{\lim\limits_{z\to 1}(z-1)G(z)}=\frac{T}{K_v} \tag{8.7-6}$$

式中

$$K_v=\lim_{z\to 1}(z-1)G(z) \tag{8.7-7}$$

K_v 称为稳态速度误差系数。0 型系统的 $K_v=0$，Ⅰ型系统的 K_v 是一个有限值，Ⅱ型及Ⅱ型以上系统的 $K_v=\infty$。所以在斜坡信号作用下，当 $t\to\infty$ 时，0 型离散系统的终值稳态误差为无穷大；Ⅰ型离散系统的终值稳态误差是有限值；Ⅱ型及Ⅱ型以上离散系统在采样点上的终值稳态误差为 0。

(3)单位加速度输入时的终值稳态误差

当系统的输入信号为单位加速度函数 $r(t)=\frac{1}{2}t^2$ 时，其 Z 变换为

$$R(z)=\frac{T^2z(z+1)}{2(z-1)^3}$$

系统的终值稳态误差为

$$e_{ss}^*(\infty)=\lim_{z\to 1}(z-1)\frac{1}{1+G(z)}\cdot\frac{T^2z(z+1)}{2(z-1)^3}=$$

$$\lim_{z\to 1}\frac{T^2z(z+1)}{2[(z-1)^2+(z-1)^2G(z)]}=$$

$$\frac{T^2}{\lim\limits_{z\to 1}(z-1)^2G(z)}=$$

$$\frac{T^2}{K_a} \tag{8.7-8}$$

式中

$$K_a=\lim_{z\to 1}(z-1)^2G(z) \tag{8.7-9}$$

K_a 称为稳态加速度误差系数。0 型及Ⅰ型系统的 $K_a=0$，Ⅱ型系统的 K_a 为常值。所以在加速度输入信号作用下，当 $t\to\infty$ 时，0 型和Ⅰ型离散系统的终值稳态误差为无穷大，Ⅱ型离散系统在采样点上的终值稳态误差为有限值。

在三种典型信号作用下，0 型、Ⅰ型和Ⅱ型单位负反馈离散系统当 $t\to\infty$ 时的终值稳态误差如表 8.7-1 所示。

表 8.7-1 单位反馈离散系统的终值稳态误差

系统型别 \ 输入信号	$r(t)=R_0\cdot 1(t)$	$r(t)=R_1\cdot t$	$r(t)=\frac{R_2}{2}t^2$
0 型	$\frac{R_0}{1+K_p}$	∞	∞
Ⅰ型	0	$\frac{R_1T}{K_v}$	∞
Ⅱ型	0	0	$\frac{R_2T^2}{K_a}$

应当指出的是，用稳态误差系数或终值定理求出的只是当 $t\to\infty$ 时，系统的终值稳态误差

$e_{ss}^*(\infty)$，而不能反映过渡过程结束之后稳态误差 $e_{ss}^*(t)$ 变化的规律。在有些情况下，系统的终值稳态误差是无穷大，但在有限的时间 $t_s<t<\infty$ 内，系统的稳态误差是有限值。

3. 动态误差系数

对于一个稳定的线性离散系统，应用稳态误差系数或终值定理，只能求出当时间 $t\to\infty$ 时系统的终值稳态误差，而不能提供误差随时间变化的规律。而在离散系统的分析和设计中，我们更关心的是过渡过程结束后，在有限时间 $t_s<t<\infty$ 内，系统稳态误差变化的规律。通过动态误差系数，可以获得稳态误差变化的信息。

若系统闭环脉冲传递函数为 $\Phi_e(z)$，根据 Z 变换的定义，将 $z=e^{sT}$ 代入 $\Phi_e(z)$，得到以 s 为变量形式的闭环误差脉冲传递函数 $\Phi_e^*(s)$。

$$\Phi_e^*(s)=\Phi_e(z)\big|_{z=e^{sT}}$$

将 $\Phi_e^*(s)$ 展开成级数形式，有

$$\Phi_e^*(s)=c_0+c_1s+\frac{1}{2!}c_2s^2+\cdots+\frac{1}{m!}c_ms^m+\cdots$$

其中 $c_m=\left.\dfrac{d^m\Phi_e^*(s)}{ds^m}\right|_{s=0}\qquad m=0,1,2,\cdots$

定义 $c_m(m=0,1,2,\cdots)$ 为动态误差系数，则过渡过程结束后 $(t>t_s)$，系统在采样时刻的稳态误差为

$$e(kT)=c_0r(kT)+c_1\dot{r}(kT)+\frac{1}{2!}c_2\ddot{r}(kT)+\cdots+\frac{1}{m!}c_mr^{(m)}(kT)+\cdots\qquad kT>t_s$$

这与连续系统用动态误差系数计算稳态误差的方法相似。

例 8.7-2 单位负反馈离散系统的开环脉冲传递函数为

$$G(z)=\frac{e^{-T}z+(1-2e^{-T})}{(z-1)(z-e^{-T})}$$

采样周期 $T=1s$，闭环系统输入信号为 $r(t)=\dfrac{1}{2}t^2$

(1)用稳态误差系数求终值稳态误差 e_{ss}^*。

(2)用动态误差系数求 $t=20s$ 时的稳态误差。

解 (1)

$$G(z)=\frac{e^{-T}z+(1-2e^{-T})}{(z-1)(z-e^{-T})}\bigg|_{T=1}=\frac{0.368z+0.264}{z^2-1.368z+0.368}$$

$$K_p=\lim_{z\to1}\frac{0.368z+0.264}{z^2-1.368z+0.368}=\infty$$

$$K_v=\lim_{z\to1}(z-1)\frac{0.368z+0.264}{z^2-1.368z+0.368}=1$$

$$K_a=\lim_{z\to1}(z-1)^2\frac{0.368z+0.264}{z^2-1.368z+0.368}=0$$

当 $r(t)=\dfrac{1}{2}t^2$ 时，终值稳态误差为

$$e_{ss}^*(\infty)=\frac{1}{K_a}=\infty$$

(2)系统闭环误差脉冲传递函数

$$\Phi_e(z) = \frac{1}{1+G(z)} = \frac{z^2 - 1.368z + 0.368}{z^2 - z + 0.632}$$

因为 $t>0$ 时 $r(t)=t$，$\dot{r}(t)=1$，$\ddot{r}(t)=0$，所以动态误差系数只需求出 c_0, c_1, c_2。

$$\Phi_e^*(s) = \Phi_e(z)|_{z=e^{Ts}} = \frac{e^{2s} - 1.368e^s + 0.368}{e^{2s} - e^s + 0.632}$$

$$c_0 = \Phi_e^*(0) = 0$$

$$c_1 = \frac{d}{ds}\Phi_e^*(s)|_{s=0} = 1$$

$$c_2 = \frac{d^2}{ds^2}\Phi_e^*(s)|_{s=0} = 1$$

系统稳态误差在采样时刻的值为

$$e_{ss}(kT) = c_0 r(kT) + c_1\dot{r}(kT) + \frac{1}{2!}c_2\ddot{r}(kT) = kT + 0.5$$

由此可见系统的稳态误差是随时间线性增长的，当 $t\to\infty$ 时，终值稳态误差为无穷大。当 $t=20\text{s}$ 时，系统的稳态误差为

$$e_{ss}^*(20) = 20.5$$

应用动态误差系数计算稳态误差，对单位反馈和非单位反馈都适用，还可以计算由扰动信号引起的稳态误差。

8.8 数字控制器的模拟化设计

工程上常见的线性离散系统大多数是有数字计算机参与控制的计算机控制系统。系统中的数字控制器由数字计算机来实现，而大多数情况下的被控对象是连续的。这样的线性离散系统既包括数字部分又包括模拟部分，系统中不同类型的两个部分是由 A/D 和 D/A 转换器联接起来的，如图 8.8-1 所示。

从图 8.8-1 中 A-A' 两点将计算机控制系统分成两部分，两部分的输入量和输出量都是连续量，可以把整个系统等效成一个连续系统（或模拟系统）。如果从图 8.8-1 中 B-B' 两点将该系统分成两部分，两部分的输入量和输出量都是离散的，这样就可以把整个系统等效成一个离散系统。基于以上两种不同角度的理解，对于一个既有模拟部分又有离散部分的混合系统就有两种不同的设计方法：模拟化设计方法和离散化设计方法。本节将讨论模拟化设计方法。

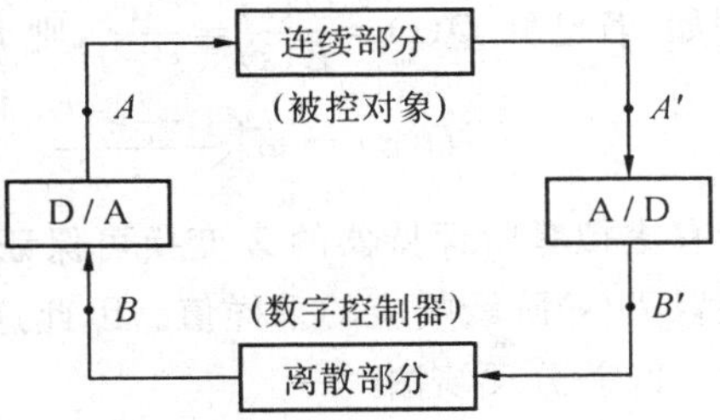

图 8.8-1　模拟——字混合系统

模拟化设计方法是一种有条件的近似方法，数字部分模拟化的条件是采样频率比系统的工作频率高得多。如果不满足这个条件，模拟化设计方法的误差就比较大，甚至会得出错误的结果。当采样频率相对于系统的工作频率足够高时，采样保持器所引进的附加相移比较小，则系统中的数字部分可以用连续环节来近似，整个系统可先按照连续系统的设计综合方法来设计。待确定了连续校正装置后

再用合适的离散化方法将连续的模拟校正装置“离散”处理为数字校正装置，用数字计算机来实现。虽然这种方法是近似的，但使用经典控制理论的方法设计综合连续系统早已为工程技术人员所熟悉，并且积累了十分丰富的经验，因此这种设计方法仍被广泛地使用。

模拟化设计方法的步骤如下：

第一步：根据性能指标的要求用连续系统的理论设计校正环节 $D(s)$，零阶保持器对系统的影响应折算到被控对象中去。

第二步：选择合适的离散化方法，由 $D(s)$ 求出离散形式的数字校正装置脉冲传递函数 $D(z)$。

第三步：检查离散控制系统的性能是否满足设计的要求。

第四步：将 $D(z)$ 变为差分方程形式，并编制计算机程序来实现其控制规律。

如果有条件的话，还可以用数字机—模拟机混合仿真的方法检验系统的设计和计算机程序的编制是否正确。

一、 模拟量校正装置的离散化方法

模拟量校正装置从信号理论的角度看，是将模拟量滤波器用于反馈控制系统作为校正装置。将模拟校正装置离散化为数字校正装置首先注意的是应满足稳定性原则。即一个稳定的模拟校正装置离散化后也应是一个稳定的数字校正装置，如果模拟校正装置只在 s 平面左半部有极点，对应的数字校正装置只应在 z 平面单位圆内有极点。数字校正装置在关键频段内的频率特性应与模拟校正装置相近，这样才能起到设计时预期的综合校正作用。

常见的离散化方法有以下几种。

1. 带有虚拟零阶保持器的 Z 变换

这种方法将模拟校正装置的传递函数 $D(s)$ 串联一个虚拟的零阶保持器，然后再进行 Z 变换，从而得到 $D(s)$ 的离散化形式 $D(z)$，即

$$D(z) = Z\left[\frac{1-\mathrm{e}^{-Ts}}{s}\cdot D(s)\right] \tag{8.8-1}$$

例如，若已知 $D(s)=\dfrac{U(s)}{E(s)}=\dfrac{a}{s+a}$，则 $D(s)$ 的离散化形式 $D(z)$ 为

$$D(z) = Z\left[\frac{1-\mathrm{e}^{-Ts}}{s}\cdot\frac{a}{s+a}\right]=\frac{1-\mathrm{e}^{-aT}}{z-\mathrm{e}^{-aT}}=\frac{(1-\mathrm{e}^{-aT})z^{-1}}{1-\mathrm{e}^{-aT}z^{-1}}$$

带有虚拟零阶保持器的 Z 变换可保证数字校正装置 $D(z)$ 的阶跃响应序列等于模拟校正装置 $D(s)$ 阶跃响应的采样值。因此这种离散化方法也称为阶跃响应不变法。

2. 差分反演法

差分反演的基本思想是将变量的导数用差分来近似，即

$$\frac{\mathrm{d}e}{\mathrm{d}t}\approx\frac{e(k)-e(k-1)}{T};$$

$$\frac{\mathrm{d}u}{\mathrm{d}t}\approx\frac{u(k)-u(k-1)}{T};$$

由上式可以看出，由差分反演所确定的 s 域和 z 域间的关系为

$$s = \frac{1 - z^{-1}}{T};$$

于是有

$$D(z) = D(s)|_{s=\frac{1-z^{-1}}{T}} \qquad (8.8\text{-}2)$$

例如，若已知 $D(s)=\frac{U(s)}{E(s)}=\frac{a}{s+a}$，根据式(8.8-2)可得到

$$D(z) = \frac{a}{s+a}|_{s=\frac{1-z^{-1}}{T}} = \frac{aT}{1+aT-z^{-1}}$$

3. 根匹配法

无论是连续系统还是数字系统，其特性都是由零、极点和增益所决定的。根匹配法的基本思想是这样的：

(1) s 平面上一个 $s=-a$ 的零、极点映射为 z 平面上一个 $z=e^{-aT}$ 的零极点，即

$(s+a)\rightarrow(1-e^{-aT}z^{-1})$

$(s+a\pm jb)\rightarrow(1-2e^{-aT}z^{-1}\cos bT+e^{-2aT}z^{-2})$

(2) 数字网络的放大系数 K_z 由其它特性(如终值相等)确定。

(3) 当 $D(s)$ 的极点数 n 大于零点数 m 时，可认为在 s 平面无穷远处还存在 $n-m$ 个零点，因此在 z 平面上需配上 $(n-m)$ 个相应的零点。如果认为 s 平面上的零点在 $-\infty$，则 z 平面上相应的零点为 $z=e^{-\infty T}=0$。

例如，已知 $D(s)=8\frac{0.25s+1}{0.1s+1}$，$T=0.015\text{s}$，根据根匹配法的规则有

$$D(s) = K_z\frac{z-e^{-4\times0.015}}{z-e^{-10\times0.015}} = K_z\frac{z-0.94}{z-0.86}$$

K_z 可根据数字网络的增益与模拟网络的增益相等的条件来确定，即

$$\lim_{s\to0}8\frac{0.25s+1}{0.1s+1} = \lim_{z\to1}K_z\frac{z-0.94}{z-0.86}$$

于是有

$$K_z = \frac{\lim\limits_{s\to0}8\frac{0.25s+1}{0.1s+1}}{\lim\limits_{z\to1}\frac{z-0.94}{z-0.86}} = \frac{8}{0.43} = 18.7$$

所以得到

$$D(z) = 18.7\frac{z-0.94}{z-0.86} = 18.7\frac{1-0.94z^{-1}}{1-0.86z^{-1}}$$

4. 双线性变换法

由 z 变换的定义有

$$z=e^{Ts} \quad 及 \quad s=\frac{1}{T}\ln z$$

而 $\ln z$ 的级数展开式为

$$\ln z = 2\left[\frac{z-1}{z+1}+\frac{1}{3}\left(\frac{z-1}{z+1}\right)^3+\frac{1}{5}\left(\frac{z-1}{z+1}\right)^5+\cdots\right]$$

取其一次近似，即

$$\ln z = 2\frac{z-1}{z+1}$$

于是有

$$s = \frac{2}{T}\frac{z-1}{z+1} = \frac{2}{T}\frac{1-z^{-1}}{1+z^{-1}} \tag{8.8-3}$$

所以，双线性变换法的离散化公式为

$$D(z) = D(s)\big|_{s=\frac{2}{T}\frac{z-1}{z+1}} \tag{8.8-4}$$

例如，$D(s)=\dfrac{a}{s+a}$，根据式(8.8-4)有

$$D(z) = \frac{a}{s+a}\Big|_{s=\frac{2}{T}\frac{z-1}{z+1}} = \frac{aT(z+1)}{(aT+2)z+(aT-2)}$$

双线性变换法是最常用的一种离散化方法，它的几何意义实际上是用小梯形的面积来近似积分，如图 8.8-2 所示。

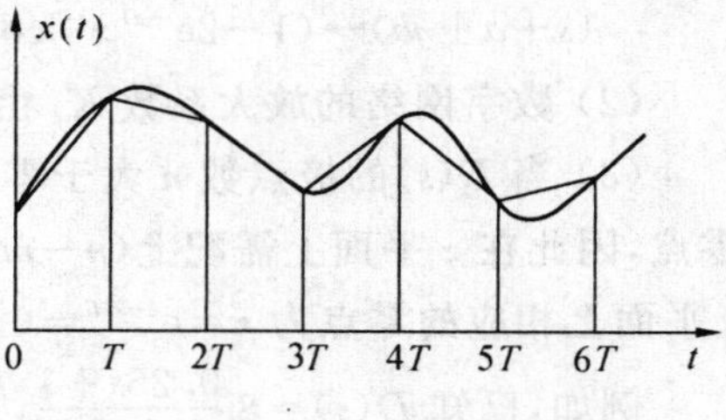

图 8.8-2　双线性变换法的几何意义

由上述各种离散化方法得到的数字控制器 $D(z)$，可以由计算机实现其控制规律。如果系统要求的剪切频率为 ω_c，则采样角频率 ω_s 应选择为

$$\omega_s \geqslant 10\omega_c$$

当采样角频率 ω_s 比较高，即采样周期 T 比较小时，这几种离散化方法的效果相差不多。当采样周期 T 逐渐变大时，这几种离散化方法得出的控制效果也逐渐变差。但相对来说，双线性变换法的效果比较好，因而得到了广泛的应用。

二、　模拟化设计举例

下面通过一个具体例子说明模拟化设计的方法。

例 8.8-1　一个计算机控制系统的方块图如图 8.8-3 所示。要求系统的开环放大倍数 $K_v \geqslant 30(1/\mathrm{s})$，剪切频率 $\omega_c \geqslant 15(\mathrm{rad/s})$，相角裕度 $\gamma \geqslant 45°$。试用模拟化方法设计数字控制器 $D(z)$。

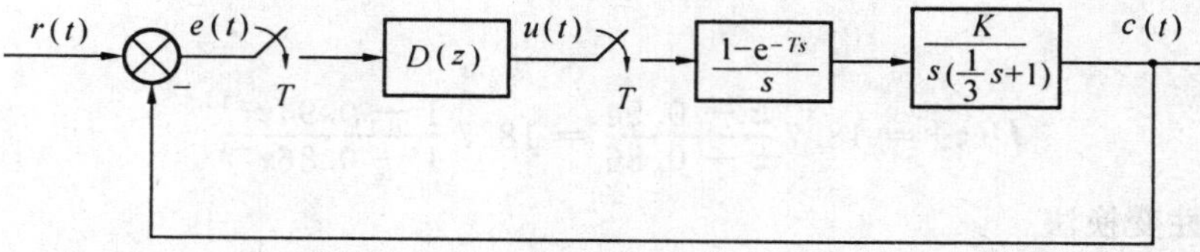

图 8.8-3　计算机控制系统

解　由于零阶保持器要引进相位的滞后，应考虑其对系统的影响，其传递函数

$$H_0(s) = \frac{1-\mathrm{e}^{-Ts}}{s} \approx \frac{T}{\frac{T}{2}s+1}$$

考虑到经采样后离散信号的频谱与原连续信号频谱在幅值上相差$\frac{1}{T}$倍，所以零阶保持器对系统的影响可近似为一个惯性环节，即

$$H_0(s) \approx \frac{1}{\frac{T}{2}s+1}$$

如果取采样周期$T=0.01$s，采样角频率

$$\omega_s = \frac{2\pi}{T} = \frac{6.28}{0.01} = 628 \gg 10\omega_c$$

则

$$H_0(s) \approx \frac{1}{0.005s+1}$$

如果取$K_v=30(1/s)$，并考虑了零阶保持器的影响之后，未校正系统的开环传递函数为

$$G(s) = H_0(s)G_0(s) = \frac{30}{s(\frac{1}{3}s+1)(0.005s+1)}$$

画出其对数幅频特性如图 8.8-4 所示，由图可知，未校正系统剪切频率为

$$\omega_c' = 10(\text{rad/s}) < 15(\text{rad/s})$$

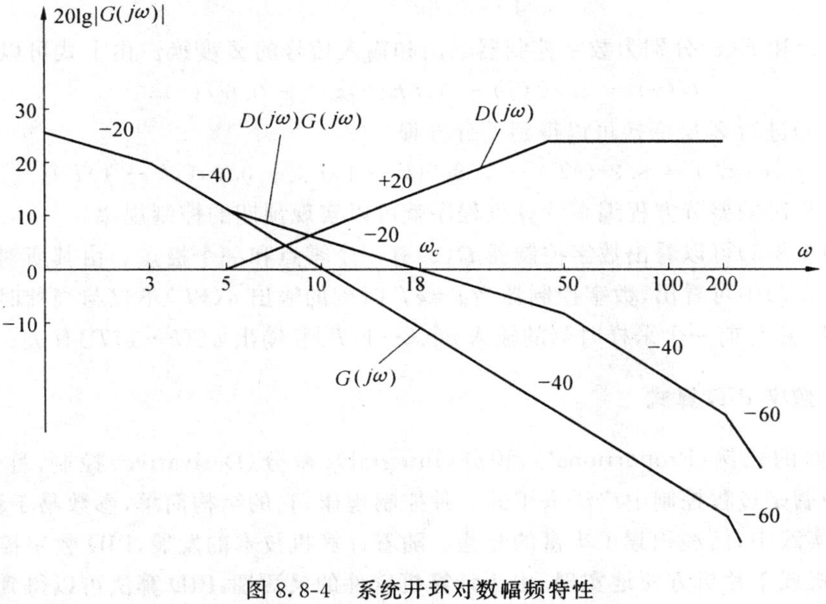

图 8.8-4　系统开环对数幅频特性

未校正系统相角裕度

$$\gamma' = 180° - 90° - \text{tg}^{-1}\frac{10}{3} - \text{tg}^{-1}0.005 \times 10 \approx 14° < 45°$$

未校正系统的剪切频率ω'_c和相角裕度γ'都比要求的小，宜采用超前校正展宽频带并增加相角裕度。采用串联超前校正，校正环节传递函数为

$$D(s) = \frac{T_2 s+1}{T_1 s+1} = \frac{0.2s+1}{0.02s+1}$$

校正后系统的开环传递函数为

$$D(s)H_0(s)G_0(s) = \frac{30(0.2s+1)}{s(\frac{1}{3}s+1)(0.02s+1)(0.005s+1)}$$

校正后系统的剪切频率为 $\omega_c = 18(\text{rad/s})$，相角裕度为

$$\gamma = 180° - 90° + \text{tg}^{-1}0.2\times18 - \text{tg}^{-1}\frac{18}{3} - \text{tg}^{-1}0.02\times18 - \text{tg}^{-1}0.005\times18 \approx 59° > 45°$$

校正后系统满足性能指标的要求。

用双线性变换法将 $D(s)$ 离散化为数字控制器 $D(z)$

$$D(z) = \frac{U(z)}{E(z)} = D(s)\big|_{s=\frac{2}{T}\frac{1-z^{-1}}{1+z^{-1}}} = \frac{2T_2+T-(2T_2-T)z^{-1}}{2T_1+T-(2T_1-T)z^{-1}} = \frac{\frac{2T_2+T}{2T_1+T} - \frac{2T_2-T}{2T_1+T}z^{-1}}{1-\frac{2T_1-T}{2T_1+T}z^{-1}} = \frac{8.2-7.8z^{-1}}{1-0.6z^{-1}} \tag{8.8-5}$$

式中　$U(z)$ 和 $E(z)$ 分别为数字控制器输出和输入信号的 Z 变换。由上式可以得到

$$U(z) = 8.2E(z) - 7.8E(z)z^{-1} + 0.6U(z)z^{-1} \tag{8.8-6}$$

对式(8.8-6)进行 Z 反变换可以得到差分方程

$$u(kT) = 8.2e(kT) - 7.8e[(k-1)T] + 0.6u[(k-1)T] \tag{8.8-7}$$

按照式(8.8-7)的差分方程编写计算机程序就可以实现预期的控制规律。

由式(8.8-5)可以看出数字控制器 $D(z)$ 有一个零点和一个极点。由其所对应的差分方程式(8.8-7)中可看出，数字控制器当 $t=kT$ 时刻的输出 $u(kT)$ 不仅与当前时刻的输入 $e(kT)$ 有关，还与前一个采样时刻的输入 $e[(k-1)T]$ 和输出 $u[(k-1)T]$ 有关。

三、 数字 PID 算式

按偏差的比例(Proportional)、积分(Integral)、微分(Derivative)控制，称为 PID 控制。PID 控制是过程控制中广泛采用的一种控制规律。它的结构简单、参数易于调整，在长期的工程实践中，已经积累了丰富的经验。随着计算机技术的发展，PID 数字控制算法已能用微型机或单片机方便地实现。由于计算机软件的灵活性，PID 算法可以得到改进而更加完善，并可与其它控制规律结合在一起，产生更好的控制效果。

PID 控制器的控制规律为

$$u(t) = K_P e(t) + K_I\int e(t)\mathrm{d}t + K_D\frac{\mathrm{d}e(t)}{\mathrm{d}t} \tag{8.8-8}$$

式中　$u(t)$ 和 $e(t)$ 分别为控制器的输出和输入；

　　K_P、K_I、K_D 分别为比例、积分、微分系数。

由式(8.8-8)可以得出 PID 控制器的传递函数为

$$D(s)=\frac{U(s)}{E(s)}=K_P+\frac{K_I}{s}+K_D s \qquad (8.8\text{-}9)$$

控制器的结构如图 8.8-4(a)所示，比例控制、积分控制和微分控制是并联的关系。

如果对式(8.8-9)所表示的模拟 PID 控制器进行离散化，就可以得到数字 PID 控制

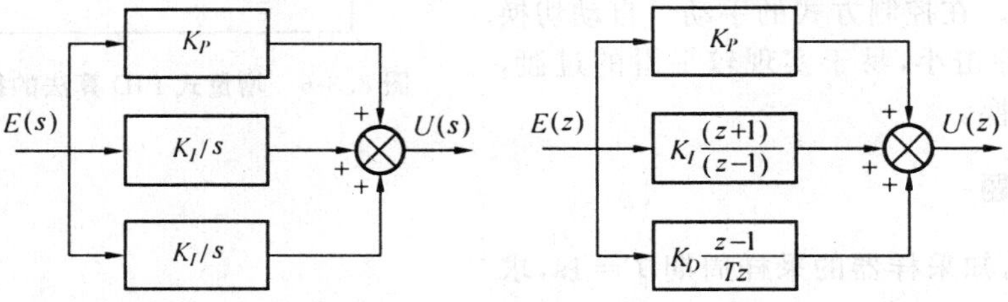

(a) (b)

图 8.8-5 PID 控制器的结构

器的脉冲传递函数 $D(z)$。离散化的方法很多，如果对积分部分用双线性变换，对导数部分用差分反演法变换，可得到数字 PID 控制器的脉冲传递函数

$$D(z)=\frac{U(z)}{E(z)}=K_P+K_I\frac{T(z+1)}{2(z-1)}+K_D\frac{z-1}{Tz} \qquad (8.8\text{-}10)$$

其结构如图 8.8-5(*b*)所示。

式(8.8-10)描述的数字 PID 控制规律在具体实现时可以表示成如下的差分方程

$$\begin{aligned}u(kT)=&u_P(kT)+u_I(kT)+u_D(kT)=\\&K_P e(kT)+\frac{K_I T}{2}\sum_{i=1}^{k}\{e[(i-1)T]+e(iT)\}+\\&\frac{K_D}{T}\{e(kT)-e[(k-1)T]\}\end{aligned} \qquad (8.8\text{-}11)$$

式(8.8-11)表示的控制算法提供了控制器输出量 $u(kT)$ 的绝对数值。如果执行机构是伺服电机，则控制器输出 $u(kT)$ 对应输出轴的角度，表征了执行机构的位置(如阀门的开度)，所以称为位置式 PID 算法或全量式 PID 算法。

当执行机构需要的不是控制量的绝对数值，而是其增量(例如去驱动步进电机)时，通常采用增量式 PID 算式。增量式 PID 控制器输出的控制量是增量 $\Delta u(kT)$。

$$\begin{aligned}\Delta u(kT)=&u(kT)-u[(k-1)T]=\\&K_P e(kT)+\frac{K_I T}{2}\sum_{i=1}^{k}\{e[(i-1)T]+e(iT)\}+\frac{K_D}{T}\{e(kT)-e[(k-1)T]\}-\\&K_P e[(k-1)T]-\frac{K_I T}{2}\sum_{i=1}^{k-1}\{e[(i-1)T]+e(iT)\}-\frac{K_D}{T}\{e[(k-1)T]-\\&e[(k-2)T]\}=\\&K_P\{e(kT)-e[(k-1)T]\}+\frac{K_I T}{2}e(kT)+\frac{K_D}{T}\{e(kT)-2e[(k-1)T]+\\&e[(k-2)T]\}\end{aligned} \qquad (8.8\text{-}12)$$

增量算式(8.8-12)的输出需要累加才能得到全量，即要实现

$$u(t)=\int_0^t \Delta u(\tau)\mathrm{d}\tau$$

这项任务通常可由步进电机的积分功能来完成，采用增量式 PID 算法的控制系统的结构

如图 8.8-6 所示。增量式算法中不需要计算累加，增量只与最近几次的输入和输出有关。计算机只输出控制量增量$\Delta u(kT)$，对应执行机构位置的变化部分，计算机误动作时，对系统的影响小。在控制方式的手动—自动切换时，控制量冲击小，易于实现较平滑的过渡，即无扰动切换。

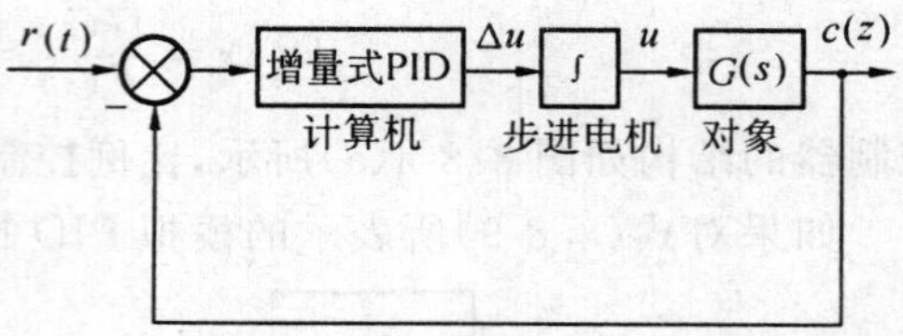

图 8.8-6　增量式 PID 算法的控制系统

习　　题

8-1　已知采样器的采样周期 $T=1s$，求对下列连续信号采样后得到的脉冲序列$x^*(t)$的前 8 个值。

(1)　$x(t)=1-\frac{1}{2}t+\frac{1}{3}t^2$　　(2)　$x(t)=1-\cos 0.785t$

(3)　$x(t)=1-e^{-0.5t}$

8-2　已知采样器的采样角频率 $\omega_s=3rad/s$，求对下列连续信号采样后得到的脉冲序列的前 8 个值。说明是否满足采样定理，如果不满足采样定理会出现什么现象。

$x_1(t)=\sin t$　　$x_2(t)=\sin 4t$　　$x_3(t)=\sin t+\sin 3t$

8-3　求下列函数的 Z 变换。

(1)　$E(s)=\frac{1}{(s+a)(s+b)}$　　(2)　$E(s)=\frac{k}{s(s+a)}$

(3)　$E(s)=\frac{s+1}{s^2}$　　(4)　$E(s)=\frac{1-e^{-s}}{s^2(s+1)}$　$T=1$ 秒

(5)　$e(t)=t\cdot e^{-2t}$　　(6)　$e(t)=t^3$

8-4　求下列函数的 Z 反变换。

(1)　$X(z)=\frac{z}{z-0.4}$　　(2)　$X(z)=\frac{z}{(z-1)(z-2)}$

(3)　$X(z)=\frac{z}{(z-e^{-T})(z-e^{-2T})}$　　(4)　$X(z)=\frac{z}{(z-1)^2(z-2)}$

(5)　$X(z)=\frac{1}{z-1}$

8-5　求下列函数所对应脉冲序列的初值和终值。

(1)　$X(z)=\frac{z}{z-e^{-T}}$　　(2)　$X(z)=\frac{z^2}{(z-0.8)(z-0.1)}$

(3)　$X(z)=\frac{0.2385z^{-1}+0.2089z^{-2}}{1-1.0259z^{-1}+0.4733z^{-2}}\cdot\frac{1}{1-z^{-1}}$

(4)　$X(z)=\frac{10z^{-1}}{(1-z^{-1})^2}$

8-6　求图示系统的开环脉冲传递函数。

8-7　求图示系统的闭环脉冲传递函数。

8-8　推导图示系统输出的 Z 变换 $C(z)$。

8-9　线性离散系统的方块图如图题 8-9 所示，采样周期 $T=1s$。试求取该系统的单位阶跃响应。

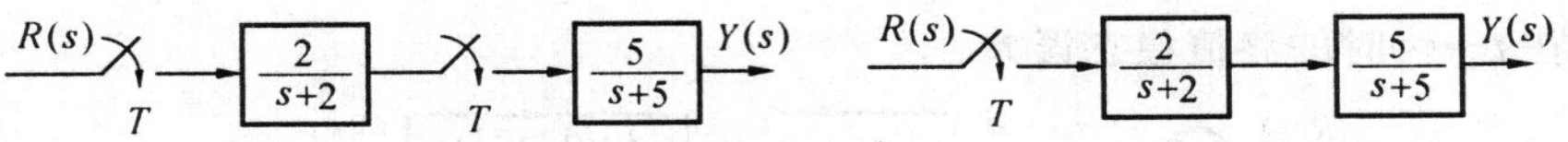

(a)　　　　　　　　　　　　　　　　(b)

图题 8-6　开环系统

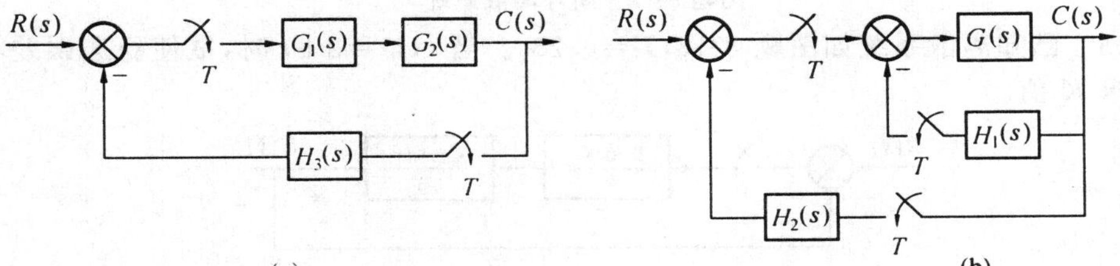

(a)　　　　　　　　　　　　　　　　(b)

图题 8-7　闭环系统

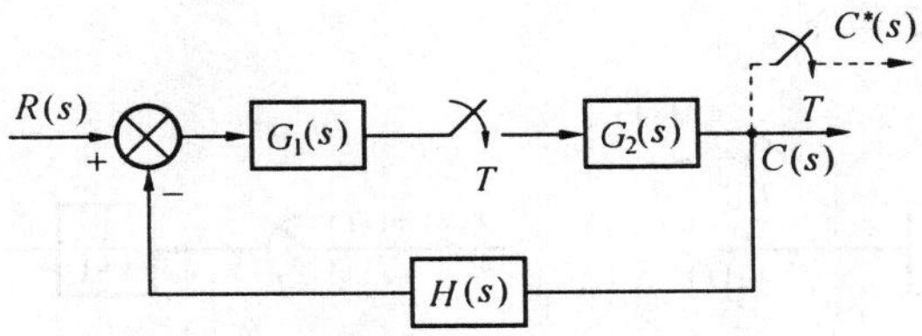

图题 8-8　闭环离散系统

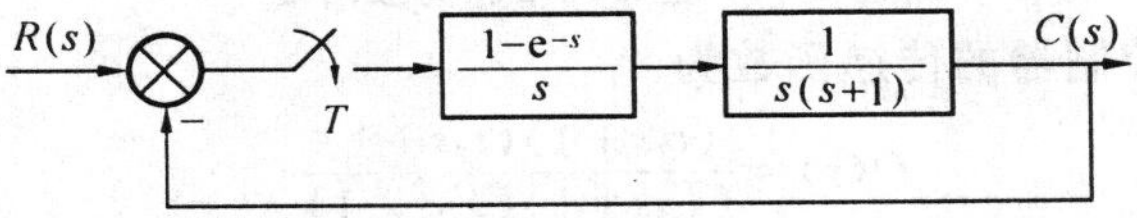

图题 8-9　闭环离散系统

8-10　离散系统如图题 8-10 所示，采样周期 $T=1\text{s}$。试分析

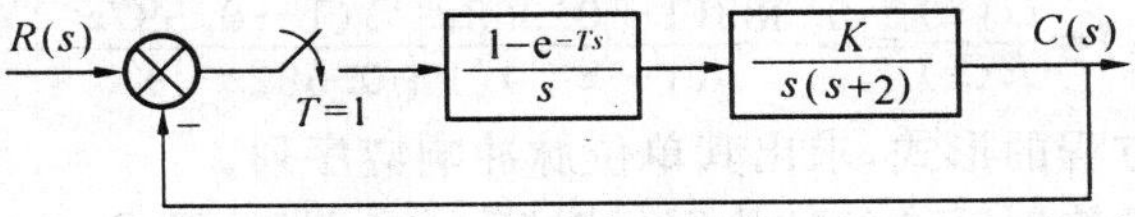

图题 8-10　闭环离散系统

(1)　当 $K=8$ 时闭环系统是否稳定？

(2)　求系统稳定时 K 的临界值。

8-11　判断图题 8-11 所示系统的稳定性。

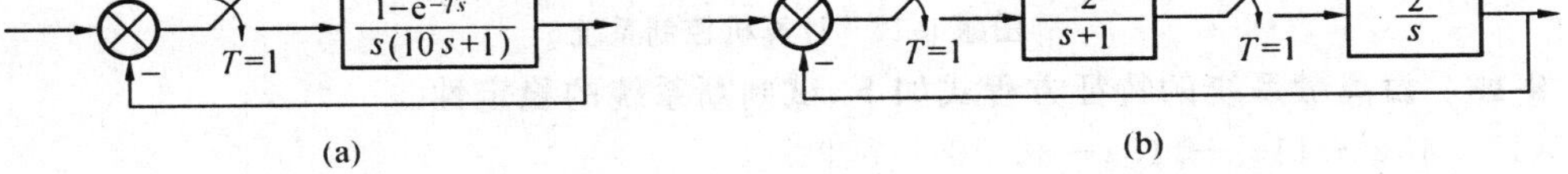

(a)　　　　　　　　　　　　　　　　(b)

图题 8-11　闭环离散系统

8-12　系统结构如图题 8-12 所示，采样周期 $T=0.2\text{s}$，输入信号 $r(t)=1+t+\frac{1}{2}t^2$。试

求该系统在$t\to\infty$时的终值稳态误差。

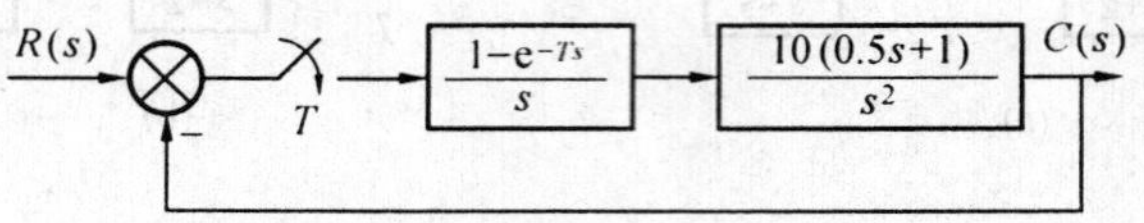

图题 8-12 闭环离散系统

8-13 已知离散系统如图题 8-13，$T=0.25$s。当$r(t)=2+t$时，欲使稳态误差小于0.1，试求K值。

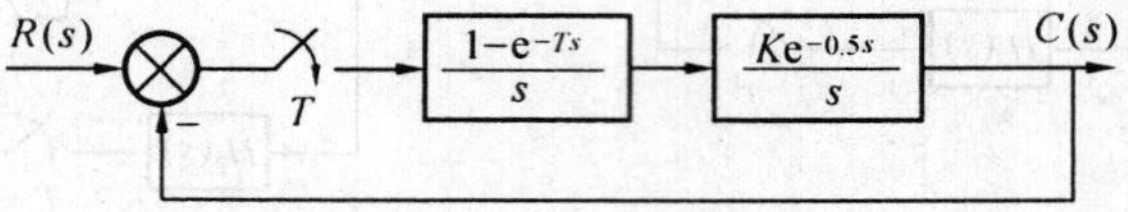

图题 8-13 闭环离散系统

8-14 求图题 8-14(a)(b)两个网络单位阶跃响应的采样值$c_1^*(t)$和$c_2^*(t)$，并比较其初值和终值。采样周期$T=1$s。

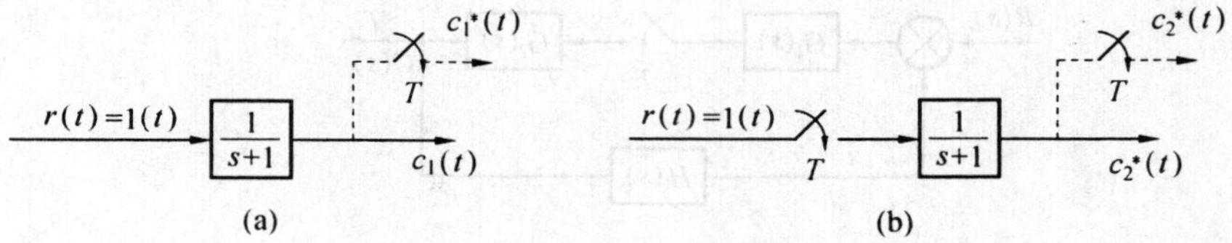

图题 8-14 连续网络和离散网络

8-15 已知模拟控制器的传递函数为

$$D(s)=\frac{(\tau_1 s+1)(\tau_2 s+1)}{(T_1 s+1)(T_2 s+1)}$$

试用不同的离散化方法将其离散化为数字控制器的脉冲传递函数$D(z)$。

8-16 数字控制器的脉冲传递函数为

$$D(s)=\frac{U(z)}{E(z)}=\frac{0.383(1-0.368z^{-1})(1-0.587z^{-1})}{(1-z^{-1})(1+0.592z^{-1})}$$

写出相应的差分方程的形式，求出其单位脉冲响应序列。

8-17 已知计算机控制系统的结构图如图题 8-17 所示，要求$K_v=10$，$\sigma_p\%<25\%$，$t_s<1.5$s，试用模拟化设计方法设计数字控制器$D(z)$。

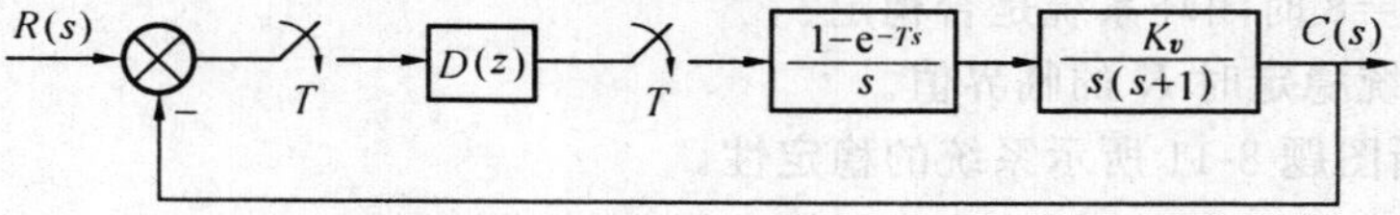

图题 8-17 计算机控制系统

8-18 设离散系统的特征方程式如下，试判断系统的稳定性。

(1) $45z^3-11z^2+119z-36=0$

(2) $(z+1)(z+0.5)(z+3)=0$

(3) $1+\dfrac{0.01758(z+0.8760)}{(z-1)(z-0.6703)}=0$

8-19 求题 8-17 所示系统在$r(t)=t^2$时的稳态误差$e_{ss}^*(t)$和终值稳态误差$e_{ss}^*(\infty)$。

第九章　控制系统的状态空间分析法

在古典控制理论中，主要研究单输入-单输出的线性定常系统，其数学模型主要是由一个高阶微分方程经拉氏变换而得到的传递函数。在现代控制理论中，描述系统的数学模型是状态方程，即系统的动态特性是由状态变量构成的一阶微分方程组来描述。可用数字计算机在时域内对系统直接进行分析研究，而且能同时给出系统的全部独立变量的响应，从而确定系统的全部内部运动状态。此外，还可以很方便地处理初始条件。

古典控制理论仅适用于单输入-单输出的线性定常系统。对于时变系统、复杂的非线性系统和多输入-多输出系统则无能为力。现代控制理论适用于多输入-多输出系统，这些系统可以是线性的，也可以是非线性的；可以是定常的，也可以是时变的。应用古典控制理论设计控制系统时，是建立在试探的基础上，故得不到最优控制，更不能应用于自适应系统的设计。而应用现代控制理论可以根据设计要求和目标函数(性能指标)，求得最优控制的规律。

9.1　状态空间法的基本概念

状态变量　指足以完全表征系统运动状态的最小个数的一组变量。如果知道这些变量在任何初始时刻 t_0 的值和 $t \geqslant t_0$ 时系统所加的输入函数，便可完全确定在任何 $t > t_0$ 时刻的运动状态。

一个用 n 阶微分方程描述的系统，有 n 个独立变量，当这 n 个独立变量的时间响应都求得时，系统的运动状态也就完全被揭示了，因此说系统的状态变量就是 n 阶系统的 n 个独立变量。需要指出，对同一个系统，选取哪些变量作为状态变量并不是唯一的，但这些变量必须是互相独立的，且个数等于微分方程的阶数。对于一般物理系统，微分方程的阶数唯一地取决于系统中独立储能元件的个数，因此系统状态变量的个数又可以说等于系统中独立储能元件的个数。

状态向量　如果 n 个状态变量用 $x_1(t)$、$x_2(t)$、…、$x_n(t)$表示，并把这些状态变量看作是向量 $\boldsymbol{X}(t)$的分量，则向量 $\boldsymbol{X}(t)$称为状态向量。记为

$$\boldsymbol{X}(t) = \begin{bmatrix} x_1(t) \\ x_2(t) \\ \vdots \\ x_n(t) \end{bmatrix}$$

或

$$\boldsymbol{X}^{\mathrm{T}}(t) = [x_1(t), x_2(t), \cdots, x_n(t)]$$

状态空间　以状态变量 $x_1(t), x_2(t), \cdots, x_n(t)$为坐标轴构成的 n 维空间。系统在任意时刻的状态 $X(t)$都可用状态空间中的一个点来表示。已知初始时刻 t_0 的状态 $X(t_0)$，可

得到状态空间中的一个初始点，随着时间的推移，$X(t)$将在状态空间中描绘出一条轨迹，称为状态轨迹线。

状态方程　描述系统的状态变量之间及其和系统输入量之间关系的一阶微分方程组，称为系统的状态方程。

例 9.1-1　设有一个 RLC 电路，如图 9.1-1 所示，试确定它的状态变量和状态方程。

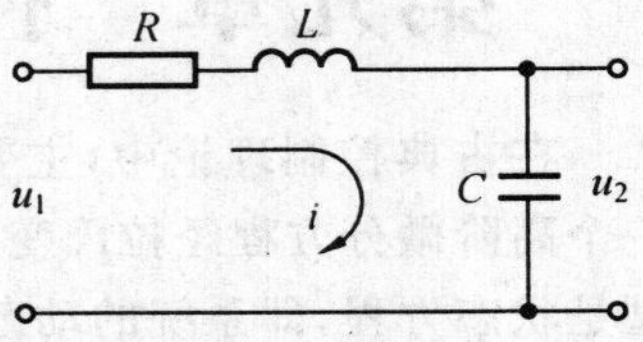

图 9.1-1　RLC 电路

解　根据电学原理，可得

$$\begin{cases} L\dfrac{\mathrm{d}i(t)}{\mathrm{d}t}+Ri(t)+u_2(t)=u_1(t) \\ i(t)=C\dfrac{\mathrm{d}u_2(t)}{\mathrm{d}t} \end{cases} \tag{9.1-1}$$

选取 $u_2(t)$和 $i(t)$作为系统的状态变量，可把式(9.1-1)表示成两个一阶微分方程

$$\begin{cases} \dot{u}_2(t)=\dfrac{1}{C}i(t) \\ \dot{i}(t)=-\dfrac{1}{L}u_2(t)-\dfrac{R}{L}i(t)+\dfrac{1}{L}u_1(t) \end{cases} \tag{9.1-2}$$

通常用 x_1、x_2、…、x_n 表示状态变量，故令 $u_2(t)=x_1$，$i(t)=x_2$，则有

$$\begin{cases} \dot{x}_1=\dfrac{1}{C}x_2 \\ \dot{x}_2=-\dfrac{1}{L}x_1-\dfrac{R}{L}x_2+\dfrac{1}{L}u_1 \end{cases} \tag{9.1-3}$$

式(9.1-3)就是图(9.1-1)所示 RLC 电路的状态方程，写成向量矩阵形式，则状态方程变为

$$\underbrace{\begin{bmatrix} \dot{x}_1 \\ \dot{x}_2 \end{bmatrix}}_{\dot{\boldsymbol{X}}}=\underbrace{\begin{bmatrix} 0 & \dfrac{1}{C} \\ -\dfrac{1}{L} & -\dfrac{R}{L} \end{bmatrix}}_{\boldsymbol{A}}\underbrace{\begin{bmatrix} x_1 \\ x_2 \end{bmatrix}}_{\boldsymbol{X}}+\underbrace{\begin{bmatrix} 0 \\ \dfrac{1}{L} \end{bmatrix}}_{\boldsymbol{B}}u_1 \tag{9.1-4}$$

这样，就可把一般物理系统的状态方程写成标准形式

$$\dot{\boldsymbol{X}}=\boldsymbol{AX}+\boldsymbol{Bu} \tag{9.1-5}$$

若改选 u_2和 $\dot{u}_2$作为系统的状态变量，即令 $x_1=u_2$，$x_2=\dot{u}_2$，则状态方程变为

$$\dot{\boldsymbol{X}}=\begin{bmatrix} 0 & 1 \\ -\dfrac{1}{LC} & -\dfrac{R}{L} \end{bmatrix}\boldsymbol{X}+\begin{bmatrix} 0 \\ \dfrac{1}{LC} \end{bmatrix}u_1 \tag{9.1-6}$$

比较式(9.1-4)与式(9.1-6)看出，同一系统状态变量选取的不同，状态方程也不同。从理论上说，并不要求状态变量在物理上一定是可以测量的量，但在工程实用上，仍以选取那些容易测量的量作为状态变量为宜，因为在极点配置、最优控制中，都需要将状态变量作为反馈量。

输出方程　描述系统输出量与状态变量间的函数关系式，称为系统的输出方程。

图9.1-1所示系统中，选取 $x_1=u_2$ 作为输出，通常输出信号用 y 表示，则有

$$y=u_2 \text{ 或 } y=x_1$$

写成向量矩阵形式

$$\boldsymbol{y}=[1\quad 0]\begin{pmatrix}x_1\\x_2\end{pmatrix}=\boldsymbol{CX} \tag{9.1-7}$$

状态空间表达式 状态方程与输出方程总合起来，构成对一个系统动态的完整描述，称为状态空间表达式。即

$$\begin{cases}\dot{\boldsymbol{X}}=\boldsymbol{AX}+\boldsymbol{B}u\\ \boldsymbol{y}=\boldsymbol{CX}\end{cases} \tag{9.1-8}$$

一般地，对单输入-单输出系统，状态方程具有如下形式

$$\begin{cases}\dot{x}_1=a_{11}x_1+a_{12}x_2+\cdots+a_{1n}x_n+b_1u\\ \dot{x}_2=a_{21}x_1+a_{22}x_2+\cdots+a_{2n}x_n+b_2u\\ \quad\vdots\qquad\quad\vdots\qquad\qquad\vdots\\ \dot{x}_n=a_{n1}x_1+a_{n2}x_2+\cdots+a_{nn}x_n+b_nu\end{cases} \tag{9.1-9}$$

输出方程为

$$y=c_1x_1+c_2x_2+\cdots+c_nx_n \tag{9.1-10}$$

写成向量矩阵形式

$$\begin{cases}\dot{\boldsymbol{X}}=\boldsymbol{AX}+\boldsymbol{B}u\\ \boldsymbol{y}=\boldsymbol{CX}\end{cases} \tag{9.1-11}$$

式中 $\boldsymbol{X}=\begin{bmatrix}x_1\\x_2\\\vdots\\x_n\end{bmatrix}$ 表示 n 维状态向量；

$\boldsymbol{A}=\begin{bmatrix}a_{11}&a_{12}&\cdots&a_{1n}\\a_{21}&a_{22}&\cdots&a_{2n}\\\vdots&&\vdots&\\a_{n1}&a_{n2}&\cdots&a_{nn}\end{bmatrix}_{n\times n}$ 表示系统内部状态的系数矩阵；

$\boldsymbol{B}=\begin{bmatrix}b_1\\b_2\\\vdots\\b_n\end{bmatrix}_{n\times 1}$ 表示输入对状态作用的控制矩阵；

$\boldsymbol{C}=[c_1\quad c_2\quad\cdots\quad c_n]_{1\times n}$ 表示输出与状态关系的输出系数矩阵。

对于多输入-多输出系统，设有 r 个输入，n 个输出，且输出方程中有时不仅是状态变量的组合，还可能有输入向量的直接传递，其状态空间表达式的形式是

$$\begin{cases}\dot{x}_1=a_{11}x_1+a_{12}x_2+\cdots+a_{1n}x_n+b_{11}u_1+b_{12}u_2+\cdots+b_{1r}u_r\\ \dot{x}_2=a_{21}x_1+a_{22}x_2+\cdots+a_{2n}x_n+b_{21}u_1+b_{22}u_2+\cdots+b_{2r}u_r\\ \quad\vdots\qquad\qquad\qquad\qquad\vdots\\ \dot{x}_n=a_{n1}x_1+a_{n2}x_2+\cdots+a_{nn}x_n+b_{n1}u_1+b_{n2}u_2+\cdots+b_{nr}u_r\end{cases} \tag{9.1-12}$$

$$
\begin{cases}
y_1 = c_{11}x_1 + c_{12}x_2 + \cdots + c_{1n}x_n + d_{11}u_1 + d_{12}u_2 + \cdots + d_{1r}u_r \\
y_2 = c_{21}x_1 + c_{22}x_2 + \cdots + c_{2n}x_n + d_{21}u_1 + d_{22}u_2 + \cdots + d_{2r}u_r \\
\quad \vdots \qquad\qquad \vdots \qquad\qquad \vdots \\
y_n = c_{n1}x_1 + c_{n2}x_2 + \cdots + c_{nn}x_n + d_{n1}u_1 + d_{n2}u_2 + \cdots + d_{nr}u_r
\end{cases} \tag{9.1-13}
$$

用向量矩阵形式表示

$$
\left.\begin{aligned}
\dot{\boldsymbol{X}} &= \boldsymbol{AX} + \boldsymbol{BU} \\
\boldsymbol{y} &= \boldsymbol{CX} + \boldsymbol{DU}
\end{aligned}\right\} \tag{9.1-14}
$$

式中　$\boldsymbol{X}$ 和 $\boldsymbol{A}$ 同单输入-单输出系统。

$$
\boldsymbol{U} = \begin{bmatrix} u_1 \\ u_2 \\ \vdots \\ u_r \end{bmatrix}_{r \times 1}
$$
表示 r 维输入向量；

$$
\boldsymbol{B} = \begin{bmatrix} b_{11} & b_{12} & \cdots & b_{1r} \\ b_{21} & b_{22} & \cdots & b_{2r} \\ \vdots & & \vdots & \\ b_{n1} & b_{n2} & \cdots & b_{nr} \end{bmatrix}_{n \times r}
$$
为控制系数矩阵；

$$
\boldsymbol{y} = \begin{bmatrix} y_1 \\ y_2 \\ \vdots \\ y_n \end{bmatrix}_{n \times 1}
$$
表示 n 维输出向量；

$$
\boldsymbol{C} = \begin{bmatrix} c_{11} & c_{12} & \cdots & c_{1n} \\ c_{21} & c_{22} & \cdots & c_{2n} \\ \vdots & & \vdots & \\ c_{n1} & c_{n2} & \cdots & c_{nn} \end{bmatrix}_{n \times n}
$$
为输出系数矩阵；

$$
\boldsymbol{D} = \begin{bmatrix} d_{11} & d_{12} & \cdots & d_{1r} \\ d_{21} & d_{22} & \cdots & d_{2r} \\ \vdots & & \vdots & \\ d_{n1} & d_{n2} & \cdots & d_{nr} \end{bmatrix}_{n \times r}
$$
表示直接传递系数矩阵

状态空间表达式的系统方块图和古典控制理论相类似，可以用方块图表示系统信号传递的关系。对于式(9.1-11)和式(9.1-14)所描述的系统，对应的方块图如图9.1-2(a)和(b)所示。

图9.1-2中单线箭头表示标量信号，双线箭头表示向量信号。从状态空间表达式和系统方块图都能清楚地看出，它们既表征了输入对于系统内部状态的因果关系，又反映了内部状态对于外部输出的影响。即输入引起系统的状态变化，而状态决定了系统的输出。所以状态空间表达式是对系统的一种完全的描述。由于输入引起的状态变化是一个运动过程，因此状态方程是微分方程，而状态决定输出是一个变换过程，所以输出方程是代数方程。

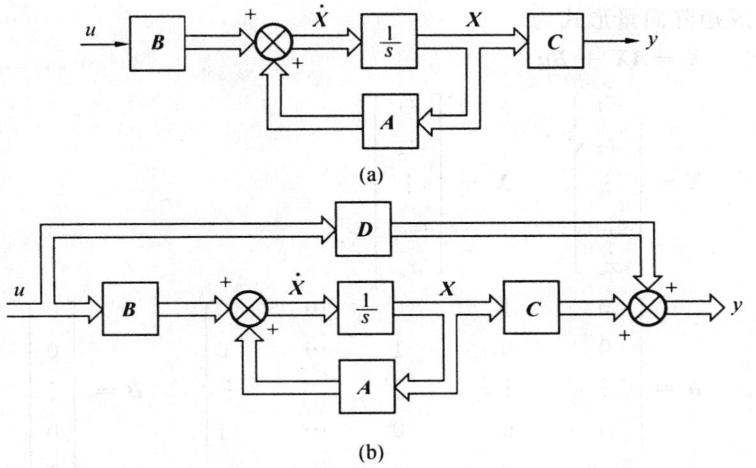

图9.1-2　状态空间表达式的方块图

9.2　线性定常系统状态空间表达式的建立

一、　根据微分方程建立状态空间表达式

(一)作用函数不含导数项

设单输入-单输出 n 阶线性定常系统的微分方程形式如下

$$y^{(n)}+a_1y^{(n-1)}+a_2y^{(n-2)}+\cdots+a_{n-1}\dot{y}+a_ny=u \tag{9.2-1}$$

首先，选取状态变量。一个 n 阶系统，具有 n 个状态变量，根据解微分方程原理，若 $y(0)$、$\dot{y}(0)$、…、$y^{(n-1)}(0)$及 $t\geqslant 0$时的输入 $u(t)$已知，则系统在任何 $t\geqslant 0$时刻的运动状态便可完全确定。因此，可以选取 y、$\dot{y}$、…、$y^{(n-1)}$这 n 个变量作为系统的一组状态变量，记为

$$\begin{cases} x_1=y \\ x_2=\dot{y} \\ x_3=\ddot{y} \\ \vdots \\ x_n=y^{(n-1)} \end{cases} \tag{9.2-2}$$

其次，据式(9.2-2)将式(9.2-1)所示 n 阶常微分方程改写成一阶微分方程组，即

$$\begin{cases} \dot{x}_1=\dot{y}=x_2 \\ \dot{x}_2=\ddot{y}=x_3 \\ \vdots \\ \dot{x}_{n-1}=y^{(n-1)}=x_n \\ \dot{x}_n=y^{(n)}=-a_ny-a_{n-1}\dot{y}-\cdots-a_1y^{(n-1)}+u= \\ \qquad -a_nx_1-a_{n-1}x_2-\cdots-a_1x_n+u \end{cases} \tag{9.2-3}$$

最后写成矩阵向量形式为

$$\dot{\boldsymbol{X}}=\boldsymbol{AX}+\boldsymbol{Bu} \tag{9.2-4}$$

式中

$$\dot{\boldsymbol{X}}=\begin{bmatrix}\dot{x}_1\\ \dot{x}_2\\ \vdots\\ \dot{x}_{n-1}\\ \dot{x}_n\end{bmatrix}\quad \boldsymbol{X}=\begin{bmatrix}x_1\\ x_2\\ \vdots\\ x_{n-1}\\ x_n\end{bmatrix}$$

$$\boldsymbol{A}=\begin{bmatrix}0 & 1 & 0 & \cdots & 0\\ 0 & 0 & 1 & \cdots & 0\\ \vdots & \vdots & \vdots & & \vdots\\ 0 & 0 & 0 & \cdots & 1\\ -a_n & -a_{n-1} & -a_{n-2} & \cdots & -a_1\end{bmatrix}\quad \boldsymbol{B}=\begin{bmatrix}0\\ 0\\ \vdots\\ 0\\ 1\end{bmatrix}$$

系统的输出方程为

$$y=x_1=[1\quad 0\quad \cdots\quad 0]\boldsymbol{X}=\boldsymbol{CX} \tag{9.2-5}$$

式(9.2-4)所示状态方程及式(9.2-5)所示输出方程合在一起，便是控制系统的状态空间表达式。式(9.2-4)中的矩阵$[A\quad B]$称为能控标准型。

例9.2-1 试列写电枢控制式直流电动机系统（见图9.2-1）的状态空间表达式。

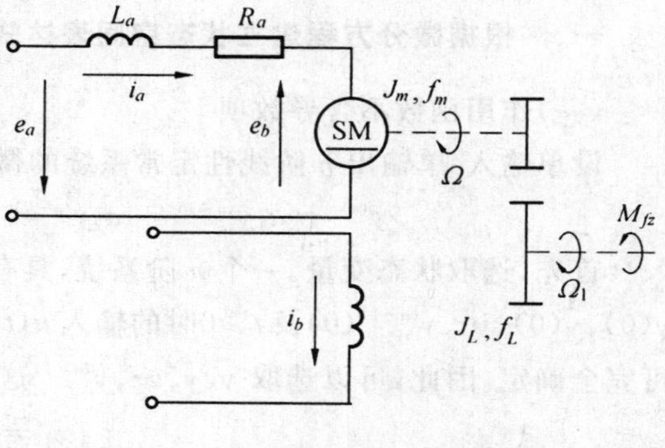

图9.2-1 电枢控制式直流电动机系统

图中 L_a——电枢绕组的电感(H)；

R_a——电枢绕组的电阻(Ω)；

i_a——电枢绕组的电流(A)；

i_b——激磁电流(A)，常数；

e_a——作用到电枢上的电压(V)；

e_b——电动机的反电势(V)；

Ω——电动机轴的转速(rad/s)；

Ω_1——负载轴的转速(rad/s)；

J_m, J_L——分别为电动机与负载的转动惯量；

f_m, f_L——分别为电动机轴和负载轴的粘性摩擦系数。

解 图9.2-1所示直流电动机以电动机轴转速Ω为输出信号，以电枢电压e_a为输入信号的微分方程式如下式

$$\begin{cases}L_a\dfrac{\mathrm{d}i_a}{\mathrm{d}t}+R_ai_a+K_e\Omega=e_a\\ M_{e.m}=K_ii_a=J\dfrac{\mathrm{d}\Omega}{\mathrm{d}t}+f\Omega\end{cases} \tag{9.2-6}$$

式中 K_e——反电势系数；

K_i——转矩系数；

$J=J_m+\frac{1}{i^2}J_L$——电动机及负载折算到电动机轴上的等效转动惯量；

$f=f_m+\frac{1}{i^2}f_L$——电动机及负载折算到电动机轴上的等效粘性摩擦系数。

传动比
$$i=\frac{\Omega}{\Omega_1}>1$$

1. 选取电枢电流 i_a 和电动机转速 Ω 为状态变量，即 $\begin{cases}x_1=i_a\\x_2=\Omega\end{cases}$

2. 将式(9.2-6)改写成以 x_1、x_2表示的一阶微分方程组

$$\begin{cases}\dot{x}_1=\dot{i}_a=-\frac{R_a}{L_a}x_1-\frac{K_e}{L_a}x_2+\frac{1}{L_a}e_a\\ \dot{x}_2=\dot{\Omega}=\frac{K_i}{J}x_1-\frac{f}{J}x_2\end{cases}\tag{9.2-7}$$

3. 写成矩阵向量形式，得状态空间表达式如下

$$\begin{cases}\dot{\boldsymbol{X}}=\boldsymbol{AX}+\boldsymbol{B}e_a\\ \boldsymbol{Y}=\boldsymbol{CX}\end{cases}\tag{9.2-8}$$

式中
$$\boldsymbol{X}=\begin{pmatrix}x_1\\x_2\end{pmatrix}=\begin{pmatrix}i_a\\ \Omega\end{pmatrix},\dot{\boldsymbol{X}}=\begin{pmatrix}\dot{x}_1\\ \dot{x}_2\end{pmatrix}=\begin{bmatrix}\dot{i}_a\\ \dot{\Omega}\end{bmatrix}$$

$$\boldsymbol{A}=\begin{bmatrix}-\frac{R_a}{L_a} & -\frac{K_e}{L_a}\\ \frac{K_i}{J} & -\frac{f}{J}\end{bmatrix}\quad \boldsymbol{B}=\begin{bmatrix}\frac{1}{L_a}\\ 0\end{bmatrix}\quad \boldsymbol{C}=[0\quad 1]$$

例9.2-2 控制系统的方块图如图9.2-2所示，试列写该系统的状态空间表达式。

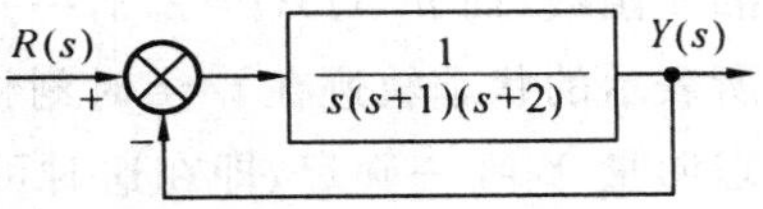

图9.2-2 控制系统方块图

解 由图9.2-2求得该系统的闭环传递函数为

$$\frac{Y(s)}{R(s)}=\frac{1}{s^3+3s^2+2s+1}$$

根据上式求得系统的微分方程为

$$\dddot{y}+3\ddot{y}+2\dot{y}+y=r\tag{9.2-9}$$

1. 选取状态变量，令

$$\begin{cases}x_1=y\\x_2=\dot{y}\\x_3=\ddot{y}\end{cases}$$

2. 将式(9.2-9)化为一阶微分方程组，即

$$\begin{cases}\dot{x}_1=\dot{y}=x_2\\ \dot{x}_2=\ddot{y}=x_3\\ \dot{x}_3=\dddot{y}=-y-2\dot{y}-3\ddot{y}+r=\\ \qquad -x_1-2x_2-3x_3+r\end{cases}$$

3. 写成矩阵向量形式，得状态方程和输出方程如下

$$\begin{bmatrix}\dot{x}_1\\ \dot{x}_2\\ \dot{x}_3\end{bmatrix}=\begin{bmatrix}0 & 1 & 0\\ 0 & 0 & 1\\ -1 & -2 & -3\end{bmatrix}\begin{bmatrix}x_1\\ x_2\\ x_3\end{bmatrix}+\begin{bmatrix}0\\ 0\\ 1\end{bmatrix}r$$

$$\boldsymbol{y}=[1\quad 0\quad 0]\begin{bmatrix}x_1\\ x_2\\ x_3\end{bmatrix}$$

(二)作用函数含有导数项

当作用函数含有导数项时，单输入-单输出线性定常系统的微分方程形式如下

$$y^{(n)}+a_1y^{(n-1)}+\cdots+a_{n-1}\dot{y}+a_ny=b_0u^{(n)}+b_1u^{(n-1)}+\cdots+b_{n-1}\dot{u}+b_nu \tag{9.2-10}$$

这时便不能像式(9.2-2)那样选取系统的输出 y 及其导数 $y^{(i)}(i=1,2,\cdots,n-1)$ 作为状态变量。这是因为若像式(9.2-2)那样选取状态变量，则据式(9.2-10)写出一阶微分方程组为

$$\begin{cases}\dot{x}_1=x_2\\ \dot{x}_2=x_3\\ \vdots\\ \dot{x}_n=-a_nx_1-a_{n-1}x_2-\cdots-a_1x_n+b_0u^{(n)}+b_1u^{(n-1)}+\\ \qquad\cdots+b_{n-1}\dot{u}+b_nu\end{cases} \tag{9.2-11}$$

从上式看出，若在 $t=t_0$ 时刻作用一个阶跃函数，即 $u(t)=1(t)$，则 $\dot{u}(t)$ 便是 $t=t_0$ 时刻出现的 δ 函数，而 $u^{(i)}(t)(i=2,3,\cdots)$ 将是在 $t=t_0$ 时刻出现的高阶脉冲函数。这样，式(9.2-11)所表示的状态轨迹在 $t=t_0$ 时刻将产生无穷大跳跃，而 $t\geqslant t_0$ 的系统状态便不能由所选的状态向量 X 唯一确定，即在这时可能得不到唯一解，亦即上述选的状态变量不具备在已知系统输入和初始状态条件下完全确定系统未来状态的特性。

综上可见，对式(9.2-10)所示系统，选取状态变量的原则是：在包含状态变量的 n 个一阶微分方程中，任一微分方程均不含作用函数导数项。

根据上述原则，下面介绍两种建立状态空间表达式的方法。

第一法

1. 选取状态变量

$$\begin{cases}x_1=y-h_0u\\ x_2=\dot{x}_1-h_1u=\dot{y}-h_0\dot{u}-h_1u\\ x_3=\dot{x}_2-h_2u=\ddot{y}-h_0\ddot{u}-h_1\dot{u}-h_2u\\ \qquad\vdots\qquad\qquad\vdots\\ x_n=\dot{x}_{n-1}-h_{n-1}u=\\ \quad y^{(n-1)}-h_0u^{(n-1)}-h_1u^{(n-2)}-\cdots-h_{n-2}\dot{u}-h_{n-1}u\end{cases} \tag{9.2-12}$$

$$x_{n+1}=\dot{x}_n-h_nu=$$

$$y^{(n)} - h_0 u^{(n)} - h_1 u^{(n-1)} - \cdots - h_{n-1}\dot{u} - h_n u \tag{9.2-13}$$

式中　h_0、h_1、…、h_n 为待定系数，可用下面方法确定：式(9.2-12)两边分别乘以 a_n、a_{n-1}、…、a_1，再移项得

$$\begin{cases} a_n y = a_n x_1 + a_n h_0 u \\ a_{n-1}\dot{y} = a_{n-1}x_2 + a_{n-1}h_0\dot{u} + a_{n-1}h_1 u \\ a_{n-2}\ddot{y} = a_{n-2}x_3 + a_{n-2}h_0\ddot{u} + a_{n-2}h_1\dot{u} + a_{n-2}h_2 u \\ \vdots \qquad \vdots \\ a_1 y^{(n-1)} = a_1 x_n + a_1 h_0 u^{(n-1)} + \cdots + a_1 h_{n-2}\dot{u} + a_1 h_{n-1} u \end{cases} \tag{9.2-14}$$

将式(9.2-13)改写为

$$y^{(n)} = x_{n+1} + h_0 u^{(n)} + h_1 u^{(n-1)} + \cdots + h_{n-1}\dot{u} + h_n u \tag{9.2-15}$$

显见，式(9.2-14)与式(9.2-15)左边相加等于式(9.2-10)的左边，而式(9.2-14)与式(9.2-15)右边相加等于式(9.2-10)的右边，即

$$\begin{aligned} &(x_{n+1} + a_1 x_n + a_2 x_{n-1} + \cdots + a_{n-1}x_2 + a_n x_1) + \\ &[h_0 u^{(n)} + (a_1 h_0 + h_1)u^{(n-1)} + (h_2 + a_1 h_1 + a_2 h_0)u^{(n-2)} + \\ &\cdots + (h_{n-1} + a_1 h_{n-2} + \cdots + a_{n-2}h_1 + a_{n-1}h_0)\dot{u} + \\ &(h_n + a_1 h_{n-1} + \cdots + a_{n-1}h_1 + a_n h_0)u] = \\ &b_0 u^{(n)} + b_1 u^{(n-1)} + \cdots + b_{n-1}\dot{u} + b_n u \end{aligned} \tag{9.2-16}$$

式(9.2-16)两边 $u^{(i)}(i=0,1,2,\cdots,n)$ 的对应项系数应相等，故得

$$\begin{cases} h_0 = b_0 \\ h_1 = b_1 - a_1 b_0 \\ h_2 = (b_2 - a_2 b_0) - a_1 h_1 \\ \vdots \qquad \vdots \\ h_n = (b_n - a_n b_0) - a_{n-1}h_1 - a_{n-2}h_2 - \cdots - a_2 h_{n-2} - a_1 h_{n-1} \end{cases} \tag{9.2-17}$$

从式(9.2-16)还得出

$$x_{n+1} + a_1 x_n + a_2 x_{n-1} + \cdots + a_{n-1}x_2 + a_n x_1 = 0 \tag{9.2-18}$$

2. 写出状态变量的一阶微分方程

$$\begin{cases} \dot{x}_1 = x_2 + h_1 u \\ \dot{x}_2 = x_3 + h_2 u \\ \quad \vdots \qquad \vdots \\ \dot{x}_{n-1} = x_n + h_{n-1} u \\ \dot{x}_n = x_{n+1} + h_n u \\ = \quad -a_n x_1 - a_{n-1}x_2 - \cdots - a_1 x_n + h_n u \end{cases} \tag{9.2-19}$$

3. 写成矩阵向量形式

$$\begin{cases} \dot{\boldsymbol{X}} = \boldsymbol{AX} + \boldsymbol{B}u \\ y = \boldsymbol{CX} + \boldsymbol{D}u \end{cases} \tag{9.2-20}$$

式中
$$X=\begin{bmatrix}x_1\\x_2\\\vdots\\x_n\end{bmatrix}\quad \dot{X}=\begin{bmatrix}\dot{x}_1\\\dot{x}_2\\\vdots\\\dot{x}_n\end{bmatrix}$$

$$A=\begin{bmatrix}0&1&0&\cdots&0\\0&0&1&\cdots&0\\\vdots&\vdots&\vdots&&\vdots\\0&0&0&\cdots&1\\-a_n&-a_{n-1}&-a_{n-2}&\cdots&-a_1\end{bmatrix},\quad B=\begin{bmatrix}h_1\\h_2\\\vdots\\h_n\end{bmatrix}$$

$$C=[1\ \ 0\ \ \cdots\ \ 0]\qquad D=h_0=b_0$$

从式(9.2-4)、式(9.2-20)看出，根据线性定常系统作用函数不含导数项与含导数项的微分方程求得的状态方程，其系数矩阵 A 完全相同，说明特征多项式相同。$u(t)$的导数项只会改变控制矩阵 B。当 $u(t)$的阶次小于 n 时，直接传递矩阵 $D=0$。

第二法

对式(9.2-10)进行拉氏变换，求得

$$\frac{Y(s)}{U(s)}=\frac{b_0s^n+b_1s^{n-1}+\cdots+b_{n-1}s+b_n}{s^n+a_1s^{n-1}+\cdots+a_{n-1}s+a_n}\tag{9.2-21}$$

将上式用方块图表示，并引进新的中间变量 Z，如图9.2-3所示。

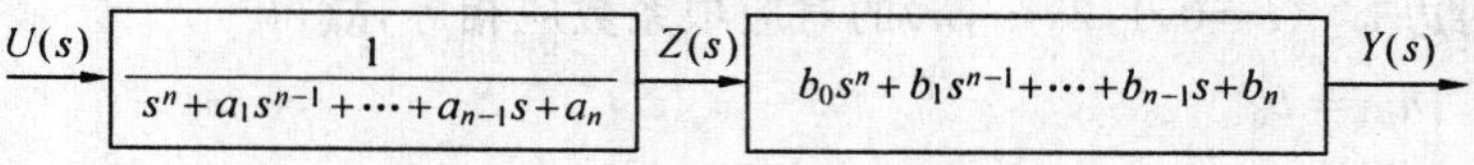

图9.2-3　控制系统方块图

由图9.2-3可写出两个常微分方程，即

$$z^{(n)}+a_1z^{(n-1)}+\cdots+a_{n-1}\dot{z}+a_nz=u\tag{9.2-22}$$

$$y=b_0z^{(n)}+b_1z^{(n-1)}+\cdots+b_{n-1}\dot{z}+b_nz\tag{9.2-23}$$

式(9.2-22)是与式(9.2-1)完全一样的作用函数不含导数项的微分方程，故可选取

$$\begin{cases}x_1=z\\x_2=\dot{x}_1=\dot{z}\\\vdots\qquad\vdots\\x_n=\dot{x}_{n-1}=z^{(n-1)}\end{cases}\tag{9.2-24}$$

进而求得状态方程为

$$\begin{bmatrix}\dot{x}_1\\\dot{x}_2\\\vdots\\\dot{x}_{n-1}\\\dot{x}_n\end{bmatrix}=\begin{bmatrix}0&1&0&\cdots&0\\0&0&1&\cdots&0\\\vdots&\vdots&\vdots&\cdots&\vdots\\0&0&0&\cdots&1\\-a_n&-a_{n-1}&-a_{n-2}&\cdots&-a_1\end{bmatrix}\begin{bmatrix}x_1\\x_2\\\vdots\\x_{n-1}\\x_n\end{bmatrix}+\begin{bmatrix}0\\0\\\vdots\\0\\1\end{bmatrix}u\tag{9.2-25}$$

由式(9.2-22)～式(9.2-24)，求得输出方程为

$$y = b_0[-a_n \quad -a_{n-1} \quad \cdots \quad -a_1]\begin{bmatrix} x_1 \\ x_2 \\ \vdots \\ x_n \end{bmatrix} + b_0 u + [b_n \quad b_{n-1} \quad \cdots \quad b_1]\begin{bmatrix} x_1 \\ x_2 \\ \vdots \\ x_n \end{bmatrix} \tag{9.2-26}$$

若 $b_0 = 0$，则式(9.2-26)变为

$$y = [b_n \quad b_{n-1} \quad \cdots \quad b_1]X \tag{9.2-27}$$

从上看出，应用两种方法求得的状态空间表达式，其系数矩阵 A 相同，控制矩阵 B 不相同，且输出方程也不完全相同，但由于是同一个系统的状态空间表达式，所以在同一作用函数作用下解得的系统输出应是相同的。第二法比较容易应用，不需查表求系数 $h_i(i = 0,1,2,\cdots n)$。

例9.2-3 已知控制系统的微分方程为

$$\dddot{y} + 5\ddot{y} + \dot{y} + 2y = \dot{u} + 2u \tag{9.2-28}$$

试列写该系统的状态空间表达式。

解 (一)应用第一法求解

由式(9.2-28)得知：$a_1 = 5, a_2 = 1, a_3 = 2, b_0 = b_1 = 0, b_2 = 1, b_3 = 2$

据式(9.2-17)计算出：$h_0 = b_0 = 0, h_1 = b_1 - a_1 b_0 = 0, h_2 = (b_2 - a_2 b_0) - a_1 h_1 = 1$

1. 选取状态变量

$$\begin{cases} x_1 = y - h_0 u = y \\ x_2 = \dot{x}_1 - h_1 u = \dot{x}_1 = \dot{y} \\ x_3 = \dot{x}_2 - h_2 u = \ddot{y} - u \end{cases}$$

2. 写出一阶微分方程组

$$\begin{cases} \dot{x}_1 = x_2 \\ \dot{x}_2 = x_3 + u \\ \dot{x}_3 = \dddot{y} - \dot{u} = -2x_1 - x_2 - 5x_3 - 3u \end{cases}$$

3. 写成向量矩阵形式

$$\begin{bmatrix} \dot{x}_1 \\ \dot{x}_2 \\ \dot{x}_3 \end{bmatrix} = \begin{bmatrix} 0 & 1 & 0 \\ 0 & 0 & 1 \\ -2 & -1 & -5 \end{bmatrix}\begin{bmatrix} x_1 \\ x_2 \\ x_3 \end{bmatrix} + \begin{bmatrix} 0 \\ 1 \\ -3 \end{bmatrix} u$$

$$y = x_1 = [1 \quad 0 \quad 0]\begin{bmatrix} x_1 \\ x_2 \\ x_3 \end{bmatrix}$$

(二)应用第二法求解

对式(9.2-28)进行拉氏变换，得

$$\frac{Y(s)}{U(s)} = \frac{s + 2}{s^3 + 5s^2 + s + 2}$$

将上式用方块图表示如图9.2-4所示。

根据上图写出两个微分方程

$$\begin{cases} \dddot{z} + 5\ddot{z} + \dot{z} + 2z = u \\ y = \dot{z} + 2z \end{cases}$$

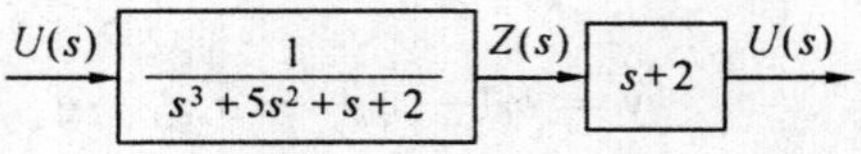

图9.2-4　控制系统方块图

由此得出状态方程和输出方程为

$$\begin{bmatrix} \dot{x}_1 \\ \dot{x}_2 \\ \dot{x}_3 \end{bmatrix} = \begin{bmatrix} 0 & 1 & 0 \\ 0 & 0 & 1 \\ -2 & -1 & -5 \end{bmatrix} \begin{bmatrix} x_1 \\ x_2 \\ x_3 \end{bmatrix} + \begin{bmatrix} 0 \\ 0 \\ 1 \end{bmatrix} u$$

$$\boldsymbol{y} = [2 \quad 1 \quad 0] \begin{bmatrix} x_1 \\ x_2 \\ x_3 \end{bmatrix}$$

二、 状态变量的非唯一性和特征值不变性

例9.1-1已经说明，对一个给定的动态系统，状态变量的选取不是唯一的。即系统的状态可以由某一组状态变量描述，也可以由另一组状态变量描述，它们都能表征系统的状态和性能。状态变量的不同选取，实质上是状态向量的一种线性变换，常称坐标变换。下面用线性变换论证一下状态变量的选取非唯一性。

设系统的状态方程为

$$\dot{\boldsymbol{X}} = \boldsymbol{A}\boldsymbol{X} + \boldsymbol{B}\boldsymbol{u} \tag{9.2-29}$$

下面对式(9.2-29)所示系统状态变量 x_1、x_2、…、x_n 进行线性变换，取

$$\boldsymbol{X} = \boldsymbol{P}\boldsymbol{Z} \tag{9.2-30}$$

式中

$$\boldsymbol{Z} = \begin{bmatrix} z_1 \\ z_2 \\ \vdots \\ z_n \end{bmatrix} \quad \boldsymbol{P} = \begin{bmatrix} p_{11} & p_{12} & \cdots & p_{1n} \\ p_{21} & p_{22} & \cdots & p_{2n} \\ \vdots & \vdots & \cdots & \vdots \\ p_{n1} & p_{n2} & \cdots & p_{nn} \end{bmatrix}_{n\times n}$$

$|P| \neq 0$　$\boldsymbol{P}$ 为非奇异变换矩阵，则向量 Z 也是式(9.2-29)所示系统的状态向量。

将式(9.2-30)代入式(9.2-29)，可得

$$\boldsymbol{P}\dot{\boldsymbol{Z}} = \boldsymbol{A}\boldsymbol{P}\boldsymbol{Z} + \boldsymbol{B}\boldsymbol{u}$$

用矩阵 $\boldsymbol{P}^{-1}$左乘上式两边，得

$$\dot{\boldsymbol{Z}} = \boldsymbol{P}^{-1}\boldsymbol{A}\boldsymbol{P}\boldsymbol{Z} + \boldsymbol{P}^{-1}\boldsymbol{B}\boldsymbol{u} \tag{9.2-31}$$

若记

$$\boldsymbol{A}_1 = \boldsymbol{P}^{-1}\boldsymbol{A}\boldsymbol{P}, \boldsymbol{B}_1 = \boldsymbol{P}^{-1}\boldsymbol{B}$$

式(9.2-31)可写为

$$\dot{\boldsymbol{Z}} = \boldsymbol{A}_1\boldsymbol{Z} + \boldsymbol{B}_1\boldsymbol{u} \tag{9.2-32}$$

$\boldsymbol{A}$ 与 $\boldsymbol{A}_1$在数学上称为相似矩阵，在线性代数中已经证明，相似矩阵特征值相等，即

$$|s\boldsymbol{I} - \boldsymbol{A}_1| = |s\boldsymbol{I} - \boldsymbol{A}|$$

或

$$|s\boldsymbol{I} - \boldsymbol{P}^{-1}\boldsymbol{A}\boldsymbol{P}| = |s\boldsymbol{I} - \boldsymbol{A}| \tag{9.2-33}$$

从式(9.2-33)看出，式(9.2-29)与式(9.2-32)具有完全相同的特征值，所以状态向量 Z 和

状态向量 $\boldsymbol{X}$ 一样，同样是该系统的状态向量。

上述分析说明，对任何控制系统，状态变量的选取并不是唯一的，只要满足变换矩阵 $\boldsymbol{P}$ 的非奇异条件，则通过线性变换得到的新状态向量同样是描述系统运动状态的状态向量。

三、 根据传递函数建立状态空间表达式

根据传递函数建立与之等效的状态空间表达式的问题，也称为实现问题。求得的状态空间表达式既保持了原传递函数所特定的输入-输出关系，也确定了系统的内部结构，故该状态空间表达式是所给传递函数的一种实现。

设单输入-单输出线性定常系统的传递函数为

$$\frac{Y(s)}{U(s)}=\frac{b_0s^m+b_1s^{m-1}+\cdots+b_{m-1}s+b_m}{a_0s^n+a_1s^{n-1}+\cdots+a_{n-1}s+a_n}\qquad(n\geqslant m)\tag{9.2-34}$$

下面按极点情况分两种情况进行研究。

(一)传递函数中含有各个相异极点

设 s_1、s_2、…、s_n 为式(9.2-34)的各个相异极点，则可将式(9.2-34)展成部分分式

$$\frac{Y(s)}{U(s)}=\frac{C_1}{s-s_1}+\frac{C_2}{s-s_2}+\cdots+\frac{C_n}{s-s_n}\tag{9.2-35}$$

式中

$$C_i=\left[\frac{Y(s)}{U(s)}(s-s_i)\right]_{s=s_i}$$

将式(9.2-35)改写成

$$Y(s)=\frac{C_1}{s-s_1}U(s)+\frac{C_2}{s-s_2}U(s)+\cdots+\frac{C_n}{s-s_n}U(s)\tag{9.2-36}$$

根据式(9.2-36)选取状态变量

$$\begin{cases}X_1(s)=\dfrac{1}{s-s_1}U(s)\\ X_2(s)=\dfrac{1}{s-s_2}U(s)\\ \quad\vdots\qquad\quad\vdots\\ X_n(s)=\dfrac{1}{s-s_n}U(s)\end{cases}\tag{9.2-37}$$

式(9.2-37)还可写成

$$\begin{cases}sX_1(s)=s_1X_1(s)+U(s)\\ sX_2(s)=s_2X_2(s)+U(s)\\ \quad\vdots\qquad\quad\vdots\\ sX_n(s)=s_nX_n(s)+U(s)\end{cases}\tag{9.2-38}$$

由式(9.2-38)与式(9.2-36)得到时域的 n 个一阶微分方程及输出方程

$$\begin{cases}\dot{x}_1 = s_1 x_1 + u \\ \dot{x}_2 = s_2 x_2 + u \\ \quad\vdots \quad \vdots \\ \dot{x}_n = s_n x_n + u\end{cases} \tag{9.2-39}$$

$$y = c_1 x_1 + c_2 x_2 + \cdots + c_n x_n \tag{9.2-40}$$

用矩阵向量形式表示，得出如下的状态空间表达式

$$\begin{bmatrix}\dot{x}_1 \\ \dot{x}_2 \\ \vdots \\ \dot{x}_n\end{bmatrix} = \begin{bmatrix} s_1 & & & 0 \\ & s_2 & & \\ & & \ddots & \\ 0 & & & s_n \end{bmatrix}\begin{bmatrix}x_1 \\ x_2 \\ \vdots \\ x_n\end{bmatrix} + \begin{bmatrix}1 \\ 1 \\ \vdots \\ 1\end{bmatrix}u \tag{9.2-41}$$

$$y = [c_1 \quad c_2 \quad \cdots \quad c_n]X \tag{9.2-42}$$

式(9.2-41)中的系数矩阵 $\boldsymbol{A}$ 称为对角线标准型。用此种方法建立状态空间表达式，对作用函数含导数项和不含导数项均适用。

例9.2-4 已知控制系统的传递函数为

$$\frac{Y(s)}{U(s)} = \frac{2s+1}{s^3 + 7s^2 + 14s + 8}$$

试求状态空间表达式。

解 令 $s^3+7s^2+14s+8=0$，解得传递函数的极点为 $s_1=-1, s_2=-2, s_3=-4$

将 $\frac{Y(s)}{U(s)}$ 表达式展成部分分式

$$\frac{Y(s)}{U(s)} = \frac{-\frac{1}{3}}{s+1} + \frac{\frac{3}{2}}{s+2} + \frac{-\frac{7}{6}}{s+4}$$

根据式(9.2-41)、(9.2-42)及上式直接得出状态空间表达式

$$\begin{bmatrix}\dot{x}_1 \\ \dot{x}_2 \\ \dot{x}_3\end{bmatrix} = \begin{bmatrix}-1 & 0 & 0 \\ 0 & -2 & 0 \\ 0 & 0 & -4\end{bmatrix}\begin{bmatrix}x_1 \\ x_2 \\ x_3\end{bmatrix} + \begin{bmatrix}1 \\ 1 \\ 1\end{bmatrix}u$$

$$y = \left[-\frac{1}{3} \quad \frac{3}{2} \quad -\frac{7}{6}\right]\begin{bmatrix}x_1 \\ x_2 \\ x_3\end{bmatrix}$$

(二)传递函数中含有重极点

1.传递函数中含有单重极点

设 s_1 为 n 重极点，将式(9.2-34)展成如下的部分分式

$$\frac{Y(s)}{U(s)} = \frac{C_{11}}{(s-s_1)^n} + \frac{C_{12}}{(s-s_1)^{n-1}} + \cdots + \frac{C_{1n}}{s-s_1} \tag{9.2-43}$$

式中

$$C_{1i} = \frac{1}{(i-1)!} \cdot \frac{\mathrm{d}^{i-1}}{\mathrm{d}s^{i-1}}\left[\frac{Y(s)}{U(s)}(s-s_1)^n\right]_{s=s_1}$$

将式(9.2-43)改写为

$$Y(s)=\frac{C_{11}}{(s-s_1)^n}U(s)+\frac{C_{12}}{(s-s_1)^{n-1}}U(s)+\cdots+\frac{C_{1n}}{s-s_1}U(s) \tag{9.2-44}$$

根据式(9.2-44)选取状态变量

$$\begin{cases} X_1(s)=\dfrac{1}{(s-s_1)^n}U(s)=\dfrac{1}{s-s_1}\left[\dfrac{1}{(s-s_1)^{n-1}}U(s)\right]=\dfrac{1}{s-s_1}X_2(s) \\ X_2(s)=\dfrac{1}{(s-s_1)^{n-1}}U(s)=\dfrac{1}{s-s_1}\left[\dfrac{1}{(s-s_1)^{n-2}}U(s)\right]=\dfrac{1}{s-s_1}X_3(s) \\ \quad\vdots \qquad\qquad \vdots \qquad\qquad \vdots \\ X_{n-1}(s)=\dfrac{1}{(s-s_1)^2}U(s)=\dfrac{1}{s-s_1}\left[\dfrac{1}{s-s_1}U(s)\right]=\dfrac{1}{s-s_1}X_n(s) \\ X_n(s)=\dfrac{1}{s-s_1}U(s) \end{cases} \tag{9.2-45}$$

由式(9.2-45)与式(9.2-44)得到用状态变量表示的一阶微分方程组及输出方程

$$\begin{cases} \dot{x}_1=s_1x_1+x_2 \\ \dot{x}_2=s_1x_2+x_3 \\ \ \vdots \qquad \vdots \\ \dot{x}_{n-1}=s_1x_{n-1}+x_n \\ \dot{x}_n=s_1x_n+u \end{cases} \tag{9.2-46}$$

$$y=C_{11}x_1+C_{12}x_2+\cdots+C_{1n}x_n \tag{9.2-47}$$

写成矩阵向量形式

$$\begin{bmatrix}\dot{x}_1\\ \dot{x}_2\\ \vdots\\ \dot{x}_{n-1}\\ \dot{x}_n\end{bmatrix}=\begin{bmatrix}s_1 & 1 & & 0 & \\ & s_1 & 1 & & \\ & & \ddots & \ddots & \\ & 0 & & \ddots & 1\\ & & & & s_1\end{bmatrix}\begin{bmatrix}x_1\\ x_2\\ \vdots\\ x_{n-1}\\ x_n\end{bmatrix}+\begin{bmatrix}0\\ 0\\ \vdots\\ 0\\ 1\end{bmatrix}u \tag{9.2-48}$$

$$y=\begin{bmatrix}C_{11} & C_{12} & \cdots & C_{1n}\end{bmatrix}\begin{bmatrix}x_1\\ x_2\\ \vdots\\ x_n\end{bmatrix} \tag{9.2-49}$$

式(9.2-48)中的系数矩阵 $\boldsymbol{A}$ 称为约旦标准型。

例9.2-5 已知控制系统的传递函数为

$$\frac{Y(s)}{U(s)}=\frac{2s^2+5s+1}{(s-2)^3}$$

试求系统的状态空间表达式。

解 从题中得知 $s=2$ 为三重极点，将$\dfrac{Y(s)}{U(s)}$展成如下的部分分式

$$\frac{Y(s)}{U(s)}=\frac{19}{(s-2)^3}+\frac{13}{(s-2)^2}+\frac{2}{s-2}$$

根据式(9.2-48)、式(9.2-49)及上式直接得出状态空间表达式如下

$$\begin{bmatrix}\dot{x}_1\\ \dot{x}_2\\ \dot{x}_3\end{bmatrix}=\begin{bmatrix}2 & 1 & 0\\ 0 & 2 & 1\\ 0 & 0 & 2\end{bmatrix}\begin{bmatrix}x_1\\ x_2\\ x_3\end{bmatrix}+\begin{bmatrix}0\\ 0\\ 1\end{bmatrix}u$$

$$\boldsymbol{y}=[19 \quad 13 \quad 2]\begin{bmatrix}x_1\\ x_2\\ x_3\end{bmatrix}$$

2.传递函数中含有多重极点

设 s_1 为 l_1 个重极点，s_2 为 l_2 个重极点，…，s_k 为 l_k 个重极点，且 $l_1+l_2+\cdots+l_k=n$。根据前边对单重极点研究得出的结论，可以直接得出此时的状态空间表达式，即

$$\begin{bmatrix}\dot{x}_1\\ \vdots\\ \vdots\\ \dot{x}_{l_1}\\ \dot{x}_{l_1+1}\\ \vdots\\ \vdots\\ \dot{x}_{l_1+l_2}\\ \vdots\\ \vdots\\ \vdots\\ \dot{x}_{l_k+1}\\ \vdots\\ \vdots\\ \dot{x}_n\end{bmatrix}=\left[\begin{array}{c:c:c:c}\begin{matrix}s_1 & 1 & & 0\\ & \ddots & \ddots & \\ & & \ddots & 1\\ 0 & & & s_1\end{matrix} & & & 0\\ \hdashline & \begin{matrix}s_2 & 1 & & 0\\ & \ddots & \ddots & \\ & & \ddots & 1\\ 0 & & & s_2\end{matrix} & & \\ \hdashline & & \ddots & \\ & & & \\ \hdashline 0 & & & \begin{matrix}s_k & 1 & & 0\\ & \ddots & \ddots & \\ & & \ddots & 1\\ 0 & & & s_k\end{matrix}\end{array}\right]\left[\begin{array}{c}x_1\\ \vdots\\ \vdots\\ x_{l_1}\\ \hdashline x_{l_1+1}\\ \vdots\\ \vdots\\ x_{l_1+l_2}\\ \hdashline \vdots\\ \vdots\\ \vdots\\ \hdashline x_{l_k+1}\\ \vdots\\ \vdots\\ x_n\end{array}\right]+\left[\begin{array}{c}0\\ \vdots\\ 0\\ 1\\ \hdashline 0\\ \vdots\\ 0\\ 1\\ \hdashline \vdots\\ \vdots\\ \vdots\\ \hdashline 0\\ \vdots\\ 0\\ 1\end{array}\right]u \tag{9.2-50}$$

$$\boldsymbol{y}=[C_{11}\cdots C_{1l_1}, \quad C_{21}\cdots C_{2l_2}, \quad \cdots \quad C_{k1}\cdots C_{kl_k}]X \tag{9.2-51}$$

例9.2-6 已知控制系统的传递函数为

$$\frac{Y(s)}{U(s)}=\frac{4s^2+17s+16}{s^3+7s^2+16s+12}$$

试列写系统的状态空间表达式。

解 令 $s^3+7s^2+16s+12=0$，解得 $s_1=-2, s_2=-2, s_3=-3$，将 $\dfrac{Y(s)}{U(s)}$ 表达式展成下面的部分分式

$$\frac{Y(s)}{U(s)}=\frac{-2}{(s+2)^2}+\frac{3}{s+2}+\frac{1}{s+3}$$

此题所给传递函数中既有重极点，又有单极点，根据式(9.2-48)、式(9.2-49)、式(9.2-41)、式(9.2-42)及上式得出该系统的状态空间表达式如下

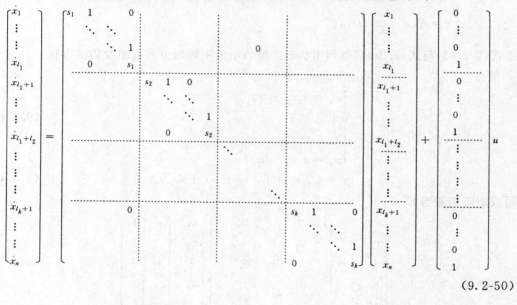

$$\begin{bmatrix}\dot{x}_1\\ \dot{x}_2\\ \dot{x}_3\end{bmatrix}=\begin{bmatrix}-2 & 1 & 0\\ 0 & -2 & 0\\ 0 & 0 & -3\end{bmatrix}\begin{bmatrix}x_1\\ x_2\\ x_3\end{bmatrix}+\begin{bmatrix}0\\ 1\\ 1\end{bmatrix}u$$

$$y=[-2 \quad 3 \quad 1]\begin{bmatrix}x_1\\ x_2\\ x_3\end{bmatrix}$$

需要指出，当传递函数的分子、分母阶次相同($m=n$)时，应先把传递函数化简，使分子的阶次变为$(n-1)$，然后使用上述方法建立状态空间表达式，并在输出方程上加一项$\alpha u(t)$，其中α是包含在传递函数中的常数项，下边举例说明。

例9.2-7 已知控制系统的传递函数为

$$\frac{Y(s)}{U(s)}=\frac{2s^3+19s^2+49s+20}{s^3+6s^2+11s+6}$$

试列写系统的状态空间表达式。

解 首先将传递函数化简，得

$$\frac{Y(s)}{U(s)}=2+\frac{7s^2+27s+8}{s^3+6s^2+11s+6}$$

这时，传递函数中多了一个常数项，将上式改写成

$$Y(s)=2U(s)+\frac{7s^2+27s+8}{s^3+6s^2+11s+6}U(s)$$

从上看出，输出函数$y(t)$由两部分组成，一是$2u(t)$，一是$\frac{7s^2+27s+8}{s^3+6s^2+11s+6}U(s)$所对应的原函数。亦即后者所对应的状态惟一地确定了，$y(t)$也就惟一地确定了。因此只需根据传递函数中的真分式部分$\frac{7s^2+27s+8}{s^3+6s^2+11s+6}$写出状态方程，再在输出方程中加一项$2u(t)$就行了。即

$$\frac{7s^2+27s+8}{s^3+6s^2+11s+6}=\frac{-6}{s+1}+\frac{18}{s+2}+\frac{-5}{s+3}$$

根据式(9.2-41)及式(9.2-42)得出状态方程和输出方程如下

$$\begin{bmatrix}\dot{x}_1\\ \dot{x}_2\\ \dot{x}_3\end{bmatrix}=\begin{bmatrix}-1 & 0 & 0\\ 0 & -2 & 0\\ 0 & 0 & -3\end{bmatrix}\begin{bmatrix}x_1\\ x_2\\ x_3\end{bmatrix}+\begin{bmatrix}1\\ 1\\ 1\end{bmatrix}u$$

$$y=[-6 \quad 18 \quad -5]\begin{bmatrix}x_1\\ x_2\\ x_3\end{bmatrix}+2u$$

9.3 由状态空间表达式求传递函数(阵)

一个线性定常系统既可用传递函数描述，也可用状态空间表达式描述。两者之间必有内在的联系。设单输入-单输出线性定常系统的状态空间表达式为

$$\left.\begin{aligned}\dot{\boldsymbol{X}}&=\boldsymbol{AX}+\boldsymbol{B}u\\ y&=\boldsymbol{CX}+\boldsymbol{D}u\end{aligned}\right\} \tag{9.3-1}$$

根据求传递函数的定义，假设相应变量的初始条件为零，并考虑一般情况下 $D=0$，对上式进行拉氏变换，得

$$sX(s)=AX(s)+BU(s)$$

$$Y(s)=CX(s)$$

所以

$$X(s)=[sI-A]^{-1}BU(s)$$

$$Y(s)=C[sI-A]^{-1}BU(s)$$

由此得计算传递函数的公式

$$G(s)=\frac{Y(s)}{U(s)}=C[sI-A]^{-1}B \tag{9.3-2}$$

例9.3-1 已知系统的状态空间表达式为

$$\begin{bmatrix}\dot{x}_1\\ \dot{x}_2\\ \dot{x}_3\end{bmatrix}=\begin{bmatrix}0 & 1 & 0\\ 0 & 0 & 1\\ -5 & -3 & -2\end{bmatrix}\begin{bmatrix}x_1\\ x_2\\ x_3\end{bmatrix}+\begin{bmatrix}0\\ 0\\ 1\end{bmatrix}u$$

$$y=[3\quad 2\quad 1]\begin{bmatrix}x_1\\ x_2\\ x_3\end{bmatrix}$$

试求系统的传递函数。

解 由系统的状态方程中的系数矩阵 A 计算出

$$[sI-A]^{-1}=\begin{bmatrix}s & -1 & 0\\ 0 & s & -1\\ 5 & 3 & s+2\end{bmatrix}^{-1}=\frac{\operatorname{adj}[sI-A]}{|sI-A|}=$$

$$\frac{1}{s^3+2s^2+3s+5}\begin{bmatrix}s^2+2s+3 & s+2 & 1\\ -5 & s(s+2) & s\\ -5s & -(3s+5) & s^2\end{bmatrix}$$

式中，$|sI-A|$ 代表矩阵 $(sI-A)$ 的行列式，$\operatorname{adj}(sI-A)$ 代表矩阵 $(sI-A)$ 的伴随矩阵。将上式代入式(9.3-2)，求得系统的传递函数为

$$G(s)=\frac{Y(s)}{U(s)}=\frac{[3\quad 2\quad 1]}{s^3+2s^2+3s+5}\begin{bmatrix}s^2+2s+3 & s+2 & 1\\ -5 & s(s+2) & s\\ -5s & -(3s+5) & s^2\end{bmatrix}\begin{bmatrix}0\\ 0\\ 1\end{bmatrix}=$$

$$\frac{[3\quad 2\quad 1]}{s^3+2s^2+3s+5}\begin{bmatrix}1\\ s\\ s^2\end{bmatrix}=\frac{s^2+2s+3}{s^3+2s^2+3s+5}$$

例9.3-2 已知系统的微分方程为

$$\dddot{y}+4\ddot{y}+3\dot{y}=\dot{u}+2u$$

要求：1. 求状态空间表达式；

2. 由状态空间表达式求传递函数。

解 1. 对此题所给系统微分方程可写出三种形式的状态空间表达式。

(1)应用作用函数含有导数项的第一法求解，根据式(9.2-12)、式(9.2-13)、式(9.2-

17)、式(9.2-19)求得状态空间表达式为

$$\begin{bmatrix}\dot{x}_1\\\dot{x}_2\\\dot{x}_3\end{bmatrix}=\begin{bmatrix}0&1&0\\0&0&1\\0&-3&-4\end{bmatrix}\begin{bmatrix}x_1\\x_2\\x_3\end{bmatrix}+\begin{bmatrix}0\\1\\-2\end{bmatrix}u \tag{9.3-3}$$

$$y=[1\quad 0\quad 0]\begin{bmatrix}x_1\\x_2\\x_3\end{bmatrix} \tag{9.3-4}$$

(2)根据微分方程求出传递函数,并展成部分分式

$$\frac{Y(s)}{U(s)}=\frac{s+2}{s^3+4s^2+3s}=\frac{\frac{2}{3}}{s}+\frac{-\frac{1}{2}}{s+1}+\frac{-\frac{1}{6}}{s+3}$$

于是得状态空间表达式

$$\begin{bmatrix}\dot{x}_1\\\dot{x}_2\\\dot{x}_3\end{bmatrix}=\begin{bmatrix}0&0&0\\0&-1&0\\0&0&-3\end{bmatrix}\begin{bmatrix}x_1\\x_2\\x_3\end{bmatrix}+\begin{bmatrix}1\\1\\1\end{bmatrix}u \tag{9.3-5}$$

$$y=\left[\frac{2}{3}\quad -\frac{1}{2}\quad -\frac{1}{6}\right]\begin{bmatrix}x_1\\x_2\\x_3\end{bmatrix} \tag{9.3-6}$$

(3)将传递函数表示成图9.3-1

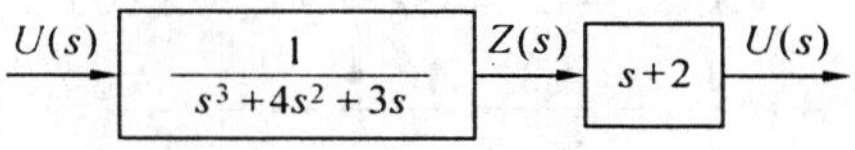

图9.3-1 例9.3-2系统方块图

根据式(9.2-25)、式(9.2-26)求得状态空间表达式

$$\begin{bmatrix}\dot{x}_1\\\dot{x}_2\\\dot{x}_3\end{bmatrix}=\begin{bmatrix}0&1&0\\0&0&1\\0&-3&-4\end{bmatrix}\begin{bmatrix}x_1\\x_2\\x_3\end{bmatrix}+\begin{bmatrix}0\\0\\1\end{bmatrix}u \tag{9.3-7}$$

$$\boldsymbol{y}=[2\quad 1\quad 0]\begin{bmatrix}x_1\\x_2\\x_3\end{bmatrix} \tag{9.3-8}$$

2.将式(9.3-3)～式(9.3-8)中的系数矩阵 $\boldsymbol{A}$、$\boldsymbol{B}$、$\boldsymbol{C}$ 代入式(9.3-2),并进行计算,所求得的传递函数是相同的(求解过程从略),即

$$\frac{Y(s)}{U(s)}=\boldsymbol{C}[s\boldsymbol{I}-\boldsymbol{A}]^{-1}\boldsymbol{B}=\frac{s+2}{s(s+1)(s+3)}$$

由此看出,系统的状态空间描述不是惟一的,但是根据系统不同的状态空间表达式求得的传递函数却是惟一的。

还需指出,对多输入-多输出系统,根据状态空间表达式求得的将是传递函数阵,本书略述。

9.4 线性定常系统状态方程的解

利用计算机很容易求得线性状态方程的数值解。数学上还有一些方法可以求出这些状态方程的解的解析表达式。本节只简单地介绍求解线性定常状态方程的方法。

一、 齐次状态方程的解

设线性定常系统齐次状态方程为

$$\dot{\boldsymbol{X}} = \boldsymbol{A}\boldsymbol{X} \tag{9.4-1}$$

式中 $\boldsymbol{X}$ 为系统的状态变量，是 n 维列向量，$\boldsymbol{A}$ 为 $n\times n$ 阶常系数矩阵。齐次状态方程的解是指 $u=0$时由初始条件引起的自由运动。

采用拉普拉斯变换法求解状态方程的方法如下。

对式(9.4-1)进行拉氏变换，得

$$s\boldsymbol{X}(s) - \boldsymbol{X}(0) = \boldsymbol{A}\boldsymbol{X}(s)$$

上式经整理，可写成

$$(s\boldsymbol{I} - \boldsymbol{A})\boldsymbol{X}(s) = \boldsymbol{X}(0)$$

用$(s\boldsymbol{I}-\boldsymbol{A})^{-1}$左乘上式两边，求得

$$\boldsymbol{X}(s) = (s\boldsymbol{I} - \boldsymbol{A})^{-1}\boldsymbol{X}(0)$$

对上式取拉氏反变换，得齐次状态方程式(9.4-1)的解

$$\boldsymbol{X}(t) = \mathrm{L}^{-1}[(s\boldsymbol{I}-\boldsymbol{A})^{-1}]\boldsymbol{X}(0) \tag{9.4-2}$$

因为
$$(s\boldsymbol{I} - \boldsymbol{A})\left(\frac{\boldsymbol{I}}{s} + \frac{\boldsymbol{A}}{s^2} + \frac{\boldsymbol{A}^2}{s^3} + \cdots + \frac{\boldsymbol{A}^k}{s^{k+1}} + \cdots\right) = \boldsymbol{I}$$

所以
$$(s\boldsymbol{I} - \boldsymbol{A})^{-1} = \frac{\boldsymbol{I}}{s} + \frac{\boldsymbol{A}}{s^2} + \frac{\boldsymbol{A}^2}{s^3} + \cdots + \frac{\boldsymbol{A}^k}{s^{k+1}} + \cdots$$

对上式进行拉氏反变换，得

$$\mathrm{L}^{-1}[(s\boldsymbol{I} - \boldsymbol{A})^{-1}] = \boldsymbol{I} + \boldsymbol{A}t + \frac{1}{2!}\boldsymbol{A}^2t^2 + \cdots + \frac{1}{k!}\boldsymbol{A}^kt^k + \cdots \tag{9.4-3}$$

式(9.4-3)右侧是 $n\times n$ 阶矩阵的无穷项和，仍为 $n\times n$ 阶矩阵，称此矩阵为矩阵指数，记为 $\mathrm{e}^{\boldsymbol{A}t}$，即

$$\mathrm{e}^{\boldsymbol{A}t} = \boldsymbol{I} + \boldsymbol{A}t + \frac{1}{2!}\boldsymbol{A}^2t^2 + \cdots + \frac{1}{\mathbf{A}!}\boldsymbol{A}^kt^k + \cdots \tag{9.4-4}$$

可以证明，矩阵 $\mathrm{e}^{\boldsymbol{A}t}$的运算规律与数 e^{at}相同。由式(9.4-2、3、4)可求得

$$\boldsymbol{X}(t) = \mathrm{e}^{\boldsymbol{A}t}\boldsymbol{X}(0) = \mathrm{L}^{-1}[(s\boldsymbol{I} - \boldsymbol{A})^{-1}]\boldsymbol{X}(0) \tag{9.4-5}$$

记
$$\boldsymbol{\Phi}(t) = \mathrm{L}^{-1}[(s\boldsymbol{I}-\boldsymbol{A})^{-1}] = \mathrm{e}^{\boldsymbol{A}t} \tag{9.4-6}$$

式(9.4-6)所示 $n\times n$ 矩阵是描述系统状态由初始状态 $X(0)$向任一时刻 t 状态 $\boldsymbol{X}(t)$转移特性的矩阵，故称 $\boldsymbol{\Phi}(t)$为系统的状态转移矩阵，其转移特性完全包括在状态转移矩阵中。

例9.4-1 试求解齐次状态方程

$$\dot{\boldsymbol{X}} = \boldsymbol{A}\boldsymbol{X} = \begin{pmatrix} 0 & 1 \\ -2 & -3 \end{pmatrix}\boldsymbol{X}$$

解

$$(s\boldsymbol{I}-\boldsymbol{A})=\begin{pmatrix}s&0\\0&s\end{pmatrix}-\begin{pmatrix}0&1\\-2&-3\end{pmatrix}=\begin{pmatrix}s&-1\\2&s+3\end{pmatrix}$$

$$(s\boldsymbol{I}-\boldsymbol{A})^{-1}=\frac{\mathrm{adj}(s\boldsymbol{I}-\boldsymbol{A})}{|s\boldsymbol{I}-\boldsymbol{A}|}=\frac{1}{\begin{vmatrix}s&-1\\2&s+3\end{vmatrix}}\begin{pmatrix}s+3&1\\-2&s\end{pmatrix}=$$

$$\begin{bmatrix}\dfrac{s+3}{(s+1)(s+2)}&\dfrac{1}{(s+1)(s+2)}\\\dfrac{-2}{(s+1)(s+2)}&\dfrac{s}{(s+1)(s+2)}\end{bmatrix}=\begin{bmatrix}\dfrac{2}{s+1}-\dfrac{1}{s+2}&\dfrac{1}{s+1}-\dfrac{1}{s+2}\\\dfrac{-2}{s+1}+\dfrac{2}{s+2}&\dfrac{-1}{s+1}+\dfrac{2}{s+2}\end{bmatrix}$$

对上式取拉氏反变换，得

$$\mathrm{L}^{-1}[(s\boldsymbol{I}-\boldsymbol{A})^{-1}]=\begin{pmatrix}2\mathrm{e}^{-t}-\mathrm{e}^{-2t}&\mathrm{e}^{-t}-\mathrm{e}^{-2t}\\-2\mathrm{e}^{-t}+2\mathrm{e}^{-2t}&-\mathrm{e}^{-t}+2\mathrm{e}^{-2t}\end{pmatrix}$$

根据式(9.4-2)求得此题所给齐次状态方程的解

$$\begin{pmatrix}x_1(t)\\x_2(t)\end{pmatrix}=\begin{pmatrix}2\mathrm{e}^{-t}-\mathrm{e}^{-2t}&\mathrm{e}^{-t}-\mathrm{e}^{-2t}\\-2\mathrm{e}^{-t}+2\mathrm{e}^{-2t}&-\mathrm{e}^{-t}+2\mathrm{e}^{-2t}\end{pmatrix}\begin{pmatrix}x_1(0)\\x_2(0)\end{pmatrix}$$

由此求得状态变量

$$x_1(t)=[2x_1(0)+x_2(0)]\mathrm{e}^{-t}-[x_1(0)+x_2(0)]\mathrm{e}^{-2t}$$
$$x_2(t)=[-2x_1(0)-x_2(0)]\mathrm{e}^{-t}+2[x_1(0)+x_2(0)]\mathrm{e}^{-2t}$$

二、 非齐次状态方程的解

设 n 阶单输入线性定常系统的非齐次状态方程为

$$\dot{\boldsymbol{X}}=\boldsymbol{AX}+\boldsymbol{B}u \tag{9.4-7}$$

下面介绍两种求解线性定常非齐次状态方程的方法。

1. 一般法

将式(9.4-7)改写成

$$\dot{\boldsymbol{X}}-\boldsymbol{AX}=\boldsymbol{B}u \tag{9.4-8}$$

式(9.4-8)两边左乘 $\mathrm{e}^{-\boldsymbol{A}t}$，即

$$\mathrm{e}^{-\boldsymbol{A}t}(\dot{\boldsymbol{X}}-\boldsymbol{AX})=\mathrm{e}^{-\boldsymbol{A}t}\boldsymbol{B}u$$

上式又可写成

$$\frac{\mathrm{d}}{\mathrm{d}t}[\mathrm{e}^{-\boldsymbol{A}t}\boldsymbol{X}(t)]=\mathrm{e}^{-\boldsymbol{A}t}\boldsymbol{B}u \tag{9.4-9}$$

对式(9.4-9)进行由0到 t 的积分，可得

$$\int_0^t\frac{\mathrm{d}}{\mathrm{d}\tau}[\mathrm{e}^{-\boldsymbol{A}\tau}\boldsymbol{X}(\tau)]\mathrm{d}\tau=\int_0^t\mathrm{e}^{-\boldsymbol{A}\tau}\boldsymbol{B}u(\tau)\mathrm{d}\tau$$

$$\mathrm{e}^{-\boldsymbol{A}\tau}\boldsymbol{X}(\tau)\Big|_0^t=\int_0^t\mathrm{e}^{-\boldsymbol{A}\tau}\boldsymbol{B}u(\tau)\mathrm{d}\tau$$

$$\mathrm{e}^{-\boldsymbol{A}t}\boldsymbol{X}(t)-\boldsymbol{X}(0)=\int_0^t\mathrm{e}^{-\boldsymbol{A}\tau}\boldsymbol{B}u(\tau)\mathrm{d}\tau$$

于是求得非齐次状态方程的解为

$$X(t) = e^{At}X(0) + \int_0^t e^{A(t-\tau)}Bu(\tau)d\tau \tag{9.4-10}$$

用系统的状态转移矩阵表示，式(9.4-10)还可写成

$$X(t) = \Phi(t)X(0) + \int_0^t \Phi(t-\tau)Bu(\tau)d\tau \tag{9.4-11}$$

若初始时刻不为零而取 t_0时，则有

$$X(t) = \Phi(t-t_0)X(t_0) + \int_{t_0}^t \Phi(t-\tau)Bu(\tau)d\tau \tag{9.4-12}$$

式(9.4-12)表明，非齐次状态方程式(9.4-7)的解包括两部分：一是与初始状态$X(t_0)$有关的状态转移分量$\Phi(t-t_0)X(t_0)$，二是式(9.4-12)中等号右边第二项，是与控制向量$u(t)$有关的受控分量。

例9.4-2 设线性定常系统的非齐次状态方程为

$$\dot{X} = \begin{pmatrix} 0 & 1 \\ -2 & -3 \end{pmatrix} X + \begin{pmatrix} 0 \\ 1 \end{pmatrix} u$$

试求取 $u(t)=1(t)$，$X(0)=\mathbf{0}$时状态方程的解。

解 在例9.4-1中已经求得该系统的状态转移矩阵 $\Phi(t)$

$$\Phi(t) = \begin{pmatrix} 2e^{-t}-e^{-2t} & e^{-t}-e^{-2t} \\ -2e^{-t}+2e^{-2t} & -e^{-t}+2e^{-2t} \end{pmatrix}$$

于是给定系统非齐次状态方程解的转移分量为

$$\Phi(t)X(0) = \begin{pmatrix} 2e^{-t}-e^{-2t} & e^{-t}-e^{-2t} \\ -2e^{-t}+2e^{-2t} & -e^{-t}+2e^{-2t} \end{pmatrix} \begin{pmatrix} x_1(0) \\ x_2(0) \end{pmatrix}$$

下面据式(9.4-11)计算受控分量

$$\int_0^t \Phi(t-\tau)Bu(\tau)d\tau =$$

$$\int_0^t \begin{pmatrix} 2e^{-(t-\tau)}-e^{-2(t-\tau)} & e^{-(t-\tau)}-e^{-2(t-\tau)} \\ -2e^{-(t-\tau)}+2e^{-2(t-\tau)} & -e^{-(t-\tau)}+2e^{-2(t-\tau)} \end{pmatrix} \begin{pmatrix} 0 \\ 1 \end{pmatrix} d\tau =$$

$$\int_0^t \begin{pmatrix} e^{-(t-\tau)}-e^{-2(t-\tau)} \\ -e^{-(t-\tau)}+2e^{-2(t-\tau)} \end{pmatrix} d\tau = \begin{bmatrix} \frac{1}{2}-e^{-t}+\frac{1}{2}e^{-2t} \\ e^{-t}-e^{-2t} \end{bmatrix}$$

已知 $$X(0) = \begin{pmatrix} x_1(0) \\ x_2(0) \end{pmatrix} = \begin{pmatrix} 0 \\ 0 \end{pmatrix}$$

最后求得给定系统非齐次状态方程的解为

$$x_1(t) = \frac{1}{2}-e^{-t}+\frac{1}{2}e^{-2t}$$

$$x_2(t) = e^{-t}-e^{-2t}$$

2. 拉普拉斯变换法

对式(9.4-7)进行拉氏变换

$$sX(s) - X(0) = AX(s) + BU(s)$$

或

$$(sI - A)X(s) = X(0) + BU(s) \tag{9.4-13}$$

式(9.4-13)等号两边左乘$(s\boldsymbol{I}-\boldsymbol{A})^{-1}$,得

$$\boldsymbol{X}(s)=(s\boldsymbol{I}-\boldsymbol{A})^{-1}\boldsymbol{X}(0)+(s\boldsymbol{I}-\boldsymbol{A})^{-1}\boldsymbol{B}\boldsymbol{U}(s) \tag{9.4-14}$$

对式(9.4-14)取拉氏反变换,求得非齐次状态方程式(9.4-7)的解为

$$\boldsymbol{X}(t)=\mathrm{L}^{-1}[(s\boldsymbol{I}-\boldsymbol{A})^{-1}]\boldsymbol{X}(0)+\mathrm{L}^{-1}[(s\boldsymbol{I}-\boldsymbol{A})^{-1}\boldsymbol{B}\boldsymbol{U}(s)] \tag{9.4-15}$$

例9.4-3 试应用拉普拉斯法求解非齐次状态方程

$$\dot{\boldsymbol{X}}=\begin{pmatrix}0 & 1\\ -2 & -3\end{pmatrix}\boldsymbol{X}+\begin{pmatrix}0\\1\end{pmatrix}\boldsymbol{u}$$

已知 $u(t)=1(t)$。

解 在例9.4-1中已求得

$$(s\boldsymbol{I}-\boldsymbol{A})^{-1}=\begin{bmatrix}\dfrac{s+3}{(s+1)(s+2)} & \dfrac{1}{(s+1)(s+2)}\\ \dfrac{-2}{(s+1)(s+2)} & \dfrac{s}{(s+1)(s+2)}\end{bmatrix}$$

将$(s\boldsymbol{I}-\boldsymbol{A})^{-1}$及 B 代入式(9.4-15)中,求得

$$\begin{pmatrix}x_1(t)\\x_2(t)\end{pmatrix}=\mathrm{L}^{-1}\left[\begin{bmatrix}\dfrac{s+3}{(s+1)(s+2)} & \dfrac{1}{(s+1)(s+2)}\\ \dfrac{-2}{(s+1)(s+2)} & \dfrac{s}{(s+1)(s+2)}\end{bmatrix}\begin{bmatrix}x_1(0)\\x_2(0)\end{bmatrix}\right]+$$

$$\mathrm{L}^{-1}\left[\begin{bmatrix}\dfrac{s+3}{(s+1)(s+2)} & \dfrac{1}{(s+1)(s+2)}\\ \dfrac{-2}{(s+1)(s+2)} & \dfrac{s}{(s+1)(s+2)}\end{bmatrix}\begin{pmatrix}0\\1\end{pmatrix}\frac{1}{s}\right]$$

最后解得

$$\begin{pmatrix}x_1(t)\\x_2(t)\end{pmatrix}=\begin{pmatrix}2\mathrm{e}^{-t}-\mathrm{e}^{-2t} & \mathrm{e}^{-t}-\mathrm{e}^{-2t}\\ -2\mathrm{e}^{-t}+2\mathrm{e}^{-2t} & -\mathrm{e}^{-t}+2\mathrm{e}^{-2t}\end{pmatrix}\begin{pmatrix}x_1(0)\\x_2(0)\end{pmatrix}+$$

$$\begin{bmatrix}\dfrac{1}{2}-\mathrm{e}^{-t}+\dfrac{1}{2}\mathrm{e}^{-2t}\\ \mathrm{e}^{-t}-\mathrm{e}^{-2t}\end{bmatrix}$$

从例9.4-2及9.4-3看出,两种方法求得的解完全一样。

9.5 线性定常离散系统的分析

一、 线性定常离散系统的状态空间表达式

描述线性定常离散系统的差分方程的一般表达式为

$$\begin{aligned}&y[(k+n)T]+a_1y[(k+n-1)T]+a_2y[(k+n-2)T]+\cdots+\\&a_{n-1}y[(k+1)T]+a_ny(kT)=b_0u[(k+n)T]+b_1u[(k+n-1)T]+\\&b_2u[(k+n-2)T]+\cdots+b_{n-1}u[(k+1)T]+b_nu(kT)\end{aligned} \tag{9.5-1}$$

式中 T ——采样周期;

$y(kT)$——第 k 个采样时刻的系统输出;

$u(kT)$——第 k 个采样时刻的控制函数。

(一)控制函数仅含 $b_n u(kT)$ 时线性定常离散系统的状态空间表达式

为书写方便,省略差分方程中的采样周期 T,这时描述线性定常离散系统的差分方程为

$$y(k+n)+a_1 y(k+n-1)+a_2 y(k+n-2)+\cdots+a_{n-1}y(k+1) + a_n y(k)=b_n u(k) \tag{9.5-2}$$

1. 选取状态变量

$$\begin{cases} x_1(k)=y(k) \\ x_2(k)=x_1(k+1)=y(k+1) \\ x_3(k)=x_2(k+1)=y(k+2) \\ \vdots \quad\quad \vdots \quad\quad \vdots \\ x_n(k)=x_{n-1}(k+1)=y(k+n-1) \end{cases}$$

2. 写出状态变量的一阶差分方程

$$\begin{cases} x_1(k+1)=x_2(k) \\ x_2(k+1)=x_3(k) \\ \quad\vdots \\ x_{n-1}(k+1)=x_n(k) \\ x_n(k+1)=y(k+n)=-a_n y(k)-a_{n-1}y(k+1)-\cdots- \\ \quad a_2 y(k+n-2)-a_1 y(k+n-1)+b_n u(k)= \\ \quad -a_n x_1(k)-a_{n-1}x_2(k)-\cdots-a_2 x_{n-1}(k)- \\ \quad a_1 x_n(k)+b_n u(k) \end{cases}$$

3. 写成向量矩阵形式

$$\boldsymbol{X}(k+1)=\boldsymbol{A}\boldsymbol{X}(k)+\boldsymbol{B}u(k) \tag{9.5-3}$$

式中 $\boldsymbol{X}(k+1)=\begin{bmatrix} x_1(k+1) \\ x_2(k+1) \\ \vdots \\ x_{n-1}(k+1) \\ x_n(k+1) \end{bmatrix}$　　$\boldsymbol{X}(k)=\begin{bmatrix} x_1(k) \\ x_2(k) \\ \vdots \\ x_{n-1}(k) \\ x_n(k) \end{bmatrix}$

$$\boldsymbol{A}=\begin{bmatrix} 0 & 1 & 0 & \cdots & 0 \\ 0 & 0 & 1 & \cdots & 0 \\ \vdots & \vdots & \vdots & & \vdots \\ 0 & 0 & 0 & \cdots & 1 \\ -a_n & -a_{n-1} & -a_{n-2} & \cdots & -a_1 \end{bmatrix}$$ $\boldsymbol{A}$ 为 $n\times n$ 常数系统矩阵

$$\boldsymbol{B}=\begin{bmatrix} 0 \\ 0 \\ \vdots \\ 0 \\ b_n \end{bmatrix}$$ $\boldsymbol{B}$ 为 $n\times 1$ 常数控制矩阵

其输出方程为

$$y(k)=\boldsymbol{CX}(k) \tag{9.5-4}$$

式中 $\boldsymbol{C}=[1\quad 0\quad \cdots\quad 0]$为$1\times n$常数输出系数矩阵。

例9.5-1 设线性定常离散系统的差分方程为

$$y(k+3)+2y(k+2)+5y(k+1)+6y(k)=u(k)$$

试列写该系统的状态空间表达式。

解 1.选取状态变量

$$\begin{cases}x_1(k)=y(k)\\ x_2(k)=x_1(k+1)=y(k+1)\\ x_3(k)=x_2(k+1)=y(k+2)\end{cases}$$

2.建立一阶差分方程

$$\begin{cases}x_1(k+1)=x_2(k)\\ x_2(k+1)=x_3(k)\\ x_3(k+1)=y(k+3)=-6x_1(k)-5x_2(k)-2x_3(k)+u(k)\end{cases}$$

3.写成矩阵形式

$$\begin{bmatrix}x_1(k+1)\\ x_2(k+1)\\ x_3(k+1)\end{bmatrix}=\begin{bmatrix}0 & 1 & 0\\ 0 & 0 & 1\\ -6 & -5 & -2\end{bmatrix}\begin{bmatrix}x_1(k)\\ x_2(k)\\ x_3(k)\end{bmatrix}+\begin{bmatrix}0\\ 0\\ 1\end{bmatrix}u(k)$$

$$y(k)=[1\quad 0\quad 0]\begin{bmatrix}x_1(k)\\ x_2(k)\\ x_3(k)\end{bmatrix}$$

(二)控制函数含$\boldsymbol{u}(k)$、$\boldsymbol{u}(k+1)$、…、$\boldsymbol{u}(k+n)$时线性定常离散系统的状态空间表达式

这时,根据式(9.5-1)建立状态空间表达式。

1.选取状态变量

$$\begin{cases}x_1(k)=y(k)-h_0u(k)\\ x_2(k)=x_1(k+1)-h_1u(k)\\ x_3(k)=x_2(k+1)-h_2u(k)\\ \quad\vdots\qquad\quad\vdots\\ x_n(k)=x_{n-1}(k+1)-h_{n-1}u(k)\end{cases}$$

$$x_{n+1}(k)=x_n(k+1)-h_nu(k)$$

式中

$$\begin{aligned}h_0&=b_0\\ h_1&=b_1-a_1b_0\\ h_2&=(b_2-a_2b_0)-a_1h_1\\ &\ \ \vdots\qquad\quad\vdots\\ h_n&=(b_n-a_nb_0)-a_{n-1}h_1-a_{n-2}h_2-\cdots-a_2h_{n-2}-a_1h_{n-1}\end{aligned}$$

上述h_0、h_1、…、h_n的确定方法同连续系统,见式(9.2-14)~式(9.2-18)。

2. 建立一阶差分方程

$$\begin{cases} x_1(k+1) = x_2(k) + h_1u(k) \\ x_2(k+1) = x_3(k) + h_2u(k) \\ \quad\vdots \qquad\qquad \vdots \\ x_{n-1}(k+1) = x_n(k) + h_{n-1}u(k) \\ x_n(k+1) = x_{n+1}(k) + h_nu(k) = \\ \qquad -a_nx_1(k) - a_{n-1}x_2(k) - \cdots - a_2x_{n-1}(k) - \\ \qquad a_1x_n(k) + h_nu(k) \end{cases}$$

3. 写成矩阵形式，得状态空间表达式为

$$\boldsymbol{X}(k+1) = \boldsymbol{AX}(k) + \boldsymbol{Bu}(k) \tag{9.5-5}$$

$$y(k) = \boldsymbol{CX}(k) + \boldsymbol{Du}(k) \tag{9.5-6}$$

式中 $\boldsymbol{A} = \begin{bmatrix} 0 & 1 & 0 & \cdots & 0 \\ 0 & 0 & 1 & \cdots & 0 \\ \vdots & \vdots & \vdots & & \vdots \\ 0 & 0 & 0 & \cdots & 1 \\ -a_n & -a_{n-1} & -a_{n-2} & \cdots & -a_1 \end{bmatrix}$，$\boldsymbol{B} = \begin{bmatrix} h_1 \\ h_2 \\ \vdots \\ h_{n-1} \\ h_n \end{bmatrix}$

$\boldsymbol{C} = [1 \quad 0 \quad \cdots \quad 0] \qquad \boldsymbol{D} = h_0 = b_0$

其中 $\boldsymbol{A}$ 为系统系数矩阵，$\boldsymbol{B}$ 为控制矩阵，$\boldsymbol{C}$ 为输出系数矩阵，$\boldsymbol{D}$ 为直接传递系数矩阵。

例9.5-2 已知线性定常离散系统的差分方程为

$$y(k+2) + y(k+1) + 0.16y(k) = u(k+1) + 2u(k)$$

试建立该系统的状态空间表达式。

解 由系统的差分方程知：$a_1 = 1, a_2 = 0.16, b_0 = 0, b_1 = 1, b_2 = 2$，所以

$$h_0 = b_0 = 0, h_1 = b_1 - a_1b_0 = 1,$$

$$h_2 = (b_2 - a_2b_0) - a_1h_1 = 1$$

1. 选取状态变量

$$\begin{cases} x_1(k) = y(k) - h_0u(k) = y(k) \\ x_2(k) = x_1(k+1) - h_1u(k) = x_1(k+1) - u(k) \end{cases}$$

$$x_3(k) = x_2(k+1) - h_2u(k) = x_2(k+1) - u(k)$$

2. 建立一阶差分方程

$$\begin{cases} x_1(k+1) = x_2(k) + u(k) \\ x_2(k+1) = x_3(k) + u(k) = -0.16x_1(k) - x_2(k) + u(k) \end{cases}$$

3. 状态空间表达式为

$$\boldsymbol{X}(k+1) = \begin{bmatrix} x_1(k+1) \\ x_2(k+1) \end{bmatrix} = \begin{bmatrix} 0 & 1 \\ -0.16 & -1 \end{bmatrix}\begin{bmatrix} x_1(k) \\ x_2(k) \end{bmatrix} + \begin{bmatrix} 1 \\ 1 \end{bmatrix}u(k)$$

$$y(k) = [1 \quad 0]\boldsymbol{X}(k)$$

二、 线性定常离散系统状态方程的解

1. 递推法

递推法也称迭代法，这时需在状态方程

$$X(k+1)=AX(k)+Bu(k)$$

中依次令 $k=0,1,2,\cdots$，得到

$$k=0:\quad X(1)=AX(0)+Bu(0)$$

$$k=1:\quad X(2)=AX(1)+Bu(1)=A^2X(0)+ABu(0)+Bu(1)$$

$$k=2:\quad X(3)=AX(2)+Bu(2)=$$

$$A^3X(0)+A^2Bu(0)+ABu(1)+Bu(2)$$

$$\vdots \qquad \vdots \qquad \vdots$$

$$k=k-1:\quad X(k)=AX(k-1)+Bu(k-1)=$$

$$A^kX(0)+A^{k-1}Bu(0)+A^{k-2}Bu(1)+\cdots+$$

$$ABu(k-2)+Bu(k-1) \tag{9.5-7}$$

式(9.5-7)便是线性定常离散系统状态方程的通解，此式还可写成

$$X(k)=A^kX(0)+\sum_{j=0}^{k-1}A^{k-1-j}Bu(j) \tag{9.5-8}$$

$$(k=1,2,3,\cdots)$$

式(9.5-8)表明，线性定常离散系统状态方程的解由两项组成。其中，在第一项 $A^kX(0)$ 中若记

$$\Phi(k)=A^k$$

则 $\Phi(k)$ 便是矩阵差分方程组

$$\begin{cases}\Phi(k+1)=A\Phi(k)\\ \Phi(0)=I\end{cases}$$

的唯一解。$\Phi(k)$ 描述线性定常离散系统由 $t=0$ 的初始状态 $X(0)$ 向任意时刻 $t=kT_0$ 的状态 $X(k)$ 的转移特性。因此，称 $\Phi(k)$ 为线性定常离散系统的状态转移矩阵，而 $\Phi(k)X(0)=A^kX(0)$ 则是描述转移特性的转移项。式(9.5-8)中等号右边的第二项则是与控制向量 $u(k)$ 有关的受控项。

通过状态转移矩阵，式(9.5-8)还可以写成

$$X(k)=\Phi(k)X(0)+\sum_{j=0}^{k-1}\Phi(k-1-j)Bu(j) \tag{9.5-9}$$

$$(k=1,2,3,\cdots)$$

将状态方程的解 $X(k)$ 代入式(9.5-6)，得到系统输出

$$y(k)=C\Phi(k)X(0)+C\sum_{j=0}^{k-1}\Phi(k-1-j)Bu(j)+Du(k) \tag{9.5-10}$$

$$(k=1,2,3,\cdots)$$

需要指出，用递推法求解线性定常离散系统状态方程的解不能写出闭式。

2. Z 变换法

对式(9.5-5)所示的状态方程

$$X(k+1)=AX(k)+Bu(k)$$

进行 Z 变换，得

$$zX(z)-zX(0)=AX(z)+BU(z)$$

或
$$(zI-A)X(z)=zX(0)+BU(z) \tag{9.5-11}$$

式(9.5-11)两边同时左乘矩阵$(zI-A)^{-1}$,得

$$X(z)=(zI-A)^{-1}zX(0)+(zI-A)^{-1}BU(z)$$

对上式取 Z 反变换,便可求得状态方程的解

$$X(k)=Z^{-1}[(zI-A)^{-1}zX(0)]+Z^{-1}[(zI-A)^{-1}BU(z)] \tag{9.5-12}$$

比较式(9.5-8)与式(9.5-12),可以证明(证明从略):

$$Z^{-1}[(zI-A)^{-1}z]=A^k \tag{9.5-13}$$

$$Z^{-1}[(zI-A)^{-1}BU(z)]=\sum_{j=0}^{k-1}A^{k-1-j}Bu(j) \tag{9.5-14}$$

综上可见,用递推法与用 Z 变换法求得的线性定常离散系统状态方程的解完全相同。

例9.5-3 设线性定常离散系统的状态方程为

$$X(k+1)=AX(k)+Bu(k)$$

式中 $A=\begin{bmatrix}0 & 1\\ -0.16 & -1\end{bmatrix}$, $B=\begin{bmatrix}1\\1\end{bmatrix}$

当 $X(0)=\begin{bmatrix}x_1(0)\\ x_2(0)\end{bmatrix}=\begin{bmatrix}1\\ -1\end{bmatrix}$, $u(k)=1 \quad (k\geqslant 0)$

时,试用 Z 变换法求解该系统的状态方程。

解 首先按式(9.5-13)计算状态转移矩阵 A^k

$$A^k=\Phi(k)=Z^{-1}[(zI-A)^{-1}z]=$$

$$Z^{-1}\left[\begin{bmatrix}z & -1\\ 0.16 & z+1\end{bmatrix}^{-1}z\right]=$$

$$Z^{-1}\left[\begin{bmatrix}\dfrac{z+1}{(z+0.2)(z+0.8)} & \dfrac{1}{(z+0.2)(z+0.8)}\\ \dfrac{-0.16}{(z+0.2)(z+0.8)} & \dfrac{z}{(z+0.2)(z+0.8)}\end{bmatrix}z\right]=$$

$$\frac{1}{3}Z^{-1}\begin{bmatrix}\dfrac{4z}{z+0.2}-\dfrac{z}{z+0.8} & \dfrac{5z}{z+0.2}-\dfrac{5z}{z+0.8}\\ \dfrac{-0.8z}{z+0.2}+\dfrac{0.8z}{z+0.8} & \dfrac{-z}{z+0.2}+\dfrac{4z}{z+0.8}\end{bmatrix}=$$

$$\frac{1}{3}\begin{bmatrix}4(-0.2)^k-(-0.8)^k & 5(-0.2)^k-5(-0.8)^k\\ -0.8(-0.2)^k+0.8(-0.8)^k & -(-0.2)^k+4(-0.8)^k\end{bmatrix}$$

其次计算转移分量

$$Z^{-1}[(zI-A)^{-1}zX(0)]=Z^{-1}[(zI-A)^{-1}z]X(0)=\Phi(k)\begin{bmatrix}1\\ -1\end{bmatrix}=$$

$$\begin{bmatrix}-\dfrac{1}{3}(-0.2)^k+\dfrac{4}{3}(-0.8)^k\\ \dfrac{1}{15}(-0.2)^k-\dfrac{16}{15}(-0.8)^k\end{bmatrix} \tag{9.5-15}$$

再计算受控分量

$$Z^{-1}[(z\boldsymbol{I}-\boldsymbol{A})^{-1}\boldsymbol{B}\boldsymbol{U}(z)]=$$

$$Z^{-1}\left[\begin{bmatrix}\frac{z+1}{(z+0.2)(z+0.8)} & \frac{1}{(z+0.2)(z+0.8)}\\ \frac{-0.16}{(z+0.2)(z+0.8)} & \frac{z}{(z+0.2)(z+0.8)}\end{bmatrix}\begin{bmatrix}1\\1\end{bmatrix}\frac{z}{z-1}\right]=$$

$$Z^{-1}\left[\begin{bmatrix}\frac{z+2}{(z+0.2)(z+0.8)(z-1)}\\ \frac{z-0.16}{(z+0.2)(z+0.8)(z-1)}\end{bmatrix}z\right]=$$

$$Z^{-1}\begin{bmatrix}\frac{-\frac{5}{2}z}{z+0.2}+\frac{\frac{10}{9}z}{z+0.8}+\frac{\frac{25}{18}z}{z-1}\\ \frac{\frac{1}{2}z}{z+0.2}-\frac{\frac{8}{9}z}{z+0.8}+\frac{\frac{7}{18}z}{z-1}\end{bmatrix}=$$

$$\begin{bmatrix}-\frac{5}{2}(-0.2)^k+\frac{10}{9}(-0.8)^k+\frac{25}{18}\\ \frac{1}{2}(-0.2)^k-\frac{8}{9}(-0.8)^k+\frac{7}{18}\end{bmatrix} \tag{9.5-16}$$

最后，根据式(9.5-12)，将式(9.5-15)及式(9.5-16)相加，便得给定系统状态方程的解 $\boldsymbol{X}(k)$，即

$$\boldsymbol{X}(k)=\begin{bmatrix}-\frac{17}{6}(-0.2)^k+\frac{22}{9}(-0.8)^k+\frac{25}{18}\\ \frac{3.4}{6}(-0.2)^k-\frac{17.6}{9}(-0.8)^k+\frac{7}{18}\end{bmatrix}\qquad (k=1,2,3,\cdots)$$

9.6 线性连续状态方程的离散化

当应用数字计算机计算线性连续系统的状态 $\boldsymbol{X}(t)$时，需将连续状态方程转化为离散状态方程，即需将矩阵微分方程转化为矩阵差分方程。这样的转化称为连续状态方程的离散化。在离散化过程中，假设控制函数只在采样时刻上发生变化，而在相邻两次采样时刻之间保持常值，即 $kT<t<(k+1)T$ 时，

$$u(kT)=\text{常值}$$

离散化的任务在于求出能在采样时刻 $t=kT(k=1,2,\cdots)$上给出与连续状态 $\boldsymbol{X}(t)$同值的离散状态 $\boldsymbol{X}(k)$的离散状态方程。下面介绍线性定常连续系统状态方程的离散化方法。

设线性定常连续系统的状态方程为

$$\dot{\boldsymbol{X}}=\boldsymbol{A}\boldsymbol{X}+\boldsymbol{B}u$$

其解(见式(9.4-41))为

$$X(t) = e^{At}X(0) + e^{At}\int_0^t e^{-A\tau}Bu(\tau)d\tau$$

令 $$t = kT, X(kT) = e^{AkT}X(0) + \int_0^{kT} e^{AkT} \cdot e^{-A\tau}Bu(\tau)d\tau \tag{9.6-1}$$

令 $$t = (k+1)T, X[(k+1)T] = e^{A(k+1)T}X(0) + \int_0^{(k+1)T} e^{A(k+1)T} \cdot e^{-A\tau}Bu(\tau)d\tau \tag{9.6-2}$$

将式(9.6-1)左乘 e^{AT}

$$e^{AT}X(kT) = e^{A(k+1)T}X(0) + \int_0^{kT} e^{A(k+1)T} \cdot e^{-A\tau}Bu(\tau)d\tau \tag{9.6-3}$$

式(9.6-2)与式(9.6-3)相减，得

$$X[(k+1)T] - e^{AT}X(kT) = e^{A(k+1)T}\left[\int_0^{(k+1)T} e^{-A\tau}Bu(\tau)d\tau - \int_0^{kT} e^{-A\tau}Bu(\tau)d\tau\right]$$

将上式改写成

$$X[(k+1)T] = e^{AT}X(kT) + e^{A(k+1)T}\int_{kT}^{(k+1)T} e^{-A\tau}Bu(\tau)d\tau =$$

$$e^{AT}X(kT) + e^{AT}\int_{kT}^{(k+1)T} e^{-A(\tau-kT)}Bu(\tau)d\tau \tag{9.6-4}$$

令 $$\tau - kT = \xi, \quad 0 \leqslant \xi \leqslant T$$

所以 $\tau = kT + \xi$；$d\tau = d\xi$；$\tau = kT$ 时，$\xi = 0$；

$\tau = (k+1)T$ 时，$\xi = T$

于是，式(9.6-4)变为

$$X[(k+1)T] = e^{AT}X(kT) + e^{AT}\int_0^T e^{-A\xi}Bu(kT+\xi)d\xi \tag{9.6-5}$$

根据假设，有 $$u(kT+\xi) = u(kT) \qquad (k=0,1,2,\cdots)$$

因此，式(9.6-5)可写成

$$X[(k+1)T] = e^{AT}X(kT) + \int_0^T e^{A(T-\xi)}Bd\xi u(kT) =$$

$$A^*(T)X(kT) + B^*(T)u(kT) \tag{9.6-6}$$

式(9.6-6)便是线性定常连续系统状态方程的离散化方程，从式中看出，离散化的工作就是求取 $A^*(T)$、$B^*(T)$。在式(9.6-6)中，记

$$A^*(T) = e^{AT}$$

$$B^*(T) = \int_0^T e^{A(T-\xi)}Bd\xi$$

令 $T-\xi=t$，$B^*(T)$可改写成

$$B^*(T) = \int_T^0 e^{At}B(-dt) = \int_0^T e^{At}Bdt$$

最后得出离散化状态方程的系统系数矩阵 $A^*(T)$及控制系数矩阵 $B^*(T)$的计算公式

$$A^*(T) = e^{AT} = \Phi(t)|_{t=T} \tag{9.6-7}$$

$$B^*(T) = \int_0^T e^{At}Bdt = \int_0^T \Phi(t)Bdt \tag{9.6-8}$$

例9.6-1 设线性定常连续系统的状态方程为

$$\begin{pmatrix}\dot{x}_1\\ \dot{x}_2\end{pmatrix}=\begin{pmatrix}0 & 1\\ 0 & 1\end{pmatrix}\begin{pmatrix}x_1\\ x_2\end{pmatrix}+\begin{pmatrix}0\\ 1\end{pmatrix}u$$

试求离散化状态方程。

解 根据式(9.6-7)及式(9.6-8)进行计算

$$\boldsymbol{A}^*(T)=\mathrm{e}^{AT}=\mathrm{e}^{At}|_{t=T}=\mathrm{L}^{-1}[(s\boldsymbol{I}-\boldsymbol{A})^{-1}]|_{t=T}$$

$$(s\boldsymbol{I}-\boldsymbol{A})^{-1}=\begin{bmatrix}\dfrac{1}{s} & -\dfrac{1}{s}+\dfrac{1}{s-1}\\ 0 & \dfrac{1}{s-1}\end{bmatrix}$$

所以

$$\boldsymbol{A}^*(T)=\begin{pmatrix}1 & \mathrm{e}^T-1\\ 0 & \mathrm{e}^T\end{pmatrix}$$

$$\boldsymbol{B}^*(T)=\int_0^T\mathrm{e}^{At}\boldsymbol{B}\mathrm{d}t=\int_0^T\begin{pmatrix}1 & \mathrm{e}^t-1\\ 0 & \mathrm{e}^t\end{pmatrix}\begin{pmatrix}0\\ 1\end{pmatrix}\mathrm{d}t=\begin{pmatrix}\mathrm{e}^T-T-1\\ \mathrm{e}^T-1\end{pmatrix}$$

将 $\boldsymbol{A}^*(T)$、$\boldsymbol{B}^*(T)$ 代入式(9.6-6)中，得离散化状态方程

$$\begin{pmatrix}x_1[(k+1)T]\\ x_2[(k+1)T]\end{pmatrix}=\begin{pmatrix}1 & \mathrm{e}^T-1\\ 0 & \mathrm{e}^T\end{pmatrix}\begin{pmatrix}x_1(kT)\\ x_2(kT)\end{pmatrix}+\begin{pmatrix}\mathrm{e}^T-T-1\\ \mathrm{e}^T-1\end{pmatrix}u(kT)$$

9.7 李雅普诺夫稳定性分析

稳定性是控制系统工作的首要条件。古典控制理论中的劳斯稳定判据、奈氏稳定判据只适用于线性定常系统，而对于线性时变系统和非线性系统，上述稳定判据便不能直接应用。李雅普诺夫第二法或称李雅普诺夫直接法是确定线性时变系统和非线性系统稳定性更为一般的方法。这种方法可以在不需求解状态方程的情况下，用李雅普诺夫函数确定系统的稳定性。因为求解线性时变系统和非线性系统的解通常是比较困难的，所以这种方法有很大的优越性。但这种方法也有难点，正确选取李雅普诺夫函数需要有相当的经验和技巧，对于复杂的控制系统就更困难。然而，当用其它方法分析系统稳定性无效时，应用该法却能够解决问题。

下面分别研究李雅普诺夫意义下的稳定性定义，李雅普诺夫第二法及其主要定理以及如何应用李雅普诺夫第二法分析线性和非线性系统的稳定性。李雅普诺夫第一法是根据系统系数矩阵 $\boldsymbol{A}$ 的特征值判断系统的稳定性，本书略述。

状态方程及其解

设系统的状态方程为

$$\dot{\boldsymbol{X}}=f(\boldsymbol{X},t) \tag{9.7-1}$$

式中 $\boldsymbol{X}$ ——系统的 n 维状态向量；

$f(\boldsymbol{X},t)$—— n 维向量，它的各元素是 x_1、x_2、…、x_n 和 t 的函数。

假设在给定的初始条件下，式(9.7-1)有唯一解 $\boldsymbol{X}=\Phi(t,X_0,t_0)$，且 $\Phi(t_0,X_0,t_0)=\boldsymbol{X}_0$，其中 t_0 为初始时刻，$\boldsymbol{X}_0$ 为状态向量 $\boldsymbol{X}$ 的初始值，t 是时间变量。

平衡状态　在式(9.7-1)所描述的系统中，对所有 t，若总存在

$$f(\boldsymbol{X}_e,t)=0 \tag{9.7-2}$$

则称 $\boldsymbol{X}_e$ 为系统的平衡状态。对于线性定常系统，$f(\boldsymbol{X},t)=\boldsymbol{A}\boldsymbol{X}$，当 $\boldsymbol{A}$ 为非奇异矩阵时，系统只有一个平衡状态；当 $\boldsymbol{A}$ 为奇异矩阵时，系统有无穷多个平衡状态。对于非线性系统，可以有一个或多个平衡状态，这些状态都和系统的常值解相对应。任意一个平衡状态 $\boldsymbol{X}_e$ 都可以通过坐标变换移到坐标原点，即 $f(0,t)=0$处。研究系统的稳定性，主要是研究平衡状态的稳定性，为研究方便，一律认为平衡状态为坐标原点。

一、　李雅普诺夫稳定性定义

以平衡状态 X_e 为圆心，半径为 k 的球域可用下式表示

$$\|\boldsymbol{X}-\boldsymbol{X}_e\|\leqslant k \tag{9.7-3}$$

式中　$\|\boldsymbol{X}-\boldsymbol{X}_e\|$称为欧几里德范数，它等于

$$\|\boldsymbol{X}-\boldsymbol{X}_e\|=[(x_1-x_{1e})^2+(x_2-x_{2e})^2+\cdots+(x_n-x_{ne})^2]^{\frac{1}{2}}$$

设 $S(\delta)$是包含使$\|\boldsymbol{X}_0-\boldsymbol{X}_e\|\leqslant\delta$ 的所有点的一个球域，而 $S(\varepsilon)$是包含使$\|\boldsymbol{\Phi}(t,\boldsymbol{X}_0,t_0)-\boldsymbol{X}_e\|\leqslant\varepsilon(t\geqslant t_0)$的所有点的一个球域，其中 δ、ε 为给定的常数，t_0为初始时刻，$\boldsymbol{X}_0$为初始状态。

定义一　若系统 $\dot{X}=f(\boldsymbol{X},t)$对于任意选定的 $\varepsilon>0$，存在一个 $\delta(\varepsilon,t_0)>0$，使得当$\|\boldsymbol{X}_0-\boldsymbol{X}_e\|\leqslant\delta(t=t_0)$时，恒有$\|\boldsymbol{\Phi}(t,\boldsymbol{X}_0,t_0)-\boldsymbol{X}_e\|\leqslant\varepsilon(t_0\leqslant t\leqslant\infty)$，则称系统的平衡状态是稳定的。

该定义说明，对于每一个球域 $S(\varepsilon)$，若存在一个球域 $S(\delta)$，当 $t\rightarrow\infty$ 时，从 $S(\delta)$球域出发的轨迹不离开 $S(\varepsilon)$球域，则系统的平衡状态在李雅普诺夫意义下是稳定的，见图9.7-1(a)所示。

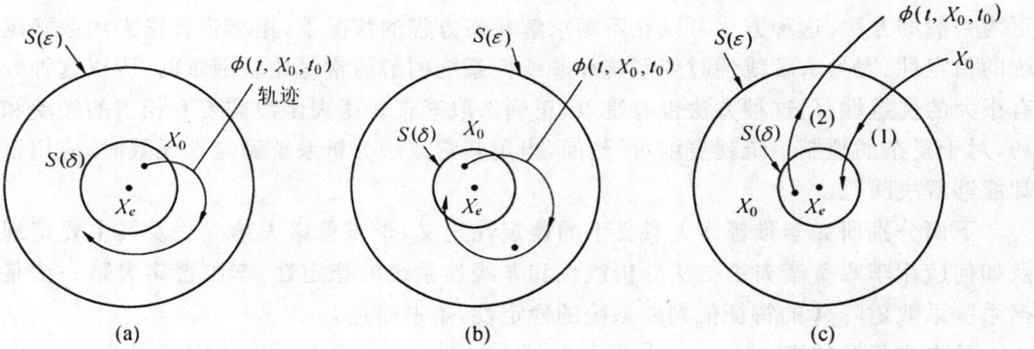

图9.7-1　表征系统稳定性的轨迹

定义二　如果平衡状态 $\boldsymbol{X}_e$ 在李雅普诺夫意义下是稳定的，即从 $S(\delta)$球域出发的每一运动轨迹 $\boldsymbol{\Phi}(t,\boldsymbol{X}_0,t_0)$，当 $t\rightarrow\infty$时，都不离开 $S(\varepsilon)$球域，且最后都能收敛到 $\boldsymbol{X}_e$ 附近，即

$\lim\limits_{t\rightarrow\infty}|\boldsymbol{\Phi}(t,\boldsymbol{X}_0,t_0)-X_e|\leqslant\mu$，其中 μ 是任选的微量，则称系统的平衡状态 $\boldsymbol{X}_e$ 是渐近稳定的。

渐近稳定性是个局部稳定的概念，球域 $S(\delta)$是渐近稳定的范围，见图9.7-1(b)所示。

定义三　对所有的状态(状态空间中的所有点),如果由这些状态出发的轨迹都具有渐近稳定性,则称平衡状态 $\boldsymbol{X}_e$ 为大范围渐近稳定。也就是说,如果状态方程式(9.7-1)在任意初始条件下的解,当 $t\to\infty$ 时都收敛于 $\boldsymbol{X}_e$,则系统的平衡状态 $\boldsymbol{X}_e$ 称为大范围渐近稳定,见图9.7-1(c)中轨迹曲线(1)。

很明显,大范围渐近稳定是全局性的稳定,其必要条件是在整个状态空间中只有一个平衡状态。对于线性系统,如果平衡状态是渐近稳定的,则必为大范围渐近稳定。对于非线性系统,一般能使平衡状态 $\boldsymbol{X}_e$ 为渐近稳定的 $S(\delta)$ 球域是不大的,称为小范围渐近稳定。

定义四　如果从 $S(\delta)$ 球域出发的轨迹,无论 $S(\delta)$ 球域选得多么小,只要其中有一条轨迹脱离 $S(\varepsilon)$ 球域,则称平衡状态 $\boldsymbol{X}_e$ 为不稳定。见图9.7-1(c)中轨迹曲线(2)。

二、 标量函数的正定性与负定性

为建立李雅普诺夫稳定性定理,需定义标量函数的正定性与负定性。设 $V(\boldsymbol{X})$ 是向量 $\boldsymbol{X}$ 的标量函数,Ω 是状态空间中包含原点的封闭有限区域($\boldsymbol{X}\in\Omega$)。

1. 正定性

对所有在 Ω 域中非零的 $\boldsymbol{X}$,有 $V(\boldsymbol{X})>0$,且在 $\boldsymbol{X}=0$处有 $V(0)=0$,则称标量函数 $V(\boldsymbol{X})$在 Ω 域内是正定的。

例如:$V(\boldsymbol{X})=x_1^2+x_2^2$,$\boldsymbol{X}=[x_1\quad x_2]^{\mathrm{T}}$。当 $x_1=x_2=0$时,$V(\boldsymbol{X})=0$;当 $x_1\neq0$(或 $x_2\neq0$)时,$V(\boldsymbol{X})>0$;所以 $V(\boldsymbol{X})$是正定的。

2. 正半定性

在 Ω 域中,标量函数 $V(\boldsymbol{X})$除在状态空间原点及某些状态处 $V(\boldsymbol{X})=0$外,对所有其它状态,都有 $V(\boldsymbol{X})>0$,则称 $V(\boldsymbol{X})$为正半定。

例如:　$V(\boldsymbol{X})=(x_1+x_2)^2$,　$\boldsymbol{X}=[x_1\quad x_2]^{\mathrm{T}}$。

当 $x_1=x_2=0$时:$V(\boldsymbol{X})=0$;$x_1=-x_2\neq0$时:$V(\boldsymbol{X})=0$;除上述的其它状态处均有 $V(\boldsymbol{X})>0$,所以 $V(\boldsymbol{X})$为正半定。

3. 负定性

若 $V(\boldsymbol{X})$是正定的,则$-V(\boldsymbol{X})$为负定。例如:$V(\boldsymbol{X})=x_1^2+x_2^2$为正定,则 $V(\boldsymbol{X})=-(x_1^2+x_2^2)$为负定。

4. 负半定性

若 $V(\boldsymbol{X})$是正半定的,则$-V(\boldsymbol{X})$为负半定。例如:$V(\boldsymbol{X})=(x_1+x_2)^2$是正半定的,则 $V(\boldsymbol{X})=-(x_1+x_2)^2$为负半定。

5. 不定性

如果不论 Ω 域取多么小,$V(\boldsymbol{X})$既可为正,也可为负,则称这类标量函数为不定。例如:$V(\boldsymbol{X})=x_1x_2+x_2^2$为不定。因为对于 $X=[a\quad -b]^{\mathrm{T}}$ 一类状态,在 $a>b>0$和 $b>a>0$时 $V(\boldsymbol{X})$要改变符号。

三、 塞尔维斯特准则

该准则用来判断二次型标量函数的正定性。设 $V(\boldsymbol{X})$是一个二次型标量函数

$$V(\boldsymbol{X})=\boldsymbol{X}^T\boldsymbol{P}\boldsymbol{X}=[x_1 \quad x_2 \quad \cdots \quad x_n]\begin{bmatrix} p_{11} & p_{12} & \cdots & p_{1n} \\ p_{21} & p_{22} & \cdots & p_{2n} \\ \vdots & \vdots & & \vdots \\ p_{n1} & p_{n2} & \cdots & p_{nn} \end{bmatrix}\begin{bmatrix} x_1 \\ x_2 \\ \vdots \\ x_n \end{bmatrix}$$

式中 $\boldsymbol{P}$ 为实对称矩阵，即有 $p_{ij}=p_{ji}$。当

$$p_{11}>0,\begin{vmatrix} p_{11} & p_{12} \\ p_{21} & p_{22} \end{vmatrix}>0,\cdots,\begin{vmatrix} p_{11} & p_{12} & \cdots & p_{1n} \\ p_{21} & p_{22} & \cdots & p_{2n} \\ \vdots & \vdots & & \vdots \\ p_{n1} & p_{n2} & \cdots & p_{nn} \end{vmatrix}>0$$

时，则 $V(\boldsymbol{X})$ 为正定。如果 P 是奇异矩阵，并且 P 的所有主子行列式为非负时，则 $V(\boldsymbol{X})$ 为正半定。

四、 李雅普诺夫稳定性定理

李雅普诺夫第二法是基于若系统的内部能量随时间推移而衰减，则系统最终将达到静止状态这个思想而建立起来的稳定判据。即如果系统有一个渐近稳定的平衡状态，则当系统向平衡状态附近运动时，系统储存的能量随时间的推移应逐渐衰减，直到平衡状态处衰减到最小值。因此，如能找到系统的能量函数，只要能量函数对时间的导数是负的，则系统的平衡状态就是渐近稳定的。由于系统的形式是多种多样的，难于找到一种定义“能量函数”的统一形式和简单方法。为克服这一困难，李雅普诺夫引出一个虚构的能量函数，称为李雅普诺夫函数，简称李氏函数。此函数量纲不一定是能量量纲，但反映能量关系。李氏函数是标量函数，用 $V(\boldsymbol{X})$ 表示，必须是正定的，通常选用状态变量的二次型函数做为李雅普诺夫函数。

定理一 设系统的状态方程为

$$\dot{\boldsymbol{X}}=f(\boldsymbol{X},t)，且\ f(0,t)=0 \quad (t\geqslant t_0)$$

如果存在一个标量函数 $V(\boldsymbol{X},t)$，$V(\boldsymbol{X},t)$ 对向量 $\boldsymbol{X}$ 中各分量具有连续的一阶偏导数，且满足条件：

1. $V(\boldsymbol{X},t)$ 为正定；

2. $\dot{V}(\boldsymbol{X},t)$ 为负定。

则在状态空间原点处的平衡状态是渐近稳定的。如果随 $\|\boldsymbol{X}\|\to\infty$ 有 $V(\boldsymbol{X},t)\to\infty$，则在原点处的平衡状态是大范围渐近稳定的。

此定理可作如下直观理解。因为 $V(\boldsymbol{X},t)$ 是正定函数，所以 $V(\boldsymbol{X},t)=c$（c 为常数）的等高面形成了以原点为中心的封闭曲线簇。例如：$V(\boldsymbol{X},t)=x_1{}^2+x_2{}^2=c$ 便是以原点为圆心以 $\sqrt{c}$ 为半径的圆簇，如图9.7-2所示。当 $c\to 0$ 时，$V(\boldsymbol{X},t)=c$ 最终将收敛于原点，即在 $x_1=x_2=0$ 处，$V(\boldsymbol{X},t)=0$。因此，当 $\dot{V}(\boldsymbol{X},t)$ 为负定时，状态 $\boldsymbol{X}$ 的运动方向是从封闭曲线的外侧走向内侧，当 $t\to\infty$ 时，收敛到原点。

当满足 $\|\boldsymbol{X}\|\to\infty$ 及 $V(\boldsymbol{X},t)\to\infty$ 条件，即在等 V 曲面簇扩展到整个状态空间条件下，能保证在全局范围内，当 $t\to\infty$ 时，$V(\boldsymbol{X},t)$ 收敛到原点，便是系统具有大范围渐近稳定的

条件。

例9.7-1 已知系统的状态方程为

$$\begin{cases}\dot{x}_1=x_2-x_1(x_1{}^2+x_2{}^2)\\ \dot{x}_2=-x_1-x_2(x_1{}^2+x_2{}^2)\end{cases}$$

试分析平衡状态的稳定性。

解 原点 $\boldsymbol{X}=0$是给定系统的唯一平衡状态。选取正定的标量函数

$$V(\boldsymbol{X})=x_1{}^2+x_2{}^2$$

则有

$$\dot{V}(\boldsymbol{X})=\frac{\partial V}{\partial x_1}\cdot\frac{\mathrm{d}x_1}{\mathrm{d}t}+\frac{\partial V}{\partial x_2}\cdot\frac{\mathrm{d}x_2}{\mathrm{d}t}=2x_1\cdot\dot{x}_1+2x_2\cdot\dot{x}_2=-2(x_1{}^2+x_2{}^2)^2$$

显见，$\dot{V}(\boldsymbol{X})$为负定。又由于$\|\boldsymbol{X}\|\to\infty$时 $V(\boldsymbol{X})\to\infty$，$\dot{V}(\boldsymbol{X})$为负定不变，故给定系统在平衡状态 $\boldsymbol{X}=\boldsymbol{0}$为大范围渐近稳定。

图9.7-2示出本例所选李氏函数的圆簇，其中典型轨迹说明给定系统由初始状态 $\boldsymbol{X}_0$随时间推移向状态平面原点运动，并当 $t\to\infty$时趋于原点的运动过程。由此可见，李氏函数的几何意义是，$V(\boldsymbol{X})$表示系统状态 $\boldsymbol{X}$ 到状态空间原点的距离，而 $\dot{V}(\boldsymbol{X})$则表示状态 $\boldsymbol{X}$ 趋向原点的速度。

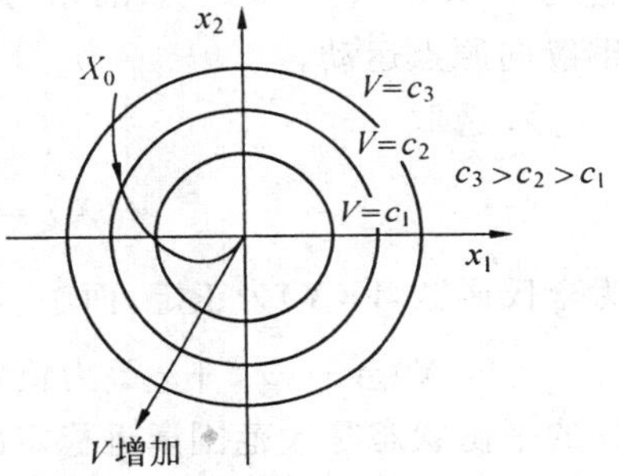

图9.7-2 等 V 圆及典型轨迹

定理二 设系统的状态方程为

$$\dot{\boldsymbol{X}}=f(\boldsymbol{X},t),\quad 且\ f(0,t)=0\quad(t\geqslant t_0)$$

如果存在一个标量函数 $V(\boldsymbol{X},t)$，$V(\boldsymbol{X},t)$对向量 $\boldsymbol{X}$ 中各分量具有连续的一阶偏导数，且满足条件：

1. $V(\boldsymbol{X},t)$为正定；
2. $\dot{V}(\boldsymbol{X},t)$为负半定；
3. $\dot{V}[\boldsymbol{\Phi}(t,\boldsymbol{X}_0,t_0),t]$对任意 t_0及任意 $\boldsymbol{X}_0\neq0$，在 $t\geqslant t_0$时不恒为零，则系统在状态空间原点处的平衡状态为大范围渐近稳定。

由于$\dot{V}(\boldsymbol{X},t)$为负半定，故典型轨迹可能与某个特定的曲面 $V(\boldsymbol{X},t)=c$ 相切，在切点处 $\dot{V}(\boldsymbol{X},t)=0$，见图9.7-3中 A 点。然而，由于 $\dot{V}[\boldsymbol{\Phi}(t,\boldsymbol{X}_0,t_0),t]$对任意 t_0和任意 $\boldsymbol{X}_0\neq0$在 $t\geqslant t_0$时不恒为零，所以典型轨迹不可能停留在切点处不动，而是要继续向原点运动。

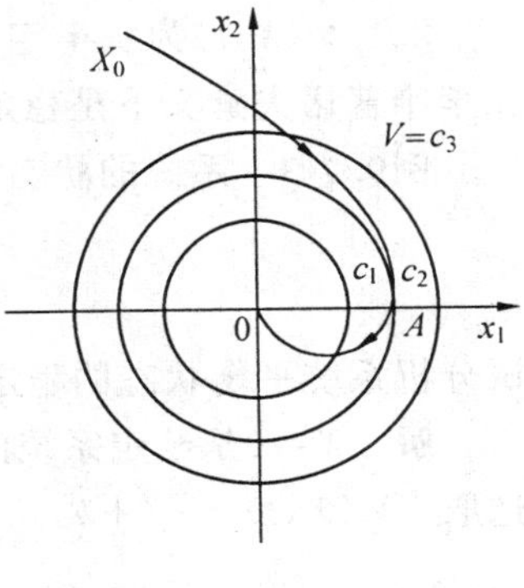

图9.7-3 等 V 圆及典型轨迹

例9.7-2 系统的状态方程为

$$\begin{cases}\dot{x}_1=x_2\\ \dot{x}_2=-x_1-x_2\end{cases}$$

试分析该系统平衡状态的稳定性。

解 $\boldsymbol{X}=0$为给定系统的唯一平衡状态。

1. 选取具有正定性的李氏函数

$$V(\boldsymbol{X})=x_1{}^2+x_2{}^2$$

则有

$$\dot{V}(\boldsymbol{X})=2x_1\cdot\dot{x}_1+2x_2\cdot\dot{x}_2=-2x_2{}^2$$

由 $\dot{V}(\boldsymbol{X})$表达式可见，当 $x_1=x_2=0$时，$\dot{V}(\boldsymbol{X})=0$；当 $x_1\neq0,x_2=0$时，亦有 $\dot{V}(\boldsymbol{X})=0$。所以 $\dot{V}(\boldsymbol{X})$为负半定。需进一步研究当 $x_1\neq0,x_2=0$时 $\dot{V}(\boldsymbol{X})$是否恒为零。

若要求在 $t\geqslant t_0$时 $\dot{V}(\boldsymbol{X})=-2x_2{}^2$恒为零，则 x_2在 $t\geqslant t_0$时必恒为零，而 $\dot{x}_2$也必恒为零。从 $\dot{x}_2=-x_1-x_2$来看，在 $t\geqslant t_0$时，$x_2=0,\dot{x}_2=0$，则 x_1也必须等于零。这就说明，$\dot{V}(\boldsymbol{X})$只可能在原点处恒为零。因此，给定系统在原点处的平衡状态是渐近稳定的。又由于$\|\boldsymbol{X}\|\to\infty$时 $V(\boldsymbol{X})\to\infty$，故给定系统在原点处的平衡状态是大范围渐近稳定的。

图9.7-3所示为与本例对应的等 V 圆及典型轨迹。从图可见，在点 A 处 $\boldsymbol{X}(t)$的运动轨迹与 $V(\boldsymbol{X})=x_1{}^2+x_2{}^2=c_2$圆相切，但状态 $\boldsymbol{X}(t)$并未在切点处停留下来，而是随时间推移继续向原点运动。

2. 选取

$$V(\boldsymbol{X})=\frac{1}{2}[(x_1+x_2)^2+2x_1{}^2+x_2{}^2]$$

为李氏函数，$V(\boldsymbol{X})$为正定，而

$\dot{V}(\boldsymbol{X})=-(x_1{}^2+x_2{}^2)$为负定。且当$\|\boldsymbol{X}\|\to\infty$时有 $V(\boldsymbol{X})\to\infty$，所以给定系统在原点处的平衡状态是大范围渐近稳定的。

由上面的分析看出，由于选取不同的李氏函数，可能使分析过程有所不同，但只要能说明系统的稳定性，李氏函数的选取并非唯一。

定理三 设系统的状态方程为

$$\dot{\boldsymbol{X}}=f(\boldsymbol{X},t),\quad 且\ f(0,t)=0\quad (t\geqslant t_0)$$

如果存在一个标量函数 $V(\boldsymbol{X},t)$，$V(\boldsymbol{X},t)$对向量 $\boldsymbol{X}$ 中各分量具有连续的一阶偏导数，且满足条件

1. $V(\boldsymbol{X},t)$为正定；

2. $\dot{V}(\boldsymbol{X},t)$为负半定，但在原点外的某一 $\boldsymbol{X}$ 处恒为零，则系统在原点处的平衡状态在李雅普诺夫意义下是稳定的，但非渐近稳定。系统保持在一个稳定的等幅振荡状态。

例9.7-3 系统的状态方程为

$$\begin{cases}\dot{x}_1=kx_2\\ \dot{x}_2=-x_1\end{cases}$$

试分析系统平衡状态的稳定性。

解 $\boldsymbol{X}=0$是给定系统的唯一平衡状态。

选取 $V(\boldsymbol{X},t)=x_1{}^2+kx_2{}^2\quad(k>0)$为李氏函数，$V(\boldsymbol{X},t)$为正定，而

$$\dot{V}(\boldsymbol{X},t)=2x_1\dot{x}_1+2kx_2\dot{x}_2=2kx_1x_2-2kx_1x_2=0$$

说明在任意的状态 $\boldsymbol{X}$ 处 $\dot{V}(\boldsymbol{X},t)$均为零。所以系统在李雅普诺夫意义下是稳定的，但不是

渐近稳定，而是保持在等幅振荡状态。

定理四 设系统的状态方程为

$$\dot{\boldsymbol{X}}=f(\boldsymbol{X},t),\quad 且\ f(0,t)=0\quad (t\geqslant t_0)$$

如果存在一个标量函数 $V(\boldsymbol{X},t)$，$V(\boldsymbol{X},t)$对向量 $\boldsymbol{X}$ 中各分量具有连续的一阶偏导数，且满足条件

1. $V(\boldsymbol{X},t)$在原点的某一邻域内是正定的；
2. $\dot{V}(\boldsymbol{X},t)$在同样的邻域内也是正定的，则原点处的平衡状态是不稳定的。

例9.7-4 系统的状态方程为

$$\begin{cases}\dot{x}_1=x_2\\ \dot{x}_2=-x_1+x_2\end{cases}$$

试分析系统平衡状态的稳定性。

解 $\boldsymbol{X}=\boldsymbol{0}$为给定系统的唯一平衡状态。

选取 $V(\boldsymbol{X},t)=x_1{}^2+x_2{}^2$为李氏函数，$V(\boldsymbol{X},t)$为正定。

而 $\dot{V}(\boldsymbol{X},t)=2x_1\dot{x}_1+2x_2\dot{x}_2=2x_2{}^2$为正半定。

为确定系统平衡状态的稳定性，需进一步研究 $\dot{V}(\boldsymbol{X},t)$的确定性。由 $\dot{V}(\boldsymbol{X},t)$的表达式可知，$\dot{V}(\boldsymbol{X},t)$只有在 $x_1=x_2=0$时恒等于零，而在其它 $\boldsymbol{X}\neq\boldsymbol{0}$的状态上 $V(\boldsymbol{X},t)$均大于零，故给定系统的平衡状态是不稳定的。

需要注意，应用李雅普诺夫第二法判断系统的稳定性，存在一个选取李氏函数是否合适的问题。若选取得合适，用李雅普诺夫第二法判断系统是稳定的，则系统必为稳定。若选取得不合适，不能揭示系统的稳定性，即可能得出系统不稳定的结论，但系统不一定不稳定。这时，可选取不同形式的李氏函数重新进行分析，或改用其他方法进行研究。例9.7-5可说明这个问题。

例9.7-5 系统的状态方程为

$$\begin{cases}\dot{x}_1=x_2\\ \dot{x}_2=-x_1-x_2\end{cases}$$

试分析系统平衡状态的稳定性。

解 此为例9.7-2分析过的系统，该系统在 $\boldsymbol{X}=\boldsymbol{0}$平衡状态是大范围渐近稳定。但若选取 $V(\boldsymbol{X},t)=2x_1{}^2+x_2{}^2$为李氏函数，$V(\boldsymbol{X},t)$为正定，而

$$\dot{V}(\boldsymbol{X},t)=4x_1\dot{x}_1+2x_2\dot{x}_2=2x_1x_2-2x_2{}^2$$

检验 $\dot{V}(\boldsymbol{X},t)$的确定性：当 $x_1=x_2=0$时，$\dot{V}(\boldsymbol{X},t)=0$；当 $x_1>x_2>0$时，$\dot{V}(\boldsymbol{X},t)>0$；当 $x_2>x_1>0$时，$\dot{V}(\boldsymbol{X},t)<0$。可见 $\dot{V}(\boldsymbol{X},t)$为不定。说明当初始状态处于某一范围时，系统将不稳定，与例9.7-2的结论相矛盾。由该系统的特征多项式$|sI-A|=s^2+s+1=0$可知，该系统肯定稳定。所以例9.7-2结论正确，而例9.7-5由于李氏函数选取不合适而导致得出错误结论。

9.8 线性系统的李雅普诺夫稳定性分析

一、 线性定常系统的李雅普诺夫稳定性分析

设线性定常系统的状态方程为

$$\dot{X}=AX$$

式中 X 为 n 维状态向量，A 为 $n\times n$ 常系数矩阵。线性定常系统在平衡状态 $X=0$处大范围渐近稳定的充要条件是，给定一个正定的赫米特（或实对称）矩阵 Q，存在一个正定的赫米特（或实对称）矩阵 P，使得

$$A^{\mathrm{T}}P+PA=-Q \tag{9.8-1}$$

且标量函数 $V(X)=X^{T}PX$ 就是这个系统的李氏函数。

证明 选取 $V(X)=X^{T}PX$ 为李氏函数，其中 P 为正定矩阵，根据塞尔维斯特定理可知，$V(X)$为正定。

$$\begin{aligned}\dot{V}(X)&=\dot{X}^{\mathrm{T}}PX+X^{\mathrm{T}}P\dot{X}=(AX)^{\mathrm{T}}PX+X^{\mathrm{T}}PAX=\\&X^{\mathrm{T}}A^{T}PX+X^{\mathrm{T}}PAX=\\&X^{T}(A^{\mathrm{T}}P+PA)X\end{aligned}$$

令 $\dot{V}(X)=X^{\mathrm{T}}(A^{\mathrm{T}}P+PA)X=-X^{\mathrm{T}}QX$

所以 $A^{\mathrm{T}}P+PA=-Q$

若 Q 为正定，则 $\dot{V}(X)$为负定，系统的平衡状态为渐近稳定。由此上述结论得证。

通常，先选定一个正定矩阵 Q，据式(9.8-1)计算出矩阵 P，再根据 P 的性质判断系统的稳定性。为计算方便，常选 $Q=I$。如果 $\dot{V}(X)=-X^{\mathrm{T}}QX$ 沿任意一条轨迹不恒为零，则 Q 可取正半定。但矩阵 P 必需为正定。

例9.8-1 线性定常系统的状态方程为

$$\begin{bmatrix}\dot{x}_1\\\dot{x}_2\end{bmatrix}=\begin{bmatrix}0&1\\-1&-1\end{bmatrix}\begin{bmatrix}x_1\\x_2\end{bmatrix}$$

试分析系统平衡状态 $X=0$的稳定性。

解 选 $Q=I$， 设 $P=\begin{bmatrix}p_{11}&p_{12}\\p_{12}&p_{22}\end{bmatrix}$

由 $A^{\mathrm{T}}P+PA=-Q$

有 $$\begin{bmatrix}0&-1\\1&-1\end{bmatrix}\begin{bmatrix}p_{11}&p_{12}\\p_{12}&p_{22}\end{bmatrix}+\begin{bmatrix}p_{11}&p_{12}\\p_{12}&p_{22}\end{bmatrix}\begin{bmatrix}0&1\\-1&-1\end{bmatrix}=\begin{bmatrix}-1&0\\0&-1\end{bmatrix}$$

$$\begin{bmatrix}-2p_{12}&p_{11}-p_{12}-p_{22}\\p_{11}-p_{12}-p_{22}&2p_{12}-2p_{22}\end{bmatrix}=\begin{bmatrix}-1&0\\0&-1\end{bmatrix}$$

解得 $$P=\begin{bmatrix}\frac{3}{2}&\frac{1}{2}\\\frac{1}{2}&1\end{bmatrix}$$

因为 $p_{11}=\frac{3}{2}>0,\ \begin{vmatrix} p_{11} & p_{12} \\ p_{12} & p_{22} \end{vmatrix}=\begin{vmatrix} \frac{3}{2} & \frac{1}{2} \\ \frac{1}{2} & 1 \end{vmatrix}=\frac{5}{4}>0$

所以矩阵 $\boldsymbol{P}$ 为正定。给定系统在 $\boldsymbol{X}=\boldsymbol{0}$平衡状态是大范围渐近稳定的。

用李氏函数校验

$$V(\boldsymbol{X})=\boldsymbol{X}^{\mathrm{T}}\boldsymbol{P}\boldsymbol{X}=[x_1 \quad x_2]\begin{bmatrix} \frac{3}{2} & \frac{1}{2} \\ \frac{1}{2} & 1 \end{bmatrix}\begin{bmatrix} x_1 \\ x_2 \end{bmatrix}=$$

$$\frac{1}{2}[(x_1+x_2)^2+2x_1{}^2+x_2{}^2]$$

$V(\boldsymbol{X})$为正定，而 $\dot{V}(\boldsymbol{X})=-(x_1{}^2+x_2{}^2)$为负定。根据定理一可知，该系统在 $\boldsymbol{X}=\boldsymbol{0}$平衡状态是大范围渐近稳定的。与上述分析结论一致。

例9.8-2 线性定常系统的方块图如图9.8-1所示。要求系统渐近稳定，试确定 K 的取值范围。

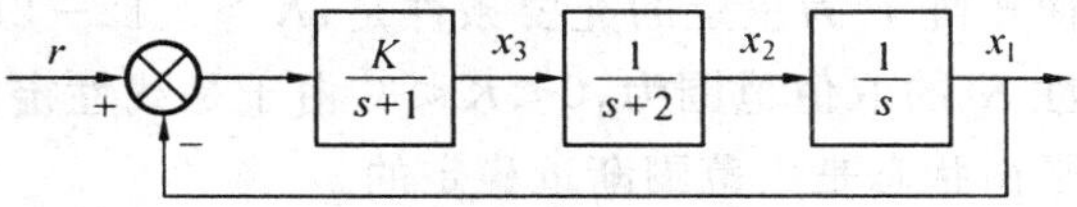

图9.8-1 线性定常系统方块图

解 根据图9.8-1建立系统的状态方程为

$$\begin{bmatrix} \dot{x}_1 \\ \dot{x}_2 \\ \dot{x}_3 \end{bmatrix}=\begin{bmatrix} 0 & 1 & 0 \\ 0 & -2 & 1 \\ -K & 0 & -1 \end{bmatrix}\begin{bmatrix} x_1 \\ x_2 \\ x_3 \end{bmatrix}+\begin{bmatrix} 0 \\ 0 \\ K \end{bmatrix}r$$

令 $r=0$，状态方程变为

$$\begin{bmatrix} \dot{x}_1 \\ \dot{x}_2 \\ \dot{x}_3 \end{bmatrix}=\begin{bmatrix} 0 & 1 & 0 \\ 0 & -2 & 1 \\ -K & 0 & -1 \end{bmatrix}\begin{bmatrix} x_1 \\ x_2 \\ x_3 \end{bmatrix}$$

由状态方程看出，$x_1=x_2=x_3=0$为系统的平衡状态。为计算简便，取 $\boldsymbol{Q}$ 为正半定，即

$$\boldsymbol{Q}=\begin{bmatrix} 0 & 0 & 0 \\ 0 & 0 & 0 \\ 0 & 0 & 1 \end{bmatrix}$$

则有 $\dot{V}(\boldsymbol{X})=-\boldsymbol{X}^{\mathrm{T}}\boldsymbol{Q}\boldsymbol{X}=-x_3{}^2$为负半定。进一步分析会发现，$\dot{V}(\boldsymbol{X})$只在原点处恒为零，在状态空间除原点外的其它状态处均为负，所以系统在 $\boldsymbol{X}=\boldsymbol{0}$平衡状态是渐近稳定的。说明选 $\boldsymbol{Q}$ 为正半定是合理的。

设 $$\boldsymbol{P}=\begin{bmatrix} p_{11} & p_{12} & p_{13} \\ p_{12} & p_{22} & p_{23} \\ p_{13} & p_{23} & p_{33} \end{bmatrix}$$

由 $$\boldsymbol{A}^{\mathrm{T}}\boldsymbol{P}+\boldsymbol{P}\boldsymbol{A}=-\boldsymbol{Q}$$

有 $$\begin{bmatrix}0 & 0 & -K\\1 & -2 & 0\\0 & 1 & -1\end{bmatrix}\begin{bmatrix}p_{11} & p_{12} & p_{13}\\p_{12} & p_{22} & p_{23}\\p_{13} & p_{23} & p_{33}\end{bmatrix}+\begin{bmatrix}p_{11} & p_{12} & p_{13}\\p_{12} & p_{22} & p_{23}\\p_{13} & p_{23} & p_{33}\end{bmatrix}\begin{bmatrix}0 & 1 & 0\\0 & -2 & 1\\-K & 0 & -1\end{bmatrix}=\begin{bmatrix}0 & 0 & 0\\0 & 0 & 0\\0 & 0 & -1\end{bmatrix}$$

解得

$$P=\begin{bmatrix}\frac{K^2+12K}{12-2K} & \frac{6K}{12-2K} & 0\\ \frac{6K}{12-2K} & \frac{3K}{12-2K} & \frac{K}{12-2K}\\ 0 & \frac{K}{12-2K} & \frac{6}{12-2K}\end{bmatrix}$$

使矩阵 $\boldsymbol{P}$ 为正定的充要条件是，$K>0$、$12-2K>0$。由此得出，使给定系统具有渐近稳定性 K 的取值范围为，$0<K<6$。由于是线性定常系统，所以$0<K<6$时，给定系统在 $\boldsymbol{X}=\boldsymbol{0}$ 平衡状态是大范围渐近稳定的。

例9.8-3 线性定常系统的状态方程为

$$\begin{pmatrix}\dot{x}_1\\ \dot{x}_2\end{pmatrix}=\begin{pmatrix}0 & 1\\-1 & 0\end{pmatrix}\begin{pmatrix}x_1\\x_2\end{pmatrix}$$

试分析系统平衡状态 $\boldsymbol{X}=0$的稳定性。

解 取$\boldsymbol{Q}=\boldsymbol{I}$， $\boldsymbol{P}=\begin{pmatrix}p_{11} & p_{12}\\p_{12} & p_{22}\end{pmatrix}$

由 $$\boldsymbol{A}^{\mathrm{T}}\boldsymbol{P}+\boldsymbol{P}\boldsymbol{A}=-\boldsymbol{Q}$$

有 $$\begin{pmatrix}0 & -1\\1 & 0\end{pmatrix}\begin{pmatrix}p_{11} & p_{12}\\p_{12} & p_{22}\end{pmatrix}+\begin{pmatrix}p_{11} & p_{12}\\p_{12} & p_{22}\end{pmatrix}\begin{pmatrix}0 & 1\\-1 & 0\end{pmatrix}=\begin{pmatrix}-1 & 0\\0 & -1\end{pmatrix}$$

$$\begin{pmatrix}-2p_{12} & p_{11}-p_{22}\\p_{11}-p_{22} & 2p_{12}\end{pmatrix}=\begin{pmatrix}-1 & 0\\0 & -1\end{pmatrix}$$

得出 $$\begin{cases}-2p_{12}=-1\\p_{11}-p_{22}=0\\2p_{12}=-1\end{cases}$$

由上述三式不能求得唯一正定的矩阵 $\boldsymbol{P}$，即 $\boldsymbol{P}$ 阵无解，所以系统在 $\boldsymbol{X}=\boldsymbol{0}$平衡状态不是渐近稳定的。

求特征根 $|s\boldsymbol{I}-\boldsymbol{A}|=s^2+1=0$

解得 $s_{1,2}=\pm j$。说明系统处于等幅振荡状态，在李雅普诺夫意义下是稳定的，但不是渐近稳定。

二、 线性定常离散系统的李雅普诺夫稳定性分析

设线性定常离散系统的状态方程为

$$X(k+1)=AX(k) \tag{9.8-2}$$

$$X_e=\mathbf{0}$$

式中 X 为 n 维状态向量，A 为 $n\times n$ 常数非奇异矩阵。系统在平衡状态 $X_e=\mathbf{0}$处大范围渐近稳定的充要条件是，给定一个任意正定赫米特（或实对称）矩阵 Q，存在一个正定赫米特（或实对称）矩阵 P，使

$$A^{\mathrm{T}}PA-P=-Q \tag{9.8-3}$$

目标量函数

$$V[X(k)]=X^{\mathrm{T}}(\mathrm{k})PX(k) \tag{9.8-4}$$

就是这个系统的李氏函数。

证明 选取李氏函数

$$V[X(k)]=X^{\mathrm{T}}(\mathrm{k})PX(k)$$

P 为正定矩阵，所以 $V[X(k)]$为正定。对于线性定常离散系统，用 $\Delta V[X(k)]$代替线性连续系统的 $\dot{V}(X)$，则有

$$\begin{aligned}\Delta V[X(k)]=&V[X(k+1)]-V[X(k)]=\\&X^{\mathrm{T}}(\mathrm{k}+1)PX(k+1)-X^{\mathrm{T}}(\mathrm{k})PX(k)=\\&[AX(k)]^{\mathrm{T}}PAX(k)-X^{\mathrm{T}}(\mathrm{k})PX(k)=\\&X^{\mathrm{T}}(\mathrm{k})[A^{\mathrm{T}}PA-P]X(k)\end{aligned}$$

令

$$\Delta V[X(k)]=X^{\mathrm{T}}(k)[A^{\mathrm{T}}PA-P]X(k)=-X^{\mathrm{T}}(k)QX(k)$$

所以

$$A^{\mathrm{T}}PA-P=-Q \tag{9.8-5}$$

若 Q 为正定，则 $\Delta V[X(k)]$为负定，系统的平衡状态为渐近稳定。到此上述结论得证。

通常，先选取正定矩阵 Q，如取 $Q=I$，再由式(9.8-3)计算矩阵 P，根据矩阵 P 是否具有正定性判断系统的稳定性。

如果 $\Delta V[X(k)]=-X^{\mathrm{T}}(k)QX(k)$沿任一解的序列不恒为零，则矩阵 Q 也可取为正半定。

例9.8-4 线性定常离散系统的状态方程为

$$X(k+1)=\begin{bmatrix}0&1\\ \frac{1}{2}&0\end{bmatrix}X(k)$$

试分析系统平衡状态 $X_e=\mathbf{0}$的稳定性。

解 1. 取 $Q=I$， $P=\begin{pmatrix}p_{11}&p_{12}\\p_{12}&p_{22}\end{pmatrix}$

由

$$A^{\mathrm{T}}PA-P=-Q$$

有

$$\begin{bmatrix}0&\frac{1}{2}\\1&0\end{bmatrix}\begin{pmatrix}p_{11}&p_{12}\\p_{12}&p_{22}\end{pmatrix}\begin{bmatrix}0&1\\ \frac{1}{2}&0\end{bmatrix}-\begin{pmatrix}p_{11}&p_{12}\\p_{12}&p_{22}\end{pmatrix}=\begin{pmatrix}-1&0\\0&-1\end{pmatrix}$$

$$\begin{bmatrix}\frac{1}{4}p_{22}-p_{11}&\frac{1}{2}p_{12}\\ \frac{1}{2}p_{12}&p_{11}-p_{22}\end{bmatrix}=\begin{pmatrix}-1&0\\0&-1\end{pmatrix}$$

解得 $$P=\begin{bmatrix}\frac{5}{3} & 0\\ 0 & \frac{8}{3}\end{bmatrix}$$

显见,矩阵 $\boldsymbol{P}$ 为正定,系统在 $\boldsymbol{X}_e=\boldsymbol{0}$平衡状态是大范围渐近稳定的。

2. 用李氏函数校验

$V[\boldsymbol{X}(k)]=\boldsymbol{X}^T(k)\boldsymbol{P}\boldsymbol{X}(k)=$

$$[x_1(k)\quad x_2(k)]\begin{bmatrix}\frac{5}{3} & 0\\ 0 & \frac{8}{3}\end{bmatrix}\begin{bmatrix}x_1(k)\\ x_2(k)\end{bmatrix}=$$

$$\frac{5}{3}[x_1(k)]^2+\frac{8}{3}[x_2(k)]^2 \quad \text{为正定}$$

$$\Delta V[\boldsymbol{X}(k)]=V[\boldsymbol{X}(k+1)]-V[\boldsymbol{X}(k)]=$$

$$\frac{5}{3}[x_1(k+1)]^2+\frac{8}{3}[x_2(k+1)]^2-\frac{5}{3}[x_1(k)]^2-\frac{8}{3}[x_2(k)]^2=$$

$$-\{[x_1(k)]^2+[x_2(k)]^2\}$$

由上式看出,$\Delta V[\boldsymbol{X}(k)]$为负定。因为是线性定常系统,所以系统在 $\boldsymbol{X}_e=0$平衡状态是大范围渐近稳定的。与上述结论相同。

3. 求系统特征值

$$|z\boldsymbol{I}-\boldsymbol{A}|=z^2-\frac{1}{2}=0,\text{解得 } z_{1,2}=\pm\frac{\sqrt{2}}{2}$$

说明两个特征根均在[Z]平面的单位圆内,故系统在 $\boldsymbol{X}_e=0$平衡状态是大范围渐近稳定的。

三、 线性时变系统的李雅普诺夫稳定性分析

设线性时变系统的状态方程为

$$\dot{\boldsymbol{X}}(t)=\boldsymbol{A}(t)\boldsymbol{X}(t) \tag{9.8-6}$$

式中 $\boldsymbol{X}$ 为 n 维状态向量,$\boldsymbol{A}(t)$是 $n\times n$ 系统系数矩阵,其元素为时间 t 的函数。系统在平衡状态 $\boldsymbol{X}_e$ 处大范围渐近稳定的充要条件是,对于任意给定的连续对称正定矩阵 $\boldsymbol{Q}(t)$,存在一个连续对称正定矩阵 $\boldsymbol{P}(t)$,使得

$$\dot{\boldsymbol{P}}(t)=-\boldsymbol{A}^{\mathrm{T}}(t)\boldsymbol{P}(t)-\boldsymbol{P}(t)\boldsymbol{A}(t)-\boldsymbol{Q}(t) \tag{9.8-7}$$

且标量函数 $$V[\boldsymbol{X}(t),t]=\boldsymbol{X}^{\mathrm{T}}(t)\boldsymbol{P}(t)\boldsymbol{X}(t) \tag{9.8-8}$$

就是这个系统的李氏函数。

证明 选取李氏函数

$$V[\boldsymbol{X}(t),t]=\boldsymbol{X}^{\mathrm{T}}(t)\boldsymbol{P}(t)\boldsymbol{X}(t)$$

式中 $\boldsymbol{P}(t)$为连续正定对称矩阵,所以 $V[\boldsymbol{X}(t),t]$为正定。

$$\dot{V}[\boldsymbol{X}(t),t]=\dot{\boldsymbol{X}}^{\mathrm{T}}(t)\boldsymbol{P}(t)\boldsymbol{X}(t)+\boldsymbol{X}^{\mathrm{T}}(t)\dot{\boldsymbol{P}}(t)\boldsymbol{X}(t)+\boldsymbol{X}^{\mathrm{T}}(t)\boldsymbol{P}(t)\dot{\boldsymbol{X}}(t)=$$

$$[\boldsymbol{A}(t)\boldsymbol{X}(t)]^{\mathrm{T}}\boldsymbol{P}(t)\boldsymbol{X}(t)+\boldsymbol{X}^{\mathrm{T}}(t)\dot{\boldsymbol{P}}(t)\boldsymbol{X}(t)+\boldsymbol{X}^{\mathrm{T}}(t)\boldsymbol{P}(t)\boldsymbol{A}(t)\boldsymbol{X}(t)=$$

$$\boldsymbol{X}^{\mathrm{T}}(t)[\boldsymbol{A}^{\mathrm{T}}(t)\boldsymbol{P}(t)+\dot{\boldsymbol{P}}(t)+\boldsymbol{P}(t)\boldsymbol{A}(t)]\boldsymbol{X}(t)$$

记
$$\boldsymbol{A}^{\mathrm{T}}(t)\boldsymbol{P}(t)+\dot{\boldsymbol{P}}(t)+\boldsymbol{P}(t)\boldsymbol{A}(t)=-\boldsymbol{Q}(t) \tag{9.8-9}$$

则有
$$\dot{V}[\boldsymbol{X}(t),t]=-\boldsymbol{X}^{\mathrm{T}}(t)\boldsymbol{Q}(t)\boldsymbol{X}(t)$$

因为 $\boldsymbol{Q}(t)$ 为连续对称正定矩阵，所以 $\dot{V}[\boldsymbol{X}(t),t]$ 为负定。故系统的平衡状态 $\boldsymbol{X}_e=0$ 为渐近稳定。到此上述结论得证。

将式(9.8-9)改写为

$$\dot{\boldsymbol{P}}(t)=-\boldsymbol{A}^{\mathrm{T}}(t)\boldsymbol{P}(t)-\boldsymbol{P}(t)\boldsymbol{A}(t)-\boldsymbol{Q}(t)$$

上式为黎卡提矩阵微分方程，其解为

$$\boldsymbol{P}(t)=\boldsymbol{\Phi}^{\mathrm{T}}(t_0,t)\boldsymbol{P}(t_0)\boldsymbol{\Phi}(t_0,t)-\int_{t_0}^{t}\boldsymbol{\Phi}^{\mathrm{T}}(\tau,t)\boldsymbol{Q}(\tau)\boldsymbol{\Phi}(\tau,t)\mathrm{d}\tau \tag{9.8-10}$$

式中　$\boldsymbol{\Phi}(\tau,t)$ 为线性时变系统的状态转移矩阵。当取 $\boldsymbol{Q}(t)=\boldsymbol{I}$ 时，有

$$\boldsymbol{P}(t)=\boldsymbol{\Phi}^{\mathrm{T}}(t_0,t)\boldsymbol{P}(t_0)\boldsymbol{\Phi}(t_0,t)-\int_{t_0}^{t}\boldsymbol{\Phi}^{\mathrm{T}}(\tau,t)\boldsymbol{\Phi}(\tau,t)\mathrm{d}\tau \tag{9.8-11}$$

式(9.8-11)表明，当取 $\boldsymbol{Q}(t)=\boldsymbol{I}$ 时，可以通过线性时变系统的状态转移矩阵 $\boldsymbol{\Phi}(\tau,t)$ 计算矩阵 $\boldsymbol{P}(t)$，再根据矩阵 $\boldsymbol{P}(t)$ 是否具有连续、对称、正定性质分析线性时变系统的稳定性。

习　题

9-1　试列写由下列微分方程所描述的线性定常系统的状态空间表达式。

1. $\ddot{y}(t)+2\dot{y}(t)+y(t)=0$
2. $\dddot{y}(t)+3\ddot{y}(t)+2\dot{y}(t)+2y(t)=u(t)$
3. $\dddot{y}(t)+3\ddot{y}(t)+2\dot{y}(t)+y(t)=\ddot{u}(t)+2\dot{u}(t)+u(t)$

9-2　已知控制系统的传递函数如下，试列写状态空间表达式。

1. $\dfrac{Y(s)}{U(s)}=\dfrac{1}{s^2(s+10)}$
2. $\dfrac{Y(s)}{U(s)}=\dfrac{1}{s(s+1)(s+8)}$
3. $\dfrac{Y(s)}{U(s)}=\dfrac{s^2+4s+5}{s^3+6s^2+11s+6}$

9-3　设系统的状态空间表达式为

$$\begin{bmatrix}\dot{x}_1\\ \dot{x}_2\end{bmatrix}=\begin{bmatrix}-5 & -1\\ 3 & -1\end{bmatrix}\begin{bmatrix}x_1\\ x_2\end{bmatrix}+\begin{bmatrix}2\\ 5\end{bmatrix}u$$

$y=[1\quad 2]\begin{bmatrix}x_1\\ x_2\end{bmatrix}$ 试求系统的传递函数。

9-4　系统的状态方程为

$$\begin{bmatrix}\dot{x}_1\\ \dot{x}_2\end{bmatrix}=\begin{bmatrix}0 & 1\\ -2 & -3\end{bmatrix}\begin{bmatrix}x_1\\ x_2\end{bmatrix}$$

当 $X(0)=\begin{bmatrix}1\\-1\end{bmatrix}$时，试求 $x_1(t)$和 $x_2(t)$。

9-5 已知系统的状态方程为

$$\begin{bmatrix}\dot{x}_1\\\dot{x}_2\end{bmatrix}=\begin{bmatrix}0 & 1\\-6 & -5\end{bmatrix}\begin{bmatrix}x_1\\x_2\end{bmatrix}+\begin{bmatrix}1\\1\end{bmatrix}u(t)$$

当 $X(0)=0, u(t)=1(t)$时，试求状态方程的解。

9-6 已知线性定常离散系统的差分方程为

$$y(k+3)+3y(k+2)+2y(k+1)+y(k)=u(k+2)+2u(k+1)$$

试列写系统的状态方程。

9-7 已知线性定常离散系统的差分方程为

$$y(k+2)+3y(k+1)+2y(k)=u(k)$$

试列写系统的状态方程，并求其解。已知 $u(t)=1(t)$。

9-8 试求取下列状态方程的离散化方程。

1. $\dot{X}=\begin{bmatrix}0 & 1\\0 & 0\end{bmatrix}X+\begin{bmatrix}0\\1\end{bmatrix}u$

2. $\dot{X}=\begin{bmatrix}0 & 1\\0 & -2\end{bmatrix}X+\begin{bmatrix}0\\1\end{bmatrix}u$

9-9 试判断下列二次型函数是否正定。

1. $V(x)=-x_1^2-10x_2^2-4x_3^2+6x_1x_2+2x_2x_3$
2. $V(x)=-x_1^2+4x_2^2+x_3^2+2x_1x_2-6x_2x_3-2x_1x_3$

9-10 已知线性定常系统的状态方程为

$$\dot{X}=\begin{bmatrix}-1 & -2\\1 & -4\end{bmatrix}X$$

试用李雅普诺夫第二法判断系统平衡状态的稳定性。

9-11 线性定常系统的状态方程为

$$\dot{X}=\begin{bmatrix}-1 & 1\\2 & 3\end{bmatrix}X$$

试应用李雅普诺夫第二法分析系统平衡状态的稳定性。

9-12 已知线性定常离散系统的状态方程为

$$x_1(k+1)=x_1(k)+3x_2(k)$$
$$x_2(k+1)=-3x_1(k)-2x_2(k)-3x_3(k)$$
$$x_3(k+1)=x_1(k)$$

试分析系统平衡状态的稳定性。

9-13 已知线性定常离散系统的齐次状态方程为

$$X(K+1)=AX(K)=\begin{bmatrix}0 & 1 & 0\\0 & 0 & 1\\0 & \frac{K}{2} & 0\end{bmatrix}X(K)$$

试确定系统在平衡状态 $X_e=0$处渐近稳定时参数 K 的取值范围。

第十章　线性系统的状态空间综合法

10.1　线性系统的能控性与能观性

线性控制系统的能控性和能观性，是现代控制理论中两个非常重要的概念。在古典控制理论中，主要研究的是单输入-单输出系统，其输入量和输出量之间的关系，可以唯一地由系统传递函数所确定，只要系统满足稳定性条件，输出量就可以按一定的要求进行控制，输出量也是可以测量的。而状态空间法，着眼的是对状态的控制，不仅要研究输入输出之间的关系，还要研究输入与状态、状态与输出之间的关系。对于一个物理系统，状态变量的选取不是唯一的，状态空间表达式也不是唯一的。我们所选的状态变量可能是某个物理量，也可能是几个物理量的线性组合，或者不是具体的物理量，因而它不一定能直接被测量到。因此，产生了状态向量 $\boldsymbol{X}$ 的每个分量能否被控制量 $\boldsymbol{U}$ 所控制，转移到任意指定的期望状态，以及 $\boldsymbol{X}$ 能否通过对输出量 $\boldsymbol{y}$ 的测量来获得的问题。这就是系统状态的能控性和能观性问题。

一、　能控性和能观性的概念

简单地说，状态的能控性就是由输入来控制状态转移到任意指定的期望状态的可能性；而能观性就是由对输出的测量来估计状态的可能性。下面通过一个简单电路的例子给出能控性与能观性的概念。

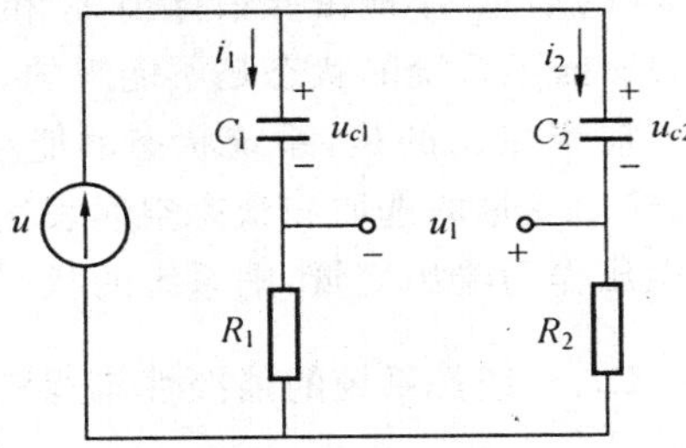

图 10.1-1　电路的能控性和能观性

在图 10.1-1 所示电路中，u 为输入电源电压，u_1 为输出电压，电容上的初始电压为 $u_{c1}(0)=u_{c2}(0)=0$，$R_1=R_2=R$，$C_1=C_2=C$。

由该给定电路可以列出如下方程

$$\begin{cases} u_{c1}+R_1C_1\dfrac{\mathrm{d}u_{c1}}{\mathrm{d}t}=u \\ u_{c2}+R_2C_2\dfrac{\mathrm{d}u_{c2}}{\mathrm{d}t}=u \\ -u_{c1}+u_{c2}+u_1=0 \end{cases}$$

进一步整理可得

$$\begin{cases} \dfrac{\mathrm{d}u_{c1}}{\mathrm{d}t}=-\dfrac{1}{R_1C_1}u_{c1}+\dfrac{1}{R_1C_1}u \\ \dfrac{\mathrm{d}u_{c2}}{\mathrm{d}t}=-\dfrac{1}{R_2C_2}u_{c2}+\dfrac{1}{R_2C_2}u \\ u_1=u_{c1}-u_{c2} \end{cases}$$

若选取电容上的电压 u_{c1} 和 u_{c2} 分别为状态变量 x_1 和 x_2， u_1 为输出变量 y，则初始状态为 $x_1(0)=x_2(0)=0$。考虑到 $R_1=R_2=R$，$C_1=C_2=C$，可列出状态空间表达式

$$\begin{bmatrix}\dot{x}_1\\ \dot{x}_2\end{bmatrix}=\begin{bmatrix}-\frac{1}{RC} & 0\\ 0 & -\frac{1}{RC}\end{bmatrix}\begin{bmatrix}x_1\\ x_2\end{bmatrix}+\begin{bmatrix}\frac{1}{RC}\\ \frac{1}{RC}\end{bmatrix}u \tag{10.1-1}$$

$$y=\begin{bmatrix}1 & -1\end{bmatrix}\begin{bmatrix}x_1\\ x_2\end{bmatrix} \tag{10.1-2}$$

状态方程的解为

$$x_1=\frac{1}{RC}\int_0^t \mathrm{e}^{-\frac{1}{RC}(t-\tau)}u(\tau)\mathrm{d}\tau$$

$$x_2=\frac{1}{RC}\int_0^t \mathrm{e}^{-\frac{1}{RC}(t-\tau)}u(\tau)\mathrm{d}\tau$$

即 $x_1=x_2$。

在这个电路中，若初始状态 $x_1(0)=x_2(0)=0$，则无论输入 u 怎样变化，两个状态始终相等，即 $x_1\equiv x_2$。也就是说，无论 u 怎样变化，都不能使状态向量转移到 $x_1\neq x_2$ 的任何点上去。该例中，状态变量 x_1 和 x_2 都随 u 的变化而变化，改变 u 可使状态变量 x_1 转移到任意指定的值，也可以使状态变量 x_2 转移到任意指定的值，但都不能使 x_1 和 x_2 同时转移到任意期望的 $x_1\neq x_2$ 的一点上。因此我们说，由状态方程(10.1-1)所描述系统的状态是不完全能控的，简称系统的状态不能控。

电路中的输出电压 u_1 作为状态变量表达式中的输出变量 y，在初始状态 $x_1(0)=x_2(0)=0$ 的条件下，$y=x_1-x_2=0$。因此通过对输出量 y 的测量得不到关于状态变量 x_1 和 x_2 的信息，不能由此估计出 x_1 和 x_2。这样，我们称由状态空间表达式(10.1-1)和(10.1-2)所描述系统的状态是不能观的。

应当指出的是，系统状态的能控性和能观性与系统的结构和参数有关，也与状态变量、输出变量的选取和状态空间表达式的形式有关。在这个电路中，如果选取某个电容上的电压作为输出变量，则系统的状态就是能观的。

二、 线性系统的能控性与能控性判据

1. 线性系统的能控性

系统的能控性描述输入对状态的控制能力，即加入适当的控制作用后，能否在有限时间间隔内从任一初始状态转移到任意的希望状态。

(1)线性定常连续系统的能控性

设 n 阶线性定常连续系统的状态方程为

$$\dot{\boldsymbol{X}}=\boldsymbol{AX}+\boldsymbol{BU} \tag{10.1-3}$$

式中 $\boldsymbol{X}$ ——状态向量，是 $n\times1$ 矩阵；

$\boldsymbol{U}$ ——控制向量，是 $r\times1$ 矩阵，$r\geqslant1$；

$\boldsymbol{A}$ ——系统矩阵，是 $n\times n$ 非奇异常数矩阵；

$\boldsymbol{B}$ ——控制矩阵，是 $n\times r$ 常数矩阵。

如果存在一个无约束的分段连续的控制作用$U(t)$，能在有限时间间隔$[t_0,t_f]$内使系统的状态向量从任意给定的初始状态$X(t_0)$，转移到任意期望的终端状态$X(t_f)$，则称该线性定常连续系统是状态完全能控的，简称系统能控。

定理 1 n阶线性定常连续系统

$$\dot{X}=AX+BU$$

状态完全能控的充要条件为，系统的能控矩阵

$$Q_k=[B\quad AB\quad A^2B\quad \cdots\quad A^{n-1}B]$$

的秩为n。即

$$\text{rank}Q_k=\text{rank}[B\quad AB\quad A^2B\quad \cdots\quad A^{n-1}B]=n \tag{10.1-4}$$

能控阵Q_k是一个$n\times nr$的矩阵，如果是单输入系统，$r=1$，控制阵B是$n\times 1$的列向量，则能控阵Q_k是个$n\times n$的方阵。

证明 由于线性定常系统的状态转移特性仅与时间间隔有关，而与初始时间无关，故可取初始时刻$t_0=0$。为了证明定理简单而又不失一般性，可假定系统的期望终端状态为零状态，即$X(t_f)=\mathbf{0}$。

状态方程(10.1-3)的解为

$$X(t)=e^{A(t-t_0)}X(t_0)+\int_{t_0}^{t}e^{A(t-\tau)}BU(\tau)d\tau$$

考虑到$t_0=0,X(t_f)=\mathbf{0}$，则$t=t_f$时的解可写为

$$X(t_f)=e^{At_f}X(0)+\int_0^{t_f}e^{A(t_f-\tau)}BU(\tau)d\tau=\mathbf{0}$$

或

$$\int_0^{t_f}e^{-A\tau}BU(\tau)d\tau=-X(0) \tag{10.1-5}$$

由凯莱-哈密尔顿定理，$e^{-A\tau}$可写成

$$e^{-A\tau}=\sum_{i=0}^{n-1}\alpha_i(\tau)A^i$$

将其代入式(10.1-5)有

$$\sum_{i=0}^{n-1}A^iB\int_0^{t_f}\alpha_i(\tau)U(\tau)d\tau=-X(0) \tag{10.1-6}$$

令

$$\int_0^{t_f}\alpha_i(\tau)U(\tau)d\tau=F_i$$

式中 F_i是r维向量，于是式(10.1-6)可写成

$$\sum_{i=0}^{n-1}A^iBF_i=[B\quad AB\quad A^2B\quad \cdots\quad A^{n-1}B]\begin{bmatrix}F_0\\F_1\\\vdots\\F_{n-1}\end{bmatrix}=-X(0)$$

令

$$F=\begin{bmatrix}F_0\\F_1\\\vdots\\F_{n-1}\end{bmatrix}$$

则有

$$Q_k F = -X(0) \tag{10.1-7}$$

式(10.1-7)是具有 $n\times r$ 个变量，n 个方程的线性非齐次方程组。Q_k 是 $n\times nr$ 维矩阵，其元素是已知常数，与矩阵 A、B 有关。$X(0)$是给定的初始状态，n 个元素都是已知的常量。F 是具有 $n\times r$ 个元素的向量，它的元素是待求的未知数，与控制向量 U 有关。

这样，能控性问题就转化为任意给定一个初始状态 $X(0)$，求在 t_f 时间内将状态由 $X(0)$转移到 $X(t_f)=\mathbf{0}$ 的控制向量 $U(t)$，即给定 $X(0)$和系数矩阵 Q_k，要从式(10.1-7)中求出 F。由线性代数的理论可知，非齐次线性方程组(10.1-7)有解的充要条件是，它的系数矩阵 Q_k 和增广矩阵$[Q_k \quad X(0)]$的秩相等，即

$$\mathrm{rank}Q_k = \mathrm{rank}[Q_k \quad X(0)] \tag{10.1-8}$$

考虑到初始状态 $X(0)$是任意给定的，欲使式(10.1-8)成立，Q_k 的秩必须是满秩的，即 Q_k 的秩必须为 n。这样，系统状态完全能控的充要条件为能控矩阵 Q_k 的秩为 n。

对于单输入系统，$r=1$，能控阵 Q_k 为 $n\times n$ 的方阵，$\mathrm{rank}Q_k=n$ 说明 Q_k 是非奇异的，其逆矩阵存在。

例 10.1-1 线性定常连续系统的状态方程为

$$\dot{X} = \begin{bmatrix} -4 & 1 \\ 2 & -3 \end{bmatrix} X + \begin{bmatrix} 1 \\ 2 \end{bmatrix} u$$

试判断系统状态的能控性。

解 $B=\begin{bmatrix} 1 \\ 2 \end{bmatrix}$， $AB=\begin{bmatrix} -4 & 1 \\ 2 & -3 \end{bmatrix}\begin{bmatrix} 1 \\ 2 \end{bmatrix}=\begin{bmatrix} -2 \\ -4 \end{bmatrix}$

系统能控阵的秩为

$$\mathrm{rank}Q_k = \mathrm{rank}[B \quad AB] = \mathrm{rank}\begin{bmatrix} 1 & -2 \\ 2 & -4 \end{bmatrix} = 1 < n = 2$$

所以系统的状态不是完全能控的。

例 10.1-2 一个多输入的线性定常连续系统的状态方程为

$$\dot{X} = \begin{bmatrix} -2 & 1 \\ 0 & -3 \end{bmatrix} X + \begin{bmatrix} 0 & 1 \\ 1 & -1 \end{bmatrix} U$$

试判断系统的状态能控性。

解 $B=\begin{bmatrix} 0 & 1 \\ 1 & -1 \end{bmatrix}$， $AB=\begin{bmatrix} -2 & 1 \\ 0 & -3 \end{bmatrix}\begin{bmatrix} 0 & 1 \\ 1 & -1 \end{bmatrix}=\begin{bmatrix} 1 & -3 \\ -3 & 3 \end{bmatrix}$

$$\mathrm{rank}Q_k = \mathrm{rank}[B \quad AB] = \mathrm{rank}\begin{bmatrix} 0 & 1 & 1 & -3 \\ 1 & -1 & -3 & 3 \end{bmatrix} = n = 2$$

所以系统的状态是完全能控的。

例 10.1-3 一个多输入的线性定常连续系统的状态方程为

$$\dot{X} = \begin{bmatrix} 1 & 3 & 2 \\ 0 & 2 & 0 \\ 0 & 1 & 3 \end{bmatrix} X + \begin{bmatrix} 2 & 1 \\ 1 & 1 \\ -1 & -1 \end{bmatrix} U$$

试判断系统的状态能控性。

解 $B=\begin{bmatrix}2&1\\1&1\\-1&-1\end{bmatrix}$， $AB=\begin{bmatrix}1&3&2\\0&2&0\\0&1&3\end{bmatrix}\begin{bmatrix}2&1\\1&1\\-1&-1\end{bmatrix}=\begin{bmatrix}3&2\\2&2\\-2&-2\end{bmatrix}$

$$A^2B=A(AB)=\begin{bmatrix}1&3&2\\0&2&0\\0&1&3\end{bmatrix}\begin{bmatrix}3&2\\2&2\\-2&-2\end{bmatrix}=\begin{bmatrix}5&4\\4&4\\-4&-4\end{bmatrix}$$

$$\mathrm{rank}\boldsymbol{Q}_k=\mathrm{rank}[\boldsymbol{B}\quad \boldsymbol{AB}\quad \boldsymbol{A}^2\boldsymbol{B}]=\mathrm{rank}\begin{bmatrix}2&1&3&2&5&4\\1&1&2&2&4&4\\-1&-1&-2&-2&-4&-4\end{bmatrix}=2<3$$

所以系统的状态不是完全能控的。

(2)线性定常离散系统的能控性

设 n 阶线性定常离散系统的状态方程为

$$\boldsymbol{X}[(k+1)T]=\boldsymbol{AX}(kT)+\boldsymbol{BU}(kT) \tag{10.1-9}$$

式中 $\boldsymbol{X}(kT)$——状态向量，是 $n\times 1$ 矩阵；

$\boldsymbol{U}(kT)$——控制向量，是 $r\times 1$ 矩阵，每个元素 $u_i(kT)$ 在 $kT<t<(k+1)T$ 时间间隔内为常值；

$\boldsymbol{A}$——系统矩阵，是 $n\times n$ 非奇异常数矩阵；

$\boldsymbol{B}$——控制矩阵，是 $n\times r$ 常数矩阵。

对于单输入系统，$r=1$，多输入系统，$r>1$。

对于式(10.1-9)所描述的线性定常离散系统，如果存在着无约束的阶梯控制序列

$$u_i(kT),u_i[(k+1)T],\cdots,u_i[(k+n-1)T]\quad (i=1,2,\cdots,r)$$

在有限的 n 个采样周期 $t\in[kT,(k+n-1)T]$ 之内，能使系统的状态向量从任意给定的初始状态 $\boldsymbol{X}(kT)$，转移到任意期望的终端状态 $\boldsymbol{X}_f[(k+n)T]$，则称该离散系统是状态完全能控的，简称系统能控。

定理 2 n 阶线性定常离散系统

$$\boldsymbol{X}[(k+1)T]=\boldsymbol{AX}(kT)+\boldsymbol{BU}(kT)$$

状态完全能控的充要条件为，系统的能控矩阵

$$\boldsymbol{Q}_k=[\boldsymbol{B}\quad \boldsymbol{AB}\quad \boldsymbol{A}^2\boldsymbol{B}\quad \cdots\quad \boldsymbol{A}^{n-1}\boldsymbol{B}]$$

的秩为 n。即

$$\mathrm{rank}\boldsymbol{Q}_k=\mathrm{rank}[\boldsymbol{B}\quad \boldsymbol{AB}\quad \boldsymbol{A}^2\boldsymbol{B}\quad \cdots\quad \boldsymbol{A}^{n-1}\boldsymbol{B}]=n \tag{10.1-10}$$

对于单输入系统，$r=1$，能控阵 $\boldsymbol{Q}_k$ 是个 $n\times n$ 的方阵；对于多输入系统，$r>1$，能控阵是个 $n\times nr$ 的矩阵。

证明 状态方程(10.1-9)的解为

$$\boldsymbol{X}(kT)=\boldsymbol{A}^k\boldsymbol{X}(0)+\sum_{j=0}^{k-1}\boldsymbol{A}^{k-j-1}\boldsymbol{BU}(jT)\quad (k=1,2,\cdots)$$

若在上式中取 $k=n$，并假设系统在控制作用支配下由任意初始状态 $\boldsymbol{X}(0)$ 在第 n 个采样时刻转移到状态空间原点，即 $\boldsymbol{X}(nT)=0$，则控制向量序列 $\boldsymbol{U}(0),\boldsymbol{U}(T),\cdots,\boldsymbol{U}[(n-2)T]$，$\boldsymbol{U}[(n-1)T]$将由下列方程来求解，即

$$-A^nX(0)=[A^{n-1}B\quad A^{n-2}B\quad\cdots\quad AB\quad B]\begin{bmatrix}U(0)\\U(T)\\\vdots\\U[(n-2)T]\\U[(n-1)T]\end{bmatrix}\tag{10.1-11}$$

其中

$$U(kT)=\begin{bmatrix}u_1(kT)\\u_2(kT)\\\vdots\\u_r(kT)\end{bmatrix}$$

为 $r\times1$ 矩阵，所以

$$\begin{bmatrix}U(0)\\U(T)\\\vdots\\U[(n-2)T]\\U[(n-1)T]\end{bmatrix}=\begin{bmatrix}u_1(0)\\\vdots\\u_r(0)\\u_1(T)\\\vdots\\u_r(T)\\\vdots\\u_1[(n-1)T]\\\vdots\\u_r[(n-1)T]\end{bmatrix}$$

为 $nr\times1$ 矩阵。由于 $A^nX(0)$ 为 $n\times1$ 矩阵，故式(10.1-11)共含有 n 个方程式。于是，当 $n\times nr$ 矩阵 $[B\quad AB\quad\cdots\quad A^{n-1}B]$ 的秩为 n 时，矩阵方程(10.1-11)对于任取的 $X(0)$ 有解。在这种情况下，在 nr 个待求未知量中，有 $(nr-n)$ 个可任意假定，将这些假定值代入式(10.1-11)后，便可解出其余 n 个控制变量。在这里，之所以允许在 n 个控制向量的 nr 个变量中任意假定 $(nr-n)$ 个，是因为在定义系统能控性时曾作出过控制作用不受约束的假定。只要有能使系统从任意初始状态在第 n 个采样时刻转移到状态空间的原点的控制向量序列存在即可，而对其值不予特殊要求。

所以，n 阶线性定常离散系统状态完全能控的充要条件是 $n\times nr$ 矩阵

$$[B\quad AB\quad\cdots\quad A^{n-1}B]$$

的秩为 n。

例 10.1-4 设单输入线性定常离散系统的状态方程为

$$X[(k+1)T]=\begin{bmatrix}1&2&-1\\0&1&0\\1&-4&3\end{bmatrix}X(kT)+\begin{bmatrix}0\\0\\1\end{bmatrix}u(kT)$$

试判断系统状态的能控性。

解 $B=\begin{bmatrix}0\\0\\1\end{bmatrix}$，$AB=\begin{bmatrix}1&2&-1\\0&1&0\\1&-4&3\end{bmatrix}\begin{bmatrix}0\\0\\1\end{bmatrix}=\begin{bmatrix}-1\\0\\3\end{bmatrix}$

$$A^2B = A(AB) = \begin{bmatrix} 1 & 2 & -1 \\ 0 & 1 & 0 \\ 1 & -4 & 3 \end{bmatrix} \begin{bmatrix} -1 \\ 0 \\ 3 \end{bmatrix} = \begin{bmatrix} -4 \\ 0 \\ 8 \end{bmatrix}$$

能控阵为 $$Q_k = [B \quad AB \quad A^2B] = \begin{bmatrix} 0 & -1 & -4 \\ 0 & 0 & 0 \\ 1 & 3 & 8 \end{bmatrix}$$

$$\mathrm{rank}Q_k = \mathrm{rank}\begin{bmatrix} 0 & -1 & -4 \\ 0 & 0 & 0 \\ 1 & 3 & 8 \end{bmatrix} = 2 < 3 = n$$

所以系统的状态不是完全能控的。

例 10.1-5 双输入线性定常离散系统的状态方程为

$$X[(k+1)T] = \begin{bmatrix} -2 & 2 & -1 \\ 0 & -2 & 0 \\ 1 & -4 & 0 \end{bmatrix} X(kT) + \begin{bmatrix} 0 & 0 \\ 0 & 1 \\ 1 & 0 \end{bmatrix} U(kT)$$

试判断系统的能控性。

解 $B = \begin{bmatrix} 0 & 0 \\ 0 & 1 \\ 1 & 0 \end{bmatrix}$， $AB = \begin{bmatrix} -2 & 2 & -1 \\ 0 & -2 & 0 \\ 1 & -4 & 0 \end{bmatrix} \begin{bmatrix} 0 & 0 \\ 0 & 1 \\ 1 & 0 \end{bmatrix} = \begin{bmatrix} -1 & 2 \\ 0 & -2 \\ 0 & -4 \end{bmatrix}$

$$A^2B = A(AB) = \begin{bmatrix} -2 & 2 & -1 \\ 0 & -2 & 0 \\ 1 & -4 & 0 \end{bmatrix} \begin{bmatrix} -1 & 2 \\ 0 & -2 \\ 0 & -4 \end{bmatrix} = \begin{bmatrix} 2 & -4 \\ 0 & 4 \\ -1 & 10 \end{bmatrix}$$

$$\mathrm{rank}Q_k = \mathrm{rank}\begin{bmatrix} 0 & 0 & -1 & 2 & 2 & -4 \\ 0 & 1 & 0 & -2 & 0 & 4 \\ 1 & 0 & 0 & -4 & -1 & 10 \end{bmatrix} = 3 = n$$

所以该系统的状态是完全能控的。

(3)线性定常系统的输出能控性

能控性分为状态能控性和输出能控性，若不特别指明，便泛指状态能控性。在分析与设计控制系统时，一般多以系统的输出而不是以状态作为系统的被控制量。因此，有必要研究系统输出的能控性。

设线性定常连续系统的状态空间表达式为

$$\left.\begin{aligned} \dot{X} &= AX + BU \\ y &= CX + DU \end{aligned}\right\} \tag{10.1-12}$$

式中 X ——状态向量，是 $n\times 1$ 矩阵；

U ——控制向量，是 $r\times 1$ 矩阵，$r\geqslant 1$；

y ——输出(被控制)向量，是 $l\times 1$ 矩阵，$l\geqslant 1$；

A ——系统矩阵，是 $n\times n$ 非奇异常数矩阵；

B ——控制矩阵，是 $n\times r$ 常数矩阵；

C ——输出矩阵，是 $l\times n$ 常数矩阵；

D ——直接传递矩阵，是 $l\times r$ 常数矩阵。

如果存在一个幅度上无约束的分段连续的控制作用向量 $U(t)$，能在有限的时间间隔 $[t_0,t_f]$ 内，将任一初始输出 $y(t_0)$ 转移到任意期望的终端输出 $y(t_f)$，则称式(10.1-12)所描述的线性定常连续系统为输出完全能控。

式(10.1-12)所描述的线性定常连续系统，输出完全能控的充要条件是

$$\text{rank}[CB \quad CAB \quad \cdots \quad CA^{n-1}B \quad D]=l$$

式中 l 是输出变量的个数。

例 10.1-6 设线性定常连续系统的状态方程和输出方程为

$$\dot{X}=\begin{bmatrix}-4 & 1\\ 2 & -3\end{bmatrix}X+\begin{bmatrix}1\\ 2\end{bmatrix}u$$

$$y=[1 \quad 0]X$$

试判断该系统的输出能控性和状态能控性。

解 该系统 $n=2,r=1,l=1$

$$A=\begin{bmatrix}-4 & 1\\ 2 & -3\end{bmatrix} \quad B=\begin{bmatrix}1\\ 2\end{bmatrix} \quad C=[1 \quad 0]$$

$$CB=[1 \quad 0]\begin{bmatrix}1\\ 2\end{bmatrix}=1$$

$$CAB=[1 \quad 0]\begin{bmatrix}-4 & 1\\ 2 & -3\end{bmatrix}\begin{bmatrix}1\\ 2\end{bmatrix}=-2$$

$$\text{rank}[CB \quad CAB]=\text{rank}[1 \quad -2]=1=l$$

所以系统的输出是完全能控的。

$$AB=\begin{bmatrix}-4 & 1\\ 2 & -3\end{bmatrix}\begin{bmatrix}1\\ 2\end{bmatrix}=\begin{bmatrix}-2\\ -4\end{bmatrix}$$

$$\text{rank}Q_k=\text{rank}[B \quad AB]=\text{rank}\begin{bmatrix}1 & -2\\ 2 & -4\end{bmatrix}=1<2=n$$

所以该系统的状态不是完全能控的。

从本例可以看出，线性定常连续系统的状态能控性与输出能控性之间不存在必然的对应关系。

2. 线性系统的能观性

状态空间法对系统进行综合时常采用状态反馈的方法，即将系统全部状态引出来，形成全部状态反馈，这样可以使系统具有用经典控制理论进行综合校正无法获得的性能。这是现代控制理论与经典控制理论重要的不同之处。但是，要实现全部状态反馈控制，就要求系统的全部状态变量都能测量出来。在实际的系统中，常常会出现系统的状态变量不能或不全能直接测量的情况。因此，自然就提出一个问题，既然在线性系统中输出总是状态的线性组合，能否从输出的测量值反过来估计系统的状态？这就是系统状态的能观性问题。控制系统的输出一般是能够直接测量的，但是，这并不等于系统的状态一定都能从输出估计出来。只是具有能观性的系统，才能从输出的测量值中估计出状态来。

线性系统能观性问题的提法是，对于任意的初始时刻 t_0，若能在有限时间间隔 $[t_0,t_f]$

内根据对输出量 $y(t)$ 的测量值和输入 $U(t)$，唯一地确定系统的初始状态 $X(t_0)$，则称系统的状态是完全能观的，简称系统能观，或具有能观性。

(1)线性定常连续系统的能观性

设 n 阶线性定常连续系统的状态方程和输出方程为

$$\dot{X} = AX + BU \tag{10.1-13}$$

$$y = CX \tag{10.1-14}$$

式中 X ——状态向量，是 $n\times 1$ 矩阵；

U ——控制向量，是 $r\times 1$ 矩阵(即 r 个输入)；

y ——输出向量，是 $l\times 1$ 矩阵(即 l 个输出)；

A ——系统矩阵，是 $n\times n$ 非奇异常数矩阵；

B ——控制矩阵，是 $n\times r$ 常数矩阵；

C ——输出矩阵，是 $l\times n$ 常数矩阵；

对于单输入系统，相当 $r=1$，对于单输出系统，相当 $l=1$。

对于给定的状态方程和输出方程所描述的线性定常连续系统具有能观性的条件，可由下述定理导出。

定理 3 n 阶线性定常连续系统

$$\dot{X} = AX + BU$$

$$y = CX$$

状态完全能观的充要条件为，系统的能观阵

$$Q_g = \begin{bmatrix} C \\ CA \\ \vdots \\ CA^{n-1} \end{bmatrix}$$

的秩为 n，即

$$\mathrm{rank}Q_g = \mathrm{rank}\begin{bmatrix} C \\ CA \\ \vdots \\ CA^{n-1} \end{bmatrix} = n$$

或

$$\mathrm{rank}Q_g^{\mathrm{T}} = \mathrm{rank}[C^{\mathrm{T}} \quad A^{\mathrm{T}}C^{\mathrm{T}} \quad \cdots \quad (A^{\mathrm{T}})^{n-1}C^{\mathrm{T}}] = n$$

能观阵 Q_g 是一个 $nl\times n$ 的矩阵，如果是单输出系统 $l=1$，输出阵是 $1\times n$ 的行向量，则能观阵 Q_g 是个 $n\times n$ 的方阵。

证明 状态方程 $\dot{X}=AX+BU$ 的解为

$$X(t) = e^{A(t-t_0)}X(t_0) + \int_{t_0}^{t} e^{A(t-\tau)}BU(\tau)d\tau \tag{10.1-15}$$

由式(10.1-15)可知，对于给定的输入 $U(t)$，状态的初值若能确定，则任何时刻的状态 $X(t)$ 也就确定了。所以状态能观的关键在于确定状态的初始值 $X(t_0)$。

将式(10.1-15)代入 $y=CX$，有

$$y(t)=Ce^{A(t-t_0)}X(t_0)+C\int_{t_0}^{t}e^{A(t-\tau)}BU(\tau)d\tau \tag{10.1-16}$$

状态是否能观，决定于能否从式(10.1-16)中解出 $X(t_0)$。由于 $U(t)$是已知的控制向量，因此式(10.1-16)右端中的积分项是与输出向量 $y(t)$同维的已知函数，所以单独根据 $y(t)$求取状态向量 $X(t_0)$与根据

$$y(t)-C\int_{t_0}^{t}e^{A(t-\tau)}BU(\tau)d\tau$$

求解 $X(t_0)$在形式上是等价的。对于线性定常系统，取 $t_0=0$，亦不失一般性。基于上述考虑，可从方程

$$y(t)=Ce^{At}X(0) \tag{10.1-17}$$

出发来证明定理 3。

由凯莱-哈密尔顿定理有

$$e^{At}=\sum_{i=0}^{n-1}\alpha_i(t)A^i$$

将其代入式(10.1-17)，有

$$y(t)=\sum_{i=0}^{n-1}\alpha_i(t)CA^iX(0)=$$

$$[\alpha_0(t)I_l \quad \alpha_1(t)I_l \quad \cdots \quad \alpha_{n-1}(t)I_l]\begin{bmatrix}C\\CA\\\vdots\\CA^{n-1}\end{bmatrix}X(0) \tag{10.1-18}$$

式中 I_l 是 $l\times l$ 的单位阵，$[\alpha_0(t)I_l \quad \cdots \quad \alpha_{n-1}(t)I_l]$是 $l\times nl$ 矩阵，nl 列都是线性无关的。于是在有限的时间区间内，根据 n 次测量得到的 $y(t)$值可唯一确定 $X(0)$的充要条件是 $nl\times n$ 能观阵 Q_g 的秩等于 n，即

$$\mathrm{rank}Q_g=\mathrm{rank}\begin{bmatrix}C\\CA\\\cdots\\CA^{n-1}\end{bmatrix}=n$$

由于
$$\mathrm{rank}Q_g^{\mathrm{T}}=\mathrm{rank}Q_g \tag{10.1-19}$$

所以系统状态完全能观的充要条件常表示为

$$\mathrm{rank}Q_g^{\mathrm{T}}=\mathrm{rank}[C^{\mathrm{T}} \quad A^{\mathrm{T}}C^{\mathrm{T}} \quad \cdots\cdots \quad (A^{\mathrm{T}})^{n-1}C^{\mathrm{T}}]=n \tag{10.1-20}$$

例 10.1-7 系统的状态空间表达式如下，试判断状态的能观性。

$$\dot{X}(t)=\begin{bmatrix}1&3&2\\0&4&2\\0&0&1\end{bmatrix}X(t)+\begin{bmatrix}0&1\\0&0\\1&0\end{bmatrix}U(t)$$

$$y(t)=\begin{pmatrix}1&0&0\\0&0&1\end{pmatrix}X(t)$$

解 $\mathrm{rank}\boldsymbol{Q}_g=\mathrm{rank}\begin{bmatrix}\boldsymbol{C}\\\boldsymbol{CA}\\\boldsymbol{CA}^2\end{bmatrix}=\mathrm{rank}\begin{bmatrix}1&0&0\\0&0&1\\1&3&2\\0&0&1\\1&15&10\\0&0&1\end{bmatrix}=3=n$

所以系统的状态是完全能观的。

例 10.1-8 一个电路的状态空间表达式如下，试判断状态的能控性和能观性。

$$\begin{bmatrix}\dot{x}_1\\\dot{x}_2\end{bmatrix}=\begin{bmatrix}-\dfrac{1}{RC}&0\\0&-\dfrac{1}{RC}\end{bmatrix}\begin{bmatrix}x_1\\x_2\end{bmatrix}+\begin{bmatrix}\dfrac{1}{RC}\\\dfrac{1}{RC}\end{bmatrix}u$$

$$\boldsymbol{y}=[1\quad -1]\begin{bmatrix}x_1\\x_2\end{bmatrix}$$

解 $\boldsymbol{A}=\begin{bmatrix}-\dfrac{1}{RC}&0\\0&-\dfrac{1}{RC}\end{bmatrix},\quad \boldsymbol{B}=\begin{bmatrix}\dfrac{1}{RC}\\\dfrac{1}{RC}\end{bmatrix},\quad \boldsymbol{C}=[1\quad -1]$

$$\mathrm{rank}\boldsymbol{Q}_k=\mathrm{rank}[\boldsymbol{B}\quad \boldsymbol{AB}]=\mathrm{rank}\begin{bmatrix}\dfrac{1}{RC}&\dfrac{-1}{(RC)^2}\\\dfrac{1}{RC}&\dfrac{-1}{(RC)^2}\end{bmatrix}=1<n=2$$

所以系统的状态不是完全能控的。

$$\mathrm{rank}\boldsymbol{Q}_g=\mathrm{rank}\begin{bmatrix}\boldsymbol{C}\\\boldsymbol{CA}\end{bmatrix}=\mathrm{rank}\begin{bmatrix}1&-1\\-\dfrac{1}{RC}&\dfrac{1}{RC}\end{bmatrix}=1<n=2$$

所以该系统的状态不是完全能观的。

(2)线性定常离散系统的能观性

设 n 阶线性定常离散系统的状态方程与输出方程分别为

$$\boldsymbol{X}[(k+1)T]=\boldsymbol{AX}(kT)+\boldsymbol{BU}(kT) \tag{10.1-21}$$

$$\boldsymbol{y}(kT)=\boldsymbol{CX}(kT) \tag{10.1-22}$$

式中 $\boldsymbol{X}(kT)$——状态向量，是 $n\times1$ 矩阵；

$\boldsymbol{U}(kT)$——控制向量，是 $r\times1$ 矩阵，$r\geqslant1$；

$\boldsymbol{y}(kT)$——输出向量，是 $l\times1$ 矩阵，$l\geqslant1$；

$\boldsymbol{A}$——系统矩阵，是 $n\times n$ 非奇异常数矩阵；

$\boldsymbol{B}$——控制矩阵，是 $n\times r$ 常数阵；

$\boldsymbol{C}$——输出矩阵，是 $l\times n$ 常数矩阵。

对方程(10.1-21)和(10.1-22)所描述的离散系统，如果已知控制向量序列 $\boldsymbol{U}(0),\boldsymbol{U}(T),\cdots,\boldsymbol{U}[(n-1)T]$ 及在有限的采样周期内测量到的输出向量序列 $\boldsymbol{y}(0),\boldsymbol{y}(T),\cdots,\boldsymbol{y}[(n-1)T]$，能够唯一地确定初始状态 $\boldsymbol{X}(0)$，则称系统的状态是完全能观的，简称系统

是能观的。

定理 4 n 阶线性定常离散系统

$$X[(k+1)T]=AX(kT)+BU(kT)$$
$$y(kT)=CX(kT)$$

状态完全能观的充要条件为

$$\mathrm{rank}Q_g=\mathrm{rank}\begin{bmatrix}C\\CA\\\vdots\\CA^{n-1}\end{bmatrix}=n$$

或写成

$$\mathrm{rank}[C^{\mathrm{T}}\quad A^{\mathrm{T}}C^{\mathrm{T}}\quad\cdots\quad(A^{\mathrm{T}})^{n-1}C^{\mathrm{T}}]=n$$

证明 由于控制向量 $U(kT)$ 是已知的，而初始状态 $X(0)$ 和系统的能观性又与控制向量 $U(kT)$ 无关，所以为简单起见，可设控制向量为零，这并不失其一般性。由状态方程及输出方程，有

$$y(0)=CX(0)$$
$$y(T)=CAX(0)$$
$$\cdots\cdots\cdots$$
$$y[(n-1)T]=CA^{n-1}X(0)$$

写成矩阵形式为

$$\begin{bmatrix}y(0)\\y(T)\\\vdots\\y[(n-1)T]\end{bmatrix}=\begin{bmatrix}C\\CA\\\vdots\\CA^{n-1}\end{bmatrix}X(0)\tag{10.1-23}$$

式(10.1-23)的矩阵方程含有 $n\times l$ 个方程及 n 个未知数 $x_1(0),x_2(0),\cdots,x_n(0)$。当系统输出测量值 $y(0),y(T),\cdots y[(n-1)T]$ 为已知时，状态向量 $X(0)$ 存在唯一解的条件是方程(10.1-23)的系数矩阵的秩等于 n，即

$$\mathrm{rank}\begin{bmatrix}C\\CA\\\vdots\\CA^{n-1}\end{bmatrix}=n$$

例 10.1-9 线性离散系统的状态空间表达式如下，试判断能观性。

$$X[(k+1)T]=\begin{pmatrix}a&1\\0&b\end{pmatrix}X(kT)+\begin{pmatrix}1\\1\end{pmatrix}u(kT)$$
$$y(kT)=[1\quad-1]$$

解 $$\mathrm{rank}Q_g=\mathrm{rank}\begin{pmatrix}C\\CA\end{pmatrix}=\mathrm{rank}\begin{pmatrix}1&-1\\a&1-b\end{pmatrix}$$

由能观阵 Q_g 可知，当 $a\neq b-1$ 时，$\mathrm{rank}Q_g=2$，系统能观；当 $a=b-1$ 时，$\mathrm{rank}Q_g=1$，系统不能观。

3. 离散化对能控性和能观性的影响

设线性定常系统的状态空间表达式为

$$\dot{\boldsymbol{X}}(t)=\boldsymbol{AX}(t)+\boldsymbol{BU}(t)$$

$$\boldsymbol{y}(t)=\boldsymbol{CX}(t)$$

若对其离散化，可得到离散后的状态空间表达式

$$\boldsymbol{X}[(k+1)T]=\boldsymbol{A}^*\boldsymbol{X}(kT)+\boldsymbol{B}^*\boldsymbol{U}(kT)$$

$$\boldsymbol{y}(kT)=\boldsymbol{C}^*\boldsymbol{X}(kT)$$

其中 $\boldsymbol{A}^*=\boldsymbol{\Phi}(T)=\{\mathrm{L}^{-1}[(s\boldsymbol{I}-\boldsymbol{A})^{-1}]\}_{t=T}$

$$\boldsymbol{B}^*=\int_0^T\boldsymbol{\Phi}(\lambda)\mathrm{d}\lambda\boldsymbol{B}$$

$$\boldsymbol{C}^*=C$$

T 是采样周期。

连续状态方程离散化为离散状态方程之后，其能控性和能观性可能发生一些变化，下面举例说明这个问题。

设连续系统的状态空间表达式为

$$\begin{pmatrix}\dot{x}_1\\ \dot{x}_2\end{pmatrix}=\begin{pmatrix}0 & 1\\ -1 & 0\end{pmatrix}\begin{pmatrix}x_1\\ x_2\end{pmatrix}+\begin{pmatrix}0\\ 1\end{pmatrix}u$$

$$\boldsymbol{y}=[1\quad 0]\begin{pmatrix}x_1\\ x_2\end{pmatrix}$$

$$\mathrm{rank}[\boldsymbol{B}\quad \boldsymbol{AB}]=\mathrm{rank}\begin{pmatrix}0 & 1\\ 1 & 0\end{pmatrix}=2=n$$

$$\mathrm{rank}\begin{pmatrix}\boldsymbol{C}\\ \boldsymbol{CA}\end{pmatrix}=\mathrm{rank}\begin{pmatrix}1 & 0\\ 0 & 1\end{pmatrix}=2=n$$

所以这个连续系统的状态是完全能控和完全能观的。

离散化之后得到的状态空间表达式为

$$\begin{pmatrix}x_1[(k+1)T]\\ x_2[(k+1)T]\end{pmatrix}=\begin{pmatrix}\cos T & \sin T\\ -\sin T & \cos T\end{pmatrix}\begin{pmatrix}x_1(kT)\\ x_2(kT)\end{pmatrix}+\begin{pmatrix}1-\cos T\\ \sin T\end{pmatrix}u(kT)$$

$$\boldsymbol{y}(kT)=[1\quad 0]\begin{pmatrix}x_1(kT)\\ x_2(kT)\end{pmatrix}$$

式中　T 为采样周期。由离散状态方程和输出方程可知

$$\boldsymbol{A}^*=\begin{pmatrix}\cos T & \sin T\\ -\sin T & \cos T\end{pmatrix},\quad \boldsymbol{B}^*=\begin{pmatrix}1-\cos T\\ \sin T\end{pmatrix},\quad \boldsymbol{C}^*=[1\quad 0]$$

系统的能控阵为

$$\boldsymbol{Q}_k=[\boldsymbol{B}^*\quad \boldsymbol{A}^*\boldsymbol{B}^*]=\begin{pmatrix}1-\cos T & \cos T+1-2\cos^2 T\\ \sin T & -\sin T+2\cos T\sin T\end{pmatrix}$$

当 $T=\pi$ 时

$$\mathrm{rank}\boldsymbol{Q}_k=\mathrm{rank}\begin{pmatrix}2 & -2\\ 0 & 0\end{pmatrix}=1<2=n$$

所以，当 $T=\pi$ 时，系统的状态不是完全能控的，而当 $T\neq n\pi(n=1,2,3,\cdots)$ 时，系统仍是能控的。

系统的能观阵为

$$Q_g=\begin{bmatrix} C^* \\ C^*A^* \end{bmatrix}=\begin{bmatrix} 1 & 0 \\ \cos T & \sin T \end{bmatrix}$$

当 $T=\pi$ 时

$$\operatorname{rank}Q_g=\operatorname{rank}\begin{bmatrix} 1 & 0 \\ -1 & 0 \end{bmatrix}=1<2=n$$

所以当 $T=\pi$ 时，系统不是能观的，但在 $T\neq n\pi(n=1,2,3,\cdots)$ 时，系统是能观的。

由这个例子可以看出，原来是能控而且能观的连续系统的状态空间表达式，经离散化之后，能控性和能观性可能发生变化。在一定条件下变得不能控或不能观了。从系统状态能控性的定义来讲，连续系统的控制向量 $\boldsymbol{U}(t)$ 是无约束的，而离散系统的控制向量序列 $\boldsymbol{U}(kT)$ 在两个采样时刻之间保持不变。这相当于对控制向量增加了一定的约束，所以原来能办到的事情有可能办不到了。

从这个例子还可以看出，采样周期 T 不同会使离散化之后的系统的状态方程不同，因此 T 的选择会影响离散化之后系统的能控性和能观性。选择合适的采样周期有利于保持系统的能控性和能观性。在这个例子中，如果选取 $T\neq n\pi(n=1,2,3,\cdots)$，则离散化之后的系统仍然是状态完全能控与状态完全能观的。

三、 能控标准型与能观标准型

系统状态空间表达式的能控标准型和能观标准型对系统的分析和综合有着十分重要的意义。能控标准型的表达式对系统的状态反馈设计是方便的；能观标准型的表达式对系统状态观测器的设计是方便的。在对系统进行分析和综合时，常会遇到把不是能控标准型或能观标准型的状态空间表达式化为这两种标准型的问题。

1. 能控标准型

设单输入-单输出系统的状态空间表达式为

$$\dot{\boldsymbol{X}}=\boldsymbol{AX}+\boldsymbol{B}u \tag{10.1-24}$$

$$y=\boldsymbol{CX} \tag{10.1-25}$$

系统的特征方程为

$$|\lambda \boldsymbol{I}-\boldsymbol{A}|=\lambda^n+a_{n-1}\lambda^{n-1}+\cdots+a_1\lambda+a_0=0$$

若状态方程(10.1-24)中的矩阵 $\boldsymbol{A}$、$\boldsymbol{B}$ 具有如下形式

$$\boldsymbol{A}=\begin{bmatrix} 0 & 1 & 0 & \cdots & 0 \\ 0 & 0 & 1 & \cdots & 0 \\ \vdots & \vdots & \vdots & \ddots & \vdots \\ 0 & 0 & 0 & \cdots & 1 \\ -a_0 & -a_1 & -a_2 & \cdots & -a_{n-1} \end{bmatrix},\boldsymbol{B}=\begin{bmatrix} 0 \\ 0 \\ \vdots \\ 0 \\ 1 \end{bmatrix} \tag{10.1-26}$$

则称该状态方程为能控标准型。

如果系统的状态方程是能控标准型，它所描述的系统一定是状态完全能控的。这可以

从下面的推导中得到证明。由式(10.1-26)中的 $\boldsymbol{A}$、$\boldsymbol{B}$ 矩阵计算能控阵 $\boldsymbol{Q}_k$ 的各列,有

$$\boldsymbol{Q}_k=[\boldsymbol{B}\quad \boldsymbol{AB}\quad \cdots\quad \boldsymbol{A}^{n-1}\boldsymbol{B}]=\begin{bmatrix}0 & 0 & 0 & \cdots & \cdots & 1\\ 0 & 0 & 0 & \cdots & \iddots & -a_{n-1}\\ \vdots & \vdots & \vdots & \iddots & & \vdots\\ 0 & 0 & 1 & \cdots & \cdots & \vdots\\ 0 & 1 & -a_{n-1} & \cdots & \cdots & \vdots\\ 1 & -a_{n-1} & (a_{n-1}^2-a_{n-2}) & \cdots & \cdots & \vdots\end{bmatrix}$$

是一个下三角阵,不论 a_0、a_1、$\cdots a_{n-1}$ 取何值,能控阵的秩总是 n,故系统的状态是完全能控的。能控标准型只是对状态方程中的 $\boldsymbol{A}$、$\boldsymbol{B}$ 提出了规范的要求,对输出方程中的输出矩阵 $\boldsymbol{C}$ 没有任何要求。

如果一个系统的状态方程不是能控标准型,但系统的状态是完全能控的,则可通过一个特定的线性变换将其化为能控标准型。

设单输入线性定常连续系统的状态方程为

$$\dot{\boldsymbol{X}}=\boldsymbol{AX}+\boldsymbol{B}u$$

其中 $\boldsymbol{A}$ 和 $\boldsymbol{B}$ 的形式是非能控标准型,但系统是状态完全能控的,其能控阵

$$\boldsymbol{Q}_k=[\boldsymbol{B}\quad \boldsymbol{AB}\quad \cdots\quad \boldsymbol{A}^{n-1}\boldsymbol{B}]$$

是非奇异的,其逆存在,则必存在一个非奇异变换矩阵 P,使

$$\boldsymbol{Z}=\boldsymbol{PX},\text{或 }\boldsymbol{X}=\boldsymbol{P}^{-1}\boldsymbol{Z}$$

将状态方程化为能控标准型

$$\dot{\boldsymbol{Z}}=\boldsymbol{A}_1\boldsymbol{Z}+\boldsymbol{B}_1u$$

式中

$$\boldsymbol{A}_1=\boldsymbol{PAP}^{-1}\quad,\quad \boldsymbol{B}_1=\boldsymbol{PB}$$

符合能控标准型的形式。

变换矩阵 $\boldsymbol{P}$ 可由下式确定

$$\boldsymbol{P}=\begin{bmatrix}\boldsymbol{P}_1\\ \boldsymbol{P}_1\boldsymbol{A}\\ \vdots\\ \boldsymbol{P}_1\boldsymbol{A}^{n-1}\end{bmatrix}$$

$$\boldsymbol{P}_1=[0\quad 0\quad \cdots\quad 0\quad 1][\boldsymbol{B}\quad \boldsymbol{AB}\quad \cdots\quad \boldsymbol{A}^{n-1}\boldsymbol{B}]^{-1}$$

证明从略。

例 10.1-10 已知系统的状态方程为

$$\dot{\boldsymbol{X}}=\begin{bmatrix}1 & 0\\ -1 & 2\end{bmatrix}\boldsymbol{X}+\begin{bmatrix}-1\\ 1\end{bmatrix}u$$

如果系统是能控的,将其变换成能控标准型。

解 系统的能控阵为

$$\boldsymbol{Q}_k=[\boldsymbol{B}\quad \boldsymbol{AB}]=\begin{bmatrix}-1 & -1\\ 1 & 3\end{bmatrix}$$

是一个非奇异矩阵，秩为 2，系统的状态是完全能控的，满足将给定状态方程变换成能控标准型的条件。能控阵的逆矩阵为

$$Q_k^{-1} = [B \quad AB]^{-1} = \begin{bmatrix} -\dfrac{3}{2} & -\dfrac{1}{2} \\ \dfrac{1}{2} & \dfrac{1}{2} \end{bmatrix}$$

于是可以求得

$$P_1 = [0 \quad 1]Q_k^{-1} = [0 \quad 1]\begin{bmatrix} -\dfrac{3}{2} & -\dfrac{1}{2} \\ \dfrac{1}{2} & \dfrac{1}{2} \end{bmatrix} = \begin{bmatrix} \dfrac{1}{2} & \dfrac{1}{2} \end{bmatrix}$$

$$P_1A = \begin{bmatrix} \dfrac{1}{2} & \dfrac{1}{2} \end{bmatrix}\begin{bmatrix} 1 & 0 \\ -1 & 2 \end{bmatrix} = [0 \quad 1]$$

所以可以得到非奇异变换矩阵

$$P = \begin{bmatrix} P_1 \\ P_1A \end{bmatrix} = \begin{bmatrix} \dfrac{1}{2} & \dfrac{1}{2} \\ 0 & 1 \end{bmatrix}$$

其逆矩阵

$$P^{-1} = \begin{bmatrix} 2 & -1 \\ 0 & 1 \end{bmatrix}$$

变换后能控标准型的系统矩阵 A_1 和控制矩阵 B_1 为

$$A_1 = PAP^{-1} = \begin{bmatrix} \dfrac{1}{2} & \dfrac{1}{2} \\ 0 & 1 \end{bmatrix}\begin{bmatrix} 1 & 0 \\ -1 & 2 \end{bmatrix}\begin{bmatrix} 2 & -1 \\ 0 & 1 \end{bmatrix} = \begin{bmatrix} 0 & 1 \\ -2 & 3 \end{bmatrix}$$

$$B_1 = PB = \begin{bmatrix} \dfrac{1}{2} & \dfrac{1}{2} \\ 0 & 1 \end{bmatrix}\begin{bmatrix} -1 \\ 1 \end{bmatrix} = \begin{bmatrix} 0 \\ 1 \end{bmatrix}$$

经非奇异变换后得到的能控标准型为

$$\dot{Z} = A_1Z + B_1u = \begin{bmatrix} 0 & 1 \\ -2 & 3 \end{bmatrix}Z + \begin{bmatrix} 0 \\ 1 \end{bmatrix}u$$

2. 能观标准型

设单输入-单输出系统的状态空间表达式为

$$\begin{cases} \dot{X} = AX + Bu \\ y = CX \end{cases} \tag{10.1-27}$$

系统的特征方程为

$$|\lambda I - A| = \lambda^n + a_{n-1}\lambda^{n-1} + \cdots + a_1\lambda + a_0 = 0$$

若状态空间表达式(10.1-27)中的矩阵 A 和 C 具有如下形式

$$A=\begin{bmatrix}0 & 0 & \cdots & 0 & -a_0\\ 1 & 0 & \cdots & 0 & -a_1\\ 0 & 1 & \cdots & 0 & -a_2\\ \vdots & \vdots & & \vdots & \vdots\\ 0 & 0 & \cdots & 1 & -a_{n-1}\end{bmatrix},C=[0\quad 0\quad \cdots\quad 0\quad 1] \qquad (10.1\text{-}28)$$

则该状态空间表达式称为能观标准型。系统的状态是完全能观的。如果矩阵 A、C 具有式(10.1-28)的形式,其能观阵 Q_g 是一个 $n\times n$ 的下三角矩阵,秩为 n。Q_g 是非奇异的,其逆存在。

能观标准型还有另一种常见的形式,即

$$A=\begin{bmatrix}0 & 1 & 0 & \cdots & 0\\ 0 & 0 & 1 & \cdots & 0\\ \vdots & \vdots & \vdots & & \vdots\\ 0 & 0 & 0 & \cdots & 1\\ -a_0 & -a_1 & -a_2 & \cdots & -a_{n-1}\end{bmatrix},C=[1\quad 0\quad \cdots\quad 0\quad 0] \quad (10.1\text{-}29)$$

如果矩阵 A、C 具有式(10.1-29)的形式,则由此求出的能观阵 Q_g 是一个 $n\times n$ 的单位阵,秩等于 n。

如果一个系统的状态空间表达式不是能观标准型,但系统的状态是完全能观的,则可以通过一个特定的线性变换将其化成能观标准型。

设单输入-单输出系统的状态空间表达式为

$$\begin{cases}\dot{X}=AX+Bu\\ y=CX\end{cases}$$

其中矩阵 A 和 C 的形式不是能观标准型,但系统的状态是完全能观的,其能观性矩阵

$$Q_g=\begin{bmatrix}C\\ CA\\ \vdots\\ CA^{n-1}\end{bmatrix}$$

是非奇异的,其秩为 n,逆存在,则可找到一个非奇异变换矩阵 T 使

$$Z=T^{-1}X,X=TZ$$

将状态空间表达式化为能观标准型

$$\dot{Z}=A_1Z+B_1u$$

$$y=C_1Z$$

式中 $$A_1=T^{-1}AT,\quad B_1=T^{-1}B,\quad C_1=CT$$

若想得到式(10.1-28)所示的能观标准型的形式,变换矩阵 T 可由下式确定

$$T = [T_1 \quad AT_1 \quad \cdots \quad A^{n-1}T_1]$$

$$T_1 = \begin{bmatrix} C \\ CA \\ \vdots \\ CA^{n-1} \end{bmatrix}^{-1} \begin{bmatrix} 0 \\ 0 \\ \vdots \\ 0 \\ 1 \end{bmatrix}$$

证明从略。

例 10.1-11 已知系统的状态方程和输出方程为

$$\dot{X} = \begin{pmatrix} 1 & -1 \\ 0 & 2 \end{pmatrix} X + \begin{pmatrix} 0 \\ 1 \end{pmatrix} u$$

$$y = \begin{pmatrix} -1 & -\frac{1}{2} \end{pmatrix} X$$

试求化成能观标准型后的 A_1 和 C_1 阵。

解 给定系统的能观阵为

$$Q_g = \begin{pmatrix} C \\ CA \end{pmatrix} = \begin{bmatrix} -1 & -\frac{1}{2} \\ -1 & 0 \end{bmatrix}$$

是一个非奇异矩阵，秩为 $n=2$，系统是状态完全能观的，能观阵的逆阵为

$$Q_g^{-1} = \begin{pmatrix} C \\ CA \end{pmatrix}^{-1} = \begin{bmatrix} -1 & -\frac{1}{2} \\ -1 & 0 \end{bmatrix}^{-1} = \begin{pmatrix} 0 & -1 \\ -2 & 2 \end{pmatrix}$$

于是有

$$T_1 = \begin{pmatrix} C \\ CA \end{pmatrix}^{-1} \begin{pmatrix} 0 \\ 1 \end{pmatrix} = \begin{pmatrix} 0 & -1 \\ -2 & 2 \end{pmatrix} \begin{pmatrix} 0 \\ 1 \end{pmatrix} = \begin{pmatrix} -1 \\ 2 \end{pmatrix}$$

$$T = [T_1 \quad AT_1] = \begin{pmatrix} -1 & -3 \\ 2 & 4 \end{pmatrix}$$

$$T^{-1} = \begin{pmatrix} -1 & -3 \\ 2 & 4 \end{pmatrix}^{-1} = \begin{bmatrix} 2 & \frac{3}{2} \\ -1 & -\frac{1}{2} \end{bmatrix}$$

因而有

$$A_1 = T^{-1}AT = \begin{bmatrix} 2 & \frac{3}{2} \\ -1 & -\frac{1}{2} \end{bmatrix} \begin{pmatrix} 1 & -1 \\ 0 & 2 \end{pmatrix} \begin{pmatrix} -1 & -3 \\ 2 & 4 \end{pmatrix} = \begin{pmatrix} 0 & -2 \\ 1 & 3 \end{pmatrix}$$

$$C_1 = CT = \begin{pmatrix} -1 & -\frac{1}{2} \end{pmatrix} \begin{pmatrix} -1 & -3 \\ 2 & 4 \end{pmatrix} = [0 \quad 1]$$

3. 能控性与能观性的对偶关系

从线性定常系统能控性、能观性的概念和判据上可以看出，两者有很多相似之处。系统状态的能控性和能观性之间存在着一种内在的联系，这种联系体现在对偶性上。

设有两个 n 阶线性定常系统 S_1 和 S_2，其状态空间表达式分别为

$$S_1:\quad \dot{\boldsymbol{X}}=\boldsymbol{AX}+\boldsymbol{BU}$$
$$\boldsymbol{y}=\boldsymbol{CX}$$
$$S_2:\quad \dot{\boldsymbol{Z}}=\boldsymbol{A}^{\mathrm{T}}\boldsymbol{Z}+\boldsymbol{C}^{\mathrm{T}}\boldsymbol{V}$$
$$\boldsymbol{W}=\boldsymbol{B}^{\mathrm{T}}\boldsymbol{Z}$$

则称系统 S_1 与系统 S_2 是对偶系统。

系统 S_1 的能控阵和能观阵分别为

$$\boldsymbol{Q}_{k1}=[\boldsymbol{B}\quad \boldsymbol{AB}\quad \cdots\quad \boldsymbol{A}^{n-1}\boldsymbol{B}]$$
$$\boldsymbol{Q}_{g1}=[\boldsymbol{C}^{\mathrm{T}}\quad \boldsymbol{A}^{\mathrm{T}}\boldsymbol{C}^{\mathrm{T}}\quad \cdots\quad (\boldsymbol{A}^{\mathrm{T}})^{n-1}\boldsymbol{C}^{\mathrm{T}}]$$

系统 S_2 的能控阵和能观阵分别为

$$\boldsymbol{Q}_{k2}=[\boldsymbol{C}^{\mathrm{T}}\quad \boldsymbol{A}^{\mathrm{T}}\boldsymbol{C}^{\mathrm{T}}\quad \cdots\quad (\boldsymbol{A}^{\mathrm{T}})^{n-1}\boldsymbol{C}^{\mathrm{T}}]$$
$$\boldsymbol{Q}_{g2}=[\boldsymbol{B}\quad \boldsymbol{AB}\quad \cdots\quad \boldsymbol{A}^{n-1}\boldsymbol{B}]$$

对比两个系统的能控阵和能观阵可知：系统 S_1 的能控阵与对偶系统 S_2 的能观阵相同；系统 S_1 的能观阵与对偶系统 S_2 的能控阵相同。所谓对偶原理是讲，如果系统 S_1 和系统 S_2 是互为对偶的两个系统，则系统 S_1 的能控性与对偶系统 S_2 的能观性相同；而系统 S_1 的能观性与对偶系统 S_2 的能控性相同。

对偶原理是现代控制理论中一个重要的概念。利用对偶原理，可以使系统的能观性转化为对其对偶系统的能控性的研究；或者使系统的能控性研究转化为对其对偶系统能观性的研究。利用这一特性，不仅可作相互校验，而且在线性系统的设计中也是很有用的。互为对偶的系统 S_1 与 S_2 的特征方程相同，即

$$|s\boldsymbol{I}-\boldsymbol{A}|=|s\boldsymbol{I}-\boldsymbol{A}^{\mathrm{T}}|=0$$

对偶原理同样适用于线性定常离散系统。

四、 线性系统能控性与能观性判据的另一种形式

线性系统的状态经线性非奇异变换之后，其能控性和能观性仍保持不变，这种性质叫作系统能控性和能观性的不变性。

已知线性定常系统的状态空间表达式为

$$\dot{\boldsymbol{X}}=\boldsymbol{AX}+\boldsymbol{BU}$$
$$\boldsymbol{y}=\boldsymbol{CX}$$

系统的能控阵和能观阵分别为

$$\boldsymbol{Q}_k=[\boldsymbol{B}\quad \boldsymbol{AB}\quad \cdots\quad \boldsymbol{A}^{n-1}\boldsymbol{B}]$$

$$\boldsymbol{Q}_g=\begin{bmatrix}\boldsymbol{C}\\ \boldsymbol{CA}\\ \vdots\\ \boldsymbol{CA}^{n-1}\end{bmatrix}$$

若存在非奇异矩阵 $\boldsymbol{P}$，使

$$\boldsymbol{X}=\boldsymbol{PZ},\quad \boldsymbol{Z}=\boldsymbol{P}^{-1}\boldsymbol{X}$$

则经线性非奇异变换之后得到的新的状态空间表达式为

$$\dot{Z}=P^{-1}APZ+P^{-1}BU=\tilde{A}Z+\tilde{B}U$$
$$y=CPZ=\tilde{C}Z$$

其能控阵和能观阵分别为

$$\begin{aligned}\tilde{Q}_k &= [\tilde{B}\quad \tilde{A}\tilde{B}\quad \cdots\quad \tilde{A}^{n-1}\tilde{B}]=\\ &[P^{-1}B\quad (P^{-1}AP)P^{-1}B\quad \cdots\quad (P^{-1}AP)^{n-1}P^{-1}B]=\\ &P^{-1}[B\quad AB\quad \cdots\quad A^{n-1}B]=P^{-1}Q_k\end{aligned}$$

$$\tilde{Q}_g=\begin{bmatrix}\tilde{C}\\ \tilde{C}\tilde{A}\\ \vdots\\ \tilde{C}\tilde{A}^{n-1}\end{bmatrix}=\begin{bmatrix}CP\\ CP(P^{-1}AP)\\ \vdots\\ CP(P^{-1}AP)^{n-1}\end{bmatrix}=\begin{bmatrix}C\\ CA\\ \vdots\\ CA^{n-1}\end{bmatrix}P=Q_gP$$

由矩阵理论可知，对矩阵进行非奇异变换不改变矩阵的秩，即

$$\text{rank}Q_k=\text{rank}P^{-1}Q_k=\text{rank}\tilde{Q}_k$$
$$\text{rank}Q_g=\text{rank}Q_gP=\text{rank}\tilde{Q}_g$$

所以经线性非奇异变换后，能控性和能观性均保持不变。

1. 能控性判据的另一种形式

由于线性非奇异变换不改变矩阵的秩，也不改变系统的能控性，因此可以按变换后的状态方程判断状态的能控性。

如果系统有互不相等的特征值，则能控性判据可给出如下

设线性定常系统

$$\dot{X}=AX+BU$$

具有互不相同的特征值 $\lambda_1,\lambda_2,\cdots,\lambda_n$，则状态完全能控的充分必要条件是，系统经非奇异变换后得到的对角线标准型状态方程

$$\dot{Z}=\begin{bmatrix}\lambda_1 & & & \\ & \lambda_2 & 0 & \\ & 0 & \ddots & \\ & & & \lambda_n\end{bmatrix}Z+\tilde{B}U$$

中，控制矩阵 $\tilde{B}$ 中不包含元素全为零的行。

在对角线标准型中，各状态变量之间没有耦合关系，影响每一个状态变量的唯一途径只是输入 U 的控制作用。这样，只有 $\tilde{B}$ 中不包含元素全为零的行，即每个状态变量都受 U 的控制，才能保证系统的状态是完全能控的。如果 $\tilde{B}$ 阵某一行元素全为零，这表明输入 U 不能直接影响该行所对应的状态变量，而该状态变量又不通过其它状态变量间接受控，所以系统的状态不是完全能控的。

例如，线性系统的状态方程为

$$\dot{X}=\begin{bmatrix}-4 & 1\\ 0 & -2\end{bmatrix}X+\begin{bmatrix}1\\ 0\end{bmatrix}u$$

取非奇异变换矩阵

$$P=\begin{pmatrix}1 & 1\\0 & 2\end{pmatrix},P^{-1}=\begin{bmatrix}1 & -\frac{1}{2}\\0 & \frac{1}{2}\end{bmatrix}$$

对给定系统进行线性变换 $Z=P^{-1}X$，则可得到对角线标准型为

$$\dot{Z}=P^{-1}APZ+P^{-1}Bu=\begin{pmatrix}-4 & 0\\0 & -2\end{pmatrix}Z+\begin{pmatrix}1\\0\end{pmatrix}u$$

系统有两个互不相等的特征值 $\lambda_1=-4,\lambda_2=-2$。由对角线标准型可以看出，控制阵 $\widetilde{B}$ 中第二行元素全为 0，状态变量 z_1 是能控的，状态变量 z_2 是不能控的，所以系统的状态不是完全能控的。

当系统具有重特征值时，则能控性判据可给出如下：

设线性定常系统

$$\dot{X}=AX+BU$$

的特征值中含有重特征值及互不相等的特征值。重特征值为 λ_1(m_1 重)，λ_2(m_2 重)，…，λ_k(m_k 重)，$\sum_{i=1}^{k}m_i=q$，$i\neq j$ 时，$\lambda_i\neq\lambda_j$；互不相等的特征值为 $\lambda_{q+1},\lambda_{q+2},\cdots,\lambda_n$。系统经线性非奇异变换之后可化为约当标准型状态方程

$$\dot{Z}=\begin{bmatrix}J_1 & & & & & & \\ & J_2 & & & 0 & & \\ & & \ddots & & & & \\ & & & J_k & & & \\ & 0 & & & \lambda_{q+1} & & \\ & & & & & \lambda_{q+2} & \\ & & & & & & \lambda_n\end{bmatrix}Z+\widetilde{B}U$$

系统状态完全能控的充要条件为：

控制矩阵 $\widetilde{B}$ 与每个约当块最后一行相对应的各行，其元素不全为零，且与互不相等特征值对应的各行，其元素不全为零。如果两个约当块有相同的特征值，上述结论不成立。

若系统的状态方程为

$$\dot{X}=\begin{bmatrix}0 & 1 & 0\\0 & 0 & 1\\2 & -5 & 4\end{bmatrix}X+\begin{bmatrix}1\\0\\0\end{bmatrix}u$$

取变换矩阵为

$$P=\begin{bmatrix}1 & 0 & 1\\1 & 1 & 2\\1 & 2 & 4\end{bmatrix};\quad P^{-1}=\begin{bmatrix}0 & 2 & -1\\-2 & 3 & -1\\1 & -2 & 1\end{bmatrix}$$

对给定系统进行线性变换 $Z=P^{-1}X$，因为系统的特征值为 $\lambda_1=\lambda_2=1,\lambda_3=2$，有一对重特征值，则变换后可得约当标准型的状态方程为

$$\dot{Z} = P^{-1}APZ + P^{-1}Bu = \left[\begin{array}{cc:c}1 & 1 & 0\\ 0 & 1 & 0\\ \hdashline 0 & 0 & 2\end{array}\right]Z + \left[\begin{array}{c}1\\ -2\\ \hdashline 1\end{array}\right]u$$

控制矩阵中与约当块最后一行所对应的行的元素不为零，与互不相等的特征值所对应的行的元素也不为零，所以系统的状态是完全能控的。

2. 能观性判据的另一种形式

线性变换不改变系统的能观性，因此可根据变换后的标准型来判断系统状态的能观性。

当系统的特征值都互不相同时，有如下判断系统能观性的定理：

设线性定常系统

$$\dot{X} = AX + BU$$
$$y = CX$$

的特征值 $\lambda_1, \lambda_2, \cdots, \lambda_n$ 互不相同，则状态完全能观的充分必要条件是，系统经非奇异线性变换后的具有对角线标准型的状态空间表达式

$$\dot{Z} = \begin{bmatrix}\lambda_1 & & & \\ & \lambda_2 & 0 & \\ & 0 & \ddots & \\ & & & \lambda_n\end{bmatrix} Z + \tilde{B}U$$
$$y = \tilde{C}Z$$

的输出矩阵 $\tilde{C}$ 中不含元素全为零的列。

当系统含有重特征值时，有如下能观性判据：

设线性定常连续系统

$$\dot{X} = AX + BU$$
$$y = CX$$

的特征值中含有重特征值及互不相等的特征值。重特征值为 λ_1(m_1 重)，λ_2(m_2 重)，$\cdots$，λ_k(m_k 重)，$\sum\limits_{i=1}^{k} m_i = q$，$i \neq j$ 时，$\lambda_i \neq \lambda_j$；互不相等的特征值为 $\lambda_{q+1}, \lambda_{q+2}, \cdots, \lambda_n$。系统经线性非奇异变换之后可化为约当标准型状态空间表达式

$$\dot{Z} = \begin{bmatrix}J_1 & & & & & & \\ & J_2 & & & 0 & & \\ & & \ddots & & & & \\ & & & J_k & & & \\ & & 0 & & \lambda_{q+1} & & \\ & & & & & \lambda_{q+2} & \\ & & & & & & \lambda_n\end{bmatrix} Z + \tilde{B}U$$
$$y = \tilde{C}Z$$

系统状态完全能观的充要条件为：

输出矩阵 $\tilde{C}$ 中与每个约当块首列相对应的各列，其元素不全为零，且与互不相等特

征值对应的各列，其元素不全为零。如果两个约当块有相同的特征值，上述结论不成立。

设系统的状态方程和输出方程为

$$\begin{pmatrix}\dot{x}_1\\ \dot{x}_2\end{pmatrix}=\begin{pmatrix}-3 & 1\\ 0 & -3\end{pmatrix}\begin{pmatrix}x_1\\ x_2\end{pmatrix}$$

$$\begin{pmatrix}y_1\\ y_2\end{pmatrix}=\begin{pmatrix}0 & 0\\ 1 & 0\end{pmatrix}\begin{pmatrix}x_1\\ x_2\end{pmatrix}$$

系数矩阵 $\boldsymbol{A}$ 是约当标准型，输出矩阵 $\boldsymbol{C}$ 中与约当块首列相对应的列不是元素全为零的列，所以系统的状态是完全能观的。

若系统的状态方程不变，而输出方程为

$$\begin{pmatrix}y_1\\ y_2\end{pmatrix}=\begin{pmatrix}0 & 0\\ 0 & 1\end{pmatrix}\begin{pmatrix}x_1\\ x_2\end{pmatrix}$$

则系统的状态不是完全能观的。

五、 能控性能观性与传递函数

在控制系统的经典理论分析中，常用传递函数作为线性定常系统的数学模型，能控性和能观性是现代控制理论中描述系统内在特性的两个概念。但是能控性、能观性与传递函数也有密切的关系。

设单输入-单输出系统的状态空间表达式为

$$\begin{cases}\dot{\boldsymbol{X}}=\begin{pmatrix}-1 & 0\\ 0 & -2\end{pmatrix}\boldsymbol{X}+\begin{pmatrix}1\\ 0\end{pmatrix}u\\ \boldsymbol{y}=[1\quad 0]\boldsymbol{X}\end{cases}\tag{10.1-30}$$

系统能控阵和能观阵的秩分别为

$$\operatorname{rank}[\boldsymbol{B}\quad \boldsymbol{AB}]=\operatorname{rank}\begin{pmatrix}1 & -1\\ 0 & 0\end{pmatrix}=1<n=2$$

$$\operatorname{rank}\begin{pmatrix}\boldsymbol{C}\\ \boldsymbol{CA}\end{pmatrix}=\operatorname{rank}\begin{pmatrix}1 & 0\\ -1 & 0\end{pmatrix}=1<n=2$$

所以，系统是状态不完全能控、状态不完全能观的。

由式(10.1-30)可求出系统的传递函数为

$$G(s)=\boldsymbol{C}(s\boldsymbol{I}-\boldsymbol{A})^{-1}\boldsymbol{B}=\frac{s+2}{(s+1)(s+2)}=\frac{s+2}{s^2+3s+2}\tag{10.1-31}$$

系统的传递函数中存在着两个极点 $p_1=-1$，$p_2=-2$ 和一个零点 $z_1=-2$。$z_1=p_2=-2$，即存在可对消的零极点。

由式(10.1-31)可得出系统的能控标准型为

$$\begin{cases}\dot{\boldsymbol{X}}=\begin{pmatrix}0 & 1\\ -2 & -3\end{pmatrix}\boldsymbol{X}+\begin{pmatrix}0\\ 1\end{pmatrix}u\\ \boldsymbol{y}=[2\quad 1]\boldsymbol{X}\end{cases}$$

系统能控阵和能观阵的秩分别为

$$\text{rank}[\boldsymbol{B} \quad \boldsymbol{AB}] = \text{rank}\begin{bmatrix} 0 & 1 \\ 1 & -3 \end{bmatrix} = 2 = n$$

$$\text{rank}\begin{bmatrix} \boldsymbol{C} \\ \boldsymbol{CA} \end{bmatrix} = \text{rank}\begin{bmatrix} 2 & 1 \\ -2 & -1 \end{bmatrix} = 1 < n = 2$$

所以系统的状态是完全能控的，但状态不是完全能观的。

由式(10.1-31)给定的传递函数可写出系统的能观标准型

$$\begin{cases} \dot{\boldsymbol{X}} = \begin{bmatrix} 0 & 1 \\ -2 & -3 \end{bmatrix}\boldsymbol{X} + \begin{bmatrix} 1 \\ -1 \end{bmatrix}u \\ y = [1 \quad 0]\boldsymbol{X} \end{cases}$$

系统能控阵和能观阵的秩分别为

$$\text{rank}[\boldsymbol{B} \quad \boldsymbol{AB}] = \text{rank}\begin{bmatrix} 1 & -1 \\ -1 & 1 \end{bmatrix} = 1 < n = 2$$

$$\text{rank}\begin{bmatrix} \boldsymbol{C} \\ \boldsymbol{CA} \end{bmatrix} = \text{rank}\begin{bmatrix} 1 & 0 \\ 0 & 1 \end{bmatrix} = 2 = n$$

所以系统的状态不是完全能控的，但状态是完全能观的。

对于由式(10.1-31)中传递函数描述的同一个系统，由于状态变量的选择不同，其能控性和能观性出现了三种情况：不能控、不能观；能控、不能观；能观、不能控。这种现象的出现是由于传递函数中存在着可以对消的零极点。在该例中传递函数的分子和分母都含有相同的因式$(s+2)$。若按分子分母零极点对消后的传递函数来实现(最小实现)，则它只反映系统中既能控又能观的那一部分。通过上面的分析，可以得出结论：

若线性定常系统的传递函数中存在着可以对消的零极点，则由于状态变量选择的不同，系统或是状态不能控的，或是不能观的，或者是既不能控又不能观的。若线性系统的输入-输出传递函数中不存在可对消的零极点，则可用状态空间表达式把系统描述为完全能控和完全能观的系统。

10.2 线性系统的状态反馈与状态观测器

反馈是自动控制的一个基本原理，因为反馈能改变系统的动、静态性能，以达到系统设计的要求。在经典控制理论中，一般只考虑输出反馈，在此基础上已有多种研究方法，这在前面章节中已有介绍。随着现代控制理论的出现和发展，除了输出反馈之外，又采用了状态反馈方法。选用状态反馈可以把系统的极点配置到合适的位置，从而达到设计的要求。本节主要介绍状态反馈及极点配置，以及为了使状态反馈得以实现而采用的状态观测器。

一、 用状态反馈配置系统的极点

线性系统的动态特性取决于系统极点的分布，合理地配置极点的位置，能获得满意的动态特性。我们以单输入-单输出系统为例介绍状态反馈的设计方法。

设单输入-单输出线性定常连续系统为

$$\dot{X}=AX+Bu$$
$$y=CX$$

系统的特征方程为

$$|sI-A|=0$$

引状态反馈后，系统的结构如图 10.2-1 所示。图中 K 为行向量，称为反馈矩阵，K 的

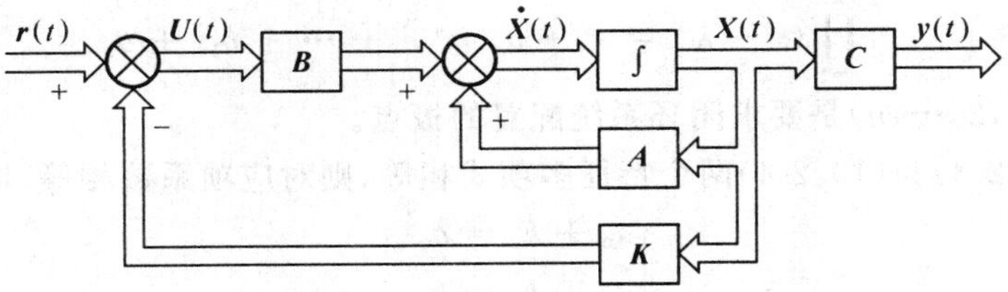

图 10.2-1 状态反馈的结构图

各元素都是常数，$r(t)$表示闭环系统的输入。引入状态反馈之后，系统的状态方程和输出方程为

$$\dot{X}=(A-BK)X+Br$$
$$y=CX$$

系统的系数矩阵为$(A-BK)$，特征多项式为

$$|sI-(A-BK)|$$

由此可见，状态反馈通过改变系统的系数矩阵，改变系统的特征多项式的方法，从而达到改变系统极点的目的。

线性定常系统通过线性状态反馈，可实现闭环极点任意配置的充分必要条件是系统的状态是完全能控的。

若系统的状态完全能控，则状态方程可写成能控标准型的形式，即

$$A=\begin{bmatrix}0 & 1 & 0 & \cdots & 0\\ 0 & 0 & 1 & \cdots & 0\\ \vdots & \vdots & \vdots & & \vdots\\ 0 & 0 & 0 & \cdots & 1\\ -a_0 & -a_1 & -a_2 & \cdots & -a_{n-1}\end{bmatrix},B=\begin{bmatrix}0\\0\\ \vdots\\0\\1\end{bmatrix}\tag{10.2-1}$$

设状态反馈阵为

$$K=[k_0\quad k_1\quad \cdots\quad k_{n-1}]$$

则引入状态反馈后，系统的系数矩阵和控制矩阵为

$$A-BK=\begin{bmatrix}0 & 1 & 0 & \cdots & 0\\ 0 & 0 & 1 & \cdots & 0\\ \vdots & \vdots & \vdots & & \vdots\\ 0 & 0 & 0 & \cdots & 1\\ -(a_0+k_0) & -(a_1+k_1) & -(a_2+k_2) & \cdots & -(a_{n-1}+k_{n-1})\end{bmatrix},B=\begin{bmatrix}0\\0\\ \vdots\\0\\1\end{bmatrix}\tag{10.2-2}$$

引入状态反馈之后，系数矩阵改变了，控制矩阵没有变，式(10.2-2)仍是能控标准型的形

式。所以可以得出这样的结论:状态反馈不改变系统的能控性。

引入状态反馈后,闭环系统的特征多项式为

$$|s\boldsymbol{I}-(\boldsymbol{A}-\boldsymbol{BK})|=s^n+(a_{n-1}+k_{n-1})s^{n-1}+\cdots+(a_1+k_1)s+(a_0+k_0) \tag{10.2-3}$$

由极点配置的要求,特征多项式应为

$$\prod_{i=1}^{n}(s-\lambda_i)=s^n+b_{n-1}s^{n-1}+\cdots+b_1s+b_0 \tag{10.2-4}$$

式中　$\lambda_i(i=1,2,\cdots,n)$是要求闭环系统配置的极点。

令式(10.2-3)和(10.2-4)两个特征多项式相等,则对应项系数相等,即

$$\begin{cases}a_0+k_0=b_0\\ a_1+k_1=b_1\\ \quad\vdots\\ a_{n-1}+k_{n-1}=b_{n-1}\end{cases}$$

由此可解出

$$\begin{cases}k_0=b_0-a_0\\ k_1=b_1-a_1\\ \quad\vdots\\ k_{n-1}=b_{n-1}-a_{n-1}\end{cases}$$

则状态反馈矩阵被确定为

$$\boldsymbol{K}=[k_0\quad k_1\quad\cdots\quad k_{n-1}]=$$
$$[b_0-a_0\quad b_1-a_1\quad\cdots\quad b_{n-1}-a_{n-1}]$$

由式(10.2-3)可看出,特征多项式的系数是可以通过$k_i(i=0,1,2,\cdots,n-1)$的变化而满足任何要求,因此系统的闭环极点是可以任意配置的。

例 10.2-1　已知单输入-单输出系统的传递函数为

$$G(s)=\frac{100}{s(s+1)(s+2)}$$

试设计一状态反馈阵,使闭环极点配置在$\lambda_1=-5,\lambda_2=-2+\mathrm{j}2,\lambda_3=-2-\mathrm{j}2$。

解　由于传递函数没有零极点对消,所以系统的状态是完全能控完全能观的,其能控标准型为

$$\dot{\boldsymbol{X}}=\begin{bmatrix}0&1&0\\0&0&1\\0&-2&-3\end{bmatrix}\boldsymbol{X}+\begin{bmatrix}0\\0\\1\end{bmatrix}u$$

令状态反馈阵为

$$\boldsymbol{K}=[k_0\quad k_1\quad k_2]$$

则经$\boldsymbol{K}$引入的状态反馈后系统的系数矩阵为

$$\boldsymbol{A}-\boldsymbol{BK}=\begin{bmatrix}0&1&0\\0&0&1\\-k_0&-k_1-2&-k_2-3\end{bmatrix}$$

其特征多项式为

$$|sI-(A-BK)|=s^3+(k_2+3)s^2+(k_1+2)s+k_0$$

由给定闭环极点要求的特征多项式为

$$(s+5)(s+2+j2)(s+2-j2)=s^3+9s^2+28s+40$$

令两个特征多项式相等可解出

$$k_0=40,k_1=26,k_2=6$$

即 $\boldsymbol{K}=[40\quad 26\quad 6]$

系统闭环传递函数为

$$\Phi(s)=\frac{100}{s^3+9s^2+28s+40}$$

由此可见，状态反馈不改变系统的零点。

具有上述状态反馈系统的状态变量图如图 10.2-2 所示。

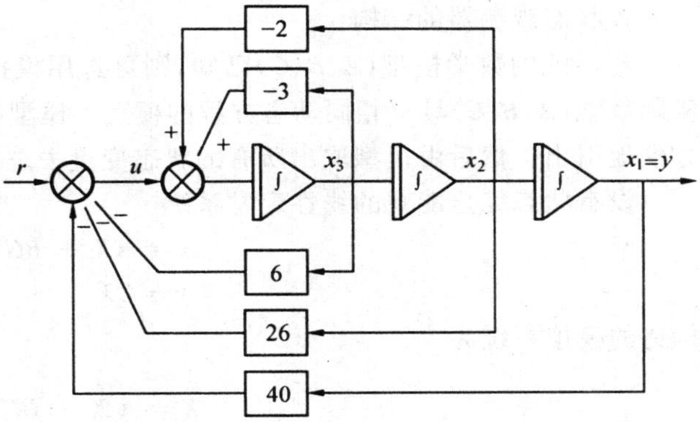

图 10.2-2　状态反馈系统状态变量图

离散系统状态反馈配置闭环极点的方法与连续系统类似，离散系统要求的闭环极点是在 z 平面单位圆之内。下面通过一个例子说明。

例 10.2-2　已知线性离散定常系统的状态方程为

$$\boldsymbol{X}(k+1)=\begin{bmatrix}0 & 1\\ -0.16 & -1\end{bmatrix}\boldsymbol{X}(k)+\begin{bmatrix}0\\1\end{bmatrix}u(k)$$

试确定一个适当的状态反馈矩阵 $\boldsymbol{K}$，使闭环系统的极点为 $z_1=0.5+\mathrm{j}0.5, z_2=0.5-j0.5$

解　系统能控阵的秩为

$$\mathrm{rank}\begin{bmatrix}0 & 1\\ 1 & -1\end{bmatrix}=2=n$$

所以系统是状态完全能控的，通过状态反馈可以实现极点的任意配置。引入状态反馈后系统的特征多项式为

$$|zI-(A-BK)|=\begin{vmatrix}z & -1\\ 0.16+k_0 & z+1+k_1\end{vmatrix}=z^2+(1+k_1)z+0.16+k_0$$

根据给定极点的要求，系统特征多项式为

$$(z-0.5-j0.5)(z-0.5+j0.5)=z^2-z+0.5$$

令两个特征多项式相等，即

$$z^2+(1+k_1)z+0.16+k_0=z^2-z+0.5$$

比较同次项的系数有

$$1+k_1=-1\quad,\quad 0.16+k_0=0.5$$

从而解得　$$k_0=0.34\quad,\quad k_1=-2$$

所以反馈阵 $\boldsymbol{K} = [k_0 \quad k_1] = [0.34 \quad -2]$

二、 状态观测器

如果系统状态完全能控，采用状态反馈可以任意配置其极点，从而能使系统稳定并满足一定的性能指标的要求。采用状态反馈就要把系统每一个状态变量的信号都引出来，反馈到输入端。但系统的状态是表征系统内部状况的一种变量，不一定代表系统真实的物理量。在有些情况下，不能直接测量系统的全部状态变量。因此，在需要进行状态反馈时，首先必须根据系统能够测量到的变量去构造一种状态，并且使这种状态逼近真实的状态。然后利用这种状态的估计量，去构成状态反馈。这种能够根据测量到的输入量和输出量，构造系统状态估计值的设备，叫作状态观测器。

1. 状态观测器的结构

若系统的数学模型($\boldsymbol{A}$、$\boldsymbol{B}$、$\boldsymbol{C}$)已知，则可选用模拟电子线路或微型计算机构造一个与实际系统($\boldsymbol{A}$、$\boldsymbol{B}$、$\boldsymbol{C}$)具有相同动态方程的模型。模型的设计应使模型中所有状态变量都能方便地引出。然后由模型取出所有的状态变量去进行状态反馈。

设有状态完全能观的线性定常系统

$$\dot{\boldsymbol{X}} = \boldsymbol{A}\boldsymbol{X} + \boldsymbol{B}\boldsymbol{U} \tag{10.2-5}$$

$$\boldsymbol{y} = \boldsymbol{C}\boldsymbol{X} \tag{10.2-6}$$

构造的模拟系统为

$$\dot{\hat{\boldsymbol{X}}} = \boldsymbol{A}\hat{\boldsymbol{X}} + \boldsymbol{B}\boldsymbol{U} \tag{10.2-7}$$

$$\hat{\boldsymbol{y}} = \boldsymbol{C}\hat{\boldsymbol{X}} \tag{10.2-8}$$

实际系统和模拟系统状态方程的解分别为

$$\boldsymbol{X}(t) = \boldsymbol{\Phi}(t - t_0)\boldsymbol{X}(t_0) + \int_{t_0}^{t} \boldsymbol{\Phi}(t - \tau)\boldsymbol{B}\boldsymbol{U}(\tau)\mathrm{d}\tau$$

$$\hat{\boldsymbol{X}}(t) = \boldsymbol{\Phi}(t - t_0)\hat{\boldsymbol{X}}(t_0) + \int_{t_0}^{t} \boldsymbol{\Phi}(t - \tau)\boldsymbol{B}\boldsymbol{U}(\tau)\mathrm{d}\tau$$

如果两者的初始状态相同 $\boldsymbol{X}(t_0) = \hat{\boldsymbol{X}}(t_0)$，则两个方程的解相同，即

$$\hat{\boldsymbol{X}}(t) = \boldsymbol{X}(t)$$

但在实际应用时却存在着一些具体问题：

(1)$\boldsymbol{X}(t_0)$不能完全确定，特别是那些不能直接测量的状态变量，因此，$\hat{\boldsymbol{X}}(t_0) = \boldsymbol{X}(t_0)$不易实现。

(2)干扰噪声对实际系统和模拟系统的影响不同。

(3)数学模型($\boldsymbol{A}$、$\boldsymbol{B}$、$\boldsymbol{C}$)的不准确性。

以上三点造成 $\hat{\boldsymbol{X}}(t) \neq \boldsymbol{X}(t)$，即

$$\boldsymbol{X}(t) - \hat{\boldsymbol{X}}(t) \neq 0$$

实际状态 $\boldsymbol{X}(t)$与估计出的状态 $\hat{\boldsymbol{X}}(t)$之间存在误差。注意到

$$\boldsymbol{y}(t) = \boldsymbol{C}\boldsymbol{X}(t)$$

$$\hat{y}(t)=C\hat{X}(t)$$

$X(t)$和$\hat{X}(t)$之间的误差造成了$y(t)$和$\hat{y}(t)$之间的误差。输出之间的误差是可以测量到的，它反映了估计状态与实际状态间的误差。我们利用输出间的误差对$\hat{X}(t)$进行修正，可将$\hat{y}(t)-y(t)$通过矩阵G反馈到观测器的输入端，如图10.2-3所示。这样，具有反馈的状态观测器的状态方程为

$$\dot{\hat{X}}=A\hat{X}+BU-G(\hat{y}-y) \tag{10.2-9}$$

或者写成

$$\dot{\hat{X}}=(A-GC)\hat{X}+BU+Gy \tag{10.2-10}$$

由式(10.2-10)可以看出，状态观测器的系数矩阵为$(A-GC)$。

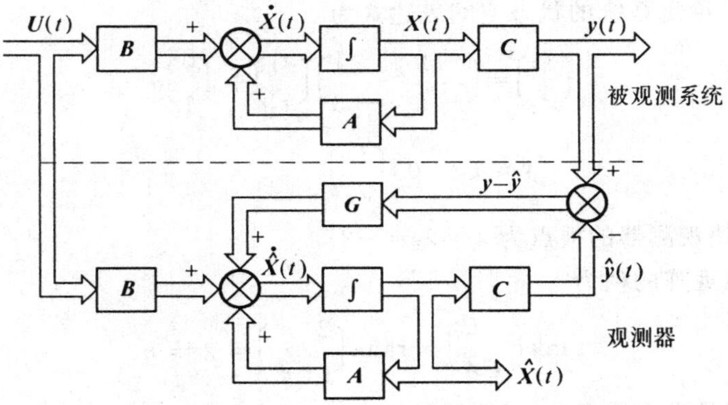

图 10.2-3　状态观测器

将$y=CX$及$\hat{y}=C\hat{X}$代入式(10.2-9)有

$$\dot{\hat{X}}=A\hat{X}+BU-GC(\hat{X}-X) \tag{10.2-11}$$

由式(10.2-5)减去式(10.2-11)有

$$(\dot{X}-\dot{\hat{X}})=(A-GC)(X-\hat{X}) \tag{10.2-12}$$

式(10.2-12)可以看作是以$(X-\hat{X})$为状态变量的齐次状态方程，其系数矩阵与状态观测器的系数矩阵相同。该齐次方程的解为

$$[X(t)-\hat{X}(t)]=e^{(A-GC)(t-t_0)}[X(t_0)-\hat{X}(t_0)] \tag{10.2-13}$$

由式(10.2-13)可以看出，若$\hat{X}(t_0)=X(t_0)$，则由状态观测器估计出的状态$\hat{X}(t)$与系统的实际状态$X(t)$相同，即$\hat{X}(t)=X(t)$。若初始状态$\hat{X}(t_0)\neq X(t_0)$，只要式(10.2-12)所描述的系统具有渐近稳定性，即$(A-GC)$的特征值都在s平面左半部，则齐次状态方程的解随着时间的推移逐渐衰减为零，即

$$\lim_{t\to\infty}[X(t)-\hat{X}(t)]=\mathbf{0}$$

我们期望齐次状态方程(10.2-12)的解(10.2-13)尽快衰减，也就是说，希望$\hat{X}(t)$在足够短

的时间内趋近于 $X(t)$，在过渡过程结束之后，$\hat{X}(t)$ 与 $X(t)$ 之间的误差保持在允许范围之内。系数矩阵 $(A-GC)$ 的特征值，或者说状态观测器的极点决定了齐次状态方程解的衰减速度，也就是 $\hat{X}(t)$ 趋向 $X(t)$ 的速度。这样，对 $\hat{X}(t)$ 趋向 $X(t)$ 的速度的要求就表现为对 $(A-GC)$ 的特征值的要求，或者说是对状态观测器极点的要求。因此，希望状态观测器的极点应该作到可任意配置。

矩阵 $(A-GC)$ 的特征值与其转置矩阵 $(A^{T}-C^{T}G^{T})$ 的特征值相等。若记 $A^{T}=A_1$，$C^{T}=B_1$，$G^{T}=K$，则 $(A^{T}-C^{T}G^{T})$ 的特征值即 (A_1-B_1K) 的特征值。存在一个线性状态反馈矩阵 K 使系统的极点可任意配置的充要条件是系统 (A_1,B_1) 完全能控，即 (A^{T},C^{T}) 完全能控。由对偶性原理，(A^{T},C^{T}) 完全能控相当 (A,C) 完全能观。因此，存在一个线性反馈矩阵 G 使状态观测器极点可以任意配置的充要条件是系统 (A,C) 状态完全能观。

例 10.2-3 给定系统的状态空间表达式为

$$\begin{bmatrix}\dot{x}_1\\ \dot{x}_2\end{bmatrix}=\begin{bmatrix}0 & 1\\ -2 & -3\end{bmatrix}\begin{bmatrix}x_1\\ x_2\end{bmatrix}+\begin{bmatrix}0\\ 1\end{bmatrix}u$$

$$y=\begin{bmatrix}2 & 0\end{bmatrix}\begin{bmatrix}x_1\\ x_2\end{bmatrix}$$

试设计观测器，使观测器的极点为 $\lambda_1=\lambda_2=-3$。

解 系统能观阵的秩为

$$\text{rank}\begin{bmatrix}C\\ CA\end{bmatrix}=\text{rank}\begin{bmatrix}2 & 0\\ 0 & 2\end{bmatrix}=2=n$$

所以系统的状态是完全能观的，观测器的极点可以任意配置。设反馈矩阵为

$$G=\begin{bmatrix}g_1\\ g_2\end{bmatrix}$$

则观测器的系数矩阵为

$$(A-GC)=\begin{bmatrix}0 & 1\\ -2 & -3\end{bmatrix}-\begin{bmatrix}g_1\\ g_2\end{bmatrix}\begin{bmatrix}2 & 0\end{bmatrix}=\begin{bmatrix}-2g_1 & 1\\ -2g_2-2 & -3\end{bmatrix}$$

观测器的特征多项式为

$$|sI-(A-GC)|=\begin{vmatrix}s+2g_1 & -1\\ 2+2g_2 & s+3\end{vmatrix}=s^2+(3+2g_1)s+(6g_1+2g_2+2)$$

由指定极点所决定的观测器期望特征多项式为

$$(s+3)^2=s^2+6s+9$$

令以上两个多项式相等，则有

$$\begin{cases}3+2g_1=6\\ 6g_1+2g_2+2=9\end{cases}$$

由此可解出

$$\begin{cases}g_1=1.5\\ g_2=-1\end{cases}$$

即 $$G=\begin{pmatrix}1.5\\-1\end{pmatrix}$$

于是观测器的方程为

$$\dot{\hat{X}}=(A-GC)\hat{X}+Bu+Gy=$$
$$\begin{pmatrix}-3&1\\0&-3\end{pmatrix}\hat{X}+\begin{pmatrix}0\\1\end{pmatrix}u+\begin{pmatrix}1.5\\-1\end{pmatrix}y$$

2. 带观测器的闭环控制系统

有了状态观测器，系统的状态就可以重构，应用状态反馈就可以实现系统的闭环控制，其结构如图(10.2-4)所示。

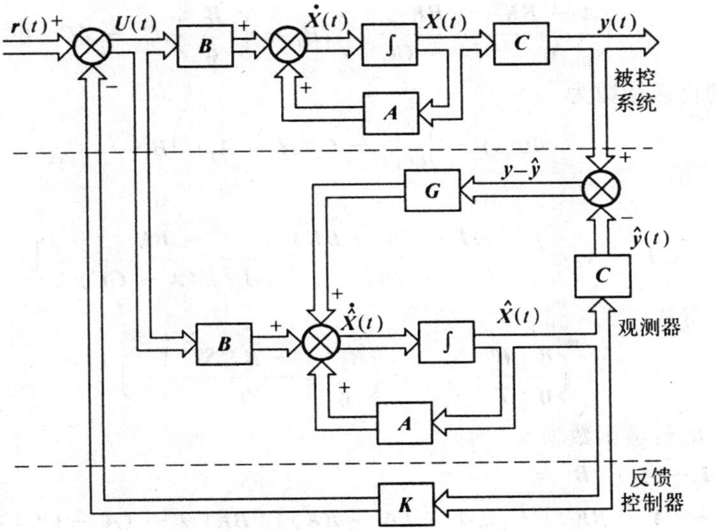

图 10.2-4 带观测器的闭环系统结构图

设系统的状态方程和输出方程为

$$\dot{X}=AX+BU \tag{10.2-14}$$
$$y=CX \tag{10.2-15}$$

若(A,B)矩阵对是能控的，(A,C)矩阵对是能观的，则可以通过选择状态反馈矩阵K，使闭环系统的极点按性能指标的要求来配置。如果状态$X(t)$不能直接测量，那么根据(A,C)矩阵对是能观的条件，可以构造一个观测器，以观测器估计出的状态$\hat{X}(t)$代替系统实际状态$X(t)$进行状态反馈。状态观测器的状态方程为

$$\dot{\hat{X}}=(A-GC)\hat{X}+BU+Gy \tag{10.2-16}$$

这时的控制作用为

$$U=r-K\hat{X} \tag{10.2-17}$$

由式(10.2-14)～(10.2-17)所描述的带有状态观测器的状态反馈系统的阶数为$2n$，引入变量$X-\hat{X}$后，可写成如下的方程

$$\dot{X}=(A-BK)X+BK(X-\hat{X})+Br \tag{10.2-18}$$

$$\dot{X}-\dot{\hat{X}}=(A-GC)(X-\hat{X}) \tag{10.2-19}$$

所以带观测器的反馈系统的状态空间表达式可用分块矩阵方程的形式描述

$$\begin{bmatrix} \dot{X} \\ (\dot{X}-\dot{\hat{X}}) \end{bmatrix}=\begin{bmatrix} A-BK & BK \\ 0 & A-GC \end{bmatrix}\begin{bmatrix} X \\ (X-\hat{X}) \end{bmatrix}+\begin{bmatrix} B \\ 0 \end{bmatrix}r \tag{10.2-20}$$

$$y=[C \;\vdots\; 0]\begin{bmatrix} X \\ (X-\hat{X}) \end{bmatrix} \tag{10.2-21}$$

若这个复合系统用(A_1,B_1,C_1)表示，则

$$A_1=\begin{bmatrix} A-BK & BK \\ 0 & A-GC \end{bmatrix};B_1=\begin{bmatrix} B \\ 0 \end{bmatrix};C_1=[C \;\vdots\; 0]$$

该复合系统的传递函数为

$$\Phi_1(s)=\frac{Y(s)}{R(s)}=C_1(sI-A_1)^{-1}B_1$$

式中

$$(sI-A_1)^{-1}=\begin{bmatrix} sI-(A-BK) & -BK \\ 0 & sI-(A-GC) \end{bmatrix}^{-1}$$

应用分块矩阵等式

$$\begin{bmatrix} R & S \\ 0 & T \end{bmatrix}^{-1}=\begin{bmatrix} R^{-1} & -R^{-1}ST^{-1} \\ 0 & T^{-1} \end{bmatrix}$$

可得复合系统的传递函数为

$$\Phi_1(s)=C_1(sI-A_1)^{-1}B_1=$$

$$[C \;\vdots\; 0]\begin{bmatrix} [sI-(A-BK)]^{-1} & [sI-(A-BK)]^{-1}BK[sI-(A-GC)]^{-1} \\ 0 & [sI-(A-GC)]^{-1} \end{bmatrix}\begin{bmatrix} B \\ 0 \end{bmatrix}=$$

$$[C \;\vdots\; 0]\begin{bmatrix} [sI-(A-BK)]^{-1}B \\ 0 \end{bmatrix}=C[sI-(A-BK)]^{-1}B \tag{10.2-22}$$

当给定系统的状态变量$X(t)$可直接测量时，用$X(t)$进行状态反馈构成的闭环系统的状态空间表达式为

$$\dot{X}=(A-BK)X+Br$$
$$y=CX$$

闭环系统的传递函数$\Phi(s)$为

$$\Phi(s)=\frac{Y(s)}{R(s)}=C[sI-(A-BK)]^{-1}B \tag{10.2-23}$$

比较式(10.2-22)和式(10.2-23)可知，由状态观测器估计出的状态$\hat{X}(t)$进行状态反馈和直接用实际状态$X(t)$进行状态反馈的系统闭环传递函数完全相同。

复合系统的特征多项式为

$$\det(sI-A_1)=\det\begin{bmatrix} sI-(A-BK) & -BK \\ 0 & sI-(A-GC) \end{bmatrix}$$

由于上式是三角矩阵，所以

$$\det(s\boldsymbol{I}-\boldsymbol{A}_1)=\det[s\boldsymbol{I}-(\boldsymbol{A}-\boldsymbol{BK})]\cdot\det[s\boldsymbol{I}-(\boldsymbol{A}-\boldsymbol{GC})] \qquad (10.2\text{-}24)$$

上式表明，复合系统的特征多项式，等于矩阵$(\boldsymbol{A}-\boldsymbol{BK})$的特征多项式与矩阵$(\boldsymbol{A}-\boldsymbol{GC})$的特征多项式的乘积。因为$(\boldsymbol{A}-\boldsymbol{BK})$是状态反馈系统的系数矩阵，$(\boldsymbol{A}-\boldsymbol{GC})$是观测器子系统的系数矩阵，所以控制系统的动态特性与观测器的动态特性是相互独立的。

由上面的分析可以得出这样的结论：

在用状态观测器估计出的状态进行状态反馈的系统中，状态反馈的设计和状态观测器的设计可以相互独立地进行。即分别可以按由系统状态直接实现状态反馈的方法确定状态反馈矩阵$\boldsymbol{K}$，按设计不含状态反馈系统的状态观测器的方法确定矩阵$\boldsymbol{G}$。这个原理称为分离原理。

在设计带观测器的状态反馈系统时应注意，观测器的过渡过程应比系统的过渡过程短。在确定观测器极点时，其负实部应该比系统极点更负，或者说观测器极点在s平面左半部距虚轴的距离应该比系统极点距虚轴的距离更远。

一般可取观测器极点距虚轴距离是系统极点距虚轴距离5倍以上。

例 10.2-4 给定系统的状态空间表达式为

$$\dot{\boldsymbol{X}}(t)=\begin{bmatrix}0 & 1\\0 & -5\end{bmatrix}\boldsymbol{X}(t)+\begin{bmatrix}0\\1\end{bmatrix}u(t)$$

$$\boldsymbol{y}(t)=[1 \quad 0]\boldsymbol{X}(t)$$

试设计带状态观测器的状态反馈系统，使反馈系统的极点配置在$s_{1,2}=-1\pm j1$。

解 (1)检查给定系统的能控性和能观性

系统能控阵和能观阵的秩分别为

$$\text{rank}[\boldsymbol{B} \quad \boldsymbol{AB}]=\text{rank}\begin{bmatrix}0 & 1\\1 & -5\end{bmatrix}=2=n$$

$$\text{rank}\begin{bmatrix}\boldsymbol{C}\\\boldsymbol{CA}\end{bmatrix}=\text{rank}\begin{bmatrix}1 & 0\\0 & 1\end{bmatrix}=2=n$$

所以系统的状态是完全能控且完全能观的，矩阵$\boldsymbol{K}$、$\boldsymbol{G}$存在，系统及观测器的极点可任意配置。

(2)设计状态反馈矩阵

设$\boldsymbol{K}=[k_1 \quad k_2]$，引入状态反馈后，系统的特征多项式为

$$|s\boldsymbol{I}-(\boldsymbol{A}-\boldsymbol{BK})|=\begin{vmatrix}s & -1\\k_1 & s+5+k_2\end{vmatrix}=s^2+(5+k_2)s+k_1$$

由反馈系统极点要求而确定的特征多项式为

$$(s+1-j)(s+1+j)=s^2+2s+2$$

由两个特征多项式相等得

$$\begin{cases}5+k_2=2\\k_1=2\end{cases}$$

由此解出 $$k_1=2 \quad , \quad k_2=-3$$

即 $$\boldsymbol{K}=[k_1 \quad k_2]=[2 \quad -3]$$

(3)设计状态观测器的反馈矩阵 $\boldsymbol{G}$

取状态观测器的极点为 $\lambda_1=\lambda_2=-5$,则希望观测器具有的特征多项式为

$$(s+5)^2 = s^2 + 10s + 25$$

设反馈矩阵为

$$\boldsymbol{G} = \begin{pmatrix} g_1 \\ g_2 \end{pmatrix}$$

则观测器子系统的特征多项式为

$$|s\boldsymbol{I} - (\boldsymbol{A} - \boldsymbol{GC})| = \begin{vmatrix} s+g_1 & -1 \\ g_2 & s+5 \end{vmatrix} = s^2 + (5+g_1)s + 5g_1 + g_2$$

令两个多项式相等,有

$$\begin{cases} 5 + g_1 = 10 \\ 5g_1 + g_2 = 25 \end{cases}$$

由此解出

$$g_1 = 5, g_2 = 0$$

即

$$\boldsymbol{G} = \begin{pmatrix} 5 \\ 0 \end{pmatrix}$$

三、降维观测器

若状态观测器的维数与系统的维数相等时称为全维观测器,全维观测器可以把系统的 n 个状态变量都估计出来。对于有 l 个输出的系统,有 l 个输出变量可以由输出传感器测得。通常,系统的输出变量是由状态变量的线性组合构成的。若系统状态完全能观,且 l 个输出变量是相互独立的,则有 l 个状态变量可由输出变量的线形变换得出,观测器只须估计其它的$(n-l)$个状态变量。这样的观测器叫$(n-l)$维降维观测器,它的结构比较简单。

设有状态完全能观的系统

$$\dot{\bar{\boldsymbol{X}}} = \bar{\boldsymbol{A}}\bar{\boldsymbol{X}} + \bar{\boldsymbol{B}}\boldsymbol{U} \tag{10.2-25}$$

$$\bar{\boldsymbol{y}} = \bar{\boldsymbol{C}}\bar{\boldsymbol{X}} \tag{10.2-26}$$

若 $\mathrm{rank}\bar{\boldsymbol{C}}=l$,则可构造一个 $n\times n$ 的非奇异矩阵

$$\boldsymbol{Q} = \begin{bmatrix} \boldsymbol{P} \\ \cdots \\ \bar{\boldsymbol{C}} \end{bmatrix} \tag{10.2-27}$$

其中 $\boldsymbol{P}$ 为$(n-l)\times n$ 矩阵,是使 $\boldsymbol{Q}$ 为非奇异的任意矩阵,$\bar{\boldsymbol{C}}$是给定系统的 $l\times n$ 输出矩阵。由 $\boldsymbol{Q}$ 阵引入如下的非奇异变换

$$\bar{\boldsymbol{X}} = \boldsymbol{Q}^{-1}\boldsymbol{X}, \quad \boldsymbol{X} = \boldsymbol{Q}\bar{\boldsymbol{X}} \tag{10.2-28}$$

变换后系统的状态方程和输出方程为

$$\dot{\boldsymbol{X}} = \boldsymbol{AX} + \boldsymbol{BU} \tag{10.2-29}$$

$$\boldsymbol{y} = \boldsymbol{CX} \tag{10.2-30}$$

在式(10.2-29)和式(10.2-30)中

$$X = \begin{bmatrix} X_1 \\ \cdots \\ X_2 \end{bmatrix}$$

其中　X_1 是$(n-l)$维列向量，X_2 是 l 维列向量，$X_2=y$。

$$A = Q\bar{A}Q^{-1} = \begin{bmatrix} A_{11} & \vdots & A_{12} \\ \cdots & & \cdots \\ A_{21} & \vdots & A_{22} \end{bmatrix}$$

其中　A_{11}是$(n-l)\times(n-l)$矩阵，A_{12}是$(n-l)\times l$ 矩阵，A_{21}是 $l\times(n-l)$矩阵，A_{22}是 $l\times l$ 矩阵。

$$B = Q\bar{B} = \begin{bmatrix} B_1 \\ \cdots \\ B_2 \end{bmatrix}$$

其中　B_1 是$(n-l)\times r$ 矩阵，B_2 是 $l\times r$ 矩阵。

$$C = \bar{C}Q^{-1} = \bar{C}\begin{bmatrix} P \\ \cdots \\ \bar{C} \end{bmatrix}^{-1}$$

考虑到

$$\bar{C} = \bar{C}\begin{bmatrix} P \\ \cdots \\ \bar{C} \end{bmatrix}^{-1}\begin{bmatrix} P \\ \cdots \\ \bar{C} \end{bmatrix} = C\begin{bmatrix} P \\ \cdots \\ \bar{C} \end{bmatrix} \quad 及\ \bar{C} = [0 \ \vdots \ I]\begin{bmatrix} P \\ \cdots \\ \bar{C} \end{bmatrix}$$

则有　　$$C = [0 \ \vdots \ I]$$

其中　0 是$(n-l)\times l$ 零矩阵，I 是 $l\times l$ 单位阵。

变换后系统的状态方程和输出方程又可写成

$$\begin{bmatrix} \dot{X}_1 \\ \cdots \\ \dot{X}_2 \end{bmatrix} = \begin{bmatrix} A_{11} & \vdots & A_{12} \\ \cdots & & \cdots \\ A_{21} & \vdots & A_{22} \end{bmatrix}\begin{bmatrix} X_1 \\ \cdots \\ X_2 \end{bmatrix} + \begin{bmatrix} B_1 \\ \cdots \\ B_2 \end{bmatrix}U \tag{10.2-31}$$

$$y = [0 \ \vdots \ I]\begin{bmatrix} X_1 \\ \cdots \\ X_2 \end{bmatrix} \tag{10.2-32}$$

变换后已将系统分解为两个子系统，一个子系统的状态向量是 X_1，另一个子系统的状态向量是 $X_2=y$，系统的状态仍是完全能观的。

将式(10.2-31)展开，并考虑到 $y=X_2$，有

$$\dot{X}_1 = A_{11}X_1 + A_{12}y + B_1U$$

$$\dot{y} = A_{21}X_1 + A_{22}y + B_2U$$

令

$$V = A_{12}y + B_1U \tag{10.2-33}$$

$$Z = \dot{y} - A_{22}Y - B_2U = A_{21}X_1 \tag{10.2-34}$$

可以得到以 X_1 为状态向量的$(n-l)$维子系统，其状态空间表达式为

$$\dot{X}_1 = A_{11}X_1 + V \tag{10.2-35}$$

$$Z = A_{21}X_1 \tag{10.2-36}$$

其中 V 是该子系统的输入向量，Z 是输出向量，A_{11}是系数矩阵，A_{21}是输出矩阵。由于原给定系统是状态完全能观的，其中部分状态变量 X_1 必然是能观的，所以(A_{11},A_{21})是能观矩阵对。因此，设计该子系统的状态观测器，观测器的极点是可以任意配置的。

降维观测器的结构如图10.2-5所示，首先构造式(10.2-35)和(10.2-36)所描述系统

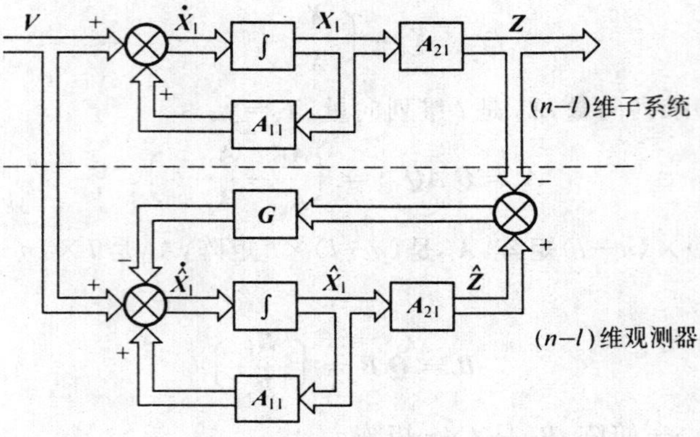

10.2-5 降维观测器

的模拟系统，将状态观测器的输出 $\hat{Z}$ 与 Z 之差反馈到 $\dot{\hat{X}}_1$ 的输入端，配置观测器合适的极点，使 $\hat{Z}$ 尽快逼近 Z，从而使 $\hat{X}_1$ 尽快逼近 X_1。由图 10.2-5 可以写出降维状态观测器的状态空间表达式为

$$\dot{\hat{X}}_1 = A_{11}\hat{X}_1 + V - G(\hat{Z} - Z) \tag{10.2-37}$$

$$\hat{Z} = A_{21}\hat{X}_1 \tag{10.2-38}$$

式中 G 为 $(n-l)\times l$ 矩阵。考虑到式(10.2-33)和(10.2-34)有

$$\dot{\hat{X}}_1 = (A_{11} - GA_{21})\hat{X}_1 + (A_{12}y + B_1U) + G(\dot{y} - A_{22}y - B_2U) \tag{10.2-39}$$

式中 $(A_{11}-GA_{21})$ 是降维观测器的系数矩阵，降维观测器的特征方程为

$$|sI - (A_{11} - GA_{21})| = 0 \tag{10.2-40}$$

由于式(10.2-39)中有导数项 $\dot{y}$，将影响估计状态 $\hat{X}_1$ 的准确性。为了避开它，引入新的变量

$$W = \hat{X}_1 - Gy \tag{10.2-41}$$

$$\dot{W} = \dot{\hat{X}}_1 - G\dot{y} \tag{10.2-42}$$

则根据式(10.2-39)有

$$\dot{W} = (A_{11} - GA_{21})W + (B_1 - GB_2)U + [(A_{11} - GA_{21})G + A_{12} - GA_{22}]y$$

令 $K_1 = B_1 - GB_2$

$K_2 = (A_{11} - GA_{21})G + A_{12} - GA_{22}$

则可写出如下的降维观测器的状态空间表达式

$$\dot{W} = (A_{11} - GA_{21})W + K_1U + K_2y \tag{10.2-43}$$

$$\hat{X}_1 = W + Gy \tag{10.2-44}$$

此时可以不利用 $\dot{y}$ 来实现降维观测器，而观测器的特征方程仍为

$$|sI - (A_{11} - GA_{21})| = 0$$

这样，由式(10.2-29)和(10.2-30)所描述的系统的估计状态向量 $\hat{X}$ 由两部分组成：一部分为 $(n-l)$ 维状态观测器给出的状态估计值 $\hat{X}_1$；另一部分为由输出传感器测得的状态 $X_2 = y$，所以

$$\hat{X} = \begin{bmatrix} \hat{X}_1 \\ \cdots \\ y \end{bmatrix} = \begin{pmatrix} W + Gy \\ \cdots \\ y \end{pmatrix} = \begin{pmatrix} I_{n-l} \\ \cdots \\ 0 \end{pmatrix} W + \begin{pmatrix} G \\ \cdots \\ I_l \end{pmatrix} y = \begin{pmatrix} I_{n-l} & \vdots & G \\ \cdots & & \cdots \\ 0 & \vdots & I_l \end{pmatrix} \begin{pmatrix} W \\ \cdots \\ y \end{pmatrix} \tag{10.2-45}$$

式中 I_{n-l} 为 $(n-l)\times(n-l)$ 维单位阵，I_l 为 $l\times l$ 维单位阵，$\mathbf{0}$ 为 $l\times(n-l)$ 维零矩阵。

由式(10.2-35)及式(10.3-37)可得降维观测器状态向量估计误差 $(X_1 - \hat{X}_1)$ 所满足的关系为

$$(\dot{X}_1 - \dot{\hat{X}}_1) = (A_{11} - GA_{21})(X_1 - \hat{X}_1) \tag{10.2-46}$$

这是一个以 $(X_1 - \hat{X}_1)$ 为状态向量的齐次状态方程，只要适当地选择 G 阵即可使 $(A_{11} - GA_{21})$ 的特征值具有负实部，则降维观测器是渐近稳定的，改变 G 的大小，可以控制 $(X_1 - \hat{X}_1)$ 的衰减速度。

按以上方法设计的 $(n-l)$ 维观测器称为龙伯格观测器，带有降维观测器的系统如图 10.2-6 所示。应当指出的是，估计状态向量 $\hat{X}$ 经过非齐异变换 $\hat{\bar{X}} = Q^{-1}\hat{X}$ 才能得到由式(10.2-25)和式(10.2-26)所描述的给定系统的状态估计值 $\hat{\bar{X}}$。分离定理同样适用于降维观测器。

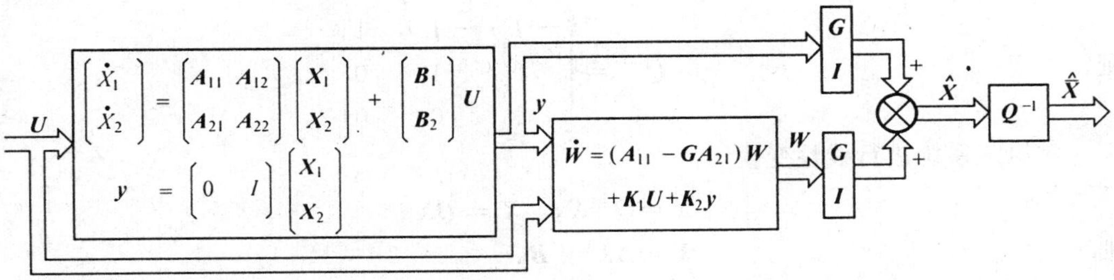

图 10.2-6 带龙伯格降维观测器的系统结构图

设计降维状态观测器的步骤如下：

(1)判断给定系统的能观性，确定降维观测器的维数 $(n-l)$。

(2)确定非齐异线性变换矩阵 Q，并对给定系统进行线性变换，使可由输出测得的 l 个状态变量与要由降维观测器估计的 $(n-l)$ 个状态变量分离开来。

(3)由特征方程 $|sI - (A_{11} - GA_{21})| = 0$ 及由降维观测器希望极点所确定的特征方程确定 G 阵。

(4)按式(10.2-43)和式(10.2-44)构造 $(n-l)$ 维龙伯格状态观测器。全部状态估值 $\hat{X}$ 由式(10.2-45)给出。

(5)用 $\hat{\bar{X}}=Q^{-1}\hat{X}$将 $\hat{X}$变换到原给定系统的状态空间。

例 10.2-5 设给定系统的状态空间表达式为

$$\dot{\bar{X}}=\bar{A}\bar{X}+\bar{B}u$$

$$\bar{y}=\bar{C}\bar{X}$$

其中

$$\bar{A}=\begin{bmatrix}4 & 4 & 4\\ -11 & -12 & -12\\ 13 & 14 & 13\end{bmatrix},\bar{B}=\begin{bmatrix}1\\ -1\\ 0\end{bmatrix},\bar{C}=[1 \quad 1 \quad 1]$$

试设计降维观测器,使观测器的极点为－3 和－4。

解 给定系统能观阵的秩为

$$\text{rank}\begin{bmatrix}\bar{C}\\ \bar{C}\bar{A}\\ \bar{C}\bar{A}^2\end{bmatrix}=\text{rank}\begin{bmatrix}1 & 1 & 1\\ -6 & 6 & 5\\ 23 & 22 & 17\end{bmatrix}=3=n$$

系统的状态是完全能观的。输出的维数 $l=1$,所以可以构造$(n-l)=(3-1)=2$ 维降维观测器。

设非奇异变换矩阵为

$$Q=\begin{bmatrix}P\\ \cdots\\ \bar{C}\end{bmatrix}=\begin{bmatrix}0 & 0 & 1\\ 0 & 1 & 0\\ 1 & 1 & 1\end{bmatrix}$$

则

$$Q^{-1}=\begin{bmatrix}-1 & -1 & 1\\ 0 & 1 & 0\\ 1 & 0 & 0\end{bmatrix}$$

对给定系统进行线性变换

$$\bar{X}=Q^{-1}X,\quad X=Q\bar{X}$$

则有

$$\dot{X}=AX+Bu$$

$$y=CX$$

其中

$$A=Q\bar{A}Q^{-1}=\begin{bmatrix}0 & 0 & 1\\ 0 & 1 & 0\\ 1 & 1 & 1\end{bmatrix}\begin{bmatrix}4 & 4 & 4\\ -11 & -12 & -12\\ 13 & 14 & 13\end{bmatrix}\begin{bmatrix}-1 & -1 & 1\\ 0 & 1 & 0\\ 1 & 0 & 0\end{bmatrix}=$$

$$\begin{bmatrix}0 & 1 & 13\\ -1 & -1 & -11\\ -1 & 0 & 6\end{bmatrix}$$

$$B=Q\bar{B}=\begin{bmatrix}0&0&1\\0&1&0\\1&1&1\end{bmatrix}\begin{bmatrix}1\\-1\\0\end{bmatrix}=\begin{bmatrix}0\\-1\\0\end{bmatrix}$$

$$C=\bar{C}Q^{-1}=[1\quad 1\quad 1]\begin{bmatrix}-1&-1&1\\0&1&0\\1&0&0\end{bmatrix}=[0\quad 0\quad 1]$$

即变换后系统的方程为

$$\dot{\boldsymbol{X}}=\left[\begin{array}{cc:c}0&1&13\\-1&-1&-11\\ \hdashline -1&0&6\end{array}\right]\boldsymbol{X}+\left[\begin{array}{c}0\\-1\\ \hdashline 0\end{array}\right]u$$

$$\boldsymbol{y}=[0\quad 0\ \vdots\ 1]\boldsymbol{X}$$

$$\boldsymbol{A}_{11}=\begin{bmatrix}0&1\\-1&-1\end{bmatrix},\quad \boldsymbol{A}_{12}=\begin{bmatrix}13\\-11\end{bmatrix},\quad \boldsymbol{B}_1=\begin{bmatrix}0\\-1\end{bmatrix}$$

$$\boldsymbol{A}_{21}=[-1\quad 0],\quad \boldsymbol{A}_{22}=[6],\quad \boldsymbol{B}_2=[0]$$

$$\boldsymbol{C}_1=[0\quad 0],\quad \boldsymbol{C}_2=[1]$$

设反馈矩阵

$$\boldsymbol{G}=\begin{bmatrix}g_1\\g_2\end{bmatrix}$$

则观测器的特征方程为

$$|s\boldsymbol{I}(\boldsymbol{A}_{11}-\boldsymbol{G}\boldsymbol{A}_{21})|=\begin{vmatrix}s-g_1&-1\\1-g_2&s+1\end{vmatrix}=s^2+(1-g_1)s+(1-g_1-g_2)=0$$

由观测器希望极点所确定的特征方程为

$$(s+3)(s+4)=s^2+7s+12=0$$

比较两个特征方程对应项系数可解出

$$g_1=-6,g_2=-5,\text{即 }\boldsymbol{G}=\begin{bmatrix}-6\\-5\end{bmatrix}$$

则 $\boldsymbol{K}_1=\boldsymbol{B}_1-\boldsymbol{G}\boldsymbol{B}_2=\begin{bmatrix}0\\-1\end{bmatrix}-\begin{bmatrix}-6\\-5\end{bmatrix}[0]=\begin{bmatrix}0\\-1\end{bmatrix}$

$$\boldsymbol{K}_2=(\boldsymbol{A}_{11}-\boldsymbol{G}\boldsymbol{A}_{21})\boldsymbol{G}+\boldsymbol{A}_{12}-\boldsymbol{G}\boldsymbol{A}_{22}=$$

$$\left(\begin{bmatrix}0&1\\-1&-1\end{bmatrix}-\begin{bmatrix}-6\\-5\end{bmatrix}[-1\quad 0]\right)\begin{bmatrix}-6\\-5\end{bmatrix}+\begin{bmatrix}13\\-11\end{bmatrix}-\begin{bmatrix}-6\\-5\end{bmatrix}[6]=$$

$$\begin{bmatrix}31\\41\end{bmatrix}+\begin{bmatrix}13\\-11\end{bmatrix}-\begin{bmatrix}-36\\-30\end{bmatrix}=\begin{bmatrix}80\\60\end{bmatrix}$$

于是状态观测器的方程为

$$\dot{\boldsymbol{W}}=(\boldsymbol{A}_{11}-\boldsymbol{G}\boldsymbol{A}_{21})\boldsymbol{W}+\boldsymbol{K}_1u+\boldsymbol{K}_2y=$$

$$\begin{bmatrix}-6&1\\-6&-1\end{bmatrix}\boldsymbol{W}+\begin{bmatrix}0\\-1\end{bmatrix}u+\begin{bmatrix}80\\60\end{bmatrix}\boldsymbol{y}$$

$$\hat{X}_1 = W + \begin{bmatrix} -6 \\ -5 \end{bmatrix} y$$

式中 $W = \begin{bmatrix} w_1 \\ w_2 \end{bmatrix}$ 是 2×1 列向量。

降维状态观测器的状态向量估值为

$$\hat{X} = \begin{Bmatrix} \hat{X}_1 \\ y \end{Bmatrix} \begin{pmatrix} W + Gy \\ y \end{pmatrix} = \begin{bmatrix} I & G \\ 0 & I \end{bmatrix} \begin{bmatrix} W \\ y \end{bmatrix} =$$

$$\begin{bmatrix} 1 & 0 & -6 \\ 0 & 1 & -5 \\ 0 & 0 & 1 \end{bmatrix} \begin{bmatrix} w_1 \\ w_2 \\ y \end{bmatrix}$$

由非奇异变换 $\overline{\hat{X}} = Q^{-1} \hat{X}$ 可求得给定系统的状态估值为

$$\overline{\hat{X}} = \begin{bmatrix} -1 & -1 & 12 \\ 0 & 1 & -5 \\ 1 & 0 & -6 \end{bmatrix} \begin{bmatrix} w_1 \\ w_2 \\ y \end{bmatrix}$$

习　题

10-1　判断下述系统的状态能控性

(1) $\dot{X}(t) = \begin{bmatrix} 1 & 1 & 0 \\ 0 & 1 & 0 \\ 0 & 1 & 1 \end{bmatrix} X(t) + \begin{bmatrix} 0 \\ 1 \\ 0 \end{bmatrix} u(t)$

(2) $\dot{X}(t) = \begin{bmatrix} 1 & 3 & 2 \\ 0 & 2 & 0 \\ 0 & 1 & 2 \end{bmatrix} X(t) + \begin{bmatrix} 2 & 1 \\ 1 & 1 \\ -1 & -1 \end{bmatrix} U(t)$

(3) $X(k+1) = \begin{bmatrix} 1 & 0 & 0 \\ 0 & 2 & 0 \\ 0 & 0 & -1 \end{bmatrix} X(k) + \begin{bmatrix} 1 \\ 0 \\ 2 \end{bmatrix} u(k)$

(4) $X(k+1) = \begin{bmatrix} -2 & 1 & 0 \\ 0 & -2 & 0 \\ 0 & 0 & 1 \end{bmatrix} X(k) + \begin{bmatrix} 0 & -1 \\ 1 & 0 \\ 2 & 0 \end{bmatrix} U(k)$

(5) $X(k+1) = \begin{bmatrix} -2 & 1 & 0 \\ 0 & -2 & 0 \\ 0 & 0 & -3 \end{bmatrix} X(k) + \begin{bmatrix} 1 & 2 \\ 0 & 0 \\ 3 & 0 \end{bmatrix} U(k)$

(6) $X(k+1) = \begin{bmatrix} 1 & 3 & 2 \\ 0 & 2 & 0 \\ 0 & 1 & 3 \end{bmatrix} X(k) + \begin{bmatrix} 2 & 1 \\ 1 & 1 \\ -1 & -1 \end{bmatrix} U(k)$

10-2　判断下述系统的输出能控性

(1) $\dot{X}(t) = \begin{bmatrix} 1 & 0 \\ -1 & 2 \end{bmatrix} X(t) + \begin{bmatrix} 1 \\ 0 \end{bmatrix} u(t)$

$$\boldsymbol{y}(t)=[0 \quad 1]\boldsymbol{X}(t)$$

(2) $$\dot{\boldsymbol{X}}(t)=\begin{bmatrix}-3 & 1 & 0\\ 0 & -3 & 0\\ 0 & 0 & -1\end{bmatrix}\boldsymbol{X}(t)+\begin{bmatrix}1 & -1\\ 0 & 0\\ 2 & 0\end{bmatrix}\boldsymbol{U}(t)$$

$$\boldsymbol{y}(t)=\begin{bmatrix}1 & 0 & 1\\ -1 & 1 & 0\end{bmatrix}\boldsymbol{X}(t)$$

10-3 判断下述系统的状态能观性

(1) $$\dot{\boldsymbol{X}}(t)=\begin{bmatrix}1 & 3 & 2\\ 0 & 2 & 0\\ 0 & 1 & 3\end{bmatrix}\boldsymbol{X}(t)+\begin{bmatrix}2 & 1\\ 1 & 1\\ -1 & -1\end{bmatrix}\boldsymbol{U}(t)$$

$$\boldsymbol{y}(t)=[1 \quad 0 \quad 0]\boldsymbol{X}(t)$$

(2) $$\dot{\boldsymbol{X}}(t)=\begin{bmatrix}-3 & 1 & 0\\ 0 & -3 & 0\\ 0 & 0 & -1\end{bmatrix}\boldsymbol{X}(t)+\begin{bmatrix}0 & 1\\ -1 & 1\\ 1 & 0\end{bmatrix}\boldsymbol{U}(t)$$

$$\boldsymbol{y}(t)=\begin{bmatrix}0 & 1 & 0\\ 0 & 2 & 0\end{bmatrix}\boldsymbol{X}(t)$$

(3) $$\dot{\boldsymbol{X}}(t)=\begin{bmatrix}-2 & 0 & 0\\ 0 & 1 & 0\\ 0 & 0 & 2\end{bmatrix}\boldsymbol{X}(t)+\begin{bmatrix}0 & -1\\ 0 & 0\\ 2 & 0\end{bmatrix}\boldsymbol{U}(t)$$

$$\boldsymbol{y}(t)=\begin{bmatrix}1 & 0 & 1\\ -1 & 1 & 0\end{bmatrix}\boldsymbol{X}(t)$$

(4) $$\boldsymbol{X}(k+1)=\begin{bmatrix}a & 0 & 0 & 0\\ 0 & b & 0 & 0\\ 0 & 0 & c & 0\\ 0 & 0 & 0 & d\end{bmatrix}\boldsymbol{X}(k)+\begin{bmatrix}0\\ 1\\ 0\\ 1\end{bmatrix}u(k)$$

$$\boldsymbol{y}(k)=[0 \quad 0 \quad 1 \quad 0]\boldsymbol{X}(k)$$

10-4 给定二阶系统

$$\dot{\boldsymbol{X}}(t)=\begin{bmatrix}a & 1\\ 0 & b\end{bmatrix}\boldsymbol{X}(t)+\begin{bmatrix}1\\ 1\end{bmatrix}u(t)$$

$$\boldsymbol{y}(t)=[1 \quad -1]\boldsymbol{X}(t)$$

a 和 b 取何值时，系统状态既完全能控又完全能观。

10-5 系统传递函数为

$$G(s)=\frac{K(s+a)}{s^3+6s^2+11s+6}$$

(1)当 a 取何值时系统是既能控又能观的。

(2)当 $a=1$ 时，试选择一组状态变量，使系统是能控但是不能观的。

(3)当 $a=1$ 时，试选择一组状态变量，使系统是不能控但是能观的。

10-6 设连续系统的状态空间表达式为

$$\dot{\boldsymbol{X}}(t)=\begin{bmatrix}1 & 0\\ 0 & -1\end{bmatrix}\boldsymbol{X}(t)+\begin{bmatrix}1\\ 0\end{bmatrix}u(t)$$

$$\boldsymbol{y}(t)=[0 \quad 1]\boldsymbol{X}(t)$$

(1)判断状态的能控性和能观性。

(2)求离散化之后的状态空间表达式。

(3)判断离散化之后系统的状态能控性和能观性。

10-7 系统的状态方程如下，如果状态完全能控，试将它们变成能控标准型。

(1)$\dot{X}(t)=\begin{bmatrix}-1 & 0\\ 0 & -2\end{bmatrix}X(t)+\begin{bmatrix}2\\ 5\end{bmatrix}u(t)$

(2)$\dot{X}(t)=\begin{bmatrix}-1 & 1 & 0\\ 0 & -1 & 0\\ 0 & 0 & -2\end{bmatrix}X(t)+\begin{bmatrix}0\\ 4\\ 3\end{bmatrix}u(t)$

10-8 已知下列系统是状态完全能观的，试将它们化为能观标准型。

(1) $\dot{X}(t)=\begin{bmatrix}3 & 2\\ 1 & -1\end{bmatrix}X(t)+\begin{bmatrix}1\\ 2\end{bmatrix}u(t)$

$y(t)=[1 \quad 1]X(t)$

(2) $X(k+1)=\begin{bmatrix}0 & 1 & 0\\ 1 & 1 & 0\\ 1 & 0 & -1\end{bmatrix}X(k)+\begin{bmatrix}1\\ 0\\ 2\end{bmatrix}u(k)$

$y(k)=[0 \quad 0 \quad 1]X(k)$

10-9 系统的状态空间表达式如下，试求传递函数。

(1) $\dot{X}(t)=\begin{bmatrix}1 & 1\\ 2 & -1\end{bmatrix}X(t)+\begin{bmatrix}1\\ 2\end{bmatrix}u(t)$

$y(t)=[1 \quad 1]X(t)$

(2) $\dot{X}(t)=\begin{bmatrix}0 & 1 & 0\\ 0 & 0 & 1\\ -6 & -11 & -6\end{bmatrix}X(t)+\begin{bmatrix}0\\ 1\\ -3\end{bmatrix}u(t)$

$y(t)=[4 \quad 5 \quad 1]X(t)$

10-10 设受控系统传递函数为

$$\frac{Y(s)}{U(s)}=\frac{10}{s(s+2)(s+5)}$$

试用状态反馈使闭环极点配置在-4，$-1\pm j1$。

10-11 离散系统的状态方程为

$$X(k+1)=\begin{bmatrix}1 & 0.1\\ 0 & 1\end{bmatrix}X(k)+\begin{bmatrix}0.005\\ 0.1\end{bmatrix}u(k)$$

试用状态反馈使闭环极点配置在 0.6 和 0.8。

10-12 已知线性系统的状态方程和输出方程为

$$\dot{X}(t)=\begin{bmatrix}0 & 1\\ -3 & -4\end{bmatrix}X(t)+\begin{bmatrix}0\\ 1\end{bmatrix}u(t)$$

$$y(t)=[2 \quad 0]X(t)$$

试设计一观测器，使观测器的极点配置在 $s_1=s_2=-10$。

10-13 已知离散系统如下

$$X(k+1)=\begin{bmatrix}0 & -0.16\\ 1 & -1\end{bmatrix}X(k)+\begin{bmatrix}0\\ 1\end{bmatrix}u(k)$$

$$y(k)=[0 \quad 1]X(k)$$

试设计状态观测器,使观测器的极点为 $0.5\pm j0.5$。

10-14 线性系统的状态方程与输出方程为

$$\dot{X}(t)=\begin{pmatrix}0 & 1\\0 & -5\end{pmatrix}X(t)+\begin{pmatrix}0\\100\end{pmatrix}u(t)$$

$$y(t)=[1 \quad 0]X(t)$$

状态 $x_1(t)$和 $x_2(t)$不可测。试设计一状态观测器,并用观测器估计出的状态进行状态反馈,使系统的闭环极点为$-5\pm j4$,观测器的极点为-20,-25。

10-15 系统的状态空间表达式如下

$$\dot{X}(t)=\begin{pmatrix}1 & 0\\0 & 0\end{pmatrix}X(t)+\begin{pmatrix}1\\1\end{pmatrix}u(t)$$

$$y(t)=[2 \quad -1]X(t)$$

试设计降维观测器,使观测器的极点为-10。

10-16 系统的状态空间表达式如下

$$\dot{X}(t)=\begin{bmatrix}-1 & 0 & 0\\0 & 1 & 1\\0 & 0 & 1\end{bmatrix}X(t)+\begin{bmatrix}1 & 0\\0 & 1\\0 & 1\end{bmatrix}U(t)$$

$$y(k)=\begin{pmatrix}1 & 0 & 0\\0 & 1 & 1\end{pmatrix}X(t)$$

试设计降维观测器,使观测器的极点为-3。

附录一　拉氏变换-Z 变换表

$X(s)$	$x(t)$	$X(z)$
1	$\delta(t)$	1
e^{-kTs}	$\delta(t-kT)$	z^{-k}
$\frac{1}{s}$	$1(t)$	$\frac{z}{z-1}$
$\frac{1}{s^2}$	t	$\frac{Tz}{(z-1)^2}$
$\frac{1}{s^3}$	$\frac{1}{2}t^2$	$\frac{T^2z(z+1)}{2(z-1)^3}$
$\frac{1}{(s+a)}$	e^{-at}	$\frac{z}{z-e^{-aT}}$
$\frac{1}{(s+a)^2}$	te^{-at}	$\frac{Tze^{-aT}}{(z-e^{-aT})^2}$
$\frac{a}{s(s+a)}$	$1-e^{-at}$	$\frac{z(1-e^{-aT})}{(z-1)(z-e^{-aT})}$
$\frac{1}{(s+a)(s+b)}$	$\frac{1}{b-a}(e^{-at}-e^{-bt})$	$\frac{1}{b-a}(\frac{z}{z-e^{-aT}}-\frac{z}{z-e^{-bT}})$
$\frac{\omega}{s^2+\omega^2}$	$\sin\omega t$	$\frac{z\sin\omega T}{z^2-2z\cos\omega T+1}$
$\frac{s}{s^2+\omega^2}$	$\cos\omega t$	$\frac{z(z-\cos\omega T)}{z^2-2z\cos\omega T+1}$
$\frac{\omega}{(s+a)^2+\omega^2}$	$e^{-at}\sin\omega t$	$\frac{ze^{-aT}\sin\omega T}{z^2-2ze^{-aT}\cos\omega T+e^{-2aT}}$
$\frac{s+a}{(s+a)^2+\omega^2}$	$e^{-at}\cos\omega t$	$\frac{z(z-e^{-aT}\cos\omega T)}{z^2-2ze^{-aT}\cos\omega T+e^{-2aT}}$
	a^k	$\frac{z}{z-a}$

附录二　常用校正装置表

一、无源校正网络

校正方式	线路图	传递函数	频率特性
微分(超前)	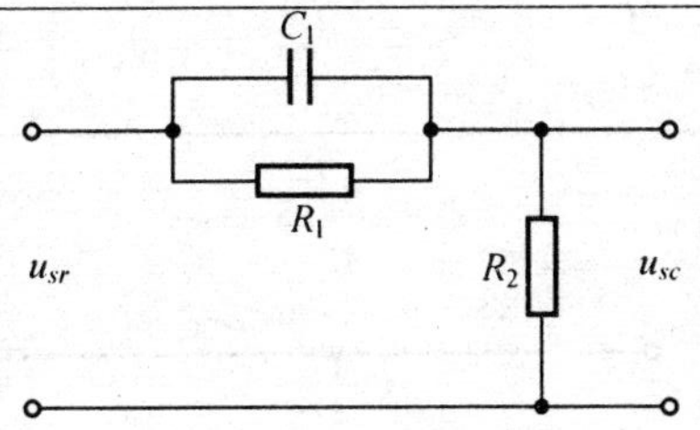	$\frac{U_{sc}(s)}{U_{sr}(s)}=\frac{K(\tau s+1)}{Ts+1}$ $K=\frac{R_2}{R_1+R_2}$；　$\tau=R_1C_1$；　$T=\frac{R_1R_2}{R_1+R_2}C_1$	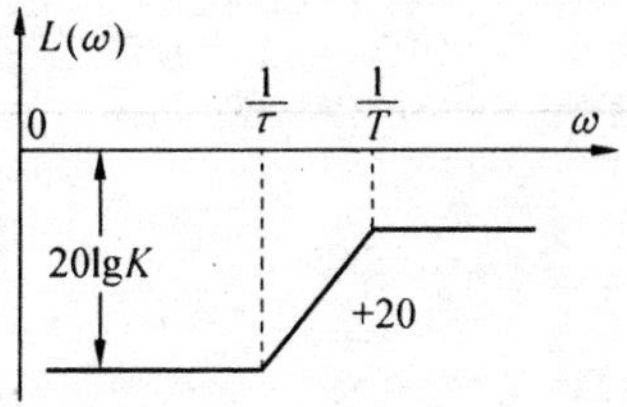
积分(滞后)	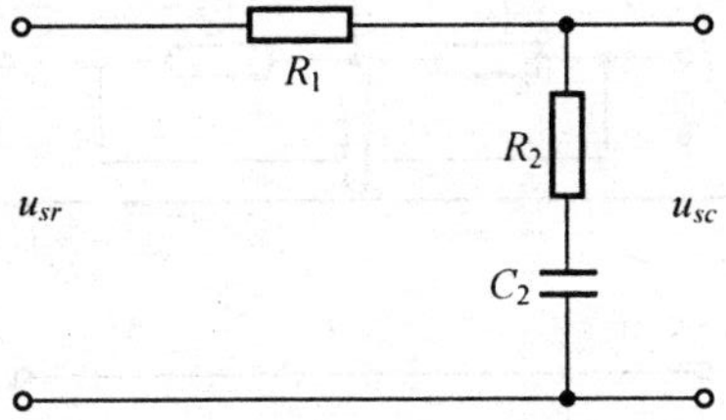	$\frac{U_{sc}(s)}{U_{sr}(s)}=\frac{\tau s+1}{Ts+1}$ $\tau=R_2C_2$；　$T=(R_1+R_2)C_2$	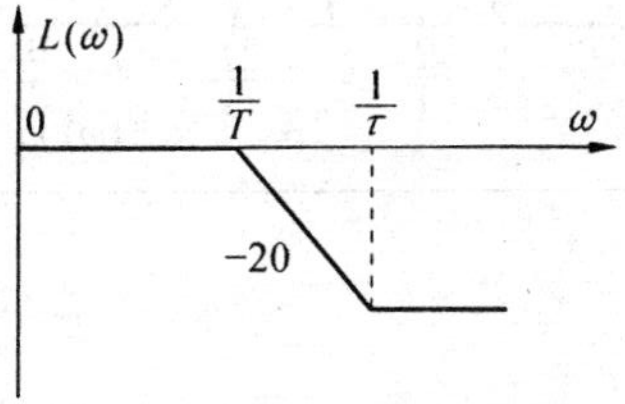
积分(滞后)	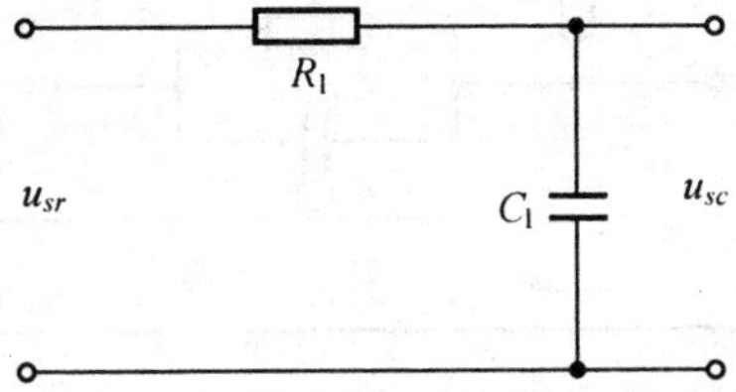	$\frac{U_{sc}(s)}{U_{sr}(s)}=\frac{1}{Ts+1}$ $T=R_1C_1$	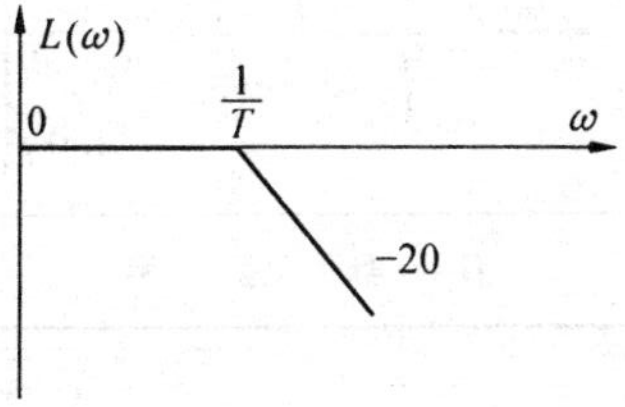

校正方式	线路图	传递函数	频率特性
积分-微分（滞后-超前）	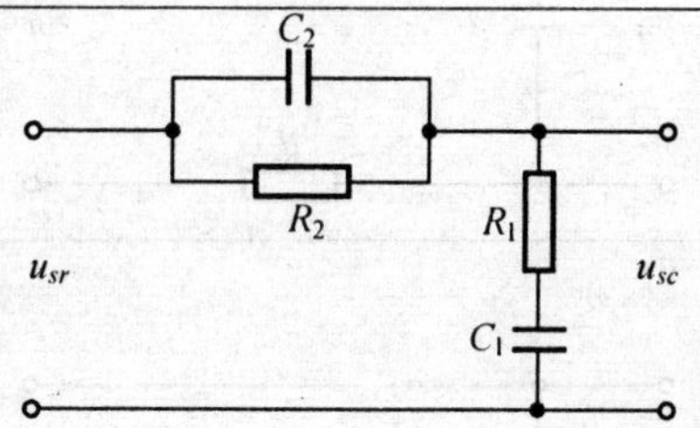	$\frac{U_{sc}(s)}{U_{sr}(s)}=\frac{(T_1s+1)(T_2s+1)}{T_1T_2s^2+[T_1(1+\frac{R_2}{R_1})+T_2]s+1}$ $T_1=R_1C_1$； $T_2=R_2C_2$ $K_1=\frac{T_1+T_2}{T_1(1+\frac{R_2}{R_1})+T_2}$	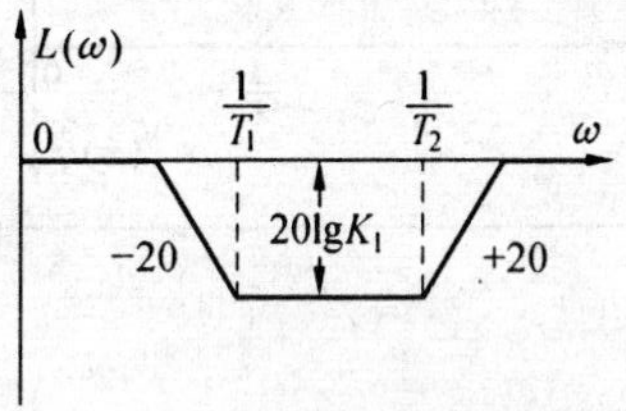
积分-微分（滞后-超前）	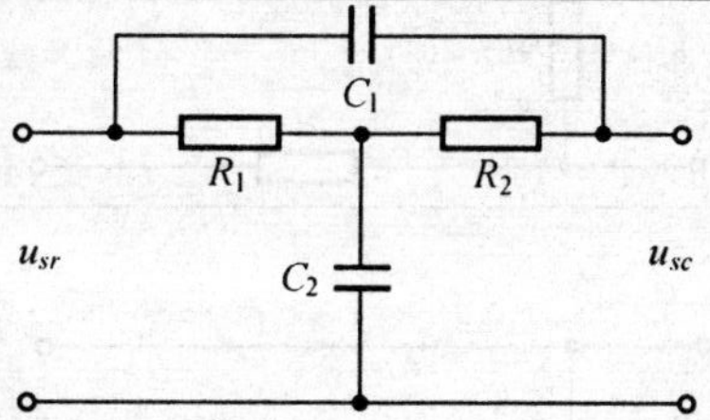	$\frac{U_{sc}(s)}{U_{sr}(s)}=\frac{T_1T_2s^2+T_2s+1}{T_1T_2s^2+[T_1(1+\frac{R_1}{R_2})+T_2]s+1}$ $T_1=\frac{R_1R_2}{R_1+R_2}C_2$ $T_2=(R_1+R_2)C_1$ $K_1=\frac{1}{(1+\frac{R_1}{R_2})\frac{T_1}{T_2}+1}$	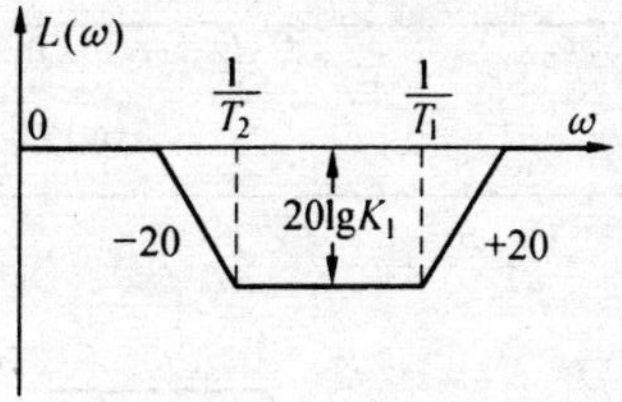

二、有源校正网络

校正方式	线路图	传递函数	频率特性
积分(滞后)	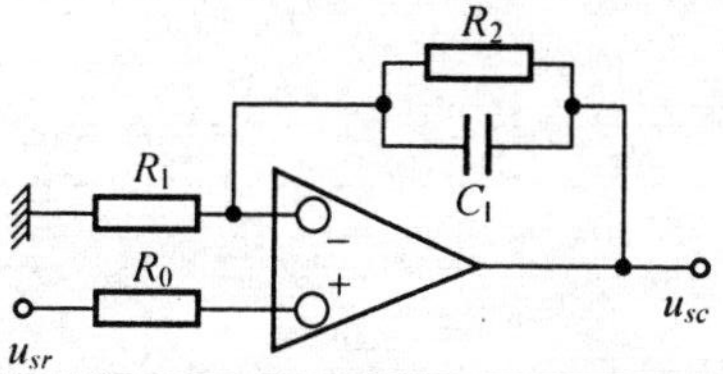	$\frac{U_{sc}(s)}{U_{sr}(s)}=\frac{K(\tau s+1)}{Ts+1}$ $K=\frac{R_1+R_2}{R_1}$; $\tau=\frac{R_1R_2}{R_1+R_2}C_1$ $T=R_2C_1$; $R_0=R_1/\!/R_2\ll R_{sr}$	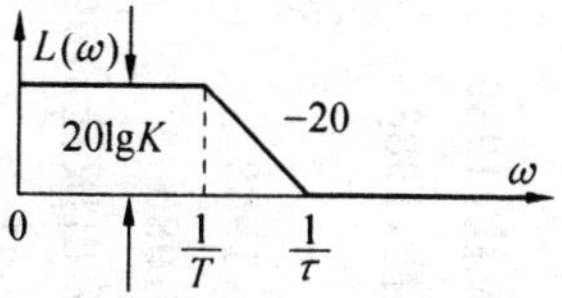
微分(超前)	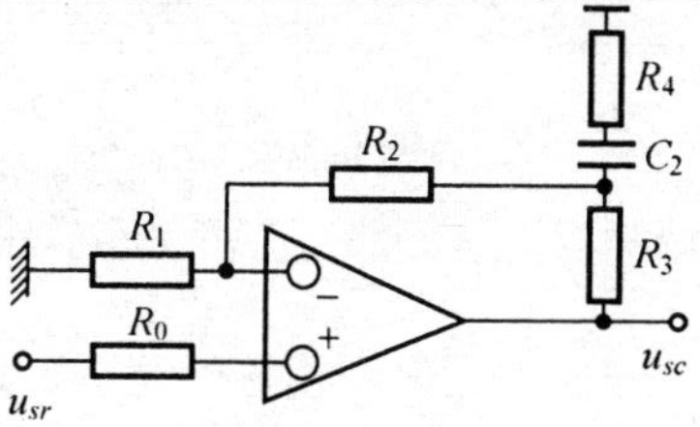	$\frac{U_{sc}(s)}{U_{sr}(s)}=\frac{K(\tau s+1)}{Ts+1}$ $\tau=(\frac{R_2R_3}{R_2+R_3}+R_4)C_2$; $T=R_4C_2$ $K=\frac{R_1+R_2+R_3}{R_1}$; $R_1\gg R_3$ $R_0=R_1/\!/R_2+R_3\ll R_{sr}$	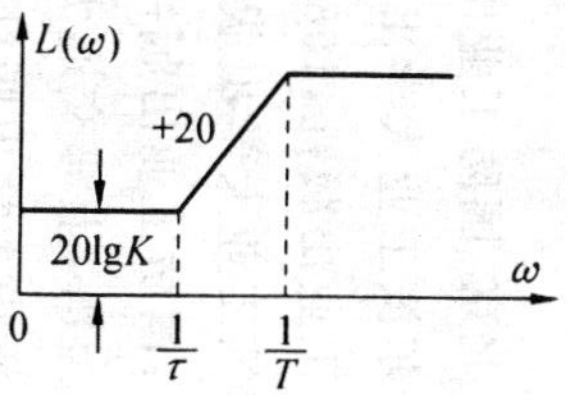
积分-微分 (滞后-超前)	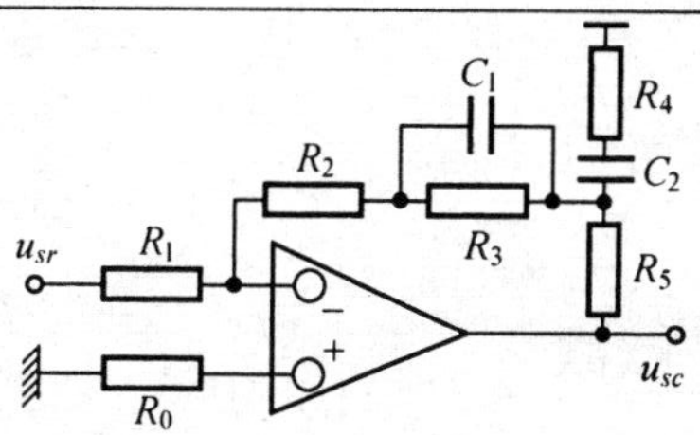	$\frac{U_{sc}(s)}{U_{sr}(s)}=\frac{K_c(T_2s+1)(T_3s+1)}{(T_1s+1)(T_4s+1)}$ $K_c=\frac{R_2+R_3+R_5}{R_1}$ $T_1=R_3C_1$; $T_2=[(R_2+R_5)/\!/R_3]C_1$ $T_3=(R_5+R_4)C_2$; $T_4=R_4C_2$ $K\frac{R_1}{R_2+R_3+R_5}\gg 1$; $R_2\gg R_5$	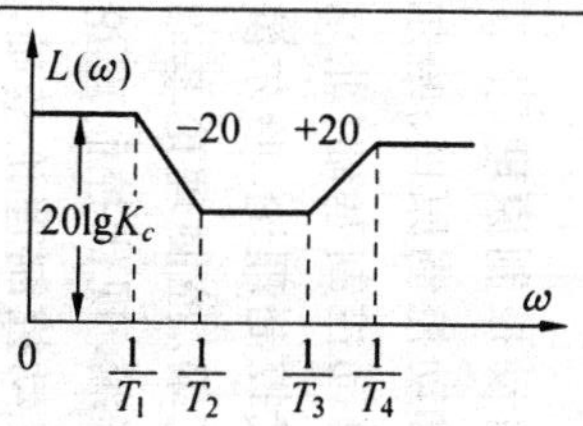
微分(超前)	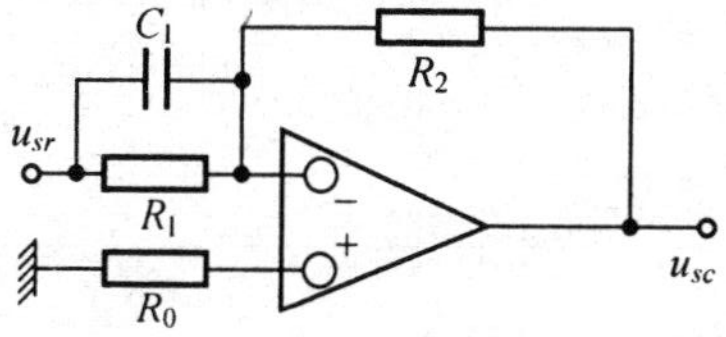	$\frac{U_{sc}(s)}{U_{sr}(s)}=-K(\tau s+1)$ $K=\frac{R_2}{R_1}$; $\tau=R_1C_1$ $R_0=R_1$	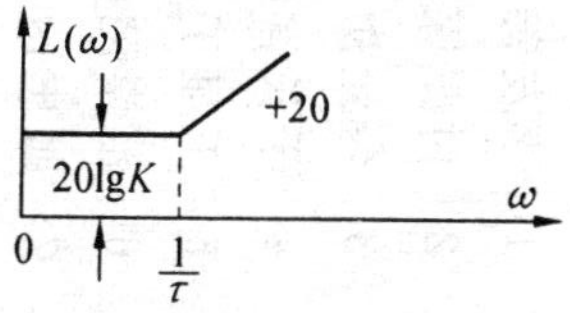

参考文献

1 李友善主编.自动控制原理(上、下册).北京:国防工业出版社,1989
2 付佩琛主编.自动控制原理.哈尔滨:哈尔滨工业大学出版社,1988
3 余允初主编.自动控制基础.北京:国防工业出版社,1985
4 于长官编.现代控制理论.哈尔滨:哈尔滨工业大学出版社,1988
5 王显正,范崇讫编.控制理论基础.北京:国防工业出版社,1980
6 范崇讫,孟繁华编.现代控制理论基础.上海:上海交通大学出版社,1990
7 戴忠达主编.自动控制理论基础.北京:清华大学出版社,1991
8 夏德钤编.近代控制理论引论.哈尔滨:哈尔滨工业大学出版社,1983
9 杨位钦,谢锡祺编.自动控制理论基础.北京:北京理工大学出版社,1991
10 郁顺康编.自动控制理论.上海:同济大学出版社,1992
11 卢伯英编.线性控制系统.北京:北京航空航天大学出版社,1993
12 吴麒编.自动控制原理.北京:清华大学出版社,1992
13 胡寿松编.自动控制原理.北京:国防工业出版社,1994
14 董景新,赵长德编.控制工程基础.北京:清华大学出版社,1992
15 张铨编.微型计算机在自动控制中的应用.北京:国防工业出版社,1986
16 庞国仲编.自动控制原理.合肥:中国科技大学出版社,1993
17 侯夔龙主编.自动控制原理.西安:西安交通大学出版社,1987
18 张旺,王世鎏编.自动控制原理.北京:北京理工大学出版社,1990
19 梅晓榕等编著.自动控制元件及线路.哈尔滨:哈尔滨工业大学出版社,1993
20 刘豹主编.现代控制理论.北京:机械工业出版社,1986